개념+유형

개념편

CONCEPT

중등 수학 ──

# 3·1

# STRUCTURE ⋯ 구성과 특징

## ① 핵심 개념을 이해하고!

**핵심 개념**
자세하고 깔끔한 개념 정리와 필수 문제, 유제

## ② 개념을 익히고!

**Step1 쏙쏙 개념 익히기**
보다 완벽하게 개념을 이해하기 위한 대표 문제

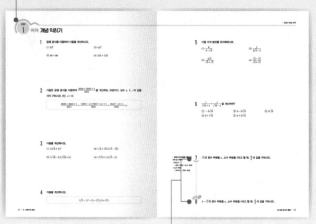

**한 번 더 (+1)**
조금 까다로운 문제는
쌍둥이 문제로 한 번 더!

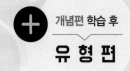

**+** 개념편 학습 후
**유 형 편**

유형별 연습 문제로 **기초**를 **탄탄**하게 하고 싶다면

유형편 **라이트**

유형별
연습 문제 ▶ 쌍둥이
기출문제 ▶ 단원
마무리

# 개념과 유형이 하나로~!
## 개념+유형의 체계적인 학습 시스템

### ③ 실전 문제로 다지기!

**Step2** 탄탄 단원 다지기
교과서 문제와 기출문제로 구성된 단원 마무리 문제

**Step3** 쏙쏙 서술형 완성하기
연습과 실전이 함께하는 서술형 문제

### ④ 개념 정리로 마무리!

○○ 속 수학
다양한 분야에서 수학과 관련된 흥미로운 이야기

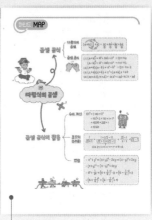

**마인드맵**
단원의 핵심 개념을 한눈에 보는
개념 정리 마인드맵

---

다양한 기출문제로 **내신 만점**에 도전한다면

유형편 **파워**

유형별
비법 정리 ▶ 유형별
기출문제 ▶ 단원
마무리

# CONTENTS ••• 차례

**개념플러스유형 3-2**

| Ⅰ. 삼각비 | 1. 삼각비 |
| | 2. 삼각비의 활용 |
| Ⅱ. 원의 성질 | 3. 원과 직선 |
| | 4. 원주각 |
| Ⅲ. 통계 | 5. 대푯값과 산포도 |
| | 6. 상관관계 |

# 1 제곱근과 실수

## 준비 **학습**

**중1** **거듭제곱**
• 같은 수나 문자를 여러 번 곱한 것을 간단히 나타낸 것

**1** 다음을 계산하시오.

(1) $6^2$      (2) $(-3)^2$      (3) $(-0.2)^2$      (4) $\left(\dfrac{3}{4}\right)^2$

**중2** **피타고라스 정리**
• 직각삼각형에서 직각을 낀 두 변의 길이를 각각 $a$, $b$라 하고, 빗변의 길이를 $c$라고 하면 $a^2+b^2=c^2$이 성립한다.

**2** 다음 직각삼각형에서 $x$의 값을 구하시오.

(1)
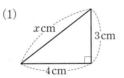

(2)
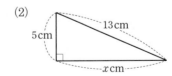

# 1 제곱근의 뜻과 성질

● 정답과 해설 15쪽

## 1 제곱근의 뜻

어떤 수 $x$를 제곱하여 $a$가 될 때, $x$를 $a$의 제곱근이라고 한다.

➡ $x^2=a$일 때, $x$는 $a$의 제곱근이다.

예 $2^2=4$, $(-2)^2=4$이므로 4의 제곱근은 2, $-2$이다.

(1) 양수의 제곱근은 양수와 음수 2개가 있고, 그 두 수의 절댓값은 같다.

(2) 제곱하여 음수가 되는 수는 없으므로 음수의 제곱근은 생각하지 않는다.

(3) 0의 제곱근은 0 하나뿐이다.

용어

**제곱근**(--**根** 뿌리, square root)
제곱한 수의 뿌리가 되는 수

---

**필수 문제 1**

제곱근의 뜻

▸$a\,(a\geq 0)$의 제곱근
  ⇨ 제곱하여 $a$가 되는 수
  ⇨ $x^2=a$를 만족시키는 $x$의
    값

다음 $\square$ 안에 알맞은 수를 쓰시오.

(1) 제곱하여 9가 되는 수는 $\square$, $\square$이다.

(2) $x^2=25$를 만족시키는 $x$의 값은 $\square$, $\square$이다.

(3) 0의 제곱근은 $\square$이다.

**1-1** 다음 물음에 답하시오.

(1) 제곱하여 64가 되는 수를 구하시오.

(2) $x^2=0.36$을 만족시키는 $x$의 값을 구하시오.

(3) $-4$의 제곱근을 구하시오.

---

**필수 문제 2**

제곱근 구하기

▸(4) 거듭제곱의 제곱근을 구할
  때는 거듭제곱을 먼저 계
  산한 후 제곱근을 구한다.

다음 수의 제곱근을 구하시오.

(1) 16

(2) 0.01

(3) $\dfrac{9}{25}$

(4) $(-3)^2$

**2-1** 다음 수의 제곱근을 구하시오.

(1) 121

(2) 0.04

(3) $\left(\dfrac{6}{7}\right)^2$

(4) $(-0.5)^2$

## 2 제곱근의 표현

(1) **제곱근의 표현**: 제곱근을 나타내기 위해 기호 $\sqrt{\phantom{a}}$ 를 사용하는데,
이 기호를 근호라 하고 '제곱근' 또는 '루트'라고 읽는다.

$\sqrt{a}$ ➡ 제곱근 $a$, 루트 $a$

(2) **양수 $a$의 제곱근**: 양수 $a$의 두 제곱근 중에서
　① 양수인 것을 양의 제곱근이라 하고, $\sqrt{a}$로 나타낸다.
　② 음수인 것을 음의 제곱근이라 하고, $-\sqrt{a}$로 나타낸다.
　이때 $\sqrt{a}$와 $-\sqrt{a}$를 한꺼번에 $\pm\sqrt{a}$로 나타내기도 한다.
　➡ $x^2=a\,(a>0)$이면 $x=\pm\sqrt{a}$

$a>0$일 때,

$\sqrt{a}$, $-\sqrt{a}$ —제곱→ $a$ ←제곱근—

> 참고 (1) '$a$의 제곱근'과 '제곱근 $a$' (단, $a>0$)
> 　① $a$의 제곱근 ➡ 제곱하여 $a$가 되는 수 ➡ $\pm\sqrt{a}$ ←2개
> 　② 제곱근 $a$ ➡ $a$의 양의 제곱근 ➡ $\sqrt{a}$ ←1개
> (2) 제곱근을 나타낼 때, 근호 안의 수가 어떤 유리수의 제곱이면 근호를 사용하지 않고 나타낼 수 있다.
> 　➡ 4의 제곱근: $\pm\sqrt{4}=\pm2$

**개념 확인** 다음 표를 완성하시오.

| $a$ | 1 | 2 | 3 | 4 | 5 | 6 | 7 | 8 | 9 | 10 |
|---|---|---|---|---|---|---|---|---|---|---|
| $a$의 양의 제곱근 | $\sqrt{1}=1$ | $\sqrt{2}$ | $\sqrt{3}$ | $\sqrt{4}=2$ | | | | | | |
| $a$의 음의 제곱근 | $-\sqrt{1}=-1$ | $-\sqrt{2}$ | | | | | | | | |
| $a$의 제곱근 | $\pm1$ | | | | | | | | | |
| 제곱근 $a$ | 1 | | | | | | | | | |

**필수 문제 3**

제곱근의 표현

▶ '$a$의 제곱근'과 '제곱근 $a$'의 차이 (단, $a>0$)
　• $a$의 제곱근 ⇨ $\pm\sqrt{a}$
　• 제곱근 $a$ ⇨ $\sqrt{a}$

**다음을 근호를 사용하여 나타내시오.**

(1) 11의 양의 제곱근

(2) $\dfrac{5}{2}$의 음의 제곱근

(3) 13의 제곱근

(4) 제곱근 13

**3-1** 다음을 근호를 사용하여 나타내시오.

(1) 17의 양의 제곱근

(2) 0.5의 음의 제곱근

(3) $\dfrac{3}{2}$의 제곱근

(4) 제곱근 26

**필수 문제 4**

근호를 사용하지 않고 나타내기

**다음을 근호를 사용하지 않고 나타내시오.**

(1) $\sqrt{25}$　　　(2) $-\sqrt{0.09}$　　　(3) $\pm\sqrt{64}$　　　(4) $\sqrt{\dfrac{1}{81}}$

**4-1** 다음을 근호를 사용하지 않고 나타내시오.

(1) $\sqrt{16}$　　　(2) $-\sqrt{0.49}$　　　(3) $\pm\sqrt{100}$　　　(4) $\sqrt{\dfrac{25}{36}}$

## STEP 1  쏙쏙 개념 익히기

**1** 다음 수의 제곱근을 구하시오.

(1) 1

(2) $\left(-\dfrac{1}{4}\right)^2$

(3) 0.25

(4) 169

(5) 11

(6) $\dfrac{1}{3}$

(7) 0.7

(8) $-5$

(9) $\sqrt{36}$

(10) $\sqrt{\dfrac{1}{4}}$

(11) $\sqrt{1.44}$

(12) $\sqrt{\dfrac{9}{49}}$

**2** 다음 보기 중 제곱근에 대한 설명으로 옳은 것을 모두 고르시오.

┤ 보기 ├

ㄱ. 10의 제곱근은 $\sqrt{10}$이다.

ㄴ. $\sqrt{64}$는 $\pm 8$이다.

ㄷ. 0의 제곱근은 1개뿐이다.

ㄹ. 음수의 제곱근은 음수이다.

ㅁ. $(-5)^2$과 $5^2$의 제곱근은 같다.

ㅂ. 양수의 제곱근은 절댓값이 같은 양수와 음수 2개이다.

**3** 다음 중 그 값이 나머지 넷과 다른 하나는?

① 4의 제곱근

② 제곱근 4

③ 제곱하여 4가 되는 수

④ $\pm 2$

⑤ $x^2 = 4$를 만족시키는 $x$의 값

**4** $\sqrt{16}$의 음의 제곱근을 $a$, $(-9)^2$의 양의 제곱근을 $b$라고 할 때, $a+b$의 값을 구하시오.

## **3** 제곱근의 성질

$a>0$일 때

(1) $(\sqrt{a})^2=a$, $(-\sqrt{a})^2=a$ ← $a$의 제곱근을 제곱하면 $a$가 된다.

예 $(\sqrt{6})^2=6$, $(-\sqrt{6})^2=6$

(2) $\sqrt{a^2}=a$, $\sqrt{(-a)^2}=a$ ← 근호 안의 수가 어떤 수의 제곱이면 근호를 사용하지 않고 나타낼 수 있다.

예 $\sqrt{6^2}=6$, $\sqrt{(-6)^2}=6$

---

**필수 문제 5**

제곱근의 성질

다음 값을 구하시오.

(1) $(\sqrt{7})^2$

(2) $(-\sqrt{0.8})^2$

(3) $-(-\sqrt{10})^2$

(4) $\sqrt{3^2}$

(5) $\sqrt{(-11)^2}$

(6) $-\sqrt{\left(-\dfrac{2}{5}\right)^2}$

**5-1** 다음 값을 구하시오.

(1) $-(\sqrt{5})^2$

(2) $\left(-\sqrt{\dfrac{1}{3}}\right)^2$

(3) $-(-\sqrt{13})^2$

(4) $-\sqrt{9^2}$

(5) $\sqrt{(-0.4)^2}$

(6) $-\left(-\sqrt{\dfrac{3}{7}}\right)^2$

---

**필수 문제 6**

제곱근의 성질을 이용한 식의 계산

▶제곱근의 성질을 이용하여 주어진 수를 근호를 사용하지 않고 나타낸 후 식을 계산한다.

다음을 계산하시오.

(1) $(\sqrt{2})^2+(-\sqrt{3})^2$

(2) $\sqrt{3^2}-\sqrt{(-5)^2}$

(3) $\sqrt{4^2}\times(-\sqrt{6})^2-(-\sqrt{7})^2$

(4) $(-\sqrt{8})^2\times\sqrt{0.5^2}-\sqrt{9}\div\sqrt{\left(\dfrac{3}{4}\right)^2}$

**6-1** 다음을 계산하시오.

(1) $(\sqrt{5})^2-(-\sqrt{7})^2$

(2) $\sqrt{12^2}\div\sqrt{(-3)^2}$

(3) $(-\sqrt{2})^2+\sqrt{\left(-\dfrac{1}{3}\right)^2}\times\sqrt{36}$

(4) $\sqrt{(-2)^2}\div\sqrt{\left(\dfrac{2}{3}\right)^2}-\sqrt{0.64}\times(-\sqrt{10})^2$

## 4 $\sqrt{a^2}$ 의 성질

모든 수 $a$에 대하여 $\sqrt{a^2}$은 $a^2$의 양의 제곱근이므로 $a$의 부호에 관계없이 항상 음이 아닌 값을 가진다.

➡ $\underset{\text{음이 아닌 값}}{\sqrt{a^2}} = |a| = \begin{cases} a \geq 0\text{일 때,} & \boxed{a} \\ a < 0\text{일 때,} & \boxed{-a}_{\text{음이 아닌 값}} \end{cases}$

$a = 2$일 때, $\sqrt{a^2} = \sqrt{2^2} = 2 = a$ (부호 그대로)

$a = -2$일 때, $\sqrt{a^2} = \sqrt{(-2)^2} = 2 = -(-2) = -a$ (부호 반대로)

[참고] $\sqrt{(\ \ )^2}$에서 ( ) 안의 값이 양수인지 음수인지를 확인한다.

---

**필수 문제 7**

$\sqrt{a^2}$ 꼴을 포함한 식을 간단히 하기

다음 식을 간단히 하시오.

(1) $\sqrt{(2x)^2} = \begin{cases} x > 0\text{일 때,} & \boxed{\phantom{xx}} \\ x < 0\text{일 때,} & \boxed{\phantom{xx}} \end{cases}$

(2) $\sqrt{(-2x)^2} = \begin{cases} x > 0\text{일 때,} & \boxed{\phantom{xx}} \\ x < 0\text{일 때,} & \boxed{\phantom{xx}} \end{cases}$

**7-1** 다음 식을 간단히 하시오.

(1) $a > 0$일 때, $\sqrt{(5a)^2}$

(2) $a < 0$일 때, $\sqrt{(-11a)^2}$

(3) $a > 0$일 때, $\sqrt{(-6a)^2}$

(4) $a < 0$일 때, $-\sqrt{(7a)^2}$

---

**필수 문제 8**

$\sqrt{(a-b)^2}$ 꼴을 포함한 식을 간단히 하기

▶ $(a-b)^2$ 꼴을 간단히 할 때는 먼저 $a-b$의 부호를 조사한다.

다음 식을 간단히 하시오.

(1) $\sqrt{(x+1)^2} = \begin{cases} x > -1\text{일 때,} & \boxed{\phantom{xx}} \\ x < -1\text{일 때,} & \boxed{\phantom{xx}} \end{cases}$

(2) $\sqrt{(x-5)^2} = \begin{cases} x > 5\text{일 때,} & \boxed{\phantom{xx}} \\ x < 5\text{일 때,} & \boxed{\phantom{xx}} \end{cases}$

**8-1** 다음 식을 간단히 하시오.

(1) $a > 3$일 때, $\sqrt{(a-3)^2}$

(2) $a < 7$일 때, $\sqrt{(a-7)^2}$

(3) $a > -2$일 때, $\sqrt{(a+2)^2}$

(4) $a < 4$일 때, $\sqrt{(4-a)^2}$

## 5 제곱인 수를 이용하여 근호 없애기

(1) 근호 안의 수가 어떤 자연수의 제곱이면 근호를 사용하지 않고 나타낼 수 있다.

➡ $\sqrt{(자연수)^2}=(자연수)$

> 예 $\sqrt{16}=\sqrt{4^2}=4$, $\sqrt{36}=\sqrt{6^2}=6$

(2) 어떤 자연수의 제곱인 수는 소인수분해했을 때, 소인수의 지수가 모두 짝수이다.

> 예 $36=2^{2}\times 3^{2}$ ← 지수가 모두 짝수

---

**필수 문제 ⑨**

$\sqrt{\phantom{00}}$ 가 자연수가 될 조건 (1)

$\left(\sqrt{(수)\times x},\ \sqrt{\dfrac{(수)}{x}}\ 꼴\right)$

▸ $\sqrt{\phantom{00}}=(자연수)$
⇨ $\phantom{0}$는 제곱인 수이므로 소인수분해하였을 때, 소인수의 지수가 모두 짝수이다.

다음은 $\sqrt{45x}$ 가 자연수가 되도록 하는 가장 작은 자연수 $x$의 값을 구하는 과정이다. $\square$ 안에 알맞은 수를 쓰시오.

> 45를 소인수분해하면 $\square^2\times\square$ 이고
> 지수가 홀수인 소인수는 $\square$ 이므로 $x=\square\times(자연수)^2$ 꼴이어야 한다.
> 따라서 $\sqrt{45x}$ 가 자연수가 되도록 하는 가장 작은 자연수 $x$의 값은 $\square$ 이다.

**9-1** 다음 식이 자연수가 되도록 하는 가장 작은 자연수 $x$의 값을 구하시오.

(1) $\sqrt{24x}$ (2) $\sqrt{\dfrac{98}{x}}$

---

**필수 문제 ⑩**

$\sqrt{\phantom{00}}$ 가 자연수가 될 조건 (2)

$\left(\sqrt{(수)+x},\ \sqrt{(수)-x}\ 꼴\right)$

▸ $\sqrt{A+x}=(자연수)$
⇨ $A$보다 큰 제곱인 수를 찾는다.
$\sqrt{A-x}=(자연수)$
⇨ $A$보다 작은 제곱인 수를 찾는다.

다음은 $\sqrt{10+x}$ 가 자연수가 되도록 하는 가장 작은 자연수 $x$의 값을 구하는 과정이다. $\square$ 안에 알맞은 수를 쓰시오.

> $\sqrt{10+x}$ 가 자연수가 되려면 $10+x$는 $\square$ 보다 큰 $(자연수)^2$ 꼴인 수이어야 하므로
> $10+x=\square,\ \square,\ \square,\ \cdots$    $\therefore\ x=\square,\ \square,\ \square,\ \cdots$
> 따라서 $\sqrt{10+x}$ 가 자연수가 되도록 하는 가장 작은 자연수 $x$의 값은 $\square$ 이다.

**10-1** 다음 식이 자연수가 되도록 하는 가장 작은 자연수 $x$의 값을 구하시오.

(1) $\sqrt{6+x}$ (2) $\sqrt{12-x}$

## 6 제곱근의 대소 관계

$a>0$, $b>0$일 때

(1) $a<b$이면 $\sqrt{a}<\sqrt{b}$

(2) $\sqrt{a}<\sqrt{b}$이면 $a<b$

(3) $\sqrt{a}<\sqrt{b}$이면 $-\sqrt{a}>-\sqrt{b}$

[참고] 양수 $a$, $b$에 대하여 $a$와 $\sqrt{b}$처럼 근호가 없는 수와 근호가 있는 수가
주어질 때는 $a=\sqrt{a^2}$이므로 $\sqrt{a^2}$과 $\sqrt{b}$의 대소를 비교한다.
➡ 근호가 없는 수를 근호를 사용하여 나타낸 후 대소를 비교한다.

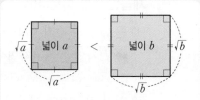

(1) 정사각형의 넓이가 넓을수록 그 한 변의 길이도 길다. 즉, $a<b$ ➡ $\sqrt{a}<\sqrt{b}$

(2) 정사각형의 한 변의 길이가 길수록 그 넓이도 넓다. 즉, $\sqrt{a}<\sqrt{b}$ ➡ $a<b$

---

**개념 확인** 다음 그림은 한 칸의 가로와 세로의 길이가 각각 1인 모눈종이 위에 크기가 다른 두 정사각형 A, B를 겹쳐 그린 것이다. ☐ 안에 알맞은 수를 쓰시오.

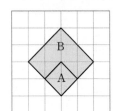

(1) 두 정사각형 A, B의 넓이
➡ (A의 넓이)=☐, (B의 넓이)=☐

(2) 두 정사각형 A, B의 한 변의 길이
➡ (A의 한 변의 길이)=☐, (B의 한 변의 길이)=☐

(3) 두 정사각형 A, B의 한 변의 길이의 대소 관계
➡ ☐ < ☐

---

**필수 문제 11**

제곱근의 대소 관계

▸제곱근의 대소는 같은 형태로 변형한 후 비교한다. 즉, $\sqrt{\phantom{a}}$가 없는 수는 $\sqrt{\phantom{a}}$를 사용하여 나타낸 후 $\sqrt{\phantom{a}}$ 안의 수를 비교한다.

다음 ☐ 안에 부등호 >, < 중 알맞은 것을 쓰시오.

(1) $\sqrt{5}$ ☐ $\sqrt{7}$

(2) $4$ ☐ $\sqrt{15}$

(3) $0.1$ ☐ $\sqrt{0.1}$

(4) $-\sqrt{\dfrac{2}{3}}$ ☐ $-\sqrt{\dfrac{3}{4}}$

**11-1** 다음 두 수의 대소를 비교하시오.

(1) $\sqrt{0.7}$, $\sqrt{0.8}$

(2) $-3$, $-\sqrt{8}$

(3) $\dfrac{1}{2}$, $\sqrt{\dfrac{2}{3}}$

(4) $-\sqrt{\dfrac{1}{10}}$, $-\sqrt{\dfrac{1}{2}}$

---

**필수 문제 12**

제곱근을 포함하는 부등식

▸양수 $a$, $b$에 대하여
$a<\sqrt{x}<b$
⇨ $\sqrt{a^2}<\sqrt{x}<\sqrt{b^2}$
⇨ $a^2<x<b^2$

다음 부등식을 만족시키는 자연수 $x$의 값을 모두 구하시오.

(1) $1\leq\sqrt{x}<2$

(2) $3<\sqrt{3x}<5$

**12-1** 다음 부등식을 만족시키는 자연수 $x$의 값을 모두 구하시오.

(1) $5<\sqrt{5x}<7$

(2) $-3\leq-\sqrt{x}\leq-2$

# STEP 1 쏙쏙 개념 익히기

**1** 다음을 계산하시오.

(1) $(\sqrt{3})^2 + \sqrt{(-13)^2}$

(2) $\left(-\sqrt{\dfrac{3}{2}}\right)^2 - \sqrt{\left(\dfrac{3}{2}\right)^2}$

(3) $\sqrt{0.36} \times (\sqrt{10})^2 \div \sqrt{(-6)^2}$

(4) $\sqrt{121} - (\sqrt{14})^2 \times \sqrt{\left(\dfrac{2}{7}\right)^2}$

(5) $\sqrt{(-7)^2} - \sqrt{\dfrac{64}{9}} \times \sqrt{\left(-\dfrac{3}{4}\right)^2} + \sqrt{3^2}$

(6) $\left(-\sqrt{\dfrac{5}{9}}\right)^2 + \sqrt{\dfrac{16}{81}} - (\sqrt{2})^2 \div \sqrt{\left(-\dfrac{1}{3}\right)^2}$

**2** 다음 수를 작은 것부터 차례로 나열하시오.

$$\sqrt{12}, \qquad \sqrt{17}, \qquad 4, \qquad -\sqrt{2}, \qquad -\sqrt{5}, \qquad 0, \qquad -1$$

**3** 다음 부등식을 만족시키는 자연수 $x$의 개수를 구하시오.

(1) $3 \le \sqrt{x+1} < 4$

(2) $4 < \sqrt{2x} < 6$

**4** 다음 식이 자연수가 되도록 하는 가장 작은 자연수 $x$의 값을 구하시오.

(1) $\sqrt{240x}$

(2) $\sqrt{50-x}$

● $\sqrt{a^2}$의 성질

$\sqrt{a^2} = |a| = \begin{cases} a\ (a \ge 0) \\ -a\ (a < 0) \end{cases}$

**5** $-1 < a < 3$일 때, $\sqrt{(a-3)^2} - \sqrt{(a+1)^2}$을 간단히 하시오.

한번더 H

**6** $2 < a < 3$일 때, $\sqrt{(3-a)^2} - \sqrt{(2-a)^2} + \sqrt{(-a)^2}$을 간단히 하시오.

# 2 무리수와 실수

● 정답과 해설 18쪽

## 1 무리수

(1) **유리수**: 분수 $\dfrac{a}{b}$ ($a$, $b$는 정수, $b\neq0$) 꼴로 나타낼 수 있는 수를 유리수라고 한다.

> 예 $-2$, $0.75=\dfrac{3}{4}$, $0.0\dot{3}=\dfrac{1}{30}$

(2) **무리수**: 유리수가 아닌 수, 즉 순환소수가 아닌 무한소수로 나타내어지는 수를 **무리수**라고 한다.

> 예 $\sqrt{2}=1.414213\cdots$, $\sqrt{3}=1.732050\cdots$, $\pi=3.141592\cdots$

(3) 소수의 분류

$$\text{소수}\begin{cases}\text{유한소수} \\ \text{무한소수}\begin{cases}\text{순환소수} \\ \text{순환소수가 아닌 무한소수}\end{cases}\end{cases}$$

유한소수, 순환소수 ➡ 유리수
순환소수가 아닌 무한소수 ➡ 무리수

> 주의 근호를 사용하여 나타낸 수가 모두 무리수인 것은 아니다. 근호 안의 수가 어떤 유리수의 제곱이면 그 수는 유리수이다.
> ➡ $\sqrt{4}=\sqrt{2^2}=2$이므로 $\sqrt{4}$는 유리수이다.

---

**필수 문제** **1**

무리수 찾기

▶근호 안의 수가 어떤 유리수의 제곱이 아닌 수는 무리수이다.

**다음 보기의 수 중 무리수를 모두 찾으시오.**

> 보기
> ㄱ. $-\sqrt{6}$ ㄴ. $\sqrt{9}$ ㄷ. $\dfrac{9}{16}$
> ㄹ. $0.\dot{1}$ ㅁ. $\sqrt{0.49}$ ㅂ. $\sqrt{25}$의 제곱근

난 유리수야. 넌 무슨 수야?

난 √ 모자를 써서 1.414…가 되었으니 무리수!

**1-1** 다음 보기의 수 중 무리수의 개수를 구하시오.

> 보기
> $-2$, $\sqrt{1.44}$, $0$, $\sqrt{\dfrac{1}{5}}$, $\pi$, $-\sqrt{15}$, $\dfrac{1}{3}$, $\sqrt{0.\dot{4}}$

---

**필수 문제** **2**

유리수와 무리수의 이해

**다음 중 옳은 것은 ○표, 옳지 않은 것은 ×표를 ( ) 안에 쓰시오.**

(1) 유리수이면서 무리수인 수는 없다. ( )

(2) 무리수는 순환소수로 나타낼 수 있다. ( )

(3) 근호를 사용하여 나타낸 수는 모두 무리수이다. ( )

(4) 무한소수로 나타내어지는 수는 모두 무리수이다. ( )

(5) 유리수는 $\dfrac{(정수)}{(0이\ 아닌\ 정수)}$ 꼴로 나타낼 수 있다. ( )

## 2 실수

(1) **실수**: 유리수와 무리수를 통틀어 실수라고 한다.

(2) **실수의 분류**

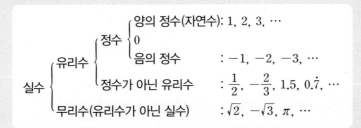

$$\text{실수} \begin{cases} \text{유리수} \begin{cases} \text{정수} \begin{cases} \text{양의 정수(자연수): } 1, 2, 3, \cdots \\ 0 \\ \text{음의 정수} \qquad : -1, -2, -3, \cdots \end{cases} \\ \text{정수가 아닌 유리수} : \dfrac{1}{2}, -\dfrac{2}{3}, 1.5, 0.\dot{7}, \cdots \end{cases} \\ \text{무리수(유리수가 아닌 실수)} : \sqrt{2}, -\sqrt{3}, \pi, \cdots \end{cases}$$

참고 • 앞으로 특별한 말이 없을 때는 수라고 하면 실수를 뜻한다.

　　• 실수는 유리수와 마찬가지로 사칙계산이 가능하며 덧셈과 곱셈에 대한 교환법칙, 결합법칙, 분배법칙이 성립한다.

---

**필수 문제 ③**

실수의 분류

**보기의 수 중 다음에 해당하는 것을 모두 고르시오.**

┤ 보기 ├

$$5, \qquad -\sqrt{7}, \qquad 1.3, \qquad 0.3\dot{4}, \qquad -3, \qquad -\sqrt{4}, \qquad 1+\sqrt{3}$$

(1) 자연수

(2) 정수

(3) 유리수

(4) 무리수

(5) 실수

**3-1** 다음 중 □ 안에 해당하는 수를 모두 고르면? (정답 2개)

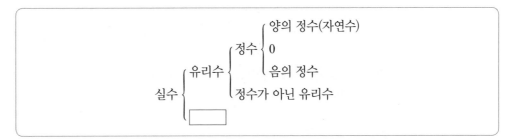

$$\text{실수} \begin{cases} \text{유리수} \begin{cases} \text{정수} \begin{cases} \text{양의 정수(자연수)} \\ 0 \\ \text{음의 정수} \end{cases} \\ \text{정수가 아닌 유리수} \\ \boxed{\phantom{xxx}} \end{cases} \end{cases}$$

① $\sqrt{\dfrac{9}{16}}$　　　　　② $-1.5$　　　　　③ $\sqrt{4}$의 양의 제곱근

④ $2.\dot{4}$　　　　　⑤ $3-\sqrt{2}$

# STEP 1 쏙쏙 개념 익히기

**1** 다음 수 중 소수로 나타내었을 때 순환소수가 아닌 무한소수가 되는 것의 개수를 구하시오.

$$\sqrt{10}, \qquad 3.14, \qquad -5, \qquad \frac{15}{5}, \qquad 0.\dot{3}\dot{4}, \qquad -\sqrt{3}, \qquad \sqrt{1.96}$$

**2** 다음 보기의 정사각형 중 한 변의 길이가 무리수인 것을 모두 고르시오.

┤ 보기 ├

ㄱ. 넓이가 4인 정사각형 　　　　　　ㄴ. 넓이가 8인 정사각형

ㄷ. 넓이가 9인 정사각형 　　　　　　ㄹ. 넓이가 15인 정사각형

**3** 다음 중 $\sqrt{3}$에 대한 설명으로 옳지 <u>않은</u> 것을 모두 고르면? (정답 2개)

① 무리수이다.

② 3의 양의 제곱근이다.

③ 근호를 사용하지 않고 나타낼 수 있다.

④ $\dfrac{(정수)}{(0이 \ 아닌 \ 정수)}$ 꼴로 나타낼 수 있다.

⑤ 소수로 나타내면 순환소수가 아닌 무한소수가 된다.

**4** 다음 보기 중 옳은 것의 개수를 구하시오.

┤ 보기 ├

ㄱ. 양수의 제곱근은 모두 무리수이다.

ㄴ. 0은 유리수인 동시에 무리수이다.

ㄷ. 근호 안의 수가 어떤 유리수의 제곱이면 그 수는 유리수이다.

ㄹ. 유리수와 무리수의 합은 유리수이다.

ㅁ. 유리수가 아닌 실수는 모두 무리수이다.

**5** 다음 중 ⑺에 해당하는 수로만 짝 지어진 것은?

① $3.14, \sqrt{8}$　　　② $\sqrt{25}, \dfrac{1}{7}$

③ $\sqrt{\dfrac{1}{81}}, \sqrt{0.9}$　　　④ $0.1\dot{3}\dot{5}, \pi$

⑤ $\sqrt{0.3}, \sqrt{3}+1$

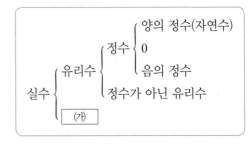

# 무리수 √2를 소수로 나타내기

무리수는 순환소수가 아닌 무한소수로 나타낼 수 있다.
다음과 같은 제곱근의 대소 관계를 이용하여 무리수 √2를 소수로 나타내어 보자.

> $a > 0$, $b > 0$일 때,
> $a < b$이면 $\sqrt{a} < \sqrt{b}$이다.

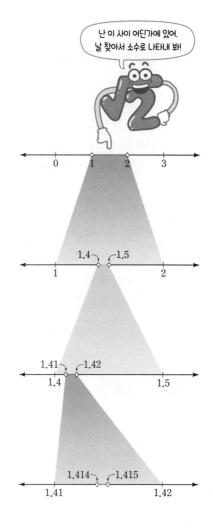

❶ $1^2 = 1$, $(\sqrt{2})^2 = 2$, $2^2 = 4$이고,
$1 < 2 < 4$이므로
$1 < \sqrt{2} < 2$, 즉 $\sqrt{2} = 1.\cdots$

❷ $1.4^2 = 1.96$, $(\sqrt{2})^2 = 2$, $1.5^2 = 2.25$이고,
$1.96 < 2 < 2.25$이므로
$1.4 < \sqrt{2} < 1.5$, 즉 $\sqrt{2} = 1.4\cdots$

❸ $1.41^2 = 1.9881$, $(\sqrt{2})^2 = 2$, $1.42^2 = 2.0164$이고,
$1.9881 < 2 < 2.0164$이므로
$1.41 < \sqrt{2} < 1.42$, 즉 $\sqrt{2} = 1.41\cdots$

❹ $1.414^2 = 1.999396$, $(\sqrt{2})^2 = 2$, $1.415^2 = 2.002225$
이고, $1.999396 < 2 < 2.002225$이므로
$1.414 < \sqrt{2} < 1.415$, 즉 $\sqrt{2} = 1.414\cdots$

위의 ❶~❹와 같은 방법으로 계속하면 다음과 같다.
$$1.4142 < \sqrt{2} < 1.4143$$
$$1.41421 < \sqrt{2} < 1.41422$$
$$1.414213 < \sqrt{2} < 1.414214$$
$$\vdots$$

따라서 위와 같은 방법으로 계속하여 무리수 √2를 소수로 나타내면
$$\sqrt{2} = 1.4142135623730950488016\cdots$$
과 같이 순환소수가 아닌 무한소수가 된다.

## 3 무리수를 수직선 위에 나타내기

직각삼각형의 빗변의 길이를 이용하여 무리수를 수직선 위에 나타낼 수 있다.

예 무리수 $\sqrt{2}$와 $-\sqrt{2}$를 수직선 위에 나타내기
❶ 수직선 위에 원점 O를 한 꼭짓점으로 하고 직각을 낀 두 변의 길이가 각각 1인 직각삼각형 AOB를 그린다.
❷ 직각삼각형 AOB의 빗변의 길이를 구한다.
➡ $\overline{OA}=\sqrt{1^2+1^2}=\sqrt{2}$
❸ 원점 O를 중심으로 하고 $\overline{OA}$를 반지름으로 하는 원을 그릴 때, 원과 수직선이 만나는 두 점 P, Q에 대응하는 수가 각각 $\sqrt{2}$, $-\sqrt{2}$이다.

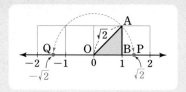

**개념 확인** 다음은 한 칸의 가로와 세로의 길이가 각각 1인 모눈종이 위에 수직선과 직각삼각형 ABO를 그리고 $\overline{OA}=\overline{OP}=\overline{OQ}$일 때, 두 점 P, Q의 좌표를 각각 구하는 과정이다. ☐ 안에 알맞은 수를 쓰시오.

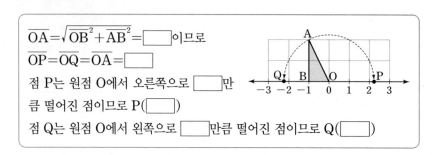

$\overline{OA}=\sqrt{\overline{OB}^2+\overline{AB}^2}=$☐ 이므로

$\overline{OP}=\overline{OQ}=\overline{OA}=$☐

점 P는 원점 O에서 오른쪽으로 ☐ 만큼 떨어진 점이므로 P(☐)

점 Q는 원점 O에서 왼쪽으로 ☐ 만큼 떨어진 점이므로 Q(☐)

**필수 문제 4**

무리수를 수직선 위에 나타내기

▶ 무리수를 수직선 위에 나타내기

⇨ 대응하는 점이 기준점의
 ┌ 오른쪽에 있으면: $k+\sqrt{a}$
 └ 왼쪽에 있으면: $k-\sqrt{a}$

오른쪽 그림은 한 칸의 가로와 세로의 길이가 각각 1인 모눈종이 위에 수직선과 두 직각삼각형 ACB, ADE를 그린 것이다. $\overline{AC}=\overline{AP}$, $\overline{AE}=\overline{AQ}$일 때, 다음을 구하시오.

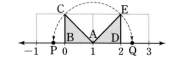

(1) $\overline{AC}$의 길이
(2) $\overline{AE}$의 길이
(3) 점 P의 좌표
(4) 점 Q의 좌표

**4-1** 오른쪽 그림은 한 칸의 가로와 세로의 길이가 각각 1인 모눈종이 위에 수직선과 두 직각삼각형 ACB, DEF를 그린 것이다. $\overline{AC}=\overline{AP}$, $\overline{DF}=\overline{DQ}$일 때, 다음을 구하시오.

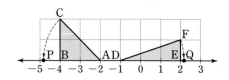

(1) $\overline{AC}$, $\overline{DF}$의 길이
(2) 수직선 위의 두 점 P, Q에 대응하는 수

## 4 실수와 수직선

(1) 모든 실수는 각각 수직선 위의 한 점에 대응하고, 또 수직선 위의 한 점에는 한 실수가 반드시 대응한다.

(2) 서로 다른 두 실수 사이에는 무수히 많은 실수가 있다.

(3) 수직선은 유리수와 무리수, 즉 실수에 대응하는 점들로 완전히 메울 수 있다.

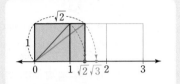

참고 ① 서로 다른 두 유리수 사이에는 무수히 많은 유리수, 무리수가 있다.
② 서로 다른 두 무리수 사이에는 무수히 많은 유리수, 무리수가 있다.
③ 유리수(또는 무리수)에 대응하는 점만으로 수직선을 완전히 메울 수 없다.

---

**필수 문제 5**

실수와 수직선

다음 중 옳은 것은 ○표, 옳지 <u>않은</u> 것은 ×표를 ( ) 안에 쓰시오.

(1) 두 유리수 1과 2 사이에는 무수히 많은 유리수가 있다. ( )

(2) 두 무리수 $\sqrt{2}$와 $\sqrt{3}$ 사이에는 무리수가 없다. ( )

(3) 두 무리수 $\sqrt{3}$과 $\sqrt{7}$ 사이에는 1개의 유리수가 있다. ( )

(4) 수직선 위의 한 점에는 반드시 한 실수가 대응한다. ( )

(5) 유리수와 무리수에 대응하는 점만으로는 수직선을 완전히 메울 수 없다. ( )

(6) 모든 실수는 수직선 위에 나타낼 수 있다. ( )

**5-1** 다음 보기 중 옳은 것을 모두 고른 것은?

┤ 보기 ├

ㄱ. 서로 다른 두 실수 사이에는 무수히 많은 유리수가 있다.

ㄴ. 두 유리수 0과 1 사이에는 무리수가 없다.

ㄷ. 두 무리수 $\sqrt{2}$와 $\sqrt{5}$ 사이에는 1개의 정수가 있다.

ㄹ. 수직선 위의 점 중에서 그 좌표를 실수로 나타낼 수 없는 점이 있다.

ㅁ. 무리수에 대응하는 점만으로 수직선을 완전히 메울 수 없다.

① ㄱ, ㄷ         ② ㄴ, ㄹ         ③ ㄷ, ㅁ

④ ㄱ, ㄴ, ㄷ     ⑤ ㄱ, ㄷ, ㅁ

## 5 제곱근표 ← p.164~167의 제곱근표 참고

(1) 제곱근표

1.00부터 9.99까지의 수는 0.01 간격으로, 10.0부터 99.9까지의 수는 0.1 간격으로 그 수의 양의 제곱근의 값을 소수점 아래 넷째 자리에서 반올림하여 나타낸 표

(2) 제곱근표를 읽는 방법

제곱근표에서 $\sqrt{2.02}$의 값 구하기

➡ 오른쪽 제곱근표에서 2.0의 가로줄과 2의 세로줄이 만나는 칸에 적혀 있는 수를 읽는다.

   $\therefore \sqrt{2.02} = 1.421$

| 수 | 0 | 1 | 2 | 3 | … |
|---|---|---|---|---|---|
| ⋮ | | | | | |
| 2.0 | 1.414 | 1.418 | 1.421 | 1.425 | … |
| 2.1 | 1.449 | 1.453 | 1.456 | 1.459 | … |
| ⋮ | | | | | |

---

**필수 문제** 6

제곱근표를 이용하여 제곱근의 값 구하기

아래 표는 제곱근표의 일부이다. 이 표를 이용하여 다음 제곱근의 값을 구하시오.

| 수 | 2 | 3 | 4 | 5 | 6 |
|---|---|---|---|---|---|
| 1.0 | 1.010 | 1.015 | 1.020 | 1.025 | 1.030 |
| 1.1 | 1.058 | 1.063 | 1.068 | 1.072 | 1.077 |
| ⋮ | ⋮ | ⋮ | ⋮ | ⋮ | ⋮ |
| 63 | 7.950 | 7.956 | 7.962 | 7.969 | 7.975 |
| 64 | 8.012 | 8.019 | 8.025 | 8.031 | 8.037 |

(1) $\sqrt{1.06}$

(2) $\sqrt{1.13}$

(3) $\sqrt{63.2}$

(4) $\sqrt{64.5}$

**6-1** 다음 표는 제곱근표의 일부이다. 이 표를 이용하여 $\sqrt{9.54} + \sqrt{9.72}$의 값을 구하시오.

| 수 | 0 | 1 | 2 | 3 | 4 | 5 |
|---|---|---|---|---|---|---|
| 9.4 | 3.066 | 3.068 | 3.069 | 3.071 | 3.072 | 3.074 |
| 9.5 | 3.082 | 3.084 | 3.085 | 3.087 | 3.089 | 3.090 |
| 9.6 | 3.098 | 3.100 | 3.102 | 3.103 | 3.105 | 3.106 |
| 9.7 | 3.114 | 3.116 | 3.118 | 3.119 | 3.121 | 3.122 |
| 9.8 | 3.130 | 3.132 | 3.134 | 3.135 | 3.137 | 3.138 |

## 쏙쏙 개념 익히기

**1** 다음 그림은 한 칸의 가로와 세로의 길이가 각각 1인 모눈종이 위에 수직선과 세 직각삼각형 ABC, DEF, GHI를 그린 것이다. $\overline{CA}=\overline{CP}$, $\overline{FD}=\overline{FQ}$, $\overline{HG}=\overline{HR}$일 때, ☐ 안에 알맞은 수를 쓰시오.

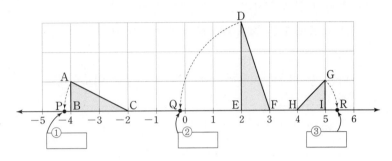

**2** 오른쪽 그림은 한 칸의 가로와 세로의 길이가 각각 1인 모눈종이 위에 수직선과 정사각형 ABCD를 그린 것이다. 두 점 P, Q에 대응하는 수를 각각 구하시오.

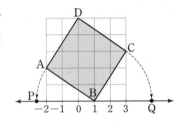

**3** 다음 중 옳지 <u>않은</u> 것을 모두 고르면? (정답 2개)

① $\pi$는 수직선 위의 점에 대응시킬 수 있다.
② 서로 다른 두 유리수 사이에는 무수히 많은 유리수가 있다.
③ 서로 다른 두 무리수 사이에는 유한개의 무리수가 있다.
④ 유리수와 무리수 사이에는 무수히 많은 유리수가 있다.
⑤ 수직선은 유리수에 대응하는 점으로 완전히 메울 수 있다.

**4** 오른쪽 제곱근표에서 $\sqrt{5.84}=a$, $\sqrt{b}=2.433$ 일 때, $1000a+100b$의 값을 구하시오.

| 수 | 0 | 1 | 2 | 3 | 4 | 5 |
|---|---|---|---|---|---|---|
| 5.7 | 2.387 | 2.390 | 2.392 | 2.394 | 2.396 | 2.398 |
| 5.8 | 2.408 | 2.410 | 2.412 | 2.415 | 2.417 | 2.419 |
| 5.9 | 2.429 | 2.431 | 2.433 | 2.435 | 2.437 | 2.439 |
| 6.0 | 2.449 | 2.452 | 2.454 | 2.456 | 2.458 | 2.460 |

## 6 실수의 대소 관계

(1) 수직선 위에서 원점의 오른쪽에 있는 점에는 양의
실수(양수)가 대응하고, 왼쪽에 있는 점에는 음의
실수(음수)가 대응한다.

(2) 수직선 위에서 오른쪽에 있는 점에 대응하는 실수
가 왼쪽에 있는 점에 대응하는 실수보다 크다.

(3) 실수의 대소 관계

다음 중 하나를 이용하여 두 실수의 대소를 비교한다.

① 두 수의 차를 이용한다.

➡ $a$, $b$가 실수일 때, $a-b>0$이면 $a>b$

$a-b=0$이면 $a=b$

$a-b<0$이면 $a<b$

예 $\sqrt{3}+2 \square 4$ ➡ $(\sqrt{3}+2)-4=\sqrt{3}-2<0$이므로 $\sqrt{3}+2 \boxed{<} 4$

② 부등식의 성질을 이용한다.

참고 양변에 같은 수가 있는 경우에는 부등식의 성질을 이용하여 비교하는 것이 편리하다.

➡ $a$, $b$, $c$가 실수이고 $a>b$일 때, $a+c>b+c$

$a-c>b-c$

---

**필수 문제 7**

실수의 대소 관계

▸두 실수 $a$, $b$의 대소 비교
⇨ $a-b$의 부호로 판단한다.

다음 ☐ 안에 부등호 >, < 중 알맞은 것을 쓰시오.

(1) $\sqrt{6}+1 \square 3$

(2) $5-\sqrt{2} \square 4$

(3) $\sqrt{7}+3 \square \sqrt{8}+3$

(4) $3-\sqrt{3} \square \sqrt{10}-\sqrt{3}$

**7-1** 다음 두 실수의 대소를 비교하시오.

(1) $\sqrt{7}-5$, $-3$

(2) $-2-\sqrt{8}$, $-5$

(3) $4+\sqrt{10}$, $4+\sqrt{11}$

(4) $\sqrt{13}-4$, $\sqrt{13}-\sqrt{15}$

▸세 실수의 대소 관계
세 실수의 대소를 비교할 때
는 두 수씩 짝 지어 비교한다.
⇨ $a$, $b$, $c$가 실수일 때,
$a<b$이고 $b<c$이면
$a<b<c$

**7-2** 다음 세 수 $a$, $b$, $c$의 대소 관계를 부등호를 써서 나타내시오.

$$a=2-\sqrt{7}, \qquad b=2-\sqrt{6}, \qquad c=-1$$

## 7 무리수의 정수 부분과 소수 부분

(1) 무리수는 순환소수가 아닌 무한소수로 나타내어지는 수이
므로 정수 부분과 소수 부분으로 나눌 수 있다.
└→ 0 < (소수 부분) < 1

$$\sqrt{2} = 1.414\cdots = \boxed{1} + \boxed{0.414\cdots} \\ = \boxed{1} + \boxed{(\sqrt{2}-1)}$$
정수 부분   소수 부분

(2) 소수 부분은 무리수에서 정수 부분을 뺀 것과 같다.
➡ $\sqrt{a}$가 무리수이고 $n$이 정수일 때,

$$n < \sqrt{a} < n+1 \Rightarrow \begin{cases} (\sqrt{a}\text{의 정수 부분}) = n \\ (\sqrt{a}\text{의 소수 부분}) = \sqrt{a} - n \end{cases}$$
무리수 ↗      ↖ 정수 부분

예 $1 < \sqrt{3} < 2 \Rightarrow (\sqrt{3}\text{의 정수 부분}) = 1, (\sqrt{3}\text{의 소수 부분}) = \sqrt{3} - 1$

---

**개념 확인**  다음은 $\sqrt{5}$의 정수 부분과 소수 부분을 구하는 과정이다. ㉠~㉣에 알맞은 수를 구하시오.

> 5보다 작은 자연수 중에서 가장 큰 제곱수는 ㉠이고,
> 5보다 큰 자연수 중에서 가장 작은 제곱수는 ㉡이다.
> 즉, ㉠ < 5 < ㉡에서 $2 < \sqrt{5} < 3$이다.
> 따라서 $\sqrt{5}$의 정수 부분은 ㉢이고, 소수 부분은 ㉣이다.

---

**필수 문제  8**

무리수의 정수 부분과
소수 부분 (1)

▸(무리수)
 =(정수 부분)+(소수 부분)
 (소수 부분)
 =(무리수)-(정수 부분)

다음 수의 정수 부분과 소수 부분을 각각 구하시오.

(1) $\sqrt{6}$                          (2) $\sqrt{10}$

**8-1**  다음 수의 정수 부분과 소수 부분을 각각 구하시오.

(1) $\sqrt{15}$                          (2) $\sqrt{21}$

---

**필수 문제  9**

무리수의 정수 부분과
소수 부분 (2)

다음 수의 정수 부분과 소수 부분을 각각 구하시오.

(1) $2 + \sqrt{3}$                          (2) $5 - \sqrt{2}$

**9-1**  다음 수의 정수 부분과 소수 부분을 각각 구하시오.

(1) $1 + \sqrt{2}$                          (2) $3 - \sqrt{3}$

## STEP 1 쏙쏙 개념 익히기

**1** 다음 중 □ 안에 알맞은 부등호의 방향이 나머지 넷과 <u>다른</u> 하나는?

① $3 \,\square\, \sqrt{3}+1$

② $\sqrt{6}-1 \,\square\, 2$

③ $-\sqrt{2}+4 \,\square\, -\sqrt{3}+4$

④ $\sqrt{2}+\sqrt{5} \,\square\, 1+\sqrt{5}$

⑤ $4-\sqrt{10} \,\square\, \sqrt{15}-\sqrt{10}$

**2** 다음 세 수 $a$, $b$, $c$ 중 가장 작은 수와 가장 큰 수를 차례로 구하시오.

$$a=1+\sqrt{3}, \qquad b=2, \qquad c=\sqrt{5}-1$$

**3** 다음 수직선 위의 점 중에서 $5-\sqrt{10}$에 대응하는 점을 구하시오.

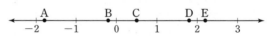

**4** $4-\sqrt{7}$의 정수 부분을 $a$, 소수 부분을 $b$라고 할 때, $b-a$의 값을 구하시오.

# 2 탄탄 단원 다지기

★ 중요

**1** 다음 중 옳은 것을 모두 고르면? (정답 2개)

① 0.49의 음의 제곱근은 $-0.7$이다.

② $(-5)^2$의 제곱근은 $-5$로 1개뿐이다.

③ $\sqrt{\dfrac{4}{9}}$의 제곱근은 $\pm\sqrt{\dfrac{2}{3}}$이다.

④ 0의 제곱근은 없다.

⑤ 제곱근 6과 36의 양의 제곱근은 같다.

**4** 오른쪽 그림과 같이 한 변의 길이가 각각 $3\,\mathrm{cm}$, $5\,\mathrm{cm}$인 두 정사각형의 넓이의 합과 넓이가 같은 정사각형을 만들 때, 새로 만든 정사각형의 한 변의 길이는?

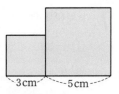

① $\sqrt{26}\,\mathrm{cm}$    ② $\sqrt{29}\,\mathrm{cm}$    ③ $\sqrt{31}\,\mathrm{cm}$

④ $\sqrt{34}\,\mathrm{cm}$    ⑤ $\sqrt{35}\,\mathrm{cm}$

**2** $\sqrt{81}$의 음의 제곱근을 $a$, 제곱근 100을 $b$, $(-7)^2$의 양의 제곱근을 $c$라고 할 때, $a+b+c$의 값은?

① $-6$    ② 6    ③ 8

④ 14    ⑤ 20

**5** 다음 중 그 값이 나머지 넷과 다른 하나는?

① $-(\sqrt{7})^2$    ② $-\sqrt{7^2}$    ③ $-\sqrt{(-7)^2}$

④ $(-\sqrt{7})^2$    ⑤ $-(-\sqrt{7})^2$

**3** 다음 보기의 수의 제곱근 중에서 근호를 사용하지 않고 나타낼 수 있는 것은 모두 몇 개인가?

┌ 보기 ┐

$8$,  $0.1$,  $1.69$,  $\dfrac{160}{25}$,  $1000$,  $\dfrac{64}{121}$

① 1개    ② 2개    ③ 3개

④ 4개    ⑤ 5개

**6** 다음 중 계산 결과가 옳지 <u>않은</u> 것은?

① $(\sqrt{2})^2+(-\sqrt{5})^2=7$

② $\sqrt{6^2}-\sqrt{(-4)^2}=2$

③ $\left(\sqrt{\dfrac{1}{2}}\right)^2\times\sqrt{\left(-\dfrac{4}{3}\right)^2}=\dfrac{2}{3}$

④ $\sqrt{\dfrac{9}{16}}\times\sqrt{(-4)^2}\div\left(-\sqrt{\dfrac{1}{2}}\right)^2=6$

⑤ $\sqrt{3^4}\div(-\sqrt{3})^2-\sqrt{(-2)^2}\times\left(\sqrt{\dfrac{3}{2}}\right)^2=-1$

**7** $a<0$일 때, $\sqrt{(-2a)^2}-\sqrt{a^2}$을 간단히 하면?

① $-3a$    ② $-2a$    ③ $-a$

④ $a$    ⑤ $2a$

**8** $a<b$, $ab<0$일 때, $\sqrt{(-4a)^2}+\sqrt{16b^2}-\sqrt{(a-b)^2}$ 을 간단히 하시오.

**9** $\sqrt{\dfrac{45}{2}x}$가 자연수가 되도록 하는 가장 작은 자연수 $x$ 의 값을 구하시오.

**10** $\sqrt{19-x}$가 정수가 되도록 하는 자연수 $x$의 값 중 가장 큰 수를 $a$, 가장 작은 수를 $b$라고 할 때, $a+b$의 값을 구하시오.

**11** 다음 중 두 수의 대소 관계가 옳은 것은?

① $5<\sqrt{24}$    ② $\sqrt{6}<\dfrac{5}{2}$

③ $-0.4<-\sqrt{0.2}$    ④ $-\dfrac{1}{3}<-\sqrt{\dfrac{1}{5}}$

⑤ $\dfrac{3}{5}<\sqrt{\dfrac{3}{10}}$

**12** 다음 수를 작은 것부터 차례로 나열하였을 때, 다섯 번째에 오는 수를 구하시오.

$$\dfrac{1}{2},\quad \sqrt{3},\quad -\sqrt{2},\quad 0,\quad -\sqrt{\dfrac{1}{3}},\quad 2,\quad -\sqrt{7}$$

**13** 자연수 $x$에 대하여 $\sqrt{x}$ 이하의 자연수의 개수를 $f(x)$라고 할 때, $f(8)+f(12)$의 값은?

① 3    ② 4    ③ 5

④ 6    ⑤ 7

**14** 다음 수 중 무리수인 것은 모두 몇 개인가?

$$\sqrt{0.01},\quad \pi-1,\quad \dfrac{\sqrt{2}}{3},\quad 0.4\dot{5},\quad \dfrac{3}{\sqrt{5}}$$

① 1개    ② 2개    ③ 3개

④ 4개    ⑤ 5개

**15** 다음 중 점 A, B, C, D, E의 좌표로 옳은 것은?
(단, 모눈 한 칸의 가로와 세로의 길이는 각각 1이다.)

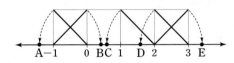

① $A(-\sqrt{2})$
② $B(\sqrt{2})$
③ $C(1-\sqrt{2})$
④ $D(2-\sqrt{2})$
⑤ $E(3+\sqrt{2})$

**16** 다음 그림은 한 칸의 가로와 세로의 길이가 각각 1인 모눈종이 위에 수직선과 두 직각삼각형 ABC, AED를 그린 것이다. $\overline{AB}=\overline{AP}$, $\overline{AD}=\overline{AQ}$이고, 점 Q에 대응하는 수가 $\sqrt{5}-2$일 때, 점 P에 대응하는 수를 구하시오.

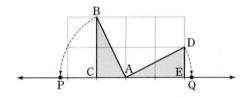

**17** 다음 중 옳지 <u>않은</u> 것을 모두 고르면? (정답 2개)

① 유한소수는 모두 유리수이다.
② 무한소수는 모두 무리수이다.
③ 두 실수 2와 $\sqrt{5}$ 사이에는 무수히 많은 유리수가 있다.
④ 모든 실수는 각각 수직선 위의 한 점에 대응한다.
⑤ 서로 다른 두 실수 사이에는 유한개의 무리수가 있다.

**18** 다음 제곱근표에서 $\sqrt{55.2}=a$, $\sqrt{b}=7.688$일 때, $1000a-100b$의 값을 구하시오.

| 수 | 0 | 1 | 2 | 3 | 4 |
|---|---|---|---|---|---|
| 55 | 7.416 | 7.423 | 7.430 | 7.436 | 7.443 |
| 56 | 7.483 | 7.490 | 7.497 | 7.503 | 7.510 |
| 57 | 7.550 | 7.556 | 7.563 | 7.570 | 7.576 |
| 58 | 7.616 | 7.622 | 7.629 | 7.635 | 7.642 |
| 59 | 7.681 | 7.688 | 7.694 | 7.701 | 7.707 |

**19** 다음 중 두 실수의 대소 관계가 옳은 것을 모두 고르면? (정답 2개)

① $4<\sqrt{3}+2$
② $1<3-\sqrt{2}$
③ $\sqrt{3}+2<\sqrt{2}+2$
④ $\sqrt{5}-3>\sqrt{7}-3$
⑤ $-\sqrt{10}+\sqrt{5}>2-\sqrt{10}$

**20** 다음 수직선에서 $\sqrt{90}-2$에 대응하는 점이 있는 구간은?

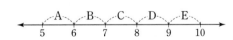

① 구간 A
② 구간 B
③ 구간 C
④ 구간 D
⑤ 구간 E

**따라 해보자**

### 예제 1

$-3 < x < 4$일 때, $\sqrt{(x+3)^2} - \sqrt{(x-4)^2}$을 간단히 하시오.

**풀이 과정**

**1단계** $x+3$의 부호 구하기

$-3 < x$이므로 $x+3 > 0$

**2단계** $x-4$의 부호 구하기

$x < 4$이므로 $x-4 < 0$

**3단계** $\sqrt{(x+3)^2} - \sqrt{(x-4)^2}$을 간단히 하기

$$\sqrt{(x+3)^2} - \sqrt{(x-4)^2} = x+3 - \{-(x-4)\}$$
$$= x+3+x-4$$
$$= 2x-1$$

**답** $2x-1$

### 유제 1

$3 < x < 6$일 때, $\sqrt{(x-6)^2} - \sqrt{(3-x)^2}$을 간단히 하시오.

**풀이 과정**

**1단계** $x-6$의 부호 구하기

**2단계** $3-x$의 부호 구하기

**3단계** $\sqrt{(x-6)^2} - \sqrt{(3-x)^2}$을 간단히 하기

**답**

### 예제 2

$1+\sqrt{3}$의 정수 부분을 $a$, 소수 부분을 $b$라고 할 때, $2a+b$의 값을 구하시오.

**풀이 과정**

**1단계** $a$의 값 구하기

$1 < \sqrt{3} < 2$이므로 $2 < 1+\sqrt{3} < 3$에서

$1+\sqrt{3}$의 정수 부분은 2이다.

$\therefore a=2$

**2단계** $b$의 값 구하기

$1+\sqrt{3}$의 소수 부분은 $(1+\sqrt{3})-2 = \sqrt{3}-1$이다.

$\therefore b = \sqrt{3}-1$

**3단계** $2a+b$의 값 구하기

$\therefore 2a+b = 2 \times 2 + (\sqrt{3}-1)$
$\qquad = 3+\sqrt{3}$

**답** $3+\sqrt{3}$

### 유제 2

$\sqrt{11}-2$의 정수 부분을 $a$, 소수 부분을 $b$라고 할 때, $a-b$의 값을 구하시오.

**풀이 과정**

**1단계** $a$의 값 구하기

**2단계** $b$의 값 구하기

**3단계** $a-b$의 값 구하기

**답**

**연습해 보자**

**1** 다음을 계산하시오.

$$\sqrt{(-3)^4} \div (-\sqrt{3})^2 - \sqrt{\left(\frac{2}{3}\right)^2} \times \left(\sqrt{\frac{3}{8}}\right)^2$$

**[ 풀이 과정 ]**

**[ 답 ]**

**2** 어느 수학 동아리에서 수학 신문을 만들려고 한다. 기사를 넣기 위해 오른쪽 그림과 같이 직사각형 모양의 종이를 정사각형 모양인 A, B 두 부분과 직사각형 모양인 C 부분으로 나누었다. A, B 두 부분은 넓이가 각각 $48n \, \text{cm}^2$, $(37-n) \, \text{cm}^2$이고 변의 길이가 모두 자연수일 때, C 부분의 넓이를 구하시오. (단, $n$은 자연수)

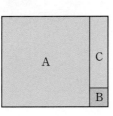

**[ 풀이 과정 ]**

**[ 답 ]**

**3** 부등식 $7 \leq \sqrt{3x+5} < 12$를 만족시키는 자연수 $x$의 값 중 가장 큰 수를 $M$, 가장 작은 수를 $m$이라고 할 때, $M-m$의 값을 구하시오.

**[ 풀이 과정 ]**

**[ 답 ]**

**4** 다음 수를 수직선 위의 점에 대응시킬 때, 왼쪽에 있는 것부터 차례로 나열하시오.

$$1, \quad -2-\sqrt{7}, \quad 3+\sqrt{6}, \quad 3+\sqrt{2}, \quad -2-\sqrt{6}$$

**[ 풀이 과정 ]**

**[ 답 ]**

• 정답과 해설 23쪽

# 무리수의 발견

세상의 근원을 수라고 생각하였던 피타고라스 학파의 사람들은 세상의 모든 것을 정수와 분수로 나타낼 수 있다고 생각하여 '만물은 수로 이루어져 있다.'를 좌우명으로 삼았다. 이들은 현실의 모든 것에 경계를 정하고 질서를 부여하였고, 이러한 현실을 이해할 수 있는 규칙을 수에서 찾았다.

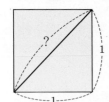

하지만 한 변의 길이가 1인 정사각형의 대각선의 길이를 유리수로 나타낼 수 없다는 것을 발견하고는 큰 충격을 받았다. 세상의 모든 것을 정수와 분수로 나타낼 수 있다는 신념이 무너져 버린 것이다. 따라서 이들은 이 사실이 다른 사람들에게 알려지지 않도록 비밀로 하기로 하였다.

하지만 진실은 언젠가 밝혀지듯이 히파수스(Hippasus)라는 피타고라스의 제자가 이 약속을 깨고 유리수로 나타낼 수 없는 수, 즉 무리수가 존재함을 대중들에게 발설하였다. 이에 피타고라스 학파의 사람들은 히파수스가 피타고라스 학파의 명예를 더럽혔다고 생각하여 그를 바다에 빠뜨렸다고 한다.

## 기출문제는 이렇게!

Q 다음 그림과 같이 넓이가 $1\,\mathrm{cm}^2$인 처음 정사각형에서 넓이를 $1\,\mathrm{cm}^2$씩 늘려서 20개의 정사각형을 그릴 때, 한 변의 길이가 무리수인 정사각형의 개수를 구하시오.

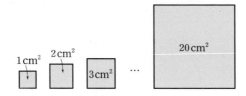

# 마인드 MAP

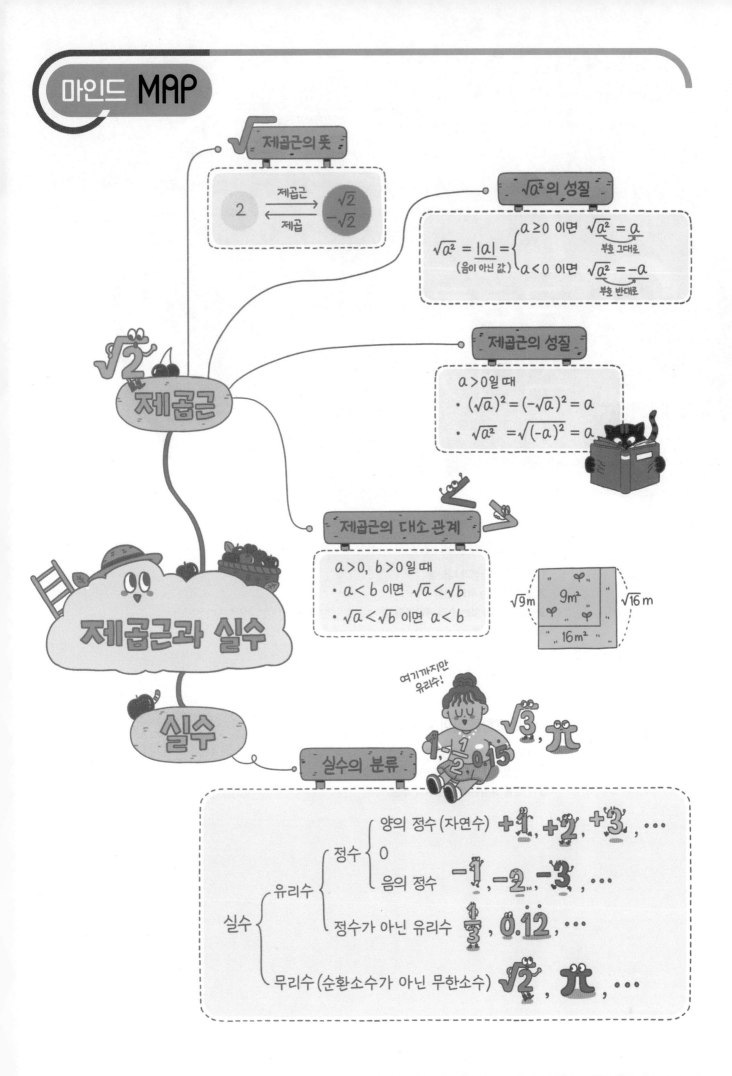

**제곱근의 뜻**

$$2 \quad \xrightarrow{\text{제곱근}} \quad \begin{array}{c} \sqrt{2} \\ -\sqrt{2} \end{array}$$

제곱

**$\sqrt{a^2}$의 성질**

$$\sqrt{a^2} = |a| = \begin{cases} a \geq 0 \text{ 이면 } \sqrt{a^2} = a & \text{부호 그대로} \\ a < 0 \text{ 이면 } \sqrt{a^2} = -a & \text{부호 반대로} \end{cases}$$

(음이 아닌 값)

**제곱근의 성질**

$a > 0$일 때

· $(\sqrt{a})^2 = (-\sqrt{a})^2 = a$

· $\sqrt{a^2} = \sqrt{(-a)^2} = a$

**제곱근**

**제곱근의 대소 관계**

$a > 0,\ b > 0$일 때

· $a < b$ 이면 $\sqrt{a} < \sqrt{b}$

· $\sqrt{a} < \sqrt{b}$ 이면 $a < b$

$\sqrt{9}$ m $9$ m² $\sqrt{16}$ m

$16$ m²

**제곱근과 실수**

**실수**

여기까지만 유리수!

$1, \frac{1}{2}, 0.15$ $\sqrt{3}, \pi$

**실수의 분류**

$$\text{실수} \begin{cases} \text{유리수} \begin{cases} \text{정수} \begin{cases} \text{양의 정수 (자연수) } +1, +2, +3, \cdots \\ 0 \\ \text{음의 정수 } -1, -2, -3, \cdots \end{cases} \\ \text{정수가 아닌 유리수 } \frac{1}{3}, 0.12, \cdots \end{cases} \\ \text{무리수 (순환소수가 아닌 무한소수) } \sqrt{2}, \pi, \cdots \end{cases}$$

I

실수와 그 연산

# 2 근호를 포함한 식의 계산

**이전에 배운 내용**

**중1**
- 소인수분해
- 일차식의 계산

**중2**
- 단항식의 계산
- 다항식의 계산
- 피타고라스 정리

**이번에 배울 내용**

⌒1 근호를 포함한 식의 계산 (1)

⌒2 근호를 포함한 식의 계산 (2)

**이후에 배울 내용**

**중3**
- 이차방정식
- 삼각비

**고등**
- 복소수의 사칙계산

**준비 학습**

**중1 소인수분해**

- 1보다 큰 자연수를 소인수만의 곱으로 나타내는 것

**1** 다음 수를 소인수분해하시오.

(1) 12      (2) 36      (3) 48      (4) 75

**중2 다항식의 계산**

- 분배법칙을 이용하여 식을 전개한 후, 동류항끼리 모아서 계산한다.

**2** 다음을 계산하시오.

(1) $(x+2y)-(3x-4y)$      (2) $3(a-5b)+2(-b+3a)$

# 01 근호를 포함한 식의 계산 (1)

● 정답과 해설 24쪽

## 1 제곱근의 곱셈과 나눗셈

(1) 제곱근의 곱셈: $a>0$, $b>0$이고, $m$, $n$이 유리수일 때

  ① $\sqrt{a}\times\sqrt{b}=\sqrt{a}\sqrt{b}=\sqrt{ab}$    예 $\sqrt{2}\times\sqrt{3}=\sqrt{2}\sqrt{3}=\sqrt{2\times3}=\sqrt{6}$    ← 근호 안의 수끼리 곱한다.

  ② $m\sqrt{a}\times n\sqrt{b}=mn\sqrt{ab}$    예 $4\sqrt{2}\times2\sqrt{3}=(4\times2)\times\sqrt{2\times3}=8\sqrt{6}$    ← 근호 밖의 수끼리, 근호 안의 수끼리 곱한다.

(2) 제곱근의 나눗셈: $a>0$, $b>0$이고, $m$, $n$ $(n\neq0)$이 유리수일 때

  ① $\sqrt{a}\div\sqrt{b}=\dfrac{\sqrt{a}}{\sqrt{b}}=\sqrt{\dfrac{a}{b}}$    예 $\sqrt{2}\div\sqrt{3}=\dfrac{\sqrt{2}}{\sqrt{3}}=\sqrt{\dfrac{2}{3}}$    ← 근호 안의 수끼리 나눈다.

  ② $m\sqrt{a}\div n\sqrt{b}=\dfrac{m}{n}\sqrt{\dfrac{a}{b}}$    예 $4\sqrt{2}\div2\sqrt{3}=\dfrac{4}{2}\sqrt{\dfrac{2}{3}}=2\sqrt{\dfrac{2}{3}}$    ← 근호 밖의 수끼리, 근호 안의 수끼리 나눈다.

---

**필수 문제 1**

제곱근의 곱셈

▶ $a>0$, $b>0$, $c>0$일 때,
$\sqrt{a}\sqrt{b}\sqrt{c}=\sqrt{abc}$

**다음을 간단히 하시오.**

(1) $\sqrt{3}\sqrt{5}$

(2) $\sqrt{2}\sqrt{3}\sqrt{7}$

(3) $3\sqrt{7}\times2\sqrt{2}$

(4) $-\sqrt{3}\times\sqrt{\dfrac{5}{3}}\times\sqrt{\dfrac{2}{5}}$

**1-1** 다음을 간단히 하시오.

(1) $\sqrt{2}\sqrt{18}$

(2) $\sqrt{2}\sqrt{5}\sqrt{10}$

(3) $2\sqrt{15}\times3\sqrt{\dfrac{2}{5}}$

(4) $-\sqrt{\dfrac{3}{5}}\times\sqrt{\dfrac{20}{7}}\times(-\sqrt{7})$

---

**필수 문제 2**

제곱근의 나눗셈

▶ 분수의 나눗셈은 역수의 곱셈
으로 고쳐서 계산한다.

**다음을 간단히 하시오.**

(1) $\dfrac{\sqrt{12}}{\sqrt{6}}$

(2) $\sqrt{18}\div\sqrt{2}$

(3) $\sqrt{14}\div(-\sqrt{21})$

(4) $\dfrac{\sqrt{3}}{\sqrt{5}}\div\sqrt{15}$

**2-1** 다음을 간단히 하시오.

(1) $\dfrac{\sqrt{39}}{\sqrt{3}}$

(2) $\sqrt{20}\div\sqrt{5}$

(3) $4\sqrt{42}\div2\sqrt{7}$

(4) $\sqrt{15}\div\sqrt{5}\div\left(-\sqrt{\dfrac{3}{10}}\right)$

## 2 근호가 있는 식의 변형

(1) 근호 안의 수에 제곱인 인수가 있으면 근호 밖으로 꺼낼 수 있다.

$a>0$, $b>0$일 때

① $\sqrt{a^2b}=\sqrt{a^2}\sqrt{b}=a\sqrt{b}$ 예 $\sqrt{12}=\sqrt{2^2\times3}=2\sqrt{3}$

② $\sqrt{\dfrac{b}{a^2}}=\dfrac{\sqrt{b}}{\sqrt{a^2}}=\dfrac{\sqrt{b}}{a}$ 예 $\sqrt{\dfrac{6}{25}}=\sqrt{\dfrac{6}{5^2}}=\dfrac{\sqrt{6}}{5}$

(2) 근호 밖의 양수는 제곱하여 근호 안에 넣을 수 있다.

$a>0$, $b>0$일 때

① $a\sqrt{b}=\sqrt{a^2}\sqrt{b}=\sqrt{a^2b}$ 예 $3\sqrt{5}=\sqrt{3^2\times5}=\sqrt{45}$

② $\dfrac{\sqrt{b}}{a}=\dfrac{\sqrt{b}}{\sqrt{a^2}}=\sqrt{\dfrac{b}{a^2}}$ 예 $\dfrac{\sqrt{7}}{2}=\sqrt{\dfrac{7}{2^2}}=\sqrt{\dfrac{7}{4}}$

---

**개념 확인** $a>0$, $b>0$일 때, $\sqrt{a^2b}=a\sqrt{b}$임을 이용하여 다음 □ 안에 알맞은 수를 쓰시오.

$$\sqrt{24}=\sqrt{2^3\times3}=\sqrt{\boxed{\phantom{0}}\times2\times3}=\sqrt{\boxed{\phantom{0}}}\times\sqrt{6}=\boxed{\phantom{0}}\times\sqrt{6}=\boxed{\phantom{0}}$$

> **보충**
>
> • 근호 안의 수를 근호 밖으로 꺼낼 때, 근호 안의 수는 가장 작은 자연수가 되도록 한다.
> 예 $\sqrt{180}=\sqrt{6^2\times5}=6\sqrt{5}$ (○)
> $\sqrt{180}=\sqrt{2^2\times45}=2\sqrt{45}$ (×)
> • 근호 밖의 수가 음수일 때, 부호 '−'는 그대로 두고 양수만 제곱하여 근호 안에 넣는다.
> 예 $-2\sqrt{3}=-\sqrt{2^2\times3}=-\sqrt{12}$ (○)
> $-2\sqrt{3}=\sqrt{(-2)^2\times3}=\sqrt{12}$ (×)

---

**필수 문제 ③**

근호 안의 제곱인 인수 꺼내기

▸ $\sqrt{a^2b}=a\sqrt{b}$     $\sqrt{\dfrac{b}{a^2}}=\dfrac{\sqrt{b}}{a}$
　　근호 밖으로　　　　　근호 밖으로

다음 수를 $a\sqrt{b}$ 꼴로 나타내시오. (단, $a$는 유리수이고 $b$는 가장 작은 자연수)

(1) $\sqrt{27}$　　　(2) $-\sqrt{50}$　　　(3) $\sqrt{\dfrac{3}{49}}$　　　(4) $\sqrt{0.11}$

**3-1** 다음 수를 $a\sqrt{b}$ 꼴로 나타내시오. (단, $a$는 유리수이고 $b$는 가장 작은 자연수)

(1) $\sqrt{54}$　　　(2) $\sqrt{80}$　　　(3) $-\sqrt{\dfrac{5}{64}}$　　　(4) $\sqrt{0.0007}$

---

**필수 문제 ④**

근호 밖의 수를 근호 안으로 넣기

▸ $a\sqrt{b}=\sqrt{a^2b}$     $\dfrac{\sqrt{b}}{a}=\sqrt{\dfrac{b}{a^2}}$
　　근호 안으로　　　　　근호 안으로

다음 수를 $\sqrt{a}$ 또는 $-\sqrt{a}$ 꼴로 나타내시오.

(1) $2\sqrt{5}$　　　(2) $-2\sqrt{6}$　　　(3) $\dfrac{\sqrt{2}}{5}$　　　(4) $3\sqrt{\dfrac{3}{2}}$

**4-1** 다음 수를 $\sqrt{a}$ 또는 $-\sqrt{a}$ 꼴로 나타내시오.

(1) $3\sqrt{2}$　　　(2) $-5\sqrt{10}$　　　(3) $\dfrac{\sqrt{3}}{2}$　　　(4) $4\sqrt{\dfrac{2}{5}}$

## 3 제곱근표에 없는 수의 제곱근의 값

(1) 근호 안의 수가 100보다 큰 수의 제곱근의 값

$a$가 제곱근표에 있는 수일 때, $\sqrt{a \times 10^n}$ ($n$은 짝수) 꼴로 고친 후

$\sqrt{100a} = 10\sqrt{a}$, $\sqrt{10000a} = 100\sqrt{a}$, $\cdots$임을 이용한다.

**예** $\sqrt{2} = 1.414$일 때, $\sqrt{200} = \sqrt{2 \times 100} = 10\sqrt{2} = 10 \times 1.414 = 14.14$

(2) 근호 안의 수가 0보다 크고 1보다 작은 수의 제곱근의 값

$a$가 제곱근표에 있는 수일 때, $\sqrt{\dfrac{a}{10^n}}$ ($n$은 짝수) 꼴로 고친 후

$\sqrt{\dfrac{a}{100}} = \dfrac{\sqrt{a}}{10}$, $\sqrt{\dfrac{a}{10000}} = \dfrac{\sqrt{a}}{100}$, $\cdots$임을 이용한다.

**예** $\sqrt{2} = 1.414$일 때, $\sqrt{0.02} = \sqrt{\dfrac{2}{100}} = \dfrac{\sqrt{2}}{10} = \dfrac{1.414}{10} = 0.1414$

---

**필수 문제 5**

제곱근표에 없는 수의 제곱근의 값 구하기

▶제곱근표에 없는 수의 제곱근의 값을 구할 때는 제곱근표에 있는 수가 되도록 자연수는 끝자리부터 두 자리씩 왼쪽으로, 소수는 소수점부터 두 자리씩 오른쪽으로 이동하여 본다.

두 자리씩 힘차게!

$\sqrt{3} = 1.732$, $\sqrt{30} = 5.477$일 때, 다음 ☐ 안에 알맞은 수를 쓰시오.

(1) $\sqrt{300} = \sqrt{3 \times \boxed{\phantom{00}}} = \boxed{\phantom{0}}\sqrt{3} = \boxed{\phantom{0}} \times 1.732 = \boxed{\phantom{0000}}$

(2) $\sqrt{3000} = \sqrt{30 \times \boxed{\phantom{00}}} = \boxed{\phantom{0}}\sqrt{30} = \boxed{\phantom{0}} \times 5.477 = \boxed{\phantom{0000}}$

(3) $\sqrt{0.03} = \sqrt{\dfrac{3}{\boxed{\phantom{00}}}} = \dfrac{\sqrt{3}}{\boxed{\phantom{0}}} = \dfrac{1.732}{\boxed{\phantom{0}}} = \boxed{\phantom{000}}$

(4) $\sqrt{0.3} = \sqrt{\dfrac{\boxed{\phantom{00}}}{100}} = \dfrac{\sqrt{\boxed{\phantom{0}}}}{10} = \dfrac{\boxed{\phantom{0}}}{10} = \boxed{\phantom{000}}$

**5-1** $\sqrt{5} = 2.236$, $\sqrt{50} = 7.071$일 때, 다음 제곱근의 값을 구하시오.

(1) $\sqrt{5000}$        (2) $\sqrt{500}$

(3) $\sqrt{0.5}$        (4) $\sqrt{0.0005}$

## 4 분모의 유리화

(1) **분모의 유리화**: 분모가 근호가 있는 무리수일 때, 분모와 분자에 0이 아닌 같은 수를 곱하여 분모를 유리수로 고치는 것을 **분모의 유리화**라고 한다.

(2) 분모를 유리화하는 방법

① $\dfrac{b}{\sqrt{a}}=\dfrac{b\times\sqrt{a}}{\sqrt{a}\times\sqrt{a}}=\dfrac{b\sqrt{a}}{a}$ (단, $a>0$)　　예 $\dfrac{1}{\sqrt{2}}=\dfrac{1\times\sqrt{2}}{\sqrt{2}\times\sqrt{2}}=\dfrac{\sqrt{2}}{2}$

② $\dfrac{\sqrt{b}}{\sqrt{a}}=\dfrac{\sqrt{b}\times\sqrt{a}}{\sqrt{a}\times\sqrt{a}}=\dfrac{\sqrt{ab}}{a}$ (단, $a>0$, $b>0$)　　예 $\dfrac{\sqrt{3}}{\sqrt{2}}=\dfrac{\sqrt{3}\times\sqrt{2}}{\sqrt{2}\times\sqrt{2}}=\dfrac{\sqrt{6}}{2}$

③ $\dfrac{b}{c\sqrt{a}}=\dfrac{b\times\sqrt{a}}{c\sqrt{a}\times\sqrt{a}}=\dfrac{b\sqrt{a}}{ac}$ (단, $a>0$, $c\neq0$)　　예 $\dfrac{5}{3\sqrt{2}}=\dfrac{5\times\sqrt{2}}{3\sqrt{2}\times\sqrt{2}}=\dfrac{5\sqrt{2}}{6}$

참고 분모의 근호 안에 제곱인 인수가 있으면 $\sqrt{a^2 b}=a\sqrt{b}$ 임을 이용하여 근호 안을 가장 작은 자연수로 만든 후 분모를 유리화한다.

예 $\dfrac{1}{\sqrt{24}}=\dfrac{1}{2\sqrt{6}}=\dfrac{1\times\sqrt{6}}{2\sqrt{6}\times\sqrt{6}}=\dfrac{\sqrt{6}}{12}$

---

**개념 확인** 다음은 수의 분모를 유리화하는 과정이다. ☐ 안에 알맞은 수를 쓰시오.

(1) $\dfrac{1}{\sqrt{3}}=\dfrac{1\times\boxed{\phantom{x}}}{\sqrt{3}\times\boxed{\phantom{x}}}=\boxed{\phantom{x}}$

(2) $\dfrac{2}{\sqrt{3}}=\dfrac{2\times\boxed{\phantom{x}}}{\sqrt{3}\times\boxed{\phantom{x}}}=\boxed{\phantom{x}}$

(3) $\dfrac{\sqrt{2}}{\sqrt{3}}=\dfrac{\sqrt{2}\times\boxed{\phantom{x}}}{\sqrt{3}\times\boxed{\phantom{x}}}=\boxed{\phantom{x}}$

(4) $\dfrac{\sqrt{7}}{\sqrt{12}}=\dfrac{\sqrt{7}}{2\sqrt{3}}=\dfrac{\sqrt{7}\times\boxed{\phantom{x}}}{2\sqrt{3}\times\boxed{\phantom{x}}}=\boxed{\phantom{x}}$

---

**필수 문제** **6**

**분모의 유리화**

▶분모와 분자가 약분이 되는 경우, 약분을 먼저 한 후 분모를 유리화하면 편리하다.
또 분모를 유리화한 후 약분이 되는 것은 약분하여 간단한 꼴로 나타낸다.

다음 수의 분모를 유리화하시오.

(1) $\dfrac{1}{\sqrt{5}}$

(2) $\dfrac{\sqrt{3}}{\sqrt{7}}$

(3) $\dfrac{5}{\sqrt{2}\sqrt{3}}$

(4) $\dfrac{\sqrt{5}}{3\sqrt{15}}$

**6-1** 다음 수의 분모를 유리화하시오.

(1) $\dfrac{6}{\sqrt{3}}$

(2) $-\dfrac{5}{\sqrt{20}}$

(3) $\dfrac{4}{\sqrt{5}\sqrt{7}}$

(4) $\dfrac{\sqrt{21}}{\sqrt{2}\sqrt{7}}$

# 제곱근의 곱셈과 나눗셈

● 정답과 해설 25쪽

**1** 다음을 간단히 하시오.

(1) $\sqrt{2}\sqrt{7}$

(2) $-\sqrt{2} \times \sqrt{3} \times \sqrt{5}$

(3) $2\sqrt{3} \times 5\sqrt{3}$

(4) $\sqrt{\dfrac{6}{5}} \times \sqrt{\dfrac{10}{3}} \times 3\sqrt{5}$

(5) $\dfrac{\sqrt{15}}{\sqrt{3}}$

(6) $\sqrt{33} \div (-\sqrt{11})$

(7) $4\sqrt{6} \div 2\sqrt{3}$

(8) $-\sqrt{21} \div \sqrt{\dfrac{3}{7}} \div \sqrt{\dfrac{1}{5}}$

**2** 다음에서 $\sqrt{a}$ 꼴로 나타내어진 것은 $b\sqrt{c}$ 꼴로, $p\sqrt{q}$ 꼴로 나타내어진 것은 $\sqrt{r}$ 꼴로 나타내시오. (단, $b$는 유리수이고 $c$는 가장 작은 자연수)

(1) $\sqrt{20}$

(2) $\sqrt{75}$

(3) $\sqrt{32}$

(4) $\sqrt{\dfrac{5}{9}}$

(5) $\sqrt{\dfrac{2}{121}}$

(6) $\sqrt{0.03}$

(7) $2\sqrt{7}$

(8) $2\sqrt{3}$

(9) $-5\sqrt{2}$

(10) $\dfrac{\sqrt{5}}{4}$

(11) $-\dfrac{\sqrt{3}}{8}$

(12) $6\sqrt{\dfrac{2}{3}}$

**3** 다음 수의 분모를 유리화하시오.

(1) $\dfrac{1}{\sqrt{11}}$

(2) $\dfrac{\sqrt{5}}{\sqrt{2}}$

(3) $\dfrac{4}{\sqrt{48}}$

(4) $\dfrac{\sqrt{5}}{\sqrt{63}}$

(5) $\dfrac{14}{\sqrt{3}\sqrt{7}}$

(6) $\dfrac{\sqrt{35}}{\sqrt{5}\sqrt{6}}$

**4** 다음을 간단히 하시오.

(1) $3\sqrt{15} \times \sqrt{2} \div \sqrt{3}$

(2) $(-8\sqrt{5}) \div 2\sqrt{10} \times \sqrt{3}$

(3) $\sqrt{\dfrac{5}{2}} \div \dfrac{\sqrt{10}}{\sqrt{3}} \times \sqrt{\dfrac{14}{3}}$

(4) $5\sqrt{\dfrac{1}{10}} \div \sqrt{\dfrac{3}{2}} \times (-2\sqrt{5})$

## 쏙쏙 개념 익히기

**1** 다음 중 옳지 <u>않은</u> 것을 모두 고르면? (정답 2개)

① $\sqrt{3}\sqrt{12}=6$

② $\sqrt{6}\sqrt{10}=2\sqrt{15}$

③ $\dfrac{\sqrt{10}}{\sqrt{3}} \div \sqrt{\dfrac{5}{24}}=\dfrac{5}{6}$

④ $2\sqrt{11}=\sqrt{22}$

⑤ $\sqrt{0.12}=\dfrac{\sqrt{3}}{5}$

**2** $\sqrt{1.23}=1.109$, $\sqrt{12.3}=3.507$일 때, 다음 중 옳은 것은?

① $\sqrt{12300}=35.07$

② $\sqrt{1230}=350.7$

③ $\sqrt{123}=11.09$

④ $\sqrt{0.123}=0.1109$

⑤ $\sqrt{0.0123}=0.3507$

**3** $\dfrac{10\sqrt{2}}{\sqrt{5}}=a\sqrt{10}$, $\dfrac{1}{\sqrt{18}}=b\sqrt{2}$를 만족시키는 유리수 $a$, $b$에 대하여 $ab$의 값을 구하시오.

**4** 오른쪽 그림과 같이 부피가 $36\sqrt{3}\,\mathrm{cm}^3$인 직육면체의 가로, 세로의 길이가 각각 $\sqrt{18}\,\mathrm{cm}$, $\sqrt{12}\,\mathrm{cm}$일 때, 이 직육면체의 높이를 구하시오.

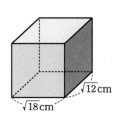

√12 cm
√18 cm

● 제곱근을 문자를 사용하여 나타내기
❶ 근호 안의 수를 소인수분해한다.
❷ 제곱인 인수는 근호 밖으로 꺼낸다.
❸ 주어진 문자를 사용하여 나타낸다.

**5** $\sqrt{2}=a$, $\sqrt{3}=b$라고 할 때, $\sqrt{150}$을 $a$, $b$를 사용하여 나타내면?

① $2ab$

② $5ab$

③ $5ab^2$

④ $a^2b$

⑤ $2a^2b$

**6** $\sqrt{3}=a$, $\sqrt{7}=b$라고 할 때, $\sqrt{84}$를 $a$, $b$를 사용하여 나타내시오.

# 2 근호를 포함한 식의 계산 (2)

● 정답과 해설 26쪽

## 1 제곱근의 덧셈과 뺄셈

제곱근의 덧셈과 뺄셈은 근호 안의 수가 같은 것끼리 모아서 계산한다.

$l$, $m$, $n$이 유리수이고 $a>0$일 때

(1) $m\sqrt{a}+n\sqrt{a}=(m+n)\sqrt{a}$

(2) $m\sqrt{a}-n\sqrt{a}=(m-n)\sqrt{a}$

(3) $m\sqrt{a}+n\sqrt{a}-l\sqrt{a}=(m+n-l)\sqrt{a}$

$$m\boxed{\sqrt{a}}+n\boxed{\sqrt{a}}=(m+n)\boxed{\sqrt{a}} \quad \leftarrow 근호를\ 포함한\ 식의\ 덧셈,\ 뺄셈$$
$$m\boxed{x}+n\boxed{x}=(m+n)\boxed{x} \quad \leftarrow 다항식에서\ 동류항의\ 덧셈,\ 뺄셈$$

[예] $5\sqrt{3}+2\sqrt{3}=(5+2)\sqrt{3}=7\sqrt{3}$, $5\sqrt{3}-2\sqrt{3}=(5-2)\sqrt{3}=3\sqrt{3}$, $4\sqrt{3}-5\sqrt{3}+2\sqrt{3}=(4-5+2)\sqrt{3}=\sqrt{3}$

[참고] $\sqrt{5}+\sqrt{2}$와 같이 근호 안의 수가 같지 않으면 더 이상 간단히 할 수 없다.

➡ $\sqrt{5}+\sqrt{2}\neq\sqrt{5+2}$, $\sqrt{5}-\sqrt{2}\neq\sqrt{5-2}$

---

**개념 확인** 다음 그림에서 (㉠의 넓이)+(㉡의 넓이)=(㉢의 넓이)임을 이용하여 □ 안에 알맞은 수를 쓰시오.

$$2\sqrt{2} \quad + \quad 3\sqrt{2} \quad = \quad (\Box+\Box)\sqrt{2}=\Box\sqrt{2}$$

---

**필수 문제 1**

제곱근의 덧셈과 뺄셈

다음을 계산하시오.

(1) $2\sqrt{3}+4\sqrt{3}$

(2) $4\sqrt{5}-2\sqrt{5}-5\sqrt{5}$

(3) $\dfrac{3\sqrt{11}}{4}+\dfrac{\sqrt{11}}{2}$

(4) $2\sqrt{5}-\sqrt{6}-\sqrt{5}+5\sqrt{6}$

**1-1** 다음을 계산하시오.

(1) $-\sqrt{7}-2\sqrt{7}$

(2) $3\sqrt{2}+\sqrt{2}-2\sqrt{2}$

(3) $\dfrac{2\sqrt{5}}{3}-\dfrac{\sqrt{5}}{2}$

(4) $8\sqrt{3}+2\sqrt{13}-4\sqrt{13}-3\sqrt{3}$

---

**필수 문제 2**

$\sqrt{a^2b}$ 꼴이 포함된 제곱근의 덧셈과 뺄셈

▸ $\sqrt{a^2b}$ 꼴은 $a\sqrt{b}$ 꼴로 고친 후 계산한다. 또 분모에 무리수가 있으면 분모를 유리화한 후 계산한다.

다음을 계산하시오.

(1) $\sqrt{3}+\sqrt{12}-\sqrt{27}$

(2) $\sqrt{5}-\sqrt{8}+\sqrt{20}+3\sqrt{2}$

(3) $\dfrac{4}{\sqrt{2}}-\dfrac{\sqrt{6}}{\sqrt{3}}$

(4) $\sqrt{63}+\sqrt{7}-\dfrac{14}{\sqrt{7}}$

**2-1** 다음을 계산하시오.

(1) $\sqrt{18}-\sqrt{8}+\sqrt{50}$

(2) $\sqrt{7}+\sqrt{28}+\sqrt{32}-5\sqrt{2}$

(3) $\dfrac{\sqrt{24}}{3}-\dfrac{\sqrt{2}}{\sqrt{27}}$

(4) $\sqrt{45}-\sqrt{5}-\dfrac{10}{\sqrt{5}}$

## 2 분배법칙을 이용한 제곱근의 덧셈과 뺄셈

괄호가 있으면 분배법칙을 이용하여 괄호를 푼 후 근호 안의 수가 같은 것끼리 모아서 계산한다.

$a>0$, $b>0$, $c>0$일 때

(1) $\sqrt{a}(\sqrt{b}+\sqrt{c})=\sqrt{a}\sqrt{b}+\sqrt{a}\sqrt{c}=\sqrt{ab}+\sqrt{ac}$  예 $\sqrt{2}(\sqrt{3}+\sqrt{5})=\sqrt{6}+\sqrt{10}$

(2) $(\sqrt{a}+\sqrt{b})\sqrt{c}=\sqrt{a}\sqrt{c}+\sqrt{b}\sqrt{c}=\sqrt{ac}+\sqrt{bc}$  예 $(\sqrt{3}-\sqrt{7})\sqrt{2}=\sqrt{6}-\sqrt{14}$

---

**필수 문제 3**

분배법칙을 이용한
제곱근의 덧셈과 뺄셈

**다음을 계산하시오.**

(1) $\sqrt{2}(5-\sqrt{3})$

(2) $\sqrt{3}(\sqrt{6}+2\sqrt{3})$

(3) $5\sqrt{3}-\sqrt{2}(2+\sqrt{6})$

(4) $\sqrt{2}(3+\sqrt{6})+\sqrt{3}(2-\sqrt{6})$

**3-1** 다음을 계산하시오.

(1) $2\sqrt{10}-\sqrt{2}(2+\sqrt{5})$

(2) $\sqrt{5}(\sqrt{10}-\sqrt{20})-\sqrt{2}$

(3) $\sqrt{3}(2-\sqrt{5})+\sqrt{5}(2\sqrt{3}-\sqrt{15})$

(4) $\sqrt{14}\left(\sqrt{7}+\dfrac{\sqrt{2}}{2}\right)-\sqrt{7}\left(4+\dfrac{2\sqrt{14}}{7}\right)$

---

**필수 문제 4**

$\dfrac{\sqrt{b}+\sqrt{c}}{\sqrt{a}}$ 꼴의 분모의

유리화

▶분모에 무리수가 있으면 분모
를 유리화한 후, 분자는 분배
법칙을 이용하여 계산한다.

**다음 수의 분모를 유리화하시오.**

(1) $\dfrac{2+\sqrt{3}}{\sqrt{3}}$

(2) $\dfrac{\sqrt{2}-\sqrt{3}}{\sqrt{5}}$

(3) $\dfrac{3\sqrt{2}-\sqrt{3}}{2\sqrt{3}}$

(4) $\dfrac{\sqrt{12}+\sqrt{8}}{\sqrt{2}}$

**4-1** 다음 수의 분모를 유리화하시오.

(1) $\dfrac{\sqrt{6}+1}{\sqrt{2}}$

(2) $\dfrac{\sqrt{10}-\sqrt{5}}{\sqrt{7}}$

(3) $\dfrac{5\sqrt{2}+2\sqrt{5}}{3\sqrt{5}}$

(4) $\dfrac{\sqrt{20}-3\sqrt{6}}{\sqrt{2}}$

## 3 근호를 포함한 복잡한 식의 계산

❶ 괄호가 있으면 분배법칙을 이용하여 괄호를 푼다.

❷ $\sqrt{a^2b}$ 꼴은 $a\sqrt{b}$ 꼴로 고친다.

❸ 분모에 무리수가 있으면 분모를 유리화한다.

❹ 곱셈, 나눗셈을 먼저 한 후 덧셈, 뺄셈을 한다.

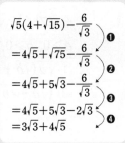

$\sqrt{5}(4+\sqrt{15})-\dfrac{6}{\sqrt{3}}$ ❶

$=4\sqrt{5}+\sqrt{75}-\dfrac{6}{\sqrt{3}}$ ❷

$=4\sqrt{5}+5\sqrt{3}-\dfrac{6}{\sqrt{3}}$ ❸

$=4\sqrt{5}+5\sqrt{3}-2\sqrt{3}$ ❹

$=3\sqrt{3}+4\sqrt{5}$

---

**필수 문제 5**

근호를 포함한 복잡한 식의 계산

**다음을 계산하시오.**

(1) $\sqrt{42} \div \sqrt{6} + \sqrt{14} \times \sqrt{2}$

(2) $\sqrt{27} \times 2 - 2\sqrt{6} \div \sqrt{2}$

(3) $\dfrac{\sqrt{18}-\sqrt{2}}{\sqrt{3}} - \sqrt{12} \div \dfrac{4}{\sqrt{2}}$

(4) $\dfrac{3\sqrt{5}+12}{\sqrt{3}} + \dfrac{\sqrt{15}-\sqrt{75}}{\sqrt{5}}$

**5-1** **다음을 계산하시오.**

(1) $\sqrt{2} \times \sqrt{10} + 5 \div \sqrt{5}$

(2) $4\sqrt{2} \div \dfrac{1}{\sqrt{2}} - \sqrt{28} \div \sqrt{7}$

(3) $\sqrt{2}(\sqrt{12}-\sqrt{6}) + \dfrac{3\sqrt{2}+2}{\sqrt{3}}$

(4) $\dfrac{4\sqrt{3}+\sqrt{50}}{\sqrt{2}} - \dfrac{12-\sqrt{30}}{\sqrt{6}}$

# 제곱근의 덧셈과 뺄셈

● 정답과 해설 28쪽

[1~3] 다음을 계산하시오.

**1**
(1) $\sqrt{2}-7\sqrt{2}$

(2) $3\sqrt{5}+2\sqrt{5}-6\sqrt{5}$

(3) $\dfrac{3\sqrt{3}}{4}-\dfrac{3\sqrt{3}}{2}+\sqrt{3}$

(4) $-2\sqrt{11}+3\sqrt{6}-6\sqrt{11}+5\sqrt{6}$

**2**
(1) $\sqrt{75}+\sqrt{48}$

(2) $\sqrt{3}-5\sqrt{6}-\sqrt{12}+3\sqrt{24}$

(3) $\dfrac{\sqrt{18}}{6}+\dfrac{\sqrt{6}}{\sqrt{12}}$

(4) $\dfrac{6}{\sqrt{27}}-\dfrac{4}{\sqrt{3}}$

**3**
(1) $\sqrt{2}(6+\sqrt{3})$

(2) $2\sqrt{3}(\sqrt{2}+\sqrt{12})$

(3) $4\sqrt{3}-\sqrt{2}(3-\sqrt{6})$

(4) $\sqrt{5}(3-\sqrt{10})+\sqrt{2}(4+\sqrt{10})$

**4** 다음 수의 분모를 유리화하시오.

(1) $\dfrac{2\sqrt{2}-4}{\sqrt{5}}$

(2) $\dfrac{\sqrt{2}-\sqrt{3}}{3\sqrt{6}}$

(3) $\dfrac{2\sqrt{5}-\sqrt{6}}{\sqrt{24}}$

**5** 다음을 계산하시오.

(1) $\sqrt{12}\times\dfrac{\sqrt{3}}{2}+6\div2\sqrt{3}$

(2) $\sqrt{15}\times\dfrac{1}{\sqrt{3}}-\sqrt{10}\div\dfrac{3}{\sqrt{2}}$

(3) $5\sqrt{5}+(2\sqrt{21}-\sqrt{15})\div\sqrt{3}$

(4) $\sqrt{2}\left(\dfrac{2}{\sqrt{6}}-\dfrac{10}{\sqrt{12}}\right)+\sqrt{3}\left(\dfrac{1}{\sqrt{18}}-3\right)$

(5) $\dfrac{4-2\sqrt{3}}{\sqrt{2}}+\sqrt{3}(\sqrt{32}-\sqrt{6})$

(6) $\dfrac{6}{\sqrt{3}}(\sqrt{2}+\sqrt{3})-\dfrac{\sqrt{48}-\sqrt{72}}{\sqrt{2}}$

## STEP 1 쏙쏙 개념 익히기

**1** 다음을 구하시오.

(1) $3\sqrt{3}-\sqrt{32}-\sqrt{12}+3\sqrt{2}=a\sqrt{2}+b\sqrt{3}$을 만족시킬 때, 유리수 $a$, $b$의 값

(2) $\dfrac{13}{\sqrt{10}}+\dfrac{\sqrt{5}}{\sqrt{2}}+\dfrac{\sqrt{2}}{\sqrt{5}}=a\sqrt{10}$을 만족시킬 때, 유리수 $a$의 값

**2** $A=\sqrt{3}-\sqrt{2}$, $B=\sqrt{3}+\sqrt{2}$일 때, $\sqrt{2}A-\sqrt{3}B$의 값을 구하시오.

**3** $\sqrt{24}\left(\dfrac{8}{\sqrt{3}}-\sqrt{3}\right)+\dfrac{\sqrt{48}-10}{\sqrt{2}}$을 계산하시오.

**4** 다음 그림과 같은 도형의 넓이를 구하시오.

(1)

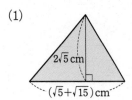

(2)

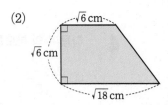

● 제곱근의 계산 결과가
유리수가 될 조건
$a$, $b$는 유리수이고 $\sqrt{x}$는
무리수일 때
⇨ $a+b\sqrt{x}$가 유리수가
될 조건은 $b=0$

**5** $2(3+a\sqrt{5})+4a-6\sqrt{5}$를 계산한 결과가 유리수가 되도록 하는 유리수 $a$의 값을 구하시오.

한번 더

**6** $\sqrt{3}(5+4\sqrt{3})-\sqrt{2}(a\sqrt{6}-\sqrt{2})$를 계산한 결과가 유리수가 되도록 하는 유리수 $a$의 값을 구하시오.

## STEP 2 탄탄 단원 다지기

**●○○**

**1** 다음 중 옳지 <u>않은</u> 것은?

① $3\sqrt{5} \times 2\sqrt{3} = 6\sqrt{15}$

② $\sqrt{5} \div \sqrt{\dfrac{1}{2}} = \sqrt{10}$

③ $-\sqrt{\dfrac{6}{5}}\sqrt{\dfrac{35}{6}} = -7$

④ $\sqrt{3}\sqrt{6}\sqrt{7} = 3\sqrt{14}$

⑤ $-\sqrt{72} \div (-\sqrt{18}) = 2$

**●●○**

**2** 다음 보기 중 옳지 <u>않은</u> 것을 모두 고른 것은?

┤ 보기 ├
ㄱ. $\sqrt{27} = 3\sqrt{3}$　　　ㄴ. $\sqrt{50} = 5\sqrt{2}$
ㄷ. $-3\sqrt{2} = \sqrt{18}$　　　ㄹ. $\sqrt{98} = 7\sqrt{3}$
ㅁ. $5\sqrt{5} = \sqrt{125}$

① ㄱ, ㄴ　　　② ㄴ, ㄷ　　　③ ㄷ, ㄹ
④ ㄷ, ㅁ　　　⑤ ㄹ, ㅁ

**●●○**

**3** $\sqrt{250} = a\sqrt{10}$, $\sqrt{0.32} = b\sqrt{2}$일 때, 유리수 $a$, $b$에 대하여 $ab$의 값을 구하시오.

**●●○**

**4** $\sqrt{2} \times \sqrt{3} \times \sqrt{4} \times \sqrt{5} \times \sqrt{6} = a\sqrt{5}$일 때, 유리수 $a$의 값은?

① 8　　　② 9　　　③ 10
④ 11　　　⑤ 12

**●●●**

**5** 다음 표는 제곱근표의 일부이다. 이 표를 이용하여 $\sqrt{223} + \sqrt{0.211}$의 값을 구하시오.

| 수 | 0 | 1 | 2 | 3 | 4 |
|---|---|---|---|---|---|
| 2.1 | 1.449 | 1.453 | 1.456 | 1.459 | 1.463 |
| 2.2 | 1.483 | 1.487 | 1.490 | 1.493 | 1.497 |
| 2.3 | 1.517 | 1.520 | 1.523 | 1.526 | 1.530 |
| ⋮ | ⋮ | ⋮ | ⋮ | ⋮ | ⋮ |
| 21 | 4.583 | 4.593 | 4.604 | 4.615 | 4.626 |
| 22 | 4.690 | 4.701 | 4.712 | 4.722 | 4.733 |
| 23 | 4.796 | 4.806 | 4.817 | 4.827 | 4.837 |

**●●○**

**6** $\sqrt{2.7} = 1.643$일 때, $\sqrt{a} = 164.3$을 만족시키는 유리수 $a$의 값은?

① 0.00027　　　② 0.027　　　③ 270
④ 2700　　　⑤ 27000

**●●○**

**7** $\sqrt{3} = a$, $\sqrt{5} = b$라고 할 때, $\sqrt{0.6}$을 $a$, $b$를 사용하여 나타내면?

① $\dfrac{1}{ab}$　　　② $\dfrac{b}{a}$　　　③ $\dfrac{a}{b}$
④ $ab$　　　⑤ $ab^2$

**8** $\dfrac{\sqrt{7}}{4\sqrt{2}}=a\sqrt{14}$, $\dfrac{\sqrt{6}}{\sqrt{45}}=\dfrac{\sqrt{b}}{15}$일 때, 유리수 $a$, $b$에 대하여 $ab$의 값은?

① $\dfrac{15}{4}$  ② $\dfrac{20}{3}$  ③ $\dfrac{35}{4}$

④ 18  ⑤ 24

**9** 다음 식을 만족시키는 유리수 $a$의 값을 구하시오.

$$\frac{\sqrt{125}}{3}\div(-\sqrt{60})\times\frac{6\sqrt{3}}{\sqrt{10}}=a\sqrt{10}$$

**10** 다음 그림의 삼각형의 넓이와 직사각형의 넓이가 서로 같을 때, 직사각형의 가로의 길이는?

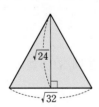 

① 2  ② 4  ③ $4\sqrt{3}$

④ 8  ⑤ $8\sqrt{3}$

**11** $3\sqrt{20}-\sqrt{80}-\sqrt{48}+2\sqrt{27}$을 계산하면?

① $2\sqrt{3}+2\sqrt{5}$  ② $2\sqrt{3}-2\sqrt{5}$

③ $3\sqrt{2}+2\sqrt{5}$  ④ $3\sqrt{2}-2\sqrt{5}$

⑤ $5\sqrt{2}+2\sqrt{3}$

**12** $x>0$, $y>0$이고 $xy=36$일 때, $x\sqrt{\dfrac{27y}{x}}+y\sqrt{\dfrac{3x}{y}}$의 값을 구하시오.

**13** $\dfrac{\sqrt{3}}{\sqrt{2}}-\dfrac{\sqrt{2}}{\sqrt{3}}+\dfrac{\sqrt{5}}{\sqrt{2}}-\dfrac{\sqrt{2}}{\sqrt{5}}$를 계산하면?

① $\dfrac{\sqrt{6}}{6}+\dfrac{3\sqrt{10}}{10}$  ② $\dfrac{\sqrt{6}}{6}-\dfrac{3\sqrt{10}}{10}$

③ $\dfrac{\sqrt{6}}{6}-\dfrac{7\sqrt{10}}{10}$  ④ $\dfrac{\sqrt{6}}{3}+\dfrac{3\sqrt{10}}{10}$

⑤ $\dfrac{5\sqrt{6}}{6}+\dfrac{3\sqrt{10}}{10}$

**14** $x=3\sqrt{2}+\sqrt{7}$, $y=2\sqrt{7}-5\sqrt{2}$일 때, $\sqrt{7}x+\sqrt{2}y$의 값은?

① $-\sqrt{14}+8$  ② $3\sqrt{14}-1$  ③ $2\sqrt{14}+5$

④ $3\sqrt{14}+2$  ⑤ $5\sqrt{14}-3$

**15** $\sqrt{2}(a+3\sqrt{2})-\sqrt{3}(4\sqrt{3}+\sqrt{6})$을 계산한 결과가 유리수가 되도록 하는 유리수 $a$의 값은?

① $-3$   ② $-1$   ③ $0$
④ $1$   ⑤ $3$

**16** $\dfrac{\sqrt{8}+9}{\sqrt{3}}-\dfrac{\sqrt{3}-\sqrt{24}}{\sqrt{2}}=a\sqrt{3}+b\sqrt{6}$일 때, 유리수 $a$, $b$에 대하여 $ab$의 값을 구하시오.

**17** $\sqrt{7}$의 소수 부분을 $a$라고 할 때, $\dfrac{a-2}{a+2}$의 값을 구하시오.

**18** 다음 중 계산 결과가 옳은 것은?

① $3\times\sqrt{2}-5\div\sqrt{2}=-2\sqrt{2}$
② $\sqrt{2}(\sqrt{6}+\sqrt{8})=3\sqrt{2}+4$
③ $\sqrt{3}\left(\dfrac{\sqrt{6}}{3}-\dfrac{2\sqrt{3}}{\sqrt{2}}\right)=-2\sqrt{2}$
④ $3\sqrt{24}+2\sqrt{6}\times\sqrt{3}-\sqrt{7}=12\sqrt{2}-\sqrt{7}$
⑤ $(\sqrt{18}+\sqrt{3})\div\dfrac{1}{\sqrt{2}}+5\times\sqrt{6}=3\sqrt{2}+6\sqrt{6}$

**19** $\sqrt{27}+\sqrt{54}-\sqrt{2}\left(\dfrac{6}{\sqrt{12}}-\dfrac{3}{\sqrt{6}}\right)$을 계산하시오.

**20** 다음 그림과 같이 넓이가 각각 $3\,\text{cm}^2$, $12\,\text{cm}^2$, $27\,\text{cm}^2$인 정사각형 모양의 색종이를 겹치지 않게 이어 붙인 도형의 둘레의 길이를 구하시오.

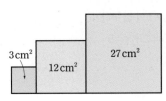

**21** 다음 중 두 실수의 대소 관계가 옳은 것은?

① $1+2\sqrt{5}<3+\sqrt{5}$
② $\sqrt{5}+\sqrt{2}>3\sqrt{2}$
③ $\sqrt{2}-1<2-\sqrt{2}$
④ $5\sqrt{3}-1<\sqrt{48}$
⑤ $3\sqrt{2}-1<2\sqrt{3}-1$

따라 해보자

**예제 1**

$\sqrt{5}(\sqrt{8}+\sqrt{10})-\sqrt{2}(3-\sqrt{5})=a\sqrt{2}+b\sqrt{10}$을 만족시키는 유리수 $a$, $b$에 대하여 $a+b$의 값을 구하시오.

**풀이 과정**

**1단계** 주어진 식의 좌변을 간단히 하기

$\sqrt{5}(\sqrt{8}+\sqrt{10})-\sqrt{2}(3-\sqrt{5})=\sqrt{5}(2\sqrt{2}+\sqrt{10})-3\sqrt{2}+\sqrt{10}$
$=2\sqrt{10}+5\sqrt{2}-3\sqrt{2}+\sqrt{10}$
$=2\sqrt{2}+3\sqrt{10}$

**2단계** $a$, $b$의 값 구하기

$2\sqrt{2}+3\sqrt{10}=a\sqrt{2}+b\sqrt{10}$이므로

$a=2$, $b=3$

**3단계** $a+b$의 값 구하기

$\therefore a+b=2+3=5$

답 **5**

**유제 1**

$\sqrt{3}(\sqrt{27}-\sqrt{12})+\sqrt{5}(2\sqrt{5}-\sqrt{15})=a+b\sqrt{3}$을 만족시키는 유리수 $a$, $b$에 대하여 $a+b$의 값을 구하시오.

**풀이 과정**

**1단계** 주어진 식의 좌변을 간단히 하기

**2단계** $a$, $b$의 값 구하기

**3단계** $a+b$의 값 구하기

답

**예제 2**

다음 그림은 한 칸의 가로와 세로의 길이가 각각 1인 모눈종이 위에 수직선을 그린 것이다. $\overline{AB}=\overline{AP}$, $\overline{AC}=\overline{AQ}$이고, 두 점 P, Q에 대응하는 수를 각각 $a$, $b$라고 할 때, $a-b$의 값을 구하시오.

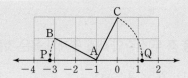

**풀이 과정**

**1단계** $\overline{AB}$, $\overline{AC}$의 길이 구하기

피타고라스 정리에 의해
$\overline{AB}=\sqrt{2^2+1^2}=\sqrt{5}$, $\overline{AC}=\sqrt{1^2+2^2}=\sqrt{5}$

**2단계** $a$, $b$의 값 구하기

$\overline{AP}=\overline{AB}=\sqrt{5}$, $\overline{AQ}=\overline{AC}=\sqrt{5}$이므로

$a=-1-\sqrt{5}$, $b=-1+\sqrt{5}$

**3단계** $a-b$의 값 구하기

$\therefore a-b=(-1-\sqrt{5})-(-1+\sqrt{5})$
$=-1-\sqrt{5}+1-\sqrt{5}=-2\sqrt{5}$

답 $-2\sqrt{5}$

**유제 2**

다음 그림은 한 칸의 가로와 세로의 길이가 각각 1인 모눈종이 위에 수직선을 그린 것이다. $\overline{AB}=\overline{AP}$, $\overline{AC}=\overline{AQ}$이고, 두 점 P, Q에 대응하는 수를 각각 $a$, $b$라고 할 때, $2b-a$의 값을 구하시오.

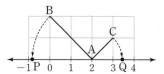

**풀이 과정**

**1단계** $\overline{AB}$, $\overline{AC}$의 길이 구하기

**2단계** $a$, $b$의 값 구하기

**3단계** $2b-a$의 값 구하기

답

▶ 모든 문제는 풀이 과정을 자세히 서술한 후 답을 쓰세요.

**연습해 보자**

**1** 아래 표는 제곱근표의 일부이다. 이 표를 이용하여 다음 제곱근의 값을 구하시오.

| 수 | 1 | 2 | 3 | 4 | 5 |
|---|---|---|---|---|---|
| 5.3 | 2.304 | 2.307 | 2.309 | 2.311 | 2.313 |
| 5.4 | 2.326 | 2.328 | 2.330 | 2.332 | 2.335 |
| 5.5 | 2.347 | 2.349 | 2.352 | 2.354 | 2.356 |
| 5.6 | 2.369 | 2.371 | 2.373 | 2.375 | 2.377 |

(1) $\sqrt{564}$    (2) $\sqrt{0.0531}$

**풀이 과정**

(1)

(2)

**답** (1)          (2)

**2** 두 수 $A$, $B$가 다음과 같을 때, $\dfrac{A}{B}$의 값을 구하시오.

$$A = \sqrt{27} \div \sqrt{6} \times \sqrt{2}$$
$$B = \frac{4}{\sqrt{3}} \times \frac{\sqrt{15}}{\sqrt{8}} \div \frac{\sqrt{5}}{\sqrt{6}}$$

**풀이 과정**

**답**

**3** 오른쪽 그림과 같이 직사각형 ABCD에서 $\overline{AB}$, $\overline{BC}$를 각각 한 변으로 하는 두 정사각형을 그렸더니 그 넓이가 각각 $8\,\mathrm{cm}^2$, $18\,\mathrm{cm}^2$가 되었다. 이때 직사각형 ABCD의 둘레의 길이를 구하시오.

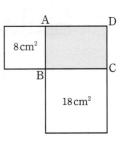

**풀이 과정**

**답**

**4** 다음 세 수 $A$, $B$, $C$의 대소 관계를 부등호를 써서 나타내시오.

$$A = \sqrt{180}, \quad B = 12 - 3\sqrt{5}, \quad C = \sqrt{5} + 8$$

**풀이 과정**

**답**

● 정답과 해설 31쪽

# 칠교놀이

칠교놀이는 오른쪽 그림과 같이 정사각형 모양의 판을 잘라 만든 7개의 조각을 이용하여 사람이나 동물, 사물 등 다양한 모양을 만드는 놀이이다. 칠교판 조각은 크기가 다양한 직각이등변삼각형 5개와 정사각형 1개, 평행사변형 1개로 이루어져 있다.

칠교놀이는 그 기원이 정확하지는 않지만 중국에서 오래 전부터 전해 내려온 놀이로 19세기 초부터는 미국, 유럽에서 탱그램(Tangram)이라는 이름으로 유행하였고, 우리나라에서도 전통 놀이 형태로 전해 오고 있다.

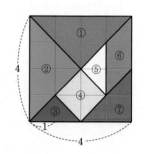

로켓 모양이다!

칠교놀이는 손님이 찾아왔을 때 음식을 준비하는 동안이나 사람을 기다리는 시간에 지루하지 않도록 주인이 놀이판을 내어놓기도 하여 '유객판', 여러 지혜를 짜내서 갖가지 모양을 만든다고 하여 '지혜의 판'이라고도 한다.

칠교놀이를 할 때는 7개의 조각을 모두 사용해야 하고, 다른 조각을 추가해서 사용할 수 없다.

## 기출문제는 이렇게!

Q 오른쪽 그림은 위에 제시된 한 변의 길이가 4인 정사각형의 칠교판을 이용하여 만든 물고기 모양의 도형이다. 이 도형의 둘레의 길이를 구하시오.

(단, 칠교판의 모든 한 눈금의 길이는 1이다.)

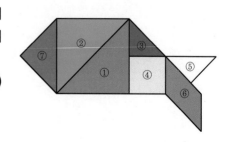

**분모의 유리화**

$\dfrac{b}{\sqrt{a}} = \dfrac{b \times \sqrt{a}}{\sqrt{a} \times \sqrt{a}} = \dfrac{b\sqrt{a}}{a}$ (단, $a>0$)

$\dfrac{b}{c\sqrt{a}} = \dfrac{b \times \sqrt{a}}{c\sqrt{a} \times \sqrt{a}} = \dfrac{b\sqrt{a}}{ac}$ (단, $a>0,\ c \neq 0$)

**× ÷ 제곱근의 곱셈과 나눗셈**

$a>0,\ b>0$일 때

$\sqrt{a} \times \sqrt{b} = \sqrt{ab}$

$\sqrt{a} \div \sqrt{b} = \dfrac{\sqrt{a}}{\sqrt{b}} = \sqrt{\dfrac{a}{b}}$

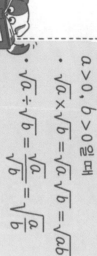

**근호를 포함한 식의 계산**

**+ − 제곱근의 덧셈과 뺄셈**

$l, m, n$이 유리수이고 $a>0$일 때

$m\sqrt{a} + n\sqrt{a} = (m+n)\sqrt{a}$

$m\sqrt{a} - n\sqrt{a} = (m-n)\sqrt{a}$

$m\sqrt{a} + n\sqrt{a} - l\sqrt{a} = (m+n-l)\sqrt{a}$

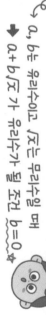

$a, b$는 유리수이고 $\sqrt{a}$ 또는 $\sqrt{a}$가 무리수일 때
→ $a+b\sqrt{a}$ 가 유리수가 될 조건 $b=0$

**근호가 있는 식의 변형**

$a>0,\ b>0$일 때

$\sqrt{a^2 b} = \sqrt{a^2}\,\sqrt{b} = a\sqrt{b}$

$\sqrt{\dfrac{b}{a^2}} = \dfrac{\sqrt{b}}{\sqrt{a^2}} = \dfrac{\sqrt{b}}{a}$

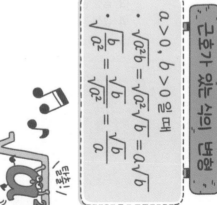

# 3 다항식의 곱셈

II 식의 계산과 이차방정식

| 이전에 배운 내용 | 이번에 배울 내용 | 이후에 배울 내용 |
|---|---|---|
| **중1**<br>• 식의 값<br>• 일차식의 계산<br>**중2**<br>• 단항식의 계산<br>• 다항식의 계산 | ◠1 곱셈 공식<br>◠2 곱셈 공식의 활용 | **중3**<br>• 인수분해<br>• 이차방정식<br>**고등**<br>• 다항식의 연산<br>• 나머지정리<br>• 인수분해 |

## 준비 학습

**중1** **식의 값**

• 문자를 사용한 식에서 문자에 어떤 수를 대입하여 계산한 결과

**1** $a=2$, $b=-3$일 때, 다음 식의 값을 구하시오.

(1) $2a+b$

(2) $\dfrac{4}{a}-\dfrac{6}{b}$

(3) $5ab$

(4) $\dfrac{a-b^2}{ab}$

**중2** **단항식과 다항식의 곱셈**

• 분배법칙을 이용하여 단항식을 다항식의 각 항에 곱한다.

➡ $\overset{\frown}{A(B+C)}=AB+AC$

**2** 다음 식을 전개하시오.

(1) $a(5a+4)$

(2) $x(x-3)$

(3) $-2a(a+b)$

(4) $(4xy-6x)\times\left(-\dfrac{1}{2}x\right)$

# 1 곱셈 공식

• 정답과 해설 32쪽

## 1 다항식과 다항식의 곱셈

분배법칙을 이용하여 식을 전개한 후 동류항이 있으면
동류항끼리 모아서 간단히 한다.

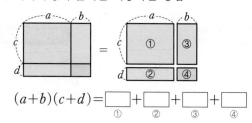

$$(a+b)(c+d)=\underset{①}{ac}+\underset{②}{ad}+\underset{③}{bc}+\underset{④}{bd}$$

$$(a+1)(a+2)=a^2+2a+a+2$$
동류항
$$=a^2+3a+2$$

---

**개념 확인**    다음은 $(a+b)(c+d)$를 전개하는 과정이다. ☐ 안에 알맞은 것을 쓰시오.

(1) 직사각형의 넓이를 이용하는 방법

$$(a+b)(c+d)=\boxed{\phantom{x}}_{①}+\boxed{\phantom{x}}_{②}+\boxed{\phantom{x}}_{③}+\boxed{\phantom{x}}_{④}$$

(2) 분배법칙을 이용하는 방법

$$(a+b)(c+d)$$
$$=(a+b)M \qquad \leftarrow c+d를\ M으로\ 놓음$$
$$=\boxed{\phantom{x}}M+\boxed{\phantom{x}}M \qquad \leftarrow 분배법칙\ 이용$$
$$=\boxed{\phantom{x}}(c+d)+\boxed{\phantom{x}}(c+d) \qquad \leftarrow M에\ c+d를\ 대입$$
$$=ac+\boxed{\phantom{x}}d+\boxed{\phantom{x}}c+\boxed{\phantom{x}}d \qquad \leftarrow 분배법칙\ 이용$$

---

**필수 문제 1**

다항식과 다항식의 곱셈

다항식과 다항식의 곱셈에는 내가 꼭 필요해.

분배법칙

다음 식을 전개하시오.

(1) $(a+2)(b+3)$

(2) $(x+5)(4x-1)$

(3) $(5a-b)(6a+2b)$

(4) $(2x+y)(x-y-3)$

**1-1**   다음 식을 전개하시오.

(1) $(a+1)(b-4)$

(2) $(3a-2b)(a-b)$

(3) $(2x-1)(5x+7)$

(4) $(x+4y-1)(x-3y)$

▶ 특정한 항의 계수를 구할 때는 필요한 항이 나오는 부분만 전개하면 계산이 간단하다.

**1-2**   $(2x-y+1)(3x-2y+1)$을 전개하였을 때, $xy$의 계수를 구하시오.

## 2 곱셈 공식

(1) $(a+b)^2 = a^2 + 2ab + b^2$ ← 합의 제곱
$(a-b)^2 = a^2 - 2ab + b^2$ ← 차의 제곱

(2) $(a+b)(a-b) = a^2 - b^2$ ← 합과 차의 곱

(3) $(x+a)(x+b) = x^2 + (a+b)x + ab$ ← 일차항의 계수가 1인 두 일차식의 곱

(4) $(ax+b)(cx+d) = acx^2 + (ad+bc)x + bd$ ← 일차항의 계수가 1이 아닌 두 일차식의 곱

**개념 확인** 다음은 $(a+b)^2$과 $(a-b)^2$을 분배법칙을 이용하여 전개하는 과정이다. ☐ 안에 알맞은 것을 쓰시오.

$(a+b)^2 = (a+b)(a+b) = \boxed{\phantom{x}}^2 + ab + \boxed{\phantom{x}} + b^2$
$= \boxed{\phantom{x}}^2 + \boxed{\phantom{x}}ab + b^2$

$(a-b)^2 = (a-b)(a-b) = a^2 - ab - \boxed{\phantom{x}} + \boxed{\phantom{x}}^2$
$= a^2 - \boxed{\phantom{x}}ab + \boxed{\phantom{x}}^2$

도형으로 이해하는 곱셈 공식

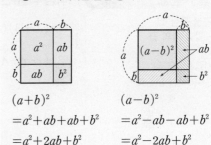

$(a+b)^2$
$= a^2 + ab + ab + b^2$
$= a^2 + 2ab + b^2$

$(a-b)^2$
$= a^2 - ab - ab + b^2$
$= a^2 - 2ab + b^2$

---

**필수 문제 2**

곱셈 공식 (1)
- 합의 제곱, 차의 제곱

▶ 전개식이 같은 다항식
• $(-a+b)^2 = \{-(a-b)\}^2$
$= (a-b)^2$
• $(-a-b)^2 = \{-(a+b)\}^2$
$= (a+b)^2$

다음 식을 전개하시오.

(1) $(x+1)^2$

(2) $(a-4)^2$

(3) $(2a+b)^2$

(4) $(-x+3y)^2$

**2-1** 다음 식을 전개하시오.

(1) $(x+5)^2$

(2) $(a-6)^2$

(3) $(2x-3y)^2$

(4) $(-5a-4b)^2$

---

**필수 문제 3**

곱셈 공식을 이용하여
계수 구하기

▶ 좌변을 곱셈 공식을 이용하여 전개한 후 우변과 계수를 비교한다.

다음 ☐ 안에 알맞은 수를 쓰시오.

(1) $(a+\boxed{\phantom{x}})^2 = a^2 + 14a + \boxed{\phantom{x}}$

(2) $(x-\boxed{\phantom{x}})^2 = x^2 - 4x + \boxed{\phantom{x}}$

**3-1** $(2x-a)^2 = 4x^2 - bx + 25$일 때, 상수 $a$, $b$의 값을 각각 구하시오. (단, $a > 0$)

**개념 확인** 다음은 $(a+b)(a-b)$를 분배법칙을 이용하여 전개하는 과정이다. □ 안에 알맞은 것을 쓰시오.

$$(a+b)(a-b) = \square^2 - \square + ab - \square^2$$
$$= \square^2 - \square^2$$

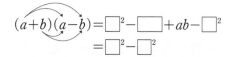

도형으로 이해하는 곱셈 공식

$$(a+b)(a-b) = a^2 - b^2$$

---

**필수 문제** 4

곱셈 공식 (2)
- 합과 차의 곱

▶ (합과 차의 곱)
= (부호가 같은 것)²
- (부호가 다른 것)²

다음 식을 전개하시오.

(1) $(x+3)(x-3)$

(2) $(2a+1)(2a-1)$

(3) $(-x+4y)(-x-4y)$

(4) $(-8a-b)(8a-b)$

**4-1** 다음 식을 전개하시오.

(1) $(a-5)(a+5)$

(2) $(x+6y)(x-6y)$

(3) $\left(-4x-\dfrac{1}{5}y\right)\left(-4x+\dfrac{1}{5}y\right)$

(4) $(-7a+3b)(7a+3b)$

---

**필수 문제** 5

연속한 합과 차의 곱

▶ $(a+b)(a-b)=a^2-b^2$을 연속하여 적용한다.

다음 □ 안에 알맞은 수를 쓰시오.

$$(a-1)(a+1)(a^2+1) = (a^{\square}-1)(a^2+1) = a^{\square}-1$$

**5-1** $(x-2)(x+2)(x^2+4)$를 전개하시오.

**개념 확인** 다음은 $(x+a)(x+b)$와 $(ax+b)(cx+d)$를 분배법칙을 이용하여 전개하는 과정이다. ☐ 안에 알맞은 것을 쓰시오.

$(x+a)(x+b)=x^2+bx+\boxed{\phantom{x}}x+\boxed{\phantom{xx}}$
$=x^2+(\boxed{\phantom{xx}})x+\boxed{\phantom{xx}}$
$(ax+b)(cx+d)=\boxed{\phantom{x}}x^2+adx+\boxed{\phantom{x}}x+\boxed{\phantom{x}}$
$=\boxed{\phantom{x}}x^2+(ad+\boxed{\phantom{x}})x+\boxed{\phantom{x}}$

도형으로 이해하는 곱셈 공식

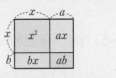

$(x+a)(x+b)$
$=x^2+ax+bx+ab$
$=x^2+(a+b)x+ab$

$(ax+b)(cx+d)$
$=acx^2+adx+bcx+bd$
$=acx^2+(ad+bc)x+bd$

**필수 문제 6**

곱셈 공식 (3)
– 일차항의 계수가
1인 두 일차식의 곱

다음 식을 전개하시오.

(1) $(x+2)(x+4)$

(2) $(a+5)(a-3)$

(3) $(a-b)(a+7b)$

(4) $(x-2y)(x-y)$

**6-1** 다음 식을 전개하시오.

(1) $(x+1)(x+5)$

(2) $(a-6)(a+2)$

(3) $(a-3b)(a-8b)$

(4) $(x+4y)(x-y)$

**6-2** $(x-a)(x+5)=x^2+bx-15$일 때, 상수 $a$, $b$의 값을 각각 구하시오.

**필수 문제 7**

곱셈 공식 (4)
– 일차항의 계수가
1이 아닌 두 일차식의 곱

다음 식을 전개하시오.

(1) $(x+3)(2x+1)$

(2) $(2a-3)(5a+4)$

(3) $(3a-b)(4a-6b)$

(4) $(5x-2y)(-x+3y)$

**7-1** 다음 식을 전개하시오.

(1) $(4a+3)(a+1)$

(2) $(3x+7)(4x-2)$

(3) $(-2a+b)(3a-5b)$

(4) $(x-3y)(-5x+6y)$

**7-2** $(7x-2)(3x+a)=21x^2+bx+4$일 때, 상수 $a$, $b$의 값을 각각 구하시오.

# 곱셈 공식

● 정답과 해설 33쪽

**[1~5] 다음 식을 전개하시오.**

**1**
(1) $(x+y)(2x-y+3)$

(2) $(3a+b-2)(a-4b)$

**2**
(1) $(x+3)^2$

(2) $\left(a-\dfrac{1}{4}\right)^2$

(3) $(2a-4b)^2$

(4) $\left(x+\dfrac{1}{x}\right)^2$

(5) $(-5a+b)^2$

(6) $(-3x-5y)^2$

**3**
(1) $(a+8)(a-8)$

(2) $\left(-x+\dfrac{1}{4}y\right)\left(-x-\dfrac{1}{4}y\right)$

(3) $\left(4b-\dfrac{3}{2}a\right)\left(\dfrac{3}{2}a+4b\right)$

(4) $(1-a)(1+a)(1+a^2)(1+a^4)$

**4**
(1) $(x+5)(x+4)$

(2) $\left(a+\dfrac{1}{2}\right)\left(a-\dfrac{1}{3}\right)$

(3) $(x-3y)(x-6y)$

(4) $\left(a-\dfrac{2}{3}b\right)\left(a+\dfrac{1}{4}b\right)$

**5**
(1) $(5a+2)(4a+3)$

(2) $(7x-1)(2x+5)$

(3) $(2a-b)(a-6b)$

(4) $(-x+3y)(4x-y)$

**6** **다음 식을 간단히 하시오.**

(1) $2(x+5)(x-5)-(x-4)(x-1)$

(2) $(5a-2)(3a-4)-3(2a-5)^2$

## STEP 1 쏙쏙 개념 익히기

**1** $(x-y+3)(x+2y-1)$을 전개한 식에서 $xy$의 계수를 $a$, $y$의 계수를 $b$라고 할 때, $a+b$의 값을 구하시오.

**2** 다음 중 옳은 것을 모두 고르면? (정답 2개)

① $(a+4)^2=a^2+16$      ② $(x-3y)^2=x^2-6xy-9y^2$

③ $(a+9)(a-9)=a^2-81$      ④ $(x-2)(x+5)=x^2-3x-10$

⑤ $(2a+1)(a-3)=2a^2-5a-3$

**3** 다음 ☐ 안에 알맞은 수를 쓰시오.

(1) $(x-\square)^2=x^2-6x+\square$      (2) $(2x+7)(2x-\square)=\square x^2-49$

(3) $(x-y)(x+\square y)=x^2+\square xy-3y^2$      (4) $(\square x+4)(2x+\square)=6x^2+\square x+20$

**4** 다음 보기에서 $(a-b)^2$과 전개식이 같은 것을 모두 고르시오.

> | 보기 |
>
> ㄱ. $(a+b)^2$      ㄴ. $(b-a)^2$      ㄷ. $(-a+b)^2$
>
> ㄹ. $(-a-b)^2$      ㅁ. $-(a+b)^2$      ㅂ. $-(a-b)^2$

**5** $a^2=8$, $b^2=9$일 때, $\left(\dfrac{1}{2}a+\dfrac{2}{3}b\right)\left(\dfrac{1}{2}a-\dfrac{2}{3}b\right)$의 값을 구하시오.

**6** 다음 그림에서 색칠한 직사각형의 넓이를 구하시오.

(1)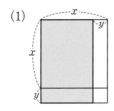

(2)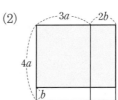

**곱셈 공식의 활용**

● 정답과 해설 34쪽

## 1 곱셈 공식을 이용한 수의 계산

**(1) 수의 제곱의 계산**

곱셈 공식 $(a+b)^2=a^2+2ab+b^2$ 또는 $(a-b)^2=a^2-2ab+b^2$을 이용한다.

예 $101^2=(100+1)^2=100^2+2\times100\times1+1^2=10201$ ← $(a+b)^2=a^2+2ab+b^2$ 이용

$99^2=(100-1)^2=100^2-2\times100\times1+1^2=9801$ ← $(a-b)^2=a^2-2ab+b^2$ 이용

**(2) 두 수의 곱의 계산**

곱셈 공식 $(a+b)(a-b)=a^2-b^2$ 또는 $(x+a)(x+b)=x^2+(a+b)x+ab$를 이용한다.

예 $101\times99=(100+1)(100-1)=100^2-1^2=9999$ ← $(a+b)(a-b)=a^2-b^2$ 이용

$101\times102=(100+1)(100+2)=100^2+(1+2)\times100+1\times2=10302$ ← $(x+a)(x+b)=x^2+(a+b)x+ab$ 이용

**개념 확인** 다음은 곱셈 공식을 이용하여 수를 계산하는 과정이다. ☐ 안에 알맞은 수를 쓰시오.

(1) $49^2=(50-1)^2$

$=\boxed{\phantom{0}}^2-2\times\boxed{\phantom{0}}\times1+\boxed{\phantom{0}}^2$ $\Big)$ $(a-b)^2=a^2-2ab+b^2$ 이용

$=\boxed{\phantom{00}}$

(2) $93\times87=(90+\boxed{\phantom{0}})(90-\boxed{\phantom{0}})$

$=90^2-\boxed{\phantom{0}}^2$ $\Big)$ $(a+b)(a-b)=a^2-b^2$ 이용

$=\boxed{\phantom{00}}$

---

**필수 문제 1**

곱셈 공식을 이용한 수의 계산

곱셈 공식을 이용하여 다음을 계산하시오.

(1) $51^2$

(2) $79^2$

(3) $55\times45$

(4) $102\times105$

**1-1** 곱셈 공식을 이용하여 다음을 계산하시오.

(1) $92^2$

(2) $298^2$

(3) $64\times76$

(4) $199\times202$

## 2 곱셈 공식을 이용한 무리수의 계산

제곱근을 문자로 생각하고 곱셈 공식을 이용하여 계산한다.

예 $(\sqrt{2}+1)^2=(\sqrt{2})^2+2\times\sqrt{2}\times1+1^2=3+2\sqrt{2}$ ← $(a+b)^2=a^2+2ab+b^2$ 이용

## 3 곱셈 공식을 이용한 분모의 유리화

분모가 두 수의 합 또는 차로 되어 있는 무리수이면 곱셈 공식 $(a+b)(a-b)=a^2-b^2$을 이용하여 분모를 유리화한다.

$$\frac{c}{\sqrt{a}+\sqrt{b}}=\frac{c(\sqrt{a}-\sqrt{b})}{(\sqrt{a}+\sqrt{b})(\sqrt{a}-\sqrt{b})}=\frac{c(\sqrt{a}-\sqrt{b})}{(\sqrt{a})^2-(\sqrt{b})^2}=\frac{c\sqrt{a}-c\sqrt{b}}{a-b}\ (단,\ a>0,\ b>0,\ a\neq b)$$

부호 반대      $(a+b)(a-b)=a^2-b^2$ 이용

예 $\dfrac{2}{\sqrt{3}+\sqrt{2}}=\dfrac{2(\sqrt{3}-\sqrt{2})}{(\sqrt{3}+\sqrt{2})(\sqrt{3}-\sqrt{2})}=\dfrac{2(\sqrt{3}-\sqrt{2})}{(\sqrt{3})^2-(\sqrt{2})^2}=2\sqrt{3}-2\sqrt{2}$

---

**필수 문제 2**

곱셈 공식을 이용한
무리수의 계산

다음을 계산하시오.

(1) $(2+\sqrt{7})^2$

(2) $(3+\sqrt{5})(3-\sqrt{5})$

(3) $(\sqrt{2}+1)(\sqrt{2}+4)$

(4) $(3\sqrt{3}-2)(2\sqrt{3}+1)$

**2-1** 다음을 계산하시오.

(1) $(\sqrt{6}-\sqrt{3})^2$

(2) $(2\sqrt{3}-\sqrt{11})(2\sqrt{3}+\sqrt{11})$

(3) $(\sqrt{5}+4)(\sqrt{5}-7)$

(4) $(5\sqrt{2}+3)(2\sqrt{2}-1)$

---

**필수 문제 3**

곱셈 공식을 이용한
분모의 유리화

| 분모 | 분모, 분자에 곱해야 할 수 |
|---|---|
| $a+\sqrt{b}$ | $a-\sqrt{b}$ |
| $a-\sqrt{b}$ | $a+\sqrt{b}$ |
| $\sqrt{a}+\sqrt{b}$ | $\sqrt{a}-\sqrt{b}$ |
| $\sqrt{a}-\sqrt{b}$ | $\sqrt{a}+\sqrt{b}$ |

부호 반대

다음 수의 분모를 유리화하시오.

(1) $\dfrac{1}{\sqrt{2}+1}$

(2) $\dfrac{4}{\sqrt{7}-\sqrt{3}}$

(3) $\dfrac{\sqrt{2}}{2+\sqrt{3}}$

(4) $\dfrac{\sqrt{5}+2}{\sqrt{5}-2}$

**3-1** 다음 수의 분모를 유리화하시오.

(1) $\dfrac{1}{1-\sqrt{3}}$

(2) $\dfrac{3}{\sqrt{5}+\sqrt{2}}$

(3) $\dfrac{\sqrt{3}}{2\sqrt{3}+3}$

(4) $\dfrac{\sqrt{6}+\sqrt{2}}{\sqrt{6}-\sqrt{2}}$

**1** 곱셈 공식을 이용하여 다음을 계산하시오.

(1) $53^2$

(2) $4.6^2$

(3) $94 \times 86$

(4) $102 \times 103$

**2** 다음은 곱셈 공식을 이용하여 $\dfrac{2020 \times 2022 + 1}{2021}$ 을 계산하는 과정이다. 상수 $a$, $b$, $c$의 값을 각각 구하시오. (단, $a > 0$)

$$\frac{2020 \times 2022 + 1}{2021} = \frac{(2021 - a)(2021 + a) + 1}{2021} = \frac{2021^2 - b + 1}{2021} = c$$

**3** 다음을 계산하시오.

(1) $(2\sqrt{5} + 3)^2$

(2) $(\sqrt{5} + \sqrt{6})(\sqrt{5} - \sqrt{6})$

(3) $(\sqrt{10} - 3)(\sqrt{10} + 5)$

(4) $(7\sqrt{5} + 1)(\sqrt{5} - 3)$

**4** 다음을 계산하시오.

$$(\sqrt{2} - 1)^2 - (2 - \sqrt{3})(2 + \sqrt{3})$$

**5** 다음 수의 분모를 유리화하시오.

(1) $\dfrac{6}{3-\sqrt{3}}$

(2) $\dfrac{1}{2\sqrt{2}-3}$

(3) $\dfrac{3\sqrt{2}}{\sqrt{5}+\sqrt{2}}$

(4) $\dfrac{\sqrt{3}-\sqrt{2}}{\sqrt{3}+\sqrt{2}}$

**6** $\dfrac{1}{\sqrt{10}+3}+\dfrac{1}{\sqrt{10}-3}$ 을 계산하면?

① $-2\sqrt{10}$

② $6-2\sqrt{10}$

③ $2\sqrt{10}$

④ $6+\sqrt{10}$

⑤ $6+2\sqrt{10}$

● **분모의 유리화를 이용하여 식의 값 구하기**
· (무리수)
 =(정수 부분)+(소수 부분)
· (소수 부분)
 =(무리수)−(정수 부분)

**7** $\sqrt{3}$의 정수 부분을 $a$, 소수 부분을 $b$라고 할 때, $\dfrac{a}{b}$의 값을 구하시오.

한번 더 ✓

**8** $4-\sqrt{2}$의 정수 부분을 $a$, 소수 부분을 $b$라고 할 때, $\dfrac{a}{b}$의 값을 구하시오.

## 4 곱셈 공식의 변형

(1) $(a+b)^2=a^2+2ab+b^2$ ➡ $a^2+b^2=(a+b)^2-2ab$

$\quad(a-b)^2=a^2-2ab+b^2$ ➡ $a^2+b^2=(a-b)^2+2ab$

(2) $\underset{a^2+2ab+b^2}{(a+b)^2}=(a-b)^2+4ab$, $\underset{a^2-2ab+b^2}{(a-b)^2}=(a+b)^2-4ab$

(3) $a^2+\dfrac{1}{a^2}=\left(a+\dfrac{1}{a}\right)^2-2=\left(a-\dfrac{1}{a}\right)^2+2$

$\quad\left(a+\dfrac{1}{a}\right)^2=\left(a-\dfrac{1}{a}\right)^2+4$, $\left(a-\dfrac{1}{a}\right)^2=\left(a+\dfrac{1}{a}\right)^2-4$

---

**필수 문제** 　**4**

**곱셈 공식의 변형**

▶ 두 수의 합(차)과 곱이 주어진 경우 곱셈 공식의 변형을 이용한다.

$a+b=6$, $ab=3$일 때, 다음 식의 값을 구하시오.

(1) $a^2+b^2$ 　　　　　　　　(2) $(a-b)^2$

**4-1** $x-y=3\sqrt{2}$, $xy=8$일 때, 다음 식의 값을 구하시오.

(1) $x^2+y^2$ 　　　　　　　　(2) $(x+y)^2$

▶ 먼저 분모를 유리화한다.

**4-2** $x=\dfrac{1}{\sqrt{2}+1}$, $y=\dfrac{1}{\sqrt{2}-1}$일 때, 다음 식의 값을 구하시오.

(1) $x+y$ 　　　　　(2) $xy$ 　　　　　(3) $x^2+y^2$

---

**필수 문제** 　**5**

**두 수의 곱이 1인 경우 곱셈 공식의 변형**

▶ 곱이 1인 두 수의 합 또는 차가 주어진 경우 곱셈 공식의 변형을 이용한다.

$x+\dfrac{1}{x}=3$일 때, 다음 식의 값을 구하시오.

(1) $x^2+\dfrac{1}{x^2}$ 　　　　　　　　(2) $\left(x-\dfrac{1}{x}\right)^2$

**5-1** $a-\dfrac{1}{a}=5$일 때, 다음 식의 값을 구하시오.

(1) $a^2+\dfrac{1}{a^2}$ 　　　　　　　　(2) $\left(a+\dfrac{1}{a}\right)^2$

## **5** $x=a\pm\sqrt{b}$ 꼴이 주어진 경우 식의 값 구하기

**방법1** 주어진 조건을 변형하여 식의 값을 구한다.

$$x=a+\sqrt{b} \Rightarrow x-a=\sqrt{b} \Rightarrow (x-a)^2=b$$

**방법2** $x$의 값을 직접 대입하여 식의 값을 구한다.

**예** $x=1+\sqrt{3}$일 때, $x^2-2x$의 값 구하기

**방법1** $x=1+\sqrt{3} \Rightarrow x-1=\sqrt{3} \Rightarrow (x-1)^2=(\sqrt{3})^2$, $\underline{x^2-2x}+1=3$ ∴ $x^2-2x=2$

**방법2** $x^2-2x=(1+\sqrt{3})^2-2(1+\sqrt{3})=1+2\sqrt{3}+3-2-2\sqrt{3}=2$

---

**개념 확인** 다음은 $x=2-\sqrt{3}$일 때, $x^2-4x+6$의 값을 구하는 과정이다. ☐ 안에 알맞은 수를 쓰시오.

> **방법1** $x=2-\sqrt{3}$에서 $x-\boxed{\phantom{0}}=-\sqrt{3}$이므로
> 이 식의 양변을 제곱하면 $(x-\boxed{\phantom{0}})^2=(-\sqrt{3})^2$
> $x^2-4x+\boxed{\phantom{0}}=3$, $x^2-4x=\boxed{\phantom{0}}$ ∴ $x^2-4x+6=\boxed{\phantom{0}}+6=\boxed{\phantom{0}}$
>
> **방법2** $x=2-\sqrt{3}$을 $x^2-4x+6$에 대입하면
> $(2-\sqrt{3})^2-4(2-\sqrt{3})+6=4-\boxed{\phantom{0}}+3-8+4\sqrt{3}+6=\boxed{\phantom{0}}$

---

**필수 문제 6**

$x=a\pm\sqrt{b}$ 꼴이 주어진 경우 식의 값 구하기

$x=-1+\sqrt{5}$일 때, 다음 식의 값을 구하시오.

(1) $x^2+2x-5$

(2) $(x+3)(x-1)$

---

**6-1** $x=2+\sqrt{7}$일 때, 다음 식의 값을 구하시오.

(1) $x^2-4x+1$

(2) $(x+1)(x-5)$

---

**6-2** $x=\dfrac{1}{5-2\sqrt{6}}$일 때, 다음 물음에 답하시오.

(1) $x$의 분모를 유리화하시오.

(2) $x^2-10x+3$의 값을 구하시오.

## STEP 1 쏙쏙 개념 익히기

**1** $a+b=2$, $ab=-8$일 때, 다음 식의 값을 구하시오.

(1) $a^2+b^2$        (2) $(a-b)^2$        (3) $\dfrac{a}{b}+\dfrac{b}{a}$

**2** $x=\dfrac{1}{2-\sqrt{3}}$, $y=\dfrac{1}{2+\sqrt{3}}$일 때, $x^2+y^2+3xy$의 값을 구하시오.

**3** $x-\dfrac{1}{x}=3$일 때, 다음 식의 값을 구하시오.

(1) $x^2+\dfrac{1}{x^2}$             (2) $\left(x+\dfrac{1}{x}\right)^2$

**4** $x=\sqrt{3}-1$일 때, $x^2+2x-1$의 값을 구하시오.

● 곱셈 공식을 변형하여
식의 값 구하기
$x^2+ax+1=0(a\neq0)$일 때
$x\neq0$이므로
양변을 $x$로 나누면
$x+a+\dfrac{1}{x}=0$
$\therefore x+\dfrac{1}{x}=-a$

**5** $x^2-4x+1=0$일 때, 다음 식의 값을 구하시오.

(1) $x+\dfrac{1}{x}$             (2) $x^2+\dfrac{1}{x^2}$

한 번 더 ④

**6** $x^2-6x+1=0$일 때, $x^2-8+\dfrac{1}{x^2}$의 값을 구하시오.

# 2 탄탄 단원 다지기

⭐ 중요

**1** $(-3x+ay-1)(x-2y-3)$의 전개식에서 $xy$의 계수가 $-8$일 때, 상수 $a$의 값은?

① $-14$     ② $-2$     ③ $3$

④ $8$     ⑤ $10$

**2** $(5x+a)^2=bx^2-20x+c$일 때, 상수 $a$, $b$, $c$에 대하여 $a+b+c$의 값을 구하시오.

**3** 다음 보기에서 전개식이 서로 같은 것끼리 모두 짝지으시오.

┌─ 보기 ─────────────────┐

ㄱ. $(2a+b)^2$     ㄴ. $(2a-b)^2$

ㄷ. $-(2a+b)^2$     ㄹ. $-(2a-b)^2$

ㅁ. $(-2a-b)^2$     ㅂ. $(-2a+b)^2$

└─────────────────────┘

**4** $a^2=45$, $b^2=32$일 때, $\left(\dfrac{2}{3}a+\dfrac{3}{4}b\right)\left(\dfrac{2}{3}a-\dfrac{3}{4}b\right)$의 값을 구하시오.

**5** $(3x-1)(3x+1)(9x^2+1)$을 전개하면?

① $9x^2+1$     ② $9x^2-1$     ③ $9x^4-1$

④ $81x^2+1$     ⑤ $81x^4-1$

**6** $(2x-a)(5x+3)$의 전개식에서 $x$의 계수와 상수항이 같을 때, 상수 $a$의 값은?

① $3$     ② $4$     ③ $5$

④ $6$     ⑤ $7$

**7** $4x+a$에 $3x+5$를 곱해야 할 것을 잘못하여 $5x+3$을 곱했더니 $20x^2+7x-3$이 되었다. 이때 바르게 전개한 식을 구하시오. (단, $a$는 상수)

**8** 다음 중 옳은 것은?

① $(a-5)^2=a^2-10a-25$

② $(3x+5y)^2=9x^2+25y^2$

③ $(-x+7)(-x-7)=x^2-49$

④ $(x+4)(x-2)=x^2-2x-8$

⑤ $(2a-3b)(3a+4b)=6a^2-a-12b^2$

**9** 다음 중 □ 안에 알맞은 수가 나머지 넷과 <u>다른</u> 하나는?

① $(a-\boxed{}b)^2=a^2-4ab+4b^2$

② $(x+4)(x+\boxed{})=x^2+6x+8$

③ $(a+3)(a-5)=a^2-\boxed{}a-15$

④ $(x+\boxed{}y)(x-5y)=x^2-3xy-10y^2$

⑤ $\left(x+\dfrac{5}{2}y\right)\left(-x-\dfrac{1}{2}y\right)=-x^2-\boxed{}xy-\dfrac{5}{4}y^2$

**10** $(2x+3y)^2-(4x-y)(3x+5y)$를 간단히 한 식에서 $x^2$의 계수를 $m$, $xy$의 계수를 $n$이라고 할 때, $m-n$의 값을 구하시오.

**11** 다음 그림은 가로의 길이가 $4x+3$, 세로의 길이가 $3x+2$인 직사각형 모양의 잔디밭에 폭이 1로 일정한 길을 만든 것이다. 이때 길을 제외한 잔디밭의 넓이는?

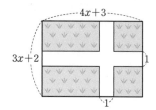

① $12x^2-6x-1$
② $12x^2+6x+1$
③ $12x^2+10x-1$
④ $12x^2+10x+1$
⑤ $12x^2+10x+2$

**12** 다음 중 $9.3\times10.7$을 계산하는 데 이용되는 가장 편리한 곱셈 공식은?

① $(a+b)^2=a^2+2ab+b^2$ (단, $a>0$, $b>0$)

② $(a-b)^2=a^2-2ab+b^2$ (단, $a>0$, $b>0$)

③ $(a+b)(a-b)=a^2-b^2$

④ $(x+a)(x+b)=x^2+(a+b)x+ab$

⑤ $(ax+b)(cx+d)=acx^2+(ad+bc)x+bd$

**13** $(2+1)(2^2+1)(2^4+1)(2^8+1)$을 전개하면?

① $2^8-1$
② $2^{14}-1$
③ $2^{14}+1$
④ $2^{16}-1$
⑤ $2^{16}+1$

**14** 다음 중 옳지 <u>않은</u> 것은?

① $(\sqrt{5}-\sqrt{3})^2=8-2\sqrt{15}$

② $(3\sqrt{2}-\sqrt{11})^2=29-6\sqrt{22}$

③ $(1+\sqrt{6})(1-\sqrt{6})=-5$

④ $(\sqrt{10}+3)(\sqrt{10}-5)=-5+2\sqrt{10}$

⑤ $(4\sqrt{7}+2)(\sqrt{7}-1)=26-2\sqrt{7}$

**15** $(2-4\sqrt{3})(3+a\sqrt{3})$을 계산한 결과가 유리수일 때, 유리수 $a$의 값을 구하시오.

**16** 다음 그림은 한 칸의 가로와 세로의 길이가 각각 1인 모눈종이 위에 수직선과 정사각형 ABCD를 그린 것이다. $\overline{AB}=\overline{AP}$, $\overline{AD}=\overline{AQ}$이고 두 점 P, Q에 대응하는 수를 각각 $a$, $b$라고 할 때, $ab$의 값을 구하시오.

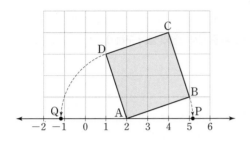

**17** $\dfrac{4-\sqrt{15}}{4+\sqrt{15}}+\dfrac{4+\sqrt{15}}{4-\sqrt{15}}$ 를 계산하면?

① $-8\sqrt{15}$　　② $8\sqrt{15}$　　③ 31

④ 62　　⑤ $31+8\sqrt{15}$

**18** $\dfrac{3}{\sqrt{2}+\sqrt{5}}+\dfrac{1}{\sqrt{2}}+\sqrt{5}(\sqrt{5}-1)$을 계산하면?

① $\dfrac{5-\sqrt{2}}{2}$　　② $5-\dfrac{\sqrt{2}}{2}$　　③ $\dfrac{5+\sqrt{2}}{2}$

④ $5+\dfrac{\sqrt{2}}{2}$　　⑤ $5+\sqrt{2}$

**19** $4-\sqrt{7}$의 정수 부분을 $a$, 소수 부분을 $b$라고 할 때, $\dfrac{1}{2a-b}$의 값을 구하시오.

**20** $a^2+b^2=13$, $a-b=5$일 때, $ab$의 값은?

① $-10$　　② $-6$　　③ $-2$

④ 2　　⑤ 6

**21** $x^2-3x-1=0$일 때, $x^2+6+\dfrac{1}{x^2}$의 값은?

① 15　　② 17　　③ 19

④ 21　　⑤ 23

**22** $x=\dfrac{2}{2+\sqrt{3}}$일 때, $x^2-8x+8$의 값은?

① $-4$　　② $-2$　　③ 0

④ 2　　⑤ 4

**따라 해보자**

**예제 1**

한 변의 길이가 $4x-1$인 정사각형 모양의 꽃밭이 있다. 이 꽃밭의 가로의 길이는 5만큼 줄이고, 세로의 길이는 2만큼 늘여서 직사각형 모양의 꽃밭을 만들었다. 처음 꽃밭의 넓이를 $P$, 새로 만든 꽃밭의 넓이를 $Q$라고 할 때, $P-Q$를 구하시오.

**풀이 과정**

**1단계** 처음 꽃밭의 넓이 $P$ 구하기

$P=(4x-1)^2=16x^2-8x+1$

**2단계** 새로 만든 꽃밭의 넓이 $Q$ 구하기

새로 만든 꽃밭의 가로의 길이는 $(4x-1)-5=4x-6$, 세로의 길이는 $(4x-1)+2=4x+1$이므로

$Q=(4x-6)(4x+1)=16x^2-20x-6$

**3단계** $P-Q$ 구하기

$\therefore P-Q=(16x^2-8x+1)-(16x^2-20x-6)=12x+7$

**답** $12x+7$

**유제 1**

한 변의 길이가 $3a-1$인 정사각형이 있다. 이 정사각형의 가로의 길이는 2만큼 늘이고, 세로의 길이는 2만큼 줄여서 새로운 직사각형을 만들었다. 처음 정사각형과 새로 만든 직사각형의 넓이의 차를 구하시오.

**풀이 과정**

**1단계** 처음 정사각형의 넓이 구하기

**2단계** 새로 만든 직사각형의 넓이 구하기

**3단계** 넓이의 차 구하기

**답**

---

**예제 2**

$x=\dfrac{1}{\sqrt{5}-2}$, $y=\dfrac{1}{\sqrt{5}+2}$일 때, $x^2+xy+y^2$의 값을 구하시오.

**풀이 과정**

**1단계** $x$, $y$의 분모를 유리화하기

$x=\dfrac{1}{\sqrt{5}-2}=\dfrac{\sqrt{5}+2}{(\sqrt{5}-2)(\sqrt{5}+2)}=\sqrt{5}+2$

$y=\dfrac{1}{\sqrt{5}+2}=\dfrac{\sqrt{5}-2}{(\sqrt{5}+2)(\sqrt{5}-2)}=\sqrt{5}-2$

**2단계** $x+y$, $xy$의 값 구하기

$x+y=(\sqrt{5}+2)+(\sqrt{5}-2)=2\sqrt{5}$

$xy=(\sqrt{5}+2)(\sqrt{5}-2)=5-4=1$

**3단계** 주어진 식의 값 구하기

$\therefore x^2+xy+y^2=(x+y)^2-2xy+xy=(x+y)^2-xy$
$=(2\sqrt{5})^2-1=19$

**답** 19

**유제 2**

$x=\dfrac{2}{\sqrt{7}+\sqrt{5}}$, $y=\dfrac{2}{\sqrt{7}-\sqrt{5}}$일 때, $x^2-xy+y^2$의 값을 구하시오.

**풀이 과정**

**1단계** $x$, $y$의 분모를 유리화하기

**2단계** $x+y$, $xy$의 값 구하기

**3단계** 주어진 식의 값 구하기

**답**

**연습해 보자**

**1** 곱셈 공식을 이용하여 $\dfrac{1026 \times 1030 + 4}{1028}$ 를 계산하시오.

[풀이 과정]

[답]

**2** 다음 그림과 같은 도형의 넓이를 구하시오.

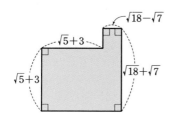

[풀이 과정]

[답]

**3** 다음을 계산하시오.

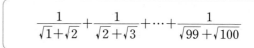

$$\frac{1}{\sqrt{1}+\sqrt{2}} + \frac{1}{\sqrt{2}+\sqrt{3}} + \cdots + \frac{1}{\sqrt{99}+\sqrt{100}}$$

[풀이 과정]

[답]

**4** 다음 그림은 수직선 위에 한 변의 길이가 1인 두 정사각형을 그린 것이다. $\overline{PQ}=\overline{PA}$, $\overline{RS}=\overline{RB}$일 때, 물음에 답하시오.

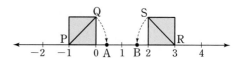

(1) 두 점 A, B의 좌표를 각각 구하시오.

(2) 두 점 A, B에 대응하는 수를 각각 $a$, $b$라고 할 때, $\dfrac{a}{b}$의 값을 구하시오.

[풀이 과정]

(1)

(2)

[답] (1)　　　　　　(2)

# 신비한 곱셈 공식

인도의 수학은 천문학과 밀접한 관련이 있고, 특히 대수와 산수는 독자적인 발전을 이룩하였다. 이미 기원전 2세기 무렵에 영(0)의 개념을 발견했으며, 십진법, 아라비아 숫자, 분수기호법도 인도에서 비롯되었다. 아래 그림은 인도의 베다 수학에서 설명하는 방식을 나타낸 것이다. 베다 수학은 인도 지역에서 전통적으로 발전되어 온 수학으로 베다어로 된 고대의 베다 경전에 바탕을 두고 있다. 베다 수학은 20세기에 와서야 힌두 학자이며 수학자인 바라티 크리슈나 티르타지(Bharati Krishna Tirthaji, 1884~1960)에 의해 체계적으로 재구성되었다.

위의 그림과 같이 십의 자리의 숫자가 같고, 일의 자리의 숫자가 5인 두 자리의 자연수의 곱셈은 어떤 원리에 의해서 계산된 것일까?

$35 \times 35$는 $(30+5)^2$이므로

$$
\begin{aligned}
(30+5)^2 &= 30^2 + 2 \times 30 \times 5 + 5^2 \quad \leftarrow \text{곱셈 공식 } (a+b)^2 = a^2 + 2ab + b^2 \text{ 이용} \\
&= 900 + 300 + 25 \\
&= 300(3+1) + 25 \\
&= 100 \times 3 \times (3+1) + 25
\end{aligned}
$$

이다. 따라서 $35 \times 35$를 빠르게 계산하기 위해서는 $3 \times (3+1)$의 값을 먼저 적고, 그 뒤에는 $5^2$인 25를 적으면 된다.

---

### 기출문제는 이렇게!

 **위와 같은 방법을 이용하여 다음을 계산하시오.**

(1) $45^2 = \boxed{\phantom{000}}$

(2) $75^2 = \boxed{\phantom{000}}$

(3) $95^2 = \boxed{\phantom{000}}$

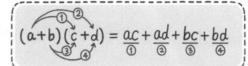

## 곱셈 공식

### 다항식의 곱셈

$$(a+b)(c+d) = \underset{①}{ac} + \underset{②}{ad} + \underset{③}{bc} + \underset{④}{bd}$$

### 곱셈 공식

(1) $(a+b)^2 = a^2 + 2ab + b^2$ → 합의 제곱
   $(a-b)^2 = a^2 - 2ab + b^2$ → 차의 제곱

(2) $(a+b)(a-b) = a^2 - b^2$ → 합과 차의 곱

(3) $(x+a)(x+b) = x^2 + (a+b)x + ab$

(4) $(ax+b)(cx+d) = acx^2 + (ad+bc)x + bd$

## 다항식의 곱셈

## 곱셈 공식의 활용

### 수의 계산

$$101^2 = (100+1)^2$$
$$= 100^2 + 2 \times 100 \times 1 + 1^2$$
$$= 10000 + 200 + 1$$
$$= 10201$$

### 분모의 유리화

$$\frac{1}{\sqrt{2}+1} = \frac{1 \times (\sqrt{2}-1)}{(\sqrt{2}+1) \times (\sqrt{2}-1)} = \frac{\sqrt{2}-1}{2-1} = \boxed{\sqrt{2}-1}$$

곱셈 공식 $(a+b)(a-b) = a^2 - b^2$을 이용

### 변형

· $x^2 + y^2 = (x+y)^2 - 2xy = (x-y)^2 + 2xy$

· $(x+y)^2 = (x-y)^2 + 4xy$

· $a^2 + \dfrac{1}{a^2} = \left(a + \dfrac{1}{a}\right)^2 - 2 = \left(a - \dfrac{1}{a}\right)^2 + 2$

· $\left(a + \dfrac{1}{a}\right)^2 = \left(a - \dfrac{1}{a}\right)^2 + 4$

# 4 인수분해

II
식의 계산과 이차방정식

이전에 배운 내용

**중1**
- 소인수분해
- 문자의 사용과 식의 계산

**중2**
- 다항식의 계산

이번에 배울 내용

1 다항식의 인수분해
2 여러 가지 인수분해 공식

이후에 배울 내용

**고등**
- 다항식의 연산
- 나머지정리
- 인수분해

## 준비 **학습**

**중1** **소인수분해**
- 1보다 큰 자연수를 소인수만의 곱으로 나타내는 것

**1** 다음 수를 소인수분해하시오.

(1) 64        (2) 80        (3) 169        (4) 576

**중2** **다항식의 계산**
- 분배법칙을 이용하여 식을 전개한 후 동류항끼리 모아서 계산한다.

**2** 다음을 간단히 하시오.

(1) $a(a+5)$             (2) $a(7b-1)$

(3) $\frac{1}{2}x(2x-4)$         (4) $x(2x+3)+4x(x-1)$

# 1 다항식의 인수분해

• 정답과 해설 40쪽

## 1 인수와 인수분해

(1) **인수**: 하나의 다항식을 두 개 이상의 다항식의 곱으로 나
타낼 때, 각각의 식을 처음 식의 **인수**라고 한다.

(2) **인수분해**: 하나의 다항식을 두 개 이상의 인수의 곱으로
나타내는 것을 그 다항식을 **인수분해**한다고 한다. ← 전개와 서로 반대의 과정

$$x^2+3x+2 \xrightarrow[\text{전개}]{\text{인수분해}} (x+1)(x+2)$$
인수

참고 소인수분해와 인수분해의 비교

| 소인수분해 | 인수분해 |
|---|---|
| 자연수를 소수의 곱으로 표현 | 다항식을 인수의 곱으로 표현 |
| 예 $18=2\times3^2$ | 예 $x^2-3x=x(x-3)$ |

**개념 확인** 다음 식은 어떤 다항식을 인수분해한 것인지 구하시오.

(1) $2a(a+1)$　　　　　　　　　　　(2) $(x+5)^2$

(3) $(x+1)(x-3)$　　　　　　　　　(4) $(3a+1)(4a-1)$

---

**필수 문제** ▶ **1**

인수와 인수분해

다음에서 $ab(a-b)$의 인수를 모두 고르시오.

| $a,$ | $b^2,$ | $ab,$ | $a-b,$ | $a(a+b),$ | $b(a-b)$ |
|---|---|---|---|---|---|

**1-1** 다음에서 $5y(x-2)(x+3)$의 인수를 모두 고르시오.

| $x^2,$ | $y^2,$ | $x+3,$ | $2x+1,$ | $5(x-2),$ | $y^2(x+3)$ |
|---|---|---|---|---|---|

**1-2** 다음 보기 중 $2x$를 인수로 갖는 것을 모두 고르시오.

보기
ㄱ. $2(x-1)$　　　　　　　　　　ㄴ. $2xy(x-y)$
ㄷ. $(x-y)(-2x+3y)$　　　　　　ㄹ. $6x(x-2)(x+3)$

78 • 4. 인수분해

## 2 공통인 인수를 이용한 인수분해

다항식의 각 항에 공통인 인수가 있을 때는 분배법칙을 이용하여
공통인 인수를 묶어 내어 인수분해한다.

예 $x^2+2x=x\times x+x\times 2=x(x+2)$

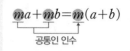

$$ma+mb=m(a+b)$$
공통인 인수

**개념 확인**  다음 다항식에서 각 항의 공통인 인수를 구하고, 인수분해하시오.

(1) $3a^2-6a$  ➡ 공통인 인수: _____, 인수분해: _____

(2) $6xy-2xy^2$ ➡ 공통인 인수: _____, 인수분해: _____

---

**필수 문제**  **②**

공통인 인수를 묶어
인수분해하기

▶ 다항식을 인수분해할 때는 괄호 안에 공통인 인수가 남지 않도록 모두 묶어 낸다.
$4a^2-2a$의 인수분해
⇨ $\begin{cases} a(4a-2) & (\times) \\ 2(2a^2-a) & (\times) \\ 2a(2a-1) & (\bigcirc) \end{cases}$

다음 식을 인수분해하시오.

(1) $ab-ac$

(2) $-4a^2-8a$

(3) $2ab-ay+3az$

(4) $6a^2b+3ab-9b^2$

**2-1**  다음 식을 인수분해하시오.

(1) $8ax+2a$

(2) $5xy^2-10y^2$

(3) $ab^2-a^2+3ab$

(4) $4x^2y-8xy^2+6xy$

**2-2**  다음 식을 인수분해하시오.

(1) $a(x+y)+b(x+y)$

(2) $x(2a-b)+2y(2a-b)$

(3) $a(x-y)+3b(y-x)$

(4) $2x(a-5b)+y(5b-a)$

## 쏙쏙 개념 익히기

**1** 다음 중 오른쪽 식에 대한 설명으로 옳지 <u>않은</u> 것은?

$$2x^2y-4xy \underset{\text{㉡}}{\overset{\text{㉠}}{\rightleftharpoons}} 2xy(x-2)$$

① ㉠의 과정을 인수분해한다고 한다.

② ㉡의 과정을 전개한다고 한다.

③ ㉡의 과정에서 분배법칙이 이용된다.

④ $xy$는 $2x^2y-4xy$의 인수이다.

⑤ $x-2$는 $2x^2y$와 $-4xy$의 공통인 인수이다.

**2** 다음 중 $ab(a+b)(a-b)$의 인수가 <u>아닌</u> 것은?

① $a$         ② $b$         ③ $a^2+b^2$

④ $a^2-b^2$         ⑤ $b(a+b)(a-b)$

**3** $16x^2y-4xy^2$을 인수분해하면?

① $4x(4x-y)$         ② $xy(16x-y)$         ③ $4xy(4x-y)$

④ $4xy(x-4y)$         ⑤ $4xy^2(4x-y)$

**4** 다음 두 다항식의 공통인 인수는?

$$b(a-3)+2(a-3), \qquad ab-3b$$

① $a$         ② $b$         ③ $a-3$

④ $a+2$         ⑤ $b+3$

● 공통인 인수를 묶어
인수분해하기

**5** $(x-2)(x+5)-3(2-x)$가 $x$의 계수가 1인 두 일차식의 곱으로 인수분해될 때, 두 일차식의 합을 구하시오.

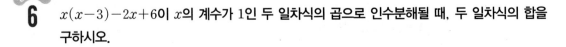

**6** $x(x-3)-2x+6$이 $x$의 계수가 1인 두 일차식의 곱으로 인수분해될 때, 두 일차식의 합을 구하시오.

**여러 가지 인수분해 공식**

● 정답과 해설 40쪽

## 1 인수분해 공식

(1) $a^2+2ab+b^2=(a+b)^2$ ← 완전제곱식: 다항식의 제곱으로 이루어진 식 또는 그 식에 수를 곱한 식
　　$a^2-2ab+b^2=(a-b)^2$ ←
└→ 예 $(x+y)^2$, $3(a-2)^2$

(2) $a^2-b^2=(a+b)(a-b)$ ← 제곱의 차

(3) $x^2+(a+b)x+ab=(x+a)(x+b)$ ← 이차항의 계수가 1인 이차식

(4) $acx^2+(ad+bc)x+bd=(ax+b)(cx+d)$ ← 이차항의 계수가 1이 아닌 이차식

참고 모든 항에 공통인 인수가 있으면 그 인수를 먼저 묶어 낸 후 인수분해 공식을 이용한다.

---

**개념 확인** 다음 □ 안에 알맞은 것을 쓰시오.

(1) $a^2+2a+1=a^2+2\times a\times\square+\square^2=(a+\square)^2$

(2) $x^2-4xy+4y^2=x^2-2\times x\times\square+(\square)^2=(x-\square)^2$

---

**필수 문제 1**

인수분해 공식 (1)
$a^2+2ab+b^2=(a+b)^2$
$a^2-2ab+b^2=(a-b)^2$

다음 식을 인수분해하시오.

(1) $x^2+8x+16$

(2) $4x^2-4x+1$

(3) $a^2+\dfrac{1}{2}a+\dfrac{1}{16}$

(4) $-2x^2+24x-72$

**1-1** 다음 식을 인수분해하시오.

(1) $x^2+16x+64$

(2) $9x^2-6x+1$

(3) $a^2+ab+\dfrac{b^2}{4}$

(4) $ax^2-18axy+81ay^2$

---

**필수 문제 2**

완전제곱식이 될 조건

▶다음과 같은 방법으로 완전제곱식 $(a\pm b)^2$을 만들 수 있다.

(1) $a^2\pm2\underline{a}\,\underline{b}+b^2$
　　└제곱┘└제곱┘

(2) $\underline{a}^2\pm2ab+(\pm\underline{b})^2$
　　└─곱의 2배─┘

다음은 주어진 식이 완전제곱식이 되도록 하는 상수 $A$의 값을 구하는 과정이다. □ 안에 알맞은 수를 쓰시오.

(1) $x^2+6x+A=x^2+2\times\textcircled{x}\times\textcircled{3}+A$ → $(x+3)^2$
　　　　　　　└제곱┘ └제곱┘

　　⇨ $A=\square^2=\square$

(2) $x^2+Ax+9=\textcircled{x}^2+\underline{Ax}\times(\underline{\pm3})^2$ → $(x\pm3)^2$
　　　　　　　└─곱의 2배─┘

　　⇨ $A=\pm2\times1\times\square=\square$

▶$x^2+ax+b$가 완전제곱식이 되기 위한 조건 ← $x^2$의 계수가 1인 경우
　⇨ $b=\left(\dfrac{a}{2}\right)^2$

**2-1** 다음 식이 완전제곱식이 되도록 □ 안에 알맞은 수를 쓰시오.

(1) $x^2+10x+\square$

(2) $4x^2-28x+\square$

(3) $a^2+(\square)ab+36b^2$

(4) $25x^2+(\square)x+4$

**개념 확인** 다음 ☐ 안에 알맞은 수를 쓰시오.

(1) $a^2 - 4 = a^2 - \boxed{\phantom{x}}^2 = (a + \boxed{\phantom{x}})(a - \boxed{\phantom{x}})$

(2) $9x^2 - y^2 = (\boxed{\phantom{x}}x)^2 - y^2 = (\boxed{\phantom{x}}x + y)(\boxed{\phantom{x}}x - y)$

---

**필수 문제 ③**

인수분해 공식 (2)
$a^2 - b^2 = (a+b)(a-b)$

다음 식을 인수분해하시오.

(1) $x^2 - 1$

(2) $16a^2 - b^2$

(3) $4x^2 - \dfrac{y^2}{81}$

(4) $-x^2 + 25y^2$

**3-1** 다음 식을 인수분해하시오.

(1) $x^2 - 36$

(2) $4x^2 - 49y^2$

(3) $x^2 - \dfrac{1}{x^2}$

(4) $-64a^2 + b^2$

▸특별한 조건이 없으면 인수분해는 유리수의 범위에서 더 이상 인수분해할 수 없을 때까지 계속한다.

**3-2** $x^4 - 1$을 인수분해하시오.

---

**필수 문제 ④**

인수분해 공식 (2)
－공통인 인수로 묶은 후
　인수분해하기

다음 식을 인수분해하시오.

(1) $3x^2 - 27$

(2) $5x^2 - 5y^2$

(3) $2a^3 - 2a$

(4) $4ax^2 - 16ay^2$

**4-1** 다음 식을 인수분해하시오.

(1) $6x^2 - 24$

(2) $36x^2 - 4y^2$

(3) $a^4 - a^2$

(4) $6ab - 54a^3b^3$

## 인수분해 공식 (1), (2)

● 정답과 해설 41쪽

**[1~2] 다음 식을 인수분해하시오.**

**1** (1) $x^2+10x+25$

(2) $a^2-14ab+49b^2$

(3) $x^2+x+\dfrac{1}{4}$

(4) $4x^2-36x+81$

**2** (1) $2x^2+16x+32$

(2) $3x^2y-12xy+12y$

(3) $27x^2+18xy+3y^2$

(4) $8ax^2-40axy+50ay^2$

**3** 다음 식이 완전제곱식이 되도록 $\square$ 안에 알맞은 수를 쓰시오.

(1) $x^2+12x+\boxed{\phantom{0}}$

(2) $9x^2-24x+\boxed{\phantom{0}}$

(3) $a^2+\left(\boxed{\phantom{0}}\right)a+\dfrac{25}{16}$

(4) $4x^2+\left(\boxed{\phantom{0}}\right)xy+16y^2$

**[4~5] 다음 식을 인수분해하시오.**

**4** (1) $x^2-49$

(2) $25a^2-81b^2$

(3) $\dfrac{1}{4}x^2-y^2$

(4) $-9a^2+\dfrac{1}{16}b^2$

**5** (1) $x^4-9x^2$

(2) $(a+b)x^2-(a+b)y^2$

(3) $-25a+a^3$

(4) $4x^3-64xy^2$

● 정답과 해설 42쪽

**개념 확인** **1** 합과 곱이 각각 다음과 같은 두 정수를 구하시오.

(1) 합: 6, 곱: 8　　　　　　　　　　　(2) 합: $-5$, 곱: 4

(3) 합: 3, 곱: $-10$　　　　　　　　　(4) 합: $-4$, 곱: $-12$

**2** 다음은 $x^2+4x+3$을 인수분해하는 과정이다. ☐ 안에 알맞은 수를 쓰시오.

$x^2+4x+3$에서

❶ 곱해서 3이 되는 두 정수를 모두 찾는다.

❷ ❶의 두 정수 중 합이 4인 두 정수를 고른다.

| 곱이 3인 두 정수 | 두 정수의 합 |
| --- | --- |
| $-1,\ -3$ | $-4$ |
| $1,\ $ ☐ | ☐ |

➡ $x^2+4x+3=(x+1)(x+$ ☐ $)$

$x^2+(a+b)x+ab$의 인수분해

❶ 곱해서 상수항이 되는 두 정수를 모두 찾는다.

❷ ❶의 두 정수 중 합이 일차항의 계수가 되는 것을 고른다.

두 수의 곱

$$x^2+(a+b)x+\underline{ab}=(x+a)(x+b)$$

두 수의 합

---

**필수 문제** **5**

인수분해 공식 (3)
$x^2+(a+b)x+ab$
$=(x+a)(x+b)$

다음 식을 인수분해하시오.

(1) $x^2+3x+2$　　　　　　　　　(2) $x^2-7x+10$

(3) $x^2+xy-6y^2$　　　　　　　　(4) $x^2-5xy-14y^2$

**5-1** 다음 식을 인수분해하시오.

(1) $x^2+8x+15$　　　　　　　　　(2) $y^2-11y+28$

(3) $x^2+5xy-24y^2$　　　　　　　(4) $x^2-7xy-30y^2$

---

**필수 문제** **6**

인수분해 공식 (3)
– 인수분해하여 두 일차식
　구하기

$x^2+x-20$이 $(x+a)(x+b)$로 인수분해될 때, 상수 $a$, $b$에 대하여 $a-b$의 값을 구하시오.

(단, $a>b$)

 **6-1** $x^2-9x-36$이 $x$의 계수가 1인 두 일차식의 곱으로 인수분해될 때, 이 두 일차식의 합을 구하시오.

**개념 확인** 다음은 $3x^2+2x-5$를 인수분해하는 과정이다. ☐ 안에 알맞은 것을 쓰시오.

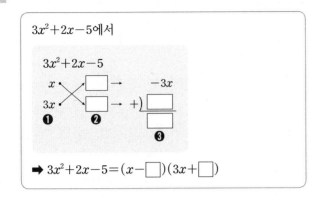

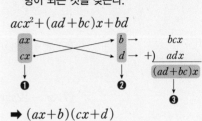

**$acx^2+(ad+bc)x+bd$의 인수분해**

❶ 곱해서 이차항이 되는 두 식을 세로로 나열한다.
❷ 곱해서 상수항이 되는 두 정수를 세로로 나열한다.
❸ 대각선 방향으로 곱하여 더한 값이 일차항이 되는 것을 찾는다.

➡ $(ax+b)(cx+d)$

---

**필수 문제 7**

인수분해 공식 (4)
$acx^2+(ad+bc)x+bd$
$=(ax+b)(cx+d)$

다음 식을 인수분해하시오.

(1) $2x^2+5x+2$

(2) $4x^2-8x+3$

(3) $3x^2+7xy-6y^2$

(4) $8x^2-10xy-3y^2$

**7-1** 다음 식을 인수분해하시오.

(1) $3x^2+10x+8$

(2) $6x^2-7x+2$

(3) $5x^2+2xy-3y^2$

(4) $15x^2-xy-2y^2$

---

**필수 문제 8**

인수분해 공식 (4)
– 인수가 주어질 때,
   미지수의 값 구하기

▸$x$에 대한 일차식 $mx+n$이
이차식 $ax^2+bx+c$의 인수
이면
$\Rightarrow ax^2+bx+c$
$=(mx+n)(\square x+\triangle)$
$\underbrace{\phantom{m\times\square}}_{m\times\square=a}$

$3x^2-16x+a$가 $x-5$를 인수로 가질 때, 상수 $a$의 값을 구하시오.

**8-1** $2x^2+ax-6$이 $x-3$을 인수로 가질 때, 상수 $a$의 값을 구하시오.

# 인수분해 공식 (3), (4)

● 정답과 해설 42쪽

**[1~4] 다음 식을 인수분해하시오.**

**1**
(1) $x^2+5x+4$

(2) $x^2-6x+5$

(3) $x^2+x-30$

(4) $y^2-4y-32$

(5) $x^2+10xy+21y^2$

(6) $x^2+7xy-18y^2$

(7) $x^2-12xy+35y^2$

(8) $x^2-xy-12y^2$

**2**
(1) $2x^2+12x+16$

(2) $3x^2+3x-18$

(3) $ax^2-9ax+14a$

(4) $2x^2y^2-8xy^2-10y^2$

**3**
(1) $2x^2+3x+1$

(2) $4x^2-15x+9$

(3) $3x^2+11x-4$

(4) $6y^2-7y-3$

(5) $2x^2+7xy+6y^2$

(6) $3x^2-10xy+8y^2$

(7) $8x^2+6xy-5y^2$

(8) $10x^2-11xy-6y^2$

**4**
(1) $4x^2+10x+6$

(2) $9a^2+15a-6$

(3) $4ax^2+9ax-9a$

(4) $2x^3y-9x^2y-5xy$

## 쏙쏙 개념 익히기

**1** 다음 보기 중 완전제곱식으로 인수분해되는 것을 모두 고르시오.

┤ 보기 ├

ㄱ. $x^2+6x+9$        ㄴ. $4x^2-12xy+9y^2$

ㄷ. $9x^2+3x+1$        ㄹ. $x^2-\dfrac{1}{2}x+\dfrac{1}{16}$

**2** $\dfrac{1}{4}x^2-2xy+4y^2$이 $(ax+by)^2$으로 인수분해될 때, 상수 $a$, $b$에 대하여 $a-b$의 값을 구하시오. (단, $a>0$)

**3** $25x^2+Axy+9y^2$이 완전제곱식이 되도록 하는 상수 $A$의 값을 모두 구하시오.

**4** $27x^2-75y^2=a(bx+cy)(bx-cy)$가 성립할 때, 정수 $a$, $b$, $c$에 대하여 $a+b+c$의 값을 구하시오. (단, $b>0$, $c>0$)

● 근호 안의 식이 완전제곱식
으로 인수분해되는 식
근호 안의 식을 완전제곱식
으로 인수분해한 후
$\sqrt{a^2}=\begin{cases} a\,(a\geq 0) \\ -a\,(a<0) \end{cases}$
임을 이용하여 근호를 없
앤다.

**5** $0<x<2$일 때, $\sqrt{x^2+4x+4}+\sqrt{x^2-4x+4}$를 간단히 하시오.

한번더

**6** $-3<a<1$일 때, $\sqrt{a^2-2a+1}+\sqrt{a^2+6a+9}$를 간단히 하시오.

쏙쏙 **개념 익히기**

**7** 다음 두 다항식의 일차 이상의 공통인 인수를 구하시오.

$$x^2-5x+6, \qquad 2x^2-3x-2$$

**8** $6x^2+ax-12=(2x+3)(3x+b)$일 때, 상수 $a$, $b$에 대하여 $a+b$의 값을 구하시오.

**9** $x^2+ax+24$가 $x-4$를 인수로 가질 때, 상수 $a$의 값은?

① $-12$  ② $-10$  ③ $-8$

④ $-6$  ⑤ $-4$

● 인수분해 공식의 도형에
서의 활용
주어진 모든 직사각형의
넓이의 합을 이차식으로
나타낸 후 인수분해한다.

**10** 다음 그림의 모든 직사각형을 빈틈없이 겹치지 않게 붙여 하나의 큰 직사각형을 만들 때, 새로 만든 직사각형의 둘레의 길이를 구하시오.

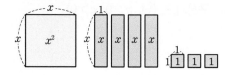

한번 더 *!*

**11** 다음 그림의 모든 직사각형을 빈틈없이 겹치지 않게 붙여 하나의 큰 직사각형을 만들 때, 새로 만든 직사각형의 둘레의 길이를 구하시오.

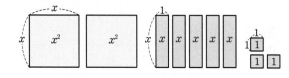

## 2 복잡한 식의 인수분해

(1) 공통부분이 있으면 공통부분을 한 문자로 놓는다.

[예] $(\underline{x+y})^2+4(\underline{x+y})+3=A^2+4A+3=(A+1)(A+3)=(x+y+1)(x+y+3)$

$x+y=A$로 놓는다.　　　　　　　　$A=x+y$를 대입한다.

(2) 항이 여러 개 있으면 적당한 항끼리 묶는다.

　① 공통인 인수가 생기도록 (2항)+(2항)으로 묶는다.

　　[예] $xy+x-y-1=x(y+1)-(y+1)=(x-1)(y+1)$

　② $A^2-B^2$ 꼴이 되도록 (3항)+(1항) 또는 (1항)+(3항)으로 묶는다.

　　[예] $x^2+2x-y^2+1=(x^2+2x+1)-y^2=(x+1)^2-y^2$
　　　　　　$=(x+1+y)(x+1-y)=(x+y+1)(x-y+1)$

(3) 항이 5개 이상이고, 문자가 2개 이상 있으면 차수가 낮은 한 문자에 대하여 내림차순으로 정리한다.

　[예] $x^2+xy-x+y-2=(x+1)y+(x^2-x-2)=(x+1)y+(x+1)(x-2)$
　　　　　　$=(x+1)(y+x-2)=(x+1)(x+y-2)$

[참고] 다항식을 한 문자에 대하여 차수가 높은 항부터 낮은 항의 순서대로 나열하는 것을 내림차순으로 정리한다고 한다.

---

**개념 확인**　다음 식을 주어진 과정에 따라 인수분해하시오.

(1) $(\underset{A}{\underline{x+3}})^2+3(\underset{A}{\underline{x+3}})+2$ ➡ $A^2+3A+2$ ➡

(2) $\underline{xy+2x}-y-2$ ➡ $(xy-y)+(2x-2)$ ➡

(3) $x^2-y^2-2y-1$ ➡ $x^2-(y^2+2y+1)$ ➡

(4) $x^2+xy+x-2y-6$ ➡ $(x-2)y+(x^2+x-6)$ ➡

---

**필수 문제　9**

공통부분을 한 문자로 놓고 인수분해하기

공통부분을
$A$로 놓기
⇩
인수분해하기
⇩
$A$에 원래의 식을
대입하여 정리하기

다음 식을 인수분해하시오.

(1) $(a+b)^2-2(a+b)+1$

(2) $(2x-y+1)(2x-y)-30$

(3) $(a-1)^2-(b-1)^2$

(4) $(3x+1)^2+2(3x+1)(y-2)+(y-2)^2$

**9-1** 다음 식을 인수분해하시오.

(1) $(x-2)^2-4(x-2)-12$

(2) $(x-3y)(x-3y-7)-18$

(3) $(x+2)^2-(y-3)^2$

(4) $2(x-2y)^2-5(x-2y)(x+2y)-3(x+2y)^2$

적당한 항끼리 묶어
인수분해하기

▶ 항이 4개인 다항식의 경우
• 두 항씩 묶었을 때, 공통인
  인수가 있으면 공통인 인수
  로 묶어 인수분해한다.
• 완전제곱식 꼴이 있으면
  $(\ \ )^2-(\ \ )^2$ 꼴로 만들어 인
  수분해한다.

다음 식을 인수분해하시오.

(1) $xy-x-y+1$

(2) $x^2y-2x^2-4y+8$

(3) $x^2-y^2-6x+9$

(4) $1-x^2+4xy-4y^2$

**10-1** 다음 식을 인수분해하시오.

(1) $xy+yz+x+z$

(2) $x^2y-y+x^2-1$

(3) $x^2-y^2+8y-16$

(4) $x^2+10xy-9+25y^2$

내림차순으로 정리하여
인수분해하기

▶ 항이 5개 이상이고, 문자가 2
  개 이상인 경우
• 문자의 차수가 다르면
  ⇨ 차수가 가장 낮은 문자에
    대하여 내림차순으로 정리
• 문자의 차수가 같으면
  ⇨ 어느 한 문자에 대하여 내
    림차순으로 정리

다음 식을 인수분해하시오.

(1) $x^2+xy-4x-2y+4$

(2) $x^2-y^2+6x+2y+8$

**11-1** 다음 식을 인수분해하시오.

(1) $x^2+xy-6x-3y+9$

(2) $x^2-y^2+4x-2y+3$

## STEP 1  쏙쏙 개념 익히기

**1** 다음 식을 인수분해하시오.

(1) $(x+3)^2-4(x+3)+4$

(2) $(2x-5y)(2x-5y-3)-10$

(3) $(3x-1)^2-4(y+1)^2$

(4) $4(x+y)^2-4(x+y)(x-y)+(x-y)^2$

**2** $2(5x-1)^2+7(5x-1)+6=(5x+a)(bx+1)$일 때, 상수 $a$, $b$에 대하여 $a+b$의 값을 구하시오.

**3** 다음 식을 인수분해하시오.

(1) $ab+2a-6b-12$

(2) $a^2x-x+a^2-1$

(3) $x^2+6xy+9y^2-16$

(4) $9x^2-y^2+4y-4$

**4** 다음 두 다항식의 공통인 인수는?

$$a^2-a+2b-4b^2, \qquad ab^2-4a-2b^3+8b$$

① $a-2$　　② $a-2b$　　③ $b-2$　　④ $b+2$　　⑤ $a+2b-1$

**5** 다음 식을 인수분해하시오.

(1) $x^2+2xy+2y+3+4x$

(2) $x^2-y^2+8x+2y+15$

**6** $x^2-y^2-8x+14y-33$이 $x$의 계수가 1인 두 일차식의 곱으로 인수분해될 때, 두 일차식의 합을 구하시오.

## 3 인수분해 공식을 이용한 수의 계산과 식의 값

(1) **수의 계산**: 인수분해 공식을 이용할 수 있도록 수의 모양을 바꾸어 계산한다.

 ① 공통인 인수로 묶기 ➡ $ma+mb=m(a+b)$ 이용

  [예] $15 \times 25 + 15 \times 75 = 15(25+75) = 15 \times 100 = 1500$

 ② 완전제곱식 이용하기 ➡ $a^2+2ab+b^2=(a+b)^2$, $a^2-2ab+b^2=(a-b)^2$ 이용

  [예] $21^2 + 2 \times 21 \times 9 + 9^2 = (21+9)^2 = 30^2 = 900$

 ③ 제곱의 차 이용하기 ➡ $a^2-b^2=(a+b)(a-b)$ 이용

  [예] $97^2 - 3^2 = (97+3)(97-3) = 100 \times 94 = 9400$

(2) **식의 값 구하기**: 주어진 식을 인수분해한 후 문자에 수를 대입하거나 주어진 조건을 대입하여 식의 값을 구한다.

 [예] $x=\sqrt{2}+1$, $y=\sqrt{2}-1$일 때, $x^2+2xy+y^2$의 값

  ➡ $x+y=2\sqrt{2}$이므로 $x^2+2xy+y^2=(x+y)^2=(2\sqrt{2})^2=8$

---

**개념 확인**   다음 ☐ 안에 알맞은 수를 쓰시오.

(1) $25 \times 36 - 25 \times 32 = 25(\boxed{\phantom{00}} - 32) = 25 \times \boxed{\phantom{00}} = \boxed{\phantom{00}}$

(2) $14^2 + 2 \times 14 \times 6 + 6^2 = (\boxed{\phantom{00}} + 6)^2 = \boxed{\phantom{00}}^2 = \boxed{\phantom{00}}$

(3) $23^2 - 17^2 = (23 + \boxed{\phantom{00}})(23 - \boxed{\phantom{00}}) = 40 \times \boxed{\phantom{00}} = \boxed{\phantom{00}}$

---

**필수 문제 12**

인수분해 공식을 이용한 수의 계산

▸복잡한 수를 직접 계산하는 것보다 인수분해 공식을 이용하면 편리하다.

인수분해 공식을 이용하여 다음을 계산하시오.

(1) $37 \times 52 + 37 \times 48$    (2) $49^2 + 2 \times 49 + 1$    (3) $102^2 - 98^2$

**12-1** 인수분해 공식을 이용하여 다음을 계산하시오.

(1) $91 \times 119 - 91 \times 19$    (2) $52^2 - 4 \times 52 + 4$    (3) $12 \times 65^2 - 12 \times 35^2$

---

**필수 문제 13**

인수분해 공식을 이용한 식의 값 구하기

▸주어진 식을 인수분해한 후, 문자의 값 또는 식의 값을 바로 대입하거나 변형하여 대입한다.

인수분해 공식을 이용하여 다음 식의 값을 구하시오.

(1) $x=\sqrt{2}+1$일 때, $x^2-5x+4$

(2) $x=\sqrt{3}+\sqrt{5}$, $y=\sqrt{3}-\sqrt{5}$일 때, $x^2-2xy+y^2$

**13-1** 인수분해 공식을 이용하여 다음 식의 값을 구하시오.

(1) $x=\sqrt{7}-2$, $y=\sqrt{7}+2$일 때, $x^2-y^2$

(2) $x=\dfrac{1}{\sqrt{10}-3}$, $y=\dfrac{1}{\sqrt{10}+3}$일 때, $x^2+2xy+y^2$

STEP 1

## 쏙쏙 개념 익히기

**1** 인수분해 공식을 이용하여 다음을 계산하시오.

(1) $94 \times 1.9 + 94 \times 0.1$

(2) $43^2 - 6 \times 43 + 9$

(3) $98^2 - 4$

(4) $\dfrac{1}{2} \times 101^2 - \dfrac{1}{2} \times 99^2$

**2** 인수분해 공식을 이용하여 $\dfrac{64 \times 48 + 36 \times 48}{49^2 - 1}$ 을 계산하시오.

**3** 다음 식의 값을 구하시오.

(1) $x = 2 + \sqrt{5}$, $y = 2 - \sqrt{5}$일 때, $x^2 y - xy^2$

(2) $x = \dfrac{\sqrt{2} - \sqrt{3}}{\sqrt{2} + \sqrt{3}}$, $y = \dfrac{\sqrt{2} + \sqrt{3}}{\sqrt{2} - \sqrt{3}}$일 때, $x^2 + y^2 - 2xy$

**4** $x = \sqrt{3} - 1$일 때, $\dfrac{x^2 - 2x - 3}{x - 3}$의 값을 구하시오.

● 인수분해 공식을 이용한
식의 값 구하기
주어진 식을 인수분해한 후
조건을 대입한다.

**5** $x + y = 3$, $x - y = 4$일 때, $x^2 - y^2 + 3x - 3y$의 값을 구하시오.

**6** $x + y = 3$, $x - y = -4$일 때, $x^2 - y^2 + 2y - 1$의 값을 구하시오.

**1** 다음 중 $xy^2-3xy$의 인수가 <u>아닌</u> 것은?

① $x$　　　　② $y$　　　　③ $y-1$

④ $y-3$　　　⑤ $x(y-3)$

**2** $x(y-2)-2y+4$를 인수분해하면?

① $x(y-4)$　　　　　② $y(x-2)$

③ $(x-2)(y-2)$　　④ $(x+2)(y-2)$

⑤ $(x-2)(y+2)$

**3** 다음 중 완전제곱식으로 인수분해할 수 <u>없는</u> 것은?

① $x^2+14x+49$　　② $1+2y+y^2$

③ $\dfrac{1}{4}x^2+x+1$　　④ $4x^2-\dfrac{1}{2}x+\dfrac{1}{36}$

⑤ $9x^2-30x+25$

**4** 다음 식이 모두 완전제곱식으로 인수분해될 때, $\square$ 안에 알맞은 양수 중 가장 작은 것은?

① $\square x^2+4x+1$　　② $x^2-x+\square$

③ $x^2+\dfrac{2}{5}x+\square$　　④ $9x^2+6x+\square$

⑤ $x^2+\square xy+\dfrac{1}{9}y^2$

**5** $1<x<5$일 때, $\sqrt{x^2-10x+25}+\sqrt{x^2-2x+1}$을 간단히 하면?

① $-4$　　② $2x-6$　　③ $2x-4$

④ $4$　　　⑤ $6$

**6** $a^6-a^2$을 인수분해하시오.

**7** $(x-4)(x+2)+4x$를 인수분해하면?

① $(x-2)(x+4)$　　② $(x-2)(x-4)$

③ $(x+2)(x+3)$　　④ $(x+2)(x+4)$

⑤ $(x+3)(x-3)$

**8** $x^2+Ax-10$이 $(x+a)(x+b)$로 인수분해될 때, 다음 중 상수 $A$의 값이 될 수 없는 것은?

(단, $a$, $b$는 정수)

① $-9$ ② $-3$ ③ $3$
④ $7$ ⑤ $9$

**9** $6x^2-13x+5$는 $x$의 계수가 자연수이고 상수항이 정수인 두 일차식의 곱으로 인수분해된다. 이때 두 일차식의 합은?

① $5x-6$ ② $5x+4$ ③ $5x+6$
④ $7x-6$ ⑤ $7x+6$

**10** $4x^2+ax+9$가 $(x-3)(4x+b)$로 인수분해될 때, 상수 $a$, $b$에 대하여 $b-a$의 값은?

① $-18$ ② $-15$ ③ $-10$
④ $12$ ⑤ $13$

**11** 다음 중 인수분해한 것이 옳은 것은?

① $-2x^2+6x=-2x(x+3)$
② $9x^2-169=(9x+13)(9x-13)$
③ $x^2-xy-56y^2=(x+7)(x-8)$
④ $7x^2+18x-9=(x-3)(7x+3)$
⑤ $16x^2-4xy-6y^2=2(2x+y)(4x-3y)$

**12** 다음 두 다항식의 공통인 인수는?

$$x^2+4x-5, \quad 2x^2+x-3$$

① $2x+3$ ② $x+5$ ③ $x+2$
④ $x-1$ ⑤ $x-5$

**13** 두 다항식 $x^2-4x+a$와 $2x^2+bx-15$의 공통인 인수가 $x+3$일 때, 상수 $a$, $b$에 대하여 $a+b$의 값을 구하시오.

**14** 오른쪽 그림과 같이 넓이가 $3x^2+11x+10$이고, 가로의 길이가 $3x+5$인 직사각형의 둘레의 길이는?

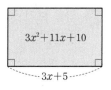

① $4x$ ② $4x+7$ ③ $8x+7$
④ $8x+10$ ⑤ $8x+14$

**15** 다음 그림에서 두 도형 A, B의 넓이가 서로 같을 때, 도형 B의 가로의 길이를 구하시오.

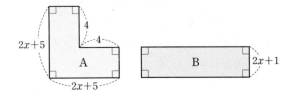

**16** $(2x-y)^2-(2x-y-4)-6$을 인수분해하면 $(2x-y+a)(2x-y+b)$일 때, 상수 $a$, $b$에 대하여 $a+b$의 값은?

① $-2$    ② $-1$    ③ 1

④ 2    ⑤ 3

**17** 다음 보기 중 $a^2b-a^2-4b+4$의 인수를 모두 고른 것은?

┌ 보기 ┐
ㄱ. $a-2$    ㄴ. $a+2$    ㄷ. $a-b$
ㄹ. $a+b$    ㅁ. $b-1$    ㅂ. $a^2+2$
└

① ㄱ, ㄷ    ② ㄱ, ㅂ    ③ ㄱ, ㄴ, ㅁ

④ ㄱ, ㄷ, ㅁ    ⑤ ㄴ, ㅁ, ㅂ

**18** $x^2-4xy+4y^2-16$이 $x$의 계수가 1인 두 일차식의 곱으로 인수분해될 때, 두 일차식의 합은?

① $2x-6y$    ② $2x-4y$    ③ $2x-2y$

④ $2x+2y$    ⑤ $2x+4y$

**19** $x^2-y^2+10x+2y+24$를 인수분해하면?

① $(x-4)(x+y-6)$

② $(x+4)(x-y+6)$

③ $(x+y-6)(x-y-4)$

④ $(x+y+4)(x-y+6)$

⑤ $(x+2y+4)(x-3y+6)$

**20** 다음 중 $\sqrt{68^2-32^2}$을 계산하는 데 이용되는 가장 편리한 인수분해 공식은?

① $a^2+2ab+b^2=(a+b)^2$

② $a^2-2ab+b^2=(a-b)^2$

③ $a^2-b^2=(a+b)(a-b)$

④ $x^2+(a+b)x+ab=(x+a)(x+b)$

⑤ $acx^2+(ad+bc)x+bd=(ax+b)(cx+d)$

**21** 인수분해 공식을 이용하여 $\dfrac{99^2+2\times99+1}{55^2-45^2}$ 을 계산하면?

① $\dfrac{1}{2}$      ② 1      ③ 5

④ 10      ⑤ 100

**22** 인수분해 공식을 이용하여 다음을 계산하면?

$$1^2-2^2+3^2-4^2+5^2-6^2+7^2-8^2$$

① $-36$      ② $-18$      ③ 0

④ 18      ⑤ 36

**23** $x=3\sqrt{2}+4$, $y=3\sqrt{2}-4$일 때, $\dfrac{x^2-y^2}{xy}$의 값은?

① $-24\sqrt{2}$      ② $-12\sqrt{2}$      ③ $6\sqrt{2}$

④ $12\sqrt{2}$      ⑤ $24\sqrt{2}$

**24** $\sqrt{3}$의 소수 부분을 $x$라고 할 때, $(x+4)^2-6(x+4)+9$의 값은?

① 1      ② $2-\sqrt{3}$      ③ 3

④ $7-4\sqrt{3}$      ⑤ 5

**25** $x+5y=14$, $x^2-25y^2=56$일 때, $x-5y$의 값은?

① $-8$      ② $-7$      ③ $-4$

④ 4      ⑤ 7

**26** $x+y=9$, $x^2-y^2-2x+1=40$일 때, $x-y$의 값은?

① 3      ② 4      ③ 5

④ 6      ⑤ 7

유제를 따라 풀어 보고, 실전 문제로 연습해 보세요.

**따라 해보자**

**예제 1**

$2x^2+ax-21$이 $(x-3)(bx+c)$로 인수분해될 때, 상수 $a$, $b$, $c$에 대하여 $a+b+c$의 값을 구하시오.

**풀이 과정**

**1단계** 인수분해 결과를 전개하기

$(x-3)(bx+c)=bx^2+(c-3b)x-3c$

**2단계** $a$, $b$, $c$의 값 구하기

즉, $2x^2+ax-21=bx^2+(c-3b)x-3c$이므로

$x^2$의 계수에서 $2=b$

상수항에서 $-21=-3c$  $\therefore c=7$

$x$의 계수에서 $a=c-3b=7-3\times 2=1$

**3단계** $a+b+c$의 값 구하기

$\therefore a+b+c=1+2+7=10$

**답** **10**

**유제 1**

$5x^2-3x+a$가 $(x+b)(cx+2)$로 인수분해될 때, 상수 $a$, $b$, $c$에 대하여 $a-b+c$의 값을 구하시오.

**풀이 과정**

**1단계** 인수분해 결과를 전개하기

**2단계** $a$, $b$, $c$의 값 구하기

**3단계** $a-b+c$의 값 구하기

**답**

**예제 2**

$x=\dfrac{2}{\sqrt{3}-1}$, $y=\dfrac{2}{\sqrt{3}+1}$일 때, $x^2-y^2$의 값을 구하시오.

**풀이 과정**

**1단계** $x$, $y$의 분모를 유리화하기

$x=\dfrac{2(\sqrt{3}+1)}{(\sqrt{3}-1)(\sqrt{3}+1)}=\sqrt{3}+1$

$y=\dfrac{2(\sqrt{3}-1)}{(\sqrt{3}+1)(\sqrt{3}-1)}=\sqrt{3}-1$

**2단계** 주어진 식을 인수분해하기

$x^2-y^2=(x+y)(x-y)$

**3단계** 주어진 식의 값 구하기

$x+y=(\sqrt{3}+1)+(\sqrt{3}-1)=2\sqrt{3}$

$x-y=(\sqrt{3}+1)-(\sqrt{3}-1)=2$

$\therefore x^2-y^2=(x+y)(x-y)$

$=2\sqrt{3}\times 2=4\sqrt{3}$

**답** $4\sqrt{3}$

**유제 2**

$x=\dfrac{2}{1+\sqrt{2}}$, $y=\dfrac{2}{1-\sqrt{2}}$일 때, $x^3y-xy^3$의 값을 구하시오.

**풀이 과정**

**1단계** $x$, $y$의 분모를 유리화하기

**2단계** 주어진 식을 인수분해하기

**3단계** 주어진 식의 값 구하기

**답**

**연습해 보자**

**1** 다음 두 다항식이 모두 완전제곱식이 되도록 하는 양수 $a$, $b$에 대하여 $a+b$의 값을 구하시오.

$$x^2-12x+a, \quad 9x^2+bxy+4y^2$$

**풀이 과정**

**답**

**2** $x$에 대한 이차식 $x^2+Ax+B$를 민이는 $x$의 계수를 잘못 보고 $(x-3)(x+8)$로 인수분해하였고, 혜나는 상수항을 잘못 보고 $(x-10)(x+12)$로 인수분해하였다. 다음 물음에 답하시오.

(1) 상수 $A$, $B$의 값을 구하시오.

(2) $x^2+Ax+B$를 바르게 인수분해하시오.

**풀이 과정**

(1)

(2)

**답** (1)          (2)

**3** 오른쪽 그림과 같이 윗변의 길이가 $x+3$, 아랫변의 길이가 $x+5$인 사다리꼴의 넓이가 $5x^2+23x+12$일 때, 이 사다리꼴의 높이를 구하시오.

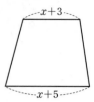

**풀이 과정**

**답**

**4** 인수분해 공식을 이용하여 다음 두 수 $A$, $B$를 계산할 때, $A+B$의 값을 구하시오.

$$A=9\times8.5^2-9\times1.5^2$$
$$B=\sqrt{28^2+4\times28+4}$$

**풀이 과정**

**답**

# 공개키 암호 시스템

개인용 컴퓨터나 스마트폰에서 사용하는 전자 메일, 인터넷 은행 거래 등에서는 개인의 정보를 보호하기 위해 암호를 사용하고 있다. 최근 가장 일반적으로 사용되는 암호 시스템은 RSA 공개 키 암호 시스템이다. 이 시스템은 1977년 세 명의 수학자 론 리베스트 (Ron Rivest), 아디 셰미르(Adi Shamir), 레오나르드 아델만(Leonard Adleman)이 만든 것으로, RSA라는 이름은 이들의 이름에서 따온 것이다.

이 시스템은 공개 키로 정보를 암호화하고, 개인 키로 암호를 해독하는데, 다음 원리에 따라 두 소수의 곱으로 공개 키를 만들고, 두 소수로 개인 키를 만든다.

> 두 소수의 곱은 쉽게 구할 수 있지만 어떤 수를 두 소수의 곱으로 분해하는 것은 어렵다.

예를 들어 공개 키를 6319로 한다면
$$6319 = 6400 - 81 = 80^2 - 9^2 = (80+9)(80-9) = 89 \times 71$$
이므로 개인 키는 두 소수 71, 89로 만든다.

실제로 이 시스템을 이용하여 암호를 만들 때는 매우 큰 소수를 사용하는데, 슈퍼컴퓨터로 $2^{1024}$ 크기의 두 소수의 곱을 인수분해하는 데에는 3486년이 걸리므로 안전성이 높아 오늘날 정보 보안이 필요한 곳에서 널리 사용되고 있다.

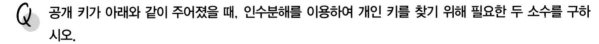

### 기출문제는 이렇게!

Q 공개 키가 아래와 같이 주어졌을 때, 인수분해를 이용하여 개인 키를 찾기 위해 필요한 두 소수를 구하시오.

(1) 4891
(2) 9991

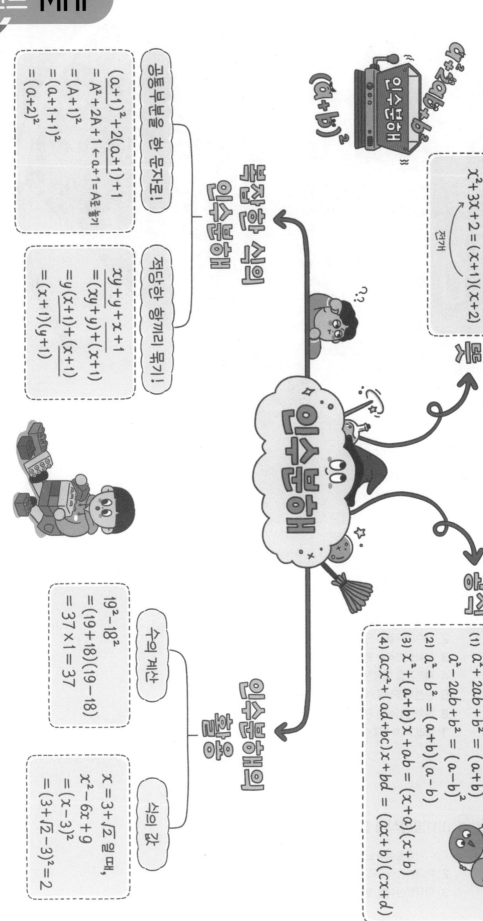

**인수분해**

공통부분을 한 문자로!

$$(a+1)^2 + 2(a+1) + 1$$
$$= A^2 + 2A + 1 \leftarrow a+1 = A로 놓기$$
$$= (A+1)^2$$
$$= (a+1+1)^2$$
$$= (a+2)^2$$

적당한 항끼리 묶기!

$$xy + y + x + 1$$
$$= (xy+y) + (x+1)$$
$$= y(x+1) + (x+1)$$
$$= (x+1)(y+1)$$

복잡한 식의 인수분해

$$x^2 + 3x + 2 = (x+1)(x+2)$$

인수분해 ← → 전개

"$a^2 + 2ab + b^2$"
$(a+b)^2$

공식

(1) $a^2 + 2ab + b^2 = (a+b)^2$
$\quad\ a^2 - 2ab + b^2 = (a-b)^2$
(2) $a^2 - b^2 = (a+b)(a-b)$
(3) $x^2 + (a+b)x + ab = (x+a)(x+b)$
(4) $acx^2 + (ad+bc)x + bd = (ax+b)(cx+d)$

인수분해의 활용

수의 계산

$$19^2 - 18^2$$
$$= (19+18)(19-18)$$
$$= 37 \times 1 = 37$$

식의 값

$x = 3 + \sqrt{2}$ 일 때,
$$x^2 - 6x + 9$$
$$= (x-3)^2$$
$$= (3+\sqrt{2}-3)^2 = 2$$

## II
식의 계산과 이차방정식

# 5 이차방정식

| 이전에 배운 내용 | 이번에 배울 내용 | 이후에 배울 내용 |
|---|---|---|
| **중1**<br>• 일차방정식<br>**중2**<br>• 연립방정식 | ⌒1 이차방정식과 그 해<br>⌒2 이차방정식의 풀이<br>⌒3 이차방정식의 활용 | **고등**<br>• 삼차방정식과 사차방정식<br>• 연립이차방정식 |

## 준비 **학습**

**중1** **일차방정식의 풀이**

• 등식의 성질과 이항을 이용하여 $x=$(수) 꼴로 나타낸다.

**1** 다음 일차방정식을 푸시오.

(1) $2-3x=-x-6$

(2) $2(x+8)=-3(x-2)$

(3) $\dfrac{1}{2}x+\dfrac{2}{3}=\dfrac{1}{6}$

(4) $0.5x-1=0.2(x+1)$

**중1** **일차방정식의 활용**

• 구하는 것을 미지수로 놓고 수량 사이의 관계를 일차방정식으로 나타낸다.

**2** 연속하는 세 자연수의 합이 39일 때, 이 세 자연수를 구하시오.

# 1 이차방정식과 그 해

● 정답과 해설 50쪽

## 1 이차방정식

등식의 모든 항을 좌변으로 이항하여 정리한 식이

**(x에 대한 이차식)=0**

꼴로 나타나는 방정식을 x에 대한 **이차방정식**이라고 한다.

➡ $ax^2+bx+c=0$ ($a$, $b$, $c$는 상수, $\boldsymbol{a \neq 0}$)

↳ $ax^2+bx+c=0$이 이차방정식이 될 조건은 $a \neq 0$이다.

## 2 이차방정식의 해(근)

(1) **이차방정식의 해(근)**: 이차방정식 $ax^2+bx+c=0$을 참이 되게 하는 미지수 $x$의 값

참고 $x=k$가 이차방정식 $x^2+3x+1=0$의 해이다.
➡ $x=k$를 $x^2+3x+1=0$에 대입하면 등식이 성립한다.
➡ $k^2+3k+1=0$

(2) **이차방정식을 푼다.**: 이차방정식의 해(근)를 모두 구하는 것

---

**필수 문제 1**

이차방정식의 뜻

▶ 이차방정식 찾기
① 등식인가?
② 모든 항을 좌변으로 이항
하여 정리한 식이
(이차식)=0 꼴인가?

다음 중 $x$에 대한 이차방정식인 것은 ○표, 이차방정식이 <u>아닌</u> 것은 ×표를 (  ) 안에 쓰시오.

(1) $2x+1=0$ (　　) 　(2) $x^2=0$ (　　)

(3) $2x^2-3x+5$ (　　) 　(4) $x^2-x=(x-1)(x+1)$ (　　)

(5) $x^3-3x^2+4=x^3-6$ (　　) 　(6) $\dfrac{3}{x^2}=7$ (　　)

**1-1** 다음 보기 중 $x$에 대한 이차방정식을 모두 고르시오.

| 보기 |

ㄱ. $x(x-4)=0$ 　　ㄴ. $x-2x^2$ 　　ㄷ. $x^2+4=(x-2)^2$

ㄹ. $\dfrac{x(x-3)}{3}=20$ 　　ㅁ. $\dfrac{1}{x^2}+4=0$ 　　ㅂ. $(x+1)^2=-x^2-1$

---

**필수 문제 2**

이차방정식의 해

우리를 대입
하면 된다구~.

$x$의 값이 $-2$, $-1$, $0$, $1$, $2$일 때, 이차방정식 $x^2-x-2=0$의 해를 구하시오.

**2-1** 다음 보기의 이차방정식 중 $x=2$를 해로 갖는 것을 모두 고르시오.

| 보기 |

ㄱ. $x^2-2x-8=0$ 　　ㄴ. $x(x-2)=0$ 　　ㄷ. $(x+2)(2x-1)=0$

ㄹ. $3x^2-12=0$ 　　ㅁ. $(2x-1)^2=4x$ 　　ㅂ. $2x^2+x-6=0$

## STEP 1  쏙쏙 개념 익히기

**1** 다음 중 $x$에 대한 이차방정식을 모두 고르면? (정답 2개)

① $-2x+3=2x^2$  ② $2x^2+3x-2=x+2x^2$  ③ $x(x-2)=x(x+1)$

④ $x^2+3x=x^3-2$  ⑤ $(x+1)(x-1)=-x^2+1$

**2** $ax^2+3=(x-2)(2x+1)$이 $x$에 대한 이차방정식일 때, 다음 중 상수 $a$의 값이 될 수 <u>없는</u> 것은?

① $-2$  ② $-1$  ③ $0$  ④ $1$  ⑤ $2$

**3** 다음 중 [  ] 안의 수가 주어진 이차방정식의 해인 것은?

① $x^2-8=0$  $[\,4\,]$  ② $x^2-4x=0$  $[\,3\,]$  ③ $x^2-2x+1=0$  $[\,2\,]$

④ $x^2-x-20=0$  $[\,5\,]$  ⑤ $-x^2+3x+4=0$  $[\,1\,]$

**4** 이차방정식 $2x^2+ax-3=0$의 한 근이 $x=-3$일 때, 상수 $a$의 값을 구하시오.

● 이차방정식의 한 근이 문자로 주어질 때, 식의 값 구하기
이차방정식 $x^2+ax+b=0$의 한 근이 $x=m$이면
⇨ $m^2+am+b=0$이 성립

**5** 이차방정식 $x^2-6x+1=0$의 한 근이 $x=a$일 때, 다음 식의 값을 구하시오.

(1) $a^2-6a+10$

(2) $a+\dfrac{1}{a}$

한번더

**6** 이차방정식 $x^2+4x-1=0$의 한 근이 $x=a$일 때, 다음 식의 값을 구하시오.

(1) $a^2+4a-5$

(2) $a-\dfrac{1}{a}$

# 2 이차방정식의 풀이

## 1 $AB=0$의 성질

두 수 또는 두 식 $A$, $B$에 대하여

$$AB=0$이면 $A=0$ 또는 $B=0$$

참고 '$A=0$ 또는 $B=0$'은 다음 세 가지 중 하나가 성립함을 의미한다.

① $A=0$, $B=0$  ② $A=0$, $B\neq0$  ③ $A\neq0$, $B=0$

$\underset{A}{(x-2)}\underset{B}{(x-3)}=0$이면

$\underset{A}{x-2=0}$ 또는 $\underset{B}{x-3=0}$

## 2 인수분해를 이용한 이차방정식의 풀이

❶ 이차방정식을 정리한다.  ➡ $ax^2+bx+c=0$

❷ 좌변을 인수분해한다.  ➡ $a(x-\alpha)(x-\beta)=0$

❸ $AB=0$의 성질을 이용한다.  ➡ $x-\alpha=0$ 또는 $x-\beta=0$

❹ 해를 구한다.  ➡ $x=\alpha$ 또는 $x=\beta$

❶ $x^2-4x+3=0$

❷ $(x-1)(x-3)=0$

❸ $x-1=0$ 또는 $x-3=0$

❹ $x=1$ 또는 $x=3$

---

**필수 문제 ❶**

$AB=0$의 성질을 이용한 이차방정식의 풀이

▶이차방정식
$(ax-b)(cx-d)=0$의 해
⇨ $x=\dfrac{b}{a}$ 또는 $x=\dfrac{d}{c}$

다음 이차방정식을 푸시오.

(1) $x(x-2)=0$

(2) $(x+3)(x-1)=0$

(3) $(3x+1)(x-4)=0$

(4) $(3x+2)(2x-3)=0$

**1-1** 다음 이차방정식을 푸시오.

(1) $(x+4)(x+1)=0$

(2) $(x+2)(x-5)=0$

(3) $\left(x-\dfrac{1}{3}\right)\left(x-\dfrac{1}{2}\right)=0$

(4) $(2x+5)(3x-1)=0$

---

**필수 문제 ❷**

인수분해를 이용한 이차방정식의 풀이

▶인수분해를 이용하여 이차방정식을 풀 때는 반드시 우변을 0으로 만들고 푼다.

다음 이차방정식을 인수분해를 이용하여 푸시오.

(1) $x^2-x=0$

(2) $x^2+2x-8=0$

(3) $6x^2=x+12$

(4) $(x+4)(x-3)=-6$

**2-1** 다음 이차방정식을 인수분해를 이용하여 푸시오.

(1) $2x^2+10x=0$

(2) $x^2+x-30=0$

(3) $3x^2-7x=6$

(4) $(x-1)(x-8)=18$

## 3 이차방정식의 중근

(1) 이차방정식의 두 해가 중복될 때, 이 해를 **중근**이라고 한다.

> 예 $x^2-6x+9=0$에서 $(x-3)^2=0$, 즉 $(x-3)(x-3)=0$    ∴ $x=3$ 또는 $x=3$    ∴ $x=3$  ←중근
> 해가 중복된다.

(2) 이차방정식이 중근을 가질 조건

  ① 이차방정식이 **(완전제곱식)=0** 꼴로 나타내어지면 이 이차방정식은 중근을 가진다.

  ② 이차방정식 $x^2+ax+b=0$이 중근을 가지려면 좌변이 완전제곱식이어야 하므로

  ➡ $b=\left(\dfrac{a}{2}\right)^2$  ←(상수항)=$\left(\dfrac{x\text{의 계수}}{2}\right)^2$

> 예 이차방정식 $x^2+6x+\square=0$이 중근을 가지려면 $\square=\left(\dfrac{6}{2}\right)^2=9$

---

**필수 문제** **3**

이차방정식의 중근

▶이차방정식이 $a(x-m)^2=0$ 꼴로 나타내어지면 이 이차방정식은 중근 $x=m$을 갖는다.

다음 보기의 이차방정식 중 중근을 갖는 것을 모두 고르시오.

> 보기
>
> ㄱ. $x^2+x-2=0$   ㄴ. $x^2-8x+16=0$   ㄷ. $x^2-16=0$
> ㄹ. $9x^2-6x+1=0$   ㅁ. $3x^2-10x-8=0$   ㅂ. $x(x-10)=-25$

 **3-1** 다음 이차방정식 중 중근을 갖지 <u>않는</u> 것은?

① $x^2+4x+4=0$    ② $8x^2-8x+2=0$    ③ $3-x^2=6(x+2)$

④ $x^2-3x=-5x+15$    ⑤ $x^2+\dfrac{1}{16}=\dfrac{1}{2}x$

---

**필수 문제** **4**

이차방정식이 중근을 가질 조건

다음 이차방정식이 중근을 가질 때, 상수 $a$의 값을 구하시오.

(1) $x^2+8x+4+a=0$    (2) $x^2+ax+1=0$

**4-1** 다음 이차방정식이 중근을 가질 때, 상수 $a$의 값과 그 중근을 각각 구하시오.

(1) $x^2-14x+45-a=0$    (2) $x^2+ax+16=0$

## 쏙쏙 개념 익히기

**1** 다음 이차방정식 중 해가 $x=\dfrac{1}{2}$ 또는 $x=-3$인 것은?

① $(2x+1)(x-3)=0$     ② $(2x-1)(x-3)=0$     ③ $2(x+1)(x+3)=0$

④ $2(x-1)(x+3)=0$     ⑤ $3(2x-1)(x+3)=0$

**2** 다음 이차방정식을 인수분해를 이용하여 푸시오.

(1) $x^2-6x+8=0$            (2) $2x^2-12x+18=0$

(3) $6x^2-7x=3$             (4) $(x+1)(x-1)=2x^2-5$

방정식을 풀면 해가 되는 거지?

**3** 이차방정식 $x^2+8x+a=0$의 한 근이 $x=-3$일 때, 상수 $a$의 값과 다른 한 근을 각각 구하시오.

**4** 다음 이차방정식 중 중근을 갖지 <u>않는</u> 것을 모두 고르면? (정답 2개)

① $x^2-4x+3=0$     ② $x^2+10x+25=0$     ③ $x^2+\dfrac{1}{9}=\dfrac{2}{3}x$

④ $x(x-1)=6$         ⑤ $-x^2-7=2x-6$

**5** 이차방정식 $x^2+3ax+a+7=0$이 중근을 가질 때, 양수 $a$의 값을 구하시오.

## **4** 제곱근을 이용한 이차방정식의 풀이

(1) 이차방정식 $x^2=q(q\geq 0)$의 해

$$x^2=q \;\Rightarrow\; x=\pm\sqrt{q} \;\;{\leftarrow}\;x\text{는 }q\text{의 제곱근이다.}$$

예 $x^2=2 \;\Rightarrow\; x=\pm\sqrt{2}$

(2) 이차방정식 $(x-p)^2=q(q\geq 0)$의 해

$$(x-p)^2=q \;\Rightarrow\; \underline{x-p=\pm\sqrt{q}} \;\Rightarrow\; x=p\pm\sqrt{q}$$
$$\;\;{\scriptstyle x-p\text{는 }q\text{의 제곱근이다.}}$$

예 $(x-2)^2=5 \;\Rightarrow\; x-2=\pm\sqrt{5} \;\Rightarrow\; x=2\pm\sqrt{5}$

---

**필수 문제** **5**

제곱근을 이용한
이차방정식의 풀이

다음 이차방정식을 제곱근을 이용하여 푸시오.

(1) $x^2=8$

(2) $25-9x^2=0$

(3) $(x+3)^2=5$

(4) $2(x-1)^2=18$

---

**5-1** 다음 이차방정식을 제곱근을 이용하여 푸시오.

(1) $x^2-6=0$

(2) $4x^2-49=0$

(3) $3-(2x+1)^2=0$

(4) $-9(x+1)^2+16=0$

---

**5-2** 이차방정식 $3(x+a)^2=15$의 해가 $x=2\pm\sqrt{b}$일 때, 유리수 $a$, $b$에 대하여 $a+b$의 값을 구하시오.

## 5 완전제곱식을 이용한 이차방정식의 풀이

이차방정식을 $\underline{(x-p)^2=q}$ 꼴로 고쳐 제곱근을 이용하여 푼다.
└─ 완전제곱식

❶ $x^2$의 계수를 1로 만든다.

❷ 상수항을 우변으로 이항한다.

❸ 양변에 $\left(\dfrac{x의\ 계수}{2}\right)^2$을 더한다.

❹ 좌변을 완전제곱식으로 고친다.

❺ 제곱근을 이용하여 해를 구한다.

$2x^2-16x-6=0$ ─ 양변을 2로 나눈다.

$x^2-8x-3=0$

$x^2-8x=3$

$x^2-8x+\left(\dfrac{-8}{2}\right)^2=3+\left(\dfrac{-8}{2}\right)^2$

$(x-4)^2=19$

$x=4\pm\sqrt{19}$

**참고** 이차방정식 $ax^2+bx+c=0$에서 좌변을 인수분해할 수 없을 때는 완전제곱식을 이용하여 해를 구할 수 있다.

---

**필수 문제 ❻**

완전제곱식을 이용한 이차방정식의 풀이

▶ $x^2$의 계수가 1이 아닐 때는 그 계수로 양변을 나누어 $x^2$의 계수를 1로 만든다.

다음은 완전제곱식을 이용하여 이차방정식의 해를 구하는 과정이다. ☐ 안에 알맞은 수를 쓰시오.

(1)

$x^2-6x+2=0$

$x^2-6x=-2$

$x^2-6x+\boxed{\phantom{0}}=-2+\boxed{\phantom{0}}$

$(x-\boxed{\phantom{0}})^2=\boxed{\phantom{0}}$

$\therefore x=\boxed{\phantom{0}}$

(2)

$3x^2-6x+1=0$

$x^2-2x+\dfrac{1}{3}=0$

$x^2-2x=-\dfrac{1}{3}$

$x^2-2x+\boxed{\phantom{0}}=-\dfrac{1}{3}+\boxed{\phantom{0}}$

$(x-\boxed{\phantom{0}})^2=\boxed{\phantom{0}}$

$\therefore x=\boxed{\phantom{0}}$

**6-1** 다음 이차방정식을 $(x-p)^2=q$ 꼴로 나타낼 때, 상수 $p$, $q$의 값을 각각 구하시오.

(1) $x^2-2x=2$

(2) $2x^2+8x-9=0$

**6-2** 다음 이차방정식을 완전제곱식을 이용하여 푸시오.

(1) $x^2-10x+5=0$

(2) $3x^2+15x-6=0$

(3) $4x^2+8x=3$

(4) $x^2-\dfrac{8}{3}x+\dfrac{2}{3}=0$

STEP 1

**쑥쑥 개념 익히기**

**1** 다음 이차방정식을 제곱근을 이용하여 푸시오.

(1) $9x^2-5=0$

(2) $(x+2)^2=9$

(3) $(2x-5)^2-5=0$

(4) $2(3x-4)^2-50=0$

**2** 이차방정식 $2(x+a)^2=b$의 해가 $x=4\pm\sqrt{5}$일 때, 유리수 $a$, $b$에 대하여 $a+b$의 값을 구하시오.

**3** 다음은 완전제곱식을 이용하여 이차방정식 $2x^2+4x-3=0$을 푸는 과정이다. 상수 $A$, $B$, $C$의 값을 각각 구하시오.

| | |
|---|---|
| | $2x^2+4x-3=0$ |
| 양변을 2로 나누면 | $x^2+2x-\dfrac{3}{2}=0$ |
| 상수항을 우변으로 이항하면 | $x^2+2x=\dfrac{3}{2}$ |
| 양변에 $A$를 더하면 | $x^2+2x+A=\dfrac{3}{2}+A$ |
| 좌변을 완전제곱식으로 고치면 | $(x+B)^2=C$ |
| 따라서 이차방정식의 해는 | $x=-B\pm\sqrt{C}$ |

**4** 이차방정식 $(x-1)(x-3)=6$을 $(x-p)^2=q$ 꼴로 나타낼 때, 상수 $p$, $q$에 대하여 $p-q$의 값을 구하시오.

**5** 이차방정식 $x^2-6x+a=0$을 완전제곱식을 이용하여 풀었더니 해가 $x=3\pm\sqrt{2}$이었다. 이때 상수 $a$의 값을 구하시오.

## 6 이차방정식의 근의 공식

$x$에 대한 이차방정식 $ax^2+bx+c=0\,(a\neq0)$의 해는

$$x=\frac{-b\pm\sqrt{b^2-4ac}}{2a}\ (\text{단, } b^2-4ac\geq0)$$

이차방정식 $2x^2-3x-1=0$의 해는
($a$)($b$)($c$)

$$x=\frac{-(-3)\pm\sqrt{(-3)^2-4\times2\times(-1)}}{2\times2}$$

> **참고** $x$에 대한 이차방정식 $ax^2+bx+c=0\,(a\neq0)$에서 $x$의 계수가 짝수, 즉 $b=2b'$일 때,
> 이차방정식 $ax^2+2b'x+c=0$의 해는 $x=\dfrac{-b'\pm\sqrt{b'^2-ac}}{a}$ (단, $b'^2-ac\geq0$) ← 짝수 공식

**개념 확인** 다음은 이차방정식의 근의 공식을 유도하는 과정이다. □ 안에 알맞은 것을 쓰시오.

$ax^2+bx+c=0\,(a\neq0)$ — 양변을 $x^2$의 계수 □(으)로 나눈다.

$x^2+\dfrac{b}{a}x+\dfrac{c}{a}=0$ — 상수항을 우변으로 이항한다.

$x^2+\dfrac{b}{a}x=-\dfrac{c}{a}$ — 양변에 $x$의 계수의 $\dfrac{1}{2}$의 제곱인 □을(를) 더한다.

$x^2+\dfrac{b}{a}x+\left(\dfrac{b}{2a}\right)^2=-\dfrac{c}{a}+\left(\dfrac{b}{2a}\right)^2$ — 좌변을 완전제곱식으로 고친다.

$\left(x+\dfrac{b}{2a}\right)^2=\dfrac{b^2-4ac}{4a^2}$ — 제곱근을 구한다.

$x+\dfrac{b}{2a}=\pm\dfrac{\sqrt{b^2-4ac}}{2a}$ — 해를 구한다.

$\therefore x=\boxed{\phantom{xxxxxxxx}}$

---

**필수 문제 7**

근의 공식을 이용한 이차방정식의 풀이

다음 이차방정식을 근의 공식을 이용하여 푸시오.

(1) $3x^2+5x+1=0$    (2) $x^2+4x-4=0$    (3) $2x^2-6x=3$

**7-1** 다음 이차방정식을 근의 공식을 이용하여 푸시오.

(1) $x^2+x-8=0$    (2) $4x^2-2x-1=0$    (3) $3x^2=7x-3$

**7-2** 이차방정식 $2x^2+3x-4=0$의 해가 $x=\dfrac{A\pm\sqrt{B}}{4}$일 때, 유리수 $A$, $B$의 값을 각각 구하시오.

## 7 여러 가지 이차방정식의 풀이

(1) 괄호가 있으면 전개하여 $ax^2+bx+c=0$ 꼴로 정리한다.

예 $(x+1)(x-1)=2x$ $\xrightarrow{\text{괄호를 푼 후 정리하면}}$ $x^2-2x-1=0$

(2) 계수가 소수 또는 분수이면 양변에 적당한 수를 곱하여 계수를 정수로 고친다.

① 계수가 소수인 경우: 양변에 10의 거듭제곱을 곱한다.

② 계수가 분수인 경우: 양변에 분모의 최소공배수를 곱한다.

예 ① $0.2x^2+0.3x-1=0$ $\xrightarrow{\text{양변에 10을 곱하면}}$ $2x^2+3x-10=0$

② $\dfrac{1}{2}x^2-x-\dfrac{5}{4}=0$ $\xrightarrow{\text{양변에 4를 곱하면}}$ $2x^2-4x-5=0$

(3) 공통부분이 있으면 공통부분을 한 문자로 놓는다.

예 $(x+2)^2-3(x+2)+2=0$ $\xrightarrow{x+2=A\text{로 놓으면}}$ $A^2-3A+2=0$

> 인수분해 또는
> 근의 공식을
> 이용하여
> 해를 구한다.

---

**필수 문제 8**

여러 가지 이차방정식의
풀이 – 괄호, 소수, 분수

▶양변에 어떤 수를 곱할 때는
모든 항에 빠짐없이 곱해 주
어야 한다.

예 $\dfrac{3}{4}x^2-2x+\dfrac{1}{2}=0$의 양변
에 4를 곱하면
$\left(\dfrac{3}{4}x^2-2x+\dfrac{1}{2}\right)\times4=0\times4$
⇨ $3x^2-2x+2=0$ (×)
⇨ $3x^2-8x+2=0$ (○)

**다음 이차방정식을 푸시오.**

(1) $(x-1)(x+2)=1$

(2) $0.5x^2-2.5x+3=0$

(3) $\dfrac{1}{4}x^2+\dfrac{1}{2}x-2=0$

**8-1** 다음 이차방정식을 푸시오.

(1) $(3x-2)(x-2)=2x(x-1)$

(2) $0.6x^2+3.2x=-1$

(3) $\dfrac{x^2-2}{3}-\dfrac{x^2-1}{2}=-2$

---

**필수 문제 9**

여러 가지 이차방정식의
풀이 – 공통부분

▶❶ (공통부분)=$A$로 놓고
$A$에 대한 이차방정식을
푼다.

❷ $A$에 원래 식을 대입한다.
⇨ $x$의 값 구하기

**다음 이차방정식을 푸시오.**

(1) $(x-3)^2-3(x-3)=4$

(2) $(x+2)^2-5(x+2)+6=0$

**9-1** 다음 이차방정식을 푸시오.

(1) $(2x+1)^2-9(2x+1)+20=0$

(2) $(x-2)^2-3(x-2)-28=0$

# 이차방정식의 풀이

● 정답과 해설 54쪽

**[1~4] 다음 이차방정식을 푸시오.**

**1**
(1) $x^2+7x+11=0$

(2) $x^2-5=-3x$

(3) $x^2+2x-4=0$

(4) $x^2+6x=4$

(5) $2x^2-5x-1=0$

(6) $3x^2+8x-1=0$

**2**
(1) $(x-1)(x-4)=2$

(2) $x(x+3)=2x^2-3$

(3) $(x+1)(5x-2)=x^2-x+3$

(4) $(2x+1)(x-3)=(x-1)^2$

**3**
(1) $0.01x^2-0.12x+0.11=0$

(2) $\dfrac{1}{2}x^2+\dfrac{1}{3}x-\dfrac{1}{12}=0$

(3) $\dfrac{2}{5}x^2+x-0.1=0$

(4) $\dfrac{(x+1)(x-3)}{2}=\dfrac{x(x+2)}{3}$

**4**
(1) $3(x-1)^2-4(x-1)-4=0$

(2) $\dfrac{1}{2}(x+1)^2-\dfrac{1}{3}(x+1)-\dfrac{1}{6}=0$

## STEP 1 쏙쏙 개념 익히기

**1** 이차방정식 $2x^2-7x-2=0$의 근이 $x=\dfrac{A\pm\sqrt{B}}{4}$일 때, 유리수 $A$, $B$에 대하여 $A+B$의 값은?

① 33      ② 40      ③ 65      ④ 70      ⑤ 72

**2** 이차방정식 $\dfrac{2}{5}x^2-0.6x=0.1$의 근이 $x=\dfrac{a\pm\sqrt{b}}{4}$일 때, 유리수 $a$, $b$에 대하여 $a+b$의 값을 구하시오.

**3** 이차방정식 $(2x-3)^2=8(2x-3)+65$의 두 근의 합을 구하시오.

● 이차방정식의 근이 주어 질 때, 유리수의 값 구하기 이차방정식을 푼 후 주어 진 근과 비교하여 유리수 의 값을 구한다.

**4** 이차방정식 $3x^2-4x+a=0$의 근이 $x=\dfrac{b\pm\sqrt{13}}{3}$일 때, 유리수 $a$, $b$에 대하여 $a$, $b$의 값을 각각 구하시오.

**5** 이차방정식 $2x^2-ax-3=0$의 근이 $x=\dfrac{3\pm\sqrt{b}}{4}$일 때, 유리수 $a$, $b$에 대하여 $a$, $b$의 값을 각각 구하시오.

# 3 이차방정식의 활용

• 정답과 해설 55쪽

## 1 이차방정식의 근의 개수

이차방정식 $ax^2+bx+c=0\,(a\neq0)$의 근의 개수는

근의 공식 $x=\dfrac{-b\pm\sqrt{b^2-4ac}}{2a}$에서 $b^2-4ac$의 부호에 의해 결정된다.

(1) $b^2-4ac>0$ ➡ 서로 다른 두 근을 가진다. ➡ 근이 $\boxed{2개}$ ┐
(2) $b^2-4ac=0$ ➡ 한 근(중근)을 가진다. ➡ 근이 $\boxed{1개}$ ┤ 근이 존재할 조건 ➡ $b^2-4ac\geq0$
(3) $b^2-4ac<0$ ➡ 근이 없다. ➡ 근이 $\boxed{0개}$ → 음수의 제곱근은 없다.

참고 $x$의 계수가 짝수인 이차방정식 $ax^2+2b'x+c=0$에서는 $b^2-4ac$ 대신 $b'^2-ac$를 이용할 수 있다.

### 개념 확인

다음은 이차방정식의 근의 개수를 구하는 과정이다. 표를 완성하시오.

| $ax^2+bx+c=0$ | $a$, $b$, $c$의 값 | $b^2-4ac$의 값 | 근의 개수 |
|---|---|---|---|
| (1) $x^2+3x-2=0$ | $a=1$, $b=3$, $c=-2$ | $3^2-4\times1\times(-2)=17$ | |
| (2) $4x^2-4x+1=0$ | | | |
| (3) $2x^2-5x+4=0$ | | | |

---

### 필수 문제 � 1

**이차방정식의 근의 개수**

▶주어진 이차방정식에 괄호가 있으면 괄호를 풀어 전개하고, 계수가 소수 또는 분수인 경우 계수를 정수로 만든 후 근을 파악한다.

다음 보기의 이차방정식 중 서로 다른 두 근을 갖는 것을 모두 고르시오.

┌ 보기 ┐
ㄱ. $x^2-3x+5=0$　　　ㄴ. $x^2+6x+9=0$　　　ㄷ. $3x^2-7x-2=0$
ㄹ. $2x^2+5x-2=0$　　　ㅁ. $(x+3)^2=4x+9$　　　ㅂ. $\dfrac{1}{3}x^2-\dfrac{1}{6}x+\dfrac{1}{12}=0$

**1-1** 다음 이차방정식 중 근이 존재하지 <u>않는</u> 것은?

① $x^2-3x=0$　　　② $2x^2-5x+4=0$　　　③ $3x^2+x-2=0$
④ $5x^2-2x-1=0$　　　⑤ $0.9x^2-0.6x+0.1=0$

---

### 필수 문제 2

**근의 개수에 따른 상수의 값의 범위**

이차방정식 $x^2-3x+2k=0$의 근이 다음과 같을 때, 상수 $k$의 값 또는 범위를 구하시오.

(1) 서로 다른 두 근　　　(2) 중근　　　(3) 근이 없다.

**2-1** 이차방정식 $x^2-2x+k-5=0$의 근이 다음과 같을 때, 상수 $k$의 값 또는 범위를 구하시오.

(1) 서로 다른 두 근　　　(2) 중근　　　(3) 근이 없다.

## 2 이차방정식 구하기

(1) 두 근이 $\alpha$, $\beta$이고 $x^2$의 계수가 $a\,(a\neq0)$인 이차방정식은

$$a(x-\alpha)(x-\beta)=0$$

예 두 근이 ② , ③ 이고 $x^2$의 계수가 ⑤ 인 이차방정식

➡ ⑤$(x-②)(x-③)=0$    ∴ $5x^2-25x+30=0$

(2) 중근이 $\alpha$이고 $x^2$의 계수가 $a\,(a\neq0)$인 이차방정식은

$$a(x-\alpha)^2=0 \leftarrow \text{(완전제곱식)}=0$$

예 중근이 ① 이고 $x^2$의 계수가 ② 인 이차방정식

➡ ②$(x-①)^2=0$    ∴ $2x^2-4x+2=0$

---

**필수 문제 ③**

근이 주어질 때,
이차방정식 구하기

다음 이차방정식을 구하시오.

(1) 두 근이 $-1$, 5이고 $x^2$의 계수가 1인 이차방정식

(2) 두 근이 $-3$, $-4$이고 $x^2$의 계수가 2인 이차방정식

(3) 중근이 3이고 $x^2$의 계수가 $-1$인 이차방정식

**3-1** 다음 이차방정식을 구하시오.

(1) 두 근이 $-2$, 1이고 $x^2$의 계수가 $-4$인 이차방정식

(2) 두 근이 $\dfrac{1}{2}$, $\dfrac{1}{3}$이고 $x^2$의 계수가 6인 이차방정식

(3) 중근이 $-2$이고 $x^2$의 계수가 3인 이차방정식

**3-2** 이차방정식 $2x^2+ax+b=0$의 두 근이 $-5$, 6일 때, 상수 $a$, $b$의 값을 각각 구하시오.

STEP
**1** 쏙쏙 **개념 익히기**

**1** 다음 이차방정식 중 근의 개수가 나머지 넷과 <u>다른</u> 하나는?

① $x^2-8x+5=0$      ② $2x^2-9x-3=0$      ③ $3x^2+4x-1=0$

④ $4x^2+2x-1=0$      ⑤ $5x^2+7x+8=0$

**2** 이차방정식 $2x^2-4x+2k-3=0$이 근을 갖도록 하는 상수 $k$의 값의 범위를 구하시오.

**3** 이차방정식 $x^2-6x+k-3=0$이 중근을 가질 때, 상수 $k$의 값과 그 중근을 각각 구하시오.

**4** 이차방정식 $4x^2+ax+b=0$의 두 근이 $-\dfrac{1}{2}$, 1일 때, 상수 $a$, $b$에 대하여 $ab$의 값을 구하시오.

● 이차방정식 구하기
두 근이 $\alpha$, $\beta$이고 $x^2$의 계
수가 $a$인 이차방정식
$\Rightarrow a(x-\alpha)(x-\beta)=0$

**5** 이차방정식 $x^2+ax+b=0$의 두 근이 $-2$, 3일 때, 이차방정식 $bx^2+ax+1=0$의 해를 구하시오. (단, $a$, $b$는 상수)

한번더 ✗

**6** 이차방정식 $3x^2+ax+b=0$의 두 근이 $-1$, $\dfrac{1}{3}$일 때, 이차방정식 $ax^2+3x-b=0$의 해를 구하시오. (단, $a$, $b$는 상수)

**3 이차방정식을 활용하여 문제를 해결하는 과정**

❶ 문제의 뜻을 이해하고 구하려는 값을 미지수로 놓는다.

❷ 문제의 뜻에 맞게 이차방정식을 세운다.

❸ 이차방정식을 푼다.

❹ 구한 해가 문제의 뜻에 맞는지 확인한다.

> 주의 이차방정식의 모든 해가 문제의 답이 되는 것은 아니므로 문제의 조건에 맞는지 확인하는 것이 중요하다.

| 미지수 정하기 |
| :---: |
| ↓ |
| 이차방정식 세우기 |
| ↓ |
| 이차방정식 풀기 |
| ↓ |
| 확인하기 |

**개념 확인** 다음은 어떤 자연수의 3배에 4를 더한 수는 어떤 자연수에서 2를 뺀 수의 제곱과 같다고 할 때, 어떤 자연수를 구하는 과정이다. ☐ 안에 알맞은 수를 쓰시오.

| ❶ 미지수 정하기 | 어떤 자연수를 $x$라고 하자. |
| :--- | :--- |
| ❷ 이차방정식 세우기 | 어떤 자연수의 3배에 4를 더한 수는 $3x+4$이고, 어떤 자연수에서 2를 뺀 수의 제곱은 $(\boxed{\phantom{x}})^2$이므로 $3x+4=(\boxed{\phantom{x}})^2$ |
| ❸ 이차방정식 풀기 | 이 이차방정식을 풀면 $x=0$ 또는 $x=\boxed{\phantom{x}}$ 이때 $x$는 자연수이므로 $x=\boxed{\phantom{x}}$ |
| ❹ 확인하기 | 어떤 자연수가 $\boxed{\phantom{x}}$이면 $3 \times \boxed{\phantom{x}} + 4 = (\boxed{\phantom{x}} - 2)^2$ 이므로 구한 해는 문제의 뜻에 맞는다. |

**필수 문제 4**
식이 주어진 문제

$n$각형의 대각선의 개수는 $\dfrac{n(n-3)}{2}$개일 때, 대각선의 개수가 20개인 다각형을 구하시오.

**4-1** 자연수 1부터 $n$까지의 합은 $\dfrac{n(n+1)}{2}$이다. 합이 120이 되려면 1부터 얼마까지의 자연수를 더해야 하는지 구하시오.

**필수 문제 5**
수에 대한 문제

▶연속하는 두 짝수(홀수)
  ⇨ $x$, $x+2$
▶연속하는 두 자연수
  ⇨ $x$, $x+1$
▶연속하는 세 자연수
  ⇨ $x-1$, $x$, $x+1$

연속하는 두 홀수의 곱이 195일 때, 이 두 홀수를 구하시오.

**5-1** 차가 5인 두 자연수의 곱이 104일 때, 이 두 자연수 중 작은 수를 구하시오.

사탕 165개를 남김없이 학생들에게 똑같이 나누어 주려고 한다. 한 학생이 받는 사탕의 개수는 학생 수보다 4만큼 적을 때, 학생 수를 구하시오.

**6-1** 쿠키 130개를 남김없이 특별활동반 학생들에게 똑같이 나누어 주려고 한다. 한 학생이 받는 쿠키의 개수가 학생 수보다 3만큼 많을 때, 특별활동반의 학생 수를 구하시오.

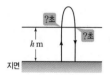

지면에서 지면에 수직인 방향으로 초속 $25\,\mathrm{m}$로 쏘아 올린 물 로켓의 $t$초 후의 지면으로부터의 높이는 $(-5t^2+25t)\,\mathrm{m}$라고 한다. 다음 물음에 답하시오.

(1) 물 로켓의 높이가 처음으로 $30\,\mathrm{m}$가 되는 것은 쏘아 올린 지 몇 초 후인지 구하시오.

(2) 이 물 로켓이 지면에 떨어지는 것은 쏘아 올린 지 몇 초 후인지 구하시오.

**7-1** 지면으로부터 $8\,\mathrm{m}$ 높이의 건물 옥상에서 초속 $35\,\mathrm{m}$로 똑바로 위로 쏘아 올린 공의 $x$초 후의 지면으로부터의 높이는 $(-5x^2+35x+8)\,\mathrm{m}$라고 한다. 이 공의 높이가 처음으로 $68\,\mathrm{m}$가 되는 것은 쏘아 올린 지 몇 초 후인지 구하시오.

오른쪽 그림과 같이 정사각형의 가로의 길이를 $2\,\mathrm{cm}$만큼 늘이고, 세로의 길이를 $4\,\mathrm{cm}$만큼 줄여서 만든 직사각형의 넓이가 $72\,\mathrm{cm}^2$일 때, 처음 정사각형의 한 변의 길이를 구하시오.

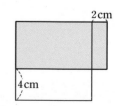

▶ 도로를 제외한 땅의 넓이

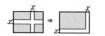

⇨ 위 그림의 두 직사각형에서 색칠한 부분의 넓이는 같다.

**8-1** 오른쪽 그림과 같이 직사각형 모양의 땅에 폭이 일정한 도로를 만들었다. 도로를 제외한 땅의 넓이가 $204\,\mathrm{m}^2$일 때, 도로의 폭을 구하시오.

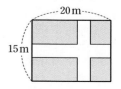

## STEP 1 쏙쏙 개념 익히기

**1** 어떤 자연수를 제곱해야 할 것을 잘못하여 2배를 하였더니 제곱을 한 것보다 15만큼 작아졌다고 한다. 이때 어떤 자연수를 구하시오.

**2** 연속하는 두 자연수의 제곱의 합이 145일 때, 이 두 자연수를 구하시오.

**3** 형이 동생보다 3살이 많고 형의 나이의 6배가 동생의 나이의 제곱보다 22만큼 적을 때, 동생의 나이를 구하시오.

**4** 지면으로부터 $8\,m$ 높이의 건물 옥상에서 초속 $18\,m$로 똑바로 위로 던져 올린 물체의 $t$초 후의 지면으로부터의 높이는 $(-5t^2+18t+8)\,m$라고 한다. 이 물체가 지면에 떨어지는 것은 던져 올린 지 몇 초 후인지 구하시오.

**5** 오른쪽 그림과 같이 길이가 $12\,cm$인 $\overline{AB}$ 위에 점 C를 잡아 $\overline{AC}$, $\overline{BC}$를 각각 한 변으로 하는 크기가 서로 다른 두 개의 정사각형을 만들었다. 두 정사각형의 넓이의 합이 $90\,cm^2$일 때, 큰 정사각형의 한 변의 길이를 구하시오.

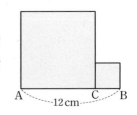

**1** 다음 중 $x$에 대한 이차방정식이 <u>아닌</u> 것을 모두 고르면? (정답 2개)

① $3x^2 = x^2 - x + 1$

② $x^2 + 4x + 3$

③ $x^2 + 1 = x(x+1)$

④ $x^2 + 2x + 3 = 0$

⑤ $3x^3 - 2x^2 + 5 = 3x^3 - 1$

**2** $3x(x-5) = ax^2 - 5$가 $x$에 대한 이차방정식일 때, 다음 중 상수 $a$의 값이 될 수 <u>없는</u> 것은?

① 0      ② 1      ③ 2

④ 3      ⑤ 4

**3** 다음 중 [   ] 안의 수가 주어진 이차방정식의 해인 것은?

① $x^2 - 2x = 0$      [ 1 ]

② $x^2 - 6x + 5 = 0$      [ -1 ]

③ $x^2 - x - 20 = 0$      [ -5 ]

④ $2x^2 + 3x - 2 = 0$      $\left[ \dfrac{1}{2} \right]$

⑤ $3x^2 - 3x - 2 = 0$      $\left[ \dfrac{1}{3} \right]$

**4** 다음 두 이차방정식의 공통인 해가 $x = 4$일 때, 상수 $a$, $b$에 대하여 $a + b$의 값을 구하시오.

$$x^2 + ax - 8 = 0, \quad x^2 - 4x - b = 0$$

**5** 이차방정식 $x^2 + 5x - 1 = 0$의 한 근이 $x = a$일 때, 다음 중 옳지 <u>않은</u> 것은?

① $a^2 + 5a - 1 = 0$      ② $2a^2 + 10a = 2$

③ $a^2 + 5a + 3 = 4$      ④ $a - \dfrac{1}{a} = -5$

⑤ $a^2 + \dfrac{1}{a^2} = 25$

**6** 이차방정식 $(x+3)(2x-1) = 0$의 해와 이차방정식 $(3x-2)(x+4) = 0$의 해를 모두 곱하면?

① $-4$      ② $-2$      ③ 1

④ 2      ⑤ 4

**7** 이차방정식 $x^2 = 9x - 18$의 두 근 중 작은 근이 이차방정식 $3x^2 + ax - 6 = 0$의 한 근일 때, 상수 $a$의 값을 구하시오.

**8** 다음 보기의 이차방정식 중 중근을 갖는 것을 모두 고른 것은?

> ┤ 보기 ├
> ㄱ. $x(x-4)=0$
> ㄴ. $x^2-x+\dfrac{1}{4}=0$
> ㄷ. $x^2=1$
> ㄹ. $(x+2)(x-4)=-9$
> ㅁ. $x^2-3x=-5x+15$

① ㄱ, ㄷ      ② ㄱ, ㄹ      ③ ㄴ, ㄹ
④ ㄴ, ㅁ      ⑤ ㄷ, ㅁ

**9** 이차방정식 $4(x-3)^2=20$을 풀면?

① $x=-3\pm\sqrt{5}$      ② $x=-3\pm2\sqrt{5}$
③ $x=3\pm\sqrt{5}$      ④ $x=3\pm2\sqrt{5}$
⑤ $x=-2$ 또는 $x=8$

**10** 이차방정식 $2(x+a)^2-14=0$의 해가 $x=-6\pm\sqrt{b}$ 일 때, 유리수 $a$, $b$에 대하여 $a+b$의 값을 구하시오.

**11** 다음은 이차방정식 $x^2-5x-4=0$을 완전제곱식을 이용하여 푸는 과정이다. ①~⑤에 들어갈 수로 알맞지 <u>않은</u> 것은?

> $$x^2-5x-4=0$$
> $$x^2-5x=4$$
> $$x^2-5x+①=4+①$$
> $$(x-②)^2=③$$
> $$x-②=④$$
> $$\therefore x=⑤$$

① $\dfrac{25}{4}$      ② $\dfrac{5}{2}$      ③ $\dfrac{41}{4}$
④ $\dfrac{\sqrt{41}}{2}$      ⑤ $\dfrac{5\pm\sqrt{41}}{2}$

**12** 이차방정식 $2x^2-8x+5=0$을 $(x-p)^2=q$ 꼴로 나타낼 때, 상수 $p$, $q$에 대하여 $pq$의 값은?

① $-3$      ② $-\dfrac{4}{3}$      ③ $\dfrac{4}{3}$
④ $2$      ⑤ $3$

**13** 이차방정식 $5x^2-x-2=0$의 해가 $x=\dfrac{a\pm\sqrt{b}}{10}$일 때, 유리수 $a$, $b$에 대하여 $a+b$의 값을 구하시오.

**14** 이차방정식 $2x^2-Ax+1=0$의 해가 $x=\dfrac{5\pm\sqrt{B}}{4}$ 일 때, 유리수 $A$, $B$에 대하여 $A+B$의 값을 구하시오.

**15** 이차방정식 $x^2+(k+2)x+k=0$에서 일차항의 계수와 상수항을 서로 바꾸어 풀었더니 한 근이 $x=-2$였다. 이때 처음 이차방정식의 해를 구하시오. (단, $k$는 상수)

**16** 이차방정식 $x^2-3x+a=0$의 해가 모두 유리수가 되도록 하는 자연수 $a$의 값은?

① 1  ② 2  ③ 3
④ 4  ⑤ 5

**17** 이차방정식 $\dfrac{2}{3}x^2-\dfrac{5}{6}x-0.5=0$을 풀면?

① $x=\dfrac{5\pm\sqrt{23}}{4}$  ② $x=\dfrac{5\pm\sqrt{73}}{8}$

③ $x=\dfrac{5\pm\sqrt{23}}{8}$  ④ $x=\dfrac{-5\pm\sqrt{73}}{4}$

⑤ $x=\dfrac{-5\pm\sqrt{73}}{8}$

**18** $(x-y)(x-y-2)=8$일 때, $x-y$의 값은?
(단, $x>y$)

① 2  ② 3  ③ 4
④ 5  ⑤ 6

**19** 이차방정식 $x^2+(2k-1)x+k^2-2=0$이 해를 갖도록 하는 가장 큰 정수 $k$의 값을 구하시오.

**20** 이차방정식 $x^2+2(k-2)x+k=0$이 중근을 갖도록 하는 상수 $k$의 값을 모두 고르면? (정답 2개)

① 1  ② 2  ③ 4
④ 6  ⑤ 8

**21** 이차방정식 $2x^2+7x+3=0$의 두 근을 $p$, $q$라고 할 때, $p+1$, $q+1$을 두 근으로 하고 $x^2$의 계수가 2인 이차방정식은 $2x^2+ax+b=0$이다. 이때 $a-b$의 값은? (단, $a$, $b$는 상수)

① 1  ② 2  ③ 3
④ 4  ⑤ 5

**22** 다음 그림과 같이 단계가 올라갈 때마다 바둑돌의 개수를 늘려가며 삼각형 모양을 만들었을 때, $n$단계에서 사용한 바둑돌의 개수는 $\dfrac{n(n+1)}{2}$개이다. 120개의 바둑돌로 만든 삼각형 모양은 몇 단계인지 구하시오.

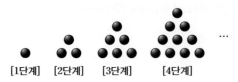

[1단계]　[2단계]　[3단계]　[4단계]

**23** 연속하는 세 자연수가 있다. 가장 큰 수의 제곱이 다른 두 수의 제곱의 합보다 12만큼 작을 때, 이 세 자연수의 합은?

① 9　　　　② 12　　　　③ 15
④ 18　　　　⑤ 21

**24** 어떤 책을 펼쳤더니 펼쳐진 두 면의 쪽수의 곱이 462였다고 한다. 이때 두 면의 쪽수를 각각 구하시오.

**25** 지면에서 지면에 수직인 방향으로 초속 50 m로 쏘아 올린 야구공의 $t$초 후의 지면으로부터의 높이는 $(50t-5t^2)$ m라고 한다. 이 야구공이 지면으로부터의 높이가 120 m 이상인 지점을 지나는 것은 몇 초 동안인지 구하시오.

**26** 인도의 수학자 바스카라가 쓴 책 "릴라바티"에는 다음과 같은 시가 있다. 숲속에 있는 원숭이는 모두 몇 마리인지 구하시오.

> 숲속에 있는 원숭이 무리들이 신나게 놀고 있다네.
> 그 무리의 $\dfrac{1}{8}$의 제곱은 숲속을 돌아다닌다네.
> 산들바람이 불 때마다 캬~ 캬~ 소리를 외친다네.
> 돌아다니지 않고 남아 있는 원숭이는 12마리.
> 숲속에 있는 원숭이는 모두 몇 마리인지⋯⋯.

**27** 오른쪽 그림과 같이 가로의 길이가 세로의 길이보다 3 cm만큼 더 긴 직사각형 모양의 종이의 네 귀퉁이에 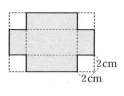 서 한 변의 길이가 2 cm인 정사각형을 잘라 내고, 나머지로 윗면이 없는 직육면체 모양의 상자를 만들었더니 그 부피가 36 cm³가 되었다. 이때 처음 직사각형 모양의 종이의 세로의 길이를 구하시오.

# 쓱쓱 서술형 완성하기

**따라 해보자**

**예제 1** 이차방정식 $x^2+ax+a-1=0$의 한 근이 $x=-2$일 때, 다른 한 근을 구하시오. (단, $a$는 상수)

**풀이 과정**

**[1단계] 주어진 근을 대입하여 $a$의 값 구하기**

$x=-2$를 주어진 이차방정식에 대입하면
$(-2)^2+a\times(-2)+a-1=0$, $-a+3=0$
$\therefore a=3$

**[2단계] $a$의 값을 대입하여 이차방정식 풀기**

$a=3$을 주어진 이차방정식에 대입하면
$x^2+3x+2=0$, $(x+2)(x+1)=0$
$\therefore x=-2$ 또는 $x=-1$

**[3단계] 다른 한 근 구하기**

따라서 다른 한 근은 $x=-1$이다.

**답** $x=-1$

---

**유제 1** 이차방정식 $(a-1)x^2-(2a+1)x+6=0$의 한 근이 $x=3$일 때, 다른 한 근을 구하시오. (단, $a\neq1$인 상수)

**풀이 과정**

**[1단계] 주어진 근을 대입하여 $a$의 값 구하기**

**[2단계] $a$의 값을 대입하여 이차방정식 풀기**

**[3단계] 다른 한 근 구하기**

**답**

---

**예제 2** 이차방정식 $x^2+ax+b=0$을 민호와 연아가 푸는데 민호는 상수항을 잘못 보고 풀어서 $x=-5$ 또는 $x=3$을 해로 얻었고, 연아는 $x$의 계수를 잘못 보고 풀어서 $x=-8$ 또는 $x=1$을 해로 얻었다. 처음 이차방정식의 해를 구하시오. (단, $a$, $b$는 상수)

**풀이 과정**

**[1단계] $a$의 값 구하기**

민호는 $-5$, $3$을 해로 얻었으므로 민호가 푼 이차방정식은
$(x+5)(x-3)=0$ $\therefore x^2+2x-15=0$
민호는 $x$의 계수를 제대로 보았으므로 $a=2$

**[2단계] $b$의 값 구하기**

연아는 $-8$, $1$을 해로 얻었으므로 연아가 푼 이차방정식은
$(x+8)(x-1)=0$ $\therefore x^2+7x-8=0$
연아는 상수항을 제대로 보았으므로 $b=-8$

**[3단계] 처음 이차방정식의 해 구하기**

따라서 처음 이차방정식은 $x^2+2x-8=0$이므로
$(x+4)(x-2)=0$ $\therefore x=-4$ 또는 $x=2$

**답** $x=-4$ 또는 $x=2$

---

**유제 2** 이차방정식 $x^2+ax+b=0$을 준기와 선미가 푸는데 준기는 일차항의 계수를 잘못 보고 풀어서 $x=-4$ 또는 $x=7$을 해로 얻었고, 선미는 상수항을 잘못 보고 풀어서 $x=4$ 또는 $x=8$을 해로 얻었다. 처음 이차방정식의 해를 구하시오. (단, $a$, $b$는 상수)

**풀이 과정**

**[1단계] $b$의 값 구하기**

**[2단계] $a$의 값 구하기**

**[3단계] 처음 이차방정식의 해 구하기**

**답**

**연습해 보자**

**1** 다음 두 이차방정식을 동시에 만족시키는 해를 구하시오.

$$2x^2-5x-3=0, \quad x^2+3x-18=0$$

[풀이 과정]

[답]

**2** 이차방정식 $3x^2+8x+1=0$의 해를 완전제곱식을 이용하여 구하시오.

[풀이 과정]

[답]

**3** 이차방정식 $x^2-5x+m+6=0$이 중근을 가질 때, 이차방정식 $4mx^2+3x-1=0$의 해를 구하시오.

(단, $m$은 상수)

[풀이 과정]

[답]

**4** 다음 조건을 모두 만족시키는 두 자리의 자연수를 구하시오.

┤ 조건 ├
㈎ 일의 자리의 숫자는 십의 자리의 숫자의 3배이다.
㈏ 처음 수는 각 자리 숫자의 곱보다 14만큼 크다.

[풀이 과정]

[답]

# 예술 속 수학

# 밀로의 비너스 조각상에 숨어 있는 황금비

황금비는 선분을 둘로 나누었을 때, 짧은 부분과 긴 부분의 길이의 비가 긴 부분과 전체의 길이의 비와 같은 경우를 말한다.

즉, 오른쪽 그림에서

(짧은 부분의 길이) : (긴 부분의 길이) = (긴 부분의 길이) : (전체의 길이)

를 만족시키는 비를 말한다.

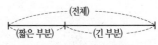

황금비는 고대 그리스 시대부터 균형과 조화를 나타내는 가장 아름다운 비율로 여겨져서 건축물이나 예술품 등에 널리 사용되었다.

현재 프랑스 루브르 박물관에 소장되어 있는 '밀로의 비너스'는 이러한 황금비를 찾아볼 수 있는 대표적인 조각상이다.

밀로의 비너스 조각상에서 배꼽을 중심으로 상반신과 하반신의 길이의 비가 황금비를 이루고 있다. 또 상반신에서 목을 기준으로 머리 부분의 길이와 그 아래 배꼽까지의 길이의 비, 하반신에서 무릎을 기준으로 배꼽까지의 길이와 그 아래 발까지의 길이의 비도 황금비를 이루고 있다.

## 기출문제는 이렇게!

 오른쪽 그림과 같이 '밀로의 비너스'에서 일직선 상의 머리끝, 발끝, 배꼽의 위치를 각각 A, B, C라고 하면 $\overline{AB} : \overline{BC} = \overline{BC} : \overline{AC}$가 성립한다고 한다. $\overline{AC}=1$, $\overline{BC}=x$라고 할 때, $x$의 값을 구하시오.

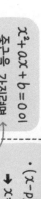

마인드 MAP

이차방정식

## 이차방정식의 뜻

$\underline{2x^2 - 5x - 3 = 0}$
↳ $x$에 대한 이차식

## 이차방정식의 풀이

**인수분해 이용**

· $(x-p)(x-q) = 0$
→ $x=p$ 또는 $x=q$
· $(x-p)^2 = 0$
→ $x=p$ (중근)

$x^2+ax+b=0$이
중근을 가지려면
→ $b=\left(\dfrac{a}{2}\right)^2$

**제곱근 이용**

$x^2 = q\ (q \geq 0)$
→ $x = \pm\sqrt{q}$

**완전제곱식 이용**

$ax^2+bx+c = 0\ (a \neq 0)$
→ $(x-p)^2 = q\ (q \geq 0)$
→ $x = p \pm \sqrt{q}$

**근의 공식 이용**

$ax^2+bx+c = 0\ (a \neq 0)$
→ $x = \dfrac{-b \pm \sqrt{b^2-4ac}}{2a}$
(단, $b^2-4ac \geq 0$)

$b^2-4ac > 0$ → 근이 2개
$b^2-4ac = 0$ → 근이 1개
$b^2-4ac < 0$ → 근이 없다.

## 이차방정식의 해

$x$의 값이 0, 1일 때
$x^2-3x+2=0$의 해는 $x=1$이다.
$0^2-3\times0+2\neq0$(거짓),
$1^2-3\times1+2=0$(참)

① 미지수 정하기
② 이차방정식 세우기
③ 이차방정식 풀기
④ 문제의 뜻에 맞는 해 찾기

아하아

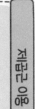
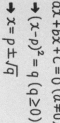
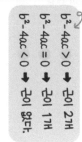

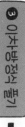
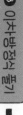
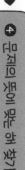

# 6 이차함수와 그 그래프

III
이차함수

| 이전에 배운 내용 | 이번에 배울 내용 | 이후에 배울 내용 |

**이전에 배운 내용**

중1
- 좌표와 그래프
- 정비례와 반비례

중2
- 일차함수와 그 그래프

**이번에 배울 내용**

⌒1 이차함수의 뜻
⌒2 이차함수 $y=ax^2$의 그래프
⌒3 이차함수 $y=a(x-p)^2+q$의 그래프
⌒4 이차함수 $y=ax^2+bx+c$의 그래프
⌒5 이차함수의 식 구하기

**이후에 배울 내용**

고등
- 이차방정식과 이차함수
- 함수
- 유리함수와 무리함수

---

## 준비 학습

중2 **일차함수**

· 함수 $y=f(x)$에서 $y$가 $x$에 대한 일차식 $y=ax+b(a, b$는 상수, $a≠0)$로 나타날 때, 이 함수를 $x$에 대한 일차함수라고 한다.

**1** 다음 보기 중 일차함수인 것을 모두 고르시오.

┤ 보기 ├
ㄱ. $y=\dfrac{1}{3}x$　　　　　ㄴ. $y=\dfrac{12}{x}$　　　　　ㄷ. $y=5$
ㄹ. $y=2x(x-1)$　　　ㅁ. $y=5x+4$　　　ㅂ. $y+x=x+1$

중2 **일차함수의 그래프의 평행이동**

· 일차함수 $y=ax$의 그래프를 $y$축의 방향으로 $b$만큼 평행이동한 직선을 $y=ax+b$라고 한다.

**2** 다음 일차함수의 그래프를 $y$축의 방향으로 [　] 안의 수만큼 평행이동한 그래프를 나타내는 일차함수의 식을 구하시오.

(1) $y=3x$ $[5]$　　　　　(2) $y=-7x$ $[-3]$　　　　　(3) $y=\dfrac{1}{2}x+1$ $[-4]$

정답 1. ㄱ, ㅁ　　 2. (1) $y=3x+5$ (2) $y=-7x-3$ (3) $y=\dfrac{1}{2}x-3$

# 01 이차함수의 뜻

## 1 이차함수의 뜻

함수 $y=f(x)$에서 $y$가 $x$에 대한 이차식

$$y=ax^2+bx+c \ (a, b, c\text{는 상수}, a\neq 0)$$

로 나타날 때, 이 함수를 $x$에 대한 **이차함수**라고 한다.

→ $y=ax^2+bx+c$가 이차함수가 되는 조건은 $a\neq 0$이다.

예 ① $y=\dfrac{1}{2}x^2$, $y=-2x^2-1$, $y=3x^2+2x+1$은 이차함수이다.

② $y=-x+1$, $y=\dfrac{1}{x}$은 이차함수가 아니다.

→ $x$에 대한 이차식이 아니다.

---

**필수 문제** **1**

이차함수 찾기

▶ ❶ $y=(x$에 대한 식) 꼴로 정리한다.
❷ 우변을 전개하여 간단히 한 후 우변이 $x$에 대한 이차식인지 확인한다.

다음 보기 중 $y$가 $x$에 대한 이차함수인 것을 모두 고르시오.

┌ 보기 ┐

ㄱ. $y=2$ ㄴ. $y=x^2(2-x)$ ㄷ. $y=(x+2)^2-4x$

ㄹ. $y+2x=1$ ㅁ. $y=\dfrac{1}{x^2}$ ㅂ. $y=-2(x-2)(x+2)$

**1-1** 다음 중 $y$가 $x$에 대한 이차함수인 것은?

① $y=\dfrac{1}{x^2}+2$  ② $y=x^2(x+1)$  ③ $y=-(x-1)+6$

④ $y=x^2-x(x+4)$  ⑤ $y=(x+1)(x-1)$

**1-2** 다음에서 $y$를 $x$에 대한 식으로 나타내고, $y$가 $x$에 대한 이차함수인 것을 모두 고르시오.

(1) 한 변의 길이가 $x$ cm인 정사각형의 둘레의 길이 $y$ cm

(2) 한 모서리의 길이가 $x$ cm인 정육면체의 부피 $y$ cm³

(3) 가로와 세로의 길이가 각각 $(x+1)$ cm, $(x+3)$ cm인 직사각형의 넓이 $y$ cm²

(4) 반지름의 길이가 $x$ cm인 원의 넓이 $y$ cm²

---

**필수 문제** **2**

이차함수의 함숫값

▶ 함숫값 $f(a)$
$f(x)=x^2+2x-5$에서
$x$ 대신 $a$를 대입
⇨ $f(a)=a^2+2a-5$

이차함수 $f(x)=x^2+2x-5$에 대하여 $f(2)$의 값을 구하시오.

**2-1** 이차함수 $f(x)=\dfrac{1}{3}x^2-x+2$에 대하여 $f(-3)+f(0)$의 값을 구하시오.

132 • 6. 이차함수와 그 그래프

STEP 1

## 쏙쏙 개념 익히기

**1** 다음 중 $y$가 $x$에 대한 이차함수인 것은?

① $y=2x-2$
② $y=x(x+2)-x^2$
③ $(2x+1)(x-3)+4=0$
④ $y=\dfrac{3}{x}+2$
⑤ $y=\dfrac{1}{3}-\dfrac{2}{5}x^2$

**2** 다음 중 $y$가 $x$에 대한 이차함수인 것은?

① 한 자루에 1000원인 볼펜 $x$자루의 가격 $y$원
② 시속 $x$ km로 2시간 동안 달린 거리 $y$ km
③ 한 변의 길이가 $x$ cm인 정육각형의 둘레의 길이 $y$ cm
④ 밑면의 반지름의 길이가 $x$ cm, 높이가 3 cm인 원기둥의 부피 $y$ cm³
⑤ 밑변의 길이가 $x$ cm, 높이가 8 cm인 삼각형의 넓이 $y$ cm²

**3** 다음 중 $y=2x^2+2x(ax-1)-5$가 $x$에 대한 이차함수가 되기 위한 상수 $a$의 값이 <u>아닌</u> 것은?

① $-2$
② $-1$
③ $0$
④ $1$
⑤ $2$

**4** 이차함수 $f(x)=-2x^2+3x-1$에 대하여 $\dfrac{1}{2}f(3)-2f\left(-\dfrac{1}{2}\right)$의 값을 구하시오.

● 함숫값이 주어질 때, 상수의 값 구하기
이차함수에 주어진 함숫값을 대입하여 상수의 값을 구한다.

**5** 이차함수 $f(x)=x^2-2x+a$에 대하여 $f(3)=4$일 때, 상수 $a$의 값을 구하시오.

한번더

**6** 이차함수 $f(x)=ax^2+3x-6$에 대하여 $f(-2)=4$일 때, $f(1)+f(2)$의 값을 구하시오.
(단, $a$는 상수)

# 2. 이차함수 $y=ax^2$의 그래프

• 정답과 해설 62쪽

## 1 이차함수 $y=x^2$의 그래프

(1) 원점 O(0, 0)을 지나고, 아래로 볼록한 곡선이다.

(2) $y$축에 대칭이다.

(3) $x<0$일 때, $x$의 값이 증가하면 $y$의 값은 감소한다.

　　$x>0$일 때, $x$의 값이 증가하면 $y$의 값도 증가한다.

(4) 이차함수 $y=-x^2$의 그래프와 $x$축에 서로 대칭이다.

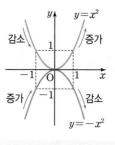

참고　좌표축에 대한 대칭

　① 오른쪽 그림의 두 그래프 A, B는 각각 $y$축에 대칭이다.

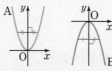

　② 오른쪽 그림의 두 그래프 C, D는 $x$축에 서로 대칭이다.

## 2 포물선

이차함수 $y=x^2$, $y=-x^2$의 그래프와 같은 모양의 곡선을 **포물선**이라고 한다.

(1) 축: 포물선은 선대칭도형이고, 그 대칭축을 포물선의 **축**이라고 한다.

(2) 꼭짓점: 포물선과 축의 교점을 포물선의 **꼭짓점**이라고 한다.

예　두 이차함수 $y=x^2$, $y=-x^2$의 그래프에서

　(1) 축의 방정식: $x=0$($y$축)　　(2) 꼭짓점의 좌표: (0, 0)

참고　특별한 말이 없으면 이차함수에서 $x$의 값의 범위는 실수 전체로 생각한다.

> **용어**
>
> **포물선**(抛 던지다, 物 물체, 線 선)
> 물건을 비스듬히 던질 때 그려지는 곡선

---

**필수 문제 1** 　이차함수 $y=x^2$에 대하여 다음 물음에 답하시오.

이차함수 $y=x^2$의 그래프

(1) 다음 표를 완성하고, $x$의 값의 범위가 실수 전체일 때 이차함수 $y=x^2$의 그래프를 오른쪽 좌표평면 위에 그리시오.

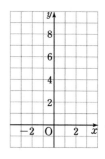

| $x$ | $\cdots$ | $-3$ | $-2$ | $-1$ | $0$ | $1$ | $2$ | $3$ | $\cdots$ |
|---|---|---|---|---|---|---|---|---|---|
| $y$ | $\cdots$ | $9$ | | | | | | $9$ | $\cdots$ |

(2) 다음은 이차함수 $y=x^2$의 그래프에 대한 설명이다. ☐ 안에 알맞은 것을 쓰시오.

> ㄱ. 꼭짓점의 좌표는 (☐, ☐)이고, ☐로 볼록한 곡선이다.
>
> ㄴ. $y$축에 대칭이다. 즉, 축의 방정식은 ☐이다.
>
> ㄷ. 이차함수 $y=-x^2$의 그래프와 ☐축에 서로 대칭이다.
>
> ㄹ. $x>0$일 때, $x$의 값이 증가하면 $y$의 값은 ☐한다.
>
> ㅁ. 점 $(-4, ☐)$을(를) 지난다.

**이차함수 $y=-x^2$에 대하여 다음 물음에 답하시오.**

(1) 다음 표를 완성하고, $x$의 값의 범위가 실수 전체일 때 이차함수 $y=-x^2$의 그래프를 오른쪽 좌표평면 위에 그리시오.

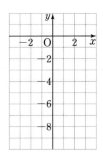

| $x$ | $\cdots$ | $-3$ | $-2$ | $-1$ | $0$ | $1$ | $2$ | $3$ | $\cdots$ |
|---|---|---|---|---|---|---|---|---|---|
| $y$ | $\cdots$ | $-9$ | | | | | | $-9$ | $\cdots$ |

(2) 다음은 이차함수 $y=-x^2$의 그래프에 대한 설명이다. ☐ 안에 알맞은 것을 쓰시오.

> ㄱ. 꼭짓점의 좌표는 (☐, ☐)이고, ☐로 볼록한 곡선이다.
>
> ㄴ. $y$축에 대칭이다. 즉, 축의 방정식은 ☐이다.
>
> ㄷ. 이차함수 $y=x^2$의 그래프와 ☐축에 서로 대칭이다.
>
> ㄹ. $x>0$일 때, $x$의 값이 증가하면 $y$의 값은 ☐한다.
>
> ㅁ. 점 $(7, ☐)$을(를) 지난다.

• 정답과 해설 63쪽

## **3** 이차함수 $y=ax^2$의 그래프

(1) 원점 $O(0, 0)$을 꼭짓점으로 하는 포물선이다.

(2) $y$축에 대칭이다. ➡ 축의 방정식: $x=0$($y$축)

(3) $a$의 부호: 그래프의 모양을 결정

   ① $a>0$ ➡ 아래로 볼록

   ② $a<0$ ➡ 위로 볼록

(4) $a$의 절댓값: 그래프의 폭을 결정

   ➡ $a$의 절댓값이 클수록 폭이 좁아진다.

     ┗ 그래프가 $y$축에 가까워진다.

(5) 이차함수 $y=-ax^2$의 그래프와 $x$축에 서로 대칭이다.

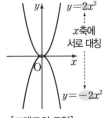

[그래프의 모양]

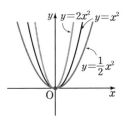

[그래프의 폭]

**개념 확인**

다음 표를 완성하고, 이차함수 $y=x^2$의 그래프와 아래 표를 이용하여 이차함수 $y=2x^2$의 그래프를 오른쪽 좌표평면 위에 그리시오.

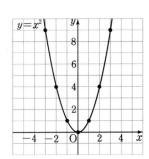

| $x$ | $\cdots$ | $-3$ | $-2$ | $-1$ | $0$ | $1$ | $2$ | $3$ | $\cdots$ |
|---|---|---|---|---|---|---|---|---|---|
| $y=x^2$ | $\cdots$ | $9$ | $4$ | $1$ | $0$ | $1$ | $4$ | $9$ | $\cdots$ |
| $y=2x^2$ | $\cdots$ | | | | | | | | $\cdots$ |

**필수 문제** **3**

이차함수 $y=ax^2$의 그래프

▶$y=ax^2$의 그래프의 증가·감소

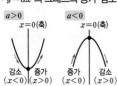

a>0
x=0(축)
감소    증가
(x<0)(x>0)

a<0
x=0(축)
증가    감소
(x<0)    (x>0)

다음은 이차함수 $y=-2x^2$의 그래프에 대한 설명이다. ☐ 안에 알맞은 것을 쓰시오.

ㄱ. 꼭짓점의 좌표는 (☐, ☐)이고, ☐로 볼록한 곡선이다.

ㄴ. ☐축을 축으로 하는 포물선이다. 즉, 축의 방정식은 ☐이다.

ㄷ. 이차함수 ☐의 그래프와 $x$축에 서로 대칭이다.

ㄹ. $x<0$일 때, $x$의 값이 증가하면 $y$의 값은 ☐한다.

ㅁ. 점 $(-2,$ ☐$)$을(를) 지난다.

**3-1** 다음 보기의 이차함수의 그래프에 대하여 물음에 답하시오.

┤ 보기 ├

ㄱ. $y=4x^2$　　ㄴ. $y=-4x^2$　　ㄷ. $y=-\dfrac{1}{3}x^2$　　ㄹ. $y=\dfrac{1}{5}x^2$　　ㅁ. $y=6x^2$

(1) 그래프가 위로 볼록한 것을 모두 고르시오.

(2) 그래프의 폭이 가장 넓은 것을 고르시오.

(3) 그래프가 $x$축에 서로 대칭인 것끼리 짝 지으시오.

(4) $x>0$일 때, $x$의 값이 증가하면 $y$의 값도 증가하는 것을 모두 고르시오.

(5) 점 $(2, -16)$을 지나는 그래프를 고르시오.

**필수 문제** **4**

이차함수 $y=ax^2$의 그래프가 지나는 점

▶$y=ax^2$의 그래프가 점 $(p, q)$를 지난다.
⇨ $y=ax^2$에 $x=p$, $y=q$를 대입하면 등식이 성립한다.

이차함수 $y=\dfrac{1}{2}x^2$의 그래프가 점 $(2, a)$를 지날 때, $a$의 값을 구하시오.

**4-1** 이차함수 $y=ax^2$의 그래프가 점 $(3, -9)$를 지날 때, 상수 $a$의 값을 구하시오.

## STEP 1 쏙쏙 개념 익히기

**1** 다음 중 이차함수 $y=\dfrac{1}{4}x^2$의 그래프에 대한 설명으로 옳지 <u>않은</u> 것을 모두 고르면? (정답 2개)

① 아래로 볼록한 포물선이다.
② 꼭짓점의 좌표는 $(0, 0)$이다.
③ 점 $(4, 1)$을 지난다.
④ $x>0$일 때, $x$의 값이 증가하면 $y$의 값도 증가한다.
⑤ $x$축에 대칭이다.

**2** 다음 이차함수 중 그 그래프의 폭이 가장 좁은 것은?

① $y=-\dfrac{1}{2}x^2$　　② $y=-x^2$　　③ $y=-\dfrac{2}{3}x^2$　　④ $y=2x^2$　　⑤ $y=\dfrac{4}{3}x^2$

**3** 이차함수 $y=ax^2$의 그래프가 두 점 $(-3, 12)$, $\left(\dfrac{1}{4}, b\right)$를 지날 때, $ab$의 값을 구하시오.

(단, $a$는 상수)

● 꼭짓점이 원점인 포물선을 그래프로 하는 이차함수의 식 구하기
❶ $y=ax^2(a\neq0)$으로 놓는다.
❷ ❶의 식에 그래프가 지나는 점의 좌표를 대입하여 $a$의 값을 구한다.

**4** 원점을 꼭짓점으로 하고 점 $(2, 6)$을 지나는 포물선을 그래프로 하는 이차함수의 식은?

① $y=\dfrac{1}{3}x^2$　　② $y=\dfrac{1}{2}x^2$　　③ $y=\dfrac{2}{3}x^2$　　④ $y=\dfrac{4}{3}x^2$　　⑤ $y=\dfrac{3}{2}x^2$

한 번 더 기

**5** 오른쪽 그림과 같이 원점을 꼭짓점으로 하고 점 $(2, 2)$를 지나는 포물선을 그래프로 하는 이차함수의 식을 구하시오.

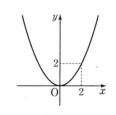

# 3 이차함수 $y=a(x-p)^2+q$의 그래프

● 정답과 해설 64쪽

## 1 이차함수 $y=ax^2+q$의 그래프 ← $y=ax^2$에 $y$ 대신 $y-q$를 대입

이차함수 $y=ax^2+q$의 그래프는 이차함수 $y=ax^2$의 그래프를
$y$축의 방향으로 $q$만큼 평행이동한 것이다.

$$y=ax^2 \xrightarrow[\substack{q\text{만큼 평행이동}}]{y\text{축의 방향으로}} y=ax^2+q$$

(1) 축의 방정식: $x=0$($y$축)

(2) 꼭짓점의 좌표: $(0,\ q)$

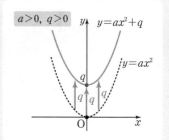

참고 이차함수의 그래프를 평행이동하면 그래프의 모양과 폭은 변하지 않고 위치만
바뀐다. 따라서 그래프의 모양과 폭을 결정하는 $x^2$의 계수 $a$는 변하지 않는다.

---

**개념 확인**

이차함수 $y=x^2$의 그래프와 아래 표를 이용하여 오른쪽 좌표평면 위에 이차함수
$y=x^2+3$의 그래프를 그리고, 다음 □ 안에 알맞은 수를 쓰시오.

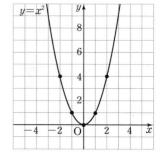

| $x$ | $\cdots$ | $-2$ | $-1$ | $0$ | $1$ | $2$ | $\cdots$ |
|---|---|---|---|---|---|---|---|
| $y=x^2$ | $\cdots$ | $4 \backslash{+3}$ | $1 \backslash{+3}$ | $0 \backslash{+3}$ | $1 \backslash{+3}$ | $4 \backslash{+3}$ | $\cdots$ |
| $y=x^2+3$ | $\cdots$ | $7$ | $4$ | $3$ | $4$ | $7$ | $\cdots$ |

$$y=x^2 \xrightarrow[\substack{3\text{만큼 평행이동}}]{y\text{축의 방향으로}}$$

(1) $y=x^2+\square$

(2) 축의 방정식: $x=\square$

(3) 꼭짓점의 좌표: $(\square,\ \square)$

---

**필수 문제 ① 1**

이차함수 $y=ax^2+q$의
그래프

▶ $y=ax^2$의 그래프를 $y$축의 방
향으로 $q$만큼 평행이동하면

|  | 평행이동 전 | 평행이동 후 |
|---|---|---|
| 식 | $y=ax^2$ | $y=ax^2+q$ |
| 축 | $x=0$ | $x=0$ |
| 꼭짓점 | $(0, 0)$ | $(0, q)$ |

다음 이차함수의 그래프를 $y$축의 방향으로 [ ] 안의 수만큼 평행이동한 그래프를 나타내
는 이차함수의 식을 구하고, 축의 방정식과 꼭짓점의 좌표를 차례로 구하시오.

(1) $y=-3x^2$ [ $2$ ]

(2) $y=\dfrac{2}{3}x^2$ [ $-4$ ]

**1-1** 이차함수 $y=-2x^2$의 그래프를 $y$축의 방향으로 4만큼 평행이동한 그래프에 대하여
다음 □ 안에 알맞은 것을 쓰시오.

(1) 평행이동한 그래프를 나타내는 이차함수의 식은 ☐

(2) 축의 방정식은 ☐, 꼭짓점의 좌표는 ($\square$, $\square$)이다.

(3) 그래프의 모양은 ☐로 볼록하다.

(4) $x>0$일 때, $x$의 값이 증가하면 $y$의 값은 ☐한다.

**1-2** 이차함수 $y=5x^2$의 그래프를 $y$축의 방향으로 $-1$만큼 평행이동한 그래프가 점
$(-2, k)$를 지날 때, $k$의 값을 구하시오.

## 2 이차함수 $y=a(x-p)^2$의 그래프 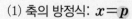 $y=ax^2$에 $x$ 대신 $x-p$를 대입

이차함수 $y=a(x-p)^2$의 그래프는 이차함수 $y=ax^2$의
그래프를 $x$축의 방향으로 $p$만큼 평행이동한 것이다.

$$y=ax^2 \xrightarrow[p만큼\ 평행이동]{x축의\ 방향으로} y=a(x-p)^2$$

(1) 축의 방정식: $x=p$

(2) 꼭짓점의 좌표: $(p, 0)$

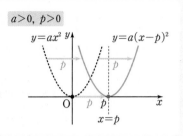

> [참고] 이차함수 $y=ax^2$의 그래프를 $x$축의 방향으로 $p$만큼 평행이동하면
> 축의 방정식이 $x=p$가 되므로 그래프의 증가·감소의 범위도
> $x=p$를 기준으로 생각해야 한다.

**개념 확인**    이차함수 $y=x^2$의 그래프와 아래 표를 이용하여 오른쪽 좌표평면 위에 이차함수
$y=(x-2)^2$의 그래프를 그리고, 다음 □ 안에 알맞은 수를 쓰시오.

| $x$ | $\cdots$ | $-2$ | $-1$ | $0$ | $1$ | $2$ | $\cdots$ |
|---|---|---|---|---|---|---|---|
| $y=x^2$ | $\cdots$ | $4$ | $1$ | $0$ | $1$ | $4$ | $\cdots$ |
| $y=(x-2)^2$ | $\cdots$ | $16$ | $9$ | $4$ | $1$ | $0$ | $\cdots$ |

$$y=x^2 \xrightarrow[2만큼\ 평행이동]{x축의\ 방향으로}$$

(1) $y=(x-\boxed{\phantom{0}})^2$

(2) 축의 방정식: $x=\boxed{\phantom{0}}$

(3) 꼭짓점의 좌표: $(\boxed{\phantom{0}}, \boxed{\phantom{0}})$

---

**필수 문제 2**

이차함수 $y=a(x-p)^2$의
그래프

▶ $y=ax^2$의 그래프를 $x$축의 방
향으로 $p$만큼 평행이동하면

|  | 평행이동 전 | 평행이동 후 |
|---|---|---|
| 식 | $y=ax^2$ | $y=a(x-p)^2$ |
| 축 | $x=0$ | $x=p$ |
| 꼭짓점 | $(0, 0)$ | $(p, 0)$ |

▶ $y=a(x-p)^2$의 그래프의
증가·감소

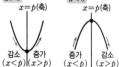

다음 이차함수의 그래프를 $x$축의 방향으로 [   ] 안의 수만큼 평행이동한 그래프를 나타내는 이차함수의 식을 구하고, 축의 방정식과 꼭짓점의 좌표를 차례로 구하시오.

(1) $y=3x^2$   $[-1]$

(2) $y=-\dfrac{1}{2}x^2$   $[\ 3\ ]$

**2-1**   이차함수 $y=\dfrac{1}{3}x^2$의 그래프를 $x$축의 방향으로 $-2$만큼 평행이동한 그래프에 대하여
다음 □ 안에 알맞은 것을 쓰시오.

(1) 평행이동한 그래프를 나타내는 이차함수의 식은 $\boxed{\phantom{0000}}$

(2) 축의 방정식은 $\boxed{\phantom{000}}$, 꼭짓점의 좌표는 $(\boxed{\phantom{0}}, \boxed{\phantom{0}})$이다.

(3) 그래프의 모양은 $\boxed{\phantom{00}}$로 볼록하다.

(4) $x<-2$일 때, $x$의 값이 증가하면 $y$의 값은 $\boxed{\phantom{00}}$한다.

**2-2**   이차함수 $y=ax^2$의 그래프를 $x$축의 방향으로 $-3$만큼 평행이동한 그래프가 점
$(-5, -1)$을 지날 때, 상수 $a$의 값을 구하시오.

STEP **1**

## 쏙쏙 개념 익히기

**1** 다음 표에 주어진 이차함수의 그래프에 대하여 ☐ 안에 알맞은 것을 쓰시오.

| | (1) $y=2x^2-1$ | (2) $y=-\dfrac{2}{3}(x-3)^2$ | (3) $y=-x^2+4$ |
|---|---|---|---|
| 축의 방정식 | $x=$ ☐ | $x=$ ☐ | $x=$ ☐ |
| 꼭짓점의 좌표 | (☐, ☐) | (☐, ☐) | (☐, ☐) |
| 그래프의 모양 | ☐로 볼록 | ☐로 볼록 | ☐로 볼록 |
| 그래프의 폭 | (1)~(3)을 그래프의 폭이 좁은 것부터 차례로 나열하면 ☐, ☐, ☐이다. | | |

**2** 이차함수 $y=\dfrac{3}{2}x^2$의 그래프를 $y$축의 방향으로 $a$만큼 평행이동한 그래프가 점 $(-4, 16)$을 지날 때, $a$의 값을 구하시오.

**3** 다음 중 이차함수 $y=3x^2+1$의 그래프에 대한 설명으로 옳지 <u>않은</u> 것은?

① $y=3x^2$의 그래프를 $y$축의 방향으로 1만큼 평행이동한 그래프이다.
② 축의 방정식은 $x=1$이다.
③ 꼭짓점의 좌표는 $(0, 1)$이다.
④ $x<0$일 때, $x$의 값이 증가하면 $y$의 값은 감소한다.
⑤ 점 $(1, 4)$를 지난다.

**4** 이차함수 $y=-2x^2$의 그래프를 $x$축의 방향으로 $-3$만큼 평행이동한 그래프가 점 $(k, -32)$를 지날 때, 양수 $k$의 값을 구하시오.

**5** 다음 중 이차함수 $y=-\dfrac{1}{4}(x-2)^2$의 그래프에 대한 설명으로 옳은 것은?

① $y=-\dfrac{1}{4}x^2$의 그래프를 평행이동한 그래프이다.
② 아래로 볼록한 포물선이다.
③ 꼭짓점의 좌표는 $(0, 0)$이다.
④ 축의 방정식은 $x=-2$이다.
⑤ $x>2$일 때, $x$의 값이 증가하면 $y$의 값도 증가한다.

## 3 이차함수 $y=a(x-p)^2+q$의 그래프 ← $y=ax^2$에 $x$ 대신 $x-p$, $y$ 대신 $y-q$를 대입

이차함수 $y=a(x-p)^2+q$의 그래프는 이차함수 $y=ax^2$의 그래프를 $x$축의 방향으로 $p$만큼, $y$축의 방향으로 $q$만큼 평행이동한 것이다.

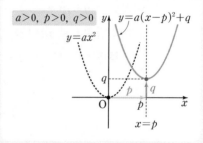

$$y=ax^2 \xrightarrow[\text{$y$축의 방향으로 $q$만큼 평행이동}]{\text{$x$축의 방향으로 $p$만큼,}} y=a(x-p)^2+q$$

(1) 축의 방정식: $x=p$

(2) 꼭짓점의 좌표: $(p, q)$

참고 $y=a(x-p)^2+q$ 꼴을 이차함수의 표준형이라고 한다.

**개념 확인** 이차함수 $y=x^2$의 그래프를 이용하여 오른쪽 좌표평면 위에 이차함수 $y=(x-2)^2+3$의 그래프를 그리고, 다음 □ 안에 알맞은 수를 쓰시오.

$$y=x^2 \xrightarrow[\text{$y$축의 방향으로 3만큼 평행이동}]{\text{$x$축의 방향으로 2만큼,}}$$

(1) $y=(x-\square)^2+\square$

(2) 축의 방정식: $x=\square$

(3) 꼭짓점의 좌표: $(\square, \square)$

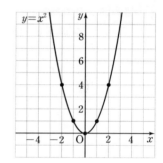

---

**필수 문제 ③**

이차함수 $y=a(x-p)^2+q$의 그래프

▶$y=ax^2$의 그래프를 $x$축의 방향으로 $p$만큼, $y$축의 방향으로 $q$만큼 평행이동하면

| | 평행이동 전 | 평행이동 후 |
|---|---|---|
| 식 | $y=ax^2$ | $y=a(x-p)^2+q$ |
| 축 | $x=0$ | $x=p$ |
| 꼭짓점 | $(0,0)$ | $(p,q)$ |

다음 이차함수의 그래프를 $x$축, $y$축의 방향으로 각각 [ ] 안의 수만큼 평행이동한 그래프를 나타내는 이차함수의 식을 구하고, 축의 방정식과 꼭짓점의 좌표를 차례로 구하시오.

(1) $y=2x^2$ [ 2, 6 ]

(2) $y=-x^2$ [ -4, 1 ]

**3-1** 이차함수 $y=\dfrac{1}{2}x^2$의 그래프를 $x$축의 방향으로 $-3$만큼, $y$축의 방향으로 1만큼 평행이동한 그래프에 대하여 다음 □ 안에 알맞은 것을 쓰시오.

(1) 평행이동한 그래프를 나타내는 이차함수의 식은 [ ]

(2) 축의 방정식은 [ ], 꼭짓점의 좌표는 $(\square, \square)$이다.

(3) 그래프의 모양은 [ ]로 볼록하다.

(4) $x>-3$일 때, $x$의 값이 증가하면 $y$의 값은 [ ]한다.

(5) 그래프가 지나는 사분면은 제$\square$, $\square$사분면이다.

**3-2** 이차함수 $y=-\dfrac{1}{3}x^2$의 그래프를 $x$축의 방향으로 3만큼, $y$축의 방향으로 $-4$만큼 평행이동한 그래프가 점 $(6, k)$를 지날 때, $k$의 값을 구하시오.

## **4** 이차함수 $y=a(x-p)^2+q$의 그래프의 평행이동

이차함수 $y=a(x-p)^2+q$의 그래프를
$x$축의 방향으로 $m$만큼, $y$축의 방향으로 $n$만큼 평행이동하면

(1) 이차함수의 식: $y=a(x-p)^2+q$

➡ $y=a(x-m-p)^2+q+n$ ◄ $x$ 대신 $x-m$, $y$ 대신 $y-n$을 대입

∴ $y=a\{x-(p+m)\}^2+q+n$

(2) 축의 방정식: $x=p \longrightarrow x=p+m$

(3) 꼭짓점의 좌표: $(p, q) \longrightarrow (p+m, q+n)$

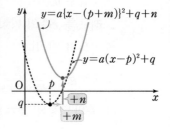

**개념 확인** 이차함수 $y=(x-2)^2+1$의 그래프를 이용하여 오른쪽 좌표평면 위에 이차함수 $y=(x-4)^2+4$의 그래프를 그리고, 다음 □ 안에 알맞은 수를 쓰시오.

$y=(x-2)^2+1$ $\xrightarrow[\ y축의\ 방향으로\ 3만큼\ 평행이동\ ]{x축의\ 방향으로\ 2만큼,}$ (1) $y=(x-\square)^2+\square$

(2) 축의 방정식: $x=\square$

(3) 꼭짓점의 좌표: $(\square, \square)$

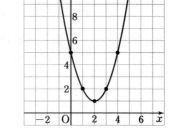

**필수 문제** **4**

이차함수 $y=a(x-p)^2+q$의 그래프의 평행이동

이차함수 $y=2(x-1)^2+7$의 그래프를 다음과 같이 평행이동한 그래프를 나타내는 이차함수의 식을 구하고, 축의 방정식과 꼭짓점의 좌표를 차례로 구하시오.

(1) $x$축의 방향으로 2만큼 평행이동

(2) $y$축의 방향으로 $-6$만큼 평행이동

(3) $x$축의 방향으로 2만큼, $y$축의 방향으로 $-6$만큼 평행이동

**4-1** 이차함수 $y=-3(x+1)^2+3$의 그래프를 $x$축의 방향으로 $-1$만큼, $y$축의 방향으로 5만큼 평행이동한 그래프를 나타내는 이차함수의 식을 구하고, 축의 방정식과 꼭짓점의 좌표를 차례로 구하시오.

## 5 이차함수 $y=a(x-p)^2+q$의 그래프에서 $a$, $p$, $q$의 부호

(1) $a$의 부호: 그래프의 모양에 따라 결정

 ➡ $a>0$
아래로 볼록

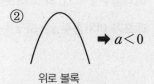 ➡ $a<0$
위로 볼록

(2) $p$, $q$의 부호: 꼭짓점의 위치에 따라 결정

① 꼭짓점이 제1사분면 위에 있으면 ➡ $p>0$, $q>0$
② 꼭짓점이 제2사분면 위에 있으면 ➡ $p<0$, $q>0$
③ 꼭짓점이 제3사분면 위에 있으면 ➡ $p<0$, $q<0$
④ 꼭짓점이 제4사분면 위에 있으면 ➡ $p>0$, $q<0$

| 제2사분면 $(-,+)$ | 제1사분면 $(+,+)$ |
|---|---|
| 제3사분면 $(-,-)$ | 제4사분면 $(+,-)$ |

**필수 문제** 5

이차함수 $y=a(x-p)^2+q$의 그래프에서 $a$, $p$, $q$의 부호

▶주어진 그래프에서 다음을 확인하여 $a$, $p$, $q$의 부호를 구한다.
(1) 그래프의 모양
  ⇨ $a$의 부호
(2) 꼭짓점의 위치
  ⇨ $p$, $q$의 부호

**이차함수 $y=a(x-p)^2+q$의 그래프가 오른쪽 그림과 같을 때, 다음 □ 안에 알맞은 것을 쓰시오. (단, $a$, $p$, $q$는 상수)**

(1) 그래프가 □로 볼록하므로 $a$□0이다.
(2) 꼭짓점 $(p, q)$가 제□사분면 위에 있으므로 $p$□0, $q$□0이다.

**5-1** 이차함수 $y=a(x-p)^2+q$의 그래프가 오른쪽 그림과 같을 때, 상수 $a$, $p$, $q$의 부호를 각각 구하시오.

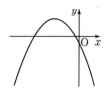

**5-2** 이차함수 $y=a(x-p)^2+q$의 그래프가 오른쪽 그림과 같을 때, 다음 보기 중 옳은 것을 모두 고르시오. (단, $a$, $p$, $q$는 상수)

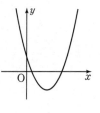

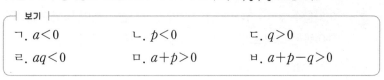

| 보기 | | |
|---|---|---|
| ㄱ. $a<0$ | ㄴ. $p<0$ | ㄷ. $q>0$ |
| ㄹ. $aq<0$ | ㅁ. $a+p>0$ | ㅂ. $a+p-q>0$ |

**1** 이차함수 $y=5x^2$의 그래프를 $x$축의 방향으로 $m$만큼, $y$축의 방향으로 $n$만큼 평행이동한 그래프가 이차함수 $y=5\left(x+\dfrac{1}{5}\right)^2-4$의 그래프와 일치할 때, $m$, $n$의 값을 각각 구하시오.

**2** 다음 중 이차함수 $y=-2(x-1)^2+1$의 그래프에 대한 설명으로 옳지 <u>않은</u> 것을 모두 고르면? (정답 2개)

① $y=-2x^2$의 그래프를 $x$축의 방향으로 $1$만큼, $y$축의 방향으로 $1$만큼 평행이동한 그래프이다.

② 축의 방정식은 $x=1$이고, 꼭짓점의 좌표는 $(1,\ 1)$이다.

③ $x<1$일 때, $x$의 값이 증가하면 $y$의 값은 감소한다.

④ $y=2x^2$의 그래프와 폭이 같다.

⑤ 제3사분면을 지나지 않는다.

**3** 이차함수 $y=5(x-2)^2+4$의 그래프를 $x$축의 방향으로 $-3$만큼, $y$축의 방향으로 $-1$만큼 평행이동한 그래프의 꼭짓점의 좌표를 $(p,\ q)$, 축의 방정식을 $x=m$이라고 할 때, $p+q+m$의 값을 구하시오.

**4** 이차함수 $y=-3(x-1)^2+2$의 그래프를 $x$축의 방향으로 $1$만큼, $y$축의 방향으로 $4$만큼 평행이동한 그래프가 점 $(4,\ m)$을 지날 때, $m$의 값은?

① $-10$      ② $-8$      ③ $-6$      ④ $-4$      ⑤ $-2$

**5** 이차함수 $y=a(x-p)^2+q$의 그래프가 오른쪽 그림과 같을 때, 상수 $a$, $p$, $q$의 부호는?

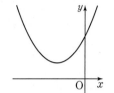

① $a>0,\ p>0,\ q>0$      ② $a>0,\ p<0,\ q<0$

③ $a>0,\ p<0,\ q>0$      ④ $a<0,\ p>0,\ q>0$

⑤ $a<0,\ p>0,\ q<0$

**6** $a<0,\ p>0,\ q<0$일 때, 다음 중 이차함수 $y=a(x-p)^2+q$의 그래프로 적당한 것은?

(단, $a$, $p$, $q$는 상수)

①     ②     ③

④     ⑤

● 이차함수의 그래프의 꼭짓점이 직선 위에 있을 때, 상수의 값 구하기

$y=a(x-p)^2+q$의 그래프의 꼭짓점 $(p,\ q)$가 직선 $y=mx+n$ 위에 있을 때는 꼭짓점의 좌표를 직선에 대입하면 등식이 성립한다.
⇨ $q=mp+n$

**7** 이차함수 $y=2(x-p)^2+2p$의 그래프의 꼭짓점이 직선 $y=3x-4$ 위에 있을 때, 상수 $p$의 값은?

① $-4$    ② $-3$    ③ $-2$    ④ $3$    ⑤ $4$

**8** 이차함수 $y=-\dfrac{1}{3}(x-p)^2+3p^2$의 그래프의 꼭짓점이 직선 $y=5x+2$ 위에 있을 때, 상수 $p$의 값은? (단, $p<0$)

① $-5$    ② $-3$    ③ $-\dfrac{1}{2}$    ④ $-\dfrac{1}{3}$    ⑤ $-\dfrac{1}{4}$

# 04 이차함수 $y=ax^2+bx+c$의 그래프

• 정답과 해설 66쪽

## 1 이차함수 $y=ax^2+bx+c$의 그래프

이차함수 $y=ax^2+bx+c$의 그래프는 $y=a(x-p)^2+q$ 꼴로 고친 후 $a$의 부호, 꼭짓점의 좌표, 축의 방정식, $y$축과 만나는 점의 좌표를 이용하여 그린다.

$$y=ax^2+bx+c \quad\Rightarrow\quad y=a\left(x+\frac{b}{2a}\right)^2-\frac{b^2-4ac}{4a}$$

참고
$$y=ax^2+bx+c$$
$$=a\left(x^2+\frac{b}{a}x\right)+c$$
$$=a\left\{x^2+\frac{b}{a}x+\left(\frac{b}{2a}\right)^2-\left(\frac{b}{2a}\right)^2\right\}+c$$
$$=a\left\{x^2+\frac{b}{a}x+\left(\frac{b}{2a}\right)^2\right\}-a\left(\frac{b}{2a}\right)^2+c$$
$$=a\left(x+\frac{b}{2a}\right)^2-\frac{b^2-4ac}{4a}$$

❶ $x^2$의 계수 $a$로 이차항과 일차항을 묶는다.

❷ 괄호 안에서 $\left(\dfrac{x\text{의 계수}}{2}\right)^2$을 더하고 뺀다.

❸ ❷에서 뺀 수를 괄호 밖으로 꺼낸다.

❹ $y=$(완전제곱식)+(상수) 꼴로 정리한다.

(1) 축의 방정식: $x=-\dfrac{b}{2a}$

(2) 꼭짓점의 좌표: $\left(-\dfrac{b}{2a},\ -\dfrac{b^2-4ac}{4a}\right)$

(3) $y$축과 만나는 점의 좌표: $(0,\ c)$ ← $y=ax^2+bx+c$에서 $x=0$일 때, $y=c$이므로 $y$축과 만나는 점의 좌표는 $(0,\ c)$이다.

참고 $y=ax^2+bx+c$ 꼴을 이차함수의 일반형이라고 한다.

---

**필수 문제 1**

이차함수 $y=ax^2+bx+c$의 그래프 그리기

▶❶ 이차함수 $y=ax^2+bx+c$를 $y=a(x-p)^2+q$ 꼴로 고쳐서 꼭짓점의 좌표를 구한다.

❷ $a$의 부호에 따라 그래프의 모양을 결정한다.

❸ $y$축과 만나는 점의 좌표를 구해 그 점을 지나도록 그래프를 그린다.

다음 ☐ 안에 알맞은 수를 쓰고, 이차함수의 그래프를 오른쪽 좌표평면 위에 그리시오.

(1) $y=2x^2-4x+5$
$=2(x^2-2x)+5$
$=2(x^2-2x+\Box-\Box)+5$
$=2(x^2-2x+\Box)-\Box+5$
$=2(x-\Box)^2+\Box$
⇨ 꼭짓점의 좌표: $(\Box,\ \Box)$
⇨ 그래프의 모양: $\Box$로 볼록
⇨ $y$축과 만나는 점: $(\Box,\ \Box)$

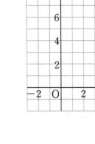

(2) $y=-2x^2-8x-1$
$=-2(x^2+4x)-1$
$=-2(x^2+4x+\Box-\Box)-1$
$=-2(x^2+4x+\Box)+\Box-1$
$=-2(x+\Box)^2+\Box$
⇨ 꼭짓점의 좌표: $(\Box,\ \Box)$
⇨ 그래프의 모양: $\Box$로 볼록
⇨ $y$축과 만나는 점: $(\Box,\ \Box)$

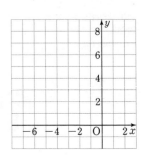

**1-1** 다음 이차함수의 그래프의 꼭짓점의 좌표, $y$축과 만나는 점의 좌표를 차례로 구하고, 그 그래프를 주어진 좌표평면 위에 그리시오.

(1) $y=x^2-4x+3$

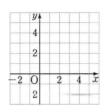

(2) $y=-\dfrac{1}{3}x^2+2x-1$

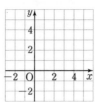

---

**필수 문제 2**

이차함수 $y=ax^2+bx+c$의 그래프의 성질

이차함수 $y=x^2+10x+15$의 그래프에 대하여 다음 ☐ 안에 알맞은 것을 쓰시오.

(1) 꼭짓점의 좌표는 (☐, ☐)이다.

(2) $y$축과 만나는 점의 좌표는 (☐, ☐)이다.

(3) 제☐사분면을 지나지 않는다.

(4) $x<-5$일 때, $x$의 값이 증가하면 $y$의 값은 ☐한다.

**2-1** 다음 보기 중 이차함수 $y=-3x^2+12x-8$의 그래프에 대한 설명으로 옳은 것을 모두 고르시오.

┤ 보기 ├

ㄱ. 아래로 볼록하다.　　　　　　ㄴ. 꼭짓점의 좌표는 (2, 4)이다.

ㄷ. 축의 방정식은 $x=2$이다.　　ㄹ. 모든 사분면을 지난다.

ㅁ. $x>2$일 때, $x$의 값이 증가하면 $y$의 값도 증가한다.

---

**필수 문제 3**

이차함수 $y=ax^2+bx+c$의 그래프가 $x$축과 만나는 점

▶이차함수 $y=ax^2+bx+c$의 그래프가 $x$축과 만나는 점의 $x$좌표는 이차방정식 $ax^2+bx+c=0$의 해와 같다.
⇨ $y=0$일 때, $x$의 값을 구한다.

이차함수 $y=x^2-7x+10$의 그래프가 $x$축과 만나는 점의 좌표를 구하시오.

**3-1** 이차함수 $y=-2x^2+8x+10$의 그래프가 $x$축과 만나는 점의 좌표를 구하시오.

## 2 이차함수 $y=ax^2+bx+c$의 그래프에서 $a$, $b$, $c$의 부호

(1) $a$의 부호: 그래프의 모양에 따라 결정

    ① 아래로 볼록 ➡ $a>0$

    ② 위로 볼록   ➡ $a<0$

(2) $b$의 부호: 축의 위치에 따라 결정

    ① 축이 $y$축의 왼쪽 ➡ $a$, $b$는 서로 같은 부호($ab>0$)

    ② 축이 $y$축        ➡ $b=0$

    ③ 축이 $y$축의 오른쪽 ➡ $a$, $b$는 서로 다른 부호($ab<0$)

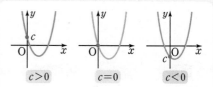

(3) $c$의 부호: $y$축과 만나는 점의 위치에 따라 결정

    ① $y$축과 만나는 점이 $x$축보다 위쪽 ➡ $c>0$

    ② $y$축과 만나는 점이 원점         ➡ $c=0$

    ③ $y$축과 만나는 점이 $x$축보다 아래쪽 ➡ $c<0$

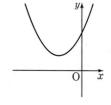

**참고** $y=ax^2+bx+c=a\left(x+\dfrac{b}{2a}\right)^2-\dfrac{b^2-4ac}{4a}$에서 축의 방정식은 $x=-\dfrac{b}{2a}$이므로

    ① 축이 $y$축의 왼쪽에 있으면 $-\dfrac{b}{2a}<0$에서 $\dfrac{b}{2a}>0$   ∴ $ab>0$ ➡ $a$, $b$는 서로 같은 부호

    ② 축이 $y$축이면 $-\dfrac{b}{2a}=0$   ∴ $b=0$

    ③ 축이 $y$축의 오른쪽에 있으면 $-\dfrac{b}{2a}>0$에서 $\dfrac{b}{2a}<0$   ∴ $ab<0$ ➡ $a$, $b$는 서로 다른 부호

---

**필수 문제 4**

이차함수 $y=ax^2+bx+c$의 그래프에서 $a$, $b$, $c$의 부호

▶ 주어진 그래프에서 다음을 확인하여 $a$, $b$, $c$의 부호를 구한다.

(1) 그래프의 모양
   ⇨ $a$의 부호
(2) 축의 위치와 $a$의 부호
   ⇨ $b$의 부호
(3) $y$축과 만나는 점의 위치
   ⇨ $c$의 부호

이차함수 $y=ax^2+bx+c$의 그래프가 오른쪽 그림과 같을 때, ☐ 안에 알맞은 것을 쓰시오. (단, $a$, $b$, $c$는 상수)

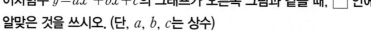

(1) 그래프가 ☐로 볼록하므로 $a$☐$0$이다.

(2) 축이 $y$축의 ☐쪽에 있으므로 $ab$☐$0$, 즉 $b$☐$0$이다.

(3) $y$축과 만나는 점이 $x$축보다 ☐쪽에 있으므로 $c$☐$0$이다.

**4-1** 이차함수 $y=ax^2+bx+c$의 그래프가 다음 그림과 같을 때, 상수 $a$, $b$, $c$의 부호를 각각 구하시오.

(1)
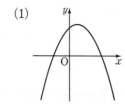

(2)
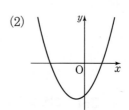

## STEP 1 쏙쏙 개념 익히기

**1** 다음 이차함수의 식을 $y=a(x-p)^2+q$ 꼴로 나타내고, 축의 방정식과 꼭짓점의 좌표를 각각 구하시오. (단, $a$, $p$, $q$는 상수)

| 이차함수의 식 | $y=a(x-p)^2+q$ 꼴 | 축의 방정식 | 꼭짓점의 좌표 |
|---|---|---|---|
| (1) $y=-x^2-6x-12$ | | | |
| (2) $y=3x^2-6x-4$ | | | |
| (3) $y=-\dfrac{1}{4}x^2+x+5$ | | | |

**2** 다음 중 이차함수 $y=-x^2-2x-2$의 그래프는?

①   ②   ③

④   ⑤

**3** 다음 중 이차함수 $y=-\dfrac{1}{2}x^2-5x+\dfrac{5}{2}$의 그래프에 대한 설명으로 옳지 <u>않은</u> 것을 모두 고르면? (정답 2개)

① 위로 볼록한 포물선이다.

② 꼭짓점의 좌표는 $\left(\dfrac{5}{2},\ \dfrac{5}{2}\right)$이다.

③ $y$축과 만나는 점의 좌표는 $\left(0,\ \dfrac{5}{2}\right)$이다.

④ $y=\dfrac{1}{2}x^2$의 그래프를 평행이동한 그래프이다.

⑤ $x>-5$일 때, $x$의 값이 증가하면 $y$의 값은 감소한다.

**4** 이차함수 $y=-x^2-6x-11$의 그래프를 $x$축의 방향으로 $m$만큼, $y$축의 방향으로 $n$만큼 평행이동하였더니 이차함수 $y=-x^2-4x-5$의 그래프와 일치하였다. 이때 $m+n$의 값은?

① 1      ② 2      ③ 3      ④ 4      ⑤ 5

## STEP 1 쏙쏙 개념 익히기

**5** 이차함수 $y=ax^2+bx+c$의 그래프가 오른쪽 그림과 같을 때, 상수 $a$, $b$, $c$의 부호는?

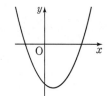

① $a>0$, $b>0$, $c>0$      ② $a>0$, $b<0$, $c>0$

③ $a>0$, $b<0$, $c<0$      ④ $a<0$, $b>0$, $c<0$

⑤ $a<0$, $b<0$, $c<0$

**6** 이차함수 $y=ax^2+bx+c$의 그래프가 오른쪽 그림과 같을 때, 다음 보기 중 옳은 것을 모두 고른 것은? (단, $a$, $b$, $c$는 상수)

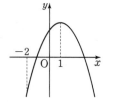

┤ 보기 ├

ㄱ. $bc>0$      ㄴ. $ac>0$

ㄷ. $a+b+c>0$      ㄹ. $4a-2b+c>0$

① ㄱ, ㄴ      ② ㄱ, ㄷ      ③ ㄴ, ㄷ

④ ㄱ, ㄷ, ㄹ      ⑤ ㄴ, ㄷ, ㄹ

● $y=ax^2+bx+c$의 그래프와 삼각형의 넓이
❶ $y=a(x-p)^2+q$ 꼴로 고쳐서 꼭짓점 A의 좌표를 구한다.
❷ $ax^2+bx+c=0$의 해를 구하여 두 점 B, C의 좌표를 구한다.
❸ △ABC의 넓이를 구한다.

**7** 오른쪽 그림과 같이 이차함수 $y=-x^2+4x+5$의 그래프의 꼭짓점을 A, $x$축과 만나는 두 점을 각각 B, C라고 할 때, 다음 물음에 답하시오.

(1) 세 점 A, B, C의 좌표를 각각 구하시오.

(2) △ABC의 넓이를 구하시오.

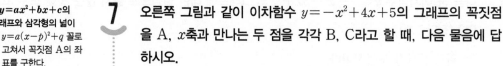

**8** 오른쪽 그림과 같이 이차함수 $y=x^2-2x-3$의 그래프의 꼭짓점을 A, $x$축과 만나는 두 점을 각각 B, C라고 할 때, △ACB의 넓이를 구하시오.

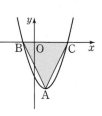

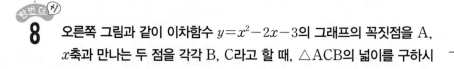

# ⟋5 이차함수의 식 구하기

## 1 꼭짓점과 다른 한 점이 주어질 때

꼭짓점의 좌표 $(p, q)$와 그래프가 지나는 다른 한 점이 주어질 때

❶ 이차함수의 식을 $y=a(x-p)^2+q$로 놓는다.

❷ 주어진 다른 한 점의 좌표를 ❶의 식에 대입하여 $a$의 값을 구한다.

참고 꼭짓점의 좌표에 따라 이차함수의 식을 다음과 같이 놓을 수 있다.
(1) $(0, 0) \Rightarrow y=ax^2$　　(2) $(0, q) \Rightarrow y=ax^2+q$
(3) $(p, 0) \Rightarrow y=a(x-p)^2$　　(4) $(p, q) \Rightarrow y=a(x-p)^2+q$

**개념 확인**　다음은 꼭짓점의 좌표가 $(1, 2)$이고 점 $(2, 5)$를 지나는 포물선을 그래프로 하는 이차함수의 식을 $y=a(x-p)^2+q$ 꼴로 나타내는 과정이다. ☐ 안에 알맞은 것을 쓰시오. (단, $a$, $p$, $q$는 상수)

> ❶ 구하는 이차함수의 식을 $y=a(\boxed{\phantom{xx}})^2+\boxed{\phantom{x}}$(으)로 놓으면
>
> ❷ 점 $(2, 5)$를 지나므로 $5=a+\boxed{\phantom{x}}$　　∴ $a=\boxed{\phantom{x}}$
>
> ➡ 따라서 구하는 이차함수의 식은 $y=\boxed{\phantom{xxxx}}$이다.

---

**필수 문제** ▸ **1**

이차함수의 식 구하기
– 꼭짓점과 다른 한 점이
　주어질 때

꼭짓점의 좌표가 $(-3, -1)$이고 점 $(-5, 15)$를 지나는 포물선을 그래프로 하는 이차함수의 식을 $y=a(x-p)^2+q$ 꼴로 나타내시오. (단, $a$, $p$, $q$는 상수)

**1-1**　꼭짓점의 좌표가 $(2, 0)$이고 점 $(1, -3)$을 지나는 포물선을 그래프로 하는 이차함수의 식은?

① $y=-3x^2+2$　　　② $y=-3(x+2)^2$　　　③ $y=-3(x-2)^2$

④ $y=3(x+2)^2$　　　⑤ $y=3(x-2)^2$

**1-2**　오른쪽 그림과 같은 포물선을 그래프로 하는 이차함수의 식은?

① $y=\dfrac{1}{3}x^2+4$　　　　② $y=3x^2+4$

③ $y=-\dfrac{1}{3}x^2+4$　　　④ $y=-3x^2+4$

⑤ $y=-9x^2+3$

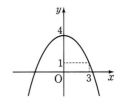

## 2 축의 방정식과 두 점이 주어질 때

축의 방정식 $x=p$와 그래프가 지나는 서로 다른 두 점이 주어질 때

❶ 이차함수의 식을 $y=a(x-p)^2+q$로 놓는다.

❷ 주어진 두 점의 좌표를 ❶의 식에 각각 대입하여 $a$와 $q$의 값을 구한다.

> [참고] 축의 방정식에 따라 이차함수의 식을 다음과 같이 놓을 수 있다.
> (1) $x=0$ ➡ $y=ax^2+q$
> (2) $x=p$ ➡ $y=a(x-p)^2+q$

**개념 확인** 다음은 축의 방정식이 $x=1$이고 두 점 $(0, 3)$, $(3, 9)$를 지나는 포물선을 그래프로 하는 이차함수의 식을 $y=a(x-p)^2+q$ 꼴로 나타내는 과정이다. □ 안에 알맞은 것을 쓰시오. (단, $a$, $p$, $q$는 상수)

❶ 구하는 이차함수의 식을 $y=a(\boxed{\phantom{xx}})^2+q$로 놓으면

❷ 두 점 $(0, 3)$, $(3, 9)$를 지나므로

$\boxed{\phantom{x}}=a+q$, $9=\boxed{\phantom{x}}+q$

위의 두 식을 연립하여 풀면 $a=\boxed{\phantom{x}}$, $q=\boxed{\phantom{x}}$

➡ 따라서 구하는 이차함수의 식은 $y=\boxed{\phantom{xxxx}}$이다.

---

**필수 문제 2**

이차함수의 식 구하기
– 축의 방정식과 두 점이 주어질 때

축의 방정식이 $x=4$이고 두 점 $(2, 3)$, $(3, -3)$을 지나는 포물선을 그래프로 하는 이차함수의 식을 $y=a(x-p)^2+q$ 꼴로 나타내시오. (단, $a$, $p$, $q$는 상수)

**2-1** 축의 방정식이 $x=-3$이고 두 점 $(-1, 4)$, $(0, -1)$을 지나는 포물선을 그래프로 하는 이차함수의 식을 $y=a(x-p)^2+q$라고 할 때, $a+p+q$의 값을 구하시오.

(단, $a$, $p$, $q$는 상수)

**2-2** 이차함수 $y=a(x-p)^2+q$의 그래프가 오른쪽 그림과 같을 때, $2a+p+q$의 값은? (단, $a$, $p$, $q$는 상수)

① $-2$    ② $6$    ③ $8$

④ $9$    ⑤ $12$

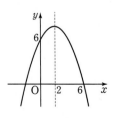

## 3 서로 다른 세 점이 주어질 때

그래프가 지나는 서로 다른 세 점이 주어질 때

❶ 이차함수의 식을 $y=ax^2+bx+c$로 놓는다.

❷ 주어진 세 점의 좌표를 식에 각각 대입하여 $a$, $b$, $c$의 값을 구한다.

참고 그래프가 지나는 세 점 중 $x$좌표가 0인 점의 좌표를 먼저 대입하여 $c$의 값을 구한 후 나머지 점의 좌표를 대입하면 편리하다.

**개념 확인** 다음은 세 점 $(-1, 4)$, $(0, 2)$, $(1, 6)$을 지나는 포물선을 그래프로 하는 이차함수의 식을 $y=ax^2+bx+c$ 꼴로 나타내는 과정이다. ☐ 안에 알맞은 것을 쓰시오. (단, $a$, $b$, $c$는 상수)

> ❶ 구하는 이차함수의 식을 $y=ax^2+bx+c$로 놓으면
>
> ❷ 점 $(0, 2)$를 지나므로 $c=$ ☐
>
> 즉, $y=ax^2+bx+$ ☐ 의 그래프가 두 점 $(-1, 4)$, $(1, 6)$을 지나므로
>
> $4=a-b+$ ☐, $6=a+b+$ ☐
>
> 위의 두 식을 연립하여 풀면 $a=$ ☐, $b=$ ☐
>
> ➡ 따라서 구하는 이차함수의 식은 $y=$ ☐ 이다.

**필수 문제 ③**

이차함수의 식 구하기
– 서로 다른 세 점이 주어질 때

세 점 $(-1, 9)$, $(0, 4)$, $(1, 1)$을 지나는 포물선을 그래프로 하는 이차함수의 식을 $y=ax^2+bx+c$ 꼴로 나타내시오. (단, $a$, $b$, $c$는 상수)

**3-1** 세 점 $(0, 5)$, $(1, -1)$, $(2, -3)$을 지나는 포물선을 그래프로 하는 이차함수의 식을 $y=ax^2+bx+c$라고 할 때, $a-b+c$의 값을 구하시오. (단, $a$, $b$, $c$는 상수)

**3-2** 오른쪽 그림과 같은 포물선을 그래프로 하는 이차함수의 식은?

① $y=-x^2-5x-9$     ② $y=-x^2-5x+9$

③ $y=-x^2+5x-9$     ④ $y=x^2-9x+5$

⑤ $y=x^2+9x+5$

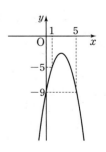

## 4 $x$축과 만나는 두 점과 다른 한 점이 주어질 때

$x$축과 만나는 두 점 $(\alpha, 0)$, $(\beta, 0)$과 그래프가 지나는 다른 한 점이 주어질 때

❶ 이차함수의 식을 $y=a(x-\alpha)(x-\beta)$로 놓는다.

❷ 주어진 다른 한 점의 좌표를 식에 대입하여 $a$의 값을 구한다.

> [참고] $x$축과 만나는 두 점과 다른 한 점이 주어질 때는 서로 다른 세 점이 주어진 때와 같은 방법으로도 이차함수의 식을 구할 수 있다.

**개념 확인**　다음은 $x$축과 두 점 $(1, 0)$, $(2, 0)$에서 만나고, 점 $(3, 4)$를 지나는 포물선을 그래프로 하는 이차함수의 식을 $y=ax^2+bx+c$ 꼴로 나타내는 과정이다. ☐ 안에 알맞은 것을 쓰시오. (단, $a$, $b$, $c$는 상수)

> ❶ 구하는 이차함수의 식을 $y=a(x-\boxed{\phantom{x}})(x-\boxed{\phantom{x}})$로 놓으면
> ❷ 점 $(3, 4)$를 지나므로 $4=2a$ ∴ $a=2$
> ➡ 따라서 구하는 이차함수의 식은 $y=\boxed{\phantom{xxxxxxxx}}$이다.

**필수 문제　4**

이차함수의 식 구하기
– $x$축과 만나는 두 점과
다른 한 점이 주어질 때

$x$축과 두 점 $(1, 0)$, $(4, 0)$에서 만나고, 점 $(3, -2)$를 지나는 포물선을 그래프로 하는 이차함수의 식을 $y=ax^2+bx+c$ 꼴로 나타내시오. (단, $a$, $b$, $c$는 상수)

**4-1**　$x$축과 두 점 $(-5, 0)$, $(2, 0)$에서 만나고, 점 $(1, 12)$를 지나는 포물선을 그래프로 하는 이차함수의 식을 $y=ax^2+bx+c$라고 할 때, $a-b-c$의 값을 구하시오.

(단, $a$, $b$, $c$는 상수)

**4-2**　이차함수 $y=ax^2+bx+c$의 그래프가 오른쪽 그림과 같을 때, $abc$의 값은? (단, $a$, $b$, $c$는 상수)

① 24　　　② 36　　　③ 48

④ 51　　　⑤ 64

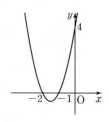

**STEP 1 쏙쏙 개념 익히기**

**1** 다음 포물선을 그래프로 하는 이차함수의 식을 $y=ax^2+bx+c$ 꼴로 나타내시오.

(단, $a$, $b$, $c$는 상수)

(1) 꼭짓점의 좌표가 $(3, 2)$이고 점 $(4, 4)$를 지나는 포물선

(2) 축의 방정식이 $x=-1$이고 두 점 $(0, 5)$, $(1, 2)$를 지나는 포물선

(3) 세 점 $(0, 5)$, $(1, 8)$, $(-1, 0)$을 지나는 포물선

(4) $x$축과 두 점 $(-2, 0)$, $(3, 0)$에서 만나고 점 $(0, -3)$을 지나는 포물선

**2** 다음 포물선을 그래프로 하는 이차함수의 식을 $y=ax^2+bx+c$ 꼴로 나타내시오.

(단, $a$, $b$, $c$는 상수)

(1)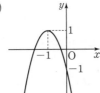

(2)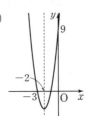

(3)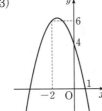

(4)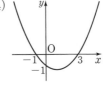

**3** 다음 중 이차함수 $y=-x^2+2x+7$의 그래프와 꼭짓점의 좌표가 같고, 점 $(-2, -10)$을 지나는 포물선을 그래프로 하는 이차함수의 식은?

① $y=-x^2+7$  ② $y=-\dfrac{1}{2}x^2+x+7$  ③ $y=\dfrac{2}{3}x^2+7$

④ $y=-2x^2+4x+6$  ⑤ $y=2x^2+8x+17$

**1**  다음 중 $y$가 $x$에 대한 이차함수인 것은?

① 지름의 길이가 $x$ cm인 원의 둘레의 길이 $y$ cm

② 한 개에 1200원인 빵을 $x$개 샀을 때의 가격 $y$원

③ 한 모서리의 길이가 $2x$ cm인 정육면체의 부피 $y$ cm³

④ 시속 $8$ km로 $x$ km를 가는 데 걸리는 $y$시간

⑤ 윗변의 길이가 $x$ cm, 아랫변의 길이가 $2x$ cm, 높이가 $x$ cm인 사다리꼴의 넓이 $y$ cm²

**2** $y=(2x+1)^2-x(ax+3)$이 $x$에 대한 이차함수가 되기 위한 상수 $a$의 조건은?

① $a>2$ ② $a>3$ ③ $a<5$

④ $a=4$ ⑤ $a\neq4$

**3**  이차함수 $f(x)=2x^2+3x-7$에 대하여 $f(2)+f(-2)$의 값은?

① $1$ ② $2$ ③ $3$

④ $4$ ⑤ $5$

**4**  다음 중 보기의 이차함수의 그래프에 대한 설명으로 옳은 것은?

> **보기**
>
> ㄱ. $y=\dfrac{1}{2}x^2$ ㄴ. $y=-6x^2$
>
> ㄷ. $y=-\dfrac{1}{2}x^2$ ㄹ. $y=\dfrac{1}{6}x^2$
>
> ㅁ. $y=-4x^2$ ㅂ. $y=2x^2$

① 아래로 볼록한 그래프는 ㄴ, ㄷ, ㅁ이다.

② $x$축에 서로 대칭인 그래프는 ㄱ과 ㅂ이다.

③ 그래프의 폭이 가장 좁은 것은 ㄹ이다.

④ 그래프의 폭이 가장 넓은 것은 ㄴ이다.

⑤ $x>0$일 때, $x$의 값이 증가하면 $y$의 값도 증가하는 그래프는 ㄱ, ㄹ, ㅂ이다.

**5** 세 이차함수 $y=\dfrac{1}{2}x^2$, $y=ax^2$, $y=\dfrac{7}{3}x^2$의 그래프가 오른쪽 그림과 같을 때, 다음 중 상수 $a$의 값이 될 수 없는 것은?

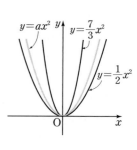

① $\dfrac{1}{3}$ ② $\dfrac{2}{3}$ ③ $1$

④ $\dfrac{3}{2}$ ⑤ $2$

**6** 이차함수 $y=ax^2$의 그래프가 두 점 $(-2, 3)$, $(3, b)$를 지날 때, $b-a$의 값을 구하시오.

(단, $a$는 상수)

**7** 이차함수 $y=-2x^2$의 그래프를 $y$축의 방향으로 $a$만큼 평행이동한 그래프가 점 $(1, 1)$을 지날 때, $a$의 값은?

① 1      ② 2      ③ 3
④ 4      ⑤ 5

**8** 이차함수 $y=(x+2)^2$의 그래프에서 $x$의 값이 증가할 때, $y$의 값은 감소하는 $x$의 값의 범위는?

① $x<-2$    ② $x>-2$    ③ $x<0$
④ $x>0$    ⑤ $x<2$

**9** 오른쪽 그림은 이차함수 $y=ax^2$의 그래프를 평행이동한 것이다. 이 그래프가 점 $(-8, k)$를 지날 때, $k$의 값은? (단, $a$는 상수)

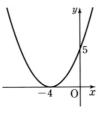

① 2      ② 3      ③ 4
④ 5      ⑤ 6

**10** 오른쪽 그림과 같이 이차함수 $y=a(x-p)^2$의 그래프와 이차함수 $y=-x^2+4$의 그래프가 서로의 꼭짓점을 지날 때, 상수 $a$, $p$에 대하여 $ap$의 값은? (단, $p>0$)

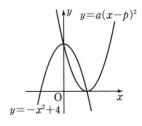

① 1      ② 2      ③ 3
④ 4      ⑤ 5

**11** 다음 보기의 이차함수 중 그 그래프를 평행이동하여 완전히 포갤 수 있는 것끼리 바르게 짝 지은 것은?

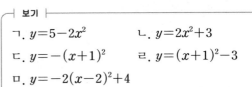

| 보기 |
|---|
| ㄱ. $y=5-2x^2$     ㄴ. $y=2x^2+3$ |
| ㄷ. $y=-(x+1)^2$     ㄹ. $y=(x+1)^2-3$ |
| ㅁ. $y=-2(x-2)^2+4$ |

① ㄱ과 ㄴ    ② ㄱ과 ㅁ    ③ ㄴ과 ㅁ
④ ㄷ과 ㄹ    ⑤ ㄹ과 ㅁ

**12** 이차함수 $y=6x^2+4$의 그래프를 $x$축의 방향으로 $p$만큼, $y$축의 방향으로 $q$만큼 평행이동하면 이차함수 $y=6(x-2)^2+\dfrac{1}{2}$의 그래프와 일치한다. 이때 $pq$의 값을 구하시오.

**13** 일차함수 $y=ax+b$의 그래프가 오른쪽 그림과 같을 때, 다음 중 이차함수 $y=a(x+b)^2$의 그래프로 적당한 것은?

(단, $a$, $b$는 상수)

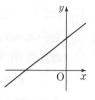

①

②

③

④

⑤

**14** 두 이차함수
$$y=-\frac{1}{2}(x-4)^2,$$
$$y=-\frac{1}{2}(x-4)^2+8$$의 그래프가 오른쪽 그림과 같을 때, 색칠한 부분의 넓이를 구하시오.

**15** 이차함수 $y=-3x^2+2x+6$을 $y=a(x-p)^2+q$ 꼴로 나타낼 때, 상수 $a$, $p$, $q$에 대하여 $a+p+q$의 값은?

① 3
② $\frac{10}{3}$
③ $\frac{11}{3}$
④ 4
⑤ $\frac{13}{3}$

**16** 다음 이차함수의 그래프 중 이차함수 $y=\frac{1}{3}x^2+5x+1$의 그래프를 평행이동하여 완전히 포갤 수 있는 것은?

① $y=-3x^2+6x+1$
② $y=-\frac{1}{3}x^2+x+2$
③ $y=5x^2-2x+3$
④ $y=\frac{1}{3}x^2-7x+5$
⑤ $y=3x^2+5x+1$

**17** 이차함수 $y=3x^2+9x+4$의 그래프가 지나지 <u>않는</u> 사분면은?

① 제1사분면
② 제3사분면
③ 제4사분면
④ 제2, 3사분면
⑤ 제3, 4사분면

**18** 다음 중 이차함수 $y=-2x^2+4x-5$의 그래프에 대한 설명으로 옳은 것은?

① 아래로 볼록한 포물선이다.
② 직선 $x=2$를 축으로 한다.
③ 꼭짓점의 좌표는 $(1, -5)$이다.
④ $y$축과 만나는 점의 좌표는 $(0, -3)$이다.
⑤ $y=-2x^2$의 그래프를 $x$축의 방향으로 1만큼, $y$축의 방향으로 $-3$만큼 평행이동한 그래프이다.

**19** 두 이차함수 $y=2x^2-4x+a$, $y=-3x^2+6x+3a$ 의 그래프의 꼭짓점이 일치할 때, 상수 $a$의 값은?

① $-4$  　　② $-\dfrac{5}{2}$  　　③ $\dfrac{1}{2}$

④ $\dfrac{3}{2}$  　　⑤ $2$

**20** 이차함수 $y=x^2+6x+3m+3$의 꼭짓점이 직선 $3x+y=-3$ 위에 있을 때, 상수 $m$의 값은?

① $1$  　　② $2$  　　③ $3$

④ $4$  　　⑤ $5$

**21** 이차함수 $y=ax^2+bx+c$의 그 래프가 오른쪽 그림과 같을 때, 상수 $a$, $b$, $c$의 부호는?

① $a>0$, $b>0$, $c>0$
② $a>0$, $b<0$, $c>0$
③ $a<0$, $b>0$, $c>0$
④ $a<0$, $b<0$, $c>0$
⑤ $a<0$, $b<0$, $c<0$

**22** 이차함수 $y=ax^2+bx+c$의 그 래프가 오른쪽 그림과 같을 때, 다음 중 이차함수 $y=bx^2+cx+a$의 그래프로 적 당한 것은? (단, $a$, $b$, $c$는 상수)

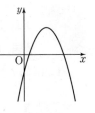

**23** 이차함수 $y=2(x+p)^2+q$의 그래프가 $x=2$를 축 으로 하고 점 $(1, -3)$을 지날 때, 상수 $p$, $q$에 대 하여 $p+q$의 값은?

① $-9$  　　② $-7$  　　③ $-3$

④ $1$  　　⑤ $5$

**24** 오른쪽 그림과 같은 이차함수 의 그래프의 꼭짓점의 좌표를 구하시오.

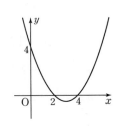

## 쓱쓱 서술형 완성하기

유제를 따라 풀어 보고, 실전 문제로 연습해 보세요.

따라 해보자

**예제 1**
이차함수 $y=4x^2$의 그래프를 $x$축의 방향으로 1만큼, $y$축의 방향으로 2만큼 평행이동한 그래프가 점 $(2, a)$를 지날 때, $a$의 값을 구하시오.

**풀이 과정**

[1단계] **평행이동한 그래프를 나타내는 이차함수의 식 구하기**
평행이동한 그래프를 나타내는 이차함수의 식은
$y=4(x-1)^2+2$

[2단계] **$a$의 값 구하기**
$y=4(x-1)^2+2$의 그래프가 점 $(2, a)$를 지나므로
$a=4\times(2-1)^2+2=6$

**답** 6

**유제 1**
이차함수 $y=-3x^2$의 그래프를 $x$축의 방향으로 $-4$만큼, $y$축의 방향으로 $-1$만큼 평행이동한 그래프가 점 $(-3, k)$를 지날 때, $k$의 값을 구하시오.

**풀이 과정**

[1단계] **평행이동한 그래프를 나타내는 이차함수의 식 구하기**

[2단계] **$k$의 값 구하기**

**답**

**예제 2**
이차함수 $y=ax^2+bx+c$의 그래프의 꼭짓점의 좌표가 $(2, 8)$이고 점 $(4, 6)$을 지날 때, 상수 $a$, $b$, $c$에 대하여 $a+b+c$의 값을 구하시오.

**풀이 과정**

[1단계] **이차함수의 식 구하기**
꼭짓점의 좌표가 $(2, 8)$이므로
이차함수의 식을 $y=a(x-2)^2+8$로 놓자.
이 그래프가 점 $(4, 6)$을 지나므로
$6=a\times(4-2)^2+8$  $\therefore a=-\dfrac{1}{2}$
$\therefore y=-\dfrac{1}{2}(x-2)^2+8$

[2단계] **$a$, $b$, $c$의 값 구하기**
$y=-\dfrac{1}{2}(x-2)^2+8=-\dfrac{1}{2}x^2+2x+6$이므로
$a=-\dfrac{1}{2}$, $b=2$, $c=6$

[3단계] **$a+b+c$의 값 구하기**
$\therefore a+b+c=-\dfrac{1}{2}+2+6=\dfrac{15}{2}$

**답** $\dfrac{15}{2}$

**유제 2**
이차함수 $y=ax^2+bx+c$의 그래프의 꼭짓점의 좌표가 $(-3, -4)$이고 점 $(-1, 0)$을 지날 때, 상수 $a$, $b$, $c$에 대하여 $a+b+c$의 값을 구하시오.

**풀이 과정**

[1단계] **이차함수의 식 구하기**

[2단계] **$a$, $b$, $c$의 값 구하기**

[3단계] **$a+b+c$의 값 구하기**

**답**

▶ 모든 문제는 풀이 과정을 자세히 서술한 후 답을 쓰세요.

**연습해 보자**

**1** 이차함수 $f(x)=3x^2-x+a$에 대하여
$f(-1)=2$, $f(2)=b$일 때, $a+b$의 값을 구하시오.
(단, $a$는 상수)

풀이 과정

답

**2** 오른쪽 그림과 같이 이차함수
$y=-x^2+2x+8$의 그래프가
$y$축과 만나는 점을 A, $x$축과
만나는 두 점을 각각 B, C라
고 할 때, △ABC의 넓이를
구하시오.

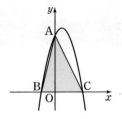

풀이 과정

답

**3** 이차함수 $y=-3x^2+12x-5$의 그래프를 $x$축의 방
향으로 $m$만큼, $y$축의 방향으로 $n$만큼 평행이동하
였더니 이차함수 $y=-3x^2+5$의 그래프와 완전히
포개어졌다. 이때 $m+n$의 값을 구하시오.

풀이 과정

답

**4** 세 점 $(-1, 3)$, $(0, 2)$, $(3, 5)$를 지나는 포물선을
그래프로 하는 이차함수의 식을 $y=ax^2+bx+c$ 꼴
로 나타내시오. (단, $a$, $b$, $c$는 상수)

풀이 과정

답

## 과학 속 수학

# 안전 운전을 위한 자동차의 안전거리 확보

운전 중 장애물을 발견하면 재빨리 브레이크를 밟아 자동차를 세워야 한다. 그런데 장애물을 발견한 후 자동차를 세우기까지 얼마간의 시간이 걸리기 때문에 운전자는 앞차와 안전거리를 항상 유지해야 한다.

안전거리는 장애물을 발견한 운전자가 브레이크를 밟을 때까지 자동차가 진행한 거리인 공주 거리와 운전자가 브레이크를 밟은 후 자동차가 멈추기까지 움직인 거리인 제동 거리의 합 이상이어야 한다.

제동 거리는 자동차의 무게, 타이어의 마모 상태, 도로면의 종류, 날씨 등에 영향을 받지만 같은 조건에서라면 달리던 속력의 제곱에 비례한다. 이를 이용하여 제동 거리를 구하면 각 상황에서 적절한 안전거리를 정할 수 있다.

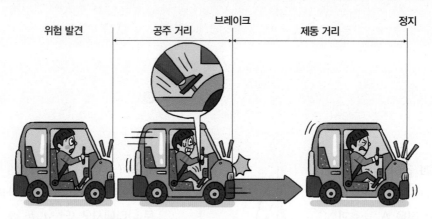

### 기출문제는 이렇게!

 운전 중 운전자가 브레이크를 밟은 후부터 자동차가 완전히 멈출 때까지 자동차가 움직인 거리를 제동 거리라고 한다. 자동차가 마찰력이 일정한 도로를 시속 $x$ km로 달릴 때의 제동 거리를 $y$ m라고 할 때, $y$는 $x$의 제곱에 정비례한다고 한다. 시속 $60$ km로 달리는 어느 자동차의 제동 거리가 $24$ m라고 할 때, 다음 물음에 답하시오.

(1) $y$를 $x$에 대한 식으로 나타내시오.

(2) 이 자동차의 운전자가 시속 $75$ km로 운전하다가 위험을 감지하고 $1$초 후에 브레이크를 밟아 차를 세웠다. 운전자가 위험을 감지한 후부터 자동차가 완전히 멈출 때까지 자동차가 움직인 거리를 구하시오. (단, 시속 $1$ km는 초속 $0.28$ m로 계산한다.)

**이차함수와 그 그래프**

## 이차함수의 뜻

$$y = ax^2 + bx + c$$
( 단, $a$, $b$, $c$는 상수, $a \neq 0$ )

## $y = ax^2$의 그래프

$a > 0$

$a < 0$

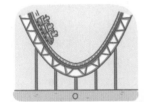

**y축의 방향으로 $q$만큼**

## $y = ax^2 + q$의 그래프

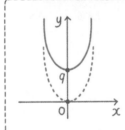

- 축의 방정식
  $x = 0$
- 꼭짓점의 좌표
  $(0, q)$

**x축의 방향으로 $p$만큼**

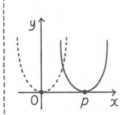

## $y = a(x-p)^2$의 그래프

- 축의 방정식
  $x = p$
- 꼭짓점의 좌표
  $(p, 0)$

**x축의 방향으로 $p$만큼,**
**y축의 방향으로 $q$만큼**

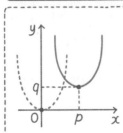

## $y = a(x-p)^2 + q$의 그래프

- 축의 방정식
  $x = p$
- 꼭짓점의 좌표
  $(p, q)$

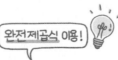

완전제곱식 이용!

표준형

일반형

$$y = ax^2 + bx + c$$

내가 그래프의 모양을 결정!

난 y축과 만나는 점의 위치!

우리는 축의 위치를 결정!

# 제곱근표 (1) 1.00부터 5.49까지의 수

| 수 | 0 | 1 | 2 | 3 | 4 | 5 | 6 | 7 | 8 | 9 |
|---|---|---|---|---|---|---|---|---|---|---|
| 1.0 | 1.000 | 1.005 | 1.010 | 1.015 | 1.020 | 1.025 | 1.030 | 1.034 | 1.039 | 1.044 |
| 1.1 | 1.049 | 1.054 | 1.058 | 1.063 | 1.068 | 1.072 | 1.077 | 1.082 | 1.086 | 1.091 |
| 1.2 | 1.095 | 1.100 | 1.105 | 1.109 | 1.114 | 1.118 | 1.122 | 1.127 | 1.131 | 1.136 |
| 1.3 | 1.140 | 1.145 | 1.149 | 1.153 | 1.158 | 1.162 | 1.166 | 1.170 | 1.175 | 1.179 |
| 1.4 | 1.183 | 1.187 | 1.192 | 1.196 | 1.200 | 1.204 | 1.208 | 1.212 | 1.217 | 1.221 |
| 1.5 | 1.225 | 1.229 | 1.233 | 1.237 | 1.241 | 1.245 | 1.249 | 1.253 | 1.257 | 1.261 |
| 1.6 | 1.265 | 1.269 | 1.273 | 1.277 | 1.281 | 1.285 | 1.288 | 1.292 | 1.296 | 1.300 |
| 1.7 | 1.304 | 1.308 | 1.311 | 1.315 | 1.319 | 1.323 | 1.327 | 1.330 | 1.334 | 1.338 |
| 1.8 | 1.342 | 1.345 | 1.349 | 1.353 | 1.356 | 1.360 | 1.364 | 1.367 | 1.371 | 1.375 |
| 1.9 | 1.378 | 1.382 | 1.386 | 1.389 | 1.393 | 1.396 | 1.400 | 1.404 | 1.407 | 1.411 |
| 2.0 | 1.414 | 1.418 | 1.421 | 1.425 | 1.428 | 1.432 | 1.435 | 1.439 | 1.442 | 1.446 |
| 2.1 | 1.449 | 1.453 | 1.456 | 1.459 | 1.463 | 1.466 | 1.470 | 1.473 | 1.476 | 1.480 |
| 2.2 | 1.483 | 1.487 | 1.490 | 1.493 | 1.497 | 1.500 | 1.503 | 1.507 | 1.510 | 1.513 |
| 2.3 | 1.517 | 1.520 | 1.523 | 1.526 | 1.530 | 1.533 | 1.536 | 1.539 | 1.543 | 1.546 |
| 2.4 | 1.549 | 1.552 | 1.556 | 1.559 | 1.562 | 1.565 | 1.568 | 1.572 | 1.575 | 1.578 |
| 2.5 | 1.581 | 1.584 | 1.587 | 1.591 | 1.594 | 1.597 | 1.600 | 1.603 | 1.606 | 1.609 |
| 2.6 | 1.612 | 1.616 | 1.619 | 1.622 | 1.625 | 1.628 | 1.631 | 1.634 | 1.637 | 1.640 |
| 2.7 | 1.643 | 1.646 | 1.649 | 1.652 | 1.655 | 1.658 | 1.661 | 1.664 | 1.667 | 1.670 |
| 2.8 | 1.673 | 1.676 | 1.679 | 1.682 | 1.685 | 1.688 | 1.691 | 1.694 | 1.697 | 1.700 |
| 2.9 | 1.703 | 1.706 | 1.709 | 1.712 | 1.715 | 1.718 | 1.720 | 1.723 | 1.726 | 1.729 |
| 3.0 | 1.732 | 1.735 | 1.738 | 1.741 | 1.744 | 1.746 | 1.749 | 1.752 | 1.755 | 1.758 |
| 3.1 | 1.761 | 1.764 | 1.766 | 1.769 | 1.772 | 1.775 | 1.778 | 1.780 | 1.783 | 1.786 |
| 3.2 | 1.789 | 1.792 | 1.794 | 1.797 | 1.800 | 1.803 | 1.806 | 1.808 | 1.811 | 1.814 |
| 3.3 | 1.817 | 1.819 | 1.822 | 1.825 | 1.828 | 1.830 | 1.833 | 1.836 | 1.838 | 1.841 |
| 3.4 | 1.844 | 1.847 | 1.849 | 1.852 | 1.855 | 1.857 | 1.860 | 1.863 | 1.865 | 1.868 |
| 3.5 | 1.871 | 1.873 | 1.876 | 1.879 | 1.881 | 1.884 | 1.887 | 1.889 | 1.892 | 1.895 |
| 3.6 | 1.897 | 1.900 | 1.903 | 1.905 | 1.908 | 1.910 | 1.913 | 1.916 | 1.918 | 1.921 |
| 3.7 | 1.924 | 1.926 | 1.929 | 1.931 | 1.934 | 1.936 | 1.939 | 1.942 | 1.944 | 1.947 |
| 3.8 | 1.949 | 1.952 | 1.954 | 1.957 | 1.960 | 1.962 | 1.965 | 1.967 | 1.970 | 1.972 |
| 3.9 | 1.975 | 1.977 | 1.980 | 1.982 | 1.985 | 1.987 | 1.990 | 1.992 | 1.995 | 1.997 |
| 4.0 | 2.000 | 2.002 | 2.005 | 2.007 | 2.010 | 2.012 | 2.015 | 2.017 | 2.020 | 2.022 |
| 4.1 | 2.025 | 2.027 | 2.030 | 2.032 | 2.035 | 2.037 | 2.040 | 2.042 | 2.045 | 2.047 |
| 4.2 | 2.049 | 2.052 | 2.054 | 2.057 | 2.059 | 2.062 | 2.064 | 2.066 | 2.069 | 2.071 |
| 4.3 | 2.074 | 2.076 | 2.078 | 2.081 | 2.083 | 2.086 | 2.088 | 2.090 | 2.093 | 2.095 |
| 4.4 | 2.098 | 2.100 | 2.102 | 2.105 | 2.107 | 2.110 | 2.112 | 2.114 | 2.117 | 2.119 |
| 4.5 | 2.121 | 2.124 | 2.126 | 2.128 | 2.131 | 2.133 | 2.135 | 2.138 | 2.140 | 2.142 |
| 4.6 | 2.145 | 2.147 | 2.149 | 2.152 | 2.154 | 2.156 | 2.159 | 2.161 | 2.163 | 2.166 |
| 4.7 | 2.168 | 2.170 | 2.173 | 2.175 | 2.177 | 2.179 | 2.182 | 2.184 | 2.186 | 2.189 |
| 4.8 | 2.191 | 2.193 | 2.195 | 2.198 | 2.200 | 2.202 | 2.205 | 2.207 | 2.209 | 2.211 |
| 4.9 | 2.214 | 2.216 | 2.218 | 2.220 | 2.223 | 2.225 | 2.227 | 2.229 | 2.232 | 2.234 |
| 5.0 | 2.236 | 2.238 | 2.241 | 2.243 | 2.245 | 2.247 | 2.249 | 2.252 | 2.254 | 2.256 |
| 5.1 | 2.258 | 2.261 | 2.263 | 2.265 | 2.267 | 2.269 | 2.272 | 2.274 | 2.276 | 2.278 |
| 5.2 | 2.280 | 2.283 | 2.285 | 2.287 | 2.289 | 2.291 | 2.293 | 2.296 | 2.298 | 2.300 |
| 5.3 | 2.302 | 2.304 | 2.307 | 2.309 | 2.311 | 2.313 | 2.315 | 2.317 | 2.319 | 2.322 |
| 5.4 | 2.324 | 2.326 | 2.328 | 2.330 | 2.332 | 2.335 | 2.337 | 2.339 | 2.341 | 2.343 |

# 제곱근표 (2) 5.50부터 9.99까지의 수

| 수 | 0 | 1 | 2 | 3 | 4 | 5 | 6 | 7 | 8 | 9 |
|---|---|---|---|---|---|---|---|---|---|---|
| 5.5 | 2.345 | 2.347 | 2.349 | 2.352 | 2.354 | 2.356 | 2.358 | 2.360 | 2.362 | 2.364 |
| 5.6 | 2.366 | 2.369 | 2.371 | 2.373 | 2.375 | 2.377 | 2.379 | 2.381 | 2.383 | 2.385 |
| 5.7 | 2.387 | 2.390 | 2.392 | 2.394 | 2.396 | 2.398 | 2.400 | 2.402 | 2.404 | 2.406 |
| 5.8 | 2.408 | 2.410 | 2.412 | 2.415 | 2.417 | 2.419 | 2.421 | 2.423 | 2.425 | 2.427 |
| 5.9 | 2.429 | 2.431 | 2.433 | 2.435 | 2.437 | 2.439 | 2.441 | 2.443 | 2.445 | 2.447 |
| 6.0 | 2.449 | 2.452 | 2.454 | 2.456 | 2.458 | 2.460 | 2.462 | 2.464 | 2.466 | 2.468 |
| 6.1 | 2.470 | 2.472 | 2.474 | 2.476 | 2.478 | 2.480 | 2.482 | 2.484 | 2.486 | 2.488 |
| 6.2 | 2.490 | 2.492 | 2.494 | 2.496 | 2.498 | 2.500 | 2.502 | 2.504 | 2.506 | 2.508 |
| 6.3 | 2.510 | 2.512 | 2.514 | 2.516 | 2.518 | 2.520 | 2.522 | 2.524 | 2.526 | 2.528 |
| 6.4 | 2.530 | 2.532 | 2.534 | 2.536 | 2.538 | 2.540 | 2.542 | 2.544 | 2.546 | 2.548 |
| 6.5 | 2.550 | 2.551 | 2.553 | 2.555 | 2.557 | 2.559 | 2.561 | 2.563 | 2.565 | 2.567 |
| 6.6 | 2.569 | 2.571 | 2.573 | 2.575 | 2.577 | 2.579 | 2.581 | 2.583 | 2.585 | 2.587 |
| 6.7 | 2.588 | 2.590 | 2.592 | 2.594 | 2.596 | 2.598 | 2.600 | 2.602 | 2.604 | 2.606 |
| 6.8 | 2.608 | 2.610 | 2.612 | 2.613 | 2.615 | 2.617 | 2.619 | 2.621 | 2.623 | 2.625 |
| 6.9 | 2.627 | 2.629 | 2.631 | 2.632 | 2.634 | 2.636 | 2.638 | 2.640 | 2.642 | 2.644 |
| 7.0 | 2.646 | 2.648 | 2.650 | 2.651 | 2.653 | 2.655 | 2.657 | 2.659 | 2.661 | 2.663 |
| 7.1 | 2.665 | 2.666 | 2.668 | 2.670 | 2.672 | 2.674 | 2.676 | 2.678 | 2.680 | 2.681 |
| 7.2 | 2.683 | 2.685 | 2.687 | 2.689 | 2.691 | 2.693 | 2.694 | 2.696 | 2.698 | 2.700 |
| 7.3 | 2.702 | 2.704 | 2.706 | 2.707 | 2.709 | 2.711 | 2.713 | 2.715 | 2.717 | 2.718 |
| 7.4 | 2.720 | 2.722 | 2.724 | 2.726 | 2.728 | 2.729 | 2.731 | 2.733 | 2.735 | 2.737 |
| 7.5 | 2.739 | 2.740 | 2.742 | 2.744 | 2.746 | 2.748 | 2.750 | 2.751 | 2.753 | 2.755 |
| 7.6 | 2.757 | 2.759 | 2.760 | 2.762 | 2.764 | 2.766 | 2.768 | 2.769 | 2.771 | 2.773 |
| 7.7 | 2.775 | 2.777 | 2.778 | 2.780 | 2.782 | 2.784 | 2.786 | 2.787 | 2.789 | 2.791 |
| 7.8 | 2.793 | 2.795 | 2.796 | 2.798 | 2.800 | 2.802 | 2.804 | 2.805 | 2.807 | 2.809 |
| 7.9 | 2.811 | 2.812 | 2.814 | 2.816 | 2.818 | 2.820 | 2.821 | 2.823 | 2.825 | 2.827 |
| 8.0 | 2.828 | 2.830 | 2.832 | 2.834 | 2.835 | 2.837 | 2.839 | 2.841 | 2.843 | 2.844 |
| 8.1 | 2.846 | 2.848 | 2.850 | 2.851 | 2.853 | 2.855 | 2.857 | 2.858 | 2.860 | 2.862 |
| 8.2 | 2.864 | 2.865 | 2.867 | 2.869 | 2.871 | 2.872 | 2.874 | 2.876 | 2.877 | 2.879 |
| 8.3 | 2.881 | 2.883 | 2.884 | 2.886 | 2.888 | 2.890 | 2.891 | 2.893 | 2.895 | 2.897 |
| 8.4 | 2.898 | 2.900 | 2.902 | 2.903 | 2.905 | 2.907 | 2.909 | 2.910 | 2.912 | 2.914 |
| 8.5 | 2.915 | 2.917 | 2.919 | 2.921 | 2.922 | 2.924 | 2.926 | 2.927 | 2.929 | 2.931 |
| 8.6 | 2.933 | 2.934 | 2.936 | 2.938 | 2.939 | 2.941 | 2.943 | 2.944 | 2.946 | 2.948 |
| 8.7 | 2.950 | 2.951 | 2.953 | 2.955 | 2.956 | 2.958 | 2.960 | 2.961 | 2.963 | 2.965 |
| 8.8 | 2.966 | 2.968 | 2.970 | 2.972 | 2.973 | 2.975 | 2.977 | 2.978 | 2.980 | 2.982 |
| 8.9 | 2.983 | 2.985 | 2.987 | 2.988 | 2.990 | 2.992 | 2.993 | 2.995 | 2.997 | 2.998 |
| 9.0 | 3.000 | 3.002 | 3.003 | 3.005 | 3.007 | 3.008 | 3.010 | 3.012 | 3.013 | 3.015 |
| 9.1 | 3.017 | 3.018 | 3.020 | 3.022 | 3.023 | 3.025 | 3.027 | 3.028 | 3.030 | 3.032 |
| 9.2 | 3.033 | 3.035 | 3.036 | 3.038 | 3.040 | 3.041 | 3.043 | 3.045 | 3.046 | 3.048 |
| 9.3 | 3.050 | 3.051 | 3.053 | 3.055 | 3.056 | 3.058 | 3.059 | 3.061 | 3.063 | 3.064 |
| 9.4 | 3.066 | 3.068 | 3.069 | 3.071 | 3.072 | 3.074 | 3.076 | 3.077 | 3.079 | 3.081 |
| 9.5 | 3.082 | 3.084 | 3.085 | 3.087 | 3.089 | 3.090 | 3.092 | 3.094 | 3.095 | 3.097 |
| 9.6 | 3.098 | 3.100 | 3.102 | 3.103 | 3.105 | 3.106 | 3.108 | 3.110 | 3.111 | 3.113 |
| 9.7 | 3.114 | 3.116 | 3.118 | 3.119 | 3.121 | 3.122 | 3.124 | 3.126 | 3.127 | 3.129 |
| 9.8 | 3.130 | 3.132 | 3.134 | 3.135 | 3.137 | 3.138 | 3.140 | 3.142 | 3.143 | 3.145 |
| 9.9 | 3.146 | 3.148 | 3.150 | 3.151 | 3.153 | 3.154 | 3.156 | 3.158 | 3.159 | 3.161 |

# 제곱근표 (3) 10.0부터 54.9까지의 수

| 수 | 0 | 1 | 2 | 3 | 4 | 5 | 6 | 7 | 8 | 9 |
|---|---|---|---|---|---|---|---|---|---|---|
| 10 | 3.162 | 3.178 | 3.194 | 3.209 | 3.225 | 3.240 | 3.256 | 3.271 | 3.286 | 3.302 |
| 11 | 3.317 | 3.332 | 3.347 | 3.362 | 3.376 | 3.391 | 3.406 | 3.421 | 3.435 | 3.450 |
| 12 | 3.464 | 3.479 | 3.493 | 3.507 | 3.521 | 3.536 | 3.550 | 3.564 | 3.578 | 3.592 |
| 13 | 3.606 | 3.619 | 3.633 | 3.647 | 3.661 | 3.674 | 3.688 | 3.701 | 3.715 | 3.728 |
| 14 | 3.742 | 3.755 | 3.768 | 3.782 | 3.795 | 3.808 | 3.821 | 3.834 | 3.847 | 3.860 |
| 15 | 3.873 | 3.886 | 3.899 | 3.912 | 3.924 | 3.937 | 3.950 | 3.962 | 3.975 | 3.987 |
| 16 | 4.000 | 4.012 | 4.025 | 4.037 | 4.050 | 4.062 | 4.074 | 4.087 | 4.099 | 4.111 |
| 17 | 4.123 | 4.135 | 4.147 | 4.159 | 4.171 | 4.183 | 4.195 | 4.207 | 4.219 | 4.231 |
| 18 | 4.243 | 4.254 | 4.266 | 4.278 | 4.290 | 4.301 | 4.313 | 4.324 | 4.336 | 4.347 |
| 19 | 4.359 | 4.370 | 4.382 | 4.393 | 4.405 | 4.416 | 4.427 | 4.438 | 4.450 | 4.461 |
| 20 | 4.472 | 4.483 | 4.494 | 4.506 | 4.517 | 4.528 | 4.539 | 4.550 | 4.561 | 4.572 |
| 21 | 4.583 | 4.593 | 4.604 | 4.615 | 4.626 | 4.637 | 4.648 | 4.658 | 4.669 | 4.680 |
| 22 | 4.690 | 4.701 | 4.712 | 4.722 | 4.733 | 4.743 | 4.754 | 4.764 | 4.775 | 4.785 |
| 23 | 4.796 | 4.806 | 4.817 | 4.827 | 4.837 | 4.848 | 4.858 | 4.868 | 4.879 | 4.889 |
| 24 | 4.899 | 4.909 | 4.919 | 4.930 | 4.940 | 4.950 | 4.960 | 4.970 | 4.980 | 4.990 |
| 25 | 5.000 | 5.010 | 5.020 | 5.030 | 5.040 | 5.050 | 5.060 | 5.070 | 5.079 | 5.089 |
| 26 | 5.099 | 5.109 | 5.119 | 5.128 | 5.138 | 5.148 | 5.158 | 5.167 | 5.177 | 5.187 |
| 27 | 5.196 | 5.206 | 5.215 | 5.225 | 5.235 | 5.244 | 5.254 | 5.263 | 5.273 | 5.282 |
| 28 | 5.292 | 5.301 | 5.310 | 5.320 | 5.329 | 5.339 | 5.348 | 5.357 | 5.367 | 5.376 |
| 29 | 5.385 | 5.394 | 5.404 | 5.413 | 5.422 | 5.431 | 5.441 | 5.450 | 5.459 | 5.468 |
| 30 | 5.477 | 5.486 | 5.495 | 5.505 | 5.514 | 5.523 | 5.532 | 5.541 | 5.550 | 5.559 |
| 31 | 5.568 | 5.577 | 5.586 | 5.595 | 5.604 | 5.612 | 5.621 | 5.630 | 5.639 | 5.648 |
| 32 | 5.657 | 5.666 | 5.675 | 5.683 | 5.692 | 5.701 | 5.710 | 5.718 | 5.727 | 5.736 |
| 33 | 5.745 | 5.753 | 5.762 | 5.771 | 5.779 | 5.788 | 5.797 | 5.805 | 5.814 | 5.822 |
| 34 | 5.831 | 5.840 | 5.848 | 5.857 | 5.865 | 5.874 | 5.882 | 5.891 | 5.899 | 5.908 |
| 35 | 5.916 | 5.925 | 5.933 | 5.941 | 5.950 | 5.958 | 5.967 | 5.975 | 5.983 | 5.992 |
| 36 | 6.000 | 6.008 | 6.017 | 6.025 | 6.033 | 6.042 | 6.050 | 6.058 | 6.066 | 6.075 |
| 37 | 6.083 | 6.091 | 6.099 | 6.107 | 6.116 | 6.124 | 6.132 | 6.140 | 6.148 | 6.156 |
| 38 | 6.164 | 6.173 | 6.181 | 6.189 | 6.197 | 6.205 | 6.213 | 6.221 | 6.229 | 6.237 |
| 39 | 6.245 | 6.253 | 6.261 | 6.269 | 6.277 | 6.285 | 6.293 | 6.301 | 6.309 | 6.317 |
| 40 | 6.325 | 6.332 | 6.340 | 6.348 | 6.356 | 6.364 | 6.372 | 6.380 | 6.387 | 6.395 |
| 41 | 6.403 | 6.411 | 6.419 | 6.427 | 6.434 | 6.442 | 6.450 | 6.458 | 6.465 | 6.473 |
| 42 | 6.481 | 6.488 | 6.496 | 6.504 | 6.512 | 6.519 | 6.527 | 6.535 | 6.542 | 6.550 |
| 43 | 6.557 | 6.565 | 6.573 | 6.580 | 6.588 | 6.595 | 6.603 | 6.611 | 6.618 | 6.626 |
| 44 | 6.633 | 6.641 | 6.648 | 6.656 | 6.663 | 6.671 | 6.678 | 6.686 | 6.693 | 6.701 |
| 45 | 6.708 | 6.716 | 6.723 | 6.731 | 6.738 | 6.745 | 6.753 | 6.760 | 6.768 | 6.775 |
| 46 | 6.782 | 6.790 | 6.797 | 6.804 | 6.812 | 6.819 | 6.826 | 6.834 | 6.841 | 6.848 |
| 47 | 6.856 | 6.863 | 6.870 | 6.877 | 6.885 | 6.892 | 6.899 | 6.907 | 6.914 | 6.921 |
| 48 | 6.928 | 6.935 | 6.943 | 6.950 | 6.957 | 6.964 | 6.971 | 6.979 | 6.986 | 6.993 |
| 49 | 7.000 | 7.007 | 7.014 | 7.021 | 7.029 | 7.036 | 7.043 | 7.050 | 7.057 | 7.064 |
| 50 | 7.071 | 7.078 | 7.085 | 7.092 | 7.099 | 7.106 | 7.113 | 7.120 | 7.127 | 7.134 |
| 51 | 7.141 | 7.148 | 7.155 | 7.162 | 7.169 | 7.176 | 7.183 | 7.190 | 7.197 | 7.204 |
| 52 | 7.211 | 7.218 | 7.225 | 7.232 | 7.239 | 7.246 | 7.253 | 7.259 | 7.266 | 7.273 |
| 53 | 7.280 | 7.287 | 7.294 | 7.301 | 7.308 | 7.314 | 7.321 | 7.328 | 7.335 | 7.342 |
| 54 | 7.348 | 7.355 | 7.362 | 7.369 | 7.376 | 7.382 | 7.389 | 7.396 | 7.403 | 7.409 |

# 제곱근표 (4) 55.0부터 99.9까지의 수

| 수 | 0 | 1 | 2 | 3 | 4 | 5 | 6 | 7 | 8 | 9 |
|---|---|---|---|---|---|---|---|---|---|---|
| 55 | 7.416 | 7.423 | 7.430 | 7.436 | 7.443 | 7.450 | 7.457 | 7.463 | 7.470 | 7.477 |
| 56 | 7.483 | 7.490 | 7.497 | 7.503 | 7.510 | 7.517 | 7.523 | 7.530 | 7.537 | 7.543 |
| 57 | 7.550 | 7.556 | 7.563 | 7.570 | 7.576 | 7.583 | 7.589 | 7.596 | 7.603 | 7.609 |
| 58 | 7.616 | 7.622 | 7.629 | 7.635 | 7.642 | 7.649 | 7.655 | 7.662 | 7.668 | 7.675 |
| 59 | 7.681 | 7.688 | 7.694 | 7.701 | 7.707 | 7.714 | 7.720 | 7.727 | 7.733 | 7.740 |
| 60 | 7.746 | 7.752 | 7.759 | 7.765 | 7.772 | 7.778 | 7.785 | 7.791 | 7.797 | 7.804 |
| 61 | 7.810 | 7.817 | 7.823 | 7.829 | 7.836 | 7.842 | 7.849 | 7.855 | 7.861 | 7.868 |
| 62 | 7.874 | 7.880 | 7.887 | 7.893 | 7.899 | 7.906 | 7.912 | 7.918 | 7.925 | 7.931 |
| 63 | 7.937 | 7.944 | 7.950 | 7.956 | 7.962 | 7.969 | 7.975 | 7.981 | 7.987 | 7.994 |
| 64 | 8.000 | 8.006 | 8.012 | 8.019 | 8.025 | 8.031 | 8.037 | 8.044 | 8.050 | 8.056 |
| 65 | 8.062 | 8.068 | 8.075 | 8.081 | 8.087 | 8.093 | 8.099 | 8.106 | 8.112 | 8.118 |
| 66 | 8.124 | 8.130 | 8.136 | 8.142 | 8.149 | 8.155 | 8.161 | 8.167 | 8.173 | 8.179 |
| 67 | 8.185 | 8.191 | 8.198 | 8.204 | 8.210 | 8.216 | 8.222 | 8.228 | 8.234 | 8.240 |
| 68 | 8.246 | 8.252 | 8.258 | 8.264 | 8.270 | 8.276 | 8.283 | 8.289 | 8.295 | 8.301 |
| 69 | 8.307 | 8.313 | 8.319 | 8.325 | 8.331 | 8.337 | 8.343 | 8.349 | 8.355 | 8.361 |
| 70 | 8.367 | 8.373 | 8.379 | 8.385 | 8.390 | 8.396 | 8.402 | 8.408 | 8.414 | 8.420 |
| 71 | 8.426 | 8.432 | 8.438 | 8.444 | 8.450 | 8.456 | 8.462 | 8.468 | 8.473 | 8.479 |
| 72 | 8.485 | 8.491 | 8.497 | 8.503 | 8.509 | 8.515 | 8.521 | 8.526 | 8.532 | 8.538 |
| 73 | 8.544 | 8.550 | 8.556 | 8.562 | 8.567 | 8.573 | 8.579 | 8.585 | 8.591 | 8.597 |
| 74 | 8.602 | 8.608 | 8.614 | 8.620 | 8.626 | 8.631 | 8.637 | 8.643 | 8.649 | 8.654 |
| 75 | 8.660 | 8.666 | 8.672 | 8.678 | 8.683 | 8.689 | 8.695 | 8.701 | 8.706 | 8.712 |
| 76 | 8.718 | 8.724 | 8.729 | 8.735 | 8.741 | 8.746 | 8.752 | 8.758 | 8.764 | 8.769 |
| 77 | 8.775 | 8.781 | 8.786 | 8.792 | 8.798 | 8.803 | 8.809 | 8.815 | 8.820 | 8.826 |
| 78 | 8.832 | 8.837 | 8.843 | 8.849 | 8.854 | 8.860 | 8.866 | 8.871 | 8.877 | 8.883 |
| 79 | 8.888 | 8.894 | 8.899 | 8.905 | 8.911 | 8.916 | 8.922 | 8.927 | 8.933 | 8.939 |
| 80 | 8.944 | 8.950 | 8.955 | 8.961 | 8.967 | 8.972 | 8.978 | 8.983 | 8.989 | 8.994 |
| 81 | 9.000 | 9.006 | 9.011 | 9.017 | 9.022 | 9.028 | 9.033 | 9.039 | 9.044 | 9.050 |
| 82 | 9.055 | 9.061 | 9.066 | 9.072 | 9.077 | 9.083 | 9.088 | 9.094 | 9.099 | 9.105 |
| 83 | 9.110 | 9.116 | 9.121 | 9.127 | 9.132 | 9.138 | 9.143 | 9.149 | 9.154 | 9.160 |
| 84 | 9.165 | 9.171 | 9.176 | 9.182 | 9.187 | 9.192 | 9.198 | 9.203 | 9.209 | 9.214 |
| 85 | 9.220 | 9.225 | 9.230 | 9.236 | 9.241 | 9.247 | 9.252 | 9.257 | 9.263 | 9.268 |
| 86 | 9.274 | 9.279 | 9.284 | 9.290 | 9.295 | 9.301 | 9.306 | 9.311 | 9.317 | 9.322 |
| 87 | 9.327 | 9.333 | 9.338 | 9.343 | 9.349 | 9.354 | 9.359 | 9.365 | 9.370 | 9.375 |
| 88 | 9.381 | 9.386 | 9.391 | 9.397 | 9.402 | 9.407 | 9.413 | 9.418 | 9.423 | 9.429 |
| 89 | 9.434 | 9.439 | 9.445 | 9.450 | 9.455 | 9.460 | 9.466 | 9.471 | 9.476 | 9.482 |
| 90 | 9.487 | 9.492 | 9.497 | 9.503 | 9.508 | 9.513 | 9.518 | 9.524 | 9.529 | 9.534 |
| 91 | 9.539 | 9.545 | 9.550 | 9.555 | 9.560 | 9.566 | 9.571 | 9.576 | 9.581 | 9.586 |
| 92 | 9.592 | 9.597 | 9.602 | 9.607 | 9.612 | 9.618 | 9.623 | 9.628 | 9.633 | 9.638 |
| 93 | 9.644 | 9.649 | 9.654 | 9.659 | 9.664 | 9.670 | 9.675 | 9.680 | 9.685 | 9.690 |
| 94 | 9.695 | 9.701 | 9.706 | 9.711 | 9.716 | 9.721 | 9.726 | 9.731 | 9.737 | 9.742 |
| 95 | 9.747 | 9.752 | 9.757 | 9.762 | 9.767 | 9.772 | 9.778 | 9.783 | 9.788 | 9.793 |
| 96 | 9.798 | 9.803 | 9.808 | 9.813 | 9.818 | 9.823 | 9.829 | 9.834 | 9.839 | 9.844 |
| 97 | 9.849 | 9.854 | 9.859 | 9.864 | 9.869 | 9.874 | 9.879 | 9.884 | 9.889 | 9.894 |
| 98 | 9.899 | 9.905 | 9.910 | 9.915 | 9.920 | 9.925 | 9.930 | 9.935 | 9.940 | 9.945 |
| 99 | 9.950 | 9.955 | 9.960 | 9.965 | 9.970 | 9.975 | 9.980 | 9.985 | 9.990 | 9.995 |

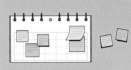

# 중학 수학 고민 끝!
# 비상 수학 시리즈로 해결

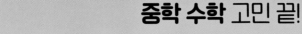

중학 수학 교재 가이드

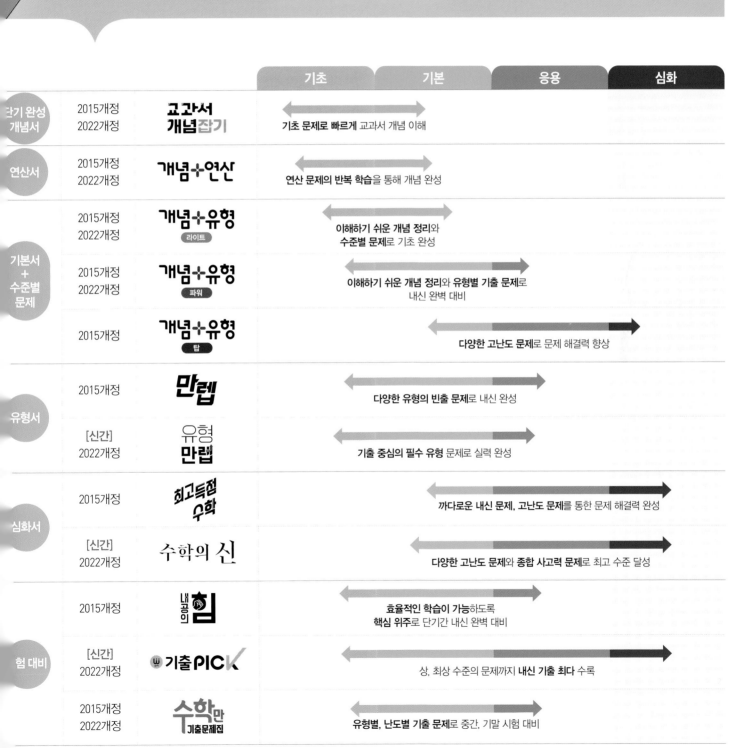

| | | | 기초 | 기본 | 응용 | 심화 |
|---|---|---|---|---|---|---|
| 단기 완성 개념서 | 2015개정 2022개정 | 교과서 개념잡기 | 기초 문제로 빠르게 교과서 개념 이해 | | | |
| 연산서 | 2015개정 2022개정 | 개념+연산 | 연산 문제의 반복 학습을 통해 개념 완성 | | | |
| 기본서 + 수준별 문제 | 2015개정 2022개정 | 개념+유형 라이트 | 이해하기 쉬운 개념 정리와 수준별 문제로 기초 완성 | | | |
| | 2015개정 2022개정 | 개념+유형 파워 | 이해하기 쉬운 개념 정리와 유형별 기출 문제로 내신 완벽 대비 | | | |
| | 2015개정 | 개념+유형 탑 | 다양한 고난도 문제로 문제 해결력 향상 | | | |
| 유형서 | 2015개정 | 만렙 | 다양한 유형의 빈출 문제로 내신 완성 | | | |
| | [신간] 2022개정 | 유형 만렙 | 기출 중심의 필수 유형 문제로 실력 완성 | | | |
| 심화서 | 2015개정 | 최고득점 수학 | 까다로운 내신 문제, 고난도 문제를 통한 문제 해결력 완성 | | | |
| | [신간] 2022개정 | 수학의 신 | 다양한 고난도 문제와 종합 사고력 문제로 최고 수준 달성 | | | |
| 시험 대비 | 2015개정 | 내공의 힘 | 효율적인 학습이 가능하도록 핵심 위주로 단기간 내신 완벽 대비 | | | |
| | [신간] 2022개정 | 기출PICK | 상, 최상 수준의 문제까지 내신 기출 최다 수록 | | | |
| | 2015개정 2022개정 | 수학만 기출문제집 | 유형별, 난도별 기출 문제로 중간, 기말 시험 대비 | | | |

※ 『유형 만렙』: [중학 1-2]_24년 10월 출간 예정(2, 3학년은 25년부터 순차적으로 출간 예정)
※ 『수학의 신』: [중학 1-1]_25년 6월, [중학 1-2]_25년 9월 출간 예정(2, 3학년은 25년부터 순차적으로 출간 예정)

✦ 개념·플러스·유형·시리즈  개념과 유형이 하나로! 가장 효과적인 수학 공부 방법을 제시합니다.

http://book.visang.com/
**발간 이후에 발견되는 오류** 비상교재 누리집 〉학습자료실 〉중등교재 〉정오표
**본 교재의 정답** 비상교재 누리집 〉학습자료실 〉중등교재 〉정답·해설

비상교재
누리집에
방문해보세요

기초탄탄

유형편 ·LITE

개념과 유형이 하나로

중학 수학

개념+유형
PLUS

3·1

visang

개념⁺유형

유형편

기초탄탄 LITE

중등 수학 —

3·1

## How

### 어떻게 만들어졌나요?

유형편 라이트는 수학에 왠지 어려움이 느껴지고 자신감이 부족한 학생들을 위해 만들어졌습니다.

## When

### 언제 활용할까요?

개념편 진도를 나간 후 한 번 더 정리하고 싶을 때! 앞으로 배울 내용의 문제를 확인하고 싶을 때!
부족한 유형 문제를 반복 연습하고 싶을 때! 시험에 자주 출제되는 문제를 알고 싶을 때!

## Why

### 왜 유형편 라이트를 보아야 하나요?

다양한 유형의 문제를 기초부터 반복하여 연습할 수 있도록 구성하였으므로 앞으로 배울 내용을 예습하거나
부족한 유형을 학습하려는 친구라면 누구나 꼭 갖고 있어야 할 교재입니다.
아무리 기초가 부족하더라도 이 한 권만 내 것으로 만든다면 상위권으로 도약할 수 있습니다.

## 유형편 라이트 의 구성

• 문제 풀이의 비법을 담은
내용 정리

• 부족한 유형은
한 번 더 연습

• 자주 출제되는 문제를
두 번씩 보는
쌍둥이 기출문제

• 쌍둥이 기출문제 중
핵심 문제만을 모아
단원 마무리

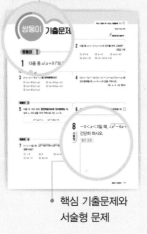

• 꼼꼼하게 짚어주는
단계별 연습 문제

• 발전된 유형은
한 걸음 더 연습

• 핵심 기출문제와
서술형 문제

차례 ••• CONTENTS

# 1 제곱근과 실수

# 1 제곱근의 뜻과 성질

1. 제곱근과 실수

## 유형 1 제곱근의 뜻

개념편 8쪽

(1) $a$의 제곱근 ➡ 제곱하여 $a$가 되는 수 ➡ $x^2=a$를 만족시키는 $x$의 값 ➡ $a$, $-a$

| 5, −5 | $\xrightarrow{제곱}$ $\xleftarrow{제곱근}$ | 25 |
| --- | --- | --- |

(2) 제곱근의 개수
  ① 양수의 제곱근은 양수와 음수가 있다. ➡ 2개 → 두 수의 절댓값은 같다.
  ② 0의 제곱근은 0이다. ➡ 1개
  ③ 음수의 제곱근은 생각하지 않는다. ➡ 0개(없다.)

---

**1** 제곱하여 다음 수가 되는 수를 모두 구하시오.

(1) 4 _____

(2) 49 _____

(3) 81 _____

(4) 0.25 _____

(5) $\dfrac{1}{16}$ _____

**2** 다음 식을 만족시키는 $x$의 값을 모두 구하시오.

(1) $x^2=16$ _____

(2) $x^2=64$ _____

(3) $x^2=144$ _____

(4) $x^2=0.81$ _____

(5) $x^2=\dfrac{100}{9}$ _____

**3** 다음 ☐ 안에 알맞은 수를 쓰시오.

> 36의 제곱근 ⇨ 제곱하여 ☐이(가) 되는 수
> ⇨ $x^2=$☐을(를) 만족시키는 $x$의 값
> ⇨ ☐ 또는 $-6$

**4** 다음 수의 제곱근을 구하시오.

(1) 0 _____

(2) 1 _____

(3) 9 _____

(4) 100 _____

(5) $-1$ _____

(6) $-9$ _____

(7) 0.09 _____

(8) 0.16 _____

(9) $\dfrac{1}{4}$ _____

(10) $\dfrac{25}{64}$ _____

**5** 다음 ☐ 안에 알맞은 수를 쓰고, 주어진 수의 제곱근을 구하시오.

(1) $3^2=$☐  ⇨ 제곱근: _____

(2) $(-4)^2=$☐  ⇨ 제곱근: _____

(3) $\left(\dfrac{1}{5}\right)^2=$☐  ⇨ 제곱근: _____

(4) $(-0.2)^2=$☐  ⇨ 제곱근: _____

## 유형 2 제곱근의 표현

(1) 제곱근을 나타내기 위해 **근호($\sqrt{\phantom{a}}$)**를 사용한다. 이때 $\sqrt{a}$를 '제곱근 $a$' 또는 '루트 $a$'라고 읽는다.

(2) ┌─────────┐      ┌──────────────────┐      ┌─────────────────┐
    │ 3의 제곱근 │  ➡   │ 양의 제곱근: $\sqrt{3}$ │  ➡   │ 한꺼번에 나타내면 │
    └─────────┘      │ 음의 제곱근: $-\sqrt{3}$ │      │ $\pm\sqrt{3}$ │
                     └──────────────────┘      └─────────────────┘

[참고] 근호 안의 수가 어떤 유리수의 제곱이면 근호를 사용하지 않고 나타낼 수 있다. [예] 16의 제곱근: $\pm\sqrt{16}=\pm 4$

[주의] '$a$의 제곱근'과 '제곱근 $a$'의 비교 (단, $a>0$)

| $a$의 제곱근 | 제곱하여 $a$가 되는 수 ➡ $\sqrt{a}$, $-\sqrt{a}$ (2개) |
|---|---|
| 제곱근 $a$ | $a$의 양의 제곱근 ➡ $\sqrt{a}$ (1개) |

---

**1** 다음 수의 제곱근을 근호를 사용하여 나타내시오.

(1) 5 _____   (2) 10 _____

(3) 21 _____   (4) 123 _____

(5) 0.1 _____   (6) 3.6 _____

(7) $\dfrac{2}{3}$ _____   (8) $\dfrac{35}{6}$ _____

**2** 다음을 구하시오.

(1) 25의 양의 제곱근

(2) 100의 음의 제곱근

(3) 7의 양의 제곱근

(4) 1.3의 음의 제곱근

(5) $\dfrac{4}{5}$의 음의 제곱근

**3** 다음 표의 빈칸을 알맞게 채우시오.

| $a$ | $a$의 제곱근 | 제곱근 $a$ |
|---|---|---|
| (1) 2 | | |
| (2) 23 | | |
| (3) 64 | | |
| (4) 144 | | |

**4** 다음을 근호를 사용하지 않고 나타내시오.

(1) $\sqrt{1}$ _____

(2) $\sqrt{4}$ _____

(3) $-\sqrt{49}$ _____

(4) $\pm\sqrt{36}$ _____

(5) $\sqrt{1.21}$ _____

(6) $\sqrt{\dfrac{4}{9}}$ _____

(7) $-\sqrt{0.25}$ _____

(8) $\pm\sqrt{\dfrac{49}{64}}$ _____

**5** 다음을 구하시오.

(1) $\sqrt{9}=\boxed{\phantom{0}}$의 음의 제곱근은 $\boxed{\phantom{00}}$이다.

(2) $(-7)^2=\boxed{\phantom{0}}$의 양의 제곱근은 $\boxed{\phantom{0}}$이다.

(3) $0.\dot{1}=\boxed{\phantom{0}}$의 음의 제곱근은 $\boxed{\phantom{0}}$이다.

(4) $\sqrt{256}$의 양의 제곱근

(5) $(-5)^2$의 음의 제곱근

## 유형 **3** 제곱근의 성질

개념편 11쪽

(1) 양수 $a$의 제곱근을 제곱하면 $a$가 된다.

$$a>0일\ 때,\ (\sqrt{a})^2=a,\ (-\sqrt{a})^2=a$$

예 $(\sqrt{3})^2=3,\ (-\sqrt{3})^2=3$

(2) 근호 안의 수가 어떤 유리수의 제곱이면 근호를 사용하지 않고 나타낼 수 있다.

$$a>0일\ 때,\ \sqrt{a^2}=a,\ \sqrt{(-a)^2}=a$$

예 $\sqrt{3^2}=3,\ \sqrt{(-3)^2}=3$

---

**[1~4]** 다음 값을 구하시오.

**1** (1) $(\sqrt{2})^2$ _____ (2) $(\sqrt{5})^2$ _____

(3) $(\sqrt{0.1})^2$ _____ (4) $\left(\sqrt{\dfrac{3}{4}}\right)^2$ _____

**2** (1) $(-\sqrt{5})^2$ _____ (2) $-(-\sqrt{5})^2$ _____

(3) $(-\sqrt{0.7})^2$ _____ (4) $-(-\sqrt{0.7})^2$ _____

(5) $\left(-\sqrt{\dfrac{6}{5}}\right)^2$ _____ (6) $-\left(-\sqrt{\dfrac{6}{5}}\right)^2$ _____

**3** (1) $\sqrt{11^2}$ _____ (2) $\sqrt{\left(\dfrac{1}{3}\right)^2}$ _____

(3) $-\sqrt{0.9^2}$ _____ (4) $-\sqrt{\left(\dfrac{2}{5}\right)^2}$ _____

**4** (1) $\sqrt{(-2)^2}$ _____ (2) $-\sqrt{(-2)^2}$ _____

(3) $\sqrt{(-0.3)^2}$ _____ (4) $-\sqrt{(-0.3)^2}$ _____

(5) $\sqrt{\left(-\dfrac{1}{5}\right)^2}$ _____ (6) $-\sqrt{\left(-\dfrac{1}{5}\right)^2}$ _____

---

**5** 다음 중 그 값이 서로 같은 것끼리 짝 지으시오.

$$(\sqrt{7})^2,\quad -\sqrt{(-7)^2},\quad -\sqrt{7^2},\quad (-\sqrt{7})^2$$

**6** 예와 같이 ①, ②의 과정을 써서 다음을 계산하시오.

예 $(-\sqrt{2})^2-\sqrt{7^2}+\sqrt{(-4)^2}$
$=\underbrace{2-7+4}_{①}=\underbrace{-1}_{②}$

(1) $(-\sqrt{7})^2-\sqrt{3^2}$

$=$ _____ $=$ _____

(2) $\sqrt{18^2}\div(-\sqrt{6})^2$

$=$ _____ $=$ _____

(3) $\sqrt{(-2)^2}+(-\sqrt{6})^2+\sqrt{3^2}$

$=$ _____ $=$ _____

(4) $-(-\sqrt{7})^2+\sqrt{(-5)^2}-\sqrt{144}$

$=$ _____ $=$ _____

(5) $\sqrt{25}\times\sqrt{(-6)^2}\div(-\sqrt{3})^2$

$=$ _____ $=$ _____

(6) $\sqrt{(-6)^2}\times(-\sqrt{0.25})-\sqrt{4^2}\div\sqrt{\dfrac{4}{25}}$

$=$ _____ $=$ _____

## 유형 4 $\sqrt{a^2}$의 성질

개념편 12쪽

$\sqrt{a^2}=|a|=\begin{cases} a\geq 0일\ 때, & \boxed{a} \leftarrow a가\ 양수이면\ 부호는\ 그대로 \\ a<0일\ 때, & \boxed{-a} \leftarrow a가\ 음수이면\ 부호는\ 반대로 \end{cases}$
음이 아닌 값          음이 아닌 값

$a=2$일 때, $\sqrt{a^2}=\sqrt{2^2}=2=a$    부호 그대로

$a=-2$일 때, $\sqrt{a^2}=\sqrt{(-2)^2}=2=-(-2)=-a$    부호 반대로

**1** $a<0$일 때, ○ 안에는 부등호 >, < 중 알맞은 것을 쓰고, □ 안에는 알맞은 식을 쓰시오.

(1) $\sqrt{\underline{a^2}}$ ⇨ $a$ ○ 0이므로
$\sqrt{a^2}=\boxed{\phantom{xxx}}$

(2) $\sqrt{(\underline{-a})^2}$ ⇨ $-a$ ○ 0이므로
$\sqrt{(-a)^2}=\boxed{\phantom{xxx}}$

(3) $-\sqrt{\underline{a^2}}$ ⇨ $a$ ○ 0이므로
$-\sqrt{a^2}=\boxed{\phantom{xxx}}$

(4) $-\sqrt{(\underline{-a})^2}$ ⇨ $-a$ ○ 0이므로
$-\sqrt{(-a)^2}=\boxed{\phantom{xxx}}$

**2** $a>0$일 때, 다음 식을 간단히 하시오.

(1) $\sqrt{(2a)^2}$ _____

(2) $\sqrt{(-2a)^2}$ _____

(3) $-\sqrt{(2a)^2}$ _____

(4) $-\sqrt{(-2a)^2}$ _____

**3** $a<0$일 때, 다음 식을 간단히 하시오.

(1) $\sqrt{(3a)^2}$ _____

(2) $\sqrt{(-5a)^2}$ _____

(3) $\sqrt{(3a)^2}-\sqrt{(-5a)^2}$ _____

**4** $x<1$일 때, ○ 안에는 부등호 >, < 중 알맞은 것을 쓰고, □ 안에는 알맞은 식을 쓰시오.

(1) $\sqrt{(\underline{x-1})^2}$ ⇨ $x-1$ ○ 0이므로
$\sqrt{(x-1)^2}=\boxed{\phantom{xxx}}$

(2) $\sqrt{(\underline{1-x})^2}$ ⇨ $1-x$ ○ 0이므로
$\sqrt{(1-x)^2}=\boxed{\phantom{xxx}}$

(3) $-\sqrt{(\underline{x-1})^2}$ ⇨ $x-1$ ○ 0이므로
$-\sqrt{(x-1)^2}=\boxed{\phantom{xxx}}$

(4) $-\sqrt{(\underline{1-x})^2}$ ⇨ $1-x$ ○ 0이므로
$-\sqrt{(1-x)^2}=\boxed{\phantom{xxx}}$

**5** $x>2$일 때, 다음 식을 간단히 하시오.

(1) $\sqrt{(x-2)^2}$ _____

(2) $\sqrt{(2-x)^2}$ _____

(3) $-\sqrt{(x-2)^2}$ _____

**6** $-2<x<3$일 때, ○ 안에는 부등호 >, < 중 알맞은 것을 쓰고, □ 안에는 알맞은 수나 식을 쓰시오.

$\sqrt{(x+2)^2}+\sqrt{(x-3)^2}$
⇨ $x+2$ ○ 0이므로 $\sqrt{(x+2)^2}=\boxed{\phantom{xx}}$
$x-3$ ○ 0이므로 $\sqrt{(x-3)^2}=\boxed{\phantom{xx}}$
∴ $\sqrt{(x+2)^2}+\sqrt{(x-3)^2}$
$=(\boxed{\phantom{xx}})+(\boxed{\phantom{xx}})$
$=\boxed{\phantom{xx}}$

## 한 걸음 ❸ 연습 유형 3~4

**1** 다음을 계산하시오.

(1) $\sqrt{4^2}+\sqrt{(-6)^2}$ _____

(2) $\sqrt{(-7)^2}+(-\sqrt{8})^2$ _____

(3) $\sqrt{121}-\sqrt{(-9)^2}$ _____

(4) $\sqrt{\left(\dfrac{3}{10}\right)^2}-\sqrt{\dfrac{1}{100}}$ _____

(5) $(-\sqrt{1.3})^2\times(\sqrt{2})^2$ _____

(6) $\sqrt{\dfrac{1}{4}}\div\sqrt{\dfrac{9}{4}}$ _____

**2** 다음을 계산하시오.

(1) $\sqrt{16}-\sqrt{(-3)^2}+(-\sqrt{7})^2$ _____

(2) $\sqrt{144}-\sqrt{(-6)^2}\times(-\sqrt{5})^2$ _____

(3) $\sqrt{1.69}\times\sqrt{100}\div\sqrt{(-13)^2}$ _____

(4) $\sqrt{(-3)^2}+(-\sqrt{5})^2-\sqrt{\left(-\dfrac{1}{2}\right)^2}\times\sqrt{36}$ _____

(5) $\sqrt{121}-\sqrt{(-4)^2}\div\sqrt{\dfrac{4}{49}}-(-\sqrt{3})^2$ _____

(6) $-\sqrt{0.64}\times\{-(-\sqrt{10})^2\}+\sqrt{\dfrac{4}{9}}\div\sqrt{(-2)^2}$ _____

**3** $0<x<3$일 때, 다음 식을 간단히 하시오.

(1) $\sqrt{(3-x)^2}+\sqrt{x^2}$ _____

(2) $\sqrt{(-x)^2}-\sqrt{(x-3)^2}$ _____

**4** $x<-1$일 때, 다음 식을 간단히 하시오.

(1) $\sqrt{(x+1)^2}+\sqrt{(1-x)^2}$ _____

(2) $\sqrt{(1-x)^2}-\sqrt{(x+1)^2}$ _____

**5** $a>0$, $b<0$일 때, 다음 식을 간단히 하시오.

(1) $\sqrt{(a-b)^2}$ _____

(2) $\sqrt{a^2}+\sqrt{b^2}+\sqrt{(a-b)^2}$ _____

(3) $\sqrt{a^2}-\sqrt{b^2}-\sqrt{(a-b)^2}$ _____

• $a>0$, $b<0$인 경우 ⇨ $a-b>0$

**6** $a-b<0$, $ab<0$일 때, 다음 식을 간단히 하시오.

(1) $\sqrt{(a-b)^2}-\sqrt{a^2}$ _____

(2) $\sqrt{(-b)^2}-\sqrt{(a-b)^2}$ _____

(3) $\sqrt{(ab)^2}-\sqrt{(2b)^2}+\sqrt{(b-a)^2}$ _____

• $a-b<0$, $ab<0$인 경우
⇨ $ab<0$이므로 $a$, $b$의 부호는 다르다.
이때 $a<b$이므로 $a<0$, $b>0$이다.

**유형 5** | 제곱인 수를 이용하여 근호 없애기 개념편 13쪽

(1) $\sqrt{Ax}$, $\sqrt{\dfrac{A}{x}}$ 가 자연수가 되도록 하는 자연수 $x$의 값 구하기

  ❶ $A$를 소인수분해한다.

  ❷ 모든 소인수의 지수가 짝수가 되도록 하는 $x$의 값을 구한다.

(2) $\sqrt{A+x}$ 가 자연수가 되도록 하는 자연수 $x$의 값 구하기

  ❶ $A+x$가 $A$보다 큰 (자연수)$^2$ 꼴인 수를 찾는다.

  ❷ $A+x=$(자연수)$^2$을 만족시키는 $x$의 값을 구한다.

(3) $\sqrt{A-x}$ 가 자연수가 되도록 하는 자연수 $x$의 값 구하기

  ❶ $A-x$가 $A$보다 작은 (자연수)$^2$ 꼴인 수를 찾는다.

  ❷ $A-x=$(자연수)$^2$을 만족시키는 $x$의 값을 구한다.

〈제곱인 수〉
$1=1^2$
$4=2^2$
$9=3^2$
$16=4^2$
$25=5^2$
$\vdots$

---

**1** 다음 식이 자연수가 되도록 하는 가장 작은 자연수 $x$의 값을 구하시오.

(1) $\sqrt{18x}$

> 18을 소인수분해하면 $\square \times \square^{2}$이고
> 지수가 홀수인 소인수는 $\square$이므로
> $x=\square \times$ (자연수)$^2$ 꼴이어야 한다.
> 따라서 $\sqrt{18x}$가 자연수가 되도록 하는 가장 작은 자연수 $x$의 값은 $\square$이다.

(2) $\sqrt{20x}$ _____

(3) $\sqrt{54x}$ _____

(4) $\sqrt{120x}$ _____

**2** 다음 식이 자연수가 되도록 하는 두 자리의 자연수 $x$의 값을 모두 구하시오.

(1) $\sqrt{60x}$ _____

(2) $\sqrt{84x}$ _____

**3** 다음 식이 자연수가 되도록 하는 가장 작은 자연수 $x$의 값을 구하시오.

(1) $\sqrt{\dfrac{50}{x}}$

> 50을 소인수분해하면 $\square \times \square^{2}$이고
> 지수가 홀수인 소인수는 $\square$이므로 $x$는 50의 약수이면서 $x=\square \times$ (자연수)$^2$ 꼴이어야 한다.
> 따라서 $\sqrt{\dfrac{50}{x}}$이 자연수가 되도록 하는 가장 작은 자연수 $x$의 값은 $\square$이다.

(2) $\sqrt{\dfrac{40}{x}}$ _____

(3) $\sqrt{\dfrac{72}{x}}$ _____

(4) $\sqrt{\dfrac{96}{x}}$ _____

**4** 다음 식이 자연수가 되도록 하는 가장 작은 자연수 $x$의 값을 구하시오.

(1) $\sqrt{13+x}$

> $\sqrt{13+x}$가 자연수가 되려면 $13+x$가 $\boxed{\phantom{x}}$보다 큰 $(\text{자연수})^2$ 꼴인 수이어야 하므로
> $13+x=\boxed{\phantom{x}}, \boxed{\phantom{x}}, \boxed{\phantom{x}}, \cdots$
> $\therefore x=\boxed{\phantom{x}}, \boxed{\phantom{x}}, \boxed{\phantom{x}}, \cdots$
> 따라서 $\sqrt{13+x}$가 자연수가 되도록 하는 가장 작은 자연수 $x$의 값은 $\boxed{\phantom{x}}$이다.

(2) $\sqrt{21+x}$ _____

(3) $\sqrt{37+x}$ _____

(4) $\sqrt{43+x}$ _____

**5** 다음 식이 자연수가 되도록 하는 가장 작은 자연수 $x$의 값을 구하시오.

(1) $\sqrt{10-x}$

> $\sqrt{10-x}$가 자연수가 되려면 $10-x$가 $\boxed{\phantom{x}}$보다 작은 $(\text{자연수})^2$ 꼴인 수이어야 하므로
> $10-x=\boxed{\phantom{x}}, \boxed{\phantom{x}}, \boxed{\phantom{x}}$
> $\therefore x=\boxed{\phantom{x}}, \boxed{\phantom{x}}, \boxed{\phantom{x}}$
> 따라서 $\sqrt{10-x}$가 자연수가 되도록 하는 가장 작은 자연수 $x$의 값은 $\boxed{\phantom{x}}$이다.

(2) $\sqrt{48-x}$ _____

(3) $\sqrt{81-x}$ _____

(4) $\sqrt{110-x}$ _____

---

**유형 6** **제곱근의 대소 관계** 개념편 14쪽

(1) $a>0$, $b>0$일 때
　① $a<b$이면 $\sqrt{a}<\sqrt{b}$
　　예 $4<7$ ➡ $\sqrt{4}<\sqrt{7}$
　② $\sqrt{a}<\sqrt{b}$이면 $a<b$
　　예 $\sqrt{3}<\sqrt{5}$ ➡ $3<5$
　③ $\sqrt{a}<\sqrt{b}$이면 $-\sqrt{a}>-\sqrt{b}$
　　예 $\sqrt{3}<\sqrt{5}$ ➡ $-\sqrt{3}>-\sqrt{5}$

(2) 근호가 있는 수와 근호가 없는 수의 대소 비교
근호가 없는 수를 근호를 사용하여 나타낸 후 대소를 비교한다.
　예 $2$, $\sqrt{3}$의 대소 비교
　➡ $2=\sqrt{2^2}=\sqrt{4}$이고 $\sqrt{4}>\sqrt{3}$이므로 $2>\sqrt{3}$

양수끼리의 대소 비교

**1** 다음 두 수의 대소를 비교하여 $\boxed{\phantom{x}}$ 안에 부등호 $>$, $<$ 중 알맞은 것을 쓰시오.

(1) $\sqrt{3}$ $\boxed{\phantom{x}}$ $\sqrt{6}$

(2) $\sqrt{\dfrac{1}{2}}$ $\boxed{\phantom{x}}$ $\sqrt{\dfrac{1}{3}}$

(3) $\sqrt{0.2}$ $\boxed{\phantom{x}}$ $\sqrt{\dfrac{3}{5}}$

(4) $3$ $\boxed{\phantom{x}}$ $\sqrt{8}$

(5) $5$ $\boxed{\phantom{x}}$ $\sqrt{35}$

(6) $\sqrt{48}$ $\boxed{\phantom{x}}$ $7$

(7) $\dfrac{1}{2}$ $\boxed{\phantom{x}}$ $\sqrt{\dfrac{3}{4}}$

(8) $0.3$ $\boxed{\phantom{x}}$ $\sqrt{0.9}$

**2** 다음 두 수의 대소를 비교하여 □ 안에 부등호 $>$, $<$ 중 알맞은 것을 쓰시오.

(1) $-\sqrt{3}$ □ $-\sqrt{2}$

(2) $-\sqrt{\dfrac{2}{5}}$ □ $-\sqrt{\dfrac{2}{3}}$

(3) $-\sqrt{\dfrac{1}{4}}$ □ $-\sqrt{0.22}$

(4) $-8$ □ $-\sqrt{56}$

(5) $-4$ □ $-\sqrt{15}$

(6) $-\sqrt{82}$ □ $-9$

(7) $-\sqrt{\dfrac{2}{3}}$ □ $-\dfrac{1}{2}$

(8) $-0.2$ □ $-\sqrt{0.4}$

음수는 음수끼리, 양수는 양수끼리 대소를 비교한 후 (음수)<(양수) 임을 이용하면 돼.

**3** 다음 수를 작은 것부터 차례로 쓰시오.

(1) $-\sqrt{3}$, $\quad -2$, $\quad \dfrac{1}{4}$, $\quad \sqrt{\dfrac{1}{8}}$

⇨ ____ < ____ < ____ < ____

(2) $-\sqrt{\dfrac{1}{3}}$, $\quad 4$, $\quad -\dfrac{1}{2}$, $\quad \sqrt{15}$

⇨ ____ < ____ < ____ < ____

---

**한 걸음 더 연습**  유형 6

**1** 다음 부등식을 만족시키는 자연수 $x$의 값을 모두 구하시오.

(1) $2 < \sqrt{x} < 3$

> $2 < \sqrt{x} < 3$에서 2와 3을 근호를 사용하여 나타내면
> $\sqrt{4} < \sqrt{x} < \sqrt{\square}$  $\quad \therefore 4 < x < \square$
> 따라서 구하는 자연수 $x$의 값은
> _____ 이다.

(2) $3 < \sqrt{x} < 4$  _____

**2** 다음 부등식을 만족시키는 자연수 $x$의 값을 모두 구하시오.

(1) $0 < \sqrt{x} \leq 2$  _____

(2) $1.5 \leq \sqrt{x} \leq 3$  _____

(3) $-4 \leq -\sqrt{x} < -3$  _____

**3** 다음 부등식을 만족시키는 모든 자연수 $x$의 값의 합을 구하시오.

(1) $6 < \sqrt{6x} < 8$  _____

(2) $2 < \sqrt{2x-5} < 4$  _____

(3) $\sqrt{3} < \sqrt{3x+2} < 4$  _____

# 쌍둥이 기출문제

형광펜 들고 밑줄 쫙~

**1** 4의 제곱근은?

① 2      ② $-2$      ③ $\pm 2$

④ $\pm\sqrt{2}$      ⑤ $\pm 4$

**2** $\sqrt{25}$의 제곱근은?

① $\sqrt{5}$      ② $-\sqrt{5}$      ③ $\pm\sqrt{5}$

④ 5      ⑤ $\pm 5$

**3** 64의 양의 제곱근을 $a$, $(-3)^2$의 음의 제곱근을 $b$라고 할 때, $a+b$의 값을 구하시오.

**4** $(-4)^2$의 양의 제곱근을 $A$, $\sqrt{16}$의 음의 제곱근을 $B$라고 할 때, $A-B$의 값을 구하시오.

**5** 다음 보기 중 제곱근에 대한 설명으로 옳은 것을 모두 고르시오.

보기
ㄱ. 0의 제곱근은 없다.
ㄴ. 제곱근 9는 3이다.
ㄷ. $-16$의 제곱근은 $-4$이다.
ㄹ. $\sqrt{(-2)^2}$의 제곱근은 $\pm\sqrt{2}$이다.

**6** 제곱근에 대한 다음 설명 중 옳지 <u>않은</u> 것은?

① $\sqrt{9}$의 제곱근은 $\pm\sqrt{3}$이다.
② 제곱근 36은 6이다.
③ $(-7)^2$의 제곱근은 $\pm 7$이다.
④ 모든 유리수의 제곱근은 2개이다.
⑤ 0.04의 음의 제곱근은 $-0.2$이다.

**7** $(-\sqrt{3})^2-\sqrt{36}+\sqrt{(-2)^2}$ 을 계산하면?

① $-9$      ② $-5$      ③ $-1$

④ 1      ⑤ 2

**8** 다음을 계산하시오.

$$\sqrt{(-1)^2}+\sqrt{49}\div\left(-\sqrt{\dfrac{1}{7}}\right)^2$$

**쌍둥이 05**

**9** $4<x<5$일 때, $\sqrt{(x-4)^2}-\sqrt{(x-5)^2}$을 간단히 하면?

① $-1$　　　② $1$　　　③ $-2x+9$
④ $2x-9$　　　⑤ $2x-1$

**10** 서술형 $-1<a<1$일 때, $\sqrt{(a-1)^2}+\sqrt{(a+1)^2}$을 간단히 하시오.

풀이 과정

답

**쌍둥이 06**

**11** $\sqrt{28x}$ 가 자연수가 되도록 하는 가장 작은 자연수 $x$ 의 값을 구하시오.

**12** $\sqrt{\dfrac{18}{5}x}$가 자연수가 되도록 하는 가장 작은 자연수 $x$ 의 값을 구하시오.

**쌍둥이 07**

**13** $\sqrt{34-x}$ 가 자연수가 되도록 하는 자연수 $x$의 값을 모두 구하시오.

**14** $\sqrt{87-x}$가 정수가 되도록 하는 자연수 $x$의 개수를 구하시오.

**쌍둥이 08**

**15** 다음 중 두 수의 대소 관계가 옳지 <u>않은</u> 것은?

① $4<\sqrt{18}$　　　② $-\sqrt{6}<-\sqrt{5}$
③ $\dfrac{1}{2}<\sqrt{\dfrac{1}{3}}$　　　④ $0.2>\sqrt{0.2}$
⑤ $-3<-\sqrt{7}$

**16** 다음 중 □ 안에 들어갈 부등호의 방향이 나머지 넷과 <u>다른</u> 하나는?

① $\sqrt{5}$ □ $\sqrt{8}$　　　② $-5$ □ $-\sqrt{23}$
③ $-\sqrt{0.3}$ □ $-0.3$　　④ $\sqrt{\dfrac{2}{3}}$ □ $\sqrt{\dfrac{2}{5}}$
⑤ $7$ □ $\sqrt{50}$

**쌍둥이 09**

**17** 부등식 $1<\sqrt{x}\leq2$를 만족시키는 모든 자연수 $x$의 값의 합을 구하시오.

**18** 부등식 $3<\sqrt{x+1}<4$를 만족시키는 자연수 $x$의 개수를 구하시오.

# 2 무리수와 실수

1. 제곱근과 실수

개념편 16쪽

## 유형 7 무리수

(1) **유리수**: $\dfrac{(\text{정수})}{(0\text{이 아닌 정수})}$ 꼴로 나타낼 수 있는 수

(2) **무리수**: 유리수가 아닌 수, 즉 순환소수가 아닌 무한소수로 나타내어지는 수

(3) **소수의 분류**

$$\text{소수} \begin{cases} \text{유한소수} \\ \text{무한소수} \begin{cases} \text{순환소수} \quad \Rightarrow \text{유리수} \\ \text{순환소수가 아닌 무한소수} \Rightarrow \text{무리수} \end{cases} \end{cases}$$

**1** 다음 수가 무리수이면 '무'를, 유리수이면 '유'를 ( ) 안에 쓰시오.

(1) $0$ ( )  (2) $-5$ ( )

(3) $2.33$ ( )  (4) $1.\dot{2}34\dot{5}$ ( )

(5) $\pi$ ( )  (6) $-\sqrt{18}$ ( )

(7) $\sqrt{4}$ ( )  (8) $\dfrac{\sqrt{3}}{6}$ ( )

(9) $\sqrt{36}-2$ ( )  (10) $0.112123\cdots$ ( )

**2** 다음 중 순환하지 않는 무한소수가 적혀 있는 칸을 모두 찾아 색칠하시오.

| $\sqrt{\dfrac{4}{9}}$ | $\sqrt{1.2^2}$ | $0.1234\cdots$ | $\sqrt{\dfrac{49}{3}}$ | $\sqrt{0.1}$ |
|---|---|---|---|---|
| $(-\sqrt{6})^2$ | $-\dfrac{\sqrt{64}}{4}$ | $-\sqrt{17}$ | $1.414$ | $\dfrac{1}{\sqrt{4}}$ |
| $\sqrt{2}+3$ | $0.1\dot{5}$ | $\dfrac{\pi}{2}$ | $-\sqrt{0.04}$ | $\sqrt{169}$ |
| $\sqrt{25}$ | $\dfrac{\sqrt{7}}{7}$ | $\sqrt{(-3)^2}$ | $\sqrt{100}$ | $-\sqrt{16}$ |

**3** 유리수와 무리수에 대한 다음 설명 중 옳은 것은 ○표, 옳지 <u>않은</u> 것은 ×표를 ( ) 안에 쓰시오.

(1) 순환소수는 모두 유리수이다. ( )

(2) 무한소수는 모두 무리수이다. ( )

(3) 유한소수는 모두 유리수이다. ( )

(4) 무한소수는 모두 순환소수이다. ( )

(5) 무리수는 무한소수로 나타낼 수 있다. ( )

(6) 무리수는 $\dfrac{(\text{정수})}{(0\text{이 아닌 정수})}$ 꼴로 나타낼 수 있다. ( )

(7) 근호를 사용하여 나타낸 수는 모두 무리수이다. ( )

(8) 근호 안의 수가 어떤 유리수의 제곱인 수는 유리수이다. ( )

(9) 유리수이면서 무리수인 수는 없다. ( )

(10) $\sqrt{0.09}$는 유리수이다. ( )

## 유형 8 실수

(1) **실수**: 유리수와 무리수를 통틀어 **실수**라고 한다.

(2) **실수의 분류**

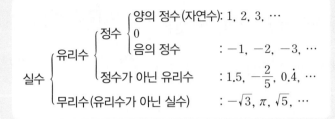

**1** 보기의 수 중 다음에 해당하는 것을 모두 고르시오.

┌ 보기 ┐

$$\pi+1, \quad \sqrt{0.4}, \quad 0.\dot{1}\dot{2}, \quad \sqrt{9}-5, \quad \frac{2}{3}, \quad \sqrt{36}, \quad -\sqrt{10}$$

(1) 자연수: _____

(2) 정수 : _____

(3) 유리수: _____

(4) 무리수: _____

(5) 실수 : _____

**2** 다음 수에 해당하는 것에는 ○표, 해당하지 <u>않는</u> 것에는 ×표를 하시오.

| | 자연수 | 정수 | 유리수 | 무리수 | 실수 |
|---|---|---|---|---|---|
| (1) $\sqrt{25}$ | | | | | |
| (2) $0.\dot{5}\dot{6}$ | | | | | |
| (3) $\sqrt{0.9}$ | | | | | |
| (4) $5-\sqrt{4}$ | | | | | |
| (5) $2.365489\cdots$ | | | | | |

**3** 보기의 수 중 오른쪽 ☐ 안에 해당하는 수를 모두 고르시오.

┌ 보기 ┐

$$3.14, \quad 0, \quad \sqrt{1.25}, \quad \sqrt{0.\dot{1}}, \quad \sqrt{(-2)^2}, \quad \sqrt{8}$$

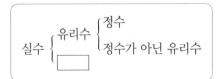

## 유형 9  무리수를 수직선 위에 나타내기

개념편 20쪽

[무리수 $\sqrt{2}$와 $-\sqrt{2}$를 수직선 위에 나타내기]

❶ 오른쪽 그림과 같이 수직선 위에 원점을 한 꼭짓점으로 하고 빗변의 길이가 $\sqrt{2}$ 인 직각삼각형을 그린다.

❷ 원점을 중심으로 하고 반지름의 길이가 직각삼각형의 빗변의 길이 $\sqrt{2}$와 같은 원을 그린다.

❸ 원과 수직선이 만나는 두 점에 대응하는 수가 각각 $\sqrt{2}$, $-\sqrt{2}$이다.

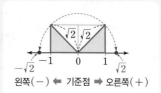

왼쪽($-$) ◀ 기준점 ➡ 오른쪽($+$)

참고 오른쪽 그림에서 피타고라스 정리에 의해 직각삼각형의 빗변의 길이는 $\sqrt{2}$임을 알 수 있다.

---

**1** 다음 수에 대응하는 점을 수직선 위에 나타내시오.
(단, 모눈 한 칸의 가로와 세로의 길이는 각각 1이다.)

(1) $-\sqrt{2}$

(2) $2+\sqrt{2}$, $2-\sqrt{2}$

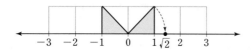

(3) $\sqrt{5}$, $-\sqrt{5}$

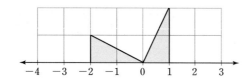

(4) $-1+\sqrt{5}$, $-1-\sqrt{5}$

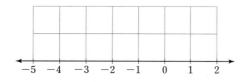

⇨ 대응하는 점이 기준점의
$\begin{cases} \text{오른쪽에 있으면: } k+\sqrt{a} \\ \text{왼쪽에 있으면: } \quad k-\sqrt{a} \end{cases}$

**2** 다음 수직선 위의 두 점 P, Q에 대응하는 수를 각각 구하시오. (단, 모눈 한 칸의 가로와 세로의 길이는 각각 1이다.)

(1)

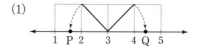

(2)

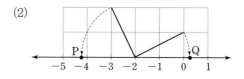

**3** 다음 수직선 위의 두 점 P, Q에 대응하는 수를 각각 구하시오. (단, 수직선 위의 사각형은 한 변의 길이가 1인 정사각형이다.)

**4** 다음 수직선 위의 두 점 P, Q에 대응하는 수를 각각 구하시오. (단, 모눈 한 칸의 가로와 세로의 길이는 각각 1이다.)

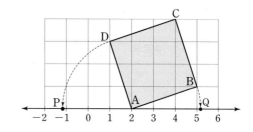

## 유형 10 실수와 수직선

(1) 모든 실수는 각각 수직선 위의 한 점에 대응하고, 또 수직선 위의 한 점에는 한 실수가 반드시 대응한다.

(2) 서로 다른 두 실수 사이에는 무수히 많은 실수가 있다.

(3) 수직선은 유리수와 무리수, 즉 실수에 대응하는 점들로 완전히 메울 수 있다.

**1** 실수와 수직선에 대한 다음 설명 중 옳은 것은 ○표, 옳지 <u>않은</u> 것은 ×표를 (  ) 안에 쓰시오.

(1) $1+\sqrt{2}$에 대응하는 점은 수직선 위에 나타낼 수 없다. (     )

(2) 두 유리수 0과 1 사이에는 무리수가 없다. (     )

(3) 두 무리수 $\sqrt{6}$과 $\sqrt{7}$ 사이에는 유리수가 없다. (     )

(4) 서로 다른 두 유리수 사이에는 무수히 많은 무리수가 있다. (     )

(5) 수직선은 정수와 무리수에 대응하는 점들로 완전히 메울 수 있다. (     )

(6) 서로 다른 두 무리수 사이에는 무수히 많은 실수가 있다. (     )

(7) 서로 다른 두 정수 사이에는 무수히 많은 정수가 있다. (     )

(8) 모든 실수는 각각 수직선 위의 한 점에 대응한다. (     )

**2** 다음 보기에서 □ 안에 알맞은 것을 골라 쓰시오.

┌─ 보기 ┐
실수,   유리수,   무리수,   정수
└─────────────────────────────┘

(1) 모든 □□□와 무리수, 즉 모든 실수는 각각 수직선 위의 한 점에 대응한다.

(2) 수직선은 □□□에 대응하는 점들로 완전히 메울 수 있다.

(3) 1과 $\sqrt{2}$ 사이에는 □□□가 존재하지 않는다.

## 유형 11 제곱근표

개념편 22쪽

(1) **제곱근표**: 1.00부터 9.99까지의 수는 0.01 간격으로, 10.0부터 99.9까지의 수는 0.1 간격으로 그 수의 양의 제곱근의 값을 소수점 아래 넷째 자리에서 반올림하여 나타낸 표
(2) **제곱근표를 읽는 방법**

예 · $\sqrt{2.02}$의 값 ➡ 2.0의 가로줄과 2의 세로줄이 만나는 칸에 적혀 있는 수
  ➡ $\sqrt{2.02}=1.421$

· $\sqrt{2.11}$의 값 ➡ 2.1의 가로줄과 1의 세로줄이 만나는 칸에 적혀 있는 수
  ➡ $\sqrt{2.11}=1.453$

| 수 | 0 | 1 | 2 | 3 | ⋯ |
|---|---|---|---|---|---|
| ⋮ | | | | | |
| 2.0 | 1.414 | 1.418 | 1.421 | 1.425 | ⋯ |
| 2.1 | 1.449 | 1.453 | 1.456 | 1.459 | ⋯ |
| ⋮ | | | | | |

**1** 아래 표는 제곱근표의 일부이다. 이 표를 이용하여 다음 제곱근의 값을 구하시오.

| 수 | 0 | 1 | 2 | 3 | 4 |
|---|---|---|---|---|---|
| 5.9 | 2.429 | 2.431 | 2.433 | 2.435 | 2.437 |
| 6.0 | 2.449 | 2.452 | 2.454 | 2.456 | 2.458 |
| 6.1 | 2.470 | 2.472 | 2.474 | 2.476 | 2.478 |
| 6.2 | 2.490 | 2.492 | 2.494 | 2.496 | 2.498 |
| 6.3 | 2.510 | 2.512 | 2.514 | 2.516 | 2.518 |
| 6.4 | 2.530 | 2.532 | 2.534 | 2.536 | 2.538 |
| ⋮ | ⋮ | ⋮ | ⋮ | ⋮ | ⋮ |
| 65 | 8.062 | 8.068 | 8.075 | 8.081 | 8.087 |
| 66 | 8.124 | 8.130 | 8.136 | 8.142 | 8.149 |
| 67 | 8.185 | 8.191 | 8.198 | 8.204 | 8.210 |
| 68 | 8.246 | 8.252 | 8.258 | 8.264 | 8.270 |
| 69 | 8.307 | 8.313 | 8.319 | 8.325 | 8.331 |

(1) $\sqrt{5.93}$

(2) $\sqrt{6}$

(3) $\sqrt{6.14}$

(4) $\sqrt{65.2}$

(5) $\sqrt{66.3}$

(6) $\sqrt{67}$

**2** 아래 표는 제곱근표의 일부이다. 이 표를 이용하여 $a$의 값을 구하시오.

| 수 | 5 | 6 | 7 | 8 | 9 |
|---|---|---|---|---|---|
| 9.5 | 3.090 | 3.092 | 3.094 | 3.095 | 3.097 |
| 9.6 | 3.106 | 3.108 | 3.110 | 3.111 | 3.113 |
| 9.7 | 3.122 | 3.124 | 3.126 | 3.127 | 3.129 |
| 9.8 | 3.138 | 3.140 | 3.142 | 3.143 | 3.145 |
| 9.9 | 3.154 | 3.156 | 3.158 | 3.159 | 3.161 |
| ⋮ | ⋮ | ⋮ | ⋮ | ⋮ | ⋮ |
| 95 | 9.772 | 9.778 | 9.783 | 9.788 | 9.793 |
| 96 | 9.823 | 9.829 | 9.834 | 9.839 | 9.844 |
| 97 | 9.874 | 9.879 | 9.884 | 9.889 | 9.894 |
| 98 | 9.925 | 9.930 | 9.935 | 9.940 | 9.945 |
| 99 | 9.975 | 9.980 | 9.985 | 9.990 | 9.995 |

(1) $\sqrt{a}=3.092$

(2) $\sqrt{a}=3.113$

(3) $\sqrt{a}=3.122$

(4) $\sqrt{a}=9.834$

(5) $\sqrt{a}=9.879$

(6) $\sqrt{a}=9.990$

## 유형 12 실수의 대소 관계

개념편 24쪽

(1) 두 수의 차 이용

$3-\sqrt{2}\ \square\ 1$　$\xrightarrow{a-b>0$이면 $a>b$}$　$(3-\sqrt{2})-1=2-\sqrt{2}\ \boxed{>}\ 0$

$\therefore\ 3-\sqrt{2}\ \boxed{>}\ 1$

(2) 부등식의 성질 이용

$2+\sqrt{3}\ \square\ \sqrt{5}+\sqrt{3}$　$\xrightarrow[\text{양변에 } +\sqrt{3}]{2(=\sqrt{4})<\sqrt{5}$이므로}$　$2+\sqrt{3}\ \boxed{<}\ \sqrt{5}+\sqrt{3}$

**참고** 세 실수 $a$, $b$, $c$의 대소 관계 ➡ $a<b$이고 $b<c$이면 $a<b<c$

---

> 두 수의 차를 이용해 봐.

**1** 다음은 두 실수 2와 $\sqrt{5}+1$의 대소를 비교하는 과정이다. ☐ 안에 알맞은 수 또는 부등호를 쓰시오.

> 두 수의 차를 이용하면
> $2-(\sqrt{5}+1)=\boxed{\phantom{xx}}$
> 이때 $1-\sqrt{5}=\sqrt{1}-\sqrt{5}\ \square\ 0$이므로
> $2-(\sqrt{5}+1)\ \square\ 0$
> $\therefore\ 2\ \square\ \sqrt{5}+1$

**2** 다음 두 실수의 대소를 비교하여 ☐ 안에 부등호 $>$, $<$ 중 알맞은 것을 쓰시오.

(1) $5-\sqrt{6}\ \square\ 3$

(2) $\sqrt{12}-2\ \square\ 1$

(3) $\sqrt{15}+7\ \square\ 11$

(4) $2\ \square\ \sqrt{11}-1$

(5) $5\ \square\ \sqrt{17}+1$

> 부등식의 성질을 이용해 봐.

**3** 다음 두 실수의 대소를 비교하여 ☐ 안에 부등호 $>$, $<$ 중 알맞은 것을 쓰시오.

(1) $2-\sqrt{2}\ \square\ \sqrt{5}-\sqrt{2}$　←2<$\sqrt{5}$이므로 양변에서 $\sqrt{2}$를 뺀다.

(2) $\sqrt{7}+2\ \square\ \sqrt{10}+2$

(3) $\sqrt{15}-\sqrt{8}\ \square\ 4-\sqrt{8}$

(4) $11-\sqrt{23}\ \square\ 11-\sqrt{26}$

(5) $\dfrac{1}{2}-\sqrt{5}\ \square\ \sqrt{\dfrac{2}{3}}-\sqrt{5}$

> 세 수 $a$, $b$, $c$에 대하여 $a<b$이고 $b<c$이면 $a<b<c$임을 이용해 봐.

**4** 다음은 세 수 $3+\sqrt{2}$, 4, $\sqrt{7}+1$의 대소를 비교하는 과정이다. ☐ 안에 알맞은 수 또는 부등호를 쓰시오.

> ❶ 두 수 $3+\sqrt{2}$와 4의 대소를 비교하면
> $(3+\sqrt{2})-4=\boxed{\phantom{xx}}$
> 이때 $\sqrt{2}-1=\sqrt{2}-\sqrt{1}\ \square\ 0$이므로
> $(3+\sqrt{2})-4\ \square\ 0$　$\therefore\ 3+\sqrt{2}\ \square\ 4$　$\cdots$ ㉠
> ❷ 두 수 4와 $\sqrt{7}+1$의 대소를 비교하면
> $4-(\sqrt{7}+1)=\boxed{\phantom{xx}}$
> 이때 $3-\sqrt{7}=\sqrt{9}-\sqrt{7}\ \square\ 0$이므로
> $4-(\sqrt{7}+1)\ \square\ 0$　$\therefore\ 4\ \square\ \sqrt{7}+1$　$\cdots$ ㉡
> ❸ ㉠, ㉡에 의해
> $3+\sqrt{2}\ \square\ 4\ \square\ \sqrt{7}+1$

## 유형 13 무리수의 정수 부분과 소수 부분

개념편 25쪽

(1) 무리수는 정수 부분과 소수 부분으로 나눌 수 있다.

　예 $\sqrt{2}=1.414\cdots=\underset{\text{정수 부분}}{1}+\underset{\text{소수 부분}}{0.414\cdots}$, 　$\sqrt{5}=2.236\cdots=\underset{\text{정수 부분}}{2}+\underset{\text{소수 부분}}{0.236\cdots}$

$\sqrt{a}$가 무리수일 때,
$$\sqrt{a}=(\text{정수 부분})+(\text{소수 부분})$$
↓
$$(\text{소수 부분})=\sqrt{a}-(\text{정수 부분})$$

(2) 소수 부분은 무리수에서 정수 부분을 뺀 것과 같다.

　예 $\sqrt{2}=1+0.414\cdots$에서 $0.414\cdots=\sqrt{2}-1$

　즉, $\sqrt{2}$의 소수 부분은 $\sqrt{2}-1$로 나타낼 수 있다.

**1** 다음은 $\sqrt{7}$의 정수 부분과 소수 부분을 구하는 과정이다. ☐ 안에 알맞은 수를 쓰시오.

> $\sqrt{4}<\sqrt{7}<\sqrt{9}$이므로 ☐$<\sqrt{7}<3$이다.
> 따라서 $\sqrt{7}$의 정수 부분은 ☐이고, 소수 부분은 $\sqrt{7}-$☐이다.

$\sqrt{m}$ 꼴인 무리수의 정수 부분과 소수 부분을 구해 보자.

**2** 다음 무리수의 정수 부분과 소수 부분을 구하려고 한다. 표의 빈칸을 알맞게 채우시오. (단, $n$은 정수)

| 무리수 | $n<(\text{무리수})<n+1$ | 정수 부분 | 소수 부분 |
|---|---|---|---|
| (1) $\sqrt{3}$ | $1<\sqrt{3}<2$ | 1 | |
| (2) $\sqrt{8}$ | $2<\sqrt{8}<3$ | | |
| (3) $\sqrt{11}$ | | | |
| (4) $\sqrt{35}$ | | | |
| (5) $\sqrt{88.8}$ | | | |

$a\pm\sqrt{m}$ 꼴인 무리수의 정수 부분과 소수 부분을 구해 보자.

**3** 다음 무리수의 정수 부분과 소수 부분을 구하려고 한다. 표의 빈칸을 알맞게 채우시오. (단, $n$은 정수)

| 무리수 | $n<(\text{무리수})<n+1$ | 정수 부분 | 소수 부분 |
|---|---|---|---|
| (1) $2+\sqrt{2}$ | $1<\sqrt{2}<2 \Rightarrow 3<2+\sqrt{2}<4$ | 3 | |
| (2) $3-\sqrt{2}$ | $-2<-\sqrt{2}<-1 \Rightarrow 1<3-\sqrt{2}<2$ | | |
| (3) $1+\sqrt{5}$ | | | |
| (4) $5+\sqrt{7}$ | | | |
| (5) $5-\sqrt{7}$ | | | |

✏ 형광펜 들고 밑줄 쫙~

**쌍둥이 01**

**1** 다음 중 무리수인 것을 모두 고르면? (정답 2개)

① $\sqrt{1.6}$   ② $\sqrt{\dfrac{1}{9}}$   ③ $3.65$

④ $\sqrt{48}$   ⑤ $\sqrt{(-7)^2}$

**2** 다음 수 중 소수로 나타내었을 때, 순환소수가 아닌 무한소수가 되는 것의 개수를 구하시오.

$$-3, \quad 0.\dot{8}, \quad -\sqrt{15}, \quad \sqrt{\dfrac{16}{25}}, \quad \dfrac{\pi}{3}, \quad \sqrt{40}$$

**쌍둥이 02**

**3** 다음 중 유리수와 무리수에 대한 설명으로 옳은 것은?

① 유리수는 소수로 나타내면 유한소수가 된다.

② 무한소수는 모두 무리수이다.

③ 무리수는 모두 순환소수로 나타낼 수 있다.

④ 유리수가 되는 무리수도 있다.

⑤ $\sqrt{3}$은 $\dfrac{(정수)}{(0이\ 아닌\ 정수)}$ 꼴로 나타낼 수 없다.

**4** 다음 보기 중 옳은 것을 모두 고르시오.

┤ 보기 ├

ㄱ. 무리수는 모두 무한소수로 나타낼 수 있다.

ㄴ. 순환소수는 모두 유리수이다.

ㄷ. 근호를 사용하여 나타낸 수는 모두 무리수이다.

ㄹ. 실수 중 유리수가 아닌 수는 모두 무리수이다.

**쌍둥이 03**

**5** 다음 중 오른쪽 ☐ 안에 해당하는 수를 모두 고르면?

(정답 2개)

실수 $\begin{cases} \text{유리수} \\ \boxed{\phantom{XX}} \end{cases}$

① $\sqrt{0.01}$   ② $\pi+2$   ③ $-\sqrt{\dfrac{81}{16}}$

④ $\sqrt{2.5}$   ⑤ $0.\dot{3}$

**6** 다음 보기 중 유리수가 아닌 실수를 모두 고르시오.

┤ 보기 ├

ㄱ. $\sqrt{121}$   ㄴ. $\sqrt{1.96}$   ㄷ. $\sqrt{6.4}$

ㄹ. $\dfrac{\sqrt{9}}{2}$   ㅁ. $\sqrt{4}-1$   ㅂ. $\sqrt{20}$

**7** 오른쪽 그림은 한 칸의 가로와 세로의 길이가 각각 1인 모눈종이 위에 수직선을 그린 것이다. $\overline{AB}=\overline{AP}$, $\overline{AC}=\overline{AQ}$일 때, 두 점 P, Q에 대응하는 수를 각각 구하시오.

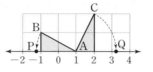

**8** 오른쪽 그림은 한 칸의 가로와 세로의 길이가 각각 1인 모눈종이 위에 수직선을 그린 것이다. $\overline{AB}=\overline{AP}$, $\overline{AC}=\overline{AQ}$일 때, 두 점 P, Q에 대응하는 수를 각각 구하시오.

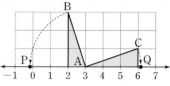

**9** 다음 보기 중 옳은 것을 모두 고르시오.

┌ 보기 ├

ㄱ. 0과 $\frac{1}{2}$ 사이에는 무수히 많은 무리수가 있다.

ㄴ. 1과 1000 사이에는 무수히 많은 정수가 있다.

ㄷ. $\pi$는 수직선 위의 점에 대응시킬 수 없다.

ㄹ. 수직선은 실수에 대응하는 점들로 완전히 메울 수 있다.

**10** 다음 중 옳지 <u>않은</u> 것을 모두 고르면? (정답 2개)

① $\frac{1}{5}$과 $\frac{1}{4}$ 사이에는 무수히 많은 유리수가 있다.

② 1과 2 사이에는 무리수가 없다.

③ 무리수에 대응하는 점만으로 수직선을 완전히 메울 수 있다.

④ $\sqrt{3}$과 $\sqrt{5}$ 사이에는 무수히 많은 유리수가 있다.

⑤ 서로 다른 두 무리수 사이에는 무수히 많은 무리수가 있다.

**11** 아래 표는 제곱근표의 일부이다. 이 표를 이용하여 다음 제곱근의 값을 구하시오.

| 수 | 0 | 1 | 2 | 3 | 4 |
|---|---|---|---|---|---|
| 7.3 | 2.702 | 2.704 | 2.706 | 2.707 | 2.709 |
| 7.4 | 2.720 | 2.722 | 2.724 | 2.726 | 2.728 |
| ⋮ | ⋮ | ⋮ | ⋮ | ⋮ | ⋮ |
| 46 | 6.782 | 6.790 | 6.797 | 6.804 | 6.812 |
| 47 | 6.856 | 6.863 | 6.870 | 6.877 | 6.885 |

(1) $\sqrt{7.43}$　　　　(2) $\sqrt{46.2}$

**12** 다음 제곱근표에서 $\sqrt{55.1}=a$, $\sqrt{b}=7.635$일 때, $1000a-100b$의 값은?

| 수 | 0 | 1 | 2 | 3 | 4 |
|---|---|---|---|---|---|
| 55 | 7.416 | 7.423 | 7.430 | 7.436 | 7.443 |
| 56 | 7.483 | 7.490 | 7.497 | 7.503 | 7.510 |
| 57 | 7.550 | 7.556 | 7.563 | 7.570 | 7.576 |
| 58 | 7.616 | 7.622 | 7.629 | 7.635 | 7.642 |

① 1590　　② 1591　　③ 1592
④ 1593　　⑤ 1594

쌍둥이 07

**13** 다음 중 두 실수의 대소 관계가 옳지 <u>않은</u> 것은?

① $\sqrt{3} < 2$

② $6 - \sqrt{5} < 4$

③ $2 < \sqrt{2} + 1$

④ $1 - \sqrt{6} < 1 - \sqrt{5}$

⑤ $\sqrt{10} + 4 < \sqrt{10} + \sqrt{3}$

**14** 다음 중 두 실수의 대소 관계가 옳은 것은?

① $4 < 2 + \sqrt{2}$

② $4 > \sqrt{3} + 3$

③ $3 - \sqrt{2} < 3 - \sqrt{3}$

④ $\sqrt{6} - 3 > \sqrt{7} - 3$

⑤ $2 + \sqrt{5} > \sqrt{3} + \sqrt{5}$

쌍둥이 08

**15** 다음 세 수 $a$, $b$, $c$의 대소를 비교하시오.

$$a = 3 - \sqrt{5}, \quad b = 1, \quad c = 3 - \sqrt{6}$$

**16** 세 수 $\sqrt{8} + 1$, $4 + \sqrt{2}$, $5$ 중 가장 큰 수를 $M$, 가장 작은 수를 $m$이라고 할 때, $M$, $m$의 값을 각각 구하시오.

쌍둥이 09

**17** $\sqrt{3}$의 정수 부분을 $a$, $\sqrt{5}$의 소수 부분을 $b$라고 할 때, $a + b$의 값을 구하시오.

서술형

풀이 과정

답

**18** $4 + \sqrt{2}$의 정수 부분을 $a$, 소수 부분을 $b$라고 할 때, $b - a$의 값을 구하시오.

## 단원 마무리

**1** $\sqrt{81}$의 음의 제곱근을 $a$, $(-5)^2$의 양의 제곱근을 $b$라고 할 때, $ab$의 값을 구하시오.

▶ 제곱근 구하기

**2** 제곱근에 대한 다음 설명 중 옳은 것을 모두 고르면? (정답 2개)

① 0의 제곱근은 0뿐이다.

② 0.9의 제곱근은 $\pm 0.3$이다.

③ 제곱근 $\dfrac{16}{9}$은 $\pm \dfrac{4}{3}$이다.

④ $(-6)^2$의 양의 제곱근은 6이다.

⑤ $\sqrt{(-11)^2}$의 제곱근은 $\pm 11$이다.

▶ 제곱근에 대한 이해

**3** $\sqrt{5^2} - (-\sqrt{3})^2 + \sqrt{225} \times \sqrt{(-9)^2}$을 계산하시오.

▶ 제곱근의 성질을 이용한 식의 계산

**4** $a > 0$, $ab < 0$일 때, $\sqrt{(a-b)^2} + \sqrt{b^2}$을 간단히 하시오.

▶ $\sqrt{a^2}$의 성질

**5** $\sqrt{150x}$가 자연수가 되도록 하는 가장 작은 자연수 $x$의 값을 구하시오.

▶ $\sqrt{\square}$가 자연수가 될 조건

풀이 과정

답

**6** 다음 보기의 수 중 무리수의 개수는?

┌─ 보기 ┐

$$\sqrt{27}, \quad 1.121231234\cdots, \quad \sqrt{1.44}, \quad -\pi, \quad 3-\sqrt{3}, \quad \sqrt{\dfrac{14}{9}}, \quad 8.\dot{5}$$

① 2개 ② 3개 ③ 4개

④ 5개 ⑤ 6개

**7** 오른쪽 그림은 한 칸의 가로와 세로의 길이가 각각 1 인 모눈종이 위에 수직선을 그린 것이다. $\overline{AB}=\overline{AP}$, $\overline{CD}=\overline{CQ}$일 때, 두 점 P, Q에 대응하는 수를 바르게 짝 지은 것은?

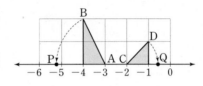

① P: $-\sqrt{5}$, Q: $\sqrt{2}$  ② P: $-3-\sqrt{5}$, Q: $-2+\sqrt{2}$

③ P: $-3-\sqrt{5}$, Q: $-2-\sqrt{2}$  ④ P: $-3+\sqrt{5}$, Q: $-2+\sqrt{2}$

⑤ P: $-3+\sqrt{5}$, Q: $-2-\sqrt{2}$

**8** 다음 중 □ 안에 알맞은 부등호의 방향이 나머지 넷과 <u>다른</u> 하나는?

① $2-\sqrt{18}$ □ $-2$  ② $\sqrt{10}+\sqrt{6}$ □ $\sqrt{7}+\sqrt{10}$

③ $\sqrt{5}+3$ □ $5$  ④ $3-\sqrt{2}$ □ $\sqrt{11}-\sqrt{2}$

⑤ $\sqrt{7}-2$ □ $1$

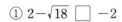

**9** $5-\sqrt{3}$의 정수 부분을 $a$, 소수 부분을 $b$라고 할 때, $a-b$의 값을 구하시오.

┌ 풀이 과정 ┐

답

# 2 근호를 포함한 식의 계산

유형 **1** 제곱근의 곱셈과 나눗셈

유형 **2** 근호가 있는 식의 변형

유형 **3** 제곱근표에 없는 수의 제곱근의 값

유형 **4** 분모의 유리화

유형 **5** 제곱근의 덧셈과 뺄셈

유형 **6** 근호를 포함한 식의 분배법칙 / 근호를 포함한 복잡한 식의 계산

2. 근호를 포함한 식의 계산

# 근호를 포함한 식의 계산 (1)

**유형 1** 제곱근의 곱셈과 나눗셈

$a>0$, $b>0$이고 $m$, $n$이 유리수일 때

(1) $\sqrt{a}\times\sqrt{b}=\sqrt{a}\sqrt{b}=\sqrt{ab}$ 예 $\sqrt{2}\times\sqrt{3}=\sqrt{2\times3}=\sqrt{6}$

$m\sqrt{a}\times n\sqrt{b}=mn\sqrt{ab}$ 예 $3\sqrt{2}\times4\sqrt{3}$
$=(3\times4)\times\sqrt{2\times3}$
$=12\sqrt{6}$

(2) $\sqrt{a}\div\sqrt{b}=\dfrac{\sqrt{a}}{\sqrt{b}}=\sqrt{\dfrac{a}{b}}$ 예 $\sqrt{2}\div\sqrt{3}=\dfrac{\sqrt{2}}{\sqrt{3}}=\sqrt{\dfrac{2}{3}}$

$m\sqrt{a}\div n\sqrt{b}=\dfrac{m}{n}\sqrt{\dfrac{a}{b}}$ (단, $n\neq0$)

예 $4\sqrt{2}\div5\sqrt{3}=\dfrac{4}{5}\sqrt{\dfrac{2}{3}}$

**[1~2]** 다음 ☐ 안에 알맞은 수를 쓰시오.

**1** (1) $\sqrt{6}\times\sqrt{7}=\sqrt{6\times\boxed{\phantom{0}}}=\sqrt{\boxed{\phantom{0}}}$

(2) $\sqrt{2}\times\sqrt{5}\times\sqrt{7}=\sqrt{\boxed{\phantom{0}}\times\boxed{\phantom{0}}\times\boxed{\phantom{0}}}=\sqrt{\boxed{\phantom{0}}}$

**2** (1) $-\sqrt{3}\times\sqrt{5}=-\sqrt{3\times\boxed{\phantom{0}}}=-\sqrt{\boxed{\phantom{0}}}$

(2) $2\sqrt{3}\times4\sqrt{2}=(2\times\boxed{\phantom{0}})\times\sqrt{\boxed{\phantom{0}}\times\boxed{\phantom{0}}}=\boxed{\phantom{0}}\sqrt{\boxed{\phantom{0}}}$

(3) $-3\sqrt{2}\times3\sqrt{3}=(-3\times\boxed{\phantom{0}})\times\sqrt{\boxed{\phantom{0}}\times\boxed{\phantom{0}}}$
$=\boxed{\phantom{0}}\sqrt{\boxed{\phantom{0}}}$

**[3~4]** 다음을 간단히 하시오.

**3** (1) $\sqrt{3}\sqrt{7}$ (2) $\sqrt{2}\sqrt{32}$

(3) $\sqrt{2}\sqrt{3}\sqrt{6}$ (4) $-\sqrt{5}\times\sqrt{\dfrac{7}{2}}\times\sqrt{\dfrac{2}{5}}$

**4** (1) $2\sqrt{\dfrac{3}{5}}\times3\sqrt{\dfrac{25}{3}}$

(2) $3\sqrt{10}\times2\sqrt{\dfrac{7}{5}}$

**[5~6]** 다음 ☐ 안에 알맞은 수를 쓰시오.

**5** (1) $\dfrac{\sqrt{45}}{\sqrt{5}}=\sqrt{\dfrac{\boxed{\phantom{0}}}{5}}=\sqrt{\boxed{\phantom{0}}}=\boxed{\phantom{0}}$

(2) $\sqrt{30}\div\sqrt{5}=\dfrac{\sqrt{\boxed{\phantom{0}}}}{\sqrt{\boxed{\phantom{0}}}}=\sqrt{\dfrac{30}{\boxed{\phantom{0}}}}=\sqrt{\boxed{\phantom{0}}}$

**6** (1) $-4\sqrt{6}\div2\sqrt{2}=-\dfrac{\boxed{\phantom{0}}}{2}\sqrt{\dfrac{6}{\boxed{\phantom{0}}}}=\boxed{\phantom{0}}\sqrt{\boxed{\phantom{0}}}$

(2) $\dfrac{\sqrt{10}}{\sqrt{3}}\div\dfrac{\sqrt{5}}{\sqrt{9}}=\dfrac{\sqrt{10}}{\sqrt{3}}\times\dfrac{\sqrt{\boxed{\phantom{0}}}}{\sqrt{\boxed{\phantom{0}}}}$
$=\sqrt{\dfrac{10}{3}\times\boxed{\phantom{0}}}=\sqrt{\boxed{\phantom{0}}}$

**[7~8]** 다음을 간단히 하시오.

**7** (1) $\dfrac{\sqrt{42}}{\sqrt{7}}$ (2) $\sqrt{32}\div\sqrt{2}$

(3) $4\sqrt{14}\div2\sqrt{7}$ (4) $(-3\sqrt{40})\div(-\sqrt{8})$

(5) $3\sqrt{\dfrac{4}{5}}\div\sqrt{\dfrac{2}{15}}$ (6) $\sqrt{35}\div\sqrt{7}\div\dfrac{1}{\sqrt{2}}$

**8** (1) $\sqrt{6}\times\sqrt{3}\div\sqrt{12}$

(2) $\sqrt{\dfrac{6}{7}}\div\sqrt{2}\times\left(-\sqrt{\dfrac{49}{3}}\right)$

## 유형 **2** 근호가 있는 식의 변형

개념편 37쪽

$a>0$, $b>0$일 때

(1) $\sqrt{a^2 b}=a\sqrt{b}$  예 $\sqrt{12}=\sqrt{2^2\times3}=2\sqrt{3}$

$\sqrt{\dfrac{b}{a^2}}=\dfrac{\sqrt{b}}{a}$  예 $\sqrt{\dfrac{3}{4}}=\sqrt{\dfrac{3}{2^2}}=\dfrac{\sqrt{3}}{2}$

(2) $a\sqrt{b}=\sqrt{a^2 b}$  예 $2\sqrt{6}=\sqrt{2^2\times6}=\sqrt{24}$

$\dfrac{\sqrt{b}}{a}=\sqrt{\dfrac{b}{a^2}}$  예 $\dfrac{\sqrt{7}}{3}=\sqrt{\dfrac{7}{3^2}}=\sqrt{\dfrac{7}{9}}$

---

**1** 다음 ☐ 안에 알맞은 수를 쓰시오.

(1) $\sqrt{40}=\sqrt{\boxed{\phantom{0}}^2\times10}=\boxed{\phantom{0}}\sqrt{10}$

(2) $\sqrt{63}=\sqrt{\boxed{\phantom{0}}^2\times7}=\boxed{\phantom{0}}\sqrt{7}$

**2** 다음 수를 $a\sqrt{b}$ 꼴로 나타내시오.

(단, $a$는 유리수이고, $b$는 가장 작은 자연수)

(1) $\sqrt{28}$  (2) $-\sqrt{54}$

(3) $\sqrt{288}$  (4) $\sqrt{1000}$

**3** 다음 ☐ 안에 알맞은 수를 쓰시오.

(1) $\sqrt{\dfrac{5}{16}}=\sqrt{\dfrac{5}{\boxed{\phantom{0}}^2}}=\dfrac{\sqrt{5}}{\boxed{\phantom{0}}}$

(2) $\sqrt{0.11}=\sqrt{\dfrac{11}{\boxed{\phantom{0}}}}=\sqrt{\dfrac{11}{\boxed{\phantom{0}}^2}}=\dfrac{\sqrt{11}}{\boxed{\phantom{0}}}$

**4** 다음 수를 $a\sqrt{b}$ 꼴로 나타내시오.

(단, $a$는 유리수이고, $b$는 가장 작은 자연수)

(1) $\sqrt{\dfrac{6}{25}}$  (2) $\sqrt{\dfrac{17}{81}}$

(3) $\sqrt{0.03}$  (4) $\sqrt{0.28}$

**5** 다음 ☐ 안에 알맞은 수를 쓰시오.

(1) $3\sqrt{10}=\sqrt{\boxed{\phantom{0}}^2\times10}=\sqrt{\boxed{\phantom{0}}}$

(2) $-5\sqrt{2}=-\sqrt{\boxed{\phantom{0}}^2\times2}=-\sqrt{\boxed{\phantom{0}}}$

(3) $\dfrac{\sqrt{15}}{10}=\sqrt{\dfrac{15}{\boxed{\phantom{0}}^2}}=\sqrt{\boxed{\phantom{0}}}$

(4) $\dfrac{3\sqrt{3}}{2}=\sqrt{\dfrac{3^2\times3}{\boxed{\phantom{0}}^2}}=\sqrt{\boxed{\phantom{0}}}$

**6** 다음 수를 $\sqrt{a}$ 또는 $-\sqrt{a}$ 꼴로 나타내시오.

(1) $3\sqrt{5}$  (2) $-2\sqrt{\dfrac{7}{2}}$

(3) $\dfrac{\sqrt{45}}{3}$  (4) $-\dfrac{\sqrt{7}}{4}$

**7** $\sqrt{2}=a$, $\sqrt{3}=b$라고 할 때, 주어진 수를 보기와 같이 $a$, $b$를 사용하여 나타낼 수 있다. 이때 주어진 수와 $a$, $b$를 사용하여 나타낸 식을 바르게 연결하시오.

┌ 보기 ┐
$\sqrt{6}=\sqrt{2\times3}=\sqrt{2}\times\sqrt{3}=ab$
└────┘

(1) $\sqrt{12}$ •      • ㉠ $ab^3$

(2) $\sqrt{24}$ •      • ㉡ $a^2 b$

(3) $\sqrt{54}$ •      • ㉢ $a^3 b$

## 유형 3  제곱근표에 없는 수의 제곱근의 값

개념편 38쪽

$a$가 제곱근표에 있는 수일 때,

(1) 근호 안의 수가 100보다 큰 경우 ➡ $\sqrt{100a}=10\sqrt{a}$, $\sqrt{10000a}=100\sqrt{a}$, …임을 이용한다.

(2) 근호 안의 수가 0보다 크고 1보다 작은 경우 ➡ $\sqrt{\dfrac{a}{100}}=\dfrac{\sqrt{a}}{10}$, $\sqrt{\dfrac{a}{10000}}=\dfrac{\sqrt{a}}{100}$, …임을 이용한다.

예 $\sqrt{1.34}$의 값과 $\sqrt{13.4}$의 값을 알 때
- $\sqrt{13400}=\sqrt{1.34\times10000}=100\sqrt{1.34}$
  자연수는 끝자리부터 두 자리씩 왼쪽으로 이동
- $\sqrt{0.00134}=\sqrt{\dfrac{13.4}{10000}}=\dfrac{\sqrt{13.4}}{100}$
  소수는 소수점부터 두 자리씩 오른쪽으로 이동

---

**1** $\sqrt{7}=2.646$일 때, 다음 □ 안에 알맞은 수를 쓰시오.

(1) $\sqrt{700}=\sqrt{7\times\boxed{\phantom{0}}}=\boxed{\phantom{0}}\sqrt{7}$
$=\boxed{\phantom{0}}\times2.646=\boxed{\phantom{0}}$

(2) $\sqrt{70000}=\sqrt{7\times\boxed{\phantom{0}}}=\boxed{\phantom{0}}\sqrt{7}$
$=\boxed{\phantom{0}}\times2.646=\boxed{\phantom{0}}$

(3) $\sqrt{0.07}=\sqrt{\dfrac{7}{\boxed{\phantom{0}}}}=\dfrac{\sqrt{7}}{\boxed{\phantom{0}}}=\dfrac{2.646}{\boxed{\phantom{0}}}=\boxed{\phantom{0}}$

(4) $\sqrt{0.0007}=\sqrt{\dfrac{7}{\boxed{\phantom{0}}}}=\dfrac{\sqrt{7}}{\boxed{\phantom{0}}}=\dfrac{2.646}{\boxed{\phantom{0}}}=\boxed{\phantom{0}}$

**2** $\sqrt{6}=2.449$, $\sqrt{60}=7.746$일 때, 다음 제곱근을 $\sqrt{6}$ 또는 $\sqrt{60}$을 사용하여 나타내고 그 값을 소수로 나타내시오.

| 제곱근 | $\sqrt{6}$ 또는 $\sqrt{60}$을 사용하여 나타내기 | 제곱근의 값 |
|---|---|---|
| $\sqrt{0.6}$ | $\sqrt{\dfrac{60}{100}}=\dfrac{\sqrt{60}}{10}$ | $\dfrac{7.746}{10}=0.7746$ |
| (1) $\sqrt{0.006}$ | | |
| (2) $\sqrt{0.06}$ | | |
| (3) $\sqrt{6000}$ | | |
| (4) $\sqrt{60000}$ | | |

**3** $\sqrt{1.2}=1.095$, $\sqrt{12}=3.464$일 때, 다음 제곱근의 값을 소수로 나타내시오.

(1) $\sqrt{1200}$

(2) $\sqrt{120}$

(3) $\sqrt{0.12}$

(4) $\sqrt{0.012}$

**4** 아래 표는 제곱근표의 일부이다. 이 표를 이용하여 다음 제곱근의 값을 소수로 나타내시오.

| 수 | 0 | 1 | 2 | 3 | 4 |
|---|---|---|---|---|---|
| 4.1 | 2.025 | 2.027 | 2.030 | 2.032 | 2.035 |
| 4.2 | 2.049 | 2.052 | 2.054 | 2.057 | 2.059 |
| 4.3 | 2.074 | 2.076 | 2.078 | 2.081 | 2.083 |
| 4.4 | 2.098 | 2.100 | 2.102 | 2.105 | 2.107 |
| ⋮ | ⋮ | ⋮ | ⋮ | ⋮ | ⋮ |
| 42 | 6.481 | 6.488 | 6.496 | 6.504 | 6.512 |
| 43 | 6.557 | 6.565 | 6.573 | 6.580 | 6.588 |
| 44 | 6.633 | 6.641 | 6.648 | 6.656 | 6.663 |

(1) $\sqrt{423}$

(2) $\sqrt{4230}$

(3) $\sqrt{0.443}$

(4) $\sqrt{0.0443}$

## 유형 4 분모의 유리화

분모가 근호가 있는 무리수일 때, 분모와 분자에 0이 아닌 같은 수를 곱하여 분모를 유리수로 고치는 것을 **분모의 유리화**라고 한다.

(1) $\dfrac{3}{\sqrt{5}} = \dfrac{3 \times \sqrt{5}}{\sqrt{5} \times \sqrt{5}} = \dfrac{3\sqrt{5}}{5}$

(2) $\dfrac{\sqrt{2}}{\sqrt{3}} = \dfrac{\sqrt{2} \times \sqrt{3}}{\sqrt{3} \times \sqrt{3}} = \dfrac{\sqrt{6}}{3}$

(3) $\dfrac{5}{2\sqrt{3}} = \dfrac{5 \times \sqrt{3}}{2\sqrt{3} \times \sqrt{3}} = \dfrac{5\sqrt{3}}{6}$

↳ 분모의 근호 부분만 분모, 분자에 각각 곱한다.

**1** 다음은 주어진 수의 분모를 유리화하는 과정이다. ☐ 안에 알맞은 수를 쓰시오.

(1) $\dfrac{2}{\sqrt{5}} = \dfrac{2 \times \boxed{\phantom{x}}}{\sqrt{5} \times \boxed{\phantom{x}}} = \boxed{\phantom{xx}}$

(2) $\dfrac{3}{\sqrt{7}} = \dfrac{3 \times \boxed{\phantom{x}}}{\sqrt{7} \times \boxed{\phantom{x}}} = \boxed{\phantom{xx}}$

(3) $\dfrac{\sqrt{3}}{\sqrt{5}} = \dfrac{\sqrt{3} \times \boxed{\phantom{x}}}{\sqrt{5} \times \boxed{\phantom{x}}} = \boxed{\phantom{xx}}$

(4) $\dfrac{5}{2\sqrt{2}} = \dfrac{5 \times \boxed{\phantom{x}}}{2\sqrt{2} \times \boxed{\phantom{x}}} = \boxed{\phantom{xx}}$

**[2~5]** 다음 수의 분모를 유리화하시오.

**2** (1) $\dfrac{1}{\sqrt{11}}$      (2) $\dfrac{2}{\sqrt{2}}$

(3) $-\dfrac{5}{\sqrt{3}}$      (4) $\dfrac{10}{\sqrt{5}}$

**3** (1) $\dfrac{\sqrt{3}}{\sqrt{2}}$      (2) $-\dfrac{\sqrt{5}}{\sqrt{7}}$

(3) $\dfrac{\sqrt{7}}{\sqrt{6}}$      (4) $\dfrac{\sqrt{2}}{\sqrt{13}}$

**4** (1) $\dfrac{3}{2\sqrt{6}}$      (2) $\dfrac{\sqrt{5}}{2\sqrt{3}}$

(3) $\dfrac{2\sqrt{3}}{3\sqrt{2}}$      (4) $\dfrac{3}{\sqrt{3}\sqrt{5}}$

> 분모가 $\sqrt{a^2 b}$ 꼴이면 $a\sqrt{b}$ 꼴로 고친 후 유리화해 봐.

**5** (1) $\dfrac{4}{\sqrt{12}}$      (2) $\dfrac{\sqrt{3}}{\sqrt{20}}$

(3) $-\dfrac{5}{\sqrt{48}}$      (4) $\dfrac{4}{\sqrt{128}}$

**6** 다음을 간단히 하시오.

(1) $6 \times \dfrac{1}{\sqrt{3}}$

(2) $10\sqrt{2} \times \dfrac{1}{\sqrt{5}}$

(3) $4\sqrt{5} \div 2\sqrt{3}$

(4) $\sqrt{\dfrac{2}{5}} \div \sqrt{\dfrac{4}{15}}$

# 쌍둥이 기출문제

형광펜 들고 밑줄 쫙~

쌍둥이 01

**1** 다음 중 옳지 <u>않은</u> 것은?

① $\dfrac{\sqrt{9}}{\sqrt{3}}=\sqrt{3}$

② $\sqrt{2}\sqrt{3}\sqrt{5}=\sqrt{30}$

③ $3\sqrt{5}\times4\sqrt{2}=12\sqrt{10}$

④ $\sqrt{\dfrac{2}{3}}\times\sqrt{\dfrac{6}{2}}=\sqrt{2}$

⑤ $\sqrt{\dfrac{8}{5}}\div\dfrac{\sqrt{4}}{\sqrt{5}}=\sqrt{10}$

**2** 다음 중 옳은 것은?

① $\dfrac{\sqrt{25}}{\sqrt{5}}=5$

② $2\sqrt{3}\times2\sqrt{5}=4\sqrt{15}$

③ $\sqrt{18}\div\sqrt{2}=\sqrt{6}$

④ $\dfrac{\sqrt{6}}{\sqrt{3}}\times\sqrt{2}=2\sqrt{2}$

⑤ $\sqrt{\dfrac{6}{7}}\div\sqrt{\dfrac{3}{7}}=\dfrac{\sqrt{2}}{7}$

쌍둥이 02

**3** 다음 중 옳지 <u>않은</u> 것은?

① $\sqrt{12}=2\sqrt{3}$

② $\sqrt{48}=4\sqrt{3}$

③ $\sqrt{50}=5\sqrt{10}$

④ $\sqrt{\dfrac{5}{9}}=\dfrac{\sqrt{5}}{3}$

⑤ $\sqrt{\dfrac{27}{4}}=\dfrac{3\sqrt{3}}{2}$

**4** 서술형

$\sqrt{300}=a\sqrt{3}$, $\sqrt{75}=5\sqrt{b}$ 를 만족시키는 유리수 $a$, $b$ 에 대하여 $a-b$의 값을 구하시오.

풀이 과정

답

쌍둥이 03

**5** $\sqrt{2}=a$, $\sqrt{5}=b$라고 할 때, $\sqrt{90}$을 $a$, $b$를 사용하여 나타내면?

① $\sqrt{ab}$

② $\sqrt{3ab}$

③ $3\sqrt{ab}$

④ $3ab$

⑤ $9ab$

**6** $\sqrt{2}=a$, $\sqrt{3}=b$라고 할 때, $\sqrt{0.24}$를 $a$, $b$를 사용하여 나타내면?

① $\dfrac{1}{5}ab$

② $\dfrac{1}{2}ab$

③ $ab$

④ $\dfrac{1}{5}ab^2$

⑤ $\dfrac{1}{2}ab^3$

**7** $\sqrt{2}=1.414$, $\sqrt{20}=4.472$일 때, 다음 중 옳은 것은?

① $\sqrt{200}=141.4$      ② $\sqrt{2000}=44.72$

③ $\sqrt{0.2}=0.1414$      ④ $\sqrt{0.02}=0.01414$

⑤ $\sqrt{0.002}=0.4472$

**8** $\sqrt{5}=2.236$일 때, 다음 중 그 값을 구할 수 <u>없는</u> 것은?

① $\sqrt{0.0005}$    ② $\sqrt{0.05}$    ③ $\sqrt{20}$

④ $\sqrt{5000}$    ⑤ $\sqrt{50000}$

**9** 다음 표는 제곱근표의 일부이다. 이 표를 이용하여 $\sqrt{0.056}$의 값을 구하면?

| 수 | 0 | 1 | 2 | 3 | 4 |
|---|---|---|---|---|---|
| 5.5 | 2.345 | 2.347 | 2.349 | 2.352 | 2.354 |
| 5.6 | 2.366 | 2.369 | 2.371 | 2.373 | 2.375 |
| 5.7 | 2.387 | 2.390 | 2.392 | 2.394 | 2.396 |
| ⋮ | ⋮ | ⋮ | ⋮ | ⋮ | ⋮ |
| 55 | 7.416 | 7.423 | 7.430 | 7.436 | 7.443 |
| 56 | 7.483 | 7.490 | 7.497 | 7.503 | 7.510 |
| 57 | 7.550 | 7.556 | 7.563 | 7.570 | 7.576 |

① 0.2366    ② 0.7483    ③ 23.66

④ 74.83    ⑤ 233.6

**10** 다음 표는 제곱근표의 일부이다. 이 표를 이용하여 $\sqrt{243}$의 값을 구하시오.

| 수 | 0 | 1 | 2 | 3 | 4 |
|---|---|---|---|---|---|
| 2.1 | 1.449 | 1.453 | 1.456 | 1.459 | 1.463 |
| 2.2 | 1.483 | 1.487 | 1.490 | 1.493 | 1.497 |
| 2.3 | 1.517 | 1.520 | 1.523 | 1.526 | 1.530 |
| 2.4 | 1.549 | 1.552 | 1.556 | 1.559 | 1.562 |
| 2.5 | 1.581 | 1.584 | 1.587 | 1.591 | 1.594 |

**11** 다음 중 분모를 유리화한 것으로 옳지 <u>않은</u> 것은?

① $\dfrac{1}{\sqrt{3}}=\dfrac{\sqrt{3}}{3}$      ② $\dfrac{2}{3\sqrt{2}}=\dfrac{\sqrt{2}}{3}$

③ $\dfrac{2\sqrt{2}}{\sqrt{5}}=\dfrac{2\sqrt{10}}{5}$      ④ $\dfrac{\sqrt{8}}{\sqrt{12}}=\dfrac{2\sqrt{6}}{3}$

⑤ $\dfrac{\sqrt{5}}{\sqrt{2}\sqrt{3}}=\dfrac{\sqrt{30}}{6}$

**12** 다음 중 분모를 유리화한 것으로 옳은 것은?

① $\dfrac{6}{\sqrt{6}}=\dfrac{\sqrt{6}}{6}$      ② $\dfrac{\sqrt{2}}{\sqrt{7}}=\dfrac{\sqrt{2}}{7}$

③ $\sqrt{\dfrac{9}{8}}=\dfrac{3\sqrt{2}}{4}$      ④ $-\dfrac{7}{3\sqrt{5}}=-\dfrac{7\sqrt{5}}{5}$

⑤ $\dfrac{2}{\sqrt{27}}=\dfrac{2\sqrt{6}}{9}$

**쌍둥이 기출문제**

**13** $\dfrac{5}{3\sqrt{2}}=a\sqrt{2}$, $\dfrac{1}{2\sqrt{3}}=b\sqrt{3}$ 을 만족시키는 유리수 $a$, $b$ 에 대하여 $a+b$의 값은?

① $\dfrac{2}{3}$      ② $1$      ③ $\dfrac{4}{3}$

④ $\dfrac{7}{6}$      ⑤ $\dfrac{13}{6}$

**14** $\dfrac{6\sqrt{2}}{\sqrt{3}}=a\sqrt{6}$, $\dfrac{15\sqrt{3}}{\sqrt{5}}=b\sqrt{15}$ 를 만족시키는 유리수 $a$, $b$에 대하여 $ab$의 값을 구하시오.

풀이 과정

답

**15** 다음을 간단히 하시오.

$$\sqrt{12}\times\dfrac{3}{\sqrt{6}}\div\dfrac{3}{\sqrt{18}}$$

**16** $\dfrac{3\sqrt{7}}{\sqrt{24}}\div\sqrt{\dfrac{1}{7}}\times\dfrac{\sqrt{2}}{\sqrt{21}}$ 를 간단히 하면?

① $\dfrac{\sqrt{6}}{2}$      ② $\dfrac{\sqrt{3}}{2}$      ③ $\dfrac{\sqrt{3}}{3}$

④ $\dfrac{\sqrt{3}}{6}$      ⑤ $\dfrac{\sqrt{3}}{12}$

**17** 다음 그림의 삼각형의 넓이와 직사각형의 넓이가 서로 같을 때, 직사각형의 가로의 길이 $x$의 값은?

① $\sqrt{6}$      ② $\sqrt{7}$      ③ $\sqrt{10}$

④ $2\sqrt{3}$      ⑤ $3\sqrt{2}$

**18** 다음 그림의 원기둥의 부피와 원뿔의 부피가 서로 같을 때, 원기둥의 높이 $x$의 값을 구하시오.

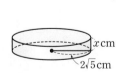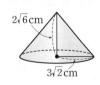

2. 근호를 포함한 식의 계산

# 근호를 포함한 식의 계산 (2)

## 유형 5 제곱근의 덧셈과 뺄셈

제곱근의 덧셈과 뺄셈은 근호 안의 수가 같은 것끼리 모아서 계산한다.

$l$, $m$, $n$이 유리수이고 $a>0$일 때

(1) $m\sqrt{a}+n\sqrt{a}=(m+n)\sqrt{a}$  예 $4\sqrt{3}+2\sqrt{3}=(4+2)\sqrt{3}=6\sqrt{3}$

(2) $m\sqrt{a}-n\sqrt{a}=(m-n)\sqrt{a}$  예 $4\sqrt{3}-2\sqrt{3}=(4-2)\sqrt{3}=2\sqrt{3}$

(3) $m\sqrt{a}+n\sqrt{a}-l\sqrt{a}=(m+n-l)\sqrt{a}$  예 $4\sqrt{3}+2\sqrt{3}-3\sqrt{3}=(4+2-3)\sqrt{3}=3\sqrt{3}$

참고 근호 안의 제곱인 인수는 모두 근호 밖으로 꺼낸 후 근호 안의 수가 같은 것끼리 더하거나 뺀다.

예 $\sqrt{8}-\sqrt{2}=2\sqrt{2}-\sqrt{2}=(2-1)\sqrt{2}=\sqrt{2}$

**1** 다음 식과 그 계산 결과를 바르게 연결하시오.

(1) $3\sqrt{5}+2\sqrt{5}$ •  • ㉠ $4\sqrt{5}$

(2) $7\sqrt{5}-3\sqrt{5}$ •  • ㉡ $5\sqrt{5}$

(3) $\sqrt{5}+5\sqrt{5}$ •  • ㉢ $3\sqrt{5}$

(4) $\sqrt{5}-2\sqrt{5}$ •  • ㉣ $6\sqrt{5}$

(5) $4\sqrt{5}-\sqrt{5}$ •  • ㉤ $-\sqrt{5}$

[2~5] 다음을 계산하시오.

**2** (1) $\sqrt{2}+3\sqrt{2}-4\sqrt{2}$

(2) $3\sqrt{6}-2\sqrt{6}+7\sqrt{6}$

(3) $\dfrac{3\sqrt{2}}{5}-\dfrac{2\sqrt{2}}{3}$

$\sqrt{a^2b}$ 꼴은 $a\sqrt{b}$ 꼴로 고친 후 계산해 봐.

**3** (1) $\sqrt{3}-\sqrt{27}+\sqrt{48}$

(2) $\sqrt{7}+\sqrt{28}-\sqrt{63}$

(3) $-\sqrt{54}-\sqrt{24}+\sqrt{96}$

**4** (1) $4\sqrt{3}-2\sqrt{3}+\sqrt{5}-2\sqrt{5}$

(2) $3\sqrt{2}-2\sqrt{6}-7\sqrt{2}+5\sqrt{6}$

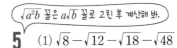

$\sqrt{a^2b}$ 꼴은 $a\sqrt{b}$ 꼴로 고친 후 계산해 봐.

**5** (1) $\sqrt{8}-\sqrt{12}-\sqrt{18}-\sqrt{48}$

(2) $\sqrt{144}+\sqrt{150}-\sqrt{289}+\sqrt{6}$

분모가 무리수인 경우, 분모를 유리화한 후 계산해 봐.

**6** 다음 ☐ 안에 알맞은 수를 쓰시오.

(1) $\dfrac{6}{\sqrt{2}}-\sqrt{2}=\boxed{\phantom{0}}\sqrt{2}-\sqrt{2}=\boxed{\phantom{0}}$

(2) $\sqrt{20}-\dfrac{25}{\sqrt{5}}=\boxed{\phantom{0}}\sqrt{5}-\boxed{\phantom{0}}\sqrt{5}=\boxed{\phantom{0}}$

**7** 다음을 계산하시오.

(1) $\sqrt{63}-\dfrac{14}{\sqrt{7}}-\sqrt{8}+\dfrac{10}{\sqrt{2}}$

(2) $\sqrt{50}-\dfrac{6}{\sqrt{2}}+\sqrt{27}-\dfrac{4}{\sqrt{12}}$

**유형 6** 근호를 포함한 식의 분배법칙 / 근호를 포함한 복잡한 식의 계산     개념편 43~44쪽

(1) 근호를 포함한 식의 분배법칙

$a>0$, $b>0$, $c>0$일 때

① $\sqrt{a}(\sqrt{b}+\sqrt{c})=\sqrt{ab}+\sqrt{ac}$

예 $\sqrt{2}(\sqrt{3}+\sqrt{7})=\sqrt{2}\sqrt{3}+\sqrt{2}\sqrt{7}=\sqrt{6}+\sqrt{14}$

② $(\sqrt{a}+\sqrt{b})\sqrt{c}=\sqrt{ac}+\sqrt{bc}$

예 $(\sqrt{2}+\sqrt{3})\sqrt{5}=\sqrt{2}\sqrt{5}+\sqrt{3}\sqrt{5}=\sqrt{10}+\sqrt{15}$

(2) 근호를 포함한 복잡한 식의 계산

❶ 괄호가 있으면 분배법칙을 이용하여 괄호를 푼다.

❷ 분모에 무리수가 있으면 분모를 유리화한다.

❸ 곱셈, 나눗셈을 먼저 한 후 덧셈, 뺄셈을 한다.

**1** 다음을 계산하시오.

(1) $\sqrt{5}(\sqrt{3}+\sqrt{6})$

(2) $2\sqrt{2}(\sqrt{7}-\sqrt{12})$

(3) $(\sqrt{2}+\sqrt{3})\sqrt{7}$

(4) $(\sqrt{5}-\sqrt{11})(-\sqrt{5})$

**2** 다음은 주어진 수의 분모를 유리화하는 과정이다. □ 안에 알맞은 수를 쓰시오.

(1) $\dfrac{1+\sqrt{2}}{\sqrt{3}}=\dfrac{(1+\sqrt{2})\times\boxed{\phantom{x}}}{\sqrt{3}\times\boxed{\phantom{x}}}=\boxed{\phantom{xxx}}$

(2) $\dfrac{3-\sqrt{3}}{\sqrt{6}}=\dfrac{(3-\sqrt{3})\times\boxed{\phantom{x}}}{\sqrt{6}\times\boxed{\phantom{x}}}=\dfrac{\boxed{\phantom{xx}}}{6}=\dfrac{\boxed{\phantom{xx}}}{2}$

**3** 다음 수의 분모를 유리화하시오.

(1) $\dfrac{\sqrt{5}-\sqrt{7}}{\sqrt{2}}$

(2) $\dfrac{\sqrt{2}+\sqrt{3}}{\sqrt{6}}$

(3) $\dfrac{\sqrt{3}+9\sqrt{2}}{2\sqrt{5}}$

(4) $\dfrac{\sqrt{3}-\sqrt{2}}{\sqrt{12}}$

**[4~6]** 다음을 계산하시오.

**4** (1) $\sqrt{2}\times\sqrt{3}+\sqrt{10}\div\sqrt{5}$

(2) $\sqrt{3}\times\sqrt{15}-\sqrt{30}\times\dfrac{1}{\sqrt{6}}$

(3) $2\sqrt{3}\times5\sqrt{2}-\sqrt{3}\div\dfrac{1}{2\sqrt{2}}$

**5** (1) $(2\sqrt{3}+4)\sqrt{2}-2\sqrt{6}$

(2) $\sqrt{27}-2\sqrt{3}(\sqrt{2}-\sqrt{18})$

(3) $\sqrt{3}(\sqrt{6}-\sqrt{3})+(\sqrt{48}-\sqrt{24})\div\sqrt{3}$

(4) $\sqrt{2}(3\sqrt{3}+\sqrt{6})-\sqrt{3}(5-\sqrt{2})$

**6** (1) $\dfrac{2\sqrt{8}-\sqrt{3}}{3\sqrt{2}}+\sqrt{5}\div\sqrt{30}$

(2) $\sqrt{3}(\sqrt{32}-\sqrt{6})+\dfrac{4-2\sqrt{3}}{\sqrt{2}}$

(3) $\dfrac{\sqrt{3}-\sqrt{13}}{\sqrt{2}}-\dfrac{2\sqrt{78}-\sqrt{8}}{\sqrt{3}}$

● 정답과 해설 30쪽

형광펜 들고 밑줄 쫙~

**쌍둥이 01**

**1** $7\sqrt{2}+\sqrt{80}+3\sqrt{5}-\sqrt{18}=a\sqrt{2}+b\sqrt{5}$일 때, 유리수 $a$, $b$에 대하여 $a-b$의 값은?

① $-3$   ② $-2$   ③ $4$
④ $9$    ⑤ $10$

**2** $\sqrt{27}+2\sqrt{3}+\sqrt{20}-\sqrt{45}=a\sqrt{3}+b\sqrt{5}$일 때, 유리수 $a$, $b$에 대하여 $a+b$의 값은?

① $-4$   ② $4$   ③ $6$
④ $8$    ⑤ $14$

**쌍둥이 02**

**3** $\sqrt{8}-\dfrac{4}{\sqrt{2}}$를 계산하면?

① $-\sqrt{2}$   ② $-1$   ③ $0$
④ $1$        ⑤ $2$

**4** $\dfrac{6}{\sqrt{27}}+\dfrac{4}{\sqrt{48}}$를 계산하면?

① $\dfrac{1}{3}$   ② $\dfrac{\sqrt{3}}{3}$   ③ $\sqrt{3}$
④ $3$        ⑤ $3\sqrt{3}$

**쌍둥이 03**

**5** 다음을 계산하면?

$$\sqrt{3}(\sqrt{6}-2\sqrt{3})-\sqrt{2}(3\sqrt{2}+2)$$

① $-14+\sqrt{2}$       ② $-12+\sqrt{2}$
③ $-7+2\sqrt{2}$       ④ $-12+2\sqrt{2}$
⑤ $-14+3\sqrt{2}$

**6**  $2\sqrt{3}(\sqrt{3}-\sqrt{2})+\dfrac{1}{\sqrt{2}}(\sqrt{8}-\sqrt{12})$를 계산하시오.

풀이 과정

답

**7** 다음은 $3+a\sqrt{2}-5\sqrt{2}+2\sqrt{2}$ 를 계산한 결과가 유리수가 되도록 하는 유리수 $a$의 값을 구하는 과정이다. ㈎, ㈏에 알맞은 것을 쓰시오.

$$3+a\sqrt{2}-5\sqrt{2}+2\sqrt{2}=\underbrace{3}_{\text{유리수 부분}}+\underbrace{(\boxed{\text{㈎}})\sqrt{2}}_{\text{무리수 부분}}$$

이 식이 유리수가 되려면 무리수 부분이 0이어야 하므로

$$\boxed{\text{㈎}}=0 \qquad \therefore a=\boxed{\text{㈏}}$$

**8** $\sqrt{50}+3a-6-2a\sqrt{2}$ 를 계산한 결과가 유리수가 되도록 하는 유리수 $a$의 값은?

① $-\dfrac{5}{2}$  　② $-1$  　③ $0$

④ $2$  　⑤ $\dfrac{5}{2}$

**9** $\dfrac{6}{\sqrt{3}}-(\sqrt{48}+\sqrt{4})\div\dfrac{2}{\sqrt{3}}$ 를 계산하면?

① $-6-2\sqrt{3}$  　② $-6-\sqrt{3}$

③ $-6+\sqrt{3}$  　④ $-6+2\sqrt{3}$

⑤ $-6+3\sqrt{3}$

**10** $\sqrt{24}\left(\dfrac{8}{\sqrt{3}}-\sqrt{6}\right)+(\sqrt{32}-10)\div\sqrt{2}=a+b\sqrt{2}$ 일 때, 유리수 $a$, $b$에 대하여 $a+b$의 값을 구하시오.

**11** $\dfrac{\sqrt{27}+\sqrt{2}}{\sqrt{3}}+\dfrac{\sqrt{8}-\sqrt{12}}{\sqrt{2}}=a+b\sqrt{6}$ 일 때, 유리수 $a$, $b$에 대하여 $a+3b$의 값은?

① $1$  　② $2$  　③ $3$

④ $4$  　⑤ $5$

**12** $\dfrac{\sqrt{72}+3\sqrt{5}}{\sqrt{2}}-\dfrac{\sqrt{8}-\sqrt{20}}{\sqrt{5}}$ 을 계산하시오.

**13** 오른쪽 그림과 같이 윗변의 길이가 $\sqrt{18}$, 아랫변의 길이가 $4+2\sqrt{2}$, 높이가 $\sqrt{12}$ 인 사다리꼴의 넓이는?

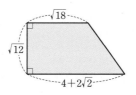

① $4+5\sqrt{6}$      ② $4\sqrt{3}+5\sqrt{6}$

③ $8\sqrt{3}+5\sqrt{6}$      ④ $4\sqrt{2}+10\sqrt{6}$

⑤ $4+4\sqrt{3}+2\sqrt{6}$

**14** 오른쪽 그림과 같이 밑변의 길이가 $\sqrt{40}+\sqrt{10}$, 높이가 $\sqrt{72}$인 삼각형의 넓이는?

① $10\sqrt{5}$      ② $12\sqrt{5}$

③ $16\sqrt{5}$      ④ $18\sqrt{5}$

⑤ $20\sqrt{5}$

**15** 다음 그림은 한 칸의 가로와 세로의 길이가 각각 1인 모눈종이 위에 수직선을 그린 것이다. $\overline{OA}=\overline{OP}$, $\overline{OB}=\overline{OQ}$이고, 두 점 P, Q에 대응하는 수를 각각 $a$, $b$라고 할 때, $b-a$의 값은?

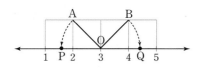

① $\sqrt{2}$      ② $2$      ③ $2\sqrt{2}$

④ $4$      ⑤ $4\sqrt{2}$

**16** 다음 그림은 한 칸의 가로와 세로의 길이가 각각 1인 모눈종이 위에 수직선을 그린 것이다. $\overline{OA}=\overline{OP}$, $\overline{OB}=\overline{OQ}$이고, 두 점 P, Q에 대응하는 수를 각각 $a$, $b$라고 할 때, $3a+b$의 값은?

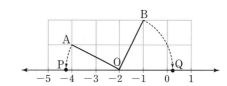

① $-8-2\sqrt{5}$      ② $-8+2\sqrt{5}$

③ $-2\sqrt{5}$      ④ $0$

⑤ $2\sqrt{5}$

**17** 다음 중 두 실수의 대소 관계가 옳지 <u>않은</u> 것은?

① $3+2\sqrt{2}>2\sqrt{2}+\sqrt{8}$

② $5\sqrt{2}-1<5+\sqrt{2}$

③ $3\sqrt{2}>\sqrt{5}+\sqrt{2}$

④ $3\sqrt{3}-1<\sqrt{3}+2$

⑤ $\sqrt{5}+\sqrt{3}>2+\sqrt{3}$

**18** $a=4\sqrt{2}-1$, $b=4$, $c=5\sqrt{2}-1$일 때, 세 수 $a$, $b$, $c$의 대소 관계로 옳은 것은?

① $a<b<c$      ② $a<c<b$      ③ $b<a<c$

④ $c<a<b$      ⑤ $c<b<a$

**1** $\dfrac{3\sqrt{10}}{\sqrt{14}} \div \sqrt{\dfrac{1}{7}} \times \dfrac{\sqrt{2}}{\sqrt{5}}$ 를 간단히 하면?

▶ 제곱근의 곱셈과 나눗셈

① $\dfrac{\sqrt{7}}{2}$  ② $\dfrac{\sqrt{3}}{2}$  ③ $\dfrac{\sqrt{5}}{3}$

④ $3\sqrt{2}$  ⑤ $3\sqrt{5}$

**2** $2\sqrt{3}=\sqrt{a}$, $\sqrt{32}=b\sqrt{2}$일 때, 유리수 $a$, $b$의 값을 각각 구하면?

▶ 근호가 있는 식의 변형

① $a=6$, $b=4$  ② $a=6$, $b=16$  ③ $a=12$, $b=4$

④ $a=12$, $b=8$  ⑤ $a=18$, $b=8$

**3** $\sqrt{5.3}=2.302$, $\sqrt{53}=7.280$일 때, 다음 중 옳지 <u>않은</u> 것은?

▶ 제곱근표에 없는 수의 제곱근의 값

① $\sqrt{53000}=230.2$  ② $\sqrt{5300}=72.80$  ③ $\sqrt{530}=23.02$

④ $\sqrt{0.53}=0.2302$  ⑤ $\sqrt{0.053}=0.2302$

**4** $6\sqrt{3}+\sqrt{45}-\sqrt{75}-\sqrt{5}=a\sqrt{3}+b\sqrt{5}$ 를 만족시키는 유리수 $a$, $b$에 대하여 $a+b$의 값은?

▶ 제곱근의 덧셈과 뺄셈

① 3  ② 4  ③ 5

④ 6  ⑤ 7

**5** $\dfrac{5}{3\sqrt{8}}+\dfrac{6\sqrt{2}}{\sqrt{10}}-\dfrac{1}{\sqrt{5}}=a\sqrt{2}+b\sqrt{5}$를 만족시키는 유리수 $a$, $b$에 대하여 $ab$의 값을 구하시오.

분모의 유리화를 이용한
제곱근의 덧셈과 뺄셈

**6** $\sqrt{3}(5+3\sqrt{3})-\dfrac{6-2\sqrt{3}}{\sqrt{3}}$을 계산하면?

① $3+11\sqrt{3}$　　　　② $7+7\sqrt{3}$　　　　③ $11+7\sqrt{3}$

④ $7+3\sqrt{3}$　　　　⑤ $11+3\sqrt{3}$

근호를 포함한 복잡한
식의 계산

**7** 오른쪽 그림과 같은 $\square ABCD$에서 $\overline{AB}$, $\overline{BC}$를 각각 한 변으로 하는 두 정사각형을 그렸더니 그 넓이가 각각 $12\,\text{cm}^2$, $48\,\text{cm}^2$이었다. 이때 $\square ABCD$의 둘레의 길이를 구하시오.

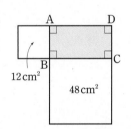

제곱근의 덧셈과 뺄셈의
도형에의 활용

서술형

**8** 오른쪽 그림은 수직선 위에 한 변의 길이가 1인 정사각형 $ABCD$를 그린 것이다. $\overline{AC}=\overline{AQ}$, $\overline{BD}=\overline{BP}$이고, 두 점 $P$, $Q$에 대응하는 수를 각각 $a$, $b$라고 할 때, $a+b$의 값을 구하시오.

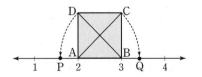

제곱근의 덧셈과 뺄셈의
수직선에의 활용

풀이 과정

답

# 3 다항식의 곱셈

## 3. 다항식의 곱셈

# 1 곱셈 공식

**유형 1** 다항식과 다항식의 곱셈

• 분배법칙을 이용하여 $(a+2)(a+3)$ 전개하기

$$(a+2)(a+3)=a^2+3a+2a+6$$
$$=a^2+(3+2)a+6$$
$$=a^2+5a+6$$

동류항끼리 모으기

$$(a+b)(c+d)=ac+ad+bc+bd$$

---

**1** 다음은 도형을 이용하여 $(a+b)(c+d)$를 전개하는 과정이다. ☐ 안에 알맞은 식을 쓰시오.

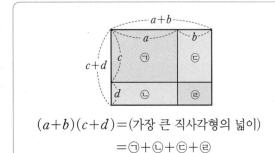

$$(a+b)(c+d)=(\text{가장 큰 직사각형의 넓이})$$
$$=⊙+ⓒ+ⓒ+ⓔ$$
$$=\boxed{\phantom{xxxxxxx}}$$

**[2~4]** 다음 식을 전개하시오.

**2** (1) $(a+2b)(c-d)$

(2) $(3a-b)(4c+d)$

(3) $(a+b)(3x-2y)$

(4) $(3a-6b)(2x+5y)$

**[3~4]** 식을 전개한 후 동류항끼리 간단히 해 봐.

**3** (1) $(a+3)(a+4)$

(2) $(5x-1)(3x+2)$

(3) $(a+b)(3a-2b)$

(4) $(4x-y)(3x+5y)$

---

**4** (1) $(a+b)(2a+b-3)$

(2) $(5a-b)(a-3b+4)$

(3) $(x+2y-6)(x-3)$

(4) $(2a-3b+5)(3a+b)$

**5** $(a-2b)(3a+2b-1)$의 전개식에서 $b^2$의 계수를 구하시오. _____

**6** $(x-3y+5)(x+2y-2)$의 전개식에서 $xy$의 계수를 구하시오. _____

전개식에서 특정한 항의 계수 구하기

특정한 항의 계수를 구할 때, 식을 모두 전개하여 구해도 되지만 그 항이 나오는 부분만 전개하는 것이 더 간단하다.

예 $(x-2y+1)(x+y)$의 전개식에서 $xy$의 계수는 $xy$항이 나오는 부분만 전개하여 구하면 되므로

$$\underset{①}{xy}+\underset{②}{(-2xy)}=-xy \qquad \therefore (xy\text{의 계수})=-1$$

## 유형 2 곱셈 공식 (1)

개념편 57쪽

$$(a+b)^2=a^2+2ab+b^2 \quad \leftarrow \text{합의 제곱}$$
곱의 2배

예 $(x+1)^2=x^2+2\times x\times 1+1^2=x^2+2x+1$

$$(a-b)^2=a^2-2ab+b^2 \quad \leftarrow \text{차의 제곱}$$
곱의 2배

예 $(x-1)^2=x^2-2\times x\times 1+1^2=x^2-2x+1$

**1** 다음은 도형을 이용하여 $(a+b)^2$과 $(a-b)^2$을 전개하는 과정이다. ☐ 안에 알맞은 식을 쓰시오.

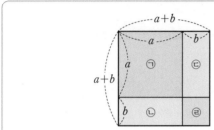

$(a+b)^2=$(가장 큰 정사각형의 넓이)
$=㉠+㉡+㉢+㉣$
$=a^2+ab+ab+b^2$
$=$ ☐

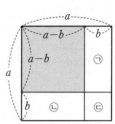

$(a-b)^2=$(색칠한 정사각형의 넓이)
$=a^2-(㉠+㉢)-(㉡+㉢)+㉢$
$=a^2-ab-ab+b^2$
$=$ ☐

**[2~4]** 다음 식을 전개하시오.

**2** (1) $(x+2)^2$

(2) $\left(a+\dfrac{1}{3}\right)^2$

(3) $(x-5)^2$

(4) $\left(a-\dfrac{1}{2}\right)^2$

**3** (1) $(a+2b)^2$

(2) $\left(2x+\dfrac{1}{4}y\right)^2$

(3) $(4a-3b)^2$

(4) $\left(\dfrac{1}{3}x-\dfrac{1}{2}y\right)^2$

**4** (1) $(-x+2)^2$

(2) $(-4a+b)^2$

(3) $(-a-6)^2$

(4) $(-3x-4y)^2$

**유형 3** **곱셈 공식 (2)**

개념편 58쪽

$(\underset{\text{합}}{a+b})(\underset{\text{차}}{a-b})=a^2-b^2$ ← 합과 차의 곱  예 $(x+1)(x-1)=x^2-1^2=x^2-1$

**1** 다음은 도형을 이용하여 $(a+b)(a-b)$를 전개하는 과정이다. ☐ 안에 알맞은 식을 쓰시오.

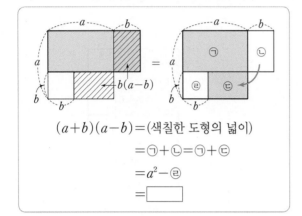

$(a+b)(a-b)=$(색칠한 도형의 넓이)
$=㉠+㉡=㉠+㉢$
$=a^2-㉣$
$=\boxed{\phantom{xxx}}$

**[2~5]** 다음 식을 전개하시오.

**2** (1) $(x+2)(x-2)$

(2) $(1-x)(1+x)$

(3) $(2-4a)(2+4a)$

(4) $(3x+1)(3x-1)$

**3** (1) $\left(a+\dfrac{1}{3}b\right)\left(a-\dfrac{1}{3}b\right)$

(2) $\left(\dfrac{1}{2}x-\dfrac{1}{4}y\right)\left(\dfrac{1}{2}x+\dfrac{1}{4}y\right)$

(3) $\left(\dfrac{1}{5}x+\dfrac{2}{7}y\right)\left(\dfrac{1}{5}x-\dfrac{2}{7}y\right)$

**4** (1) $(-x+3)(-x-3)=(\boxed{\phantom{x}})^2-3^2$
$=\underline{\phantom{xxxxxx}}$

(2) $(-4a+3b)(-4a-3b)$

(3) $(-5x-2y)(-5x+2y)$

(■+●)(■−●) 꼴이 되도록 만들어 봐.

**5** (1) $(2a+1)(-2a+1)=(1+\boxed{\phantom{x}})(1-\boxed{\phantom{x}})$
$=1^2-(\boxed{\phantom{x}})^2$
$=\underline{\phantom{xxxxxx}}$

(2) $(-4x-y)(4x-y)$

(3) $(6a+5b)(-6a+5b)$

$(a+b)(a-b)=a^2-b^2$임을 이용해 봐.

**6** 다음은 $(x-1)(x+1)(x^2+1)$을 전개하는 과정이다. ☐ 안에 알맞은 식을 쓰시오.

$(x-1)(x+1)(x^2+1)=(x^2-1)(x^2+1)$
$=(\boxed{\phantom{x}})^2-1$
$=\boxed{\phantom{xxx}}$

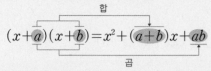

유형 **4** 곱셈 공식 (3), (4)　　　　　　　　개념편 59쪽

$$\overbrace{(x+\boxed{a})(x+\boxed{b})}^{\text{합}}=x^2+(\overbrace{\boxed{a}+\boxed{b}}^{})x+\underbrace{\boxed{ab}}_{\text{곱}}$$

예 $(x+1)(x+2)=x^2+(1+2)x+1\times2$
　　　　　　　 $=x^2+3x+2$

$$\overbrace{(\boxed{ax}+b)(\boxed{cx}+d)}^{\text{곱}}=acx^2+(\overbrace{\boxed{ad}+\boxed{bc}}^{})x+bd$$

예 $(2x+1)(3x+2)=(2\times3)x^2+(2\times2+1\times3)x+1\times2$
　　　　　　　 $=6x^2+7x+2$

**1** 다음은 도형을 이용하여 $(x+a)(x+b)$를 전개하는 과정이다. ☐ 안에 알맞은 식을 쓰시오.

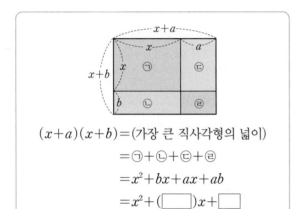

$(x+a)(x+b)=$(가장 큰 직사각형의 넓이)
　　　　　　 $=㉠+㉡+㉢+㉣$
　　　　　　 $=x^2+bx+ax+ab$
　　　　　　 $=x^2+(\boxed{\phantom{xx}})x+\boxed{\phantom{xx}}$

**4** 다음은 도형을 이용하여 $(ax+b)(cx+d)$를 전개하는 과정이다. ☐ 안에 알맞은 식을 쓰시오.

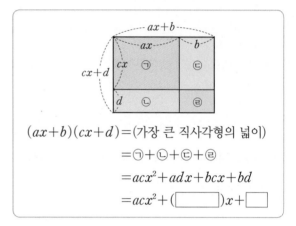

$(ax+b)(cx+d)=$(가장 큰 직사각형의 넓이)
　　　　　　　 $=㉠+㉡+㉢+㉣$
　　　　　　　 $=acx^2+adx+bcx+bd$
　　　　　　　 $=acx^2+(\boxed{\phantom{xx}})x+\boxed{\phantom{xx}}$

[2~3] 다음 식을 전개하시오.

**2** (1) $(x+1)(x+3)$

　　(2) $(x+7)(x-5)$

　　(3) $(x-3y)(x-9y)$

　　(4) $(x-4y)(x+2y)$

**3** (1) $\left(x-\dfrac{1}{2}\right)\left(x-\dfrac{1}{3}\right)$

　　(2) $\left(a-\dfrac{2}{3}\right)\left(a+\dfrac{5}{3}\right)$

　　(3) $\left(x+\dfrac{1}{4}y\right)\left(x-\dfrac{1}{6}y\right)$

[5~6] 다음 식을 전개하시오.

**5** (1) $(3x+1)(2x+5)$

　　(2) $(x+3)(3x-2)$

　　(3) $(2x-5)(3x-4)$

　　(4) $(3x-1)(5x+3)$

**6** (1) $(3x-2y)(5x-y)$

　　(2) $(2a-5b)(4a+7b)$

　　(3) $\left(2x+\dfrac{1}{3}y\right)\left(3x+\dfrac{1}{2}y\right)$

## 한 걸음 더 연습

$(a+b)(a-b)=a^2-b^2$임을 이용하여 식을 전개해 봐.

**1** 다음을 구하시오.

(1) $a^2=72$, $b^2=32$일 때,

$\left(\dfrac{1}{3}a+\dfrac{3}{4}b\right)\left(\dfrac{1}{3}a-\dfrac{3}{4}b\right)$의 값 _____

(2) $a^2=40$, $b^2=50$일 때,

$\left(\dfrac{\sqrt{2}}{4}a+\dfrac{1}{5}b\right)\left(\dfrac{\sqrt{2}}{4}a-\dfrac{1}{5}b\right)$의 값 _____

**2** 다음 식에서 상수 $A$, $B$의 값을 각각 구하시오.

(1) $(x+A)^2=x^2+12x+B$

$A=$_____, $B=$_____

(2) $(2x+Ay)(2x-5y)=Bx^2-25y^2$

$A=$_____, $B=$_____

(3) $(x+A)(x-4)=x^2+Bx-28$

$A=$_____, $B=$_____

(4) $(Ax+4)(7x-5)=21x^2+13x+B$

$A=$_____, $B=$_____

**[3~5]** 다음 식을 간단히 하시오.

**3** (1) $(2a+b)(2a-b)-(2a+b)^2$

(2) $3(2x+1)^2+(5x-4)(5x+4)$

**4** (1) $(x-1)^2+(2x+1)(x-3)$

(2) $2(x-3)^2-(x+2)(3x+1)$

**5** (1) $(2x-3)(3x+2)-(x+2)(4x-1)$

(2) $(5x+3)(2x-1)+2(3x-1)(x-7)$

**[6~7]** 다음 그림에서 색칠한 직사각형의 넓이를 구하시오.

**6**

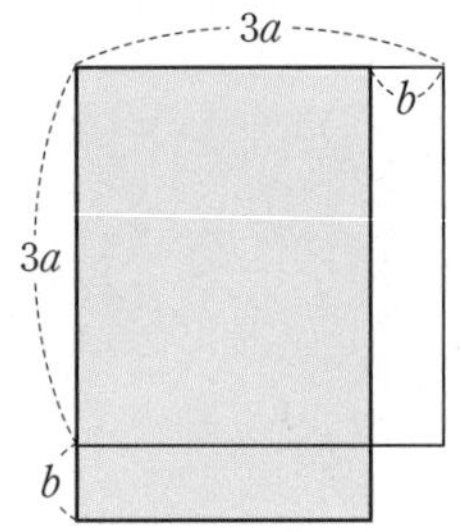

_____

**7**

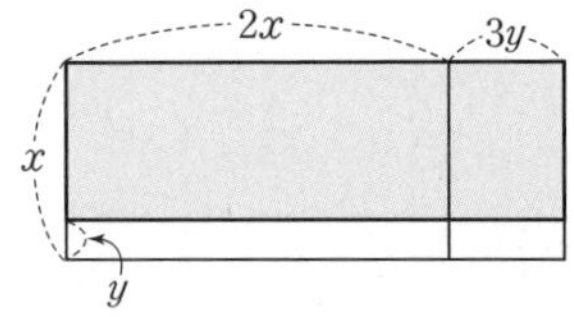

_____

# 쌍둥이 기출문제

• 정답과 해설 35쪽

형광펜 들고 밑줄 쫙~

### 쌍둥이 01

**1** $(x+y-1)(ax-y+1)$을 전개한 식에서 $xy$의 계수가 1일 때, 상수 $a$의 값은?

① $-1$  ② $0$  ③ $1$
④ $2$  ⑤ $3$

**2** $(ax+y-3)(3x-2y+1)$의 전개식에서 $xy$의 계수가 $-5$일 때, 상수 $a$의 값을 구하시오.

### 쌍둥이 02

**3** 다음 중 옳은 것은?

① $(2x+5y)^2=4x^2+25y^2$
② $(x+7)(x-7)=x^2+49$
③ $(-x+y)^2=x^2-2xy+y^2$
④ $(x+7)(x-3)=x^2-4x-21$
⑤ $(4x+7)(2x-5)=8x^2+6x+35$

**4** 다음 중 옳지 <u>않은</u> 것은?

① $(-x-4)^2=x^2+8x+16$
② $(3x-2y)^2=9x^2-12xy+4y^2$
③ $(-x+10y)(-x-10y)=x^2-100y^2$
④ $(x+3)(x-5)=x^2-2x-15$
⑤ $(2x-3y)(6x+7y)=12x^2+4xy-21y^2$

### 쌍둥이 03

**5** 다음 □ 안에 알맞은 수는?

$$(a-2)(a+2)(a^2+4)=a^{\square}-16$$

① $1$  ② $2$  ③ $3$
④ $4$  ⑤ $5$

**6** $(x-3)(x+3)(x^2+9)$를 전개하시오.

 **쌍둥이 기출문제**

---

**쌍둥이 04**

**7** $(x+a)^2$을 전개한 식이 $x^2+bx+4$일 때, 상수 $a$, $b$에 대하여 $a+b$의 값을 구하시오. (단, $a<0$)

풀이 과정

답

**8** $(3x+a)(2x+3)$을 전개한 식이 $6x^2+bx-3$일 때, $2a+b$의 값은? (단, $a$, $b$는 상수)

① $-5$  ② $-3$  ③ $3$
④ $4$  ⑤ $5$

---

**쌍둥이 05**

**9** $3(x+1)^2-(2x+1)(x-6)$을 간단히 하면?

① $x^2-5x-3$  ② $x^2+17x+9$
③ $2x^2-11x-6$  ④ $3x^2+6x+3$
⑤ $5x^2-5x-3$

**10** $(2x+3)(2x-3)-(x-5)(x-1)$을 간단히 하면 $ax^2+bx+c$일 때, 상수 $a$, $b$, $c$에 대하여 $a+b+c$의 값을 구하시오.

---

**쌍둥이 06**

**11** 오른쪽 그림과 같이 한 변의 길이가 $2a$인 정사각형에서 색칠한 부분의 넓이는?

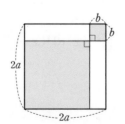

① $4a^2-2ab+b^2$
② $4a^2-2ab+2b^2$
③ $4a^2-4ab$
④ $4a^2-4ab+b^2$
⑤ $4a^2-4ab+2b^2$

**12** 오른쪽 그림과 같이 한 변의 길이가 $a$인 정사각형에서 가로의 길이를 $b$만큼 늘이고 세로의 길이는 $b$만큼 줄여서 만든 직사각형의 넓이는?

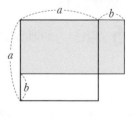

① $a^2-b^2$  ② $(a-b)^2$  ③ $(a+b)^2$
④ $a^2-ab+b^2$  ⑤ $a^2+ab+b^2$

# 2

3. 다항식의 곱셈

## 곱셈 공식의 활용

**유형 5** | 곱셈 공식을 이용한 수의 계산

(1) 수의 제곱의 계산

① $1001^2 = (1000+1)^2$ ← $(a+b)^2 = a^2 + 2ab + b^2$ 이용

② $999^2 = (1000-1)^2$ ← $(a-b)^2 = a^2 - 2ab + b^2$ 이용

(2) 두 수의 곱의 계산

① $103 \times 97 = (100+3)(100-3)$ ← $(a+b)(a-b) = a^2 - b^2$ 이용

② $31 \times 27 = (30+1)(30-3)$ ← $(x+a)(x+b) = x^2 + (a+b)x + ab$ 이용

---

**1** 다음 수를 계산할 때 가장 편리한 곱셈 공식을 보기에서 고르시오.

┌─ 보기 ┐

ㄱ. $(a+b)^2 = a^2 + 2ab + b^2$ (단, $a>0$, $b>0$)

ㄴ. $(a-b)^2 = a^2 - 2ab + b^2$ (단, $a>0$, $b>0$)

ㄷ. $(a+b)(a-b) = a^2 - b^2$

ㄹ. $(x+a)(x+b) = x^2 + (a+b)x + ab$

(1) $98^2$

(2) $103^2$

(3) $104 \times 96$

(4) $32 \times 35$

**[2~5]** 곱셈 공식을 이용하여 다음을 계산하시오.

(단, ①~③의 과정을 모두 쓰시오.)

**2** (1) $102^2 = (100+2)^2$ ⋯ ①

$= 100^2 + 2 \times 100 \times 2 + 2^2$ ⋯ ②

$= \underline{\hspace{3cm}}$ ⋯ ③

(2) $81^2 = \underline{\hspace{3cm}}$

$= \underline{\hspace{3cm}}$

$= \underline{\hspace{3cm}}$

**3** (1) $58^2 = (60-2)^2$ ⋯ ①

$= 60^2 - 2 \times 60 \times 2 + 2^2$ ⋯ ②

$= \underline{\hspace{3cm}}$ ⋯ ③

(2) $299^2 = \underline{\hspace{3cm}}$

$= \underline{\hspace{3cm}}$

$= \underline{\hspace{3cm}}$

**4** (1) $32 \times 28 = (30+2)(30-2)$ ⋯ ①

$= 30^2 - 2^2$ ⋯ ②

$= \underline{\hspace{3cm}}$ ⋯ ③

(2) $83 \times 77 = \underline{\hspace{3cm}}$

$= \underline{\hspace{3cm}}$

$= \underline{\hspace{3cm}}$

**5** (1) $61 \times 63 = (60+1)(60+3)$ ⋯ ①

$= 60^2 + (1+3) \times 60 + 1 \times 3$ ⋯ ②

$= \underline{\hspace{3cm}}$ ⋯ ③

(2) $201 \times 198 = \underline{\hspace{3cm}}$

$= \underline{\hspace{3cm}}$

$= \underline{\hspace{3cm}}$

## 유형 **6** 곱셈 공식을 이용한 무리수의 계산

개념편 63쪽

제곱근을 문자로 생각하고 곱셈 공식을 이용하여 계산한다.

예 $(\sqrt{2}+\sqrt{3})^2=(\sqrt{2})^2+2\times\sqrt{2}\times\sqrt{3}+(\sqrt{3})^2$ ← $(a+b)^2=a^2+2ab+b^2$ 이용
$\qquad\qquad\quad\ =5+2\sqrt{6}$

---

**[1~5]** 다음 (1)의 ☐ 안에 알맞은 것을 쓰고, (2)~(4)를 계산하시오.

**1** (1) $(a+b)^2=a^2+\square ab+\square$

(2) $(1+\sqrt{7})^2$

(3) $(\sqrt{5}+2)^2$

(4) $(\sqrt{3}+\sqrt{6})^2$

**2** (1) $(a-b)^2=a^2-\square ab+\square$

(2) $(\sqrt{2}-1)^2$

(3) $(3-\sqrt{6})^2$

(4) $(\sqrt{10}-\sqrt{2})^2$

**3** (1) $(a+b)(a-b)=\square^2-\square^2$

(2) $(\sqrt{13}-2)(\sqrt{13}+2)$

(3) $(\sqrt{7}+\sqrt{5})(\sqrt{7}-\sqrt{5})$

(4) $(2\sqrt{3}+2)(2\sqrt{3}-2)$

**4** (1) $(x+a)(x+b)=x^2+(a+\square)x+\square$

(2) $(\sqrt{3}+1)(\sqrt{3}+4)$

(3) $(\sqrt{7}+5)(\sqrt{7}-2)$

(4) $(\sqrt{10}-5)(\sqrt{10}-7)$

**5** (1) $(ax+b)(cx+d)=acx^2+(ad+\square)x+\square$

(2) $(2\sqrt{2}+3)(\sqrt{2}+2)$

(3) $(2\sqrt{6}-3)(\sqrt{6}+4)$

(4) $(4\sqrt{2}-\sqrt{7})(\sqrt{2}-3\sqrt{7})$

**6** 다음은 $(2+\sqrt{3})(a-4\sqrt{3})$을 계산한 결과가 유리수가 되도록 하는 유리수 $a$의 값을 구하는 과정이다. ㈎, ㈏에 알맞은 것을 쓰시오.

$(2+\sqrt{3})(a-4\sqrt{3})=2a+(\boxed{\text{㈎}})\sqrt{3}-12$
$\qquad\qquad\qquad\qquad\ =(2a-12)+(\boxed{\text{㈎}})\sqrt{3}$
$\qquad\qquad\qquad\qquad\quad\ \underset{\text{유리수 부분}}{\underline{\phantom{(2a-12)}}}\ \ \underset{\text{무리수 부분}}{\underline{\phantom{(\text{㈎})\sqrt{3}}}}$

이 식이 유리수가 되려면 무리수 부분이 0이어야 하므로

$\boxed{\text{㈎}}=0$ $\quad\therefore a=\boxed{\text{㈏}}$

## 유형 **7** 곱셈 공식을 이용한 분모의 유리화

개념편 63쪽

분모가 두 수의 합 또는 차로 되어 있는 무리수이면
곱셈 공식 $(a+b)(a-b)=a^2-b^2$을 이용하여 분모를 유리화한다.

➡ $\dfrac{1}{\sqrt{2}+1}=\dfrac{\sqrt{2}-1}{(\sqrt{2}+1)(\sqrt{2}-1)}=\dfrac{\sqrt{2}-1}{(\sqrt{2})^2-1^2}=\dfrac{\sqrt{2}-1}{2-1}=\sqrt{2}-1$

부호 반대

| 분모 | 분모, 분자에<br>곱해야 할 수 |
|---|---|
| $a+\sqrt{b}$ | $a-\sqrt{b}$ |
| $a-\sqrt{b}$ | $a+\sqrt{b}$ |
| $\sqrt{a}+\sqrt{b}$ | $\sqrt{a}-\sqrt{b}$ |
| $\sqrt{a}-\sqrt{b}$ | $\sqrt{a}+\sqrt{b}$ |

부호 반대

**1** 다음은 주어진 수의 분모를 유리화하는 과정이다. □ 안에 알맞은 수를 쓰시오.

(1) $\dfrac{2}{\sqrt{3}-1}=\dfrac{2(\boxed{\phantom{xx}})}{(\sqrt{3}-1)(\boxed{\phantom{xx}})}=\boxed{\phantom{xxx}}$

(2) $\dfrac{4}{\sqrt{7}+\sqrt{3}}=\dfrac{4(\boxed{\phantom{xx}})}{(\sqrt{7}+\sqrt{3})(\boxed{\phantom{xx}})}=\boxed{\phantom{xxx}}$

**[2~5]** 다음 수의 분모를 유리화하시오.

**2** (1) $\dfrac{3}{\sqrt{6}+2}$

(2) $\dfrac{2}{2-\sqrt{3}}$

(3) $\dfrac{8}{3+\sqrt{5}}$

**3** (1) $\dfrac{3}{\sqrt{6}+\sqrt{3}}$

(2) $\dfrac{2}{\sqrt{11}+\sqrt{13}}$

(3) $\dfrac{10}{2\sqrt{3}-\sqrt{2}}$

**4** (1) $\dfrac{\sqrt{5}}{\sqrt{5}-2}$

(2) $\dfrac{\sqrt{2}}{\sqrt{3}+\sqrt{2}}$

(3) $\dfrac{\sqrt{3}}{3-\sqrt{6}}$

**5** (1) $\dfrac{\sqrt{2}-1}{\sqrt{2}+1}$

(2) $\dfrac{\sqrt{7}+2}{\sqrt{7}-2}$

(3) $\dfrac{\sqrt{6}+\sqrt{3}}{\sqrt{6}-\sqrt{3}}$

**6** 다음을 계산하시오.

(1) $\dfrac{1}{\sqrt{3}-\sqrt{2}}+\dfrac{1}{\sqrt{3}+\sqrt{2}}$

(2) $\dfrac{\sqrt{5}-\sqrt{3}}{\sqrt{5}+\sqrt{3}}-\dfrac{\sqrt{5}+\sqrt{3}}{\sqrt{5}-\sqrt{3}}$

(3) $\dfrac{1-\sqrt{3}}{2+\sqrt{3}}+\dfrac{1+\sqrt{3}}{2-\sqrt{3}}$

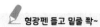
형광펜 들고 밑줄 쫙~

### 쌍둥이 01

**1** 다음 중 $6.1 \times 5.9$를 계산하는 데 이용되는 가장 편리한 곱셈 공식은?

① $(a+b)^2 = a^2 + 2ab + b^2$ (단, $a>0$, $b>0$)
② $(a-b)^2 = a^2 - 2ab + b^2$ (단, $a>0$, $b>0$)
③ $(a+b)(a-b) = a^2 - b^2$
④ $(x+a)(x+b) = x^2 + (a+b)x + ab$
⑤ $(ax+b)(cx+d) = acx^2 + (ad+bc)x + bd$

**2** 다음 중 곱셈 공식
$(x+a)(x+b) = x^2 + (a+b)x + ab$를 이용하여 계산하면 가장 편리한 것은?

① $97^2$      ② $1002^2$      ③ $196 \times 204$
④ $4.2 \times 3.8$      ⑤ $101 \times 104$

### 쌍둥이 02

**3** $(5+\sqrt{7})(5-\sqrt{7}) - (\sqrt{2}+1)^2$을 계산하시오.

**4** $(\sqrt{6}-2)^2 + (\sqrt{3}+2)(\sqrt{3}-2) = a + b\sqrt{6}$일 때, 유리수 $a$, $b$에 대하여 $a+b$의 값을 구하시오.

### 쌍둥이 03

**5** $(3-2\sqrt{3})(2a+3\sqrt{3})$을 계산한 결과가 유리수가 되도록 하는 유리수 $a$의 값은?

① $0$      ② $\dfrac{9}{4}$      ③ $\dfrac{9}{2}$
④ $2$      ⑤ $4$

**6** $(a-4\sqrt{5})(3-3\sqrt{5})$를 계산한 결과가 유리수가 되도록 하는 유리수 $a$의 값을 구하시오.

### 쌍둥이 04

**7** $\dfrac{2-\sqrt{2}}{2+\sqrt{2}} = a + b\sqrt{2}$일 때, 유리수 $a$, $b$에 대하여 $a+b$의 값을 구하시오.

**8** $\dfrac{1}{\sqrt{3}+\sqrt{5}} - \dfrac{1}{\sqrt{3}-\sqrt{5}}$을 계산하시오.

## 유형 8 곱셈 공식의 변형

개념편 66쪽

(1) 곱셈 공식의 변형
 ① $a^2+b^2=(a+b)^2-2ab$
 ② $a^2+b^2=(a-b)^2+2ab$
 ③ $(a+b)^2=(a-b)^2+4ab$
 ④ $(a-b)^2=(a+b)^2-4ab$

(2) 두 수의 곱이 1인 경우 곱셈 공식의 변형 ← (1)에서 $b$ 대신 $\dfrac{1}{a}$을 대입한다.
 ① $a^2+\dfrac{1}{a^2}=\left(a+\dfrac{1}{a}\right)^2-2$
 ② $a^2+\dfrac{1}{a^2}=\left(a-\dfrac{1}{a}\right)^2+2$
 ③ $\left(a+\dfrac{1}{a}\right)^2=\left(a-\dfrac{1}{a}\right)^2+4$
 ④ $\left(a-\dfrac{1}{a}\right)^2=\left(a+\dfrac{1}{a}\right)^2-4$

**1** $x+y=6$, $xy=4$일 때, 다음 식의 값을 구하시오.

(1) $x^2+y^2$ _____

(2) $(x-y)^2$ _____

(3) $\dfrac{y}{x}+\dfrac{x}{y}$ _____

**2** $a-b=2$, $ab=1$일 때, 다음 식의 값을 구하시오.

(1) $a^2+b^2$ _____

(2) $(a+b)^2$ _____

(3) $\dfrac{b}{a}+\dfrac{a}{b}$ _____

**3** 다음을 구하시오.

(1) $x+y=-2$, $x^2+y^2=7$일 때, $xy$의 값
_____

(2) $a-b=4$, $a^2+b^2=8$일 때, $ab$의 값
_____

**4** $x=\dfrac{1}{3+2\sqrt{2}}$, $y=\dfrac{1}{3-2\sqrt{2}}$일 때, 다음 물음에 답하시오.

(1) $x$, $y$의 분모를 각각 유리화하시오.
_____

(2) $x+y$, $xy$의 값을 각각 구하시오. _____

(3) $x^2+y^2$의 값을 구하시오. _____

**5** $x+\dfrac{1}{x}=5$일 때, 다음 식의 값을 구하시오.

(1) $x^2+\dfrac{1}{x^2}$ _____

(2) $\left(x-\dfrac{1}{x}\right)^2$ _____

**6** $a-\dfrac{1}{a}=4$일 때, 다음 식의 값을 구하시오.

(1) $a^2+\dfrac{1}{a^2}$ _____

(2) $\left(a+\dfrac{1}{a}\right)^2$ _____

**유형 9** $x=a\pm\sqrt{b}$ 꼴이 주어진 경우 식의 값 구하기

개념편 **67쪽**

- $x=2-\sqrt{2}$일 때, $x^2-4x+2$의 값 구하기

[방법 1] 주어진 조건 변형하기

$x=2-\sqrt{2}$ ➡ $x-2=-\sqrt{2}$ ➡ $(x-2)^2=(-\sqrt{2})^2$ ➡ $x^2-4x+4=2$ ➡ $x^2-4x=-2$
　　　　　　　이항　　　　　　　양변 제곱　　　　　　　　　전개　　　　　　　　이항

∴ $x^2-4x+2=-2+2=0$

[방법 2] $x$의 값 직접 대입하기

$x^2-4x+2=(2-\sqrt{2})^2-4(2-\sqrt{2})+2=4-4\sqrt{2}+2-8+4\sqrt{2}+2=0$

---

**1** 다음 □ 안에 알맞은 수를 쓰시오.

(1) $x=3-\sqrt{3}$일 때, 　 $x-3=\boxed{\phantom{00}}$

$\downarrow$ 양변 제곱

$x^2-6x+9=\boxed{\phantom{00}}$

(2) $x=-1+\sqrt{5}$일 때, 　 $x+1=\boxed{\phantom{00}}$

$\downarrow$ 양변 제곱

$x^2+2x+1=\boxed{\phantom{00}}$

**2** 다음을 구하시오.

(1) $x=1+\sqrt{2}$일 때, $x^2-2x$의 값 　———

(2) $x=-3+\sqrt{5}$일 때, $x^2+6x+1$의 값

———

(3) $x=4-\sqrt{6}$일 때, $x^2-8x+10$의 값

———

(4) $x=-2+\sqrt{3}$일 때, $(x-2)(x+6)$의 값

———

[3~4] 수의 분모를 유리화하고 조건을 변형하여 식의 값을 구해 봐.

**3** $x=\dfrac{1}{2+\sqrt{3}}$일 때, 다음 물음에 답하시오.

(1) $x$의 분모를 유리화하시오. 　———

(2) $x^2-4x+1$의 값을 구하시오. 　———

**4** 다음을 구하시오.

(1) $x=\dfrac{1}{3-2\sqrt{2}}$일 때, $x^2-6x+7$의 값

———

(2) $x=\dfrac{2}{\sqrt{3}+1}$일 때, $x^2+2x-1$의 값

———

(3) $x=\dfrac{1}{\sqrt{5}-2}$일 때, $x^2-4x+8$의 값

———

(4) $x=\dfrac{11}{4-\sqrt{5}}$일 때, $x^2-8x+11$의 값

———

# 쌍둥이 기출문제

● 정답과 해설 39쪽

형광펜 들고 밑줄 좍~

**쌍둥이 01**

**1** $x+y=10$, $xy=20$일 때, $x^2+y^2$의 값은?

① 36　　　② 48　　　③ 60
④ 72　　　⑤ 84

**2** $x^2+y^2=8$, $x-y=6$일 때, $xy$의 값을 구하시오.

**쌍둥이 02**

**3** 서술형 $x=\dfrac{2}{3-\sqrt{5}}$, $y=\dfrac{2}{3+\sqrt{5}}$일 때, $x^2+y^2$의 값을 구하시오.

풀이 과정

답

**4** $x=\dfrac{1}{2-\sqrt{3}}$, $y=\dfrac{1}{2+\sqrt{3}}$일 때, $x^2-xy+y^2$의 값을 구하시오.

**쌍둥이 03**

**5** $x+\dfrac{1}{x}=3$일 때, $x^2+\dfrac{1}{x^2}$의 값은?

① 7　　　② 9　　　③ 12
④ 15　　　⑤ 18

**6** $x+\dfrac{1}{x}=4$일 때, $\left(x-\dfrac{1}{x}\right)^2$의 값을 구하시오.

**쌍둥이 04**

**7** $x=\sqrt{3}-1$일 때, $x^2+2x-2$의 값을 구하시오.

**8** $a=\sqrt{5}-2$일 때, $a^2+4a+5$의 값은?

① 2　　　② 3　　　③ 4
④ 5　　　⑤ 6

## 단원 마무리

**1** 다음 중 옳지 <u>않은</u> 것을 모두 고르면? (정답 2개)

① $-a(a-2)=-a^2+2a$    ② $(3x+2y)^2=9x^2+6xy+4y^2$

③ $(-2a+b)(-2a-b)=-4a^2-b^2$    ④ $(x+2)(x-3)=x^2-x-6$

⑤ $(2x-1)(x+4)=2x^2+7x-4$

▶ 곱셈 공식 – 종합

**2** 다음 중 $(a-b)^2$과 전개식이 같은 것은?

① $-(a+b)^2$    ② $(-a+b)^2$    ③ $(a+b)^2$

④ $-(a-b)^2$    ⑤ $(-a-b)^2$

▶ 곱셈 공식 (1), (2)

**3** $(2x+a)(bx-6)=6x^2+cx+18$일 때, 상수 $a$, $b$, $c$에 대하여 $a+b+c$의 값은?

① $-27$    ② $-21$    ③ $-18$

④ $-15$    ⑤ $3$

▶ 곱셈 공식 (4)

**4** $3(x-3)^2-2(x+4)(x-4)=ax^2+bx+c$일 때, 상수 $a$, $b$, $c$에 대하여 $2a-b+c$의 값을 구하시오.

▶ 곱셈 공식 – 종합

**5** 오른쪽 그림에서 색칠한 직사각형의 넓이를 구하시오.

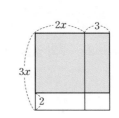

▶ 곱셈 공식과 도형의 넓이

**6** 다음 중 주어진 수를 계산하는 데 이용되는 가장 편리한 곱셈 공식으로 적절하지 <u>않은</u> 것은?

① $104^2 \Rightarrow (a+b)^2 = a^2 + 2ab + b^2$ (단, $a>0$, $b>0$)

② $96^2 \Rightarrow (a-b)^2 = a^2 - 2ab + b^2$ (단, $a>0$, $b>0$)

③ $52 \times 48 \Rightarrow (a+b)(a-b) = a^2 - b^2$

④ $102 \times 103 \Rightarrow (x+a)(x+b) = x^2 + (a+b)x + ab$

⑤ $98 \times 102 \Rightarrow (ax+b)(cx+d) = acx^2 + (ad+bc)x + bd$

곱셈 공식을 이용한 수의 계산

---

서술형

**7** 다음을 계산하시오.

$$\frac{\sqrt{7}+\sqrt{5}}{\sqrt{7}-\sqrt{5}} + \frac{\sqrt{7}-\sqrt{5}}{\sqrt{7}+\sqrt{5}}$$

풀이 과정

답

곱셈 공식을 이용한 분모의 유리화

---

**8** $x-y=3$, $xy=2$일 때, $(x+y)^2$의 값은?

① 7        ② 9        ③ 11

④ 13       ⑤ 17

곱셈 공식의 변형

---

**9** $x = \dfrac{1}{2\sqrt{6}-5}$일 때, $x^2 + 10x + 5$의 값은?

① 2        ② 3        ③ 4

④ 5        ⑤ 6

$x = a \pm \sqrt{b}$ 꼴이 주어진 경우 식의 값 구하기

# 4 인수분해

# 1

4. 인수분해

# 다항식의 인수분해

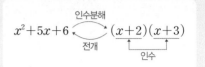

유형 **1** 인수와 인수분해 / 공통인 인수를 이용한 인수분해　　개념편 **78~79** 쪽

(1) **인수분해**

하나의 다항식을 두 개 이상의 인수의 곱으로 나타내는 것으로 전개와
서로 반대의 과정이다.

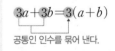

(2) **공통인 인수를 이용한 인수분해**

다항식의 각 항에 공통인 인수가 있을 때는 분배법칙을 이용하여 공통인 인수를
묶어 내어 인수분해한다.

---

**1** 다음 식은 어떤 다항식을 인수분해한 것인지 구하시오.

(1) $(x+3)^2$

(2) $(x+2)(x-2)$

(3) $(x+1)(x-5)$

(4) $(2x+1)(3x-4)$

**2** 다음 보기 중 $x(x+1)(x-1)$의 인수를 모두 고르시오.

보기

ㄱ. $x$　　　　　ㄴ. $x^2$

ㄷ. $x+1$　　　　ㄹ. $x^2+1$

ㅁ. $x(x-1)$　　ㅂ. $(x+1)(x-1)$

**3** 다음 다항식에서 각 항의 공통인 인수를 구하고, 인수분해하시오.

| 다항식 | 공통인 인수 | 인수분해한 식 |
| --- | --- | --- |
| (1) $ax+ay-az$ | | |
| (2) $2a^2+4ab$ | | |
| (3) $3x^2y-6x^2$ | | |
| (4) $x^2y-xy^2+xy$ | | |

**[4~6]** 다음 식을 인수분해하시오.

**4** (1) $ax-ay$

(2) $-3ax-9ay$

(3) $8xy^3-4x^2y^2$

(4) $ax-bx+3x$

(5) $4x^2+4xy-8x$

(6) $6x^2y-2xy^2+4xy$

**5** (1) $ab(a+b)-ab$

(2) $a(x-y)+3b(x-y)$

(3) $(x-1)(x-2)+5(x-2)$

공통인 인수가 보이지 않을 때는 식을 변형해 봐!

**6** (1) $a(b-1)-(1-b)$

(2) $(x-y)-(a+2b)(y-x)$

# ~2
**4. 인수분해**
# 여러 가지 인수분해 공식

개념편 81쪽

**유형 2** 인수분해 공식 (1)

(1) $a^2+2ab+b^2$, $a^2-2ab+b^2$의 인수분해

① $a^2 \oplus 2ab+b^2=(a \oplus b)^2$ ⎵같은 부호   예 $x^2+4x+4=x^2+2\times x\times 2+2^2=(x+2)^2$

② $a^2 \ominus 2ab+b^2=(a \ominus b)^2$ ⎵같은 부호   예 $x^2-6x+9=x^2-2\times x\times 3+3^2=(x-3)^2$

> **완전제곱식:** 다항식의 제곱으로 이루어진 식 또는 그 식에 수를 곱한 식
> 예 $(a+b)^2$, $3(a-b)^2$, $-2(3x-y)^2$

(2) 완전제곱식이 될 조건

① $a^2 \pm 2\widehat{a}\,\widehat{b}+b^2$ (제곱, 제곱)   예 $x^2+6x+\square=x^2+2\times \widehat{x}\times \widehat{3}+\square=(x+3)^2 \Rightarrow \square=9$

② $\underline{a^2 \pm 2ab}+(\pm b)^2$ (곱의 2배)   예 $x^2+(\square)x+9=\widehat{x^2}+(\square)x\times 3+(\pm 3)^2=(x\pm 3)^2 \Rightarrow \square=\pm 6$

---

**1** 다음 $\square$ 안에 알맞은 수를 쓰시오.

(1) $x^2+14x+49=x^2+2\times x\times \square+\square^2$
$\qquad = (x+\square)^2$

(2) $x^2-8x+16=x^2-2\times x\times \square+\square^2$
$\qquad = (x-\square)^2$

**[2~4]** 다음 식을 인수분해하시오.

**2** (1) $x^2+12x+36$

(2) $x^2-16x+64$

(3) $x^2+6xy+9y^2$

(4) $x^2-10xy+25y^2$

**3** (1) $16x^2-8x+1$

(2) $9x^2+12x+4$

(3) $4x^2-20xy+25y^2$

(4) $25x^2+40xy+16y^2$

---

> 공통인 인수를 묶어낸 후 인수분해해 봐.

**4** (1) $ax^2+2ax+a$

(2) $3x^2-6x+3$

(3) $8x^2-8x+2$

(4) $2x^2+12xy+18y^2$

**[5~6]** 다음 식이 완전제곱식이 되도록 $\square$ 안에 알맞은 수를 쓰시오.

**5** (1) $x^2+4x+\square$   (2) $x^2-20x+\square$

(3) $x^2+x+\square$   (4) $x^2+14xy+\square y^2$

(5) $9x^2-6x+\square$   (6) $25x^2+30x+\square$
$\quad\underbrace{(3x)^2-2\times 3x\times 1}+\square$
$\quad\;\;$제곱$\quad\quad$제곱

**6** (1) $x^2+(\square)x+49$   (2) $x^2+(\square)x+\dfrac{1}{16}$

(3) $\underbrace{36x^2}_{(6x)^2}+(\square)x+\underbrace{1}_{(\pm 1)^2}$   (4) $4x^2+(\square)xy+81y^2$
$\qquad\qquad$곱의 2배

• 정답과 해설 42쪽

## 유형 3 인수분해 공식 (2)

개념편 81~82쪽

$a^2-b^2$의 인수분해

$$\underline{a^2-b^2}=\underline{(a+b)}\underline{(a-b)}$$
제곱의 차     합     차

예
- $x^2-4=x^2-2^2=(x+2)(x-2)$
- $4x^2-9y^2=(2x)^2-(3y)^2=(2x+3y)(2x-3y)$

---

**1** 다음 □ 안에 알맞은 것을 쓰시오.

(1) $x^2-25=(x+\boxed{\phantom{0}})(x-\boxed{\phantom{0}})$

(2) $9x^2-16y^2=(3x+\boxed{\phantom{0}})(\boxed{\phantom{0}}-4y)$

**[2~4] 다음 식을 인수분해하시오.**

**2** (1) $x^2-64$

(2) $4x^2-25$

(3) $9x^2-49$

(4) $100x^2-y^2$

(5) $4x^2-\dfrac{1}{9}$

**3** (1) $1-16x^2$

(2) $25-x^2$

(3) $-x^2+\dfrac{1}{4}$

(4) $-100x^2+9y^2$

(5) $-\dfrac{1}{49}y^2+\dfrac{4}{81}x^2$

공통인 인수를 묶어 낸 후 인수분해해 봐.

**4** 다음 식을 인수분해하시오.

(1) $2x^2-32$

(2) $5x^2-20$

(3) $3x^2-27y^2$

(4) $4x^2y-16y^3$

(5) $x^3y-49xy^3$

**5** 다음 중 인수분해 결과가 옳은 것은 ○표, 옳지 <u>않은</u> 것은 ×표를 ( ) 안에 쓰고, 옳지 <u>않은</u> 것은 바르게 인수분해하시오.

(1) $-x^2+y^2=(x+y)(x-y)$     (    )

⇨ _____

(2) $\dfrac{a^2}{9}-b^2=\left(\dfrac{a}{9}+b\right)\left(\dfrac{a}{9}-b\right)$     (    )

⇨ _____

(3) $\dfrac{9}{4}x^2-4y^2=\left(\dfrac{3}{2}x+2y\right)\left(\dfrac{3}{2}x-2y\right)$   (    )

⇨ _____

(4) $ax^2-9ay^2=(ax+3ay)(x-3y)$     (    )

⇨ _____

(5) $x^2y-y^3=y(x+y)(x-y)$     (    )

⇨ _____

• 정답과 해설 42쪽

## 유형 4  인수분해 공식 (3)

개념편 81, 84 쪽

(1) $x^2+(a+b)x+ab$의 인수분해

$$x^2+(a+b)x+ab=(x+a)(x+b)$$

(2) $x^2+(a+b)x+ab$의 인수분해 방법

❶ 곱해서 상수항이 되는 두 정수를 모두 찾는다.

❷ ❶의 두 정수 중 합이 일차항의 계수가 되는 것을 고른다.

❸ ❷의 두 정수를 각각 상수항으로 하는 두 일차식의 곱으로 나타낸다.

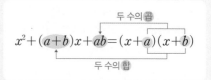

---

**1** 합과 곱이 각각 다음과 같은 두 정수를 구하시오.

(1) 합: 7, 곱: 10　　(2) 합: $-5$, 곱: 6

(3) 합: 3, 곱: $-4$　　(4) 합: $-9$, 곱: $-22$

---

**2** 주어진 이차식에 대하여 곱과 합이 각각 다음과 같은 두 정수를 구하고, 이차식을 인수분해하시오.

(1) $x^2+6x+8$

⇨ 곱이 8이고 합이 6인 두 정수: _____

⇨ 인수분해: $x^2+6x+8=$ _____

(2) $x^2-10x+24$

⇨ 곱이 24이고 합이 $-10$인 두 정수: _____

⇨ 인수분해: $x^2-10x+24=$ _____

(3) $x^2+2x-15$

⇨ 곱이 $-15$이고 합이 2인 두 정수: _____

⇨ 인수분해: $x^2+2x-15=$ _____

(4) $x^2-6xy+5y^2$

⇨ 곱이 5이고 합이 $-6$인 두 정수: _____

⇨ 인수분해: $x^2-6xy+5y^2=$ _____

(5) $x^2-xy-12y^2$

⇨ 곱이 $-12$이고 합이 $-1$인 두 정수: _____

⇨ 인수분해: $x^2-xy-12y^2=$ _____

---

**[3~4]** 다음 식을 인수분해하시오.

**3** (1) $x^2+7x+6$

(2) $x^2-3x-10$

(3) $x^2-15x+56$

(4) $x^2+2xy-35y^2$

(5) $x^2-xy-30y^2$

(6) $x^2-14xy+40y^2$

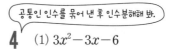

**4** (1) $3x^2-3x-6$

(2) $2bx^2-6bxy+4by^2$

---

**5** 다음 중 인수분해 결과가 옳은 것은 ○표, 옳지 않은 것은 ×표를 (　) 안에 쓰고, 옳지 <u>않은</u> 것은 바르게 인수분해하시오.

(1) $x^2+9x+18=(x-3)(x+6)$　　(　　)

⇨ _____

(2) $a^2-3a-28=(a+4)(a-7)$　　(　　)

⇨ _____

(3) $x^2-3xy+2y^2=(x+y)(x+2y)$　　(　　)

⇨ _____

(4) $x^2+4ax-21a^2=(x+3a)(x-7a)$　(　　)

⇨ _____

## 유형 **5** 인수분해 공식 (4)

개념편 81, 85쪽

(1) $acx^2+(ad+bc)x+bd$의 인수분해

$$acx^2+(ad+bc)x+bd=(ax+b)(cx+d)$$

(2) $acx^2+(ad+bc)x+bd$의 인수분해 방법

❶ 곱해서 이차항이 되는 두 식을 세로로 나열한다.

❷ 곱해서 상수항이 되는 두 정수를 세로로 나열한다.

❸ 대각선 방향으로 곱하여 더한 값이 일차항이 되는 것을 찾는다.

❹ 두 일차식의 곱으로 나타낸다.

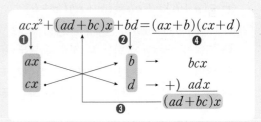

---

**1** 다음 ☐ 안에 알맞은 수를 쓰고, 주어진 식을 인수분해하시오.

(1) $6x^2+5x+1=(2x+☐)(☐x+☐)$

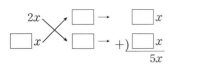

(2) $4x^2-7xy+3y^2=(x-y)(☐x-☐y)$

(3) $3x^2+7x-10=$ _____

(4) $2x^2-3x-9=$ _____

(5) $4x^2-13xy+9y^2=$ _____

---

**[2~3]** 다음 식을 인수분해하시오.

**2** (1) $3x^2+4x+1$

(2) $6x^2-25x+14$

(3) $2x^2-xy-6y^2$

(4) $6x^2+5xy-6y^2$

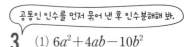

> 공통인 인수를 먼저 묶어 낸 후 인수분해해 봐.

**3** (1) $6a^2+4ab-10b^2$

(2) $9x^2y-6xy-3y$

---

**4** 다음 중 인수분해 결과가 옳은 것은 ○표, 옳지 <u>않은</u> 것은 ×표를 ( ) 안에 쓰고, 옳지 <u>않은</u> 것은 바르게 인수분해하시오.

(1) $3x^2+16x+5=(x+1)(3x+5)$ ( )

⇨ _____

(2) $2x^2-7x-4=(x-4)(2x+1)$ ( )

⇨ _____

(3) $3x^2-2xy-8y^2=(x-2)(3x+4)$ ( )

⇨ _____

(4) $3ax^2-7ax+2a=(x-2)(3ax-a)$ ( )

⇨ _____

## 한 번 더 연습  유형 2~5

**[1~3]** 다음 식을 인수분해하시오.

**1** (1) $x^2 + 18x + 81$　_____

(2) $x^2 - \dfrac{2}{3}x + \dfrac{1}{9}$　_____

(3) $16x^2 - 40x + 25$　_____

(4) $-x^2 + 36$　_____

(5) $169 - \dfrac{1}{9}x^2$　_____

(6) $x^2 - 11x + 28$　_____

(7) $x^2 - 10x - 24$　_____

(8) $2x^2 + 5x - 12$　_____

(9) $6x^2 - 11x - 10$　_____

(10) $8x^2 - 14x + 3$　_____

**2** (1) $x^2 - 4xy + 4y^2$　_____

(2) $\dfrac{9}{4}x^2 + 3xy + y^2$　_____

(3) $64x^2 - y^2$　_____

(4) $-49x^2 + \dfrac{1}{16}y^2$　_____

(5) $x^2 - xy - 20y^2$　_____

(6) $4x^2 + 4xy - 15y^2$　_____

**3** (1) $-3x^2 - 18x - 27$　_____

(2) $7x^2 - \dfrac{7}{36}$　_____

(3) $121x - 4x^3$　_____

(4) $3x^2 + 6x - 45$　_____

(5) $x^2y - xy^2 - 12y^3$　_____

(6) $4x^2 + 6x + 2$　_____

## 한 걸음 **더** 연습  유형 2~5

**[1~2]** 다음 ☐ 안에 알맞은 수를 쓰시오.

**1**
(1) $x^2-8x+\boxed{\phantom{x}}=(x-2)(x-\boxed{\phantom{x}})$

(2) $a^2+10a+\boxed{\phantom{x}}=(a+\boxed{\phantom{x}})(a+7)$

(3) $x^2+\boxed{\phantom{x}}xy-24y^2=(x-4y)(x+\boxed{\phantom{x}}y)$

(4) $a^2-\boxed{\phantom{x}}ab-9b^2=(a+b)(a-\boxed{\phantom{x}}b)$

**2**
(1) $\boxed{\phantom{x}}x^2+\boxed{\phantom{x}}x+6=(x+2)(2x+\boxed{\phantom{x}})$

(2) $\boxed{\phantom{x}}a^2-23a-\boxed{\phantom{x}}=(3a+\boxed{\phantom{x}})(a-8)$

(3) $\boxed{\phantom{x}}x^2-\boxed{\phantom{x}}xy+15y^2=(x-\boxed{\phantom{x}}y)(4x-5y)$

(4) $\boxed{\phantom{x}}a^2+\boxed{\phantom{x}}ab-10b^2=(3a-2b)(4a+\boxed{\phantom{x}}b)$

$\sqrt{a^2}=\begin{cases} a \geq 0 일 때, & a \\ a < 0 일 때, & -a \end{cases}$ 임을 이용해 봐.

**3** 다음은 인수분해를 이용하여 $-3<x<1$일 때, $\sqrt{x^2+6x+9}+\sqrt{x^2-2x+1}$을 간단히 하는 과정이다. ☐ 안에 알맞은 것을 쓰시오.

$-3<x<1$에서 $x+3>0$, $x-1<0$이므로
$\sqrt{x^2+6x+9}+\sqrt{x^2-2x+1}$
$=\sqrt{(\boxed{\phantom{xx}})^2}+\sqrt{(\boxed{\phantom{xx}})^2}$
$=\boxed{\phantom{xx}}+(\boxed{\phantom{xx}})$
$=\boxed{\phantom{x}}$

**4** $-1<x<2$일 때, $\sqrt{x^2-4x+4}-\sqrt{x^2+2x+1}$을 간단히 하시오.

**5** $x$에 대한 이차식 $x^2+ax+b$를 민이는 $x$의 계수를 잘못 보고 $(x+3)(x-4)$로 인수분해하였고, 솔이는 상수항을 잘못 보고 $(x-1)(x-3)$으로 인수분해하였다. 다음 물음에 답하시오.

(1) 민이가 본 $a$, $b$의 값은?  $a=$＿＿＿, $b=$＿＿＿

(2) 솔이가 본 $a$, $b$의 값은?  $a=$＿＿＿, $b=$＿＿＿

(3) 처음 이차식 $x^2+ax+b$를 구하고, 바르게 인수분해하면? ＿＿＿＿＿＿＿＿＿＿

**6** $x^2$의 계수가 1인 어떤 이차식을 윤아는 $x$의 계수를 잘못 보고 $(x+2)(x-3)$으로 인수분해하였고, 승주는 상수항을 잘못 보고 $(x-4)(x+5)$로 인수분해하였다. 처음 이차식을 구하고, 그 식을 바르게 인수분해하시오.

⇨ 이차식: ＿＿＿＿＿ $\xrightarrow{\text{인수분해}}$ ＿＿＿＿＿

**[7~8]** 다음 그림의 모든 직사각형의 넓이의 합을 $x$에 대한 이차식으로 나타내고, 그 식을 인수분해하시오.

**7**
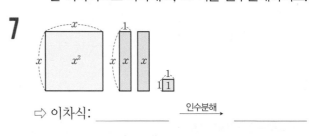

⇨ 이차식: ＿＿＿＿＿ $\xrightarrow{\text{인수분해}}$ ＿＿＿＿＿

**8**
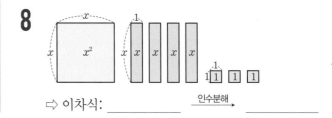

⇨ 이차식: ＿＿＿＿＿ $\xrightarrow{\text{인수분해}}$ ＿＿＿＿＿

## 쌍둥이 기출문제

✎ 형광펜 들고 밑줄 쫙~

**쌍둥이 01**

**1** 다음 중 $a(a+b)^2$의 인수가 <u>아닌</u> 것은?

① $a$     ② $a^2$     ③ $a+b$

④ $a(a+b)$     ⑤ $(a+b)^2$

**2** 다음 중 $x(x-2)(x+3)$의 인수를 모두 고르면?

(정답 2개)

① $x^2+2$     ② $x-3$     ③ $x(x-2)$

④ $x(x-3)$     ⑤ $(x-2)(x+3)$

**쌍둥이 02**

**3** $a(x-y)-b(y-x)$를 인수분해하면?

① $(a-b)(x-y)$     ② $(a-b)(y-x)$

③ $(a+b)(x-y)$     ④ $(a+b)(y-x)$

⑤ $(a+b)(x+y)$

**4** $2x(x-5y)-3y(5y-x)=(x+ay)(bx+cy)$로 인수분해될 때, $a+b+c$의 값을 구하시오.

(단, $a$, $b$, $c$는 정수)

**쌍둥이 03**

**5** 다음 두 식이 모두 완전제곱식으로 인수분해될 때, 상수 $a$, $b$의 값을 각각 구하시오. (단, $a>0$)

$$x^2+ax+1, \qquad 4x^2+28x+b$$

**6** 다음 식이 모두 완전제곱식으로 인수분해될 때, ☐ 안에 알맞은 양수 중 가장 작은 것은?

① $x^2-8x+$☐     ② $9x^2-12x+$☐

③ $x^2+$☐$x+36$     ④ $4x^2+$☐$x+25$

⑤ ☐$x^2+6x+1$

**쌍둥이 04**

**7** $2<x<4$일 때, $\sqrt{x^2-8x+16}+\sqrt{x^2-4x+4}$를 간단히 하면?

① $-2$     ② $2$     ③ $x+1$

④ $2x-2$     ⑤ $2x+6$

**8** 서술형

$-5<x<3$일 때, $\sqrt{x^2-6x+9}-\sqrt{x^2+10x+25}$를 간단히 하시오.

[풀이 과정]

[답]

**9** $x^2-5x-14$가 $x$의 계수가 1인 두 일차식의 곱으로 인수분해될 때, 이 두 일차식의 합을 구하시오.

**10** $(x+3)(x-1)-4x$가 $x$의 계수가 1인 두 일차식의 곱으로 인수분해될 때, 이 두 일차식의 합을 구하시오.

**11** $6x^2+Ax-30$이 $(2x+3)(3x+B)$로 인수분해될 때, 상수 $A$, $B$의 값을 각각 구하시오.

**12** $2x^2+ax-3$이 $(x+b)(cx+3)$으로 인수분해될 때, 상수 $a$, $b$, $c$에 대하여 $a+b+c$의 값을 구하시오.

**13** 다음 중 인수분해한 것이 옳은 것은?

① $3a-12ab=3a(1+4b)$
② $4x^2+12x+9=(4x-3)^2$
③ $4x^2-9=(4x+3)(4x-3)$
④ $x^2-4xy-5y^2=(x+1)(x-5)$
⑤ $6x^2+11x+4=(2x+1)(3x+4)$

**14** 다음 중 인수분해한 것이 옳지 <u>않은</u> 것은?

① $-6x^2y-12xy=-6xy(x+2)$
② $x^2-\dfrac{2}{3}x+\dfrac{1}{9}=\left(x-\dfrac{1}{3}\right)^2$
③ $\dfrac{4}{9}x^2-\dfrac{1}{25}y^2=\left(\dfrac{2}{3}x+\dfrac{1}{5}y\right)\left(\dfrac{2}{3}x-\dfrac{1}{5}y\right)$
④ $(x+3)(x-4)-8=(x-2)(x+5)$
⑤ $3x^2-11x+6=(x-3)(3x-2)$

**15** 다음 두 다항식의 공통인 인수는?

$$x^2-8x+15, \qquad 3x^2-7x-6$$

① $x-5$
② $x-3$
③ $2x+3$
④ $3x+2$
⑤ $3x-2$

**16** 두 다항식 $x^2-6x-27$, $5x^2+13x-6$의 공통인 인수는?

① $x-9$
② $x+3$
③ $5x-3$
④ $5x-2$
⑤ $5x+2$

● 정답과 해설 46쪽

**쌍둥이 09**

**17** $3x^2+4x+a$가 $x+4$를 인수로 가질 때, 상수 $a$의 값을 구하시오.

**18** $2x^2+ax-5$가 $x-5$를 인수로 가질 때, 상수 $a$의 값을 구하시오.

**쌍둥이 10**

**19** $x^2$의 계수가 1인 어떤 이차식을 상우는 $x$의 계수를 잘못 보고 $(x+2)(x-5)$로 인수분해하였고, 연두는 상수항을 잘못 보고 $(x+4)(x+5)$로 인수분해하였다. 다음 물음에 답하시오.

(1) 처음 이차식을 구하시오.

(2) 처음 이차식을 바르게 인수분해하시오.

**20** $x^2$의 계수가 1인 어떤 이차식을 하영이는 $x$의 계수를 잘못 보고 $(x-2)(x+4)$로 인수분해하였고, 지우는 상수항을 잘못 보고 $(x+1)(x-3)$으로 인수분해하였다. 처음 이차식을 바르게 인수분해하시오.

**쌍둥이 11**

**21** 다음 그림의 모든 직사각형을 빈틈없이 겹치지 않게 붙여 하나의 큰 직사각형을 만들 때, 새로 만든 직사각형의 가로의 길이와 세로의 길이의 합을 구하시오.

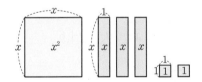

**22** 다음 그림의 모든 직사각형을 빈틈없이 겹치지 않게 붙여 하나의 큰 직사각형을 만들 때, 새로 만든 직사각형의 둘레의 길이를 구하시오.

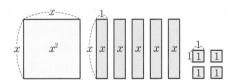

**쌍둥이 12**

**23** 넓이가 $6x^2+7x+2$이고, 가로의 길이가 $3x+2$인 직사각형의 둘레의 길이는?

① $4x+2$  ② $5x+3$  ③ $6x+4$

④ $8x+7$  ⑤ $10x+6$

**24** 오른쪽 그림과 같이 윗변의 길이가 $x+4$, 아랫변의 길이가 $x+6$인 사다리꼴의 넓이가 $3x^2+17x+10$일 때, 이 사다리꼴의 높이를 구하시오.

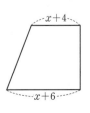

## 유형 6 복잡한 식의 인수분해

개념편 89~90쪽

```
공통부분이 있는 경우의 인수분해 ─────→ 공통부분을 한 문자로 놓기 ─┐
                                                              ├─→ 인수분해
                              (2항)+(2항)                       │     공식 이용
       항이 4개인 경우의 인수분해  ─┬──→ 공통인 인수가 생기도록 두 항씩 묶기 ─┤
                            └──→ (  )²−(  )² 꼴로 변형하기 ─┘
                              (3항)+(1항)
```

**[1~4] 공통부분을 한 문자로 놓고 인수분해해 봐.**

**1** 다음 ☐ 안에 알맞은 것을 쓰시오.

(1) $(x+1)^2-6(x+1)+9$

$=A^2-6A+9$ ⎫ $x+1=A$로 놓기

$=(A-\boxed{\phantom{0}})^2$ ⎬ 인수분해하기

$=(x+1-\boxed{\phantom{0}})^2$ ⎬ $A=x+1$을 대입하기

$=(x-\boxed{\phantom{0}})^2$ ⎭ 정리하기

(2) $(x-2)^2+3(x-2)-10$

$=A^2+3A-10$

$=(A-2)(A+\boxed{\phantom{0}})$

$=(\boxed{\phantom{00}}-2)(x-2+\boxed{\phantom{0}})$

$=(x-\boxed{\phantom{0}})(x+\boxed{\phantom{0}})$

(3) $(a+b)(a+b-3)+2$

$=A(A-3)+2$

$=A^2-\boxed{\phantom{0}}A+\boxed{\phantom{0}}$

$=(A-1)(A-\boxed{\phantom{0}})$

$=(\boxed{\phantom{00}}-1)(a+b-\boxed{\phantom{0}})$

(4) $(a-1)^2-(b-2)^2$

$=A^2-B^2$

$=(A+B)(A-B)$

$=\{(a-1)+(\boxed{\phantom{00}})\}\{(\boxed{\phantom{00}})-(b-2)\}$

$=(a+b-\boxed{\phantom{0}})(a-b+\boxed{\phantom{0}})$

**[2~4] 다음 식을 인수분해하시오.**

**2** (1) $(a+b)^2+4(a+b)+4$

(2) $(x+3)^2-6(x+3)+8$

(3) $4(x+2)^2-7(x+2)-2$

**3** (1) $(a+b)(a+b+1)-12$

(2) $(x-z)(x-z+3)+2$

(3) $(x-2y)(x-2y-5)+6$

**4** (1) $(2x-y)^2-(x-2y)^2$

(2) $(x+5)^2-2(x+5)(y-4)-3(y-4)^2$

(3) $(x+y)^2+7(x+y)(2x-y)+12(2x-y)^2$

[5~6] 공통인 인수가 생기도록 두 항씩 묶어서 인수분해해 봐.

**[5~6]** 다음 식을 인수분해하시오.

**5** (1) $\underset{2항}{ax-ay}\ \underset{2항}{-bx+by}$

$=a(\boxed{\phantom{xx}})-\boxed{\phantom{x}}(x-y)$

$=\boxed{\phantom{xxxxxx}}$

(2) $\underset{2항}{xy+x}\ \underset{2항}{-y-1}$

$=x(\boxed{\phantom{xx}})-(\boxed{\phantom{xx}})$

$=\boxed{\phantom{xxxxxx}}$

(3) $xy-2x-2y+4$

(4) $xy+2z-xz-2y$

(5) $ac-bd+ad-bc$

(6) $x-xy-y+y^2$

**6** (1) $\underset{2항}{x^2-4y^2}\ \underset{2항}{-x+2y}$

$=(x+2y)(\boxed{\phantom{xx}})-(\boxed{\phantom{xx}})$

$=\boxed{\phantom{xxxxxx}}$

(2) $\underset{2항}{x^2-y^2}\ \underset{2항}{+2x+2y}$

$=(\boxed{\phantom{xx}})(x-y)+\boxed{\phantom{x}}(x+y)$

$=\boxed{\phantom{xxxxxx}}$

(3) $a^2-ac-b^2-bc$

(4) $xy^2+4y^2-9x-36$

(5) $x^3+x^2-4x-4$

(6) $a^2x+1-x-a^2$

[7~8] (  )^2-(  )^2 꼴로 변형한 후 인수분해해 봐.

**[7~8]** 다음 식을 인수분해하시오.

**7** (1) $\underset{3항}{x^2+2x+1}\ \underset{1항}{-y^2}$

$=(\boxed{\phantom{xx}})^2-y^2$

$=\boxed{\phantom{xxxxxx}}$

(2) $\underset{1항}{a^2}\ \underset{3항}{-b^2-2b-1}$

$=a^2-(\boxed{\phantom{xx}})^2$

$=\boxed{\phantom{xxxxxx}}$

(3) $x^2-6x+9-y^2$

(4) $x^2-4y^2+4y-1$

(5) $c^2-a^2-b^2+2ab$

(6) $a^2-8ab+16b^2-25c^2$

**8** (1) $\underset{3항}{4x^2-12x+9}\ \underset{1항}{-16y^2}$

$=(\boxed{\phantom{xx}})^2-(4y)^2$

$=\boxed{\phantom{xxxxxx}}$

(2) $\underset{1항}{9}\ \underset{3항}{-4a^2+4ab-b^2}$

$=3^2-(\boxed{\phantom{xx}})^2$

$=\boxed{\phantom{xxxxxx}}$

(3) $9x^2-6x+1-y^2$

(4) $25-x^2+6xy-9y^2$

(5) $4a^2-9b^2+12bc-4c^2$

(6) $-16x^2-y^2+8xy+1$

## 유형 **7** 인수분해 공식을 이용한 수의 계산

개념편 92쪽

- $13 \times 55 - 13 \times 52 = 13(55-52) = 13 \times 3 = 39$ ← $ma+mb=m(a+b)$ 이용하기
- $98^2 + 2 \times 98 \times 2 + 2^2 = (98+2)^2 = 100^2 = 10000$ ← $a^2+2ab+b^2=(a+b)^2$, $a^2-2ab+b^2=(a-b)^2$ 이용하기
- $65^2 - 35^2 = (65+35)(65-35) = 100 \times 30 = 3000$ ← $a^2-b^2=(a+b)(a-b)$ 이용하기

**1** 다음은 인수분해 공식을 이용하여 수의 계산을 하는 과정이다. ☐ 안에 알맞은 수를 쓰시오.

(1) $17 \times 54 + 17 \times 46 = 17(\boxed{\phantom{0}} + \boxed{\phantom{0}})$
$= 17 \times \boxed{\phantom{0}}$
$= \boxed{\phantom{0}}$

(2) $102^2 - 2 \times 102 \times 2 + 2^2 = (102 - \boxed{\phantom{0}})^2$
$= \boxed{\phantom{0}}^2$
$= \boxed{\phantom{0}}$

(3) $57^2 - 53^2 = (57 + \boxed{\phantom{0}})(57 - \boxed{\phantom{0}})$
$= 110 \times \boxed{\phantom{0}}$
$= \boxed{\phantom{0}}$

(4) $2 \times 21^2 - 2 \times 20^2 = \boxed{\phantom{0}}(21^2 - 20^2)$
$= \boxed{\phantom{0}}(21 + \boxed{\phantom{0}})(21 - \boxed{\phantom{0}})$
$= \boxed{\phantom{0}} \times 41 \times \boxed{\phantom{0}}$
$= \boxed{\phantom{0}}$

**3** (1) $11^2 - 2 \times 11 + 1$ _____

(2) $18^2 + 2 \times 18 \times 12 + 12^2$ _____

(3) $25^2 - 2 \times 25 \times 5 + 5^2$ _____

(4) $89^2 + 2 \times 89 + 1$ _____

**4** (1) $57^2 - 56^2$ _____

(2) $99^2 - 1$ _____

(3) $32^2 \times 3 - 28^2 \times 3$ _____

(4) $5 \times 55^2 - 5 \times 45^2$ _____

[2~5] 인수분해 공식을 이용하여 다음을 계산하시오.

**2** (1) $9 \times 57 + 9 \times 43$ _____

(2) $11 \times 75 + 11 \times 25$ _____

(3) $15 \times 88 - 15 \times 86$ _____

(4) $97 \times 33 - 94 \times 33$ _____

**5** (1) $50 \times 3.5 + 50 \times 1.5$ _____

(2) $5.5^2 \times 9.9 - 4.5^2 \times 9.9$ _____

(3) $7.5^2 + 5 \times 7.5 + 2.5^2$ _____

(4) $\sqrt{25^2 - 24^2}$ _____

## 유형 **8** 인수분해 공식을 이용한 식의 값 구하기

개념편 **92**쪽

$x=\sqrt{3}+1$, $y=\sqrt{3}-1$일 때, $x^2-y^2$의 값

➡ $\underbrace{x^2-y^2=(x+y)(x-y)}_{\text{구하는 식을 인수분해하기}}=\underbrace{\{(\sqrt{3}+1)+(\sqrt{3}-1)\}\{(\sqrt{3}+1)-(\sqrt{3}-1)\}}_{\text{문자에 수를 대입하기}}=2\sqrt{3}\times 2=4\sqrt{3}$

---

**1** 다음은 인수분해 공식을 이용하여 식의 값을 구하는 과정이다. ☐ 안에 알맞은 수를 쓰시오.

(1) $x=33$일 때, $x^2-6x+9$의 값

$$
\begin{aligned}
x^2-6x+9 &=(x-\boxed{\phantom{0}})^2 \\
&=(33-\boxed{\phantom{0}})^2 \\
&=\boxed{\phantom{0}}^2 \\
&=\boxed{\phantom{0}}
\end{aligned}
$$

(2) $x=2+\sqrt{3}$, $y=2-\sqrt{3}$일 때, $x^2-2xy+y^2$의 값

$$
\begin{aligned}
x^2-2xy+y^2 &=(x-\boxed{\phantom{0}})^2 \\
&=\{(2+\sqrt{3})-(\boxed{\phantom{00}})\}^2 \\
&=(\boxed{\phantom{0}})^2 \\
&=\boxed{\phantom{0}}
\end{aligned}
$$

**[2~5]** 인수분해 공식을 이용하여 다음 식의 값을 구하시오.

**2** (1) $x=2-2\sqrt{2}$일 때, $x^2-4x+4$

_____

(2) $x=\sqrt{2}-1$일 때, $x^2+3x+2$

_____

(3) $x=4+\sqrt{3}$일 때, $x^2-3x-4$

_____

(4) $x=\dfrac{1}{\sqrt{5}-2}$일 때, $x^2+x-6$

_____

**3** (1) $x=\sqrt{2}+1$, $y=\sqrt{2}-1$일 때, $x^2+2xy+y^2$

_____

(2) $x=3+\sqrt{5}$, $y=3-\sqrt{5}$일 때, $x^2-y^2$

_____

(3) $x=1+2\sqrt{3}$, $y=1-2\sqrt{3}$일 때, $x^2y+xy^2$

_____

> 먼저 주어진 수의 분모를 유리화해 봐.

**4** (1) $a=\dfrac{1}{\sqrt{2}+1}$, $b=\dfrac{1}{\sqrt{2}-1}$일 때, $a^2-2ab+b^2$

_____

(2) $a=\dfrac{2}{\sqrt{5}+\sqrt{3}}$, $b=\dfrac{2}{\sqrt{5}-\sqrt{3}}$일 때, $a^2b-ab^2$

_____

(3) $x=\dfrac{1}{\sqrt{3}-2}$, $y=\dfrac{1}{\sqrt{3}+2}$일 때, $x^2-y^2$

_____

**5** (1) $a+b=6$, $ab=5$일 때, $a^2b+ab^2$

_____

(2) $x-y=5$, $xy=-6$일 때, $3xy^2-3x^2y$

_____

(3) $x+y=4$, $x-y=11$일 때, $x^2-y^2+4x+4y$

_____

## 한 번 더 연습    유형 6~8

**[1~2]** 다음 식을 인수분해하시오.

**1**  (1) $(x-y)^2+12(x-y)+36$

_____

(2) $(2x-y)^2-8(2x-y)+16$

_____

(3) $(a-b)(a-b+3)+2$    _____

(4) $(x+y)(x+y+1)-12$    _____

(5) $(3x-1)^2-(x+3)^2$    _____

(6) $(x+2)^2-2(x+2)(y-1)-3(y-1)^2$

_____

**2**  (1) $a^2+a+ab+b$    _____

(2) $x^2-y^2-3x+3y$    _____

(3) $a^2+10ab+25b^2-1$    _____

(4) $x^2+16y^2-9-8xy$    _____

**3** 인수분해 공식을 이용하여 다음을 계산하시오.

(1) $18\times57+18\times43$    _____

(2) $94^2+2\times94\times6+6^2$    _____

(3) $53^2-2\times53\times3+3^2$    _____

(4) $\sqrt{52^2-48^2}$    _____

(5) $70^2\times2.5-30^2\times2.5$    _____

**4** 인수분해 공식을 이용하여 다음 식의 값을 구하시오.

(1) $x=16$일 때, $x^2-4x-12$

_____

(2) $x=5+\sqrt{10}$일 때, $x^2-10x+25$

_____

(3) $x=\sqrt{3}+\sqrt{2}$, $y=\sqrt{3}-\sqrt{2}$일 때, $x^2+2xy+y^2$

_____

(4) $x=\dfrac{1}{3-2\sqrt{2}}$, $y=\dfrac{1}{3+2\sqrt{2}}$일 때, $x^2-y^2$

_____

# 쌍둥이 기출문제

• 정답과 해설 51쪽

형광펜 들고 밑줄 쫙~

**쌍둥이 01**

**1** $(x-4)^2-4(x-4)-21$이 $(x-1)(ax+b)$로 인수분해될 때, 상수 $a$, $b$에 대하여 $a+b$의 값은?

① $-12$     ② $-10$     ③ $-8$
④ $-6$     ⑤ $-4$

**2** 서술형 $(2x-1)^2-(x+5)^2$이 $(3x+a)(bx+c)$로 인수분해될 때, 상수 $a$, $b$, $c$에 대하여 $a+b+c$의 값을 구하시오.

풀이 과정

답

**쌍둥이 02**

**3** 다음 중 $a^3-b-a+a^2b$의 인수가 <u>아닌</u> 것은?

① $a+1$     ② $a-1$     ③ $a+b$
④ $a-b$     ⑤ $a^2-1$

**4** 다음 보기 중 $x^2-9+xy-3y$의 인수를 모두 고른 것은?

┤ 보기 ├
ㄱ. $x-3$       ㄴ. $x+3$
ㄷ. $x+y$       ㄹ. $x-y+3$
ㅁ. $x+y-3$     ㅂ. $x+y+3$

① ㄱ, ㄹ     ② ㄱ, ㅂ     ③ ㄴ, ㅁ
④ ㄴ, ㅂ     ⑤ ㄷ, ㄹ

**쌍둥이 03**

**5** 다음 식을 인수분해하시오.

$$x^2-y^2+12x+36$$

**6** $x^2-y^2+4y-4$가 $x$의 계수가 1인 두 일차식의 곱으로 인수분해될 때, 이 두 일차식의 합을 구하시오.

## 쌍둥이 기출문제

**쌍둥이 04**

**7** 다음 중 $150^2-149^2$을 계산하는 데 이용되는 가장 편리한 인수분해 공식은?

① $a^2+2ab+b^2=(a+b)^2$
② $a^2-2ab+b^2=(a-b)^2$
③ $a^2-b^2=(a+b)(a-b)$
④ $x^2+(a+b)x+ab=(x+a)(x+b)$
⑤ $acx^2+(ad+bc)x+bd=(ax+b)(cx+d)$

**8** 인수분해 공식을 이용하여 다음을 계산하시오.

$$\frac{1001\times2004-2004}{1001^2-1}$$

**쌍둥이 05**

**9** $x=-1+\sqrt{3}$, $y=1+\sqrt{3}$일 때, $x^2-y^2$의 값은?

① $-4\sqrt{3}$  ② $-2$  ③ $0$
④ $2\sqrt{3}$  ⑤ $2+2\sqrt{3}$

**10** 서술형 $a=\dfrac{1}{\sqrt{5}+2}$, $b=\dfrac{1}{\sqrt{5}-2}$일 때, $a^2-2ab+b^2$의 값을 구하시오.

[풀이 과정]

[답]

**쌍둥이 06**

**11** $x+y=3$, $x-y=5$일 때, $x^2-y^2+6x-6y$의 값은?

① $25$  ② $30$  ③ $35$
④ $40$  ⑤ $45$

**12** $x+y=\sqrt{5}$, $x-y=3$일 때, 다음 식의 값은?

$$x^2-y^2+2x+1$$

① $2\sqrt{5}-2$  ② $4\sqrt{5}-4$  ③ $2\sqrt{5}+2$
④ $4\sqrt{5}$  ⑤ $4\sqrt{5}+4$

# 단원 마무리

**1** 다음 보기 중 $2xy(x+3y)$의 인수를 모두 고르시오.

> ┤ 보기 ├
> ㄱ. $x$        ㄴ. $x+y$        ㄷ. $xy$
> ㄹ. $x^2y$        ㅁ. $2x(x+3)$        ㅂ. $2y(x+3y)$

▶ 인수 찾기

**서술형**

**2** $(x-2)(x+6)+k$가 완전제곱식이 되도록 하는 상수 $k$의 값을 구하시오.

풀이 과정

답

▶ 완전제곱식이 될 조건

**3** $0<a<\dfrac{1}{3}$일 때, $\sqrt{a^2-\dfrac{2}{3}a+\dfrac{1}{9}}-\sqrt{a^2+\dfrac{2}{3}a+\dfrac{1}{9}}$을 간단히 하면?

① $-2a$      ② $-\dfrac{2}{3}$      ③ $0$      ④ $\dfrac{2}{3}$      ⑤ $2a$

▶ 근호 안의 식이 완전제곱식으로 인수분해되는 경우

**4** $5x^2+ax+2$가 $(5x+b)(cx+2)$로 인수분해될 때, 상수 $a$, $b$, $c$에 대하여 $a-b-c$의 값은?

① $6$      ② $7$      ③ $8$      ④ $9$      ⑤ $10$

▶ 인수분해 공식 (4)

**5** 다음 중 $\square$ 안에 알맞은 수가 가장 작은 것은?

① $2xy+10x=2x(y+\square)$      ② $9x^2-6x+1=(\square x-1)^2$

③ $25x^2-16y^2=(5x+4y)(5x-\square y)$    ④ $x^2+3x-18=(x-3)(x+\square)$

⑤ $6x^2+xy-2y^2=(2x-y)(3x+\square y)$

▶ 인수분해 공식 – 종합

**6** 두 다항식 $x^2+4x-5$, $2x^2-3x+1$의 공통인 인수는?

① $x-3$      ② $x-1$      ③ $x+2$      ④ $x+5$      ⑤ $2x-1$

▶ 공통인 인수 구하기

서술형

**7** $x^2$의 계수가 1인 어떤 이차식을 소희는 $x$의 계수를 잘못 보고 $(x+3)(x-8)$로 인수분해 하였고, 시우는 상수항을 잘못 보고 $(x-2)(x+4)$로 인수분해하였다. 처음 이차식을 바르게 인수분해하시오.

▶ 계수 또는 상수항을 잘못 보고 인수분해한 경우

풀이 과정

답

**8** 오른쪽 그림과 같이 가로의 길이가 $a+2b$인 직사각형 모양의 꽃밭이 있다. 이 꽃밭의 넓이가 $2a^2-ab-10b^2$일 때, 꽃밭의 세로의 길이는?

① $-2a+5b$      ② $2a-5b$

③ $2a+5b$      ④ $5a-2b$

⑤ $5a+2b$

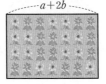

▶ 인수분해의 도형에서의 활용

**9** $(x-2y)(x-2y+1)-12$가 $(x+ay+b)(x+cy+d)$로 인수분해될 때, 상수 $a$, $b$, $c$, $d$에 대하여 $a+b+c+d$의 값은?

① $-3$      ② $-1$      ③ $1$      ④ $3$      ⑤ $5$

> 공통부분을 한 문자로 놓고 인수분해하기

**10** $x^2-y^2+z^2-2xz$를 인수분해하면?

① $(x+y-z)(x-y+z)$      ② $(x+y-z)(x-y-z)$

③ $(x+y+z)(x-y+z)$      ④ $(x+y+z)(x-y-z)$

⑤ $(x-y-z)(x-y+z)$

> 적당한 항끼리 묶어 인수분해하기

**11** 인수분해 공식을 이용하여 다음 두 수 $A$, $B$를 계산할 때, $A+B$의 값을 구하시오.

$$A=6\times1.5^2-6\times0.5^2, \qquad B=\sqrt{74^2+4\times74+2^2}$$

> 인수분해 공식을 이용한 수의 계산

**12** $x=\dfrac{4}{\sqrt{5}-1}$, $y=\dfrac{4}{\sqrt{5}+1}$ 일 때, $x^2y-xy^2$의 값은?

① $4$      ② $2\sqrt{5}$      ③ $5+\sqrt{5}$      ④ $8$      ⑤ $16$

> 인수분해 공식을 이용한 식의 값 구하기

# 5

# 이차방정식

5. 이차방정식

# 1 이차방정식과 그 해

개념편 104쪽

## 유형 1 이차방정식과 그 해

(1) 이차방정식: 등식의 모든 항을 좌변으로 이항하여 정리한 식이

 ($x$에 대한 이차식)$=0$ 꼴로 나타나는 방정식을 $x$에 대한 **이차방정식**이라고 한다.

(2) 이차방정식의 해(근): 이차방정식 $ax^2+bx+c=0$을 참이 되게 하는 미지수 $x$의 값

$$ax^2+bx+c=0$$
$$(a, b, c는 상수, a\neq0)$$

> 예 $x=1$은 $2x^2-3x+1=0$의 해이다.
> ➡ $x=1$을 주어진 식에 대입하면 등식이 성립한다.
> ➡ $2\times1^2-3\times1+1=0$

**1** 다음 중 $x$에 대한 이차방정식인 것은 ○표, 이차방정식이 <u>아닌</u> 것은 ×표를 ( ) 안에 쓰시오.

(1) $2x^2=0$ ( )

(2) $x(x-1)+4$ ( )

(3) $x^2+3x=2x^2+1$
 ⇨ ＿＿＿＿＿＿ ( )
 └ 모든 항을 좌변으로 이항하여 정리

(4) $x(1-3x)=5-3x^2$ ( )

(5) $(x+2)^2=4$ ( )

(6) $2x^2-5=(x-1)(3x+1)$ ( )

(7) $x^2(x-1)=x^3+4$ ( )

(8) $x(x+1)=x^3-2$ ( )

(9) $\dfrac{1}{x^2}+5=0$ ( )

> 이차방정식이 되려면 (이차항의 계수)≠0이어야 해.

**2** 다음 등식이 $x$에 대한 이차방정식이 되도록 하는 상수 $a$의 조건을 구하시오.

(1) $(a-2)x^2-3x+7=0$

(2) $(2a+3)x^2-x-6=0$

(3) $ax^2+4x-12=5x^2$

**3** 다음 중 [ ] 안의 수가 주어진 이차방정식의 해이면 ○표, 해가 아니면 ×표를 ( ) 안에 쓰시오.

(1) $x^2+4x+3=0$ $[-1]$
 ⇨ $(-1)^2+4\times(-1)+3\ \square\ 0$ ( )

(2) $3x^2-5x-2=0$ $[\ 3\ ]$ ( )

(3) $(x+1)(x-6)=x$ $[\ 4\ ]$ ( )

**4** $x$의 값이 $-1$, $0$, $1$, $2$, $3$일 때, 다음 이차방정식의 해를 구하시오.

(1) $x^2-6x=0$ ＿＿＿＿＿＿

(2) $x^2-2x-3=0$ ＿＿＿＿＿＿

(3) $x^2-5x+4=0$ ＿＿＿＿＿＿

(4) $2x^2+5x+3=0$ ＿＿＿＿＿＿

# 2

## 이차방정식의 풀이

**유형 2**  인수분해를 이용한 이차방정식의 풀이 　　　　　　　　**개념편 106쪽**

$$x^2+3=4x$$
$$x^2-4x+3=0$$
$$(x-1)(x-3)=0$$
$$x-1=0 \text{ 또는 } x-3=0$$
$$\therefore x=1 \text{ 또는 } x=3$$

❶ $ax^2+bx+c=0$ 꼴로 정리한다.
❷ 좌변을 인수분해한다.
❸ $AB=0$의 성질을 이용한다.
❹ 해를 구한다.

> **$AB=0$의 성질**
> 두 수 또는 두 식 $A$, $B$에 대하여
> $AB=0$이면 $A=0$ 또는 $B=0$

---

**1** 다음은 이차방정식의 해를 구하는 과정이다. ☐ 안에 알맞은 것을 쓰시오.

(1) $x(x-4)=0$
☐$=0$ 또는 ☐$=0$
$\therefore x=$☐ 또는 $x=$☐

(2) $(x+3)(x-5)=0$
☐$=0$ 또는 ☐$=0$
$\therefore x=$☐ 또는 $x=$☐

(3) $x^2+3x-4=0$의 좌변을 인수분해하면
($\boxed{\phantom{xx}}$)$(x-1)=0$이므로
☐$=0$ 또는 ☐$=0$
$\therefore x=$☐ 또는 $x=$☐

(4) $2x^2+x-6=0$의 좌변을 인수분해하면
$(x+2)(\boxed{\phantom{xx}})=0$이므로
☐$=0$ 또는 ☐$=0$
$\therefore x=$☐ 또는 $x=$☐

**[2~4]** 다음 이차방정식을 인수분해를 이용하여 푸시오.

**2** (1) $x^2-2x=0$ _____

(2) $x^2+3x=0$ _____

(3) $2x^2+8x=0$ _____

**3** (1) $x^2+5x+4=0$ _____

(2) $x^2-7x+10=0$ _____

(3) $x^2=2x+8$ _____

**4** (1) $2x^2-7x+3=0$ _____

(2) $-4x^2+4x+3=0$ _____

(3) $10x^2-6x=4x^2+5x-3$ _____

> 괄호가 있는 이차방정식은 먼저 괄호를 풀어야 해.

**5** 다음 이차방정식을 $ax^2+bx+c=0(a>0)$ 꼴로 나타낸 후 해를 구하시오. (단, $a$, $b$, $c$는 상수)

(1) $x(x+8)=2(x-4)$
$\Rightarrow$ ☐$=0$　　$\therefore$ _____

(2) $2(x^2-1)=3(x+1)$
$\Rightarrow$ ☐$=0$　　$\therefore$ _____

> 먼저 $x=1$을 대입해서 $a$의 값을 구해 봐.

**6** 이차방정식 $x^2+ax+5=0$의 한 근이 $x=1$일 때, 상수 $a$의 값과 다른 한 근을 각각 구하시오.

$a=$_____, $x=$_____

## 유형 3 이차방정식의 중근

(1) **중근**: 이차방정식의 두 해가 중복될 때, 이 해를 **중근**이라고 한다.

예 $x^2+4x+4=0$에서 $(x+2)^2=0$ $\therefore x=-2$ ←중근

(2) **중근을 가질 조건**: 이차방정식이 $\underset{\underset{m(x+n)^2=0}{\longmapsto}}{(완전제곱식)=0}$ 꼴로 나타내어지면 이 이차방정식은 중근을 가진다.

➡ $x^2+ax+b=0$에서 $b=\left(\dfrac{a}{2}\right)^2$이면 $\left(x+\dfrac{a}{2}\right)^2=0$이므로 중근을 가진다.

**1** 다음은 이차방정식의 중근을 구하는 과정이다. □ 안에 알맞은 것을 쓰시오.

(1) $x^2+8x+16=0$

$\Rightarrow (\boxed{\phantom{xx}})^2=0$ $\therefore x=\boxed{\phantom{x}}$

(2) $16x^2-8x+1=0$

$\Rightarrow (\boxed{\phantom{xx}})^2=0$ $\therefore x=\boxed{\phantom{x}}$

(3) $x^2+x+\dfrac{1}{4}=0$

$\Rightarrow \left(\boxed{\phantom{xx}}\right)^2=0$ $\therefore x=\boxed{\phantom{x}}$

**2** 다음 이차방정식을 푸시오.

(1) $(x+5)^2=0$ _____

(2) $(3x-1)^2=0$ _____

(3) $(2x+7)^2=0$ _____

(4) $9x^2-24x+16=0$ _____

(5) $x^2+1=-2x$ _____

(6) $6-x^2=3(2x+5)$ _____

(7) $(x+2)(4x+5)=x+1$ _____

**[3~5]** 다음 이차방정식이 중근을 가질 때, 상수 $k$의 값을 구하시오.

**3** (1) $x^2+4x-k=0$ $\Rightarrow$ $-k=\left(\dfrac{\boxed{\phantom{x}}}{2}\right)^2$

$\therefore k=\boxed{\phantom{x}}$

(2) $x^2-6x+k=0$ _____

(3) $x^2+3x+k=0$ _____

(4) $x^2-x-k=0$ _____

**4** (1) $x^2+kx+4=0$ $\Rightarrow$ $4=\left(\dfrac{\boxed{\phantom{x}}}{2}\right)^2$ $\therefore k=\boxed{\phantom{x}}$

(2) $x^2+kx+25=0$ _____

(3) $x^2+kx+\dfrac{1}{9}=0$ _____

(4) $x^2+kx+\dfrac{9}{16}=0$ _____

**5** (1) $x^2-8x+9-k=0$ _____

(2) $x^2+5kx+4=0$ _____

## 쌍둥이 기출문제

• 정답과 해설 54쪽

형광펜 들고 밑줄 쫙~

**쌍둥이 01**

**1** 다음 중 $x$에 대한 이차방정식인 것은?

① $3x-1=0$
② $x^2-3x+4$
③ $x^2-1=-x^2+3x$
④ $\dfrac{2}{x}+3=0$
⑤ $2x(x-1)=2x^2+3$

**2** 다음 중 $x$에 대한 이차방정식이 <u>아닌</u> 것은?

① $\dfrac{1}{2}x^2=0$
② $(x-5)^2=3x$
③ $4x^2=(3-2x)^2$
④ $(x+1)(x-2)=x$
⑤ $x^3-2x=-2+x^2+x^3$

**쌍둥이 02**

**3** $2x^2+3x-1=ax^2+4$가 $x$에 대한 이차방정식이 되도록 하는 상수 $a$의 조건은?

① $a\neq-2$
② $a\neq-1$
③ $a\neq0$
④ $a\neq1$
⑤ $a\neq2$

**4** $kx^2-5x+1=7x^2+3$이 $x$에 대한 이차방정식일 때, 다음 중 상수 $k$의 값이 될 수 <u>없는</u> 것은?

① 5
② 6
③ 7
④ 8
⑤ 9

**쌍둥이 03**

**5** 다음 중 [ ] 안의 수가 주어진 이차방정식의 해인 것은?

① $x^2-5=0$ [ 5 ]
② $x^2-x-2=0$ [ $-3$ ]
③ $x^2+6x-7=0$ [ $-2$ ]
④ $2x^2-3x-5=0$ [ $-1$ ]
⑤ $3x^2-x-10=0$ [ 3 ]

**6** 다음 중 $x=-2$를 해로 갖는 이차방정식이 <u>아닌</u> 것은?

① $(x+1)(x+2)=0$
② $-x^2+4=0$
③ $3x^2+5x-2=0$
④ $x^2+4x+4=0$
⑤ $x^2+6=2x^2-x-18$

**쌍둥이 04**

**7** 이차방정식 $x^2+5x-1=0$의 한 근이 $x=a$일 때, $a^2+5a-6$의 값은?

① $-5$
② $-4$
③ $-3$
④ $-2$
⑤ $-1$

**8** 이차방정식 $x^2-4x+1=0$의 한 근이 $x=p$일 때, $p^2-4p+3$의 값을 구하시오.

## 쌍둥이 기출문제

쌍둥이 05

**9** 다음 중 이차방정식 $x^2-x-20=0$의 해를 모두 고르면? (정답 2개)

① $x=-5$    ② $x=-4$    ③ $x=4$

④ $x=5$    ⑤ $x=10$

**10** 이차방정식 $2x^2-x-6=0$을 풀면?

① $x=2$ 또는 $x=3$    ② $x=1$ 또는 $x=3$

③ $x=-1$ 또는 $x=2$    ④ $x=-\dfrac{3}{2}$ 또는 $x=2$

⑤ $x=-2$ 또는 $x=\dfrac{3}{2}$

쌍둥이 06

**11** 이차방정식 $x^2-6x+a=0$의 한 근이 $x=-1$일 때, 다른 한 근을 구하시오. (단, $a$는 상수)

서술형

풀이 과정

답

**12** 이차방정식 $3x^2+(a+1)x-a=0$의 한 근이 $x=-3$일 때, 상수 $a$의 값과 다른 한 근은?

① $a=4$, $x=\dfrac{1}{3}$    ② $a=4$, $x=\dfrac{3}{2}$

③ $a=6$, $x=\dfrac{2}{3}$    ④ $a=6$, $x=\dfrac{3}{4}$

⑤ $a=10$, $x=3$

쌍둥이 07

**13** 다음 이차방정식 중 중근을 갖는 것은?

① $x^2+x-6=0$    ② $x^2-6x=0$

③ $x^2-x+\dfrac{1}{4}=0$    ④ $x^2-1=0$

⑤ $x^2-3x+2=0$

**14** 다음 보기의 이차방정식 중 중근을 갖는 것을 모두 고르시오.

보기

ㄱ. $x^2+4x=0$      ㄴ. $x^2+9=6x$

ㄷ. $x^2=16$      ㄹ. $(x+4)^2=1$

ㅁ. $4x^2-12x+9=0$      ㅂ. $x^2-3x=-5x+8$

쌍둥이 08

**15** 이차방정식 $x^2-4x+m-5=0$이 중근을 가질 때, 상수 $m$의 값은?

① $-9$    ② $-8$    ③ $4$

④ $6$    ⑤ $9$

**16** 이차방정식 $x^2-12x+25-k=0$이 중근을 가질 때, 상수 $k$의 값과 그 중근을 각각 구하시오.

## 유형 4 제곱근을 이용한 이차방정식의 풀이

(1) 이차방정식 $x^2=q\,(q\geq 0)$의 해
➡ $x=\pm\sqrt{q}$

$x^2=4$
$\therefore\ x=\pm\sqrt{4}=\pm 2$ ┐ 제곱근을 이용하기

(2) 이차방정식 $(x-p)^2=q\,(q\geq 0)$의 해
➡ $x-p=\pm\sqrt{q}$ ➡ $x=p\pm\sqrt{q}$

$(x-1)^2=2$
$x-1=\pm\sqrt{2}$ ┐ 제곱근을 이용하기
$\therefore\ x=1\pm\sqrt{2}$ ┘ 좌변에 $x$만 남기기

---

**1** 다음은 제곱근을 이용하여 이차방정식의 해를 구하는 과정이다. ☐ 안에 알맞은 수를 쓰시오.

(1) $x^2=9$
$\therefore\ x=\pm\boxed{\phantom{0}}$

(2) $x^2=12$
$\therefore\ x=\pm\boxed{\phantom{0}}$

(3) $2x^2=48$
$x^2=\boxed{\phantom{0}}$ $\therefore\ x=\pm\boxed{\phantom{0}}$

(4) $3x^2=54$
$x^2=\boxed{\phantom{0}}$ $\therefore\ x=\pm\boxed{\phantom{0}}$

**2** 다음 이차방정식을 제곱근을 이용하여 푸시오.

(1) $x^2-5=0$ _____

(2) $x^2-81=0$ _____

(3) $3x^2-81=0$ _____

(4) $4x^2-100=0$ _____

(5) $9x^2-5=8$ _____

(6) $6x^2-1=6$ _____

**3** 다음은 제곱근을 이용하여 이차방정식의 해를 구하는 과정이다. ☐ 안에 알맞은 수를 쓰시오.

(1) $(x+4)^2=5$
$x+4=\pm\boxed{\phantom{0}}$ $\therefore\ x=\boxed{\phantom{0}}\pm\boxed{\phantom{0}}$

(2) $4(x-3)^2=8$
$(x-3)^2=\boxed{\phantom{0}}$
$x-3=\pm\boxed{\phantom{0}}$ $\therefore\ x=\boxed{\phantom{0}}\pm\boxed{\phantom{0}}$

**4** 다음 이차방정식을 제곱근을 이용하여 푸시오.

(1) $(x-3)^2=25$ _____

(2) $(x+2)^2=8$ _____

(3) $3(x-5)^2=18$ _____

(4) $2(x+3)^2=54$ _____

(5) $2(x-1)^2-8=0$ _____

(6) $5(x+4)^2-30=0$ _____

> 먼저 이차방정식의 해를 구한 후 주어진 해와 비교해 봐.

**5** 이차방정식 $(x+a)^2=5$의 해가 $x=-3\pm\sqrt{5}$일 때, 유리수 $a$의 값을 구하시오. _____

## 유형 **5** 완전제곱식을 이용한 이차방정식의 풀이

개념편 110쪽

$2x^2-24x+8=0$     ❶ $x^2$의 계수를 1로 만든다.

$x^2-12x+4=0$     ❷ 상수항을 우변으로 이항한다.

$x^2-12x=-4$     ❸ 양변에 $\left(\dfrac{x\text{의 계수}}{2}\right)^2$을 더한다.

$x^2-12x+\left(\dfrac{-12}{2}\right)^2=-4+\left(\dfrac{-12}{2}\right)^2$     ❹ 좌변을 완전제곱식으로 고친다.

$(x-6)^2=32$     ❺ 제곱근을 이용한다.

$x-6=\pm\sqrt{32}=\pm 4\sqrt{2}$     ❻ 해를 구한다.

$\therefore x=6\pm 4\sqrt{2}$

> 이차방정식의 좌변을 인수분해할 수 없을 때는 (완전제곱식)=(상수) 꼴로 고친 후 제곱근을 이용하여 해를 구한다.

---

**1** 다음은 이차방정식을 $(x-p)^2=q$ 꼴로 나타내는 과정이다. ☐ 안에 알맞은 수를 쓰시오.

(단, $p$, $q$는 상수)

(1)
$x^2-x-1=0$

$x^2-x=1$

$x^2-x+\boxed{\phantom{x}}=1+\boxed{\phantom{x}}$   ┐ 양변에 $\left(\dfrac{x\text{의 계수}}{2}\right)^2$을 더한다.

$\Rightarrow \left(x-\boxed{\phantom{x}}\right)^2=\boxed{\phantom{x}}$

(2)
$9x^2-6x-1=0$

$x^2-\boxed{\phantom{x}}x-\boxed{\phantom{x}}=0$   ┐ 양변을 $x^2$의 계수 9로 나눈다.

$x^2-\boxed{\phantom{x}}x=\boxed{\phantom{x}}$

$x^2-\boxed{\phantom{x}}x+\boxed{\phantom{x}}=\boxed{\phantom{x}}$   ┐ 양변에 $\left(\dfrac{x\text{의 계수}}{2}\right)^2$을 더한다.

$\Rightarrow \left(x-\boxed{\phantom{x}}\right)^2=\boxed{\phantom{x}}$

**2** 다음은 완전제곱식을 이용하여 이차방정식의 해를 구하는 과정이다. ☐ 안에 알맞은 수를 쓰시오.

$4x^2-16x-8=0 \Rightarrow$   ❶ $x^2-\boxed{\phantom{x}}x-\boxed{\phantom{x}}=0$

❷ $x^2-\boxed{\phantom{x}}x=\boxed{\phantom{x}}$

❸ $x^2-\boxed{\phantom{x}}x+\boxed{\phantom{x}}=2+\boxed{\phantom{x}}$

❹ $(x-\boxed{\phantom{x}})^2=\boxed{\phantom{x}}$

❺ $x-\boxed{\phantom{x}}=\pm\sqrt{\boxed{\phantom{x}}}$

❻ $\therefore x=\boxed{\phantom{x}}$

**3** 2번과 같이 완전제곱식을 이용하여 다음 이차방정식을 푸시오.

$2x^2+2x-1=0 \Rightarrow$   ❶ _____

❷ _____

❸ _____

❹ _____

❺ _____

❻ $\therefore$ _____

> 먼저 주어진 식을 $(x-p)^2=q$ 꼴로 나타내 봐.

**4** 다음 이차방정식을 완전제곱식을 이용하여 푸시오.

(1) $x^2+4x+1=0$    _____

(2) $x^2-2x-9=0$    _____

(3) $x^2-6x+4=0$    _____

(4) $3x^2-6x-15=0$    _____

(5) $5x^2-20x-30=0$    _____

(6) $2x^2=-4x+1$    _____

## 유형 6 이차방정식의 근의 공식

개념편 112쪽

(1) 이차방정식 $ax^2+bx+c=0\,(a\neq0)$의 해는

$$\Rightarrow x=\frac{-b\pm\sqrt{b^2-4ac}}{2a}\ (단,\ b^2-4ac\geq0)$$

예 이차방정식 $x^2+7x-3=0$에서

$a=1,\ b=7,\ c=-3$이므로

$$x=\frac{-7\pm\sqrt{7^2-4\times1\times(-3)}}{2\times1}=\frac{-7\pm\sqrt{61}}{2}$$

(2) 이차방정식 $ax^2+2b'x+c=0\,(a\neq0)$의 해는 ← 일차항의 계수가 짝수

$$\Rightarrow x=\frac{-b'\pm\sqrt{b'^2-ac}}{a}\ (단,\ b'^2-ac\geq0)$$

예 이차방정식 $x^2-4x+2=0$에서

$a=1,\ b'=-2,\ c=2$이므로

$$x=\frac{-(-2)\pm\sqrt{(-2)^2-1\times2}}{1}=2\pm\sqrt{2}$$

---

**1** 다음은 근의 공식을 이용하여 이차방정식의 해를 구하는 과정이다. ☐ 안에 알맞은 수를 쓰시오.

(1) $x^2-3x-2=0$

근의 공식에 $a=\boxed{\phantom{0}}$, $b=\boxed{\phantom{0}}$, $c=\boxed{\phantom{0}}$을(를) 대입하면

$$x=\frac{-(\boxed{\phantom{0}})\pm\sqrt{(\boxed{\phantom{0}})^2-4\times\boxed{\phantom{0}}\times(\boxed{\phantom{0}})}}{2\times\boxed{\phantom{0}}}$$

$$=\frac{\boxed{\phantom{0}}\pm\sqrt{\boxed{\phantom{0}}}}{\boxed{\phantom{0}}}$$

(2) $2x^2+3x-3=0$

근의 공식에 $a=\boxed{\phantom{0}}$, $b=\boxed{\phantom{0}}$, $c=\boxed{\phantom{0}}$을(를) 대입하면

$$x=\frac{-\boxed{\phantom{0}}\pm\sqrt{\boxed{\phantom{0}}^2-4\times\boxed{\phantom{0}}\times(\boxed{\phantom{0}})}}{2\times\boxed{\phantom{0}}}$$

$$=\boxed{\phantom{0}}$$

(3) $3x^2-7x+1=0$

근의 공식에 $a=\boxed{\phantom{0}}$, $b=\boxed{\phantom{0}}$, $c=\boxed{\phantom{0}}$을(를) 대입하면

$$x=\frac{-(\boxed{\phantom{0}})\pm\sqrt{(\boxed{\phantom{0}})^2-4\times\boxed{\phantom{0}}\times\boxed{\phantom{0}}}}{2\times\boxed{\phantom{0}}}$$

$$=\boxed{\phantom{0}}$$

---

**2** 다음은 일차항의 계수가 짝수인 이차방정식의 해를 구하는 과정이다. ☐ 안에 알맞은 수를 쓰시오.

(1) $x^2+6x-1=0$

일차항의 계수가 짝수일 때의 근의 공식에 $a=\boxed{\phantom{0}}$, $b'=\boxed{\phantom{0}}$, $c=\boxed{\phantom{0}}$을(를) 대입하면

$$x=\frac{-\boxed{\phantom{0}}\pm\sqrt{\boxed{\phantom{0}}^2-\boxed{\phantom{0}}\times(\boxed{\phantom{0}})}}{\boxed{\phantom{0}}}$$

$$=\boxed{\phantom{0}}$$

(2) $5x^2-8x+2=0$

일차항의 계수가 짝수일 때의 근의 공식에 $a=\boxed{\phantom{0}}$, $b'=\boxed{\phantom{0}}$, $c=\boxed{\phantom{0}}$을(를) 대입하면

$$x=\frac{-(\boxed{\phantom{0}})\pm\sqrt{(\boxed{\phantom{0}})^2-5\times\boxed{\phantom{0}}}}{\boxed{\phantom{0}}}$$

$$=\boxed{\phantom{0}}$$

---

**3** 다음 이차방정식을 근의 공식을 이용하여 푸시오.

(1) $x^2-9x-9=0$　＿＿＿＿＿＿

(2) $x^2-6x+7=0$　＿＿＿＿＿＿

(3) $3x^2+4x-2=0$　＿＿＿＿＿＿

(4) $4x^2-7x+2=0$　＿＿＿＿＿＿

## 유형 **7** 여러 가지 이차방정식의 풀이

(1) 괄호가 있는 경우: 식을 전개하여 $ax^2+bx+c=0$ 꼴로 고친다.

(2) 계수가 소수 또는 분수인 경우

   ① 계수에 소수가 있으면 양변에 10의 거듭제곱을 곱하여 계수를 정수로 고쳐서 푼다.

   ② 계수에 분수가 있으면 양변에 분모의 최소공배수를 곱하여 계수를 정수로 고쳐서 푼다.

(3) 공통부분이 있는 경우: (공통부분)$=A$로 놓고 $aA^2+bA+c=0$ 꼴로 고친다.

**[1~4]** 다음 이차방정식을 푸시오.

**1** (1) $(x-5)(x+3)=2$

> 좌변을 전개하면
> $x^2-\boxed{\phantom{0}}x-\boxed{\phantom{0}}=2$
> 모든 항을 좌변으로 이항하여 정리하면
> $x^2-\boxed{\phantom{0}}x-\boxed{\phantom{0}}=0$
> 근의 공식을 이용하면 $x=\boxed{\phantom{00}}$

(2) $(x-2)^2=2x^2-8$ _____

(3) $(3x+1)(2x-1)=2x^2+x$ _____

**2** (1) $x^2-0.3x-0.1=0$

> 양변에 $\boxed{\phantom{0}}$을(를) 곱하면
> $\boxed{\phantom{0}}x^2-\boxed{\phantom{0}}x-\boxed{\phantom{0}}=0$
> 좌변을 인수분해하면
> $(\boxed{\phantom{0}}x+\boxed{\phantom{0}})(\boxed{\phantom{0}}x-\boxed{\phantom{0}})=0$
> $\therefore x=\boxed{\phantom{0}}$ 또는 $x=\boxed{\phantom{0}}$

(2) $0.1x^2-1.2x+0.8=0$ _____

(3) $0.3x^2-x+0.8=0$ _____

**3** (1) $\dfrac{1}{2}x^2+\dfrac{5}{6}x-\dfrac{1}{3}=0$

> 양변에 $\boxed{\phantom{0}}$을(를) 곱하면
> $\boxed{\phantom{0}}x^2+\boxed{\phantom{0}}x-\boxed{\phantom{0}}=0$
> 좌변을 인수분해하면
> $(x+\boxed{\phantom{0}})(\boxed{\phantom{0}}x-\boxed{\phantom{0}})=0$
> $\therefore x=\boxed{\phantom{0}}$ 또는 $x=\boxed{\phantom{0}}$

(2) $\dfrac{1}{4}x^2-\dfrac{1}{3}x-\dfrac{1}{6}=0$ _____

(3) $0.5x^2+\dfrac{1}{6}x-\dfrac{1}{3}=0$ _____

> (공통부분)$=A$로 놓고 생각해 봐.

**4** (1) $(x-2)^2-4(x-2)-5=0$

> $x-2=A$로 놓으면 $A^2-\boxed{\phantom{0}}A-\boxed{\phantom{0}}=0$
> 좌변을 인수분해하면
> $(A+1)(A-\boxed{\phantom{0}})=0$
> $\therefore A=-1$ 또는 $A=\boxed{\phantom{0}}$
> 즉, $x-2=-1$ 또는 $x-2=\boxed{\phantom{0}}$   ⌐$A$에 원래의 식 대입
> $\therefore x=\boxed{\phantom{0}}$ 또는 $x=\boxed{\phantom{0}}$

(2) $(x-3)^2-7(x-3)+10=0$ _____

(3) $6(x+1)^2+5(x+1)-1=0$ _____

## 한 번 더 연습  유형 4~7

**1** 다음 이차방정식을 제곱근을 이용하여 푸시오.

(1) $x^2-15=0$ _____

(2) $4x^2=32$ _____

(3) $3x^2-84=0$ _____

(4) $49x^2-81=0$ _____

(5) $(x+1)^2=12$ _____

(6) $2(x-5)^2=20$ _____

**2** 다음 이차방정식을 완전제곱식을 이용하여 푸시오.

(1) $x^2-8x+5=0$ _____

(2) $x^2+6x-1=0$ _____

(3) $2x^2-16x-3=0$ _____

(4) $5x^2-10x+1=0$ _____

(5) $3x^2-8x+1=0$ _____

(6) $-2x^2-8x+7=0$ _____

**3** 다음 이차방정식을 근의 공식을 이용하여 푸시오.

(1) $x^2+3x-6=0$ _____

(2) $x^2-x-4=0$ _____

(3) $x^2-8x+3=0$ _____

(4) $2x^2+5x-2=0$ _____

(5) $3x^2-2x-3=0$ _____

(6) $5x^2-12x+6=0$ _____

**4** 다음 이차방정식을 푸시오.

(1) $(x-3)^2=x-1$ _____

(2) $0.2x^2+0.3x-0.5=0$ _____

(3) $\frac{1}{2}x^2-\frac{3}{4}x+\frac{1}{6}=0$ _____

(4) $\frac{x(x-3)}{4}=\frac{1}{2}$ _____

(5) $\frac{2}{5}x^2+x+0.3=0$ _____

(6) $(x-3)^2-5(x-3)+4=0$ _____

# 쌍둥이 기출문제

형광펜 들고 밑줄 좍~

## 쌍둥이 01

**1** 이차방정식 $3(x-5)^2=9$의 해는?

① $x=-3\pm\sqrt{3}$  ② $x=3\pm\sqrt{3}$

③ $x=5\pm\sqrt{3}$  ④ $x=\dfrac{1}{5}\pm\sqrt{5}$

⑤ $x=5\pm\sqrt{5}$

**2** 이차방정식 $2(x-2)^2=20$의 해가 $x=a\pm\sqrt{b}$일 때, 유리수 $a$, $b$에 대하여 $a+b$의 값을 구하시오.

## 쌍둥이 02

**3** 이차방정식 $(x+a)^2=7$의 해가 $x=4\pm\sqrt{b}$일 때, 유리수 $a$, $b$에 대하여 $a+b$의 값을 구하시오.

**4** 이차방정식 $4(x-a)^2=b$의 해가 $x=3\pm\sqrt{5}$일 때, 유리수 $a$, $b$에 대하여 $b-a$의 값을 구하시오.

## 쌍둥이 03

**5** 이차방정식 $x^2-8x+6=0$을 $(x+p)^2=q$ 꼴로 나타낼 때, 상수 $p$, $q$에 대하여 $p+q$의 값을 구하시오.

**6** 이차방정식 $2x^2-8x+5=0$을 $(x+A)^2=B$ 꼴로 나타낼 때, 상수 $A$, $B$에 대하여 $AB$의 값은?

① $-3$  ② $-2$  ③ $-1$

④ $2$  ⑤ $3$

## 쌍둥이 04

**7** 다음은 완전제곱식을 이용하여 이차방정식의 해를 구하는 과정이다. ☐ 안에 들어갈 수로 옳지 <u>않은</u> 것은?

$$x^2+6x+7=0$$
$$x^2+6x=-7$$
$$x^2+6x+\boxed{①}=-7+\boxed{②}$$
$$(x+3)^2=\boxed{③}$$
$$x+3=\boxed{④}$$
$$\therefore x=\boxed{⑤}$$

① $9$  ② $-9$  ③ $2$

④ $\pm\sqrt{2}$  ⑤ $-3\pm\sqrt{2}$

**8** 다음은 완전제곱식을 이용하여 이차방정식 $x^2-4x+1=0$의 해를 구하는 과정이다. 상수 $a$, $b$, $c$의 값을 각각 구하시오.

$$x^2-4x+1=0$$
$$x^2-4x=-1$$
$$x^2-4x+a=-1+a$$
$$(x-b)^2=c$$
$$x-b=\pm\sqrt{c}$$
$$\therefore x=b\pm\sqrt{c}$$

**쌍둥이 05**

**9** 이차방정식 $x^2+5x+3=0$을 근의 공식을 이용하여 풀면 $x=\dfrac{A\pm\sqrt{B}}{2}$이다. 이때 유리수 $A$, $B$의 값은?

① $A=-5$, $B=13$  ② $A=-5$, $B=37$

③ $A=5$, $B=13$  ④ $A=5$, $B=24$

⑤ $A=5$, $B=37$

**10** 이차방정식 $2x^2+3x-4=0$의 근이 $x=\dfrac{A\pm\sqrt{B}}{4}$일 때, 유리수 $A$, $B$에 대하여 $A+B$의 값을 구하시오.

**쌍둥이 06**

**11** 이차방정식 $x^2+7x+a=0$의 해가 $x=\dfrac{b\pm\sqrt{5}}{2}$일 때, 유리수 $a$, $b$에 대하여 $a+b$의 값을 구하시오.

**12** 이차방정식 $2x^2-ax-1=0$의 해가 $x=\dfrac{3\pm\sqrt{b}}{4}$일 때, 유리수 $a$, $b$에 대하여 $b-a$의 값을 구하시오.

서술형

풀이 과정

답

**쌍둥이 07**

**13** 이차방정식 $\dfrac{1}{2}x^2+\dfrac{2}{3}x-\dfrac{3}{4}=0$을 풀면?

① $x=-3\pm2\sqrt{2}$  ② $x=-2\pm3\sqrt{2}$

③ $x=\dfrac{-4\pm\sqrt{70}}{6}$  ④ $x=\dfrac{4\pm\sqrt{70}}{6}$

⑤ $x=\dfrac{-2\pm3\sqrt{2}}{3}$

**14** 다음 이차방정식을 푸시오.

$$\frac{1}{5}x^2+0.3x-\frac{1}{2}=0$$

# 3 이차방정식의 활용

5. 이차방정식

## 유형 8  이차방정식의 근의 개수

개념편 116쪽

| $ax^2+bx+c=0$ | $b^2-4ac$의 부호 | 근의 개수 |
|---|---|---|
| $x^2-x-4=0$ | $(-1)^2-4\times1\times(-4)=17>0$ | 서로 다른 두 근 ➡ 2개 |
| $x^2+2x+1=0$ | $2^2-4\times1\times1=0$ | 한 근(중근) ➡ 1개 |
| $x^2+3x+4=0$ | $3^2-4\times1\times4=-7<0$ | 근이 없다. ➡ 0개 |

$ax^2+bx+c=0$의 근의 개수
⬇
$b^2-4ac$의 부호로 결정

참고 $x$의 계수가 짝수인 이차방정식 $ax^2+2b'x+c=0$에서는 $b^2-4ac$ 대신 $b'^2-ac$를 이용할 수 있다.

**1** 다음 표를 완성하고, 물음에 답하시오.

| $ax^2+bx+c=0$ | $b^2-4ac$의 값 |
|---|---|
| ㄱ. $x^2-5x-6=0$ | $(-5)^2-4\times1\times(-6)=49$ |
| ㄴ. $x^2+5x+10=0$ | |
| ㄷ. $2x^2-x+7=0$ | |
| ㄹ. $3x^2-4x=0$ | |
| ㅁ. $4x^2+9x+2=0$ | |
| ㅂ. $9x^2+12x+4=0$ | |

(1) 서로 다른 두 근을 갖는 이차방정식을 모두 고르시오. _____

(2) 중근을 갖는 이차방정식을 모두 고르시오.
_____

(3) 근을 갖지 않는 이차방정식을 모두 고르시오.
_____

**2** 이차방정식 $x^2-3x-k=0$의 근이 다음과 같을 때, 상수 $k$의 값 또는 범위를 구하시오.

(1) 서로 다른 두 근  _____

(2) 중근  _____

(3) 근이 없다.  _____

**3** 이차방정식 $2x^2-4x+3k=0$의 근이 다음과 같을 때, 상수 $k$의 값 또는 범위를 구하시오.

(1) 서로 다른 두 근  _____

(2) 중근  _____

(3) 근이 없다.  _____

**4** 다음 이차방정식이 해를 가질 때, 상수 $k$의 값의 범위를 구하시오.

(1) $x^2-x+k=0$  _____

(2) $5x^2+8x-k=0$  _____

▶ 이차방정식이 근을 가질 조건
이차방정식 $ax^2+bx+c=0$이 근을 갖는다는 것은 서로 다른 두 근 또는 중근을 갖는다는 뜻이므로 $b^2-4ac\geq0$이어야 한다.

## 유형 9  이차방정식 구하기

개념편 117쪽

(1) 두 근이 $\alpha$, $\beta$이고 $x^2$의 계수가 $a$인 이차방정식은

➡ $a(x-\alpha)(x-\beta)=0$

예 두 근이 ①, ③이고 $x^2$의 계수가 ②인 이차방정식은

②$(x-①)(x-③)=0$

(2) 중근이 $\alpha$이고 $x^2$의 계수가 $a$인 이차방정식은

➡ $a(x-\alpha)^2=0$

예 중근이 ①이고 $x^2$의 계수가 ③인 이차방정식은

③$(x-①)^2=0$

---

**1** 다음 조건을 만족시키는 $x$에 대한 이차방정식을 $ax^2+bx+c=0$ 꼴로 나타내시오.

(단, $a$, $b$, $c$는 상수)

(1) 두 근이 2, 3이고 $x^2$의 계수가 1인 이차방정식

⇨ $(x-\Box)(x-\Box)=0$

⇨ $\boxed{\phantom{xxxxxx}}=0$

(2) 두 근이 $-4$, 3이고 $x^2$의 계수가 1인 이차방정식

(3) 두 근이 2, 7이고 $x^2$의 계수가 2인 이차방정식

(4) 두 근이 3, $-6$이고 $x^2$의 계수가 $-1$인 이차방정식

(5) 두 근이 $-1$, $-5$이고 $x^2$의 계수가 3인 이차방정식

(6) 두 근이 $-\dfrac{1}{2}$, $\dfrac{5}{2}$이고 $x^2$의 계수가 4인 이차방정식

---

**2** 다음 조건을 만족시키는 $x$에 대한 이차방정식을 $ax^2+bx+c=0$ 꼴로 나타내시오.

(단, $a$, $b$, $c$는 상수)

(1) 중근이 2이고 $x^2$의 계수가 1인 이차방정식

⇨ $(x-\Box)^2=0$

⇨ $\boxed{\phantom{xxxxxx}}=0$

(2) 중근이 3이고 $x^2$의 계수가 1인 이차방정식

(3) 중근이 $-8$이고 $x^2$의 계수가 1인 이차방정식

(4) 중근이 1이고 $x^2$의 계수가 $-2$인 이차방정식

(5) 중근이 $-5$이고 $x^2$의 계수가 $-1$인 이차방정식

(6) 중근이 $\dfrac{7}{2}$이고 $x^2$의 계수가 4인 이차방정식

## 유형 **10** 이차방정식의 활용

• 어떤 자연수에서 3을 뺀 다음 제곱한 수는/ 어떤 자연수보다 27만큼 크다고 할 때,/ 어떤 자연수 구하기

| ❶ 미지수 정하기 | 어떤 자연수를 $x$라고 하자. |
|---|---|
| ❷ 이차방정식 세우기 | 어떤 자연수에서 3을 뺀 다음 제곱한 수는 $(x-3)^2$<br>어떤 자연수보다 27만큼 큰 수는 $x+27$<br>방정식을 세우면 $(x-3)^2=x+27$ |
| ❸ 이차방정식 풀기 | $(x-3)^2=x+27$에서 $x^2-6x+9=x+27$<br>$x^2-7x-18=0$, $(x+2)(x-9)=0$    ∴ $x=-2$ 또는 $x=9$<br>이때 $x$는 자연수이므로 $x=9$ |
| ❹ 확인하기 | 어떤 자연수가 9이면 $(9-3)^2=9+27$이므로 문제의 뜻에 맞는다. |

▶식이 주어진 문제
주어진 식을 이용하여 이차방정식을 세운다.

**1** $n$각형의 대각선의 개수는 $\dfrac{n(n-3)}{2}$개일 때, 대각선의 개수가 54개인 다각형을 구하려고 한다. 다음 물음에 답하시오.

(1) 이차방정식을 세우시오.

(2) (1)의 이차방정식을 푸시오.

(3) 대각선의 개수가 54개인 다각형을 구하시오.

▶수에 대한 문제

**2** 어떤 자연수를 제곱해야 할 것을 잘못하여 2배를 하였더니 제곱한 것보다 48만큼 작아졌다고 할 때, 어떤 자연수를 구하려고 한다. 다음 물음에 답하시오.

(1) 어떤 자연수를 $x$라고 할 때, $x$에 대한 이차방정식을 세우시오.

(2) (1)의 이차방정식을 푸시오.

(3) 어떤 자연수를 구하시오.

▶연속하는 수에 대한 문제
• 연속하는 두 자연수
  ⇨ $x$, $x+1$
• 연속하는 두 짝수(홀수)
  ⇨ $x$, $x+2$
• 연속하는 세 자연수
  ⇨ $x-1$, $x$, $x+1$ 또는
    $x$, $x+1$, $x+2$

**3** 연속하는 두 자연수의 제곱의 합이 113일 때, 이 두 자연수를 구하려고 한다. 다음 물음에 답하시오.

(1) 연속하는 두 자연수 중 작은 수를 $x$라고 할 때, $x$에 대한 이차방정식을 세우시오.

(2) (1)의 이차방정식을 푸시오.

(3) 연속하는 두 자연수를 구하시오.

▶실생활에 대한 문제
나이, 사람 수, 개수, 날짜 등
에 대한 문제는 구하는 것을
$x$로 놓고 이차방정식을 세운
다.

**4** 오빠와 동생의 나이의 차는 2살이고 두 사람의 나이의 곱이 224일 때, 동생의 나이를 구하려고 한다. 다음 물음에 답하시오.

(1) 이차방정식을 세우시오.
⇨ 동생의 나이를 $x$살이라고 하면 오빠의 나이는 (⬜⬜⬜)살
⇨ 이차방정식: _____

(2) (1)의 이차방정식을 푸시오. _____

(3) 동생의 나이를 구하시오. _____

**5** 볼펜 180자루를 남김없이 학생들에게 똑같이 나누어 주었더니 한 학생이 받은 볼펜의 개수가 전체 학생 수보다 3만큼 적었을 때, 학생 수를 구하려고 한다. 다음 물음에 답하시오.

(1) 이차방정식을 세우시오.
⇨ 학생 수를 $x$명이라고 하면
한 학생이 받은 볼펜의 개수는 (⬜⬜⬜)개
⇨ 이차방정식: _____

(2) (1)의 이차방정식을 푸시오. _____

(3) 학생 수를 구하시오. _____

▶쏘아 올린 물체에 대한 문제
(1) 쏘아 올린 물체의 높이가
$h$ m인 경우는 올라갈 때
와 내려올 때 두 번 생긴다.
(단, 가장 높이 올라간 경
우는 제외한다.)
(2) 물체가 지면에 떨어졌을
때의 높이는 0 m이다.

**6** 지면에서 지면에 수직인 방향으로 초속 40 m로 쏘아 올린 공의 $x$초 후의 지면으로부터의 높이는 $(-5x^2+40x)$ m라고 한다. 이 공의 높이가 처음으로 60 m가 되는 것은 공을 쏘아 올린 지 몇 초 후인지 구하려고 할 때, 다음 물음에 답하시오.

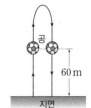

(1) $x$에 대한 이차방정식을 세우시오. _____

(2) (1)의 이차방정식을 푸시오. _____

(3) 이 공의 높이가 처음으로 60 m가 되는 것은 공을 쏘아 올린 지 몇 초 후인지 구하시오. _____

▶ 도형에 대한 문제
• (삼각형의 넓이)
   $=\dfrac{1}{2}\times$(밑변의 길이)$\times$(높이)
• (직사각형의 넓이)
   $=$(가로의 길이)$\times$(세로의 길이)
• (원의 넓이)
   $=\pi\times$(반지름의 길이)$^2$

**7** 높이가 밑변의 길이보다 5 cm 긴 삼각형의 넓이가 33 cm$^2$일 때, 삼각형의 밑변의 길이를 구하려고 한다. 다음 물음에 답하시오.

(1) 이차방정식을 세우시오.
⇨ 밑변의 길이를 $x$ cm라고 하면 높이는 ([＿＿＿＿]) cm
⇨ 이차방정식: _____

(2) (1)의 이차방정식을 푸시오. _____

(3) 삼각형의 밑변의 길이를 구하시오. _____

▶ 변의 길이를 줄이거나 늘인 도형에 대한 문제
한 변의 길이가 $x$ cm인 정사각형의 가로의 길이를 $a$ cm만큼 늘이고, 세로의 길이를 $b$ cm만큼 줄인 직사각형의 넓이
⇨ $(x+a)(x-b)$ cm$^2$

**8** 오른쪽 그림과 같이 한 변의 길이가 $x$ cm인 정사각형을 가로의 길이는 2 cm 늘이고, 세로의 길이는 1 cm 줄여서 넓이가 40 cm$^2$인 직사각형을 만들었다고 한다. 다음 물음에 답하시오.

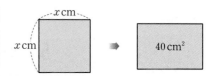

(1) $x$에 대한 이차방정식을 세우시오.
⇨ 새로 만든 직사각형의 가로의 길이는 ([＿＿＿＿]) cm,
세로의 길이는 ([＿＿＿＿]) cm
⇨ 이차방정식: _____

(2) (1)의 이차방정식을 푸시오. _____

(3) $x$의 값을 구하시오. _____

▶ 길의 폭에 대한 문제

⇨ (색칠한 부분의 넓이)
   $=(a-x)(b-x)$

**9** 오른쪽 그림과 같이 가로와 세로의 길이가 각각 40 m, 20 m인 직사각형 모양의 땅에 폭이 $x$ m로 일정한 십자형의 길을 만들었다. 길을 제외한 땅의 넓이가 576 m$^2$일 때, 다음 물음에 답하시오.

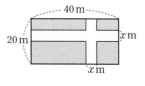

(1) $x$에 대한 이차방정식을 세우시오.
⇨ 길을 제외한 땅의 가로의 길이는 ([＿＿＿＿]) m, 세로의 길이는 ([＿＿＿＿]) m
⇨ 이차방정식: _____

(2) (1)의 이차방정식을 푸시오. _____

(3) $x$의 값을 구하시오. _____

**한 번 더 연습**  유형 10

**1** 자연수 1부터 $n$까지의 합은 $\dfrac{n(n+1)}{2}$일 때, 합이 153이 되려면 1부터 얼마까지의 자연수를 더해야 하는지 구하려고 한다. 다음 물음에 답하시오.

(1) 이차방정식을 세우시오. _____

(2) 1부터 얼마까지의 자연수를 더해야 하는지 구하시오. _____

**2** 연속하는 두 짝수의 곱이 288일 때, 다음 물음에 답하시오.

(1) 연속하는 두 짝수 중 작은 수를 $x$라고 할 때, $x$에 대한 이차방정식을 세우시오.

_____

(2) 연속하는 두 짝수를 구하시오.

_____

**3** 어느 달의 달력에서 둘째 주 수요일의 날짜와 셋째 주 수요일의 날짜의 곱이 198일 때, 다음 물음에 답하시오.

(1) 둘째 주 수요일의 날짜를 $x$일이라고 할 때, 이차방정식을 세우시오. _____

(2) 셋째 주 수요일의 날짜를 구하시오.

_____

**4** 지면으로부터 60 m 높이의 건물 옥상에서 초속 20 m로 똑바로 위로 던져 올린 공의 $x$초 후의 지면으로부터의 높이는 $(-5x^2+20x+60)$ m라고 한다. 이 공이 지면에 떨어지는 것은 공을 던져 올린 지 몇 초 후인지 구하려고 할 때, 다음 물음에 답하시오.

(1) $x$에 대한 이차방정식을 세우시오.

_____

(2) 이 공이 지면에 떨어지는 것은 공을 던져 올린 지 몇 초 후인지 구하시오.

_____

**5** 다음 그림과 같이 길이가 14 cm인 $\overline{AB}$ 위에 점 P를 잡아 $\overline{AP}$, $\overline{BP}$를 각각 한 변으로 하는 크기가 서로 다른 두 개의 정사각형을 만들었다. 두 정사각형의 넓이의 합이 106 cm²일 때, 물음에 답하시오.

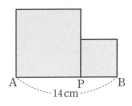

(1) 큰 정사각형의 한 변의 길이를 $x$ cm라고 할 때, 작은 정사각형의 한 변의 길이를 $x$에 대한 식으로 나타내시오. _____

(2) $x$에 대한 이차방정식을 세우시오.

_____

(3) 큰 정사각형의 한 변의 길이를 구하시오.

_____

## 쌍둥이 기출문제

형광펜 들고 밑줄 좍~

### 쌍둥이 01

**1** 다음 이차방정식 중 서로 다른 두 근을 갖는 것을 모두 고르면? (정답 2개)

① $x^2+6x+9=0$   ② $x^2-3x+2=0$

③ $x^2-4x=-4$   ④ $2x^2-5x+1=0$

⑤ $3x^2-4x+2=0$

**2** 다음 이차방정식 중 근의 개수가 나머지 넷과 <u>다른</u> 하나는?

① $x^2-1=0$   ② $x^2-4x+2=0$

③ $2x^2-7x+3=0$   ④ $3x^2-2x-1=0$

⑤ $4x^2+3x+1=0$

### 쌍둥이 02

**3** 이차방정식 $9x^2-6x+k=0$이 서로 다른 두 근을 가질 때, 상수 $k$의 값의 범위는?

① $k>-4$   ② $k>-2$   ③ $k\leq1$

④ $k<1$   ⑤ $k>1$

**4** 이차방정식 $4x^2+28x+3k+1=0$이 해를 갖도록 하는 가장 큰 정수 $k$의 값을 구하시오.

### 쌍둥이 03

**5** 이차방정식 $4x^2-6x+k+2=0$이 중근을 가질 때, 상수 $k$의 값을 구하시오.

**6** 이차방정식 $2x^2+5x=17x-a$가 중근을 가질 때, 상수 $a$의 값을 구하시오.

### 쌍둥이 04

**7** 이차방정식 $x^2+mx+n=0$의 두 근이 $-3$, 2일 때, 상수 $m$, $n$에 대하여 $m+n$의 값을 구하시오.

**8** 이차방정식 $2x^2+px+q=0$의 두 근이 $-1$, 5일 때, 상수 $p$, $q$의 값을 각각 구하시오.

**9** 이차방정식 $x^2+ax+b=0$에서 일차항의 계수와 상수항을 서로 바꾸어 풀었더니 해가 $x=-2$ 또는 $x=4$이었다. 이때 처음 이차방정식의 해는?

(단, $a$, $b$는 상수)

① $x=-4\pm2\sqrt{3}$      ② $x=-4\pm3\sqrt{2}$

③ $x=4\pm2\sqrt{3}$      ④ $x=4\pm3\sqrt{2}$

⑤ $x=8-3\sqrt{2}$

**10** 이차방정식 $x^2+kx+k+1=0$의 일차항의 계수와 상수항을 서로 바꾸어 풀었더니 한 근이 $x=2$이었다. 이때 처음 이차방정식의 해를 구하시오.

(단, $k$는 상수)

풀이 과정

답

**11** 연속하는 두 자연수의 제곱의 합이 41일 때, 이 두 자연수의 곱은?

① 12      ② 16      ③ 20

④ 30      ⑤ 42

**12** 연속하는 세 자연수 중 가장 큰 수의 제곱이 다른 두 수의 제곱의 합과 같을 때, 이 세 자연수 중 가장 작은 수를 구하시오.

**13** 형과 동생의 나이 차는 4살이고, 형의 나이의 제곱은 동생의 나이의 제곱의 3배보다 8만큼 적을 때, 동생의 나이를 구하시오.

**14** 공책 140권을 남김없이 학생들에게 똑같이 나누어 주려고 한다. 한 학생이 받은 공책의 수가 학생 수보다 4만큼 적을 때, 학생 수를 구하시오.

## 쌍둥이 기출문제

**15** 지면에서 지면에 수직인 방향으로 초속 70 m로 쏘아 올린 물 로켓의 $t$초 후의 지면으로부터의 높이는 $(-5t^2+70t)$ m라고 한다. 이 물 로켓의 높이가 240 m가 되는 것은 물 로켓을 쏘아 올린 지 몇 초 후인지 구하시오.

**16** 지면으로부터 40 m 높이의 건물 꼭대기에서 초속 20 m로 똑바로 위로 쏘아 올린 폭죽의 $x$초 후의 지면으로부터의 높이는 $(40+20x-5x^2)$ m라고 한다. 이 폭죽은 지면으로부터의 높이가 60 m인 지점에 도달하면 터진다고 할 때, 폭죽이 터지는 것은 폭죽을 쏘아 올린 지 몇 초 후인가?

① 2초 후      ② 3초 후      ③ 4초 후

④ 5초 후      ⑤ 6초 후

**17** 오른쪽 그림과 같이 한 변의 길이가 $x$ m인 정사각형 모양의 밭을 가로의 길이는 4 m만큼 늘이고, 세로의 길이는 3 m 만큼 줄여서 직사각형 모양으로 만들었더니 그 넓이가 60 m²가 되었다. 이때 $x$의 값은?

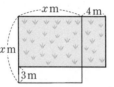

① 6          ② 7          ③ 8

④ 9          ⑤ 10

**18** 어떤 정사각형의 가로와 세로의 길이를 각각 3 cm, 2 cm만큼 늘여서 만든 직사각형의 넓이가 처음 정사각형의 넓이의 2배일 때, 처음 정사각형의 한 변의 길이를 구하시오.

서술형

풀이 과정

답

**19** 다음 그림과 같이 가로와 세로의 길이가 각각 50 m, 30 m인 직사각형 모양의 땅에 폭이 일정한 십자형의 도로를 만들려고 한다. 도로를 제외한 땅의 넓이가 1196 m²가 되도록 할 때, 도로의 폭을 구하시오.

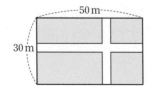

**20** 다음 그림과 같이 가로의 길이가 15 m, 세로의 길이가 10 m인 직사각형 모양의 꽃밭에 폭이 일정한 길을 만들었다. 길을 제외한 꽃밭의 넓이가 84 m²일 때, $x$의 값을 구하시오.

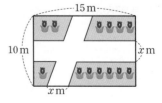

**단원 마무리**

**1** 다음 보기 중 $x$에 대한 이차방정식인 것을 모두 고른 것은?

▶ 이차방정식 찾기

> 보기
>
> ㄱ. $x^2-4x+3$　　　　ㄴ. $(x+1)(x+2)=3$　　　ㄷ. $x^2+5=x(x-3)$
>
> ㄹ. $(2-x)^2-x^2=0$　　　ㅁ. $\dfrac{1}{x^2}+\dfrac{1}{x}+1=0$　　　ㅂ. $x^2(x+1)=x^3-x+5$

① ㄱ, ㄷ　　　② ㄱ, ㅁ　　　③ ㄴ, ㄹ　　　④ ㄴ, ㅂ　　　⑤ ㄹ, ㅂ

**2** 다음 중 [ ] 안의 수가 주어진 이차방정식의 해인 것은?

▶ 이차방정식의 해

① $x^2-2x-2=0$　　　　[ $-2$ ]　　　　② $x^2-x-6=0$　　　　[ $-3$ ]

③ $2x^2-x-1=0$　　　　[ $-1$ ]　　　　④ $2x^2+x-3=0$　　　　$\left[ -\dfrac{3}{2} \right]$

⑤ $3x^2-7x-6=0$　　　　[ $-2$ ]

**3** 이차방정식 $x^2+10x=56$의 두 근을 $a$, $b$라고 할 때, $a-b$의 값을 구하시오. (단, $a>b$)

▶ 인수분해를 이용한
이차방정식의 풀이

> 서술형

**4** 이차방정식 $ax^2-(2a+1)x+3a-5=0$의 한 근이 $x=1$일 때, 상수 $a$의 값과 다른 한 근을 각각 구하시오.

▶ 한 근이 주어질 때,
다른 한 근 구하기

> 풀이 과정
>
>
>
>
>
>
>
>
>
>
>
>
>
> 답

**5** 이차방정식 $3x^2-8x=x^2-7$을 $(x-p)^2=q$ 꼴로 나타낼 때, 상수 $p$, $q$에 대하여 $pq$의 값을 구하시오.

▶ 완전제곱식을 이용한 이차방정식의 풀이

**6** 이차방정식 $2x^2+6x+a=0$의 근이 $x=\dfrac{b\pm\sqrt{11}}{2}$일 때, 유리수 $a$, $b$의 값은?

① $a=-5$, $b=-6$　　② $a=-1$, $b=-3$　　③ $a=1$, $b=-3$
④ $a=3$, $b=6$　　⑤ $a=5$, $b=3$

▶ 근의 공식을 이용한 이차방정식의 풀이

**7** 이차방정식 $\dfrac{3}{10}x^2+0.2x-\dfrac{1}{5}=0$의 근이 $x=\dfrac{a\pm\sqrt{b}}{3}$일 때, 유리수 $a$, $b$에 대하여 $a+b$의 값은?

① 5　　② 6　　③ 7　　④ 8　　⑤ 9

▶ 여러 가지 이차방정식의 풀이

**8** 다음 이차방정식 중 근의 개수가 나머지 넷과 <u>다른</u> 하나는?

① $x^2-8x+5=0$　　② $2x^2-9x-3=0$　　③ $3x^2+4x-1=0$
④ $4x^2+2x-1=0$　　⑤ $5x^2+7x+8=0$

▶ 이차방정식의 근의 개수

**9** 이차방정식 $x^2+8x+18-k=0$이 중근을 가질 때, 상수 $k$의 값과 그 중근의 합은?

① $-8$　　② $-2$　　③ 2　　④ 6　　⑤ 14

▶ 이차방정식이 중근을 가질 조건

**10** 이차방정식 $2x^2+ax+b=0$의 두 근이 $-\dfrac{1}{2}$, $-1$일 때, 상수 $a$, $b$에 대하여 $a+b$의 값을 구하시오.

이차방정식 구하기

서술형

**11** 연속하는 세 자연수의 제곱의 합이 245일 때, 이 세 자연수의 합을 구하시오.

풀이 과정

답

이차방정식의 활용
– 수

**12** 지면에서 지면에 수직인 방향으로 초속 $45\,\mathrm{m}$로 쏘아 올린 물체의 $t$초 후의 높이가 $(45t-5t^2)\,\mathrm{m}$일 때, 이 물체가 다시 지면에 떨어지는 것은 쏘아 올린 지 몇 초 후인지 구하시오.

이차방정식의 활용
– 쏘아 올린 물체

**13** 오른쪽 그림과 같이 반지름의 길이가 $5\,\mathrm{cm}$인 원에서 반지름의 길이를 늘였더니 색칠한 부분의 넓이가 $39\pi\,\mathrm{cm^2}$가 되었다. 이때 반지름의 길이는 처음보다 몇 $\mathrm{cm}$만큼 늘어났는지 구하시오.

이차방정식의 활용
– 도형

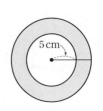

# 6 이차함수와 그 그래프

# 1

### 6. 이차함수와 그 그래프
# 이차함수의 뜻

개념편 132쪽

**유형 1** 이차함수의 뜻

함수 $y=f(x)$에서 $y$가 $x$에 대한 이차식
$$y=ax^2+bx+c\ (a, b, c는 상수, a\neq0)$$
로 나타날 때, 이 함수를 $x$에 대한 **이차함수**라고 한다.

> 예
> • $y=-x^2$, $y=\dfrac{1}{3}x^2$, $y=2x^2-4x+5$ ➡ 이차함수이다.
> • $y=2x-5$, $y=x^3+1$, $y=-\dfrac{2}{x^2}+3$ ➡ 이차함수가 아니다.

**1** 다음 중 $y$가 $x$에 대한 이차함수인 것은 ○표, 이차함수가 <u>아닌</u> 것은 ×표를 ( ) 안에 쓰시오.

(1) $y=2x-4$      ( )

(2) $y=\dfrac{x^2}{5}-1$      ( )

(3) $y=x^3-3x^2$      ( )

(4) $y=\dfrac{2}{x}$      ( )

(5) $y=x^2-(x+1)^2$      ( )

(6) $y=3(x+1)(x-3)$      ( )

> $f(a)$의 값은 $f(x)$에 $x$ 대신 $a$를 대입하면 구할 수 있어.

**3** 이차함수 $f(x)=x^2-2x+1$에 대하여 다음 함숫값을 구하시오.

(1) $f(1)$ _____

(2) $f\left(\dfrac{1}{2}\right)$ _____

(3) $f(-2)-f(3)$ _____

(4) $f(-1)+f(2)$ _____

**2** 다음에서 $y$를 $x$에 대한 식으로 나타내고, $y$가 $x$에 대한 이차함수인 것은 ○표, 이차함수가 <u>아닌</u> 것은 ×표를 ( ) 안에 쓰시오.

(1) 한 변의 길이가 $x$인 정삼각형의 둘레의 길이 $y$

_____ ( )

(2) 윗변의 길이가 $x$, 아랫변의 길이가 $3x$, 높이가 $x$인 사다리꼴의 넓이 $y$

_____ ( )

(3) 둘레의 길이가 $x$인 정사각형의 한 변의 길이 $y$

_____ ( )

(4) 밑면의 반지름의 길이가 $x$, 높이가 10인 원기둥의 부피 $y$

_____ ( )

**4** 이차함수 $f(x)=-4x^2+3x+1$에 대하여 다음 함숫값을 구하시오.

(1) $f(2)$ _____

(2) $f\left(-\dfrac{1}{2}\right)$ _____

(3) $f(-1)+f(1)$ _____

(4) $f(-2)-f(-3)$ _____

# 2 이차함수 $y=ax^2$의 그래프

6. 이차함수와 그 그래프

개념편 134쪽

**유형 2** 이차함수 $y=x^2$의 그래프 / 포물선

(1) 이차함수 $y=x^2$의 그래프

① 원점 O(0, 0)을 지나고, 아래로 볼록한 곡선이다.

② $y$축에 대칭이다.

③ $x<0$일 때, $x$의 값이 증가하면 $y$의 값은 감소한다.

　$x>0$일 때, $x$의 값이 증가하면 $y$의 값도 증가한다.

④ 이차함수 $y=-x^2$의 그래프와 $x$축에 서로 대칭이다.

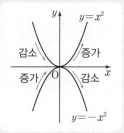

(2) 포물선

이차함수 $y=x^2$, $y=-x^2$의 그래프와 같은 모양의 곡선을 **포물선**이라고 한다.

① 축: 포물선은 선대칭도형이고, 그 대칭축을 포물선의 **축**이라고 한다.

② 꼭짓점: 포물선과 축의 교점을 포물선의 **꼭짓점**이라고 한다.

**[1~2]** 두 이차함수 $y=x^2$, $y=-x^2$에 대하여 다음 물음에 답하시오.

**1** 다음 표를 완성하고, $x$의 값의 범위가 실수 전체일 때 두 이차함수 $y=x^2$, $y=-x^2$의 그래프를 오른쪽 좌표평면 위에 그리시오.

| $x$ | ... | $-3$ | $-2$ | $-1$ | $0$ | $1$ | $2$ | $3$ | ... |
|---|---|---|---|---|---|---|---|---|---|
| $x^2$ | ... | | | | | | | | ... |
| $-x^2$ | ... | | | | | | | | ... |

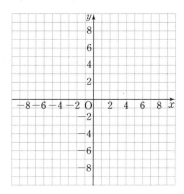

**2** 다음 □ 안에 알맞은 것을 쓰시오.

| | $y=x^2$ | $y=-x^2$ |
|---|---|---|
| (1) 꼭짓점의 좌표 | (□, □) | (□, □) |
| (2) 그래프의 모양 | □로 볼록 | □로 볼록 |
| (3) 지나는 사분면 | 제□, □사분면 | 제□, □사분면 |
| (4) $x>0$일 때, $x$의 값이 증가하면 $y$의 값은 □한다. | □ | □ |

**3** 다음 중 이차함수 $y=x^2$의 그래프 위의 점인 것은 ○표, 아닌 것은 ×표를 ( ) 안에 쓰시오.

(1) $(4, 16)$ 　　　　( 　　 ) 　　　 (2) $\left(\dfrac{1}{3}, -3\right)$ 　　　　( 　　 )

(3) $(-2, -4)$ 　　　( 　　 ) 　　　 (4) $\left(-\dfrac{5}{2}, \dfrac{25}{4}\right)$ 　　( 　　 )

**유형 3** 이차함수 $y=ax^2$의 그래프 개념편 135~136 쪽

(1) 원점 $O(0, 0)$을 꼭짓점으로 하는 포물선이다.
(2) $y$축에 대칭이다. ➡ 축의 방정식: $x=0$($y$축)
(3) $a$의 부호: 그래프의 모양을 결정
   ① $a>0$ ➡ 아래로 볼록
   ② $a<0$ ➡ 위로 볼록
(4) $a$의 절댓값: 그래프의 폭을 결정
   ➡ $a$의 절댓값이 클수록 그래프의 폭이 좁아진다.
(5) 이차함수 $y=-ax^2$의 그래프와 $x$축에 서로 대칭이다.
(6) 이차함수 $y=ax^2$의 그래프에서의 증가·감소
   ① $a>0$ ➡ $x<0$일 때, $x$의 값이 증가하면 $y$의 값은 감소한다.
               $x>0$일 때, $x$의 값이 증가하면 $y$의 값도 증가한다.
   ② $a<0$ ➡ $x<0$일 때, $x$의 값이 증가하면 $y$의 값도 증가한다.
               $x>0$일 때, $x$의 값이 증가하면 $y$의 값은 감소한다.

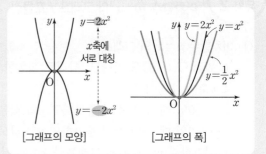

[1~2] 네 이차함수 $y=2x^2$, $y=-2x^2$, $y=\frac{1}{2}x^2$, $y=-\frac{1}{2}x^2$에 대하여 다음 물음에 답하시오.

**1** 다음 표를 완성하고, $x$의 값의 범위가 실수 전체일 때 네 이차함수 $y=2x^2$, $y=-2x^2$, $y=\frac{1}{2}x^2$, $y=-\frac{1}{2}x^2$의 그래프를 오른쪽 좌표평면 위에 그리시오.

| $x$ | ⋯ | $-2$ | $-1$ | $0$ | $1$ | $2$ | ⋯ |
|---|---|---|---|---|---|---|---|
| $2x^2$ | ⋯ | | | | | | ⋯ |
| $-2x^2$ | ⋯ | | | | | | ⋯ |
| $\frac{1}{2}x^2$ | ⋯ | | | | | | ⋯ |
| $-\frac{1}{2}x^2$ | ⋯ | | | | | | ⋯ |

**2** 다음 ☐ 안에 알맞은 것을 쓰시오.

| | $y=2x^2$ | $y=-2x^2$ | $y=\frac{1}{2}x^2$ | $y=-\frac{1}{2}x^2$ |
|---|---|---|---|---|
| (1) 꼭짓점의 좌표 | (☐, ☐) | (☐, ☐) | (☐, ☐) | (☐, ☐) |
| (2) 축의 방정식 | ☐ | ☐ | ☐ | ☐ |
| (3) 그래프의 모양 | ☐로 볼록 | ☐로 볼록 | ☐로 볼록 | ☐로 볼록 |
| (4) $x>0$일 때, $x$의 값이 증가하면 $y$의 값은 ☐한다. | ☐ | ☐ | ☐ | ☐ |
| (5) $x<0$일 때, $x$의 값이 증가하면 $y$의 값은 ☐한다. | ☐ | ☐ | ☐ | ☐ |

**3** 오른쪽 그림에서 다음 이차함수의 그래프로 알맞은 것을 고르시오.

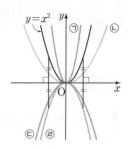

(1) $y=2x^2$　　　　　　　　　　　(2) $y=\dfrac{1}{3}x^2$

(3) $y=-x^2$　　　　　　　　　　　(4) $y=-\dfrac{2}{3}x^2$

$x$축을 접는 선으로 하여 접는다고 생각해 봐.

**4** 다음 이차함수의 그래프와 $x$축에 서로 대칭인 그래프를 그리고, 그 식을 구하시오.

(1) $y=4x^2$ $\xrightarrow[\text{서로 대칭}]{x축에}$ _____

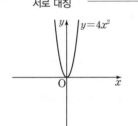

(2) $y=-\dfrac{1}{3}x^2$ $\xrightarrow[\text{서로 대칭}]{x축에}$ _____

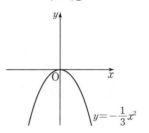

**5** 다음 보기의 이차함수의 그래프에 대하여 물음에 답하시오.

> **보기**
>
> ㄱ. $y=3x^2$　　　ㄴ. $y=-\dfrac{1}{4}x^2$　　　ㄷ. $y=7x^2$　　　ㄹ. $y=\dfrac{1}{3}x^2$　　　ㅁ. $y=-3x^2$

(1) 그래프가 아래로 볼록한 것을 모두 고르시오.

(2) 그래프의 폭이 가장 좁은 것을 고르시오.

(3) 그래프가 $x$축에 서로 대칭인 것끼리 짝 지으시오.

(4) $x<0$일 때, $x$의 값이 증가하면 $y$의 값도 증가하는 것을 모두 고르시오.

**6** 다음 이차함수의 그래프가 주어진 점을 지날 때, 상수 $a$의 값을 구하시오.

(1) $y=2x^2$, $(2,\ a)$　　　　　　　(2) $y=-\dfrac{1}{5}x^2$, $(10,\ a)$

(3) $y=ax^2$, $(1,\ 4)$　　　　　　　(4) $y=-ax^2$, $(-2,\ -8)$

# 쌍둥이 기출문제

형광펜 들고 밑줄 쫙~

**1** 다음 중 $y$가 $x$에 대한 이차함수인 것은?

① $y=2x+1$  　  ② $y=\dfrac{1}{2}$

③ $y=x+3x^2$  　  ④ $y=(x-2)^2-x^2$

⑤ $y=x^2-2x^3+1$

**2** 다음 보기 중 $y$가 $x$에 대한 이차함수인 것의 개수를 구하시오.

| 보기 |

ㄱ. $y=2x^2$  　  ㄴ. $y=x(x+1)$

ㄷ. $y=x^2-(x-3)^2$  　  ㄹ. $y=(x-1)^2+2x-1$

ㅁ. $y=-\dfrac{5}{x^2}$  　  ㅂ. $y=4x(x+2)-4x^2$

**3** 다음 보기 중 $y$가 $x$에 대한 이차함수가 <u>아닌</u> 것을 모두 고르시오.

| 보기 |

ㄱ. 한 변의 길이가 $x$ cm인 정오각형의 둘레의 길이 $y$ cm

ㄴ. 반지름의 길이가 $(x+1)$ cm인 원의 넓이 $y$ cm²

ㄷ. 한 변의 길이가 $x$ cm인 정사각형의 넓이 $y$ cm²

ㄹ. 2점짜리 문제를 $x$개 맞혔을 때의 점수 $y$점

**4** 다음 중 $y$가 $x$에 대한 이차함수인 것은?

① 반지름의 길이가 $5x$인 원의 둘레의 길이 $y$

② 밑변의 길이가 $x$, 높이가 9인 삼각형의 넓이 $y$

③ 자동차가 시속 $80$ km로 $x$시간 동안 달린 거리 $y$ km

④ 세 모서리의 길이가 2, $x$, 3인 직육면체의 부피 $y$

⑤ 밑면의 반지름의 길이가 $x$, 높이가 5인 원기둥의 부피 $y$

**5** 이차함수 $f(x)=-x^2+3x+1$에 대하여 $f(2)+f(1)$의 값은?

① 0  　  ② 2  　  ③ 4

④ 5  　  ⑤ 6

**6** 이차함수 $f(x)=2x^2-5x$에 대하여 $f(-1)-f(1)$의 값을 구하시오.

서술형

풀이 과정

답

**쌍둥이 04**

**7** 다음 이차함수 중 그 그래프의 폭이 가장 넓은 것은?

① $y=4x^2$   ② $y=2x^2$   ③ $y=-3x^2$

④ $y=\dfrac{1}{4}x^2$   ⑤ $y=-\dfrac{1}{2}x^2$

**8** 다음 이차함수 중 그 그래프가 위로 볼록하면서 폭이 가장 좁은 것은?

① $y=2x^2$   ② $y=-x^2$   ③ $y=-3x^2$

④ $y=\dfrac{1}{4}x^2$   ⑤ $y=-\dfrac{2}{3}x^2$

**쌍둥이 05**

**9** 이차함수 $y=ax^2$의 그래프가 오른쪽 그림과 같을 때, 상수 $a$의 값의 범위를 구하시오.

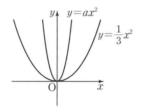

**10** 이차함수 $y=ax^2$의 그래프가 오른쪽 그림과 같을 때, 상수 $a$의 값이 큰 것부터 차례로 나열하시오.

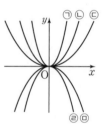

**쌍둥이 06**

**11** 다음 중 이차함수 $y=-\dfrac{1}{3}x^2$의 그래프에 대한 설명으로 옳은 것은?

① 꼭짓점의 좌표는 $(3,\ -3)$이다.
② 아래로 볼록한 포물선이다.
③ 점 $(-3,\ 3)$을 지난다.
④ $y$축에 대칭이다.
⑤ $x<0$일 때, $x$의 값이 증가하면 $y$의 값은 감소한다.

**12** 다음 중 이차함수 $y=ax^2$ ($a$는 상수)의 그래프에 대한 설명으로 옳지 않은 것을 모두 고르면? (정답 2개)

① 꼭짓점의 좌표는 $(0,\ 0)$이다.
② 축의 방정식은 $x=0$이다.
③ $a>0$일 때, 위로 볼록한 포물선이다.
④ $a$의 절댓값이 클수록 그래프의 폭이 좁아진다.
⑤ $y=-ax^2$의 그래프와 $y$축에 서로 대칭이다.

**쌍둥이 07**

**13** 이차함수 $y=ax^2$의 그래프가 두 점 $(2,\ 2)$, $(-6,\ b)$를 지날 때, $b$의 값을 구하시오. (단, $a$는 상수)

**14** 이차함수 $y=ax^2$의 그래프가 두 점 $(3,\ -3)$, $(6,\ b)$를 지날 때, $b$의 값을 구하시오. (단, $a$는 상수)

6. 이차함수와 그 그래프

# 이차함수 $y=a(x-p)^2+q$의 그래프

개념편 138쪽

**유형 4** 이차함수 $y=ax^2+q$의 그래프

$y=ax^2$ $\xrightarrow[\ q\text{만큼 평행이동}\ ]{y\text{축의 방향으로}}$ $y=ax^2+q$

(1) 축의 방정식: $x=0\,(y$축$)$

(2) 꼭짓점의 좌표: $(0,\ q)$

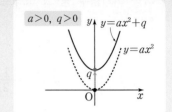

예 이차함수 $y=2x^2+3$의 그래프

➡ $y=2x^2$의 그래프를 $y$축의 방향으로 3만큼 평행이동한 그래프

(1) 축의 방정식: $x=0\,(y$축$)$　　(2) 꼭짓점의 좌표: $(0,\ 3)$

---

**1** 다음 이차함수 $y=ax^2$의 그래프를 $y$축의 방향으로 $q$만큼 평행이동한 그래프를 나타내는 이차함수의 식을 구하시오.

| $y=ax^2$ | $q$ | 이차함수의 식 |
|---|---|---|
| (1) $y=3x^2$ | 5 | |
| (2) $y=5x^2$ | $-7$ | |
| (3) $y=-\dfrac{1}{2}x^2$ | 4 | |
| (4) $y=-4x^2$ | $-3$ | |

**2** 다음 이차함수의 그래프는 $y=ax^2$의 그래프를 $y$축의 방향으로 $q$만큼 평행이동한 것이다. 표의 빈칸을 알맞게 채우시오.

| 이차함수의 식 | $y=ax^2$ | $q$ |
|---|---|---|
| (1) $y=\dfrac{1}{3}x^2-5$ | | |
| (2) $y=2x^2+1$ | | |
| (3) $y=-3x^2-\dfrac{1}{3}$ | | |
| (4) $y=-\dfrac{5}{2}x^2+3$ | | |

**3** 이차함수 $y=\dfrac{1}{4}x^2$의 그래프를 이용하여 다음 이차함수의 그래프를 좌표평면 위에 그리시오.

(1) $y=\dfrac{1}{4}x^2+2$

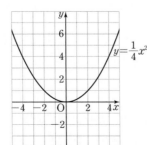

(2) $y=\dfrac{1}{4}x^2-3$

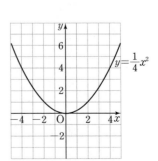

**4** 이차함수 $y=-\dfrac{1}{2}x^2$의 그래프를 이용하여 다음 이차함수의 그래프를 좌표평면 위에 그리시오.

(1) $y=-\dfrac{1}{2}x^2+2$

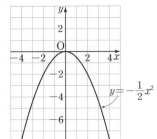

(2) $y=-\dfrac{1}{2}x^2-3$

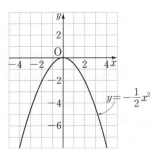

**5** 다음 이차함수의 그래프의 모양, 축의 방정식, 꼭짓점의 좌표를 각각 구하고, 그 그래프를 그리시오.

(1) $y=2x^2-3$

　그래프의 모양: _____

　축의 방정식　 : _____

　꼭짓점의 좌표: _____

(2) $y=\dfrac{1}{5}x^2+3$

　그래프의 모양: _____

　축의 방정식　 : _____

　꼭짓점의 좌표: _____

(3) $y=-x^2-1$

　그래프의 모양: _____

　축의 방정식　 : _____

　꼭짓점의 좌표: _____

(4) $y=-\dfrac{1}{3}x^2+5$

　그래프의 모양: _____

　축의 방정식　 : _____

　꼭짓점의 좌표: _____

**6** 다음 보기의 이차함수의 그래프에 대하여 물음에 답하시오.

┌ 보기 ├
　ㄱ. $y=3x^2+6$　　　　ㄴ. $y=-7x^2-1$　　　　ㄷ. $y=-\dfrac{1}{2}x^2+5$　　　　ㄹ. $y=\dfrac{2}{5}x^2+3$

(1) $x>0$일 때, $x$의 값이 증가하면 $y$의 값도 증가하는 것을 모두 고르시오.

(2) $x>0$일 때, $x$의 값이 증가하면 $y$의 값은 감소하는 것을 모두 고르시오.

(3) $x<0$일 때, $x$의 값이 증가하면 $y$의 값도 증가하는 것을 모두 고르시오.

(4) $x<0$일 때, $x$의 값이 증가하면 $y$의 값은 감소하는 것을 모두 고르시오.

**7** 다음 이차함수의 그래프가 주어진 점을 지날 때, 상수 $a$의 값을 구하시오.

(1) $y=-2x^2-3$, $(3,\ a)$

(2) $y=4x^2+a$, $(2,\ 6)$

(3) $y=ax^2-1$, $(1,\ 4)$

(4) $y=-ax^2+\dfrac{1}{2}$, $\left(4,\ -\dfrac{1}{2}\right)$

## 유형 5 이차함수 $y=a(x-p)^2$의 그래프

개념편 139쪽

$y=ax^2$ $\xrightarrow[\substack{p만큼\ 평행이동}]{x축의\ 방향으로}$ $y=a(x-p)^2$

(1) 축의 방정식: $x=p$

(2) 꼭짓점의 좌표: $(p, 0)$

예 이차함수 $y=2(x-3)^2$의 그래프

➡ $y=2x^2$의 그래프를 $x$축의 방향으로 3만큼 평행이동한 그래프

(1) 축의 방정식: $x=3$  (2) 꼭짓점의 좌표: $(3, 0)$

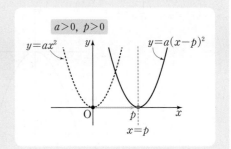

---

**1** 다음 이차함수 $y=ax^2$의 그래프를 $x$축의 방향으로 $p$만큼 평행이동한 그래프를 나타내는 이차함수의 식을 구하시오.

| $y=ax^2$ | $p$ | 이차함수의 식 |
|---|---|---|
| (1) $y=3x^2$ | 5 | |
| (2) $y=5x^2$ | $-7$ | |
| (3) $y=-\dfrac{1}{2}x^2$ | 4 | |
| (4) $y=-4x^2$ | $-3$ | |

---

**2** 다음 이차함수의 그래프는 $y=ax^2$의 그래프를 $x$축의 방향으로 $p$만큼 평행이동한 것이다. 표의 빈칸을 알맞게 채우시오.

| 이차함수의 식 | $y=ax^2$ | $p$ |
|---|---|---|
| (1) $y=2(x+3)^2$ | | |
| (2) $y=-(x-5)^2$ | | |
| (3) $y=-2(x+4)^2$ | | |
| (4) $y=\dfrac{1}{4}\left(x-\dfrac{1}{2}\right)^2$ | | |

---

**3** 이차함수 $y=x^2$의 그래프를 이용하여 다음 이차함수의 그래프를 좌표평면 위에 그리시오.

(1) $y=(x-2)^2$

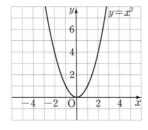

(2) $y=(x+3)^2$

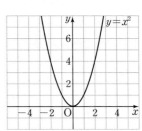

**4** 이차함수 $y=-x^2$의 그래프를 이용하여 다음 이차함수의 그래프를 좌표평면 위에 그리시오.

(1) $y=-(x-2)^2$

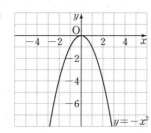

(2) $y=-(x+3)^2$

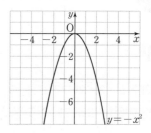

**5** 다음 이차함수의 그래프의 모양, 축의 방정식, 꼭짓점의 좌표를 각각 구하고, 그 그래프를 그리시오.

(1) $y=\dfrac{1}{2}(x-2)^2$

그래프의 모양: _____

축의 방정식 : _____

꼭짓점의 좌표: _____

(2) $y=2(x+5)^2$

그래프의 모양: _____

축의 방정식 : _____

꼭짓점의 좌표: _____

(3) $y=-\dfrac{2}{3}\left(x-\dfrac{4}{5}\right)^2$

그래프의 모양: _____

축의 방정식 : _____

꼭짓점의 좌표: _____

(4) $y=-3(x+4)^2$

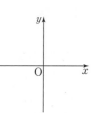

그래프의 모양: _____

축의 방정식 : _____

꼭짓점의 좌표: _____

**6** 다음 중 옳은 것은 ○표, 옳지 <u>않은</u> 것은 ×표를 ( ) 안에 쓰시오.

(1) 이차함수 $y=-\dfrac{1}{3}(x+1)^2$의 그래프는 $x<1$일 때, $x$의 값이 증가하면 $y$의 값도 증가한다. ( )

(2) 이차함수 $y=2(x+3)^2$의 그래프의 $x<-3$일 때, $x$의 값이 증가하면 $y$의 값은 감소한다. ( )

(3) 이차함수 $y=-\dfrac{1}{5}(x-2)^2$의 그래프는 $x>2$일 때, $x$의 값이 증가하면 $y$의 값도 증가한다. ( )

(4) 이차함수 $y=-7(x+6)^2$의 그래프는 $x<-6$일 때, $x$의 값이 증가하면 $y$의 값도 증가한다. ( )

**7** 다음 이차함수의 그래프가 주어진 점을 지날 때, 상수 $a$의 값을 구하시오.

(1) $y=-4(x-3)^2$, $(1,\ a)$

(2) $y=\dfrac{2}{3}(x+4)^2$, $(-2,\ a)$

(3) $y=a(x-1)^2$, $(2,\ 4)$

(4) $y=-2a(x+2)^2$, $(-3,\ 6)$

# 쌍둥이 기출문제

## 쌍둥이 01

**1** 이차함수 $y=3x^2$의 그래프를 $y$축의 방향으로 $-3$만큼 평행이동한 그래프의 꼭짓점의 좌표는?

① $(0, 0)$     ② $(0, 3)$     ③ $(3, 0)$

④ $(-3, 0)$     ⑤ $(0, -3)$

**2** 이차함수 $y=\dfrac{1}{2}x^2-4$의 그래프는 이차함수 $y=\dfrac{1}{2}x^2$의 그래프를 $y$축의 방향으로 $a$만큼 평행이동한 것이고, 꼭짓점의 좌표는 $(b, c)$이다. 이때 $a+b-c$의 값은?

① $-4$     ② $-3$     ③ $0$

④ $2$     ⑤ $4$

## 쌍둥이 02

**3** 다음 보기 중 이차함수 $y=-\dfrac{1}{2}x^2+1$의 그래프에 대한 설명으로 옳은 것을 모두 고르시오.

─┤ 보기 ├─

ㄱ. 축의 방정식은 $x=1$이다.

ㄴ. 아래로 볼록한 포물선이다.

ㄷ. $x<0$일 때, $x$의 값이 증가하면 $y$의 값도 증가한다.

ㄹ. $y=\dfrac{1}{2}x^2+1$의 그래프와 폭이 서로 같다.

ㅁ. $y=-\dfrac{1}{2}x^2$의 그래프를 $x$축의 방향으로 1만큼 평행이동한 그래프이다.

**4** 다음 중 이차함수 $y=ax^2+q\,(a\neq0,\ q\neq0)$의 그래프에 대한 설명으로 옳지 <u>않은</u> 것은?

① 꼭짓점의 좌표는 $(0, q)$이다.

② $a$의 절댓값이 클수록 폭이 좁아진다.

③ $y$축을 축으로 하는 포물선이다.

④ $y=ax^2$의 그래프를 $y$축의 방향으로 $q$만큼 평행이동한 그래프이다.

⑤ 원점을 지난다.

## 쌍둥이 03

**5** 이차함수 $y=\dfrac{1}{3}x^2$의 그래프를 $y$축의 방향으로 $m$만큼 평행이동한 그래프가 점 $(3, 5)$를 지날 때, $m$의 값은?

① $2$     ② $4$     ③ $6$

④ $8$     ⑤ $10$

**6** 이차함수 $y=ax^2$의 그래프를 $y$축의 방향으로 1만큼 평행이동한 그래프가 점 $(-1, 6)$을 지날 때, 상수 $a$의 값은?

① $1$     ② $2$     ③ $3$

④ $4$     ⑤ $5$

**7** 이차함수 $y=-5x^2$의 그래프를 $x$축의 방향으로 3만큼 평행이동한 그래프를 나타내는 이차함수의 식은?

① $y=-5x^2+3$      ② $y=-5x^2-3$

③ $y=-5(x+3)^2$      ④ $y=-5(x-3)^2$

⑤ $y=-3(x+5)^2$

**8** 이차함수 $y=-\dfrac{1}{7}(x+1)^2$의 그래프는 이차함수

$y=-\dfrac{1}{7}x^2$의 그래프를 $x$축의 방향으로 $m$만큼 평행이동한 것이고, 꼭짓점의 좌표는 $(a,\ b)$이다. 이때 $m+a+b$의 값은?

① $-4$      ② $-2$      ③ $0$

④ $2$      ⑤ $4$

**9** 다음 중 이차함수 $y=3(x-2)^2$의 그래프에 대한 설명으로 옳지 <u>않은</u> 것은?

① 꼭짓점의 좌표는 $(2,\ 0)$이다.

② 아래로 볼록한 포물선이다.

③ $y=3x^2$의 그래프를 $x$축의 방향으로 2만큼 평행이동한 그래프이다.

④ 제3, 4사분면을 지난다.

⑤ $x$축과 한 점에서 만난다.

**10** 다음 보기 중 이차함수 $y=-\dfrac{3}{5}(x+7)^2$의 그래프에 대한 설명으로 옳은 것을 모두 고른 것은?

┌ 보기 ┐
ㄱ. 축의 방정식은 $x=7$이다.

ㄴ. $x>-7$일 때, $x$의 값이 증가하면 $y$의 값은 감소한다.

ㄷ. $y=\dfrac{3}{5}x^2+1$의 그래프와 폭이 같다.

ㄹ. 점 $\left(-6,\ \dfrac{3}{5}\right)$을 지난다.
└──────┘

① ㄱ, ㄴ      ② ㄱ, ㄷ      ③ ㄴ, ㄷ

④ ㄴ, ㄹ      ⑤ ㄷ, ㄹ

**11** 이차함수 $y=\dfrac{1}{3}x^2$의 그래프를 $x$축의 방향으로 2만큼 평행이동한 그래프가 점 $(4,\ a)$를 지날 때, $a$의 값은?

① $\dfrac{2}{3}$      ② $\dfrac{4}{3}$      ③ $\dfrac{10}{3}$

④ $\dfrac{22}{3}$      ⑤ $12$

**12** 이차함수 $y=-2x^2$의 그래프를 $x$축의 방향으로 $m$만큼 평행이동한 그래프가 점 $(0,\ -18)$을 지날 때, 양수 $m$의 값은?

① $1$      ② $2$      ③ $3$

④ $4$      ⑤ $5$

## 유형 **6** 이차함수 $y=a(x-p)^2+q$의 그래프 개념편 **141**쪽

$$y=ax^2 \xrightarrow[\substack{y축의 방향으로 q만큼 평행이동}]{\substack{x축의 방향으로 p만큼,}} y=a(x-p)^2+q$$

(1) 축의 방정식: $x=p$

(2) 꼭짓점의 좌표: $(p, q)$

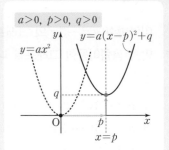

예 이차함수 $y=2(x-3)^2-4$의 그래프

➡ $y=2x^2$의 그래프를 $x$축의 방향으로 3만큼, $y$축의 방향으로 $-4$만큼 평행이동한 그래프

(1) 축의 방정식: $x=3$  (2) 꼭짓점의 좌표: $(3, -4)$

---

**1** 다음 이차함수 $y=ax^2$의 그래프를 $x$축의 방향으로 $p$만큼, $y$축의 방향으로 $q$만큼 평행이동한 그래프를 나타내는 이차함수의 식을 구하시오.

| $y=ax^2$ | $p$ | $q$ | 이차함수의 식 |
|---|---|---|---|
| (1) $y=3x^2$ | 1 | 2 | |
| (2) $y=5x^2$ | $-2$ | $-3$ | |
| (3) $y=-\dfrac{1}{2}x^2$ | 3 | $-2$ | |
| (4) $y=-4x^2$ | $-4$ | 1 | |

**2** 다음 이차함수의 그래프는 $y=ax^2$의 그래프를 $x$축의 방향으로 $p$만큼, $y$축의 방향으로 $q$만큼 평행이동한 것이다. 표의 빈칸을 알맞게 채우시오.

| 이차함수의 식 | $y=ax^2$ | $p$ | $q$ |
|---|---|---|---|
| (1) $y=\dfrac{1}{2}(x-2)^2-1$ | | | |
| (2) $y=2(x+2)^2+3$ | | | |
| (3) $y=-(x-5)^2-3$ | | | |
| (4) $y=-\dfrac{1}{3}\left(x+\dfrac{3}{2}\right)^2-\dfrac{3}{4}$ | | | |

**3** 이차함수 $y=x^2$의 그래프를 이용하여 다음 이차함수의 그래프를 좌표평면 위에 그리시오.

(1) $y=(x-2)^2+3$

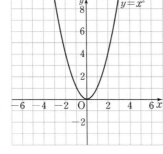

(2) $y=(x+4)^2-2$

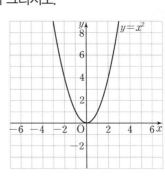

**4** 이차함수 $y=-\dfrac{1}{2}x^2$의 그래프를 이용하여 다음 이차함수의 그래프를 좌표평면 위에 그리시오.

(1) $y=-\dfrac{1}{2}(x+3)^2+4$

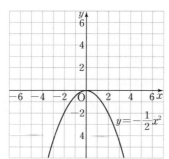

(2) $y=-\dfrac{1}{2}(x-1)^2-3$

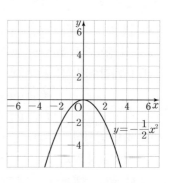

**5** 다음 이차함수의 그래프의 모양, 축의 방정식, 꼭짓점의 좌표를 각각 구하고, 그 그래프를 그리시오.

(1) $y=2(x-2)^2+1$

그래프의 모양: _____

축의 방정식 : _____

꼭짓점의 좌표: _____

(2) $y=-3(x+3)^2-5$

그래프의 모양: _____

축의 방정식 : _____

꼭짓점의 좌표: _____

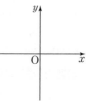

(3) $y=\dfrac{2}{3}(x-2)^2+4$

그래프의 모양: _____

축의 방정식 : _____

꼭짓점의 좌표: _____

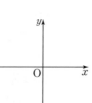

(4) $y=-\dfrac{1}{2}\left(x+\dfrac{3}{2}\right)^2-1$

그래프의 모양: _____

축의 방정식 : _____

꼭짓점의 좌표: _____

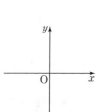

**6** 다음 중 옳은 것은 ○표, 옳지 <u>않은</u> 것은 ×표를 ( ) 안에 쓰시오.

(1) 이차함수 $y=4(x-3)^2+7$의 그래프는 이차함수 $y=4x^2$의 그래프를 $x$축의 방향으로 $-3$만큼, $y$축의 방향으로 7만큼 평행이동한 그래프이다. ( )

(2) 이차함수 $y=-2(x-5)^2-2$의 그래프의 모양은 위로 볼록한 포물선이다. ( )

(3) 이차함수 $y=\dfrac{2}{7}(x-4)^2+1$의 그래프는 제1, 2사분면을 지난다. ( )

(4) 이차함수 $y=6(x+1)^2-4$의 그래프는 $x>-1$일 때, $x$의 값이 증가하면 $y$의 값은 감소한다. ( )

**7** 다음 이차함수의 그래프가 주어진 점을 지날 때, 상수 $a$의 값을 구하시오.

(1) $y=-(x+2)^2-3,\ (-1,\ a)$

(2) $y=2(x-6)^2+1,\ (4,\ a)$

(3) $y=a(x+1)^2-5,\ (-2,\ -4)$

(4) $y=3(x-5)^2+a,\ (6,\ 5)$

## 유형 **7** 이차함수 $y=a(x-p)^2+q$의 그래프의 평행이동
개념편 **142**쪽

이차함수 $y=a(x-p)^2+q$의 그래프를
$x$축의 방향으로 $m$만큼, $y$축의 방향으로 $n$만큼 평행이동하면
(1) 이차함수의 식: $y=a(x-p)^2+q$

    ➡ $y=a(x-m-p)^2+q+n$ ◁ 〔 $x$ 대신 $x-m$, $y$ 대신 $y-n$을 대입

    ∴ $y=a\{x-(p+m)\}^2+q+n$

(2) 축의 방정식: $x=p$ ⟶ $x=p+m$

(3) 꼭짓점의 좌표: $(p,\ q)$ ⟶ $(p+m,\ q+n)$

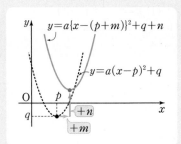

예 이차함수 $y=2(x-3)^2-4$의 그래프를 $x$축의 방향으로 1만큼, $y$축의 방향으로 2만큼
평행이동한 그래프
(1) 이차함수의 식: $y=2(x-1-3)^2-4+2=2(x-4)^2-2$
(2) 축의 방정식: $x=4$
(3) 꼭짓점의 좌표: $(4,\ -2)$

---

**1** 이차함수 $y=3(x-1)^2+4$의 그래프를 다음과 같이 평행이동한 그래프를 나타내는 이차함수의 식을 구하시오.

(1) $x$축의 방향으로 3만큼 평행이동

(2) $y$축의 방향으로 $-5$만큼 평행이동

(3) $x$축의 방향으로 1만큼, $y$축의 방향으로 2만큼 평행이동

**2** 이차함수 $y=-\dfrac{1}{2}(x+2)^2-5$의 그래프를 다음과 같이 평행이동한 그래프를 나타내는 이차함수의 식을 구하시오.

(1) $x$축의 방향으로 $-1$만큼 평행이동

(2) $y$축의 방향으로 4만큼 평행이동

(3) $x$축의 방향으로 6만큼, $y$축의 방향으로 $-3$만큼 평행이동

**3** 이차함수 $y=-(x+2)^2-5$의 그래프를 다음과 같이 평행이동한 그래프의 축의 방정식과 꼭짓점의 좌표를 차례로 구하시오.

(1) $x$축의 방향으로 2만큼, $y$축의 방향으로 $-2$만큼 평행이동

(2) $x$축의 방향으로 $-3$만큼, $y$축의 방향으로 5만큼 평행이동

(3) $x$축의 방향으로 $-7$만큼, $y$축의 방향으로 $-9$만큼 평행이동

**4** 이차함수 $y=-4(x-5)^2-1$의 그래프에 대하여 다음을 구하시오.

(1) $x$축의 방향으로 1만큼, $y$축의 방향으로 $-3$만큼 평행이동한 그래프가 점 $(5,\ a)$를 지날 때, $a$의 값

(2) $x$축의 방향으로 $-2$만큼, $y$축의 방향으로 4만큼 평행이동한 그래프가 점 $(4,\ a)$를 지날 때, $a$의 값

## 유형 8  이차함수 $y=a(x-p)^2+q$의 그래프에서 $a$, $p$, $q$의 부호

개념편 143쪽

(1) $a$의 부호

그래프의 모양에 따라 결정

①   ②

아래로 볼록: $a>0$    위로 볼록: $a<0$

(2) $p$, $q$의 부호

꼭짓점의 위치에 따라 결정

① 제1사분면: $p>0$, $q>0$
② 제2사분면: $p<0$, $q>0$
③ 제3사분면: $p<0$, $q<0$
④ 제4사분면: $p>0$, $q<0$

| | $y$ | |
|---|---|---|
| 제2사분면 | | 제1사분면 |
| $(-,\ +)$ | | $(+,\ +)$ |
| | O | $x$ |
| 제3사분면 | | 제4사분면 |
| $(-,\ -)$ | | $(+,\ -)$ |

---

**1** 이차함수 $y=a(x-p)^2+q$의 그래프가 다음 그림과 같을 때, 상수 $a$, $p$, $q$의 부호를 각각 구하시오.

(1)
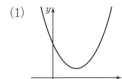

| 그래프의 모양 | 아래로 볼록<br>⇨ $a\ \square\ 0$ |
|---|---|
| 꼭짓점의 위치 | 꼭짓점 $(p,\ q)$의 위치: 제1사분면<br>⇨ $p\ \square\ 0$, $q\ \square\ 0$ |

(2)
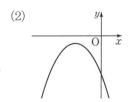

| 그래프의 모양 | $\square$로 볼록<br>⇨ $a\ \square\ 0$ |
|---|---|
| 꼭짓점의 위치 | 꼭짓점 $(p,\ q)$의 위치: 제$\square$사분면<br>⇨ $p\ \square\ 0$, $q\ \square\ 0$ |

(3)
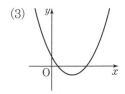

⇨ $a\ \square\ 0$, $p\ \square\ 0$, $q\ \square\ 0$

(4)
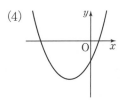

⇨ $a\ \square\ 0$, $p\ \square\ 0$, $q\ \square\ 0$

(5)
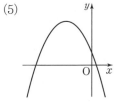

⇨ $a\ \square\ 0$, $p\ \square\ 0$, $q\ \square\ 0$

(6)
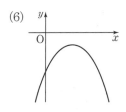

⇨ $a\ \square\ 0$, $p\ \square\ 0$, $q\ \square\ 0$

# 쌍둥이 기출문제

형광펜 들고 밑줄 쫙~

**1** 이차함수 $y=2x^2$의 그래프를 $x$축의 방향으로 $p$만큼, $y$축의 방향으로 $q$만큼 평행이동한 그래프를 나타내는 이차함수의 식이 $y=2(x+6)^2+1$일 때, $q-p$의 값을 구하시오.

**2** 이차함수 $y=-4x^2$의 그래프를 $x$축의 방향으로 $m$만큼, $y$축의 방향으로 $n$만큼 평행이동하면 이차함수 $y=a(x-3)^2+2$의 그래프와 일치할 때, $a+m+n$의 값을 구하시오. (단, $a$는 상수)

**3** 이차함수 $y=5(x-3)^2+4$의 그래프의 축의 방정식과 꼭짓점의 좌표를 차례로 구하시오.

**4** 이차함수 $y=-\dfrac{2}{3}(x+2)^2-3$의 그래프의 꼭짓점의 좌표를 $(a, b)$, 축의 방정식을 $x=p$라고 할 때, $a+b+p$의 값을 구하시오.

**5** 다음 중 이차함수 $y=2(x-1)^2+3$의 그래프에 대한 설명으로 옳지 <u>않은</u> 것은?

① 축의 방정식은 $x=1$이다.
② 꼭짓점의 좌표는 $(1, 3)$이다.
③ $y=-2x^2+5$의 그래프와 폭이 같다.
④ $x>1$일 때, $x$의 값이 증가하면 $y$의 값도 증가한다.
⑤ $y=2x^2$의 그래프를 $x$축의 방향으로 $-1$만큼, $y$축의 방향으로 3만큼 평행이동한 그래프이다.

**6** 다음 보기의 이차함수의 그래프에 대한 설명으로 옳은 것은?

┌ 보기 ├
ㄱ. $y=5(x-2)^2-4$    ㄴ. $y=-5(x-2)^2-4$
ㄷ. $y=\dfrac{1}{3}(x+2)^2-4$    ㄹ. $y=-\dfrac{1}{3}(x+1)^2+5$

① ㄱ과 ㄴ의 그래프는 꼭짓점의 좌표가 서로 같다.
② ㄱ과 ㄴ의 그래프는 $x>2$일 때, $x$의 값이 증가하면 $y$의 값도 증가한다.
③ ㄱ과 ㄷ의 그래프는 축의 방정식이 서로 같다.
④ ㄴ과 ㄹ의 그래프는 아래로 볼록하다.
⑤ ㄷ과 ㄹ의 그래프는 모양과 폭이 같다.

**쌍둥이 04**

**7** 다음 이차함수 중 그 그래프를 평행이동하여 이차함수 $y=2x^2$의 그래프와 완전히 포갤 수 <u>없는</u> 것은?

① $y=2x^2+5$      ② $y=2x^2-1$

③ $y=2(x-1)^2$      ④ $y=(x+2)^2+3$

⑤ $y=2(x-3)^2-1$

**8** 다음 이차함수 중 그 그래프를 평행이동하여 이차함수 $y=-\dfrac{1}{2}x^2$의 그래프와 완전히 포갤 수 있는 것은?

① $y=\dfrac{1}{2}x^2$      ② $y=\dfrac{1}{2}x^2+1$

③ $y=-\dfrac{1}{2}x^2-3$      ④ $y=2\left(x-\dfrac{1}{2}\right)^2$

⑤ $y=3(x+2)^2-2$

**쌍둥이 05**

**9** 이차함수 $y=-x^2$의 그래프를 $x$축의 방향으로 3만큼, $y$축의 방향으로 $-1$만큼 평행이동한 그래프가 점 $(4, m)$을 지날 때, $m$의 값은?

① $-4$      ② $-2$      ③ $-1$

④ $2$      ⑤ $4$

**10** 서술형 이차함수 $y=ax^2$의 그래프를 $x$축의 방향으로 1만큼, $y$축의 방향으로 $-4$만큼 평행이동한 그래프가 점 $(-1, 6)$을 지날 때, 상수 $a$의 값을 구하시오.

〔풀이 과정〕

〔답〕

**쌍둥이 06**

**11** 이차함수 $y=\dfrac{1}{3}(x+4)^2+2$의 그래프를 $x$축의 방향으로 $m$만큼, $y$축의 방향으로 $n$만큼 평행이동하면 이차함수 $y=\dfrac{1}{3}(x-3)^2$의 그래프와 일치할 때, $m+n$의 값을 구하시오.

**12** 이차함수 $y=3(x-2)^2+1$의 그래프를 $x$축의 방향으로 2만큼, $y$축의 방향으로 $-3$만큼 평행이동한 그래프의 꼭짓점의 좌표를 $(p, q)$, 축의 방정식을 $x=m$이라고 할 때, $p+q+m$의 값을 구하시오.

**쌍둥이 07**

**13** 이차함수 $y=a(x-p)^2+q$의 그래프가 오른쪽 그림과 같을 때, 상수 $a$, $p$, $q$의 부호를 각각 구하시오.

**14** 이차함수 $y=a(x-p)^2+q$의 그래프가 오른쪽 그림과 같을 때, 다음 중 옳은 것은? (단, $a$, $p$, $q$는 상수)

① $p>0$      ② $ap>0$

③ $a-p>0$      ④ $a+q<0$

⑤ $apq>0$

6. 이차함수와 그 그래프

# 이차함수 $y=ax^2+bx+c$의 그래프

 이차함수 $y=ax^2+bx+c$의 그래프 개념편 146 쪽

(1) 이차함수 $y=ax^2+bx+c$의 그래프

이차함수 $y=ax^2+bx+c$의 그래프를 $y=a\left(x+\dfrac{b}{2a}\right)^2-\dfrac{b^2-4ac}{4a}$로 고친다.

① 축의 방정식: $x=-\dfrac{b}{2a}$

② 꼭짓점의 좌표: $\left(-\dfrac{b}{2a},\ -\dfrac{b^2-4ac}{4a}\right)$

③ $y$축과 만나는 점의 좌표: $(0,\ c)$

(2) 이차함수 $y=ax^2+bx+c$의 그래프 그리기 ➡ $y=a(x-p)^2+q$ 꼴로 고쳐서 그린다.

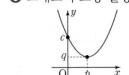

**❶** 꼭짓점 $(p,\ q)$ 찍기     **❷** $y$축과 만나는 점 $(0,\ c)$ 찍기     **❸** 그래프의 모양 결정하여 그리기

---

**1** 다음은 이차함수 $y=ax^2+bx+c$를 $y=a(x-p)^2+q$ 꼴로 고치는 과정이다. ☐ 안에 알맞은 수를 쓰시오. (단, $a$, $p$, $q$는 상수)

(1) $y=x^2+8x+9$

$=(x^2+8x+\boxed{\phantom{0}}-\boxed{\phantom{0}})+9$

$=(x+\boxed{\phantom{0}})^2-\boxed{\phantom{0}}$

(2) $y=-2x^2-12x+1$

$=-2(x^2+6x)+1$

$=-2(x^2+6x+\boxed{\phantom{0}}-\boxed{\phantom{0}})+1$

$=-2(x^2+6x+\boxed{\phantom{0}})+\boxed{\phantom{0}}+1$

$=-2(x+\boxed{\phantom{0}})^2+\boxed{\phantom{0}}$

(3) $y=\dfrac{1}{2}x^2-4x-2$

$=\dfrac{1}{2}(x^2-\boxed{\phantom{0}}x)-2$

$=\dfrac{1}{2}(x^2-\boxed{\phantom{0}}x+\boxed{\phantom{0}}-\boxed{\phantom{0}})-2$

$=\dfrac{1}{2}(x^2-\boxed{\phantom{0}}x+\boxed{\phantom{0}})-\boxed{\phantom{0}}-2$

$=\dfrac{1}{2}(x-\boxed{\phantom{0}})^2-\boxed{\phantom{0}}$

**2** 다음 이차함수를 $y=a(x-p)^2+q$ 꼴로 고치시오.
(단, $a$, $p$, $q$는 상수)

(1) $y=x^2-6x$

$=$ _____

$=$ _____

(2) $y=-3x^2+3x-5$

$=$ _____

$=$ _____

$=$ _____

$=$ _____

(3) $y=\dfrac{1}{6}x^2+\dfrac{1}{3}x-1$

$=$ _____

$=$ _____

$=$ _____

$=$ _____

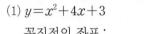

**3** 다음 이차함수의 그래프의 꼭짓점의 좌표, $y$축과 만나는 점의 좌표, 그래프의 모양을 각각 구하고, 그 그래프를 그리시오.

(1) $y=x^2+4x+3$

꼭짓점의 좌표 : _____

$y$축과 만나는 점의 좌표 : _____

그래프의 모양 : _____

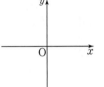

(2) $y=-x^2-2x+1$

꼭짓점의 좌표 : _____

$y$축과 만나는 점의 좌표 : _____

그래프의 모양 : _____

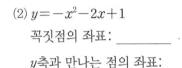

(3) $y=2x^2+4x+5$

꼭짓점의 좌표 : _____

$y$축과 만나는 점의 좌표 : _____

그래프의 모양 : _____

(4) $y=-\dfrac{1}{2}x^2+x+\dfrac{5}{2}$

꼭짓점의 좌표 : _____

$y$축과 만나는 점의 좌표 : _____

그래프의 모양 : _____

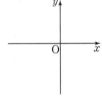

**4** 이차함수 $y=-3x^2+6x+9$의 그래프에 대한 다음 설명 중 옳은 것은 ○표, 옳지 <u>않은</u> 것은 ×표를 ( ) 안에 쓰시오.

(1) 그래프의 모양은 위로 볼록한 포물선이다.

( )

(2) 꼭짓점의 좌표는 $(-1,\ 12)$이다. ( )

(3) $x>1$일 때, $x$의 값이 증가하면 $y$의 값은 감소한다.

( )

(4) $y=-3x^2$의 그래프를 $x$축의 방향으로 1만큼, $y$축의 방향으로 12만큼 평행이동한 그래프이다.

( )

**5** 다음 이차함수의 그래프가 $x$축과 만나는 점의 좌표를 구하시오.

(1) $y=x^2+7x+12$

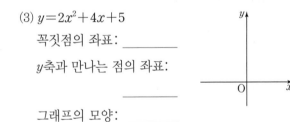

$y=\boxed{\phantom{x}}$을(를) 대입하면

$\boxed{\phantom{x}}=x^2+7x+12$

$(x+3)(x+\boxed{\phantom{x}})=0$

$\therefore x=\boxed{\phantom{x}}$ 또는 $x=\boxed{\phantom{x}}$

따라서 $x$축과 만나는 점의 좌표는

$(\boxed{\phantom{x}},\ 0),\ (\boxed{\phantom{x}},\ 0)$

(2) $y=(x+2)(x-4)$ _____

(3) $y=-x^2-3x+10$ _____

(4) $y=4x^2+4x-3$ _____

**유형10** 이차함수 $y=ax^2+bx+c$의 그래프에서 $a$, $b$, $c$의 부호

개념편 **148쪽**

**(1) $a$의 부호**

➡ 그래프의 모양에 따라 결정

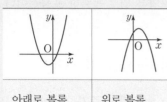

| 아래로 볼록 | 위로 볼록 |
|---|---|
| ➡ $a>0$ | ➡ $a<0$ |

**(2) $b$의 부호**

➡ 축의 위치에 따라 결정

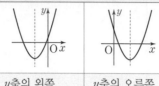

| $y$축의 왼쪽 | $y$축의 오른쪽 |
|---|---|
| ➡ $ab>0$ | ➡ $ab<0$ |
| ➡ $a$와 같은 부호 | ➡ $a$와 반대 부호 |

**(3) $c$의 부호**

➡ $y$축과 만나는 점의 위치에 따라 결정

| $x$축보다 위쪽 | $x$축보다 아래쪽 |
|---|---|
| ➡ $c>0$ | ➡ $c<0$ |

---

**1** 이차함수 $y=ax^2+bx+c$의 그래프가 다음 그림과 같을 때, 상수 $a$, $b$, $c$의 부호를 각각 구하시오.

**(1)**

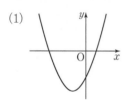

| 그래프의 모양 | 아래로 볼록 | $\Rightarrow a \;\boxed{\phantom{0}}\; 0$ |
|---|---|---|
| 축의 위치 | $y$축의 왼쪽 | $\Rightarrow ab \;\boxed{\phantom{0}}\; 0$ |
| | | $\Rightarrow b \;\boxed{\phantom{0}}\; 0$ |
| $y$축과 만나는 점의 위치 | $x$축보다 아래쪽 | $\Rightarrow c \;\boxed{\phantom{0}}\; 0$ |

**(2)**

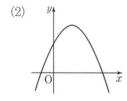

| 그래프의 모양 | $\boxed{\phantom{00}}$로 볼록 | $\Rightarrow a \;\boxed{\phantom{0}}\; 0$ |
|---|---|---|
| 축의 위치 | $y$축의 $\boxed{\phantom{00}}$쪽 | $\Rightarrow ab \;\boxed{\phantom{0}}\; 0$ |
| | | $\Rightarrow b \;\boxed{\phantom{0}}\; 0$ |
| $y$축과 만나는 점의 위치 | $x$축보다 $\boxed{\phantom{00}}$쪽 | $\Rightarrow c \;\boxed{\phantom{0}}\; 0$ |

**(3)**

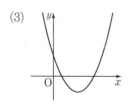

$\Rightarrow a \;\boxed{\phantom{0}}\; 0,\ b \;\boxed{\phantom{0}}\; 0,\ c \;\boxed{\phantom{0}}\; 0$

**(4)**

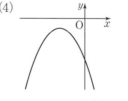

$\Rightarrow a \;\boxed{\phantom{0}}\; 0,\ b \;\boxed{\phantom{0}}\; 0,\ c \;\boxed{\phantom{0}}\; 0$

**(5)**

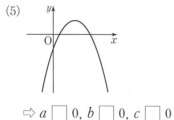

$\Rightarrow a \;\boxed{\phantom{0}}\; 0,\ b \;\boxed{\phantom{0}}\; 0,\ c \;\boxed{\phantom{0}}\; 0$

**(6)**

$\Rightarrow a \;\boxed{\phantom{0}}\; 0,\ b \;\boxed{\phantom{0}}\; 0,\ c \;\boxed{\phantom{0}}\; 0$

# 쌍둥이 기출문제

● 정답과 해설 75쪽

 형광펜 들고 밑줄 좍~

**쌍둥이 01**

**1** 이차함수 $y=-2x^2+8x+1$의 그래프의 꼭짓점의 좌표를 구하시오.

**2** 이차함수 $y=\dfrac{1}{3}x^2-2x-1$의 그래프의 축의 방정식과 꼭짓점의 좌표를 차례로 구하시오.

**쌍둥이 02**

**3** 다음 중 이차함수 $y=2x^2-4x+3$의 그래프는?

①   ②   ③

④   ⑤

**4** 이차함수 $y=-\dfrac{1}{2}x^2+3x-4$의 그래프가 지나지 않는 사분면은?

① 제1사분면  ② 제1, 2사분면
③ 제2사분면  ④ 제3사분면
⑤ 제4사분면

**쌍둥이 03**

**5** 이차함수 $y=\dfrac{1}{4}x^2+x$의 그래프를 $x$축의 방향으로 $m$만큼, $y$축의 방향으로 $n$만큼 평행이동하였더니 이차함수 $y=\dfrac{1}{4}x^2+2x+2$의 그래프와 일치하였다. 이때 $m+n$의 값을 구하시오.

**6** 이차함수 $y=-3x^2+18x-6$의 그래프를 $x$축의 방향으로 $m$만큼, $y$축의 방향으로 $n$만큼 평행이동하였더니 이차함수 $y=-3x^2+36x-67$의 그래프와 일치하였다. 이때 $m+n$의 값을 구하시오.

## 쌍둥이 **기출문제**

**7** 다음 중 이차함수 $y=2x^2-12x+17$의 그래프에 대한 설명으로 옳은 것은?

① 위로 볼록한 포물선이다.
② 직선 $x=-3$을 축으로 한다.
③ 꼭짓점의 좌표는 $(-3,\ -1)$이다.
④ $y$축과 만나는 점의 좌표는 $(0,\ -1)$이다.
⑤ $y=2x^2$의 그래프를 $x$축의 방향으로 3만큼, $y$축의 방향으로 $-1$만큼 평행이동한 그래프이다.

**8** 다음 중 이차함수 $y=-x^2+8x-5$의 그래프에 대한 설명으로 옳지 <u>않은</u> 것은?

① 축의 방정식은 $x=4$이다.
② 꼭짓점의 좌표는 $(4,\ 11)$이다.
③ $y$축과 만나는 점의 좌표는 $(0,\ -5)$이다.
④ $x<4$일 때, $x$의 값이 증가하면 $y$의 값은 감소한다.
⑤ $y=-x^2$의 그래프를 평행이동하면 완전히 포개어진다.

**9** 이차함수 $y=ax^2+bx+c$의 그래프가 오른쪽 그림과 같을 때, 다음 중 옳지 <u>않은</u> 것은?
(단, $a$, $b$, $c$는 상수)

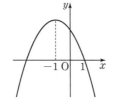

① $a<0$    ② $b<0$
③ $c>0$    ④ $a+b+c>0$
⑤ $a-b+c>0$

**10** 이차함수 $y=ax^2+bx+c$의 그래프가 오른쪽 그림과 같을 때, 다음 중 옳지 <u>않은</u> 것은?
(단, $a$, $b$, $c$는 상수)

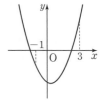

① $a>0$    ② $b<0$
③ $c<0$    ④ $a-b+c<0$
⑤ $9a+3b+c<0$

**11** 오른쪽 그림과 같이 이차함수 $y=-x^2+6x+7$의 그래프가 $x$축과 만나는 두 점을 각각 A, B, 꼭짓점을 C라고 할 때, 다음 물음에 답하시오.

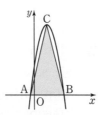

(1) 세 점 A, B, C의 좌표를 각각 구하시오.
(2) △ABC의 넓이를 구하시오.

**12** 오른쪽 그림과 같이 이차함수 $y=x^2-2x-8$의 그래프가 $x$축과 만나는 두 점을 각각 A, B, $y$축과 만나는 점을 C라고 할 때, △ACB의 넓이를 구하시오.

서술형

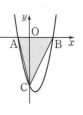

풀이 과정

답

# 5

6. 이차함수와 그 그래프

## 이차함수의 식 구하기

꼭짓점의 좌표 $(p, q)$와 그래프가 지나는 다른 한 점이 주어질 때
❶ 이차함수의 식을 $y=a(x-p)^2+q$로 놓는다.
❷ 주어진 다른 한 점의 좌표를 ❶의 식에 대입하여 $a$의 값을 구한다.

---

**1** 다음 포물선을 그래프로 하는 이차함수의 식을
$y=a(x-p)^2+q$ 꼴로 나타내시오.
（단, $a$, $p$, $q$는 상수）

(1) 꼭짓점의 좌표가 $(2, -3)$이고, 점 $(0, -1)$을
지나는 포물선

> ❶ 이차함수의 식을 $y=a(x-\boxed{\phantom{0}})^2-\boxed{\phantom{0}}$
> (으)로 놓자.
> ❷ 점 $(0, -1)$을 지나므로
> 　$-1=a\times(0-\boxed{\phantom{0}})^2-\boxed{\phantom{0}}$
> 　$\therefore a=\boxed{\phantom{0}}$
> 따라서 이차함수의 식은 _____

(2) 꼭짓점의 좌표가 $(1, 2)$이고, 점 $(2, 5)$를 지나
는 포물선　_____

(3) 꼭짓점의 좌표가 $(-1, 5)$이고, 원점을 지나는
포물선　_____

(4) 꼭짓점의 좌표가 $(-2, -4)$이고, 점 $(1, 5)$를
지나는 포물선　_____

**2** 다음 그림과 같은 포물선을 그래프로 하는 이차함수
의 식을 구하려고 한다. □ 안에 알맞은 수를 쓰고,
이차함수의 식을 $y=a(x-p)^2+q$ 꼴로 나타내시
오. （단, $a$, $p$, $q$는 상수）

(1)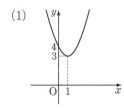
　⇨ 꼭짓점의 좌표가
　　$(\boxed{\phantom{0}}, \boxed{\phantom{0}})$이고,
　　점 $(\boxed{\phantom{0}}, \boxed{\phantom{0}})$을(를)
　　지나는 포물선
　　_____

(2)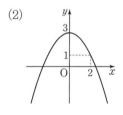
　⇨ 꼭짓점의 좌표가
　　$(\boxed{\phantom{0}}, \boxed{\phantom{0}})$이고,
　　점 $(\boxed{\phantom{0}}, \boxed{\phantom{0}})$을(를)
　　지나는 포물선
　　_____

(3)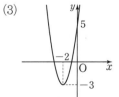
　⇨ 꼭짓점의 좌표가
　　$(\boxed{\phantom{0}}, \boxed{\phantom{0}})$이고,
　　점 $(\boxed{\phantom{0}}, \boxed{\phantom{0}})$을(를)
　　지나는 포물선
　　_____

## 유형 **12** 이차함수의 식 구하기 – 축의 방정식과 두 점이 주어질 때

개념편 152쪽

축의 방정식 $x=p$와 그래프가 지나는 서로 다른 두 점이 주어질 때
❶ 이차함수의 식을 $y=a(x-p)^2+q$로 놓는다.
❷ 주어진 두 점의 좌표를 ❶의 식에 각각 대입하여 $a$와 $q$의 값을 구한다.

**1** 다음 포물선을 그래프로 하는 이차함수의 식을 $y=a(x-p)^2+q$ 꼴로 나타내시오.
(단, $a$, $p$, $q$는 상수)

(1) 축의 방정식이 $x=1$이고, 두 점 $(3, 3)$, $(5, 0)$을 지나는 포물선

> ❶ 이차함수의 식을 $y=a(x-\boxed{\phantom{0}})^2+q$로 놓자.
> ❷ 두 점 $(3, 3)$, $(5, 0)$을 지나므로
> $3=\boxed{\phantom{0}}a+q$, $0=\boxed{\phantom{0}}a+q$
> $\therefore a=\boxed{\phantom{0}}$, $q=\boxed{\phantom{0}}$
> 따라서 이차함수의 식은 _____

(2) 축의 방정식이 $x=-3$이고, 두 점 $(-1, 11)$, $(-2, 2)$를 지나는 포물선 _____

(3) 축의 방정식이 $x=-1$이고, 두 점 $(2, -8)$, $(-2, 8)$을 지나는 포물선 _____

(4) 축의 방정식이 $x=\dfrac{1}{2}$이고, 두 점 $(1, 2)$, $(2, 10)$을 지나는 포물선 _____

**2** 다음 그림과 같은 포물선을 그래프로 하는 이차함수의 식을 구하려고 한다. $\boxed{\phantom{0}}$ 안에 알맞은 수를 쓰고, 이차함수의 식을 $y=a(x-p)^2+q$ 꼴로 나타내시오. (단, $a$, $p$, $q$는 상수)

(1) 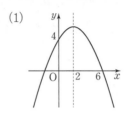 ⇨ 축의 방정식이 $x=\boxed{\phantom{0}}$이고, 두 점 $(0, \boxed{\phantom{0}})$, $(\boxed{\phantom{0}}, \boxed{\phantom{0}})$을(를) 지나는 포물선

_____

(2) 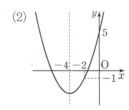 ⇨ 축의 방정식이 $x=\boxed{\phantom{0}}$이고, 두 점 $(\boxed{\phantom{0}}, 5)$, $(\boxed{\phantom{0}}, \boxed{\phantom{0}})$을(를) 지나는 포물선

_____

(3) 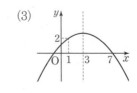 ⇨ 축의 방정식이 $x=\boxed{\phantom{0}}$이고, 두 점 $(\boxed{\phantom{0}}, \boxed{\phantom{0}})$, $(\boxed{\phantom{0}}, 0)$을 지나는 포물선

_____

**유형13** 이차함수의 식 구하기 – 서로 다른 세 점이 주어질 때  개념편 153쪽

그래프가 지나는 서로 다른 세 점이 주어질 때
❶ 이차함수의 식을 $y=ax^2+bx+c$로 놓는다.
❷ 주어진 세 점의 좌표를 식에 각각 대입하여 $a$, $b$, $c$의 값을 구한다.

> 세 점 중 $x$좌표가 0인 점이 있으면 먼저 대입해 봐.

**1** 다음 포물선을 그래프로 하는 이차함수의 식을 $y=ax^2+bx+c$ 꼴로 나타내시오.

(단, $a$, $b$, $c$는 상수)

(1) 세 점 $(0, 3)$, $(2, -1)$, $(5, 8)$을 지나는 포물선

> ❶ 이차함수의 식을 $y=ax^2+bx+c$로 놓자.
> ❷ 점 $(0, 3)$을 지나므로 $c=\boxed{\phantom{0}}$
> 즉, $y=ax^2+bx+\boxed{\phantom{0}}$의 그래프가 두 점
> 점 $(2, -1)$, $(5, 8)$을 지나므로
> $-1=4a+2b+\boxed{\phantom{0}}$, $8=25a+5b+\boxed{\phantom{0}}$
> $\therefore a=\boxed{\phantom{0}}$, $b=\boxed{\phantom{0}}$
> 따라서 이차함수의 식은 _____

(2) 세 점 $(0, -3)$, $(2, 0)$, $(4, 5)$를 지나는 포물선

_____

(3) 세 점 $(0, -4)$, $(1, -3)$, $(2, 4)$를 지나는 포물선

_____

**2** 다음 그림과 같은 포물선을 그래프로 하는 이차함수의 식을 구하려고 한다. ☐ 안에 알맞은 수를 쓰고, 이차함수의 식을 $y=ax^2+bx+c$ 꼴로 나타내시오.

(단, $a$, $b$, $c$는 상수)

(1)
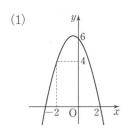
⇨ 세 점 $(-2, \boxed{\phantom{0}})$, $(\boxed{\phantom{0}}, 0)$, $(0, \boxed{\phantom{0}})$ 을(를) 지나는 포물선

_____

(2)
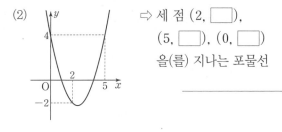
⇨ 세 점 $(2, \boxed{\phantom{0}})$, $(5, \boxed{\phantom{0}})$, $(0, \boxed{\phantom{0}})$ 을(를) 지나는 포물선

_____

(3)
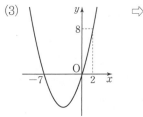
⇨ 세 점 $(-7, \boxed{\phantom{0}})$, $(\boxed{\phantom{0}}, 0)$, $(2, \boxed{\phantom{0}})$ 을(를) 지나는 포물선

_____

## 유형 **14** 이차함수의 식 구하기 – $x$축과 만나는 두 점과 다른 한 점이 주어질 때

$x$축과 만나는 두 점 $(\alpha, 0)$, $(\beta, 0)$과 그래프가 지나는 다른 한 점이 주어질 때
❶ 이차함수의 식을 $y=a(x-\alpha)(x-\beta)$로 놓는다.
❷ 주어진 다른 한 점의 좌표를 식에 대입하여 $a$의 값을 구한다.

참고  $x$축과 만나는 두 점과 다른 한 점이 주어질 때는 서로 다른 세 점이 주어질 때와 같은 방법으로도 이차함수의 식을 구할 수 있다.

---

**1** 다음 포물선을 그래프로 하는 이차함수의 식을
$y=ax^2+bx+c$ 꼴로 나타내시오.

(단, $a$, $b$, $c$는 상수)

(1) $x$축과 두 점 $(2, 0)$, $(5, 0)$에서 만나고, 점
$(4, 1)$을 지나는 포물선

> ❶ 이차함수의 식을 $y=a(x-2)(x-\boxed{\phantom{0}})$
> (으)로 놓자.
> ❷ 점 $(4, 1)$을 지나므로
> $1=a\times\boxed{\phantom{0}}\times(\boxed{\phantom{0}})$ ∴ $a=\boxed{\phantom{0}}$
> 따라서 이차함수의 식은
> $y=\boxed{\phantom{0}}(x-2)(x-\boxed{\phantom{0}})$
> 전개하여 정리하면ㅤㅤㅤㅤ

(2) $x$축과 두 점 $(-3, 0)$, $(1, 0)$에서 만나고, 점
$(2, 10)$을 지나는 포물선ㅤㅤㅤㅤ

(3) $x$축과 두 점 $(-1, 0)$, $(4, 0)$에서 만나고, 점
$(2, 12)$를 지나는 포물선ㅤㅤㅤㅤ

---

**2** 다음 그림과 같은 포물선을 그래프로 하는 이차함수의 식을 구하려고 한다. $\boxed{\phantom{0}}$ 안에 알맞은 수를 쓰고,
이차함수의 식을 $y=ax^2+bx+c$ 꼴로 나타내시오.

(단, $a$, $b$, $c$는 상수)

(1)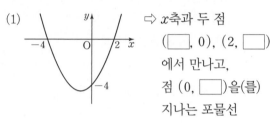
⇨ $x$축과 두 점
$(\boxed{\phantom{0}}, 0)$, $(2, \boxed{\phantom{0}})$
에서 만나고,
점 $(0, \boxed{\phantom{0}})$을(를)
지나는 포물선
ㅤㅤㅤㅤ

(2)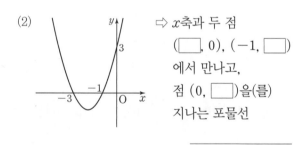
⇨ $x$축과 두 점
$(\boxed{\phantom{0}}, 0)$, $(-1, \boxed{\phantom{0}})$
에서 만나고,
점 $(0, \boxed{\phantom{0}})$을(를)
지나는 포물선
ㅤㅤㅤㅤ

(3)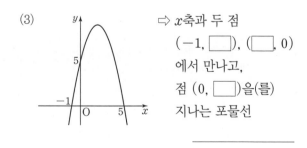
⇨ $x$축과 두 점
$(-1, \boxed{\phantom{0}})$, $(\boxed{\phantom{0}}, 0)$
에서 만나고,
점 $(0, \boxed{\phantom{0}})$을(를)
지나는 포물선
ㅤㅤㅤㅤ

# 쌍둥이 기출문제

형광펜 들고 밑줄 쫙~

**1** 이차함수 $y=ax^2+bx+c$의 그래프의 꼭짓점의 좌표가 $(1, 3)$이고, 점 $(2, 0)$을 지날 때, 상수 $a$, $b$, $c$에 대하여 $a-b+c$의 값은?

① $-9$       ② $-6$       ③ $-3$

④ $3$       ⑤ $6$

**2** 꼭짓점의 좌표가 $(3, -2)$이고, 점 $(4, 2)$를 지나는 이차함수의 그래프가 $y$축과 만나는 점의 좌표는?

① $(0, 8)$     ② $(0, 12)$     ③ $(0, 24)$

④ $(0, 30)$     ⑤ $(0, 34)$

**3** 이차함수 $y=a(x-p)^2+q$의 그래프가 오른쪽 그림과 같을 때, 상수 $a$, $p$, $q$에 대하여 $apq$의 값을 구하시오.

**4** 오른쪽 그림과 같은 포물선을 그래프로 하는 이차함수의 식은?

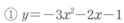

① $y=-3x^2-2x-1$

② $y=-\dfrac{1}{3}x^2-2x-1$

③ $y=-\dfrac{1}{3}x^2+2x-1$

④ $y=\dfrac{1}{3}x^2+2x-1$

⑤ $y=3x^2+2x+1$

**5** 축의 방정식이 $x=-2$이고, 두 점 $(-1, 3)$, $(0, 9)$를 지나는 포물선을 그래프로 하는 이차함수의 식은?

① $y=-2(x-2)^2+1$

② $y=-2(x+2)^2+1$

③ $y=2(x-2)^2+1$

④ $y=2(x+2)^2-1$

⑤ $y=2(x+2)^2+1$

**6** <sub>서술형</sub> 축의 방정식이 $x=4$이고, 두 점 $(0, 5)$, $(1, -2)$를 지나는 이차함수의 그래프의 꼭짓점의 좌표를 구하시오.

풀이 과정

답

**쌍둥이 기출문제**

쌍둥이 **04**

**7** 축의 방정식이 $x=1$이고 $y$축과 만나는 점의 $y$좌표가 2인 이차함수의 그래프가 두 점 $(3, 5)$, $(4, k)$를 지날 때, $k$의 값은?

① $\dfrac{3}{4}$      ② $1$      ③ $3$

④ $\dfrac{35}{4}$      ⑤ $10$

**8** 축의 방정식이 $x=-2$이고 $y$축과 만나는 점의 $y$좌표가 4인 이차함수의 그래프가 두 점 $(-3, 7)$, $(2, k)$를 지날 때, $k$의 값은?

① $-8$      ② $-7$      ③ $-6$

④ $-5$      ⑤ $-4$

쌍둥이 **05**

**9** 이차함수 $y=ax^2+bx+c$의 그래프가 세 점 $(0, 5)$, $(2, 3)$, $(4, 5)$를 지날 때, 상수 $a$, $b$, $c$에 대하여 $abc$의 값은?

① $-5$      ② $-1$      ③ $\dfrac{5}{2}$

④ $4$      ⑤ $10$

**10** 오른쪽 그림과 같은 포물선을 그래프로 하는 이차함수의 식은?

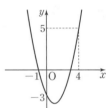

① $y=x^2-2x+3$
② $y=x^2-2x-3$
③ $y=x^2-3x-3$
④ $y=x^2+3x-3$
⑤ $y=-x^2-3x+2$

쌍둥이 **06**

**11** 세 점 $(-2, 0)$, $(0, 8)$, $(4, 0)$을 지나는 포물선을 그래프로 하는 이차함수의 식은?

① $y=-x^2-2x+8$
② $y=-x^2+2x+8$
③ $y=x^2-2x+4$
④ $y=x^2+4x+8$
⑤ $y=2x^2-x+4$

**12** 오른쪽 그림과 같은 포물선을 그래프로 하는 이차함수의 식은?

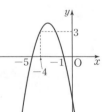

① $y=-x^2-6x-5$
② $y=-x^2+6x-5$
③ $y=-x^2-5x-6$
④ $y=-x^2+5x-6$
⑤ $y=x^2+6x-5$

**1** 다음 중 $y$가 $x$에 대한 이차함수인 것은?

① $y = 2 + 2x$  ② $y = \dfrac{5}{x}$  ③ $y = x(x+1) - x(x-2)$

④ $y = 1 - \dfrac{x^2}{3}$  ⑤ $y = -x(x^2 - 1)$

이차함수의 뜻

**서술형**

**2** 이차함수 $y = ax^2$의 그래프가 두 점 $(-2,\ 2)$, $(4,\ b)$를 지날 때, $ab$의 값을 구하시오. (단, $a$는 상수)

$y = ax^2$의 그래프가 지나는 점

풀이 과정

답

**3** 이차함수 $y = ax^2$의 그래프는 이차함수 $y = -\dfrac{1}{4}x^2$의 그래프보다 폭이 좁고, 이차함수 $y = 4x^2$의 그래프보다 폭이 넓다고 한다. 이때 양수 $a$의 값의 범위는?

① $0 < a < \dfrac{1}{4}$  ② $a > 1$  ③ $0 < a < 4$

④ $a > \dfrac{1}{4}$  ⑤ $\dfrac{1}{4} < a < 4$

$y = ax^2$의 그래프의 성질

**4** 이차함수 $y = -\dfrac{1}{2}x^2$의 그래프를 $x$축의 방향으로 $m$만큼, $y$축의 방향으로 $n$만큼 평행이동 하면 이차함수 $y = -\dfrac{1}{2}(x+5)^2 + 4$의 그래프와 완전히 포개어진다. 이때 $m+n$의 값을 구하시오.

$y = a(x-p)^2 + q$의 그래프

**5** 다음 보기 중 이차함수 $y=-2(x-2)^2+4$의 그래프에 대한 설명으로 옳지 <u>않은</u> 것을 모두 고르시오.

> $y=a(x-p)^2+q$의 그래프의 성질

┤ 보기 ├

ㄱ. 축의 방정식은 $x=2$이다.

ㄴ. 꼭짓점의 좌표는 $(-2, 4)$이다.

ㄷ. 점 $(1, 6)$을 지난다.

ㄹ. $x<2$일 때, $x$의 값이 증가하면 $y$의 값도 증가한다.

ㅁ. $y=x^2$의 그래프보다 폭이 넓다.

ㅂ. $y=-2x^2$의 그래프를 $x$축의 방향으로 2만큼, $y$축의 방향으로 4만큼 평행이동한 그래프이다.

**6** 이차함수 $y=a(x-p)^2+q$의 그래프가 오른쪽 그림과 같을 때, 상수 $a$, $p$, $q$의 부호는?

> $y=a(x-p)^2+q$의 그래프에서 $a$, $p$, $q$의 부호

① $a>0$, $p>0$, $q>0$      ② $a>0$, $p>0$, $q<0$

③ $a>0$, $p<0$, $q<0$      ④ $a<0$, $p>0$, $q<0$

⑤ $a<0$, $p<0$, $q<0$

**7** 이차함수 $y=x^2+8x-4$의 그래프의 축의 방정식이 $x=a$이고 꼭짓점의 좌표가 $(p, q)$일 때, $a+p+q$의 값을 구하시오.

> $y=ax^2+bx+c$의 그래프의 꼭짓점의 좌표와 축의 방정식

**8** 이차함수 $y=3x^2+3x$의 그래프가 지나는 사분면은?

> $y=ax^2+bx+c$의 그래프

① 제1, 2사분면      ② 제2, 3사분면      ③ 제1, 2, 3사분면

④ 제2, 3, 4사분면      ⑤ 모든 사분면을 지난다.

**9** 다음 중 이차함수 $y=\dfrac{1}{3}x^2-4x-2$의 그래프에 대한 설명으로 옳지 <u>않은</u> 것은?

① 아래로 볼록한 포물선이다.

② 축의 방정식은 $x=6$이다.

③ $x<6$일 때, $x$의 값이 증가하면 $y$의 값은 감소한다.

④ $y$축과 만나는 점의 좌표는 $(0, -2)$이다.

⑤ $y=-\dfrac{1}{3}x^2$의 그래프를 $x$축의 방향으로 6만큼, $y$축의 방향으로 $-14$만큼 평행이동하면 완전히 포개어진다.

> $y=ax^2+bx+c$의 그래프의 성질

**10** 오른쪽 그림과 같이 이차함수 $y=x^2+8x-9$의 그래프가 $x$축과 만나는 두 점을 각각 A, B, 꼭짓점을 C라고 할 때, $\triangle ACB$의 넓이를 구하시오.

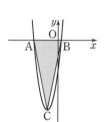

> $y=ax^2+bx+c$의 그래프와 삼각형의 넓이

**11** 이차함수 $y=a(x-p)^2+q$의 그래프가 오른쪽 그림과 같을 때, 상수 $a$, $p$, $q$에 대하여 $a+p+q$의 값을 구하시오.

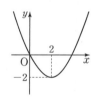

> 이차함수의 식 구하기 – 꼭짓점과 다른 한 점이 주어질 때

서술형

**12** 세 점 $(0, -5)$, $(2, 3)$, $(5, 0)$을 지나는 이차함수의 그래프의 꼭짓점의 좌표를 구하시오.

풀이 과정

답

> 이차함수의 식 구하기 – 서로 다른 세 점이 주어질 때

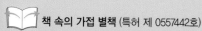
기초탄탄 LITE

# 정답과 해설

개념과 유형이 하나로

# 개념+유형

중학 수학

# 3·1

visang

# 1 제곱근과 실수

## 1 제곱근의 뜻과 성질

**필수 문제 1** (1) 3, −3  (2) 5, −5  (3) 0

**1-1** (1) 8, −8  (2) 0.6, −0.6  (3) 없다.

**필수 문제 2** (1) 4, −4  (2) 0.1, −0.1

(3) $\dfrac{3}{5}$, $-\dfrac{3}{5}$  (4) 3, −3

**2-1** (1) 11, −11  (2) 0.2, −0.2

(3) $\dfrac{6}{7}$, $-\dfrac{6}{7}$  (4) 0.5, −0.5

**개념 확인**

| $a$ | 1 | 2 | 3 | 4 | 5 |
|---|---|---|---|---|---|
| $a$의 양의 제곱근 | $\sqrt{1}=1$ | $\sqrt{2}$ | $\sqrt{3}$ | $\sqrt{4}=2$ | $\sqrt{5}$ |
| $a$의 음의 제곱근 | $-\sqrt{1}=-1$ | $-\sqrt{2}$ | $-\sqrt{3}$ | $-\sqrt{4}=-2$ | $-\sqrt{5}$ |
| $a$의 제곱근 | $\pm1$ | $\pm\sqrt{2}$ | $\pm\sqrt{3}$ | $\pm2$ | $\pm\sqrt{5}$ |
| 제곱근 $a$ | 1 | $\sqrt{2}$ | $\sqrt{3}$ | $\sqrt{4}=2$ | $\sqrt{5}$ |

| $a$ | 6 | 7 | 8 | 9 | 10 |
|---|---|---|---|---|---|
| $a$의 양의 제곱근 | $\sqrt{6}$ | $\sqrt{7}$ | $\sqrt{8}$ | $\sqrt{9}=3$ | $\sqrt{10}$ |
| $a$의 음의 제곱근 | $-\sqrt{6}$ | $-\sqrt{7}$ | $-\sqrt{8}$ | $-\sqrt{9}=-3$ | $-\sqrt{10}$ |
| $a$의 제곱근 | $\pm\sqrt{6}$ | $\pm\sqrt{7}$ | $\pm\sqrt{8}$ | $\pm3$ | $\pm\sqrt{10}$ |
| 제곱근 $a$ | $\sqrt{6}$ | $\sqrt{7}$ | $\sqrt{8}$ | $\sqrt{9}=3$ | $\sqrt{10}$ |

**필수 문제 3** (1) $\sqrt{11}$  (2) $-\sqrt{\dfrac{5}{2}}$  (3) $\pm\sqrt{13}$  (4) $\sqrt{13}$

**3-1** (1) $\sqrt{17}$  (2) $-\sqrt{0.5}$  (3) $\pm\sqrt{\dfrac{3}{2}}$  (4) $\sqrt{26}$

**필수 문제 4** (1) 5  (2) −0.3  (3) ±8  (4) $\dfrac{1}{9}$

**4-1** (1) 4  (2) −0.7  (3) ±10  (4) $\dfrac{5}{6}$

**1** (1) ±1  (2) $\pm\dfrac{1}{4}$  (3) ±0.5  (4) ±13

(5) $\pm\sqrt{11}$  (6) $\pm\sqrt{\dfrac{1}{3}}$  (7) $\pm\sqrt{0.7}$  (8) 없다.

(9) $\pm\sqrt{6}$  (10) $\pm\sqrt{\dfrac{1}{2}}$  (11) $\pm\sqrt{1.2}$  (12) $\pm\sqrt{\dfrac{3}{7}}$

**2** ㄷ, ㅁ, ㅂ  **3** ②  **4** 7

**필수 문제 5** (1) 7  (2) 0.8  (3) −10  (4) 3

(5) 11  (6) $-\dfrac{2}{5}$

**5-1** (1) −5  (2) $\dfrac{1}{3}$  (3) −13  (4) −9

(5) 0.4  (6) $-\dfrac{3}{7}$

**필수 문제 6** (1) 5  (2) −2  (3) 17  (4) 0

**6-1** (1) −2  (2) 4  (3) 4  (4) −5

**필수 문제 7** (1) $2x$, $-2x$  (2) $2x$, $-2x$

**7-1** (1) $5a$  (2) $-11a$  (3) $6a$  (4) $7a$

**필수 문제 8** (1) $x+1$, $-x-1$  (2) $x-5$, $-x+5$

**8-1** (1) $a-3$  (2) $-a+7$  (3) $a+2$  (4) $4-a$

**필수 문제 9** 3, 5, 5, 5, 5

**9-1** (1) 6  (2) 2

**필수 문제 10** 10, 16, 25, 36, 6, 15, 26, 6

**10-1** (1) 3  (2) 3

**개념 확인**　(1) 2, 8　(2) $\sqrt{2}$, $\sqrt{8}$　(3) $\sqrt{2}$, $\sqrt{8}$

**필수 문제 11**　(1) $<$　(2) $>$　(3) $<$　(4) $>$

**11-1**　(1) $\sqrt{0.7}<\sqrt{0.8}$　(2) $-3<-\sqrt{8}$

(3) $\dfrac{1}{2}<\sqrt{\dfrac{2}{3}}$　(4) $-\sqrt{\dfrac{1}{10}}>-\sqrt{\dfrac{1}{2}}$

**필수 문제 12**　(1) 1, 2, 3　(2) 4, 5, 6, 7, 8

**12-1**　(1) 6, 7, 8, 9　(2) 4, 5, 6, 7, 8, 9

---

**1**　(1) 16　(2) 0　(3) 1　(4) 7　(5) 8　(6) $-5$

**2**　$-\sqrt{5}$, $-\sqrt{2}$, $-1$, 0, $\sqrt{12}$, 4, $\sqrt{17}$

**3**　(1) 7개　(2) 9개　**4**　(1) 15　(2) 1

**5**　$-2a+2$　**6**　$-a+5$

---

## 2 무리수와 실수

**필수 문제 1**　ㄱ, ㅂ

**1-1**　3개

**필수 문제 2**　(1) ○　(2) ×　(3) ×　(4) ×　(5) ○

---

**필수 문제 3**　(1) 5

(2) 5, $-3$, $-\sqrt{4}$

(3) 5, 1.3, $0.3\dot{4}$, $-3$, $-\sqrt{4}$

(4) $-\sqrt{7}$, $1+\sqrt{3}$

(5) 5, $-\sqrt{7}$, 1.3, $0.3\dot{4}$, $-3$, $-\sqrt{4}$, $1+\sqrt{3}$

**3-1**　③, ⑤

---

**1**　2개　**2**　ㄴ, ㄹ　**3**　③, ④　**4**　2개

**5**　⑤

---

**개념 확인**　$\sqrt{5}$, $\sqrt{5}$, $\sqrt{5}$, $\sqrt{5}$, $\sqrt{5}$, $-\sqrt{5}$

**필수 문제 4**　(1) $\sqrt{2}$　(2) $\sqrt{2}$　(3) P$(1-\sqrt{2})$　(4) Q$(1+\sqrt{2})$

**4-1**　(1) $\overline{AC}$의 길이: $\sqrt{8}$, $\overline{DF}$의 길이: $\sqrt{10}$

(2) P: $-2-\sqrt{8}$, Q: $-1+\sqrt{10}$

---

**필수 문제 5**　(1) ○　(2) ×　(3) ×　(4) ○　(5) ×　(6) ○

**5-1**　⑤

---

**필수 문제 6**　(1) 1.030　(2) 1.063　(3) 7.950　(4) 8.031

**6-1**　6.207

---

**1**　① $-2-\sqrt{5}$　② $3-\sqrt{10}$　③ $4+\sqrt{2}$

**2**　P: $1-\sqrt{13}$, Q: $1+\sqrt{13}$

**3**　③, ⑤　**4**　3009

---

**필수 문제 7**　(1) $>$　(2) $<$　(3) $<$　(4) $<$

**7-1**　(1) $\sqrt{7}-5>-3$　(2) $-2-\sqrt{8}>-5$

(3) $4+\sqrt{10}<4+\sqrt{11}$　(4) $\sqrt{13}-4<\sqrt{13}-\sqrt{15}$

**7-2**　$c<a<b$

**개념 확인** ㉠ 4 ㉡ 9 ㉢ 2 ㉣ $\sqrt{5}-2$

**필수 문제 8** (1) 정수 부분: 2, 소수 부분: $\sqrt{6}-2$
　　　　　 (2) 정수 부분: 3, 소수 부분: $\sqrt{10}-3$

　　**8-1** (1) 정수 부분: 3, 소수 부분: $\sqrt{15}-3$
　　　　　 (2) 정수 부분: 4, 소수 부분: $\sqrt{21}-4$

**필수 문제 9** (1) 정수 부분: 3, 소수 부분: $\sqrt{3}-1$
　　　　　 (2) 정수 부분: 3, 소수 부분: $2-\sqrt{2}$

　　**9-1** (1) 정수 부분: 2, 소수 부분: $\sqrt{2}-1$
　　　　　 (2) 정수 부분: 1, 소수 부분: $2-\sqrt{3}$

---

**STEP 1 쏙쏙 개념 익히기** P. 26

1 ② 　　2 $c$, $a$ 　　3 점 D 　　4 $2-\sqrt{7}$

---

**STEP 2 탄탄 단원 다지기** P. 27~29

1 ①, ③ 　2 ④ 　3 ② 　4 ④ 　5 ④
6 ⑤ 　7 ③ 　8 $-3a+3b$ 　9 10
10 22 　11 ② 　12 $\dfrac{1}{2}$ 　13 ③ 　14 ③
15 ① 　16 $-2-\sqrt{5}$ 　17 ②, ⑤ 　18 1520
19 ②, ⑤ 　20 ③

---

**STEP 3 쏙쏙 서술형 완성하기** P. 30~31

〈과정은 풀이 참조〉

**따라 해보자** 유제 1 $-2x+9$ 　유제 2 $4-\sqrt{11}$

**연습해 보자** 1 $\dfrac{11}{4}$ 　2 $95\,\text{cm}^2$ 　3 31

　　　　　 4 $-2-\sqrt{7}$, $-2-\sqrt{6}$, $1$, $3+\sqrt{2}$, $3+\sqrt{6}$

---

**역사 속 수학** P. 32

답 16개

---

## 2 근호를 포함한 식의 계산

### 1 근호를 포함한 식의 계산 (1)

**필수 문제 1** (1) $\sqrt{15}$ 　(2) $\sqrt{42}$ 　(3) $6\sqrt{14}$ 　(4) $-\sqrt{2}$

　　**1-1** (1) 6 　(2) 10 　(3) $6\sqrt{6}$ 　(4) $\sqrt{12}$

**필수 문제 2** (1) $\sqrt{2}$ 　(2) 3 　(3) $-\sqrt{\dfrac{2}{3}}$ 　(4) $\dfrac{1}{5}$

　　**2-1** (1) $\sqrt{13}$ 　(2) 2 　(3) $2\sqrt{6}$ 　(4) $-\sqrt{10}$

**개념 확인** $2^2$, $2^2$, 2, $2\sqrt{6}$

**필수 문제 3** (1) $3\sqrt{3}$ 　(2) $-5\sqrt{2}$ 　(3) $\dfrac{\sqrt{3}}{7}$ 　(4) $\dfrac{\sqrt{11}}{10}$

　　**3-1** (1) $3\sqrt{6}$ 　(2) $4\sqrt{5}$ 　(3) $-\dfrac{\sqrt{5}}{8}$ 　(4) $\dfrac{\sqrt{7}}{100}$

**필수 문제 4** (1) $\sqrt{20}$ 　(2) $-\sqrt{24}$ 　(3) $\sqrt{\dfrac{2}{25}}$ 　(4) $\sqrt{\dfrac{27}{2}}$

　　**4-1** (1) $\sqrt{18}$ 　(2) $-\sqrt{250}$ 　(3) $\sqrt{\dfrac{3}{4}}$ 　(4) $\sqrt{\dfrac{32}{5}}$

**필수 문제 5** (1) 100, 10, 10, 17.32
　　　　　 (2) 100, 10, 10, 54.77
　　　　　 (3) 100, 10, 10, 0.1732
　　　　　 (4) 30, 30, 5.477, 0.5477

　　**5-1** (1) 70.71 　　　(2) 22.36
　　　　　 (3) 0.7071 　　　(4) 0.02236

**개념 확인** (1) $\sqrt{3}$, $\sqrt{3}$, $\dfrac{\sqrt{3}}{3}$ 　　(2) $\sqrt{3}$, $\sqrt{3}$, $\dfrac{2\sqrt{3}}{3}$

　　　　　 (3) $\sqrt{3}$, $\sqrt{3}$, $\dfrac{\sqrt{6}}{3}$ 　　(4) $\sqrt{3}$, $\sqrt{3}$, $\dfrac{\sqrt{21}}{6}$

**필수 문제 6** (1) $\dfrac{\sqrt{5}}{5}$ 　(2) $\dfrac{\sqrt{21}}{7}$ 　(3) $\dfrac{5\sqrt{6}}{6}$ 　(4) $\dfrac{\sqrt{3}}{9}$

　　**6-1** (1) $2\sqrt{3}$ 　(2) $-\dfrac{\sqrt{5}}{2}$ 　(3) $\dfrac{4\sqrt{35}}{35}$ 　(4) $\dfrac{\sqrt{6}}{2}$

**1** (1) $\sqrt{14}$    (2) $-\sqrt{30}$    (3) $30$    (4) $6\sqrt{5}$

   (5) $\sqrt{5}$    (6) $-\sqrt{3}$    (7) $2\sqrt{2}$    (8) $-7\sqrt{5}$

**2** (1) $2\sqrt{5}$    (2) $5\sqrt{3}$    (3) $4\sqrt{2}$    (4) $\dfrac{\sqrt{5}}{3}$

   (5) $\dfrac{\sqrt{2}}{11}$    (6) $\dfrac{\sqrt{3}}{10}$    (7) $\sqrt{28}$    (8) $\sqrt{12}$

   (9) $-\sqrt{50}$    (10) $\sqrt{\dfrac{5}{16}}$    (11) $-\sqrt{\dfrac{3}{64}}$    (12) $\sqrt{24}$

**3** (1) $\dfrac{\sqrt{11}}{11}$    (2) $\dfrac{\sqrt{10}}{2}$    (3) $\dfrac{\sqrt{3}}{3}$    (4) $\dfrac{\sqrt{35}}{21}$

   (5) $\dfrac{2\sqrt{21}}{3}$    (6) $\dfrac{\sqrt{42}}{6}$

**4** (1) $3\sqrt{10}$    (2) $-2\sqrt{6}$    (3) $\dfrac{\sqrt{14}}{2}$    (4) $-\dfrac{10\sqrt{3}}{3}$

---

**STEP 1** 쏙쏙 개념 익히기                                      P. 41

**1** ③, ④      **2** ③      **3** $\dfrac{1}{3}$

**4** $3\sqrt{2}$ cm      **5** ②      **6** $2ab$

---

# 2 근호를 포함한 식의 계산 (2)

**P. 42**

**개념 확인**    $2$, $3$, $5$(또는 $3$, $2$, $5$)

**필수 문제 1** (1) $6\sqrt{3}$   (2) $-3\sqrt{5}$   (3) $\dfrac{5\sqrt{11}}{4}$   (4) $\sqrt{5}+4\sqrt{6}$

     **1-1** (1) $-3\sqrt{7}$   (2) $2\sqrt{2}$   (3) $\dfrac{\sqrt{5}}{6}$   (4) $5\sqrt{3}-2\sqrt{13}$

**필수 문제 2** (1) $0$   (2) $\sqrt{2}+3\sqrt{5}$   (3) $\sqrt{2}$   (4) $2\sqrt{7}$

     **2-1** (1) $6\sqrt{2}$   (2) $3\sqrt{7}-\sqrt{2}$   (3) $\dfrac{5\sqrt{6}}{9}$   (4) $0$

---

**P. 43**

**필수 문제 3** (1) $5\sqrt{2}-\sqrt{6}$      (2) $3\sqrt{2}+6$

          (3) $3\sqrt{3}-2\sqrt{2}$      (4) $4\sqrt{3}$

     **3-1** (1) $\sqrt{10}-2\sqrt{2}$      (2) $4\sqrt{2}-10$

          (3) $-3\sqrt{3}+\sqrt{15}$      (4) $5\sqrt{2}-3\sqrt{7}$

**필수 문제 4** (1) $\dfrac{2\sqrt{3}+3}{3}$      (2) $\dfrac{\sqrt{10}-\sqrt{15}}{5}$

          (3) $\dfrac{\sqrt{6}-1}{2}$      (4) $\sqrt{6}+2$

---

     **4-1** (1) $\dfrac{2\sqrt{3}+\sqrt{2}}{2}$      (2) $\dfrac{\sqrt{70}-\sqrt{35}}{7}$

          (3) $\dfrac{\sqrt{10}+2}{3}$      (4) $\sqrt{10}-3\sqrt{3}$

---

**P. 44**

**필수 문제 5** (1) $3\sqrt{7}$   (2) $4\sqrt{3}$   (3) $\dfrac{\sqrt{6}}{6}$   (4) $5\sqrt{3}$

     **5-1** (1) $3\sqrt{5}$   (2) $6$   (3) $3\sqrt{6}-\dfrac{4\sqrt{3}}{3}$   (4) $5+\sqrt{5}$

---

**1** (1) $-6\sqrt{2}$    (2) $-\sqrt{5}$    (3) $\dfrac{\sqrt{3}}{4}$    (4) $8\sqrt{6}-8\sqrt{11}$

**2** (1) $9\sqrt{3}$    (2) $-\sqrt{3}+\sqrt{6}$ (3) $\sqrt{2}$    (4) $-\dfrac{2\sqrt{3}}{3}$

**3** (1) $6\sqrt{2}+\sqrt{6}$    (2) $2\sqrt{6}+12$

   (3) $6\sqrt{3}-3\sqrt{2}$    (4) $-\sqrt{2}+5\sqrt{5}$

**4** (1) $\dfrac{2\sqrt{10}-4\sqrt{5}}{5}$   (2) $\dfrac{2\sqrt{3}-3\sqrt{2}}{18}$   (3) $\dfrac{\sqrt{30}-3}{6}$

**5** (1) $3+\sqrt{3}$    (2) $\dfrac{\sqrt{5}}{3}$    (3) $4\sqrt{5}+2\sqrt{7}$

   (4) $-\dfrac{7\sqrt{3}}{3}-\dfrac{3\sqrt{6}}{2}$   (5) $-\sqrt{2}+3\sqrt{6}$   (6) $12$

---

**STEP 1** 쏙쏙 개념 익히기                                      P. 46

**1** (1) $a=-1$, $b=1$   (2) $2$      **2** $-5$

**3** $5\sqrt{2}+2\sqrt{6}$

**4** (1) $(5+5\sqrt{3})$ cm²   (2) $(3+3\sqrt{3})$ cm²

**5** $3$                   **6** $\dfrac{5}{2}$

---

**STEP 2** 탄탄 단원 다지기                                      P. 47~49

**1** ③    **2** ③    **3** $2$    **4** ⑤    **5** $15.3893$

**6** ⑤    **7** ③    **8** ①    **9** $-\dfrac{1}{2}$    **10** ②

**11** ①    **12** $24\sqrt{3}$    **13** ①    **14** ⑤    **15** ⑤

**16** $\dfrac{5}{6}$    **17** $\dfrac{7-4\sqrt{7}}{7}$    **18** ③

**19** $4\sqrt{3}+2\sqrt{6}$    **20** $18\sqrt{3}$ cm    **21** ③

〈과정은 풀이 참조〉

**따라 해보자**    유제 **1**   8       유제 **2**   $2+4\sqrt{2}$

**연습해 보자**  **1**   (1) 23.75   (2) 0.2304

       **2**   $\dfrac{\sqrt{3}}{2}$        **3**   $10\sqrt{2}\,\mathrm{cm}$

       **4**   $B<C<A$

---

**놀이 속 수학**           P. 52

답   $12+6\sqrt{2}$

---

## 3 다항식의 곱셈

### ⌒1 곱셈 공식

**P. 56**

**개념 확인**   (1) $ac$, $ad$, $bc$, $bd$   (2) $a$, $b$, $a$, $b$, $a$, $b$, $b$

**필수 문제 1**   (1) $ab+3a+2b+6$
           (2) $4x^2+19x-5$
           (3) $30a^2+4ab-2b^2$
           (4) $2x^2-xy-6x-y^2-3y$

       **1-1**   (1) $ab-4a+b-4$
           (2) $3a^2-5ab+2b^2$
           (3) $10x^2+9x-7$
           (4) $x^2+xy-x-12y^2+3y$

       **1-2**   $-7$

**P. 57**

**개념 확인**   $a$, $ab$, $a$, 2, $ab$, $b$, 2, $b$

**필수 문제 2**   (1) $x^2+2x+1$    (2) $a^2-8a+16$
           (3) $4a^2+4ab+b^2$   (4) $x^2-6xy+9y^2$

       **2-1**   (1) $x^2+10x+25$    (2) $a^2-12a+36$
           (3) $4x^2-12xy+9y^2$   (4) $25a^2+40ab+16b^2$

**필수 문제 3**   (1) 7, 49       (2) 2, 4

       **3-1**   $a=5$, $b=20$

---

**P. 58**

**개념 확인**   $a$, $ab$, $b$, $a$, $b$

**필수 문제 4**   (1) $x^2-9$       (2) $4a^2-1$
           (3) $x^2-16y^2$    (4) $-64a^2+b^2$

       **4-1**   (1) $a^2-25$       (2) $x^2-36y^2$
           (3) $16x^2-\dfrac{1}{25}y^2$   (4) $-49a^2+9b^2$

**필수 문제 5**   2, 4

       **5-1**   $x^4-16$

---

**P. 59**

**개념 확인**   $a$, $ab$, $a+b$, $ab$,
           $ac$, $bc$, $bd$, $ac$, $bc$, $bd$

**필수 문제 6**   (1) $x^2+6x+8$    (2) $a^2+2a-15$
           (3) $a^2+6ab-7b^2$   (4) $x^2-3xy+2y^2$

       **6-1**   (1) $x^2+6x+5$    (2) $a^2-4a-12$
           (3) $a^2-11ab+24b^2$   (4) $x^2+3xy-4y^2$

       **6-2**   $a=3$, $b=2$

**필수 문제 7**   (1) $2x^2+7x+3$    (2) $10a^2-7a-12$
           (3) $12a^2-22ab+6b^2$
           (4) $-5x^2+17xy-6y^2$

       **7-1**   (1) $4a^2+7a+3$    (2) $12x^2+22x-14$
           (3) $-6a^2+13ab-5b^2$
           (4) $-5x^2+21xy-18y^2$

       **7-2**   $a=-2$, $b=-20$

---

**한 번 더 연습**           P. 60

**1**   (1) $2x^2+xy+3x-y^2+3y$
     (2) $3a^2-11ab-2a-4b^2+8b$

**2**   (1) $x^2+6x+9$       (2) $a^2-\dfrac{1}{2}a+\dfrac{1}{16}$

     (3) $4a^2-16ab+16b^2$   (4) $x^2+2+\dfrac{1}{x^2}$

     (5) $25a^2-10ab+b^2$   (6) $9x^2+30xy+25y^2$

**3**   (1) $a^2-64$       (2) $x^2-\dfrac{1}{16}y^2$

     (3) $-\dfrac{9}{4}a^2+16b^2$   (4) $1-a^8$

**4**   (1) $x^2+9x+20$      (2) $a^2+\dfrac{1}{6}a-\dfrac{1}{6}$

     (3) $x^2-9xy+18y^2$   (4) $a^2-\dfrac{5}{12}ab-\dfrac{1}{6}b^2$

**5**   (1) $20a^2+23a+6$    (2) $14x^2+33x-5$
     (3) $2a^2-13ab+6b^2$   (4) $-4x^2+13xy-3y^2$

**6**   (1) $x^2+5x-54$    (2) $3a^2+34a-67$

개념편

## STEP 1 쓱쓱 개념 익히기 P. 61

**1** 8 **2** ③, ⑤

**3** (1) 3, 9 (2) 7, 4 (3) 3, 2 (4) 3, 5, 23

**4** ㄴ, ㄷ **5** $-2$

**6** (1) $x^2-y^2$ (2) $12a^2+5ab-2b^2$

**필수 문제 4** (1) 30 (2) 24

**4-1** (1) 34 (2) 50

**4-2** (1) $2\sqrt{2}$ (2) 1 (3) 6

**필수 문제 5** (1) 7 (2) 5

**5-1** (1) 27 (2) 29

## ∩2 곱셈 공식의 활용

**개념 확인** (1) 50, 50, 1, 2401 (2) 3, 3, 3, 8091

**필수 문제 1** (1) 2601 (2) 6241 (3) 2475 (4) 10710

**1-1** (1) 8464 (2) 88804 (3) 4864 (4) 40198

**개념 확인** 2, 2, 4, $-1$, $-1$, 5, $4\sqrt{3}$, 5

**필수 문제 6** (1) $-1$ (2) 1

**6-1** (1) 4 (2) $-2$

**6-2** (1) $5+2\sqrt{6}$ (2) 2

**필수 문제 2** (1) $11+4\sqrt{7}$ (2) 4

(3) $6+5\sqrt{2}$ (4) $16-\sqrt{3}$

**2-1** (1) $9-6\sqrt{2}$ (2) 1

(3) $-23-3\sqrt{5}$ (4) $17+\sqrt{2}$

**필수 문제 3** (1) $\sqrt{2}-1$ (2) $\sqrt{7}+\sqrt{3}$

(3) $2\sqrt{2}-\sqrt{6}$ (4) $9+4\sqrt{5}$

**3-1** (1) $-\dfrac{1+\sqrt{3}}{2}$ (2) $\sqrt{5}-\sqrt{2}$

(3) $2-\sqrt{3}$ (4) $2+\sqrt{3}$

## STEP 1 쓱쓱 개념 익히기 P. 68

**1** (1) 20 (2) 36 (3) $-\dfrac{5}{2}$

**2** 17 **3** (1) 11 (2) 13

**4** 1 **5** (1) 4 (2) 14 **6** 26

## STEP 2 탄탄 단원 다지기 P. 69~71

**1** ① **2** 27 **3** ㄱ과 ㅁ, ㄴ과 ㅂ **4** 2

**5** ⑤ **6** ① **7** $12x^2+17x-5$ **8** ③

**9** ⑤ **10** $-3$ **11** ③ **12** ③ **13** ④

**14** ④ **15** 6 **16** $-6$ **17** ④ **18** ②

**19** $\dfrac{\sqrt{7}+1}{6}$ **20** ② **21** ② **22** ⑤

## STEP 1 쓱쓱 개념 익히기 P. 64~65

**1** (1) 2809 (2) 21.16 (3) 8084 (4) 10506

**2** $a=1$, $b=1$, $c=2021$

**3** (1) $29+12\sqrt{5}$ (2) $-1$

(3) $-5+2\sqrt{10}$ (4) $32-20\sqrt{5}$

**4** $2-2\sqrt{2}$

**5** (1) $3+\sqrt{3}$ (2) $-2\sqrt{2}-3$ (3) $\sqrt{10}-2$ (4) $5-2\sqrt{6}$

**6** ③

**7** $\dfrac{\sqrt{3}+1}{2}$ **8** $2+\sqrt{2}$

## STEP 3 쓱쓱 서술형 완성하기 P. 72~73

〈과정은 풀이 참조〉

**따라 해보자** 유제 1 4 유제 2 22

**연습해 보자** **1** 1028 **2** $25+6\sqrt{5}$

**3** 9

**4** (1) A($-1+\sqrt{2}$), B($3-\sqrt{2}$)

(2) $\dfrac{2\sqrt{2}-1}{7}$

답 (1) 2025  (2) 5625  (3) 9025

## 4 인수분해

### 1 다항식의 인수분해

**개념 확인**  (1) $2a^2+2a$  (2) $x^2+10x+25$
(3) $x^2-2x-3$  (4) $12a^2+a-1$

**필수 문제 1**  $a,\ ab,\ a-b,\ b(a-b)$

**1-1**  $x+3,\ 5(x-2)$

**1-2**  ㄴ, ㄹ

**개념 확인**  (1) $3a,\ 3a(a-2)$
(2) $2xy,\ 2xy(3-y)$

**필수 문제 2**  (1) $a(b-c)$
(2) $-4a(a+2)$
(3) $a(2b-y+3z)$
(4) $3b(2a^2+a-3b)$

**2-1**  (1) $2a(4x+1)$
(2) $5y^2(x-2)$
(3) $a(b^2-a+3b)$
(4) $2xy(2x-4y+3)$

**2-2**  (1) $(x+y)(a+b)$
(2) $(2a-b)(x+2y)$
(3) $(x-y)(a-3b)$
(4) $(a-5b)(2x-y)$

**STEP 1 쏙쏙 개념 익히기**

**1** ⑤  **2** ③  **3** ③
**4** ③  **5** $2x+6$  **6** $2x-5$

### 2 여러 가지 인수분해 공식

**개념 확인**  (1) 1, 1, 1  (2) $2y,\ 2y,\ 2y$

**필수 문제 1**  (1) $(x+4)^2$  (2) $(2x-1)^2$
(3) $\left(a+\dfrac{1}{4}\right)^2$  (4) $-2(x-6)^2$

**1-1**  (1) $(x+8)^2$  (2) $(3x-1)^2$
(3) $\left(a+\dfrac{b}{2}\right)^2$  (4) $a(x-9y)^2$

**필수 문제 2**  (1) 3, 9  (2) 3, $\pm6$

**2-1**  (1) 25  (2) 49  (3) $\pm12$  (4) $\pm20$

**개념 확인**  (1) 2, 2, 2  (2) 3, 3, 3

**필수 문제 3**  (1) $(x+1)(x-1)$  (2) $(4a+b)(4a-b)$
(3) $\left(2x+\dfrac{y}{9}\right)\left(2x-\dfrac{y}{9}\right)$  (4) $(5y+x)(5y-x)$

**3-1**  (1) $(x+6)(x-6)$  (2) $(2x+7y)(2x-7y)$
(3) $\left(x+\dfrac{1}{x}\right)\left(x-\dfrac{1}{x}\right)$  (4) $(b+8a)(b-8a)$

**3-2**  $(x^2+1)(x+1)(x-1)$

**필수 문제 4**  (1) $3(x+3)(x-3)$
(2) $5(x+y)(x-y)$
(3) $2a(a+1)(a-1)$
(4) $4a(x+2y)(x-2y)$

**4-1**  (1) $6(x+2)(x-2)$
(2) $4(3x+y)(3x-y)$
(3) $a^2(a+1)(a-1)$
(4) $6ab(1+3ab)(1-3ab)$

**한 번 더 연습**

**1** (1) $(x+5)^2$  (2) $(a-7b)^2$
(3) $\left(x+\dfrac{1}{2}\right)^2$  (4) $(2x-9)^2$

**2** (1) $2(x+4)^2$  (2) $3y(x-2)^2$
(3) $3(3x+y)^2$  (4) $2a(2x-5y)^2$

**3** (1) 36  (2) 16  (3) $\pm\dfrac{5}{2}$  (4) $\pm16$

**4** (1) $(x+7)(x-7)$  (2) $(5a+9b)(5a-9b)$
(3) $\left(\dfrac{1}{2}x+y\right)\left(\dfrac{1}{2}x-y\right)$  (4) $\left(\dfrac{1}{4}b+3a\right)\left(\dfrac{1}{4}b-3a\right)$

**5** (1) $x^2(x+3)(x-3)$  (2) $(a+b)(x+y)(x-y)$
(3) $a(a+5)(a-5)$  (4) $4x(x+4y)(x-4y)$

개념 확인 **1** (1) $2, 4$ (2) $-1, -4$ (3) $-2, 5$ (4) $2, -6$

개념 확인 **2** $3, 4, 3$

필수 문제 **5** (1) $(x+1)(x+2)$ (2) $(x-2)(x-5)$
(3) $(x+3y)(x-2y)$ (4) $(x+2y)(x-7y)$

**5-1** (1) $(x+3)(x+5)$ (2) $(y-4)(y-7)$
(3) $(x+8y)(x-3y)$ (4) $(x+3y)(x-10y)$

필수 문제 **6** $9$

**6-1** $2x-9$

개념 확인 $-1, 5, 5x, 2x, 1, 5$

필수 문제 **7** (1) $(x+2)(2x+1)$ (2) $(2x-1)(2x-3)$
(3) $(x+3y)(3x-2y)$ (4) $(2x-3y)(4x+y)$

**7-1** (1) $(x+2)(3x+4)$ (2) $(2x-1)(3x-2)$
(3) $(x+y)(5x-3y)$ (4) $(3x+y)(5x-2y)$

필수 문제 **8** $5$

**8-1** $-4$

### 한 번 **더** 연습

**1** (1) $(x+1)(x+4)$ (2) $(x-1)(x-5)$
(3) $(x+6)(x-5)$ (4) $(y+4)(y-8)$
(5) $(x+3y)(x+7y)$ (6) $(x+9y)(x-2y)$
(7) $(x-5y)(x-7y)$ (8) $(x+3y)(x-4y)$

**2** (1) $2(x+2)(x+4)$ (2) $3(x+3)(x-2)$
(3) $a(x-2)(x-7)$ (4) $2y^2(x+1)(x-5)$

**3** (1) $(x+1)(2x+1)$ (2) $(x-3)(4x-3)$
(3) $(x+4)(3x-1)$ (4) $(2y-3)(3y+1)$
(5) $(x+2y)(2x+3y)$ (6) $(x-2y)(3x-4y)$
(7) $(2x-y)(4x+5y)$ (8) $(2x-3y)(5x+2y)$

**4** (1) $2(x+1)(2x+3)$ (2) $3(a+2)(3a-1)$
(3) $a(x+3)(4x-3)$ (4) $xy(x-5)(2x+1)$

### STEP 1 쏙쏙 개념 익히기

**1** ㄱ, ㄴ, ㄹ **2** $\dfrac{5}{2}$ **3** $-30, 30$

**4** $11$ **5** $4$ **6** $4$

**7** $x-2$ **8** $-3$ **9** ②

**10** $4x+8$ **11** $6x+8$

개념 확인 (1) $(x+4)(x+5)$
(2) $(x-1)(y+2)$
(3) $(x+y+1)(x-y-1)$
(4) $(x-2)(x+y+3)$

필수 문제 **9** (1) $(a+b-1)^2$
(2) $(2x-y-5)(2x-y+6)$
(3) $(a+b-2)(a-b)$
(4) $(3x+y-1)^2$

**9-1** (1) $x(x-8)$
(2) $(x-3y+2)(x-3y-9)$
(3) $(x+y-1)(x-y+5)$
(4) $-2(x+4y)(3x-2y)$

필수 문제 **10** (1) $(x-1)(y-1)$
(2) $(x+2)(x-2)(y-2)$
(3) $(x+y-3)(x-y-3)$
(4) $(1+x-2y)(1-x+2y)$

**10-1** (1) $(x+z)(y+1)$
(2) $(x+1)(x-1)(y+1)$
(3) $(x+y-4)(x-y+4)$
(4) $(x+5y+3)(x+5y-3)$

필수 문제 **11** (1) $(x-2)(x+y-2)$
(2) $(x-y+4)(x+y+2)$

**11-1** (1) $(x-3)(x+y-3)$
(2) $(x-y+1)(x+y+3)$

### STEP 1 쏙쏙 개념 익히기

**1** (1) $(x+1)^2$
(2) $(2x-5y+2)(2x-5y-5)$
(3) $(3x+2y+1)(3x-2y-3)$
(4) $(x+3y)^2$

**2** $11$

**3** (1) $(a-6)(b+2)$
(2) $(a+1)(a-1)(x+1)$
(3) $(x+3y+4)(x+3y-4)$
(4) $(3x+y-2)(3x-y+2)$

**4** ②

**5** (1) $(x+1)(x+2y+3)$ (2) $(x+y+3)(x-y+5)$

**6** $2x-8$

**개념 확인** (1) 36, 4, 100  (2) 14, 20, 400
(3) 17, 17, 6, 240

**필수 문제 12** (1) 3700  (2) 2500  (3) 800

**12-1** (1) 9100  (2) 2500  (3) 36000

**필수 문제 13** (1) $2-3\sqrt{2}$  (2) 20

**13-1** (1) $-8\sqrt{7}$  (2) 40

---

**STEP 1 쏙쏙 개념 익히기** P. 93

**1** (1) 188  (2) 1600  (3) 9600  (4) 200

**2** 2

**3** (1) $-2\sqrt{5}$  (2) 96

**4** $\sqrt{3}$  **5** 24  **6** $-6$

---

**STEP 2 탄탄 단원 다지기** P. 94~97

**1** ③  **2** ③  **3** ④  **4** ③  **5** ④

**6** $a^2(a^2+1)(a+1)(a-1)$  **7** ①  **8** ④

**9** ①  **10** ④  **11** ⑤  **12** ④  **13** $-20$

**14** ⑤  **15** $2x+9$  **16** ②  **17** ③  **18** ②

**19** ④  **20** ④  **21** ④  **22** ①  **23** ⑤

**24** ③  **25** ④  **26** ④

---

**STEP 3 쏙쏙 서술형 완성하기** P. 98~99

〈과정은 풀이 참조〉

**따라 해보자** 유제 1  4  유제 2  $64\sqrt{2}$

**연습해 보자** **1** 48

**2** (1) $A=2$, $B=-24$
(2) $(x-4)(x+6)$

**3** $5x+3$

**4** 660

---

**공학 속 수학** P. 100

답 (1) 67, 73  (2) 97, 103

---

**5 이차방정식**

## 1 이차방정식과 그 해

**필수 문제 1** (1) ✕  (2) ○  (3) ✕  (4) ✕  (5) ○  (6) ✕

**1-1** ㄱ, ㄹ, ㅂ

**필수 문제 2** $x=-1$ 또는 $x=2$

**2-1** ㄴ, ㄹ

---

**STEP 1 쏙쏙 개념 익히기** P. 105

**1** ①, ⑤  **2** ⑤  **3** ④

**4** 5  **5** (1) 9  (2) 6  **6** (1) $-4$  (2) $-4$

---

## 2 이차방정식의 풀이

**필수 문제 1** (1) $x=0$ 또는 $x=2$
(2) $x=-3$ 또는 $x=1$
(3) $x=-\dfrac{1}{3}$ 또는 $x=4$
(4) $x=-\dfrac{2}{3}$ 또는 $x=\dfrac{3}{2}$

**1-1** (1) $x=-4$ 또는 $x=-1$
(2) $x=-2$ 또는 $x=5$
(3) $x=\dfrac{1}{3}$ 또는 $x=\dfrac{1}{2}$
(4) $x=-\dfrac{5}{2}$ 또는 $x=\dfrac{1}{3}$

**필수 문제 2** (1) $x=0$ 또는 $x=1$
(2) $x=-4$ 또는 $x=2$
(3) $x=-\dfrac{4}{3}$ 또는 $x=\dfrac{3}{2}$
(4) $x=-3$ 또는 $x=2$

**2-1** (1) $x=0$ 또는 $x=-5$
(2) $x=-6$ 또는 $x=5$
(3) $x=-\dfrac{2}{3}$ 또는 $x=3$
(4) $x=-1$ 또는 $x=10$

**필수 문제 3**　ㄴ, ㄹ, ㅂ

**3-1**　④

**필수 문제 4**　(1) 12　(2) $\pm 2$

**4-1**　(1) $a=-4$, $x=7$

　　　　(2) $a=8$일 때 $x=-4$, $a=-8$일 때 $x=4$

---

**STEP 1 쏙쏙 개념 익히기**　　P. 108

**1**　⑤

**2**　(1) $x=2$ 또는 $x=4$　(2) $x=3$

　　(3) $x=-\dfrac{1}{3}$ 또는 $x=\dfrac{3}{2}$　(4) $x=-2$ 또는 $x=2$

**3**　$a=15$, $x=-5$　　**4**　①, ④

**5**　2

---

**필수 문제 5**　(1) $x=\pm 2\sqrt{2}$　(2) $x=\pm\dfrac{5}{3}$

　　　　(3) $x=-3\pm\sqrt{5}$　(4) $x=-2$ 또는 $x=4$

**5-1**　(1) $x=\pm\sqrt{6}$　(2) $x=\pm\dfrac{7}{2}$

　　　(3) $x=\dfrac{-1\pm\sqrt{3}}{2}$　(4) $x=-\dfrac{7}{3}$ 또는 $x=\dfrac{1}{3}$

**5-2**　3

---

**필수 문제 6**　(1) 9, 9, 3, 7, $3\pm\sqrt{7}$　(2) 1, 1, 1, $\dfrac{2}{3}$, $1\pm\dfrac{\sqrt{6}}{3}$

**6-1**　(1) $p=1$, $q=3$　(2) $p=-2$, $q=\dfrac{17}{2}$

**6-2**　(1) $x=5\pm 2\sqrt{5}$　(2) $x=\dfrac{-5\pm\sqrt{33}}{2}$

　　　(3) $x=-1\pm\dfrac{\sqrt{7}}{2}$　(4) $x=\dfrac{4\pm\sqrt{10}}{3}$

---

**STEP 1 쏙쏙 개념 익히기**　　P. 111

**1**　(1) $x=\pm\dfrac{\sqrt{5}}{3}$　(2) $x=-5$ 또는 $x=1$

　　(3) $x=\dfrac{5\pm\sqrt{5}}{2}$　(4) $x=-\dfrac{1}{3}$ 또는 $x=3$

**2**　6　　**3**　$A=1$, $B=1$, $C=\dfrac{5}{2}$

**4**　$-5$　　**5**　7

---

**개념 확인**　$a$, $\left(\dfrac{b}{2a}\right)^2$, $\dfrac{-b\pm\sqrt{b^2-4ac}}{2a}$

**필수 문제 7**　(1) $x=\dfrac{-5\pm\sqrt{13}}{6}$　(2) $x=-2\pm 2\sqrt{2}$

　　　　(3) $x=\dfrac{3\pm\sqrt{15}}{2}$

**7-1**　(1) $x=\dfrac{-1\pm\sqrt{33}}{2}$　(2) $x=\dfrac{1\pm\sqrt{5}}{4}$

　　　(3) $x=\dfrac{7\pm\sqrt{13}}{6}$

**7-2**　$A=-3$, $B=41$

---

**필수 문제 8**　(1) $x=\dfrac{-1\pm\sqrt{13}}{2}$

　　　　(2) $x=2$ 또는 $x=3$

　　　　(3) $x=-4$ 또는 $x=2$

**8-1**　(1) $x=3\pm\sqrt{5}$　(2) $x=-5$ 또는 $x=-\dfrac{1}{3}$

　　　(3) $x=\pm\sqrt{11}$

**필수 문제 9**　(1) $x=2$ 또는 $x=7$

　　　　(2) $x=0$ 또는 $x=1$

**9-1**　(1) $x=\dfrac{3}{2}$ 또는 $x=2$

　　　(2) $x=-2$ 또는 $x=9$

---

**한 번 더 연습**　　P. 114

**1**　(1) $x=\dfrac{-7\pm\sqrt{5}}{2}$　(2) $x=\dfrac{-3\pm\sqrt{29}}{2}$

　　(3) $x=-1\pm\sqrt{5}$　(4) $x=-3\pm\sqrt{13}$

　　(5) $x=\dfrac{5\pm\sqrt{33}}{4}$　(6) $x=\dfrac{-4\pm\sqrt{19}}{3}$

**2**　(1) $x=\dfrac{5\pm\sqrt{17}}{2}$　(2) $x=\dfrac{3\pm\sqrt{21}}{2}$

　　(3) $x=\dfrac{-1\pm\sqrt{6}}{2}$　(4) $x=-1$ 또는 $x=4$

**3**　(1) $x=1$ 또는 $x=11$　(2) $x=\dfrac{-2\pm\sqrt{10}}{6}$

　　(3) $x=\dfrac{-5\pm\sqrt{29}}{4}$　(4) $x=5\pm\sqrt{34}$

**4**　(1) $x=\dfrac{1}{3}$ 또는 $x=3$　(2) $x=-\dfrac{4}{3}$ 또는 $x=0$

---

## STEP 1 쏙쏙 개념 익히기　P. 115

**1** ⑤　**2** 16
**3** 7　**4** $a=-3$, $b=2$
**5** $a=3$, $b=33$

## 3 이차방정식의 활용

### P. 116

**개념 확인**

| $a$, $b$, $c$의 값 | $b^2-4ac$의 값 | 근의 개수 |
|---|---|---|
| (1) $a=1$, $b=3$, $c=-2$ | $3^2-4\times1\times(-2)=17$ | 2개 |
| (2) $a=4$, $b=-4$, $c=1$ | $(-4)^2-4\times4\times1=0$ | 1개 |
| (3) $a=2$, $b=-5$, $c=4$ | $(-5)^2-4\times2\times4=-7$ | 0개 |

**필수 문제 1** ㄷ, ㄹ, ㅁ
　**1-1** ②
**필수 문제 2** (1) $k<\dfrac{9}{8}$　(2) $k=\dfrac{9}{8}$　(3) $k>\dfrac{9}{8}$
　**2-1** (1) $k<6$　(2) $k=6$　(3) $k>6$

### P. 117

**필수 문제 3** (1) $x^2-4x-5=0$
　　　　(2) $2x^2+14x+24=0$
　　　　(3) $-x^2+6x-9=0$
　**3-1** (1) $-4x^2-4x+8=0$
　　　　(2) $6x^2-5x+1=0$
　　　　(3) $3x^2+12x+12=0$
　**3-2** $a=-2$, $b=-60$

## STEP 1 쏙쏙 개념 익히기　P. 118

**1** ⑤　**2** $k\leq\dfrac{5}{2}$
**3** $k=12$, $x=3$　**4** 4
**5** $x=-\dfrac{1}{2}$ 또는 $x=\dfrac{1}{3}$　**6** $x=-1$ 또는 $x=-\dfrac{1}{2}$

### P. 119~120

**개념 확인** $x-2$, $x-2$, 7, 7, 7, 7, 7
**필수 문제 4** 팔각형
　**4-1** 15
**필수 문제 5** 13, 15
　**5-1** 8
**필수 문제 6** 15명
　**6-1** 10명
**필수 문제 7** (1) 2초 후　(2) 5초 후
　**7-1** 3초 후
**필수 문제 8** 10 cm
　**8-1** 3 m

## STEP 1 쏙쏙 개념 익히기　P. 121

**1** 5　**2** 8, 9　**3** 10살
**4** 4초 후　**5** 9 cm

## STEP 2 탄탄 단원 다지기　P. 122~125

**1** ②, ③　**2** ④　**3** ④　**4** $-2$　**5** ⑤
**6** ⑤　**7** $-7$　**8** ③　**9** ③　**10** 13
**11** ④　**12** ⑤　**13** 42　**14** 22
**15** $x=-4\pm\sqrt{10}$　**16** ②　**17** ②　**18** ③
**19** 2　**20** ①, ③　**21** ⑤　**22** 15단계
**23** ④　**24** 21쪽, 22쪽　**25** 2초
**26** 16마리 또는 48마리　**27** 7 cm

## STEP 3 쏙쏙 서술형 완성하기　P. 126~127

〈과정은 풀이 참조〉
**따라 해보자** 유제 1 $x=2$　유제 2 $x=-2$ 또는 $x=14$
**연습해 보자** **1** $x=3$　**2** $x=\dfrac{-4\pm\sqrt{13}}{3}$
　**3** $x=\dfrac{-3\pm\sqrt{13}}{2}$　**4** 26

## 예술 속 수학　P. 128

답 $\dfrac{1+\sqrt5}{2}$

## 1 이차함수의 뜻

P. 132

**필수 문제 1** ㄷ, ㅂ

**1-1** ⑤

**1-2** (1) $y=4x$　　　(2) $y=x^3$
(3) $y=x^2+4x+3$　　(4) $y=\pi x^2$
이차함수: (3), (4)

**필수 문제 2** 3

**2-1** 10

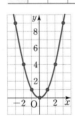
**STEP 1** 쏙쏙 개념 익히기　　　P. 133

**1** ⑤　　　**2** ④　　　**3** ②　　　**4** 1
**5** 1　　　**6** 17

## 2 이차함수 $y=ax^2$의 그래프

P. 134~135

**필수 문제 1** (1)

| $x$ | $\cdots$ | $-3$ | $-2$ | $-1$ | $0$ | $1$ | $2$ | $3$ | $\cdots$ |
|---|---|---|---|---|---|---|---|---|---|
| $y$ | $\cdots$ | $9$ | $4$ | $1$ | $0$ | $1$ | $4$ | $9$ | $\cdots$ |

(2) ㄱ. 0, 0, 아래　　ㄴ. $x=0$　　ㄷ. $x$
ㄹ. 증가　　ㅁ. 16

**필수 문제 2** (1)

| $x$ | $\cdots$ | $-3$ | $-2$ | $-1$ | $0$ | $1$ | $2$ | $3$ | $\cdots$ |
|---|---|---|---|---|---|---|---|---|---|
| $y$ | $\cdots$ | $-9$ | $-4$ | $-1$ | $0$ | $-1$ | $-4$ | $-9$ | $\cdots$ |

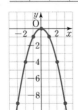

(2) ㄱ. 0, 0, 위　　ㄴ. $x=0$　　ㄷ. $x$
ㄹ. 감소　　ㅁ. $-49$

P. 135~136

**개념 확인**

| $x$ | $\cdots$ | $-3$ | $-2$ | $-1$ | $0$ | $1$ | $2$ | $3$ | $\cdots$ |
|---|---|---|---|---|---|---|---|---|---|
| $y=x^2$ | $\cdots$ | $9$ | $4$ | $1$ | $0$ | $1$ | $4$ | $9$ | $\cdots$ |
| $y=2x^2$ | $\cdots$ | $18$ | $8$ | $2$ | $0$ | $2$ | $8$ | $18$ | $\cdots$ |

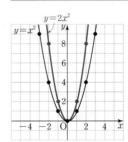

**필수 문제 3** ㄱ. 0, 0, 위　　ㄴ. $y$, $x=0$　　ㄷ. $y=2x^2$
ㄹ. 증가　　ㅁ. $-8$

**3-1** (1) ㄴ, ㄷ　(2) ㄹ　(3) ㄱ과 ㄴ　(4) ㄱ, ㄹ, ㅁ
(5) ㄴ

**필수 문제 4** 2

**4-1** $-1$

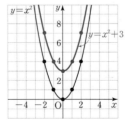
**STEP 1** 쏙쏙 개념 익히기　　　P. 137

**1** ③, ⑤　　　**2** ④　　　**3** $\dfrac{1}{9}$
**4** ⑤　　　**5** $y=\dfrac{1}{2}x^2$

## 3 이차함수 $y=a(x-p)^2+q$의 그래프

P. 138

**개념 확인**　　　(1) 3
(2) 0
(3) 0, 3

**필수 문제 1** (1) $y=-3x^2+2$, $x=0$, $(0,\ 2)$
(2) $y=\dfrac{2}{3}x^2-4$, $x=0$, $(0,\ -4)$

**1-1** (1) $y=-2x^2+4$　　(2) $x=0$, 0, 4
(3) 위　　　　　　(4) 감소

**1-2** 19

P. 139

**개념 확인**

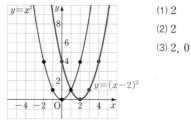

(1) 2
(2) 2
(3) 2, 0

**필수 문제 2**

(1) $y=3(x+1)^2$, $x=-1$, $(-1, 0)$
(2) $y=-\dfrac{1}{2}(x-3)^2$, $x=3$, $(3, 0)$

**2-1** (1) $y=\dfrac{1}{3}(x+2)^2$   (2) $x=-2$, $-2$, $0$

(3) 아래   (4) 감소

**2-2** $-\dfrac{1}{4}$

---

**STEP 1** 쏙쏙 개념 익히기

P. 140

**1**

| (1) $y=2x^2-1$ | (2) $y=-\dfrac{2}{3}(x-3)^2$ | (3) $y=-x^2+4$ |
|---|---|---|
| $x=0$ | $x=3$ | $x=0$ |
| $(0, -1)$ | $(3, 0)$ | $(0, 4)$ |
| 아래로 볼록 | 위로 볼록 | 위로 볼록 |

(1)~(3)을 그래프의 폭이 좁은 것부터 차례로 나열하면 (1), (3), (2)이다.

**2** $-8$   **3** ②   **4** $1$   **5** ①

---

P. 141

**개념 확인**

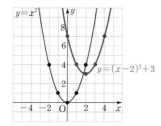

(1) 2, 3
(2) 2
(3) 2, 3

**필수 문제 3**

(1) $y=2(x-2)^2+6$, $x=2$, $(2, 6)$
(2) $y=-(x+4)^2+1$, $x=-4$, $(-4, 1)$

**3-1** (1) $y=\dfrac{1}{2}(x+3)^2+1$   (2) $x=-3$, $-3$, $1$

(3) 아래   (4) 증가   (5) 1, 2

**3-2** $-7$

---

P. 142

**개념 확인**

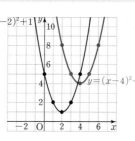

(1) 4, 4
(2) 4
(3) 4, 4

**필수 문제 4**

(1) $y=2(x-3)^2+7$, $x=3$, $(3, 7)$
(2) $y=2(x-1)^2+1$, $x=1$, $(1, 1)$
(3) $y=2(x-3)^2+1$, $x=3$, $(3, 1)$

**4-1** $y=-3(x+2)^2+8$, $x=-2$, $(-2, 8)$

---

P. 143

**필수 문제 5** (1) 아래, $>$   (2) 3, $<$, $<$

**5-1** $a<0$, $p<0$, $q>0$

**5-2** ㄹ, ㅁ, ㅂ

---

**STEP 1** 쏙쏙 개념 익히기

P. 144~145

**1** $m=-\dfrac{1}{5}$, $n=-4$   **2** ③, ⑤   **3** $1$

**4** ③   **5** ③   **6** ③   **7** ⑤

**8** ④

---

## 4 이차함수 $y=ax^2+bx+c$의 그래프

P. 146~147

**필수 문제 1** (1) 1, 1, 1, 2, 1, 3, 1, 3, 아래, 0, 5

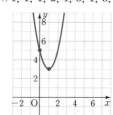

(2) 4, 4, 4, 8, 2, 7, $-2$, 7, 위, 0, $-1$

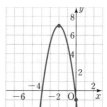

**1-1** (1) $(2, -1)$, $(0, 3)$

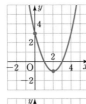

(2) $(3, 2)$, $(0, -1)$

**필수 문제 2** (1) $-5$, $-10$ (2) $0$, $15$ (3) $4$ (4) 감소

**2-1** ㄴ, ㄷ

**필수 문제 3** $(2, 0)$, $(5, 0)$

**3-1** $(-1, 0)$, $(5, 0)$

**P. 148**

**필수 문제 4** (1) 아래, $>$ (2) 왼, $>$, $>$ (3) 위, $>$

**4-1** (1) $a<0$, $b>0$, $c>0$ (2) $a>0$, $b>0$, $c<0$

---

**STEP 1 쑥쑥 개념 익히기** **P. 149~150**

**1** (1) $y=-(x+3)^2-3$, $x=-3$, $(-3, -3)$
(2) $y=3(x-1)^2-7$, $x=1$, $(1, -7)$
(3) $y=-\dfrac{1}{4}(x-2)^2+6$, $x=2$, $(2, 6)$

**2** ④ **3** ②, ④ **4** ②

**5** ③ **6** ②

**7** (1) $A(2, 9)$, $B(-1, 0)$, $C(5, 0)$ (2) $27$

**8** $8$

## 5 이차함수의 식 구하기

**P. 151**

**개념 확인** $x-1$, $2$, $2$, $3$, $3(x-1)^2+2$

**필수 문제 1** $y=4(x+3)^2-1$

**1-1** ③

**1-2** ③

**P. 152**

**개념 확인** $x-1$, $3$, $4a$, $2$, $1$, $2(x-1)^2+1$

**필수 문제 2** $y=2(x-4)^2-5$

**2-1** $4$ **2-2** ④

---

**P. 153**

**개념 확인** $2$, $2$, $2$, $2$, $3$, $1$, $3x^2+x+2$

**필수 문제 3** $y=x^2-4x+4$

**3-1** $15$ **3-2** ③

**P. 154**

**개념 확인** $1$, $2$, $2x^2-6x+4$

**필수 문제 4** $y=x^2-5x+4$

**4-1** $-16$ **4-2** ③

---

**STEP 1 쑥쑥 개념 익히기** **P. 155**

**1** (1) $y=2x^2-12x+20$ (2) $y=-x^2-2x+5$
(3) $y=-x^2+4x+5$ (4) $y=\dfrac{1}{2}x^2-\dfrac{1}{2}x-3$

**2** (1) $y=-2x^2-4x-1$ (2) $y=3x^2+12x+9$
(3) $y=-x^2-3x+4$ (4) $y=\dfrac{1}{3}x^2-\dfrac{2}{3}x-1$

**3** ④

---

**STEP 2 탄탄 단원 다지기** **P. 156~159**

| | | | | |
|---|---|---|---|---|
| **1** ⑤ | **2** ⑤ | **3** ② | **4** ⑤ | **5** ① |
| **6** $6$ | **7** ③ | **8** ① | **9** ④ | **10** ② |
| **11** ② | **12** $-7$ | **13** ⑤ | **14** $32$ | **15** ③ |
| **16** ④ | **17** ③ | **18** ⑤ | **19** ② | **20** ④ |
| **21** ④ | **22** ⑤ | **23** ② | **24** $\left(3, -\dfrac{1}{2}\right)$ | |

---

**STEP 3 쑥쑥 서술형 완성하기** **P. 160~161**

〈과정은 풀이 참조〉

**따라 해보자** 유제 1 $-4$ 유제 2 $12$

**연습해 보자** **1** $6$ **2** $24$ **3** $-4$

**4** $y=\dfrac{1}{2}x^2-\dfrac{1}{2}x+2$

---

**과학 속 수학** **P. 162**

답 (1) $y=\dfrac{1}{150}x^2$ (2) $58.5\,\mathrm{m}$

# 개념편

## 1 제곱근의 뜻과 성질

**필수 문제 1** (1) $3$, $-3$ (2) $5$, $-5$ (3) $0$

(1) $3^2=9$, $(-3)^2=9$이므로 제곱하여 9가 되는 수는 $3$, $-3$이다.

(2) $5^2=25$, $(-5)^2=25$이므로 $x^2=25$를 만족시키는 $x$의 값은 $5$, $-5$이다.

**참고** 제곱근의 개수

| 수 | 제곱근의 개수 |
|---|---|
| 양수 | 2개 |
| 0 | 1개 |
| 음수 | 0개(생각하지 않는다.) |

**1-1** (1) $8$, $-8$ (2) $0.6$, $-0.6$ (3) 없다.

(1) $8^2=64$, $(-8)^2=64$이므로 제곱하여 64가 되는 수는 $8$, $-8$이다.

(2) $0.6^2=0.36$, $(-0.6)^2=0.36$이므로 $x^2=0.36$을 만족시키는 $x$의 값은 $0.6$, $-0.6$이다.

(3) 제곱하여 음수가 되는 수는 없다.

**필수 문제 2** (1) $4$, $-4$ (2) $0.1$, $-0.1$

(3) $\dfrac{3}{5}$, $-\dfrac{3}{5}$ (4) $3$, $-3$

(1) $4^2=16$, $(-4)^2=16$이므로 16의 제곱근은 $4$, $-4$이다.

(2) $0.1^2=0.01$, $(-0.1)^2=0.01$이므로 0.01의 제곱근은 $0.1$, $-0.1$이다.

(3) $\left(\dfrac{3}{5}\right)^2=\dfrac{9}{25}$, $\left(-\dfrac{3}{5}\right)^2=\dfrac{9}{25}$이므로 $\dfrac{9}{25}$의 제곱근은 $\dfrac{3}{5}$, $-\dfrac{3}{5}$이다.

(4) $(-3)^2=9$이고, $3^2=9$, $(-3)^2=9$이므로 $(-3)^2$의 제곱근은 $3$, $-3$이다.

**2-1** (1) $11$, $-11$ (2) $0.2$, $-0.2$

(3) $\dfrac{6}{7}$, $-\dfrac{6}{7}$ (4) $0.5$, $-0.5$

(1) $11^2=121$, $(-11)^2=121$이므로 121의 제곱근은 $11$, $-11$이다.

(2) $0.2^2=0.04$, $(-0.2)^2=0.04$이므로 0.04의 제곱근은 $0.2$, $-0.2$이다.

(3) $\left(\dfrac{6}{7}\right)^2=\dfrac{36}{49}$이고, $\left(\dfrac{6}{7}\right)^2=\dfrac{36}{49}$, $\left(-\dfrac{6}{7}\right)^2=\dfrac{36}{49}$이므로 $\left(\dfrac{6}{7}\right)^2$의 제곱근은 $\dfrac{6}{7}$, $-\dfrac{6}{7}$이다.

(4) $(-0.5)^2=0.25$이고, $(0.5)^2=0.25$, $(-0.5)^2=0.25$이므로 $(-0.5)^2$의 제곱근은 $0.5$, $-0.5$이다.

**개념 확인**

| $a$ | 1 | 2 | 3 | 4 | 5 |
|---|---|---|---|---|---|
| $a$의 양의 제곱근 | $\sqrt{1}=1$ | $\sqrt{2}$ | $\sqrt{3}$ | $\sqrt{4}=2$ | $\sqrt{5}$ |
| $a$의 음의 제곱근 | $-\sqrt{1}=-1$ | $-\sqrt{2}$ | $-\sqrt{3}$ | $-\sqrt{4}=-2$ | $-\sqrt{5}$ |
| $a$의 제곱근 | $\pm 1$ | $\pm\sqrt{2}$ | $\pm\sqrt{3}$ | $\pm 2$ | $\pm\sqrt{5}$ |
| 제곱근 $a$ | 1 | $\sqrt{2}$ | $\sqrt{3}$ | $\sqrt{4}=2$ | $\sqrt{5}$ |

| $a$ | 6 | 7 | 8 | 9 | 10 |
|---|---|---|---|---|---|
| $a$의 양의 제곱근 | $\sqrt{6}$ | $\sqrt{7}$ | $\sqrt{8}$ | $\sqrt{9}=3$ | $\sqrt{10}$ |
| $a$의 음의 제곱근 | $-\sqrt{6}$ | $-\sqrt{7}$ | $-\sqrt{8}$ | $-\sqrt{9}=-3$ | $-\sqrt{10}$ |
| $a$의 제곱근 | $\pm\sqrt{6}$ | $\pm\sqrt{7}$ | $\pm\sqrt{8}$ | $\pm 3$ | $\pm\sqrt{10}$ |
| 제곱근 $a$ | $\sqrt{6}$ | $\sqrt{7}$ | $\sqrt{8}$ | $\sqrt{9}=3$ | $\sqrt{10}$ |

**필수 문제 3** (1) $\sqrt{11}$ (2) $-\sqrt{\dfrac{5}{2}}$ (3) $\pm\sqrt{13}$ (4) $\sqrt{13}$

**3-1** (1) $\sqrt{17}$ (2) $-\sqrt{0.5}$ (3) $\pm\sqrt{\dfrac{3}{2}}$ (4) $\sqrt{26}$

**필수 문제 4** (1) $5$ (2) $-0.3$ (3) $\pm 8$ (4) $\dfrac{1}{9}$

(1) $\sqrt{25}$는 25의 양의 제곱근이므로 5이다.

(2) $-\sqrt{0.09}$는 0.09의 음의 제곱근이므로 $-0.3$이다.

(3) $\pm\sqrt{64}$는 64의 제곱근이므로 $\pm 8$이다.

(4) $\sqrt{\dfrac{1}{81}}$은 $\dfrac{1}{81}$의 양의 제곱근이므로 $\dfrac{1}{9}$이다.

**4-1** (1) $4$ (2) $-0.7$ (3) $\pm 10$ (4) $\dfrac{5}{6}$

(1) $\sqrt{16}$은 16의 양의 제곱근이므로 4이다.

(2) $-\sqrt{0.49}$는 0.49의 음의 제곱근이므로 $-0.7$이다.

(3) $\pm\sqrt{100}$은 100의 제곱근이므로 $\pm 10$이다.

(4) $\sqrt{\dfrac{25}{36}}$는 $\dfrac{25}{36}$의 양의 제곱근이므로 $\dfrac{5}{6}$이다.

**1**
(1) $\pm 1$    (2) $\pm\dfrac{1}{4}$    (3) $\pm 0.5$    (4) $\pm 13$

(5) $\pm\sqrt{11}$    (6) $\pm\sqrt{\dfrac{1}{3}}$    (7) $\pm\sqrt{0.7}$    (8) 없다.

(9) $\pm\sqrt{6}$    (10) $\pm\sqrt{\dfrac{1}{2}}$    (11) $\pm\sqrt{1.2}$    (12) $\pm\sqrt{\dfrac{3}{7}}$

**2** ㄷ, ㅁ, ㅂ    **3** ②    **4** 7

**1**
(9) $\sqrt{36}=6$이므로 6의 제곱근은 $\pm\sqrt{6}$이다.

(10) $\sqrt{\dfrac{1}{4}}=\dfrac{1}{2}$이므로 $\dfrac{1}{2}$의 제곱근은 $\pm\sqrt{\dfrac{1}{2}}$이다.

(11) $\sqrt{1.44}=1.2$이므로 1.2의 제곱근은 $\pm\sqrt{1.2}$이다.

(12) $\sqrt{\dfrac{9}{49}}=\dfrac{3}{7}$이므로 $\dfrac{3}{7}$의 제곱근은 $\pm\sqrt{\dfrac{3}{7}}$이다.

**2**
ㄱ. 10의 제곱근은 $\pm\sqrt{10}$이다.

ㄴ. $\sqrt{64}$는 8이다.

ㄷ. 0의 제곱근은 0의 1개뿐이다.

ㄹ. 음수의 제곱근은 없다.

ㅁ. $(-5)^2=25$, $5^2=25$이므로 두 수의 제곱근은 $\pm5$로 같다.

ㅂ. 양수 $a$의 제곱근은 $\pm\sqrt{a}$이므로 절댓값이 같은 양수와 음수 2개이다.

따라서 옳은 것은 ㄷ, ㅁ, ㅂ이다.

**3**
① (4의 제곱근)$=$(제곱하여 4가 되는 수) (③)

                    $=(\pm2)$ (④)

                    $=(x^2=4$를 만족시키는 $x$의 값) (⑤)

② (제곱근 4)$=\sqrt{4}=2$

따라서 나머지 넷과 다른 하나는 ②이다.

**4**
$\sqrt{16}=4$이므로 4의 음의 제곱근 $a=-2$

$(-9)^2=81$이므로 81의 양의 제곱근 $b=9$

$\therefore a+b=-2+9=7$

**필수 문제 5**    (1) 7    (2) 0.8    (3) $-10$    (4) 3    (5) 11    (6) $-\dfrac{2}{5}$

**5-1**    (1) $-5$    (2) $\dfrac{1}{3}$    (3) $-13$    (4) $-9$    (5) 0.4    (6) $-\dfrac{3}{7}$

**필수 문제 6**    (1) 5    (2) $-2$    (3) 17    (4) 0

(1) $(\sqrt{2})^2+(-\sqrt{3})^2=2+3=5$

(2) $\sqrt{3^2}-\sqrt{(-5)^2}=3-5=-2$

(3) $\sqrt{4^2}\times(-\sqrt{6})^2-(-\sqrt{7})^2=4\times6-7=17$

(4) $(-\sqrt{8})^2\times\sqrt{0.5^2}-\sqrt{9}\div\sqrt{\left(\dfrac{3}{4}\right)^2}=8\times0.5-3\div\dfrac{3}{4}$

                               $=4-3\times\dfrac{4}{3}$

                               $=4-4=0$

**6-1**    (1) $-2$    (2) 4    (3) 4    (4) $-5$

(1) $(\sqrt{5})^2-(-\sqrt{7})^2=5-7=-2$

(2) $\sqrt{12^2}\div\sqrt{(-3)^2}=12\div3=4$

(3) $(-\sqrt{2})^2+\sqrt{\left(-\dfrac{1}{3}\right)^2}\times\sqrt{36}=2+\dfrac{1}{3}\times6$

                                $=2+2=4$

(4) $\sqrt{(-2)^2}\div\sqrt{\left(\dfrac{2}{3}\right)^2}-\sqrt{0.64}\times(-\sqrt{10})^2$

      $=2\div\dfrac{2}{3}-0.8\times10$

      $=2\times\dfrac{3}{2}-8$

      $=3-8=-5$

**필수 문제 7**    (1) $2x$, $-2x$    (2) $2x$, $-2x$

(1) $x>0$일 때, $2x>0$이므로 $\sqrt{(2x)^2}=2x$

     $x<0$일 때, $2x<0$이므로 $\sqrt{(2x)^2}=-2x$

(2) $x>0$일 때, $-2x<0$이므로 $\sqrt{(-2x)^2}=-(-2x)=2x$

     $x<0$일 때, $-2x>0$이므로 $\sqrt{(-2x)^2}=-2x$

**7-1**    (1) $5a$    (2) $-11a$    (3) $6a$    (4) $7a$

(1) $a>0$일 때, $5a>0$이므로 $\sqrt{(5a)^2}=5a$

(2) $a<0$일 때, $-11a>0$이므로 $\sqrt{(-11a)^2}=-11a$

(3) $a>0$일 때, $-6a<0$이므로

     $\sqrt{(-6a)^2}=-(-6a)=6a$

(4) $a<0$일 때, $7a<0$이므로

     $-\sqrt{(7a)^2}=-(-7a)=7a$

**필수 문제 8**    (1) $x+1$, $-x-1$    (2) $x-5$, $-x+5$

(1) $x>-1$일 때, $x+1>0$이므로 $\sqrt{(x+1)^2}=x+1$

     $x<-1$일 때, $x+1<0$이므로

     $\sqrt{(x+1)^2}=-(x+1)=-x-1$

(2) $x>5$일 때, $x-5>0$이므로 $\sqrt{(x-5)^2}=x-5$

     $x<5$일 때, $x-5<0$이므로

     $\sqrt{(x-5)^2}=-(x-5)=-x+5$

**8-1** (1) $a-3$ (2) $-a+7$ (3) $a+2$ (4) $4-a$

(1) $a>3$일 때, $a-3>0$이므로 $\sqrt{(a-3)^2}=a-3$

(2) $a<7$일 때, $a-7<0$이므로

$$\sqrt{(a-7)^2}=-(a-7)=-a+7$$

(3) $a>-2$일 때, $a+2>0$이므로 $\sqrt{(a+2)^2}=a+2$

(4) $a<4$일 때, $4-a>0$이므로 $\sqrt{(4-a)^2}=4-a$

---

**P. 13**

**필수 문제 9** 3, 5, 5, 5, 5

**9-1** (1) 6 (2) 2

(1) $\sqrt{24x}=\sqrt{2^3\times3\times x}$가 자연수가 되려면

$x=2\times3\times(\text{자연수})^2$ 꼴이어야 한다.

따라서 가장 작은 자연수 $x$의 값은 $2\times3=6$

(2) $\sqrt{\dfrac{98}{x}}=\sqrt{\dfrac{2\times7^2}{x}}$이 자연수가 되려면 $x$는 98의 약수이면

서 $x=2\times(\text{자연수})^2$ 꼴이어야 한다.

따라서 가장 작은 자연수 $x$의 값은 2이다.

**필수 문제 10** 10, 16, 25, 36, 6, 15, 26, 6

**10-1** (1) 3 (2) 3

(1) $\sqrt{6+x}$가 자연수가 되려면 $6+x$는 6보다 큰 $(\text{자연수})^2$
꼴인 수이어야 하므로

$6+x=9,\ 16,\ 25,\ \cdots$ $\therefore x=3,\ 10,\ 19,\ \cdots$

따라서 가장 작은 자연수 $x$의 값은 3이다.

(2) $\sqrt{12-x}$가 자연수가 되려면 $12-x$는 12보다 작은
$(\text{자연수})^2$ 꼴인 수이어야 하므로

$12-x=1,\ 4,\ 9$ $\therefore x=11,\ 8,\ 3$

따라서 가장 작은 자연수 $x$의 값은 3이다.

---

**P. 14**

**개념 확인** (1) 2, 8 (2) $\sqrt{2}$, $\sqrt{8}$ (3) $\sqrt{2}$, $\sqrt{8}$

**필수 문제 11** (1) < (2) > (3) < (4) >

(1) $5<7$이므로 $\sqrt{5}<\sqrt{7}$

(2) $4=\sqrt{16}$이므로 $\sqrt{16}>\sqrt{15}$에서 $4>\sqrt{15}$

(3) $0.1=\sqrt{0.01}$이므로 $\sqrt{0.01}<\sqrt{0.1}$에서 $0.1<\sqrt{0.1}$

(4) $\dfrac{2}{3}<\dfrac{3}{4}$이고 $\sqrt{\dfrac{2}{3}}<\sqrt{\dfrac{3}{4}}$이므로 $-\sqrt{\dfrac{2}{3}}>-\sqrt{\dfrac{3}{4}}$

**11-1** (1) $\sqrt{0.7}<\sqrt{0.8}$ (2) $-3<-\sqrt{8}$

(3) $\dfrac{1}{2}<\sqrt{\dfrac{2}{3}}$ (4) $-\sqrt{\dfrac{1}{10}}>-\sqrt{\dfrac{1}{2}}$

(1) $0.7<0.8$이므로 $\sqrt{0.7}<\sqrt{0.8}$

(2) $3=\sqrt{9}$이므로 $\sqrt{9}>\sqrt{8}$에서 $3>\sqrt{8}$ $\therefore -3<-\sqrt{8}$

(3) $\dfrac{1}{4}<\dfrac{2}{3}$이고 $\sqrt{\dfrac{1}{4}}<\sqrt{\dfrac{2}{3}}$이므로 $\dfrac{1}{2}<\sqrt{\dfrac{2}{3}}$

(4) $\dfrac{1}{10}<\dfrac{1}{2}$이고 $\sqrt{\dfrac{1}{10}}<\sqrt{\dfrac{1}{2}}$이므로 $-\sqrt{\dfrac{1}{10}}>-\sqrt{\dfrac{1}{2}}$

**필수 문제 12** (1) 1, 2, 3 (2) 4, 5, 6, 7, 8

(1) $1\leq\sqrt{x}<2$에서 $\sqrt{1}\leq\sqrt{x}<\sqrt{4}$이므로 $1\leq x<4$

따라서 자연수 $x$의 값은 1, 2, 3이다.

**다른 풀이**

$1\leq\sqrt{x}<2$에서 $1^2\leq(\sqrt{x})^2<2^2$ $\therefore 1\leq x<4$

따라서 자연수 $x$의 값은 1, 2, 3이다.

(2) $3<\sqrt{3x}<5$에서 $\sqrt{9}<\sqrt{3x}<\sqrt{25}$이므로

$9<3x<25$ $\therefore 3<x<\dfrac{25}{3}\left(=8\dfrac{1}{3}\right)$

따라서 자연수 $x$의 값은 4, 5, 6, 7, 8이다.

**12-1** (1) 6, 7, 8, 9 (2) 4, 5, 6, 7, 8, 9

(1) $5<\sqrt{5x}<7$에서 $\sqrt{25}<\sqrt{5x}<\sqrt{49}$이므로

$25<5x<49$ $\therefore 5<x<\dfrac{49}{5}\left(=9\dfrac{4}{5}\right)$

따라서 자연수 $x$의 값은 6, 7, 8, 9이다.

(2) $-3\leq-\sqrt{x}\leq-2$에서 $2\leq\sqrt{x}\leq3$, $\sqrt{4}\leq\sqrt{x}\leq\sqrt{9}$이므로

$4\leq x\leq9$

따라서 자연수 $x$의 값은 4, 5, 6, 7, 8, 9이다.

---

**STEP 1 쏙쏙 개념 익히기** P. 15

**1** (1) 16 (2) 0 (3) 1 (4) 7 (5) 8 (6) $-5$

**2** $-\sqrt{5}$, $-\sqrt{2}$, $-1$, $0$, $\sqrt{12}$, $4$, $\sqrt{17}$

**3** (1) 7개 (2) 9개 **4** (1) 15 (2) 1

**5** $-2a+2$ **6** $-a+5$

**1** (1) $(\sqrt{3})^2+\sqrt{(-13)^2}=3+13=16$

(2) $\left(-\sqrt{\dfrac{3}{2}}\right)^2-\sqrt{\left(\dfrac{3}{2}\right)^2}=\dfrac{3}{2}-\dfrac{3}{2}=0$

(3) $\sqrt{0.36}\times(\sqrt{10})^2\div\sqrt{(-6)^2}=0.6\times10\div6$

$$=6\times\dfrac{1}{6}=1$$

(4) $\sqrt{121}-(\sqrt{14})^2\times\sqrt{\left(\dfrac{2}{7}\right)^2}=11-14\times\dfrac{2}{7}=11-4=7$

(5) $\sqrt{(-7)^2}-\sqrt{\dfrac{64}{9}}\times\sqrt{\left(-\dfrac{3}{4}\right)^2}+\sqrt{3^2}=7-\dfrac{8}{3}\times\dfrac{3}{4}+3$

$$=7-2+3=8$$

(6) $\left(-\sqrt{\dfrac{5}{9}}\right)^2+\sqrt{\dfrac{16}{81}}-(\sqrt{2})^2\div\sqrt{\left(-\dfrac{1}{3}\right)^2}$

$$=\dfrac{5}{9}+\dfrac{4}{9}-2\div\dfrac{1}{3}=1-2\times3$$

$$=1-6=-5$$

**2** (음수)$<0<$(양수)이고 $4=\sqrt{16}$, $-1=-\sqrt{1}$이므로
$-\sqrt{5}<-\sqrt{2}<-\sqrt{1}<0<\sqrt{12}<\sqrt{16}<\sqrt{17}$에서
$-\sqrt{5}<-\sqrt{2}<-1<0<\sqrt{12}<4<\sqrt{17}$

> [참고] (1) (음수)$<0<$(양수)
> (2) 두 양수에서는 절댓값이 큰 수가 크다.
> (3) 두 음수에서는 절댓값이 큰 수가 작다.
> ⇨ 먼저 수를 양수와 음수로 나눈 후 양수는 양수끼리,
> 음수는 음수끼리 대소를 비교한다.

**3** (1) $3\leq\sqrt{x+1}<4$에서 $\sqrt{9}\leq\sqrt{x+1}<\sqrt{16}$이므로
$9\leq x+1<16$ ∴ $8\leq x<15$
따라서 자연수 $x$는 8, 9, 10, 11, 12, 13, 14의 7개이다.
(2) $4<\sqrt{2x}<6$에서 $\sqrt{16}<\sqrt{2x}<\sqrt{36}$이므로
$16<2x<36$ ∴ $8<x<18$
따라서 자연수 $x$는 9, 10, 11, 12, 13, 14, 15, 16, 17의
9개이다.

> [참고] **부등식을 만족시키는 자연수의 개수**
> $m$, $n(m<n)$이 자연수일 때, $x$의 값의 범위에 따른 자연수
> $x$의 개수는 다음과 같다.
> (1) $m<x<n$이면 $(n-m-1)$개
> (2) $m\leq x<n$ 또는 $m<x\leq n$이면 $(n-m)$개
> (3) $m\leq x\leq n$이면 $(n-m+1)$개

**4** (1) $\sqrt{240x}=\sqrt{2^4\times3\times5\times x}$가 자연수가 되려면
$x=3\times5\times$(자연수)$^2$ 꼴이어야 한다.
따라서 가장 작은 자연수 $x$의 값은 $3\times5=15$
(2) $\sqrt{50-x}$가 자연수가 되려면 $50-x$는 50보다 작은
(자연수)$^2$ 꼴인 수이어야 하므로
$50-x=1$, 4, 9, 16, 25, 36, 49
∴ $x=49$, 46, 41, 34, 25, 14, 1
따라서 가장 작은 자연수 $x$의 값은 1이다.

**5** $-1<a<3$일 때, $a-3<0$, $a+1>0$이므로
$\sqrt{(a-3)^2}-\sqrt{(a+1)^2}=-(a-3)-(a+1)$
$=-a+3-a-1$
$=-2a+2$

**6** $2<a<3$일 때, $3-a>0$, $2-a<0$, $-a<0$이므로
$\sqrt{(3-a)^2}-\sqrt{(2-a)^2}+\sqrt{(-a)^2}$
$=3-a-\{-(2-a)\}-(-a)$
$=3-a+2-a+a$
$=-a+5$

## ⌒2 무리수와 실수

**필수 문제 1** ㄱ, ㅂ
ㄴ. $\sqrt{9}=3$ ⇨ 유리수
ㄹ. $0.\dot{1}=\dfrac{1}{9}$ ⇨ 유리수
ㅁ. $\sqrt{0.49}=0.7$ ⇨ 유리수
ㅂ. $\sqrt{25}=5$이므로 5의 제곱근은 $\pm\sqrt{5}$ ⇨ 무리수
따라서 무리수인 것은 ㄱ, ㅂ이다.

**1-1** 3개
$\sqrt{1.44}=1.2$ ⇨ 유리수
$\sqrt{0.\dot{4}}=\sqrt{\dfrac{4}{9}}=\dfrac{2}{3}$ ⇨ 유리수
따라서 무리수는 $\sqrt{\dfrac{1}{5}}$, $\pi$, $-\sqrt{15}$의 3개이다.

**필수 문제 2** (1) ○ (2) × (3) × (4) × (5) ○
(2) 무리수는 순환소수가 아닌 무한소수로 나타내어지므로
순환소수로 나타낼 수 없다.
(3) $\sqrt{4}$는 근호를 사용하여 나타낸 수이지만 $\sqrt{4}=2$이므로
유리수이다.
(4) 순환소수는 무한소수이지만 유리수이다.

**필수 문제 3** (1) 5
(2) 5, $-3$, $-\sqrt{4}$
(3) 5, 1.3, $0.3\dot{4}$, $-3$, $-\sqrt{4}$
(4) $-\sqrt{7}$, $1+\sqrt{3}$
(5) 5, $-\sqrt{7}$, 1.3, $0.3\dot{4}$, $-3$, $-\sqrt{4}$, $1+\sqrt{3}$

**3-1** ③, ⑤
□ 안에 해당하는 수는 무리수이다.
① $\sqrt{\dfrac{9}{16}}=\dfrac{3}{4}$ ⇨ 유리수
② $-1.5$ ⇨ 유리수
③ $\sqrt{4}=2$이므로 2의 양의 제곱근은 $\sqrt{2}$ ⇨ 무리수
④ $2.\dot{4}=\dfrac{24-2}{9}=\dfrac{22}{9}$ ⇨ 유리수
⑤ $3-\sqrt{2}$ ⇨ 무리수

> [참고] (유리수)$\pm$(무리수)는 무리수이다.

## STEP 1 쏙쏙 개념 익히기 P. 18

**1** 2개  **2** ㄴ, ㄹ  **3** ③, ④  **4** 2개
**5** ⑤

**1** 소수로 나타내었을 때 순환소수가 아닌 무한소수가 되는 수는
무리수이다.
$0.3\dot{4}=\frac{34}{99}$, $\sqrt{1.96}=1.4$이므로 무리수인 것은 $\sqrt{10}$, $-\sqrt{3}$의
2개이다.

**2** 정사각형의 한 변의 길이를 각각 구하면
ㄱ. $\sqrt{4}=2$ ⇨ 유리수     ㄴ. $\sqrt{8}$ ⇨ 무리수
ㄷ. $\sqrt{9}=3$ ⇨ 유리수     ㄹ. $\sqrt{15}$ ⇨ 무리수
따라서 한 변의 길이가 무리수인 것은 ㄴ, ㄹ이다.

**3** $\sqrt{3}$은 무리수이므로
③ 근호를 사용하지 않고 나타낼 수 없다.
④ $\frac{(정수)}{(0이\ 아닌\ 정수)}$ 꼴로 나타낼 수 없다.

**4** ㄱ. 양수 4의 제곱근은 ±2이다.
ㄴ. 0은 $0=\frac{0}{1}=\frac{0}{2}=\frac{0}{3}=\cdots$과 같이 나타낼 수 있으므로
유리수이다.
참고 유리수이면서 무리수인 수는 없다.
ㄹ. 유리수와 무리수의 합은 무리수이다.
따라서 옳은 것은 ㄷ, ㅁ의 2개이다.

**5** ⑺에 해당하는 수는 무리수이다.
① 3.14 ⇨ 유리수, $\sqrt{8}$ ⇨ 무리수
② $\sqrt{25}=5$, $\frac{1}{7}$ ⇨ 유리수
③ $\sqrt{\frac{1}{81}}=\frac{1}{9}$ ⇨ 유리수, $\sqrt{0.9}$ ⇨ 무리수
④ $0.1\dot{3}\dot{5}=\frac{135}{999}$ ⇨ 유리수, $\pi$ ⇨ 무리수
따라서 무리수로만 짝 지어진 것은 ⑤이다.

### P. 20

**개념 확인** $\sqrt{5}$, $\sqrt{5}$, $\sqrt{5}$, $\sqrt{5}$, $\sqrt{5}$, $-\sqrt{5}$

**필수 문제 4** (1) $\sqrt{2}$ (2) $\sqrt{2}$ (3) $P(1-\sqrt{2})$ (4) $Q(1+\sqrt{2})$
(1) $\overline{AC}=\sqrt{1^2+1^2}=\sqrt{2}$
(2) $\overline{AE}=\sqrt{1^2+1^2}=\sqrt{2}$
(3) 점 P는 1에 대응하는 점에서 왼쪽으로 $\overline{AP}=\overline{AC}=\sqrt{2}$만
큼 떨어진 점이므로 $P(1-\sqrt{2})$
(4) 점 Q는 1에 대응하는 점에서 오른쪽으로 $\overline{AQ}=\overline{AE}=\sqrt{2}$
만큼 떨어진 점이므로 $Q(1+\sqrt{2})$

---

**4-1** (1) $\overline{AC}$의 길이: $\sqrt{8}$, $\overline{DF}$의 길이: $\sqrt{10}$
(2) P: $-2-\sqrt{8}$, Q: $-1+\sqrt{10}$
(1) $\overline{AC}=\sqrt{2^2+2^2}=\sqrt{8}$
$\overline{DF}=\sqrt{3^2+1^2}=\sqrt{10}$
(2) $\overline{AP}=\overline{AC}=\sqrt{8}$이므로 점 P에 대응하는 수는 $-2-\sqrt{8}$
이고, $\overline{DQ}=\overline{DF}=\sqrt{10}$이므로 점 Q에 대응하는 수는
$-1+\sqrt{10}$이다.

### P. 21

**필수 문제 5** (1) ○ (2) × (3) × (4) ○ (5) × (6) ○
(2) $\sqrt{2}$와 $\sqrt{3}$ 사이에는 무수히 많은 무리수가 있다.
(3) $\sqrt{3}$과 $\sqrt{7}$ 사이에는 무수히 많은 유리수가 있다.
(5) 실수는 유리수와 무리수로 이루어져 있고, 수직선은 실
수에 대응하는 점들로 완전히 메울 수 있으므로 유리수
와 무리수에 대응하는 점들로 수직선을 완전히 메울 수
있다.

**5-1** ⑤
ㄱ, ㄴ. 서로 다른 두 실수 사이에는 무수히 많은 유리수와
무리수가 있다.
ㄷ. $\sqrt{2}<\sqrt{4}<\sqrt{5}$이고 $\sqrt{4}=2$이므로 $\sqrt{2}$와 $\sqrt{5}$ 사이에는 1개
의 정수 2가 있다.
ㄹ. 수직선 위의 모든 점은 그 좌표를 실수로 나타낼 수 있
다.
ㅁ. 수직선은 유리수와 무리수에 대응하는 점들로 완전히
메울 수 있다.
따라서 옳은 것은 ㄱ, ㄷ, ㅁ이다.

### P. 22

**필수 문제 6** (1) 1.030 (2) 1.063 (3) 7.950 (4) 8.031

**6-1** 6.207
$\sqrt{9.54}=3.089$, $\sqrt{9.72}=3.118$이므로
$\sqrt{9.54}+\sqrt{9.72}=3.089+3.118=6.207$

## STEP 1 쏙쏙 개념 익히기 P. 23

**1** ① $-2-\sqrt{5}$ ② $3-\sqrt{10}$ ③ $4+\sqrt{2}$
**2** P: $1-\sqrt{13}$, Q: $1+\sqrt{13}$
**3** ③, ⑤     **4** 3009

**1** ① $\overline{AC}=\sqrt{2^2+1^2}=\sqrt{5}$이므로

$\overline{PC}=\overline{AC}=\sqrt{5}$

따라서 점 P에 대응하는 수는 $-2-\sqrt{5}$이다.

② $\overline{DF}=\sqrt{1^2+3^2}=\sqrt{10}$이므로

$\overline{QF}=\overline{DF}=\sqrt{10}$

따라서 점 Q에 대응하는 수는 $3-\sqrt{10}$이다.

③ $\overline{HG}=\sqrt{1^2+1^2}=\sqrt{2}$이므로

$\overline{HR}=\overline{HG}=\sqrt{2}$

따라서 점 R에 대응하는 수는 $4+\sqrt{2}$이다.

**2** $\overline{AB}=\sqrt{3^2+2^2}=\sqrt{13}$이고 $\overline{BP}=\overline{BA}=\sqrt{13}$이므로

점 P에 대응하는 수는 $1-\sqrt{13}$이고,

$\overline{BC}=\sqrt{2^2+3^2}=\sqrt{13}$이고 $\overline{BQ}=\overline{BC}=\sqrt{13}$이므로

점 Q에 대응하는 수는 $1+\sqrt{13}$이다.

**3** ③ 서로 다른 두 무리수 사이에는 무수히 많은 무리수가 있다.

⑤ 수직선은 유리수와 무리수, 즉 실수에 대응하는 점으로 완전히 메울 수 있다.

**4** $\sqrt{5.84}=2.417$이므로 $a=2.417$

$\sqrt{5.92}=2.433$이므로 $b=5.92$

$\therefore 1000a+100b=1000\times2.417+100\times5.92$

$=2417+592=3009$

**P. 24**

**필수 문제 7** (1) $>$　(2) $<$　(3) $<$　(4) $<$

(1) $(\sqrt{6}+1)-3=\sqrt{6}-2=\sqrt{6}-\sqrt{4}>0$

$\therefore \sqrt{6}+1>3$

(2) $(5-\sqrt{2})-4=1-\sqrt{2}=\sqrt{1}-\sqrt{2}<0$

$\therefore 5-\sqrt{2}<4$

(3) $\sqrt{7}<\sqrt{8}$이므로 양변에 3을 더하면

$\sqrt{7}+3<\sqrt{8}+3$

(4) $3<\sqrt{10}$이므로 양변에서 $\sqrt{3}$을 빼면

$3-\sqrt{3}<\sqrt{10}-\sqrt{3}$

**7-1** (1) $\sqrt{7}-5>-3$　　　(2) $-2-\sqrt{8}>-5$

(3) $4+\sqrt{10}<4+\sqrt{11}$　(4) $\sqrt{13}-4<\sqrt{13}-\sqrt{15}$

(1) $(\sqrt{7}-5)-(-3)=\sqrt{7}-2=\sqrt{7}-\sqrt{4}>0$

$\therefore \sqrt{7}-5>-3$

(2) $(-2-\sqrt{8})-(-5)=3-\sqrt{8}=\sqrt{9}-\sqrt{8}>0$

$\therefore -2-\sqrt{8}>-5$

(3) $\sqrt{10}<\sqrt{11}$이므로 양변에 4를 더하면

$4+\sqrt{10}<4+\sqrt{11}$

(4) $4>\sqrt{15}$에서 $-4<-\sqrt{15}$이므로 양변에 $\sqrt{13}$을 더하면

$\sqrt{13}-4<\sqrt{13}-\sqrt{15}$

**7-2** $c<a<b$

두 수씩 짝 지어 대소를 비교한다.

$a=2-\sqrt{7}$, $b=2-\sqrt{6}$에서

$-\sqrt{7}<-\sqrt{6}$이므로 양변에 2를 더하면

$2-\sqrt{7}<2-\sqrt{6}$

$\therefore a<b$

$b-c=(2-\sqrt{6})-(-1)=3-\sqrt{6}=\sqrt{9}-\sqrt{6}>0$　$\therefore b>c$

$a-c=(2-\sqrt{7})-(-1)=3-\sqrt{7}=\sqrt{9}-\sqrt{7}>0$　$\therefore a>c$

따라서 $c<a<b$이다.

**P. 25**

**개념 확인** ㉠ 4　㉡ 9　㉢ 2　㉣ $\sqrt{5}-2$

**필수 문제 8** (1) 정수 부분: 2, 소수 부분: $\sqrt{6}-2$

(2) 정수 부분: 3, 소수 부분: $\sqrt{10}-3$

(1) $2<\sqrt{6}<3$이므로 $\sqrt{6}$의 정수 부분은 2,

소수 부분은 $\sqrt{6}-2$

(2) $3<\sqrt{10}<4$이므로 $\sqrt{10}$의 정수 부분은 3,

소수 부분은 $\sqrt{10}-3$

**8-1** (1) 정수 부분: 3, 소수 부분: $\sqrt{15}-3$

(2) 정수 부분: 4, 소수 부분: $\sqrt{21}-4$

(1) $3<\sqrt{15}<4$이므로 $\sqrt{15}$의 정수 부분은 3,

소수 부분은 $\sqrt{15}-3$

(2) $4<\sqrt{21}<5$이므로 $\sqrt{21}$의 정수 부분은 4,

소수 부분은 $\sqrt{21}-4$

**필수 문제 9** (1) 정수 부분: 3, 소수 부분: $\sqrt{3}-1$

(2) 정수 부분: 3, 소수 부분: $2-\sqrt{2}$

(1) $1<\sqrt{3}<2$이므로 $3<2+\sqrt{3}<4$

따라서 $2+\sqrt{3}$의 정수 부분은 3,

소수 부분은 $(2+\sqrt{3})-3=\sqrt{3}-1$

(2) $1<\sqrt{2}<2$이므로 $-2<-\sqrt{2}<-1$에서

$3<5-\sqrt{2}<4$

따라서 $5-\sqrt{2}$의 정수 부분은 3,

소수 부분은 $(5-\sqrt{2})-3=2-\sqrt{2}$

**9-1** (1) 정수 부분: 2, 소수 부분: $\sqrt{2}-1$

(2) 정수 부분: 1, 소수 부분: $2-\sqrt{3}$

(1) $1<\sqrt{2}<2$이므로 $2<1+\sqrt{2}<3$

따라서 $1+\sqrt{2}$의 정수 부분은 2,

소수 부분은 $(1+\sqrt{2})-2=\sqrt{2}-1$

(2) $1<\sqrt{3}<2$이므로 $-2<-\sqrt{3}<-1$에서

$1<3-\sqrt{3}<2$

따라서 $3-\sqrt{3}$의 정수 부분은 1,

소수 부분은 $(3-\sqrt{3})-1=2-\sqrt{3}$

**STEP 1** **쏙쏙 개념 익히기** P. 26

| 1 | ② | 2 | $c, a$ | 3 | 점 D | 4 | $2-\sqrt{7}$ |

**1** ① $3-(\sqrt{3}+1)=2-\sqrt{3}=\sqrt{4}-\sqrt{3}>0$
  $\therefore 3 \boxed{>} \sqrt{3}+1$
  ② $(\sqrt{6}-1)-2=\sqrt{6}-3=\sqrt{6}-\sqrt{9}<0$
  $\therefore \sqrt{6}-1 \boxed{<} 2$
  ③ $-\sqrt{2}>-\sqrt{3}$이므로 양변에 4를 더하면
  $-\sqrt{2}+4 \boxed{>} -\sqrt{3}+4$
  ④ $\sqrt{2}>1$이므로 양변에 $\sqrt{5}$를 더하면
  $\sqrt{2}+\sqrt{5} \boxed{>} 1+\sqrt{5}$
  ⑤ $4>\sqrt{15}$이므로 양변에서 $\sqrt{10}$을 빼면
  $4-\sqrt{10} \boxed{>} \sqrt{15}-\sqrt{10}$
  따라서 부등호의 방향이 나머지 넷과 다른 하나는 ②이다.

**2** $a-b=(1+\sqrt{3})-2=\sqrt{3}-1>0$
  $\therefore a>b$
  $b-c=2-(\sqrt{5}-1)=3-\sqrt{5}=\sqrt{9}-\sqrt{5}>0$
  $\therefore b>c$
  $\therefore c<b<a$
  따라서 가장 작은 수는 $c$, 가장 큰 수는 $a$이다.

**3** $\sqrt{9}<\sqrt{10}<\sqrt{16}$에서 $3<\sqrt{10}<4$이므로
  $-4<-\sqrt{10}<-3$  $\therefore 1<5-\sqrt{10}<2$
  따라서 $5-\sqrt{10}$에 대응하는 점은 D이다.

**4** $2<\sqrt{7}<3$이므로 $-3<-\sqrt{7}<-2$에서
  $1<4-\sqrt{7}<2$
  즉, $4-\sqrt{7}$의 정수 부분 $a=1$
  소수 부분 $b=(4-\sqrt{7})-1=3-\sqrt{7}$
  $\therefore b-a=(3-\sqrt{7})-1=2-\sqrt{7}$

**STEP 2** **탄탄 단원 다지기** P. 27~29

| 1 | ①, ③ | 2 | ④ | 3 | ② | 4 | ④ | 5 | ④ |
| 6 | ⑤ | 7 | ③ | 8 | $-3a+3b$ | 9 | 10 |
| 10 | 22 | 11 | ② | 12 | $\frac{1}{2}$ | 13 | ③ | 14 | ③ |
| 15 | ① | 16 | $-2-\sqrt{5}$ | 17 | ②, ⑤ | 18 | 1520 |
| 19 | ②, ⑤ | 20 | ③ |

**1** ② $(-5)^2=25$의 제곱근은 $\pm5$의 2개이다.
  ④ 0의 제곱근은 0이다.
  ⑤ 제곱근 6은 $\sqrt{6}$이고, 36의 양의 제곱근은 6이다.
  따라서 옳은 것은 ①, ③이다.

**2** $\sqrt{81}=9$의 음의 제곱근은 $-3$이므로 $a=-3$
  제곱근 100은 $\sqrt{100}=10$이므로 $b=10$
  $(-7)^2=49$의 양의 제곱근은 7이므로 $c=7$
  $\therefore a+b+c=-3+10+7=14$

**3** 어떤 수가 유리수의 제곱인 수일 때, 그 제곱근을 근호를 사용하지 않고 나타낼 수 있다.
  $8=2^3$, $0.1=\dfrac{1}{10}$, $1.69=1.3^2$, $\dfrac{160}{25}=\dfrac{32}{5}=\dfrac{2^5}{5}$,
  $1000=10^3$, $\dfrac{64}{121}=\left(\dfrac{8}{11}\right)^2$
  이때 유리수의 제곱인 수는 1.69, $\dfrac{64}{121}$이므로 근호를 사용하지 않고 제곱근을 나타낼 수 있는 것은 1.69, $\dfrac{64}{121}$의 2개이다.

**4** (두 정사각형의 넓이의 합)$=3^2+5^2=34$(cm²)
  새로 만든 정사각형의 한 변의 길이를 $x$ cm라고 하면
  $x^2=34$
  이때 $x>0$이므로 $x=\sqrt{34}$

**5** ①, ②, ③, ⑤ $-7$   ④ 7

**6** ① $(\sqrt{2})^2+(-\sqrt{5})^2=2+5=7$
  ② $\sqrt{6^2}-\sqrt{(-4)^2}=6-4=2$
  ③ $\left(\sqrt{\dfrac{1}{2}}\right)^2 \times \sqrt{\left(-\dfrac{4}{3}\right)^2}=\dfrac{1}{2}\times\dfrac{4}{3}=\dfrac{2}{3}$
  ④ $\sqrt{\dfrac{9}{16}}\times\sqrt{(-4)^2}\div\left(-\sqrt{\dfrac{1}{2}}\right)^2=\dfrac{3}{4}\times4\div\dfrac{1}{2}$
  $=\dfrac{3}{4}\times4\times2=6$
  ⑤ $\sqrt{3^4}\div(-\sqrt{3})^2-\sqrt{(-2)^2}\times\left(\sqrt{\dfrac{3}{2}}\right)^2=3^2\div3-2\times\dfrac{3}{2}$
  $=3-3=0$
  따라서 계산 결과가 옳지 않은 것은 ⑤이다.

**7** $a<0$일 때, $-2a>0$이므로
  $\sqrt{(-2a)^2}-\sqrt{a^2}=-2a-(-a)=-a$

**8** $a<b$, $ab<0$일 때, $a<0$, $b>0$이므로
  $-4a>0$, $4b>0$, $a-b<0$
  $\therefore \sqrt{(-4a)^2}+\sqrt{16b^2}-\sqrt{(a-b)^2}$
  $=-4a+\sqrt{(4b)^2}-\{-(a-b)\}$
  $=-4a+4b+a-b$
  $=-3a+3b$

**9** $\sqrt{\dfrac{45}{2}x}=\sqrt{\dfrac{3^2\times 5\times x}{2}}$ 가 자연수가 되려면

$x=2\times 5\times(\text{자연수})^2$ 꼴이어야 한다.

따라서 가장 작은 자연수 $x$의 값은 $2\times 5=10$

**10** $\sqrt{19-x}$ 가 정수가 되려면 $19-x$가 0 또는 19보다 작은

$(\text{자연수})^2$ 꼴인 수이어야 하므로

$19-x=0,\ 1,\ 4,\ 9,\ 16$ ∴ $x=19,\ 18,\ 15,\ 10,\ 3$

따라서 $x$의 값 중 가장 큰 수 $a=19$, 가장 작은 수 $b=3$이므로

$a+b=19+3=22$

**11** ① $5=\sqrt{25}$이므로 $\sqrt{25}>\sqrt{24}$에서 $5>\sqrt{24}$

② $\dfrac{5}{2}=\sqrt{\dfrac{25}{4}}$이고 $\sqrt6=\sqrt{\dfrac{24}{4}}$이므로

$\sqrt{\dfrac{24}{4}}<\sqrt{\dfrac{25}{4}}$ ∴ $\sqrt6<\dfrac{5}{2}$

③ $0.4=\sqrt{0.16}$이므로 $\sqrt{0.16}<\sqrt{0.2}$에서

$0.4<\sqrt{0.2}$ ∴ $-0.4>-\sqrt{0.2}$

④ $\dfrac{1}{3}=\sqrt{\dfrac{1}{9}}$이므로 $\sqrt{\dfrac{1}{9}}<\sqrt{\dfrac{1}{5}}$에서

$\dfrac{1}{3}<\sqrt{\dfrac{1}{5}}$ ∴ $-\dfrac{1}{3}>-\sqrt{\dfrac{1}{5}}$

⑤ $\dfrac{3}{5}=\sqrt{\dfrac{9}{25}}=\sqrt{\dfrac{18}{50}}$, $\sqrt{\dfrac{3}{10}}=\sqrt{\dfrac{15}{50}}$이므로

$\sqrt{\dfrac{18}{50}}>\sqrt{\dfrac{15}{50}}$에서 $\dfrac{3}{5}>\sqrt{\dfrac{3}{10}}$

따라서 옳은 것은 ②이다.

**12** $(\text{음수})<0<(\text{양수})$이고 $\dfrac{1}{2}=\sqrt{\dfrac{1}{4}}$, $2=\sqrt4$이므로

주어진 수를 작은 것부터 차례로 나열하면

$-\sqrt7,\ -\sqrt2,\ -\sqrt{\dfrac{1}{3}},\ 0,\ \dfrac{1}{2},\ \sqrt3,\ 2$

따라서 다섯 번째에 오는 수는 $\dfrac{1}{2}$이다.

**13** $\sqrt4<\sqrt8<\sqrt9$, 즉 $2<\sqrt8<3$이므로

$f(8)=(\sqrt8$ 이하의 자연수의 개수$)=2$

$\sqrt9<\sqrt{12}<\sqrt{16}$, 즉 $3<\sqrt{12}<4$이므로

$f(12)=(\sqrt{12}$ 이하의 자연수의 개수$)=3$

∴ $f(8)+f(12)=2+3=5$

**14** $\sqrt{0.01}=0.1=\dfrac{1}{10}$ ⇨ 유리수

$0.4\dot{5}=\dfrac{41}{90}$ ⇨ 유리수

$\pi-1,\ \dfrac{\sqrt2}{3},\ \dfrac{3}{\sqrt5}$ ⇨ 무리수

따라서 무리수인 것은 3개이다.

**15** ② B$(-1+\sqrt2)$ ③ C$(2-\sqrt2)$

④ D$(3-\sqrt2)$ ⑤ E$(2+\sqrt2)$

따라서 옳은 것은 ①이다.

**16** $\overline{AD}=\sqrt{2^2+1^2}=\sqrt5$이므로 $\overline{AQ}=\overline{AD}=\sqrt5$

점 Q에 대응하는 수가 $\sqrt5-2$이므로 점 A에 대응하는 수는

$-2$이다.

$\overline{AB}=\sqrt{1^2+2^2}=\sqrt5$이므로 $\overline{AP}=\overline{AB}=\sqrt5$

따라서 점 P에 대응하는 수는 $-2-\sqrt5$이다.

**17** ② 무한소수 중 순환소수는 유리수이고, 순환소수가 아닌 무

한소수는 무리수이다.

⑤ 서로 다른 두 실수 사이에는 무수히 많은 무리수가 있다.

**18** $\sqrt{55.2}=7.430$이므로 $a=7.430$

$\sqrt{59.1}=7.688$이므로 $b=59.1$

∴ $1000a-100b=1000\times7.430-100\times59.1$

$=7430-5910=1520$

**19** ① $4-(\sqrt3+2)=2-\sqrt3=\sqrt4-\sqrt3>0$

∴ $4>\sqrt3+2$

② $1-(3-\sqrt2)=-2+\sqrt2=-\sqrt4+\sqrt2<0$

∴ $1<3-\sqrt2$

③ $\sqrt3>\sqrt2$이므로 양변에 2를 더하면

$\sqrt3+2>\sqrt2+2$

④ $\sqrt5<\sqrt7$이므로 양변에서 3을 빼면

$\sqrt5-3<\sqrt7-3$

⑤ $\sqrt5>2$이므로 양변에서 $\sqrt{10}$을 빼면

$-\sqrt{10}+\sqrt5>2-\sqrt{10}$

따라서 옳은 것은 ②, ⑤이다.

**20** $9<\sqrt{90}<10$이므로 $7<\sqrt{90}-2<8$

따라서 $\sqrt{90}-2$에 대응하는 점이 있는 구간은 C이다.

---

**STEP 3** 쓱쓱 **서술형 완성하기** P. 30~31

〈과정은 풀이 참조〉

**따라 해보자** 유제 1 $-2x+9$ 유제 2 $4-\sqrt{11}$

**연습해 보자** **1** $\dfrac{11}{4}$ **2** $95\,\text{cm}^2$ **3** $31$

**4** $-2-\sqrt7,\ -2-\sqrt6,\ 1,\ 3+\sqrt2,\ 3+\sqrt6$

**따라 해보자**

유제 1 [1단계] $x<6$이므로 $x-6<0$ ⋯ (i)

[2단계] $3<x$이므로 $3-x<0$ ⋯ (ii)

[3단계] $\sqrt{(x-6)^2}-\sqrt{(3-x)^2}$

$=-(x-6)-\{-(3-x)\}$

$=-x+6+3-x$

$=-2x+9$ ⋯ (iii)

| 채점 기준 | 비율 |
| --- | --- |
| (i) $x-6$의 부호 구하기 | 30 % |
| (ii) $3-x$의 부호 구하기 | 30 % |
| (iii) $\sqrt{(x-6)^2}-\sqrt{(3-x)^2}$을 간단히 하기 | 40 % |

유제 2  **1단계** $3<\sqrt{11}<4$이므로 $1<\sqrt{11}-2<2$에서
$\sqrt{11}-2$의 정수 부분은 1이다.
$\therefore a=1$ ··· (i)
**2단계** $\sqrt{11}-2$의 소수 부분은
$(\sqrt{11}-2)-1=\sqrt{11}-3$이다.
$\therefore b=\sqrt{11}-3$ ··· (ii)
**3단계** $\therefore a-b=1-(\sqrt{11}-3)$
$=4-\sqrt{11}$ ··· (iii)

| 채점 기준 | 비율 |
| --- | --- |
| (i) $a$의 값 구하기 | 40 % |
| (ii) $b$의 값 구하기 | 40 % |
| (iii) $a-b$의 값 구하기 | 20 % |

**연습해 보자**

**1** $\sqrt{(-3)^4}\div(-\sqrt{3})^2-\sqrt{\left(\dfrac{2}{3}\right)^2}\times\left(\sqrt{\dfrac{3}{8}}\right)^2$

$=\sqrt{81}\div3-\dfrac{2}{3}\times\dfrac{3}{8}$ ··· (i)

$=9\div3-\dfrac{1}{4}$

$=3-\dfrac{1}{4}=\dfrac{11}{4}$ ··· (ii)

| 채점 기준 | 비율 |
| --- | --- |
| (i) 주어진 식 간단히 하기 | 50 % |
| (ii) 답 구하기 | 50 % |

**2** A 부분의 한 변의 길이는 $\sqrt{48n}$ cm이므로
$\sqrt{48n}=\sqrt{2^4\times3\times n}$이 자연수가 되려면 자연수 $n$은
$n=3\times$(자연수)$^2$ 꼴이어야 한다.
즉, $n=3,\ 12,\ 27,\ 48,\ \cdots$ ··· ㉠ ··· (i)
B 부분의 한 변의 길이는 $\sqrt{37-n}$ cm이므로
$\sqrt{37-n}$이 자연수가 되려면
$37-n=1,\ 4,\ 9,\ 16,\ 25,\ 36$이어야 한다.
즉, $n=36,\ 33,\ 28,\ 21,\ 12,\ 1$ ··· ㉡ ··· (ii)
㉠, ㉡을 모두 만족시키는 자연수 $n$의 값은 12이므로
A 부분의 한 변의 길이는
$\sqrt{48n}=\sqrt{48\times12}=\sqrt{576}=24$(cm)
B 부분의 한 변의 길이는
$\sqrt{37-n}=\sqrt{37-12}=\sqrt{25}=5$(cm)
따라서 C 부분의 넓이는
$5\times(24-5)=5\times19=95$(cm$^2$) ··· (iii)

| 채점 기준 | 비율 |
| --- | --- |
| (i) $\sqrt{48n}$이 자연수가 되도록 하는 자연수 $n$의 값 구하기 | 35 % |
| (ii) $\sqrt{37-n}$이 자연수가 되도록 하는 자연수 $n$의 값 구하기 | 35 % |
| (iii) C 부분의 넓이 구하기 | 30 % |

**3** $7\leq\sqrt{3x+5}<12$에서
$\sqrt{49}\leq\sqrt{3x+5}<\sqrt{144}$이므로
$49\leq3x+5<144,\ 44\leq3x<139$
$\therefore \dfrac{44}{3}\left(=14\dfrac{2}{3}\right)\leq x<\dfrac{139}{3}\left(=46\dfrac{1}{3}\right)$ ··· (i)
따라서 $M=46$, $m=15$이므로 ··· (ii)
$M-m=46-15=31$ ··· (iii)

| 채점 기준 | 비율 |
| --- | --- |
| (i) $x$의 값의 범위 구하기 | 60 % |
| (ii) $M$, $m$의 값 구하기 | 30 % |
| (iii) $M-m$의 값 구하기 | 10 % |

**4** 주어진 수 중 음수는 $-2-\sqrt{7}$, $-2-\sqrt{6}$이고
$\sqrt{7}>\sqrt{6}$에서 $-\sqrt{7}<-\sqrt{6}$이므로 양변에서 2를 빼면
$-2-\sqrt{7}<-2-\sqrt{6}$ ··· (i)
양수는 1, $3+\sqrt{6}$, $3+\sqrt{2}$이고
$\sqrt{6}>\sqrt{2}$이므로 양변에 3을 더하면
$3+\sqrt{6}>3+\sqrt{2}$
$1-(3+\sqrt{2})=-2-\sqrt{2}<0$
$\therefore 1<3+\sqrt{2}$ ··· (ii)
따라서 $-2-\sqrt{7}<-2-\sqrt{6}<1<3+\sqrt{2}<3+\sqrt{6}$이므로 수직선 위의 점에 대응시킬 때 왼쪽에 있는 것부터 차례로 나열하면
$-2-\sqrt{7},\ -2-\sqrt{6},\ 1,\ 3+\sqrt{2},\ 3+\sqrt{6}$ ··· (iii)

| 채점 기준 | 비율 |
| --- | --- |
| (i) 음수끼리 대소 비교하기 | 30 % |
| (ii) 양수끼리 대소 비교하기 | 40 % |
| (iii) 왼쪽에 있는 것부터 차례로 나열하기 | 30 % |

**역사 속 수학**     P. 32

답 16개
20개의 정사각형의 한 변의 길이는 각각
$\sqrt{1}$ cm, $\sqrt{2}$ cm, $\sqrt{3}$ cm, $\cdots$, $\sqrt{20}$ cm이다.
이때 한 변의 길이가 유리수인 경우는 근호 안의 수가 제곱수인 $\sqrt{1}$ cm, $\sqrt{4}$ cm, $\sqrt{9}$ cm, $\sqrt{16}$ cm의 4개이다.
따라서 한 변의 길이가 무리수인 정사각형의 개수는
$20-4=16$(개)

## 1 근호를 포함한 식의 계산 (1)

**필수 문제 1** (1) $\sqrt{15}$ (2) $\sqrt{42}$ (3) $6\sqrt{14}$ (4) $-\sqrt{2}$

(2) $\sqrt{2}\sqrt{3}\sqrt{7}=\sqrt{2\times3\times7}=\sqrt{42}$

(4) $-\sqrt{3}\times\sqrt{\dfrac{5}{3}}\times\sqrt{\dfrac{2}{5}}=-\sqrt{3\times\dfrac{5}{3}\times\dfrac{2}{5}}=-\sqrt{2}$

**1-1** (1) $6$ (2) $10$ (3) $6\sqrt{6}$ (4) $\sqrt{12}$

(1) $\sqrt{2}\sqrt{18}=\sqrt{2\times18}=\sqrt{36}=6$

(2) $\sqrt{2}\sqrt{5}\sqrt{10}=\sqrt{2\times5\times10}=\sqrt{100}=10$

(3) $2\sqrt{15}\times3\sqrt{\dfrac{2}{5}}=6\sqrt{15\times\dfrac{2}{5}}=6\sqrt{6}$

(4) $-\sqrt{\dfrac{3}{5}}\times\sqrt{\dfrac{20}{7}}\times(-\sqrt{7})=\sqrt{\dfrac{3}{5}\times\dfrac{20}{7}\times7}=\sqrt{12}$

**필수 문제 2** (1) $\sqrt{2}$ (2) $3$ (3) $-\sqrt{\dfrac{2}{3}}$ (4) $\dfrac{1}{5}$

(2) $\sqrt{18}\div\sqrt{2}=\dfrac{\sqrt{18}}{\sqrt{2}}=\sqrt{\dfrac{18}{2}}=\sqrt{9}=3$

(3) $\sqrt{14}\div(-\sqrt{21})=-\dfrac{\sqrt{14}}{\sqrt{21}}=-\sqrt{\dfrac{14}{21}}=-\sqrt{\dfrac{2}{3}}$

(4) $\dfrac{\sqrt{3}}{\sqrt{5}}\div\sqrt{15}=\dfrac{\sqrt{3}}{\sqrt{5}}\times\dfrac{1}{\sqrt{15}}=\sqrt{\dfrac{3}{5}\times\dfrac{1}{15}}=\sqrt{\dfrac{1}{25}}=\dfrac{1}{5}$

**2-1** (1) $\sqrt{13}$ (2) $2$ (3) $2\sqrt{6}$ (4) $-\sqrt{10}$

(2) $\sqrt{20}\div\sqrt{5}=\dfrac{\sqrt{20}}{\sqrt{5}}=\sqrt{\dfrac{20}{5}}=\sqrt{4}=2$

(3) $4\sqrt{42}\div2\sqrt{7}=\dfrac{4\sqrt{42}}{2\sqrt{7}}=2\sqrt{\dfrac{42}{7}}=2\sqrt{6}$

(4) $\sqrt{15}\div\sqrt{5}\div\left(-\sqrt{\dfrac{3}{10}}\right)=\sqrt{15}\div\sqrt{5}\div\left(-\dfrac{\sqrt{3}}{\sqrt{10}}\right)$

$=\sqrt{15}\times\dfrac{1}{\sqrt{5}}\times\left(-\dfrac{\sqrt{10}}{\sqrt{3}}\right)$

$=-\sqrt{15\times\dfrac{1}{5}\times\dfrac{10}{3}}=-\sqrt{10}$

**개념 확인** $2^2,\ 2^2,\ 2,\ 2\sqrt{6}$

**필수 문제 3** (1) $3\sqrt{3}$ (2) $-5\sqrt{2}$ (3) $\dfrac{\sqrt{3}}{7}$ (4) $\dfrac{\sqrt{11}}{10}$

(1) $\sqrt{27}=\sqrt{3^2\times3}=\sqrt{3^2}\sqrt{3}=3\sqrt{3}$

(2) $-\sqrt{50}=-\sqrt{5^2\times2}=-\sqrt{5^2}\sqrt{2}=-5\sqrt{2}$

(3) $\sqrt{\dfrac{3}{49}}=\sqrt{\dfrac{3}{7^2}}=\dfrac{\sqrt{3}}{\sqrt{7^2}}=\dfrac{\sqrt{3}}{7}$

(4) $\sqrt{0.11}=\sqrt{\dfrac{11}{100}}=\dfrac{\sqrt{11}}{\sqrt{10^2}}=\dfrac{\sqrt{11}}{10}$

**3-1** (1) $3\sqrt{6}$ (2) $4\sqrt{5}$ (3) $-\dfrac{\sqrt{5}}{8}$ (4) $\dfrac{\sqrt{7}}{100}$

(1) $\sqrt{54}=\sqrt{3^2\times6}=\sqrt{3^2}\sqrt{6}=3\sqrt{6}$

(2) $\sqrt{80}=\sqrt{4^2\times5}=\sqrt{4^2}\sqrt{5}=4\sqrt{5}$

(3) $-\sqrt{\dfrac{5}{64}}=-\sqrt{\dfrac{5}{8^2}}=-\dfrac{\sqrt{5}}{\sqrt{8^2}}=-\dfrac{\sqrt{5}}{8}$

(4) $\sqrt{0.0007}=\sqrt{\dfrac{7}{10000}}=\dfrac{\sqrt{7}}{\sqrt{100^2}}=\dfrac{\sqrt{7}}{100}$

**필수 문제 4** (1) $\sqrt{20}$ (2) $-\sqrt{24}$ (3) $\sqrt{\dfrac{2}{25}}$ (4) $\sqrt{\dfrac{27}{2}}$

(1) $2\sqrt{5}=\sqrt{2^2}\sqrt{5}=\sqrt{2^2\times5}=\sqrt{20}$

(2) $-2\sqrt{6}=-\sqrt{2^2}\sqrt{6}=-\sqrt{2^2\times6}=-\sqrt{24}$

(3) $\dfrac{\sqrt{2}}{5}=\dfrac{\sqrt{2}}{\sqrt{5^2}}=\sqrt{\dfrac{2}{5^2}}=\sqrt{\dfrac{2}{25}}$

(4) $3\sqrt{\dfrac{3}{2}}=\sqrt{3^2}\sqrt{\dfrac{3}{2}}=\sqrt{3^2\times\dfrac{3}{2}}=\sqrt{\dfrac{27}{2}}$

**4-1** (1) $\sqrt{18}$ (2) $-\sqrt{250}$ (3) $\sqrt{\dfrac{3}{4}}$ (4) $\sqrt{\dfrac{32}{5}}$

(1) $3\sqrt{2}=\sqrt{3^2}\sqrt{2}=\sqrt{3^2\times2}=\sqrt{18}$

(2) $-5\sqrt{10}=-\sqrt{5^2}\sqrt{10}=-\sqrt{5^2\times10}=-\sqrt{250}$

(3) $\dfrac{\sqrt{3}}{2}=\dfrac{\sqrt{3}}{\sqrt{2^2}}=\sqrt{\dfrac{3}{2^2}}=\sqrt{\dfrac{3}{4}}$

(4) $4\sqrt{\dfrac{2}{5}}=\sqrt{4^2}\sqrt{\dfrac{2}{5}}=\sqrt{4^2\times\dfrac{2}{5}}=\sqrt{\dfrac{32}{5}}$

**필수 문제 5** (1) $100,\ 10,\ 10,\ 17.32$

(2) $100,\ 10,\ 10,\ 54.77$

(3) $100,\ 10,\ 10,\ 0.1732$

(4) $30,\ 30,\ 5.477,\ 0.5477$

**5-1** (1) $70.71$ (2) $22.36$ (3) $0.7071$ (4) $0.02236$

(1) $\sqrt{5000}=\sqrt{50\times100}=10\sqrt{50}$

$=10\times7.071=70.71$

(2) $\sqrt{500}=\sqrt{5\times100}=10\sqrt{5}$

$=10\times2.236=22.36$

(3) $\sqrt{0.5}=\sqrt{\dfrac{50}{100}}=\dfrac{\sqrt{50}}{10}=\dfrac{7.071}{10}=0.7071$

(4) $\sqrt{0.0005}=\sqrt{\dfrac{5}{10000}}=\dfrac{\sqrt{5}}{100}=\dfrac{2.236}{100}=0.02236$

**개념 확인** (1) $\sqrt{3},\ \sqrt{3},\ \dfrac{\sqrt{3}}{3}$ (2) $\sqrt{3},\ \sqrt{3},\ \dfrac{2\sqrt{3}}{3}$

(3) $\sqrt{3},\ \sqrt{3},\ \dfrac{\sqrt{6}}{3}$ (4) $\sqrt{3},\ \sqrt{3},\ \dfrac{\sqrt{21}}{6}$

**필수 문제 6** (1) $\dfrac{\sqrt{5}}{5}$ (2) $\dfrac{\sqrt{21}}{7}$ (3) $\dfrac{5\sqrt{6}}{6}$ (4) $\dfrac{\sqrt{3}}{9}$

(1) $\dfrac{1}{\sqrt{5}}=\dfrac{1\times\sqrt{5}}{\sqrt{5}\times\sqrt{5}}=\dfrac{\sqrt{5}}{5}$

(2) $\dfrac{\sqrt{3}}{\sqrt{7}}=\dfrac{\sqrt{3}\times\sqrt{7}}{\sqrt{7}\times\sqrt{7}}=\dfrac{\sqrt{21}}{7}$

(3) $\dfrac{5}{\sqrt{2}\sqrt{3}}=\dfrac{5}{\sqrt{6}}=\dfrac{5\times\sqrt{6}}{\sqrt{6}\times\sqrt{6}}=\dfrac{5\sqrt{6}}{6}$

(4) $\dfrac{\sqrt{5}}{3\sqrt{15}}=\dfrac{1}{3\sqrt{3}}=\dfrac{1\times\sqrt{3}}{3\sqrt{3}\times\sqrt{3}}=\dfrac{\sqrt{3}}{9}$

**6-1** (1) $2\sqrt{3}$ (2) $-\dfrac{\sqrt{5}}{2}$ (3) $\dfrac{4\sqrt{35}}{35}$ (4) $\dfrac{\sqrt{6}}{2}$

(1) $\dfrac{6}{\sqrt{3}}=\dfrac{6\times\sqrt{3}}{\sqrt{3}\times\sqrt{3}}=\dfrac{6\sqrt{3}}{3}=2\sqrt{3}$

(2) $-\dfrac{5}{\sqrt{20}}=-\dfrac{5}{2\sqrt{5}}=-\dfrac{5\times\sqrt{5}}{2\sqrt{5}\times\sqrt{5}}=-\dfrac{5\sqrt{5}}{10}=-\dfrac{\sqrt{5}}{2}$

(3) $\dfrac{4}{\sqrt{5}\sqrt{7}}=\dfrac{4}{\sqrt{35}}=\dfrac{4\times\sqrt{35}}{\sqrt{35}\times\sqrt{35}}=\dfrac{4\sqrt{35}}{35}$

(4) $\dfrac{\sqrt{21}}{\sqrt{2}\sqrt{7}}=\dfrac{\sqrt{3}}{\sqrt{2}}=\dfrac{\sqrt{3}\times\sqrt{2}}{\sqrt{2}\times\sqrt{2}}=\dfrac{\sqrt{6}}{2}$

---

**한 번 더 연습** P. 40

**1** (1) $\sqrt{14}$ (2) $-\sqrt{30}$ (3) $30$ (4) $6\sqrt{5}$
(5) $\sqrt{5}$ (6) $-\sqrt{3}$ (7) $2\sqrt{2}$ (8) $-7\sqrt{5}$

**2** (1) $2\sqrt{5}$ (2) $5\sqrt{3}$ (3) $4\sqrt{2}$ (4) $\dfrac{\sqrt{5}}{3}$
(5) $\dfrac{\sqrt{2}}{11}$ (6) $\dfrac{\sqrt{3}}{10}$ (7) $\sqrt{28}$ (8) $\sqrt{12}$
(9) $-\sqrt{50}$ (10) $\sqrt{\dfrac{5}{16}}$ (11) $-\sqrt{\dfrac{3}{64}}$ (12) $\sqrt{24}$

**3** (1) $\dfrac{\sqrt{11}}{11}$ (2) $\dfrac{\sqrt{10}}{2}$ (3) $\dfrac{\sqrt{3}}{3}$ (4) $\dfrac{\sqrt{35}}{21}$
(5) $\dfrac{2\sqrt{21}}{3}$ (6) $\dfrac{\sqrt{42}}{6}$

**4** (1) $3\sqrt{10}$ (2) $-2\sqrt{6}$ (3) $\dfrac{\sqrt{14}}{2}$ (4) $-\dfrac{10\sqrt{3}}{3}$

---

**1** (4) $\sqrt{\dfrac{6}{5}}\times\sqrt{\dfrac{10}{3}}\times3\sqrt{5}=3\sqrt{\dfrac{6}{5}\times\dfrac{10}{3}\times5}=3\sqrt{20}$
$=3\sqrt{2^{2}\times5}=6\sqrt{5}$

(5) $\dfrac{\sqrt{15}}{\sqrt{3}}=\sqrt{\dfrac{15}{3}}=\sqrt{5}$

(6) $\sqrt{33}\div(-\sqrt{11})=-\dfrac{\sqrt{33}}{\sqrt{11}}=-\sqrt{\dfrac{33}{11}}=-\sqrt{3}$

(7) $4\sqrt{6}\div2\sqrt{3}=\dfrac{4\sqrt{6}}{2\sqrt{3}}=2\sqrt{\dfrac{6}{3}}=2\sqrt{2}$

(8) $-\sqrt{21}\div\sqrt{\dfrac{3}{7}}\div\sqrt{\dfrac{1}{5}}=-\sqrt{21}\div\dfrac{\sqrt{3}}{\sqrt{7}}\div\dfrac{1}{\sqrt{5}}$
$=-\sqrt{21}\times\dfrac{\sqrt{7}}{\sqrt{3}}\times\sqrt{5}$
$=-\sqrt{21\times\dfrac{7}{3}\times5}=-7\sqrt{5}$

---

**3** (1) $\dfrac{1}{\sqrt{11}}=\dfrac{1\times\sqrt{11}}{\sqrt{11}\times\sqrt{11}}=\dfrac{\sqrt{11}}{11}$

(2) $\dfrac{\sqrt{5}}{\sqrt{2}}=\dfrac{\sqrt{5}\times\sqrt{2}}{\sqrt{2}\times\sqrt{2}}=\dfrac{\sqrt{10}}{2}$

(3) $\dfrac{4}{\sqrt{48}}=\dfrac{4}{4\sqrt{3}}=\dfrac{1}{\sqrt{3}}=\dfrac{1\times\sqrt{3}}{\sqrt{3}\times\sqrt{3}}=\dfrac{\sqrt{3}}{3}$

(4) $\dfrac{\sqrt{5}}{\sqrt{63}}=\dfrac{\sqrt{5}}{3\sqrt{7}}=\dfrac{\sqrt{5}\times\sqrt{7}}{3\sqrt{7}\times\sqrt{7}}=\dfrac{\sqrt{35}}{21}$

(5) $\dfrac{14}{\sqrt{3}\sqrt{7}}=\dfrac{14}{\sqrt{21}}=\dfrac{14\times\sqrt{21}}{\sqrt{21}\times\sqrt{21}}=\dfrac{14\sqrt{21}}{21}=\dfrac{2\sqrt{21}}{3}$

(6) $\dfrac{\sqrt{35}}{\sqrt{5}\sqrt{6}}=\dfrac{\sqrt{7}}{\sqrt{6}}=\dfrac{\sqrt{7}\times\sqrt{6}}{\sqrt{6}\times\sqrt{6}}=\dfrac{\sqrt{42}}{6}$

---

**4** (1) $3\sqrt{15}\times\sqrt{2}\div\sqrt{3}=3\sqrt{15}\times\sqrt{2}\times\dfrac{1}{\sqrt{3}}$
$=3\sqrt{15\times2\times\dfrac{1}{3}}=3\sqrt{10}$

(2) $(-8\sqrt{5})\div2\sqrt{10}\times\sqrt{3}=-8\sqrt{5}\times\dfrac{1}{2\sqrt{10}}\times\sqrt{3}$
$=-\dfrac{4}{\sqrt{2}}\times\sqrt{3}$
$=-2\sqrt{2}\times\sqrt{3}=-2\sqrt{6}$

(3) $\sqrt{\dfrac{5}{2}}\div\sqrt{\dfrac{10}{3}}\times\sqrt{\dfrac{14}{3}}=\sqrt{\dfrac{5}{2}}\times\dfrac{\sqrt{3}}{\sqrt{10}}\times\sqrt{\dfrac{14}{3}}$
$=\sqrt{\dfrac{5}{2}\times\dfrac{3}{10}\times\dfrac{14}{3}}$
$=\sqrt{\dfrac{7}{2}}=\dfrac{\sqrt{14}}{2}$

(4) $5\sqrt{\dfrac{1}{10}}\div\sqrt{\dfrac{3}{2}}\times(-2\sqrt{5})=5\sqrt{\dfrac{1}{10}}\div\dfrac{\sqrt{3}}{\sqrt{2}}\times(-2\sqrt{5})$
$=5\sqrt{\dfrac{1}{10}}\times\dfrac{\sqrt{2}}{\sqrt{3}}\times(-2\sqrt{5})$
$=-10\sqrt{\dfrac{1}{10}\times\dfrac{2}{3}\times5}$
$=-10\sqrt{\dfrac{1}{3}}=-\dfrac{10}{\sqrt{3}}=-\dfrac{10\sqrt{3}}{3}$

---

**STEP 1 쏙쏙 개념 익히기** P. 41

**1** ③, ④    **2** ③    **3** $\dfrac{1}{3}$
**4** $3\sqrt{2}\,\text{cm}$    **5** ②    **6** $2ab$

**1** ① $\sqrt{3}\sqrt{12}=\sqrt{36}=6$

② $\sqrt{6}\sqrt{10}=\sqrt{60}=2\sqrt{15}$

③ $\dfrac{\sqrt{10}}{\sqrt{3}}\div\sqrt{\dfrac{5}{24}}=\dfrac{\sqrt{10}}{\sqrt{3}}\div\dfrac{\sqrt{5}}{\sqrt{24}}=\dfrac{\sqrt{10}}{\sqrt{3}}\times\dfrac{\sqrt{24}}{\sqrt{5}}$
$=\sqrt{\dfrac{10}{3}\times\dfrac{24}{5}}=\sqrt{16}=4$

④ $2\sqrt{11}=\sqrt{2^{2}\times11}=\sqrt{44}$

⑤ $\sqrt{0.12}=\sqrt{\dfrac{12}{100}}=\sqrt{\dfrac{2^{2}\times3}{10^{2}}}=\dfrac{2\sqrt{3}}{10}=\dfrac{\sqrt{3}}{5}$

따라서 옳지 않은 것은 ③, ④이다.

**2** ① $\sqrt{12300}=\sqrt{1.23\times10000}=100\sqrt{1.23}$
$=100\times1.109=110.9$
② $\sqrt{1230}=\sqrt{12.3\times100}=10\sqrt{12.3}$
$=10\times3.507=35.07$
③ $\sqrt{123}=\sqrt{1.23\times100}=10\sqrt{1.23}$
$=10\times1.109=11.09$
④ $\sqrt{0.123}=\sqrt{\dfrac{12.3}{100}}=\dfrac{\sqrt{12.3}}{10}=\dfrac{3.507}{10}=0.3507$
⑤ $\sqrt{0.0123}=\sqrt{\dfrac{1.23}{100}}=\dfrac{\sqrt{1.23}}{10}=\dfrac{1.109}{10}=0.1109$
따라서 옳은 것은 ③이다.

**3** $\dfrac{10\sqrt{2}}{\sqrt{5}}=\dfrac{10\sqrt{10}}{5}=2\sqrt{10}$에서 $2\sqrt{10}=a\sqrt{10}$이므로 $a=2$
$\dfrac{1}{\sqrt{18}}=\dfrac{1}{3\sqrt{2}}=\dfrac{\sqrt{2}}{6}$에서 $\dfrac{\sqrt{2}}{6}=b\sqrt{2}$이므로 $b=\dfrac{1}{6}$
$\therefore ab=2\times\dfrac{1}{6}=\dfrac{1}{3}$

**4** 직육면체의 높이를 $h\,\text{cm}$라고 하면 직육면체의 부피는
$\sqrt{18}\times\sqrt{12}\times h=36\sqrt{3}$
$3\sqrt{2}\times2\sqrt{3}\times h=36\sqrt{3}$, $6\sqrt{6}h=36\sqrt{3}$
$\therefore h=\dfrac{36\sqrt{3}}{6\sqrt{6}}=\dfrac{6}{\sqrt{2}}=3\sqrt{2}$
따라서 직육면체의 높이는 $3\sqrt{2}\,\text{cm}$이다.

**5** $\sqrt{150}=\sqrt{2\times3\times5^2}=5\times\sqrt{2}\times\sqrt{3}=5ab$

**6** $\sqrt{84}=\sqrt{2^2\times3\times7}=2\times\sqrt{3}\times\sqrt{7}=2ab$

## 2 근호를 포함한 식의 계산 (2)

P. 42

**개념 확인** 2, 3, 5(또는 3, 2, 5)

**필수 문제 1** (1) $6\sqrt{3}$ (2) $-3\sqrt{5}$ (3) $\dfrac{5\sqrt{11}}{4}$ (4) $\sqrt{5}+4\sqrt{6}$
(1) $2\sqrt{3}+4\sqrt{3}=(2+4)\sqrt{3}=6\sqrt{3}$
(2) $4\sqrt{5}-2\sqrt{5}-5\sqrt{5}=(4-2-5)\sqrt{5}=-3\sqrt{5}$
(3) $\dfrac{3\sqrt{11}}{4}+\dfrac{\sqrt{11}}{2}=\left(\dfrac{3}{4}+\dfrac{1}{2}\right)\sqrt{11}$
$=\left(\dfrac{3}{4}+\dfrac{2}{4}\right)\sqrt{11}=\dfrac{5\sqrt{11}}{4}$
(4) $2\sqrt{5}-\sqrt{6}-\sqrt{5}+5\sqrt{6}=(2-1)\sqrt{5}+(-1+5)\sqrt{6}$
$=\sqrt{5}+4\sqrt{6}$

**1-1** (1) $-3\sqrt{7}$ (2) $2\sqrt{2}$ (3) $\dfrac{\sqrt{5}}{6}$ (4) $5\sqrt{3}-2\sqrt{13}$
(1) $-\sqrt{7}-2\sqrt{7}=(-1-2)\sqrt{7}=-3\sqrt{7}$

(2) $3\sqrt{2}+\sqrt{2}-2\sqrt{2}=(3+1-2)\sqrt{2}=2\sqrt{2}$
(3) $\dfrac{2\sqrt{5}}{3}-\dfrac{\sqrt{5}}{2}=\left(\dfrac{2}{3}-\dfrac{1}{2}\right)\sqrt{5}=\left(\dfrac{4}{6}-\dfrac{3}{6}\right)\sqrt{5}=\dfrac{\sqrt{5}}{6}$
(4) $8\sqrt{3}+2\sqrt{13}-4\sqrt{13}-3\sqrt{3}=(8-3)\sqrt{3}+(2-4)\sqrt{13}$
$=5\sqrt{3}-2\sqrt{13}$

**필수 문제 2** (1) $0$ (2) $\sqrt{2}+3\sqrt{5}$ (3) $\sqrt{2}$ (4) $2\sqrt{7}$
(1) $\sqrt{3}+\sqrt{12}-\sqrt{27}=\sqrt{3}+2\sqrt{3}-3\sqrt{3}=0$
(2) $\sqrt{5}-\sqrt{8}+\sqrt{20}+3\sqrt{2}=\sqrt{5}-2\sqrt{2}+2\sqrt{5}+3\sqrt{2}$
$=\sqrt{2}+3\sqrt{5}$
(3) $\dfrac{4}{\sqrt{2}}-\dfrac{\sqrt{6}}{\sqrt{3}}=2\sqrt{2}-\sqrt{2}=\sqrt{2}$
(4) $\sqrt{63}+\sqrt{7}-\dfrac{14}{\sqrt{7}}=3\sqrt{7}+\sqrt{7}-2\sqrt{7}=2\sqrt{7}$

**2-1** (1) $6\sqrt{2}$ (2) $3\sqrt{7}-\sqrt{2}$ (3) $\dfrac{5\sqrt{6}}{9}$ (4) $0$
(1) $\sqrt{18}-\sqrt{8}+\sqrt{50}=3\sqrt{2}-2\sqrt{2}+5\sqrt{2}=6\sqrt{2}$
(2) $\sqrt{7}+\sqrt{28}+\sqrt{32}-5\sqrt{2}=\sqrt{7}+2\sqrt{7}+4\sqrt{2}-5\sqrt{2}$
$=3\sqrt{7}-\sqrt{2}$
(3) $\dfrac{\sqrt{24}}{3}-\dfrac{\sqrt{2}}{\sqrt{27}}=\dfrac{2\sqrt{6}}{3}-\dfrac{\sqrt{2}}{3\sqrt{3}}=\dfrac{6\sqrt{6}}{9}-\dfrac{\sqrt{6}}{9}=\dfrac{5\sqrt{6}}{9}$
(4) $\sqrt{45}-\sqrt{5}-\dfrac{10}{\sqrt{5}}=3\sqrt{5}-\sqrt{5}-2\sqrt{5}=0$

P. 43

**필수 문제 3** (1) $5\sqrt{2}-\sqrt{6}$ (2) $3\sqrt{2}+6$
(3) $3\sqrt{3}-2\sqrt{2}$ (4) $4\sqrt{3}$
(1) $\sqrt{2}(5-\sqrt{3})=5\sqrt{2}-\sqrt{2}\sqrt{3}=5\sqrt{2}-\sqrt{6}$
(2) $\sqrt{3}(\sqrt{6}+2\sqrt{3})=\sqrt{3}\sqrt{6}+\sqrt{3}\times2\sqrt{3}$
$=\sqrt{18}+6=3\sqrt{2}+6$
(3) $5\sqrt{3}-\sqrt{2}(2+\sqrt{6})=5\sqrt{3}-2\sqrt{2}-\sqrt{2}\sqrt{6}$
$=5\sqrt{3}-2\sqrt{2}-\sqrt{12}$
$=5\sqrt{3}-2\sqrt{2}-2\sqrt{3}$
$=3\sqrt{3}-2\sqrt{2}$
(4) $\sqrt{2}(3+\sqrt{6})+\sqrt{3}(2-\sqrt{6})=3\sqrt{2}+\sqrt{2}\sqrt{6}+2\sqrt{3}-\sqrt{3}\sqrt{6}$
$=3\sqrt{2}+\sqrt{12}+2\sqrt{3}-\sqrt{18}$
$=3\sqrt{2}+2\sqrt{3}+2\sqrt{3}-3\sqrt{2}$
$=4\sqrt{3}$

**3-1** (1) $\sqrt{10}-2\sqrt{2}$ (2) $4\sqrt{2}-10$
(3) $-3\sqrt{3}+\sqrt{15}$ (4) $5\sqrt{2}-3\sqrt{7}$
(1) $2\sqrt{10}-\sqrt{2}(2+\sqrt{5})=2\sqrt{10}-2\sqrt{2}-\sqrt{2}\sqrt{5}$
$=2\sqrt{10}-2\sqrt{2}-\sqrt{10}$
$=\sqrt{10}-2\sqrt{2}$

(2) $\sqrt{5}(\sqrt{10}-\sqrt{20})-\sqrt{2}=\sqrt{5}(\sqrt{10}-2\sqrt{5})-\sqrt{2}$
$\qquad\qquad\qquad\qquad\quad=\sqrt{5}\sqrt{10}-\sqrt{5}\times2\sqrt{5}-\sqrt{2}$
$\qquad\qquad\qquad\qquad\quad=\sqrt{50}-10-\sqrt{2}$
$\qquad\qquad\qquad\qquad\quad=5\sqrt{2}-10-\sqrt{2}$
$\qquad\qquad\qquad\qquad\quad=4\sqrt{2}-10$

(3) $\sqrt{3}(2-\sqrt{5})+\sqrt{5}(2\sqrt{3}-\sqrt{15})$
$\quad=2\sqrt{3}-\sqrt{3}\sqrt{5}+2\sqrt{5}\sqrt{3}-\sqrt{5}\sqrt{15}$
$\quad=2\sqrt{3}-\sqrt{15}+2\sqrt{15}-5\sqrt{3}$
$\quad=-3\sqrt{3}+\sqrt{15}$

(4) $\sqrt{14}\left(\sqrt{7}+\dfrac{\sqrt{2}}{2}\right)-\sqrt{7}\left(4+\dfrac{2\sqrt{14}}{7}\right)$
$\quad=\sqrt{14}\sqrt{7}+\dfrac{\sqrt{14}\sqrt{2}}{2}-4\sqrt{7}-\dfrac{2\sqrt{7}\sqrt{14}}{7}$
$\quad=7\sqrt{2}+\sqrt{7}-4\sqrt{7}-2\sqrt{2}$
$\quad=5\sqrt{2}-3\sqrt{7}$

**필수 문제 4** (1) $\dfrac{2\sqrt{3}+3}{3}$     (2) $\dfrac{\sqrt{10}-\sqrt{15}}{5}$

          (3) $\dfrac{\sqrt{6}-1}{2}$     (4) $\sqrt{6}+2$

(1) $\dfrac{2+\sqrt{3}}{\sqrt{3}}=\dfrac{(2+\sqrt{3})\times\sqrt{3}}{\sqrt{3}\times\sqrt{3}}=\dfrac{2\sqrt{3}+3}{3}$

(2) $\dfrac{\sqrt{2}-\sqrt{3}}{\sqrt{5}}=\dfrac{(\sqrt{2}-\sqrt{3})\times\sqrt{5}}{\sqrt{5}\times\sqrt{5}}=\dfrac{\sqrt{10}-\sqrt{15}}{5}$

(3) $\dfrac{3\sqrt{2}-\sqrt{3}}{2\sqrt{3}}=\dfrac{(3\sqrt{2}-\sqrt{3})\times\sqrt{3}}{2\sqrt{3}\times\sqrt{3}}=\dfrac{3\sqrt{6}-3}{6}=\dfrac{\sqrt{6}-1}{2}$

(4) $\dfrac{\sqrt{12}+\sqrt{8}}{\sqrt{2}}=\dfrac{2\sqrt{3}+2\sqrt{2}}{\sqrt{2}}=\dfrac{(2\sqrt{3}+2\sqrt{2})\times\sqrt{2}}{\sqrt{2}\times\sqrt{2}}$
$\qquad\qquad\quad=\dfrac{2\sqrt{6}+4}{2}=\sqrt{6}+2$

**다른 풀이**

$\dfrac{\sqrt{12}+\sqrt{8}}{\sqrt{2}}=\dfrac{\sqrt{12}}{\sqrt{2}}+\dfrac{\sqrt{8}}{\sqrt{2}}=\sqrt{6}+2$

**4-1** (1) $\dfrac{2\sqrt{3}+\sqrt{2}}{2}$          (2) $\dfrac{\sqrt{70}-\sqrt{35}}{7}$

    (3) $\dfrac{\sqrt{10}+2}{3}$           (4) $\sqrt{10}-3\sqrt{3}$

(1) $\dfrac{\sqrt{6}+1}{\sqrt{2}}=\dfrac{(\sqrt{6}+1)\times\sqrt{2}}{\sqrt{2}\times\sqrt{2}}=\dfrac{\sqrt{12}+\sqrt{2}}{2}=\dfrac{2\sqrt{3}+\sqrt{2}}{2}$

(2) $\dfrac{\sqrt{10}-\sqrt{5}}{\sqrt{7}}=\dfrac{(\sqrt{10}-\sqrt{5})\times\sqrt{7}}{\sqrt{7}\times\sqrt{7}}=\dfrac{\sqrt{70}-\sqrt{35}}{7}$

(3) $\dfrac{5\sqrt{2}+2\sqrt{5}}{3\sqrt{5}}=\dfrac{(5\sqrt{2}+2\sqrt{5})\times\sqrt{5}}{3\sqrt{5}\times\sqrt{5}}=\dfrac{5\sqrt{10}+10}{15}=\dfrac{\sqrt{10}+2}{3}$

(4) $\dfrac{\sqrt{20}-3\sqrt{6}}{\sqrt{2}}=\dfrac{2\sqrt{5}-3\sqrt{6}}{\sqrt{2}}=\dfrac{(2\sqrt{5}-3\sqrt{6})\times\sqrt{2}}{\sqrt{2}\times\sqrt{2}}$
$\qquad\qquad\qquad=\dfrac{2\sqrt{10}-3\sqrt{12}}{2}=\dfrac{2\sqrt{10}-6\sqrt{3}}{2}$
$\qquad\qquad\qquad=\sqrt{10}-3\sqrt{3}$

P. 44

**필수 문제 5** (1) $3\sqrt{7}$ (2) $4\sqrt{3}$ (3) $\dfrac{\sqrt{6}}{6}$ (4) $5\sqrt{3}$

(1) $\sqrt{42}\div\sqrt{6}+\sqrt{14}\times\sqrt{2}=\dfrac{\sqrt{42}}{\sqrt{6}}+\sqrt{28}$
$\qquad\qquad\qquad\qquad\qquad=\sqrt{7}+2\sqrt{7}$
$\qquad\qquad\qquad\qquad\qquad=3\sqrt{7}$

(2) $\sqrt{27}\times2-2\sqrt{6}\div\sqrt{2}=3\sqrt{3}\times2-\dfrac{2\sqrt{6}}{\sqrt{2}}$
$\qquad\qquad\qquad\qquad\qquad=6\sqrt{3}-2\sqrt{3}$
$\qquad\qquad\qquad\qquad\qquad=4\sqrt{3}$

(3) $\dfrac{\sqrt{18}-\sqrt{2}}{\sqrt{3}}-\sqrt{12}\div\dfrac{4}{\sqrt{2}}=\dfrac{3\sqrt{2}-\sqrt{2}}{\sqrt{3}}-2\sqrt{3}\times\dfrac{\sqrt{2}}{4}$
$\qquad\qquad\qquad\qquad\qquad\quad=\dfrac{2\sqrt{2}}{\sqrt{3}}-\dfrac{\sqrt{6}}{2}$
$\qquad\qquad\qquad\qquad\qquad\quad=\dfrac{2\sqrt{6}}{3}-\dfrac{\sqrt{6}}{2}$
$\qquad\qquad\qquad\qquad\qquad\quad=\dfrac{4\sqrt{6}}{6}-\dfrac{3\sqrt{6}}{6}$
$\qquad\qquad\qquad\qquad\qquad\quad=\dfrac{\sqrt{6}}{6}$

(4) $\dfrac{3\sqrt{5}+12}{\sqrt{3}}+\dfrac{\sqrt{15}-\sqrt{75}}{\sqrt{5}}$
$\quad=\dfrac{(3\sqrt{5}+12)\times\sqrt{3}}{\sqrt{3}\times\sqrt{3}}+\dfrac{(\sqrt{15}-5\sqrt{3})\times\sqrt{5}}{\sqrt{5}\times\sqrt{5}}$
$\quad=\dfrac{3\sqrt{15}+12\sqrt{3}}{3}+\dfrac{5\sqrt{3}-5\sqrt{15}}{5}$
$\quad=\sqrt{15}+4\sqrt{3}+\sqrt{3}-\sqrt{15}$
$\quad=5\sqrt{3}$

**5-1** (1) $3\sqrt{5}$ (2) $6$ (3) $3\sqrt{6}-\dfrac{4\sqrt{3}}{3}$ (4) $5+\sqrt{5}$

(1) $\sqrt{2}\times\sqrt{10}+5\div\sqrt{5}=\sqrt{20}+\dfrac{5}{\sqrt{5}}$
$\qquad\qquad\qquad\qquad\quad=2\sqrt{5}+\sqrt{5}=3\sqrt{5}$

(2) $4\sqrt{2}\div\dfrac{1}{\sqrt{2}}-\sqrt{28}\div\sqrt{7}=4\sqrt{2}\times\sqrt{2}-\dfrac{2\sqrt{7}}{\sqrt{7}}$
$\qquad\qquad\qquad\qquad\qquad=8-2=6$

(3) $\sqrt{2}(\sqrt{12}-\sqrt{6})+\dfrac{3\sqrt{2}+2}{\sqrt{3}}$
$\quad=2\sqrt{6}-2\sqrt{3}+\dfrac{(3\sqrt{2}+2)\times\sqrt{3}}{\sqrt{3}\times\sqrt{3}}$
$\quad=2\sqrt{6}-2\sqrt{3}+\dfrac{3\sqrt{6}+2\sqrt{3}}{3}$
$\quad=3\sqrt{6}-\dfrac{4\sqrt{3}}{3}$

(4) $\dfrac{4\sqrt{3}+\sqrt{50}}{\sqrt{2}}-\dfrac{12-\sqrt{30}}{\sqrt{6}}$
$\quad=\dfrac{(4\sqrt{3}+5\sqrt{2})\times\sqrt{2}}{\sqrt{2}\times\sqrt{2}}-\dfrac{(12-\sqrt{30})\times\sqrt{6}}{\sqrt{6}\times\sqrt{6}}$
$\quad=\dfrac{4\sqrt{6}+10}{2}-\dfrac{12\sqrt{6}-6\sqrt{5}}{6}$
$\quad=2\sqrt{6}+5-2\sqrt{6}+\sqrt{5}$
$\quad=5+\sqrt{5}$

**1** (1) $-6\sqrt{2}$    (2) $-\sqrt{5}$    (3) $\dfrac{\sqrt{3}}{4}$    (4) $8\sqrt{6}-8\sqrt{11}$

**2** (1) $9\sqrt{3}$    (2) $-\sqrt{3}+\sqrt{6}$    (3) $\sqrt{2}$    (4) $-\dfrac{2\sqrt{3}}{3}$

**3** (1) $6\sqrt{2}+\sqrt{6}$      (2) $2\sqrt{6}+12$

   (3) $6\sqrt{3}-3\sqrt{2}$      (4) $-\sqrt{2}+5\sqrt{5}$

**4** (1) $\dfrac{2\sqrt{10}-4\sqrt{5}}{5}$    (2) $\dfrac{2\sqrt{3}-3\sqrt{2}}{18}$    (3) $\dfrac{\sqrt{30}-3}{6}$

**5** (1) $3+\sqrt{3}$      (2) $\dfrac{\sqrt{5}}{3}$      (3) $4\sqrt{5}+2\sqrt{7}$

   (4) $-\dfrac{7\sqrt{3}}{3}-\dfrac{3\sqrt{6}}{2}$    (5) $-\sqrt{2}+3\sqrt{6}$    (6) $12$

---

**1** (3) $\dfrac{3\sqrt{3}}{4}-\dfrac{3\sqrt{3}}{2}+\sqrt{3}=\dfrac{3\sqrt{3}}{4}-\dfrac{6\sqrt{3}}{4}+\dfrac{4\sqrt{3}}{4}=\dfrac{\sqrt{3}}{4}$

**2** (1) $\sqrt{75}+\sqrt{48}=5\sqrt{3}+4\sqrt{3}=9\sqrt{3}$

(2) $\sqrt{3}-5\sqrt{6}-\sqrt{12}+3\sqrt{24}=\sqrt{3}-5\sqrt{6}-2\sqrt{3}+6\sqrt{6}$

$\phantom{\sqrt{3}-5\sqrt{6}-\sqrt{12}+3\sqrt{24}}=-\sqrt{3}+\sqrt{6}$

(3) $\dfrac{\sqrt{18}}{6}+\dfrac{\sqrt{6}}{\sqrt{12}}=\dfrac{3\sqrt{2}}{6}+\dfrac{1}{\sqrt{2}}=\dfrac{\sqrt{2}}{2}+\dfrac{\sqrt{2}}{2}=\sqrt{2}$

(4) $\dfrac{6}{\sqrt{27}}-\dfrac{4}{\sqrt{3}}=\dfrac{6}{3\sqrt{3}}-\dfrac{4}{\sqrt{3}}=\dfrac{2}{\sqrt{3}}-\dfrac{4\sqrt{3}}{3}$

$\phantom{\dfrac{6}{\sqrt{27}}-\dfrac{4}{\sqrt{3}}}=\dfrac{2\sqrt{3}}{3}-\dfrac{4\sqrt{3}}{3}=-\dfrac{2\sqrt{3}}{3}$

**3** (2) $2\sqrt{3}(\sqrt{2}+\sqrt{12})=2\sqrt{3}(\sqrt{2}+2\sqrt{3})=2\sqrt{6}+12$

(3) $4\sqrt{3}-\sqrt{2}(3-\sqrt{6})=4\sqrt{3}-3\sqrt{2}+\sqrt{12}$

$\phantom{4\sqrt{3}-\sqrt{2}(3-\sqrt{6})}=4\sqrt{3}-3\sqrt{2}+2\sqrt{3}$

$\phantom{4\sqrt{3}-\sqrt{2}(3-\sqrt{6})}=6\sqrt{3}-3\sqrt{2}$

(4) $\sqrt{5}(3-\sqrt{10})+\sqrt{2}(4+\sqrt{10})$

$=3\sqrt{5}-\sqrt{50}+4\sqrt{2}+\sqrt{20}$

$=3\sqrt{5}-5\sqrt{2}+4\sqrt{2}+2\sqrt{5}$

$=-\sqrt{2}+5\sqrt{5}$

**4** (1) $\dfrac{2\sqrt{2}-4}{\sqrt{5}}=\dfrac{(2\sqrt{2}-4)\times\sqrt{5}}{\sqrt{5}\times\sqrt{5}}=\dfrac{2\sqrt{10}-4\sqrt{5}}{5}$

(2) $\dfrac{\sqrt{2}-\sqrt{3}}{3\sqrt{6}}=\dfrac{(\sqrt{2}-\sqrt{3})\times\sqrt{6}}{3\sqrt{6}\times\sqrt{6}}=\dfrac{\sqrt{12}-\sqrt{18}}{18}=\dfrac{2\sqrt{3}-3\sqrt{2}}{18}$

(3) $\dfrac{2\sqrt{5}-\sqrt{6}}{\sqrt{24}}=\dfrac{2\sqrt{5}-\sqrt{6}}{2\sqrt{6}}=\dfrac{(2\sqrt{5}-\sqrt{6})\times\sqrt{6}}{2\sqrt{6}\times\sqrt{6}}$

$\phantom{\dfrac{2\sqrt{5}-\sqrt{6}}{\sqrt{24}}}=\dfrac{2\sqrt{30}-6}{12}=\dfrac{\sqrt{30}-3}{6}$

**5** (1) $\sqrt{12}\times\dfrac{\sqrt{3}}{2}+6\div2\sqrt{3}=\dfrac{\sqrt{36}}{2}+\dfrac{6}{2\sqrt{3}}=3+\dfrac{3}{\sqrt{3}}$

$\phantom{\sqrt{12}\times\dfrac{\sqrt{3}}{2}+6\div2\sqrt{3}}=3+\dfrac{3\sqrt{3}}{3}=3+\sqrt{3}$

(2) $\sqrt{15}\times\dfrac{1}{\sqrt{3}}-\sqrt{10}\div\dfrac{3}{\sqrt{2}}=\sqrt{5}-\sqrt{10}\times\dfrac{\sqrt{2}}{3}=\sqrt{5}-\dfrac{\sqrt{20}}{3}$

$\phantom{\sqrt{15}\times\dfrac{1}{\sqrt{3}}-\sqrt{10}\div\dfrac{3}{\sqrt{2}}}=\sqrt{5}-\dfrac{2\sqrt{5}}{3}=\dfrac{\sqrt{5}}{3}$

---

(3) $5\sqrt{5}+(2\sqrt{21}-\sqrt{15})\div\sqrt{3}=5\sqrt{5}+(2\sqrt{21}-\sqrt{15})\times\dfrac{1}{\sqrt{3}}$

$\phantom{5\sqrt{5}+(2\sqrt{21}-\sqrt{15})\div\sqrt{3}}=5\sqrt{5}+2\sqrt{7}-\sqrt{5}$

$\phantom{5\sqrt{5}+(2\sqrt{21}-\sqrt{15})\div\sqrt{3}}=4\sqrt{5}+2\sqrt{7}$

(4) $\sqrt{2}\left(\dfrac{2}{\sqrt{6}}-\dfrac{10}{\sqrt{12}}\right)+\sqrt{3}\left(\dfrac{1}{\sqrt{18}}-3\right)$

$=\dfrac{2}{\sqrt{3}}-\dfrac{10}{\sqrt{6}}+\dfrac{1}{\sqrt{6}}-3\sqrt{3}$

$=\dfrac{2\sqrt{3}}{3}-\dfrac{10\sqrt{6}}{6}+\dfrac{\sqrt{6}}{6}-3\sqrt{3}$

$=-\dfrac{7\sqrt{3}}{3}-\dfrac{9\sqrt{6}}{6}=-\dfrac{7\sqrt{3}}{3}-\dfrac{3\sqrt{6}}{2}$

(5) $\dfrac{4-2\sqrt{3}}{\sqrt{2}}+\sqrt{3}(\sqrt{32}-\sqrt{6})$

$=\dfrac{(4-2\sqrt{3})\times\sqrt{2}}{\sqrt{2}\times\sqrt{2}}+\sqrt{3}(4\sqrt{2}-\sqrt{6})$

$=\dfrac{4\sqrt{2}-2\sqrt{6}}{2}+4\sqrt{6}-\sqrt{18}$

$=2\sqrt{2}-\sqrt{6}+4\sqrt{6}-3\sqrt{2}$

$=-\sqrt{2}+3\sqrt{6}$

(6) $\dfrac{6}{\sqrt{3}}(\sqrt{2}+\sqrt{3})-\dfrac{\sqrt{48}-\sqrt{72}}{\sqrt{2}}$

$=\dfrac{6\sqrt{2}}{\sqrt{3}}+6-\dfrac{4\sqrt{3}-6\sqrt{2}}{\sqrt{2}}$

$=\dfrac{6\sqrt{6}}{3}+6-\dfrac{(4\sqrt{3}-6\sqrt{2})\times\sqrt{2}}{\sqrt{2}\times\sqrt{2}}$

$=2\sqrt{6}+6-\dfrac{4\sqrt{6}-12}{2}$

$=2\sqrt{6}+6-2\sqrt{6}+6=12$

---

**STEP 1** 쏙쏙 **개념 익히기**      P. 46

**1** (1) $a=-1$, $b=1$   (2) $2$     **2**    $-5$

**3**   $5\sqrt{2}+2\sqrt{6}$

**4** (1) $(5+5\sqrt{3})\,\mathrm{cm}^2$   (2) $(3+3\sqrt{3})\,\mathrm{cm}^2$

**5**   $3$                   **6**   $\dfrac{5}{2}$

**1** (1) $3\sqrt{3}-\sqrt{32}-\sqrt{12}+3\sqrt{2}=3\sqrt{3}-4\sqrt{2}-2\sqrt{3}+3\sqrt{2}$

$\phantom{3\sqrt{3}-\sqrt{32}-\sqrt{12}+3\sqrt{2}}=-\sqrt{2}+\sqrt{3}$

$\therefore a=-1$, $b=1$

(2) $\dfrac{13}{\sqrt{10}}+\dfrac{\sqrt{5}}{\sqrt{2}}+\dfrac{\sqrt{2}}{\sqrt{5}}=\dfrac{13\sqrt{10}}{10}+\dfrac{\sqrt{10}}{2}+\dfrac{\sqrt{10}}{5}$

$\phantom{\dfrac{13}{\sqrt{10}}+\dfrac{\sqrt{5}}{\sqrt{2}}+\dfrac{\sqrt{2}}{\sqrt{5}}}=\dfrac{13\sqrt{10}}{10}+\dfrac{5\sqrt{10}}{10}+\dfrac{2\sqrt{10}}{10}$

$\phantom{\dfrac{13}{\sqrt{10}}+\dfrac{\sqrt{5}}{\sqrt{2}}+\dfrac{\sqrt{2}}{\sqrt{5}}}=\dfrac{20\sqrt{10}}{10}=2\sqrt{10}$

$\therefore a=2$

**2** $\sqrt{2}A-\sqrt{3}B=\sqrt{2}(\sqrt{3}-\sqrt{2})-\sqrt{3}(\sqrt{3}+\sqrt{2})$
$\qquad\qquad\quad=\sqrt{6}-2-3-\sqrt{6}$
$\qquad\qquad\quad=-5$

**3** $\sqrt{24}\left(\dfrac{8}{\sqrt{3}}-\sqrt{3}\right)+\dfrac{\sqrt{48}-10}{\sqrt{2}}$

$=2\sqrt{6}\left(\dfrac{8}{\sqrt{3}}-\sqrt{3}\right)+\dfrac{4\sqrt{3}-10}{\sqrt{2}}$

$=16\sqrt{2}-2\sqrt{18}+\dfrac{(4\sqrt{3}-10)\times\sqrt{2}}{\sqrt{2}\times\sqrt{2}}$

$=16\sqrt{2}-6\sqrt{2}+\dfrac{4\sqrt{6}-10\sqrt{2}}{2}$

$=10\sqrt{2}+2\sqrt{6}-5\sqrt{2}$

$=5\sqrt{2}+2\sqrt{6}$

**4** (1) (삼각형의 넓이)$=\dfrac{1}{2}\times(\sqrt{5}+\sqrt{15})\times2\sqrt{5}$
$\qquad\qquad\qquad=(\sqrt{5}+\sqrt{15})\times\sqrt{5}$
$\qquad\qquad\qquad=5+\sqrt{75}=5+5\sqrt{3}\,(\text{cm}^2)$

(2) (사다리꼴의 넓이)$=\dfrac{1}{2}\times(\sqrt{6}+\sqrt{18})\times\sqrt{6}$
$\qquad\qquad\qquad=\dfrac{1}{2}\times(\sqrt{6}+3\sqrt{2})\times\sqrt{6}$
$\qquad\qquad\qquad=\dfrac{1}{2}\times(6+3\sqrt{12})$
$\qquad\qquad\qquad=\dfrac{1}{2}\times(6+6\sqrt{3})$
$\qquad\qquad\qquad=3+3\sqrt{3}\,(\text{cm}^2)$

**5** $2(3+a\sqrt{5})+4a-6\sqrt{5}=6+2a\sqrt{5}+4a-6\sqrt{5}$
$\qquad\qquad\qquad\qquad\qquad=6+4a+(2a-6)\sqrt{5}$
이 식이 유리수가 되려면 $2a-6=0$이어야 하므로
$a=3$

**6** $\sqrt{3}(5+4\sqrt{3})-\sqrt{2}(a\sqrt{6}-\sqrt{2})=5\sqrt{3}+12-2a\sqrt{3}+2$
$\qquad\qquad\qquad\qquad\qquad\qquad=14+(5-2a)\sqrt{3}$
이 식이 유리수가 되려면 $5-2a=0$이어야 하므로
$a=\dfrac{5}{2}$

---

**2** 탄탄 **단원 다지기**      P. 47~49

| **1** ③ | **2** ③ | **3** 2 | **4** ⑤ | **5** 15.3893 |
|---|---|---|---|---|
| **6** ⑤ | **7** ③ | **8** ① | **9** $-\dfrac{1}{2}$ | **10** ② |
| **11** ① | **12** $24\sqrt{3}$ | **13** ① | **14** ⑤ | **15** ⑤ |
| **16** $\dfrac{5}{6}$ | **17** $\dfrac{7-4\sqrt{7}}{7}$ | **18** ③ | | |
| **19** $4\sqrt{3}+2\sqrt{6}$ | **20** $18\sqrt{3}$ cm | | **21** ③ | |

---

**1** ③ $-\sqrt{\dfrac{6}{5}}\sqrt{\dfrac{35}{6}}=-\sqrt{\dfrac{6}{5}\times\dfrac{35}{6}}=-\sqrt{7}$

**2** ㄱ. $\sqrt{27}=\sqrt{3^2\times3}=3\sqrt{3}$
ㄴ. $\sqrt{50}=\sqrt{5^2\times2}=5\sqrt{2}$
ㄷ. $-3\sqrt{2}=-\sqrt{3^2\times2}=-\sqrt{18}$
ㄹ. $\sqrt{98}=\sqrt{7^2\times2}=7\sqrt{2}$
ㅁ. $5\sqrt{5}=\sqrt{5^2\times5}=\sqrt{125}$
따라서 옳지 않은 것은 ㄷ, ㄹ이다.

**3** $\sqrt{250}=\sqrt{5^2\times10}=5\sqrt{10}$이므로 $a=5$
$\sqrt{0.32}=\sqrt{\dfrac{32}{100}}=\dfrac{4\sqrt{2}}{10}=\dfrac{2\sqrt{2}}{5}$이므로 $b=\dfrac{2}{5}$
$\therefore ab=5\times\dfrac{2}{5}=2$

**4** $\sqrt{2}\times\sqrt{3}\times\sqrt{4}\times\sqrt{5}\times\sqrt{6}=\sqrt{2\times3\times4\times5\times6}$
$\qquad\qquad\qquad\qquad\qquad=\sqrt{2\times3\times2^2\times5\times2\times3}$
$\qquad\qquad\qquad\qquad\qquad=\sqrt{(2^2\times3)^2\times5}$
$\qquad\qquad\qquad\qquad\qquad=12\sqrt{5}$
$\therefore a=12$

**5** $\sqrt{223}=\sqrt{2.23\times100}=10\sqrt{2.23}$
$\qquad\quad=10\times1.493=14.93$
$\sqrt{0.211}=\sqrt{\dfrac{21.1}{100}}=\dfrac{\sqrt{21.1}}{10}=\dfrac{4.593}{10}=0.4593$
$\therefore \sqrt{223}+\sqrt{0.211}=14.93+0.4593=15.3893$

**6** $164.3=1.643\times100$이므로
$\sqrt{a}=\sqrt{2.7\times100}=\sqrt{2.7\times100^2}=\sqrt{27000}$
$\therefore a=27000$

**7** $\sqrt{0.6}=\sqrt{\dfrac{6}{10}}=\sqrt{\dfrac{3}{5}}=\dfrac{\sqrt{3}}{\sqrt{5}}=\dfrac{a}{b}$

**8** $\dfrac{\sqrt{7}}{4\sqrt{2}}=\dfrac{\sqrt{7}\times\sqrt{2}}{4\sqrt{2}\times\sqrt{2}}=\dfrac{\sqrt{14}}{8}$이므로 $a=\dfrac{1}{8}$
$\dfrac{\sqrt{6}}{\sqrt{45}}=\dfrac{\sqrt{6}}{3\sqrt{5}}=\dfrac{\sqrt{6}\times\sqrt{5}}{3\sqrt{5}\times\sqrt{5}}=\dfrac{\sqrt{30}}{15}$이므로 $b=30$
$\therefore ab=\dfrac{1}{8}\times30=\dfrac{15}{4}$

**9** $\dfrac{\sqrt{125}}{3}\div(-\sqrt{60})\times\dfrac{6\sqrt{3}}{\sqrt{10}}=\dfrac{\sqrt{125}}{3}\times\left(-\dfrac{1}{\sqrt{60}}\right)\times\dfrac{6\sqrt{3}}{\sqrt{10}}$
$\qquad\qquad\qquad\qquad\qquad=\dfrac{5\sqrt{5}}{3}\times\left(-\dfrac{1}{2\sqrt{15}}\right)\times\dfrac{6\sqrt{3}}{\sqrt{10}}$
$\qquad\qquad\qquad\qquad\qquad=-\dfrac{5}{\sqrt{10}}=-\dfrac{5\sqrt{10}}{10}$
$\qquad\qquad\qquad\qquad\qquad=-\dfrac{\sqrt{10}}{2}$
$\therefore a=-\dfrac{1}{2}$

**10** $(\text{삼각형의 넓이})=\dfrac{1}{2}\times\sqrt{32}\times\sqrt{24}=\dfrac{1}{2}\times4\sqrt{2}\times2\sqrt{6}$
$\qquad\qquad\qquad\quad=4\sqrt{12}=8\sqrt{3}$

직사각형의 가로의 길이를 $x$라고 하면
$(\text{직사각형의 넓이})=x\times\sqrt{12}=2\sqrt{3}x$
삼각형의 넓이와 직사각형의 넓이가 서로 같으므로
$8\sqrt{3}=2\sqrt{3}x\qquad\therefore x=\dfrac{8\sqrt{3}}{2\sqrt{3}}=4$
따라서 직사각형의 가로의 길이는 4이다.

**11** $3\sqrt{20}-\sqrt{80}-\sqrt{48}+2\sqrt{27}=6\sqrt{5}-4\sqrt{5}-4\sqrt{3}+6\sqrt{3}$
$\qquad\qquad\qquad\qquad\qquad\qquad\ =2\sqrt{3}+2\sqrt{5}$

**12** $x\sqrt{\dfrac{27y}{x}}+y\sqrt{\dfrac{3x}{y}}=\sqrt{x^2\times\dfrac{27y}{x}}+\sqrt{y^2\times\dfrac{3x}{y}}$
$\qquad\qquad\qquad\quad=\sqrt{27xy}+\sqrt{3xy}$
$\qquad\qquad\qquad\quad=\sqrt{27\times36}+\sqrt{3\times36}$
$\qquad\qquad\qquad\quad=18\sqrt{3}+6\sqrt{3}=24\sqrt{3}$

**13** $\dfrac{\sqrt{3}}{\sqrt{2}}-\dfrac{\sqrt{2}}{\sqrt{3}}+\dfrac{\sqrt{5}}{\sqrt{2}}-\dfrac{\sqrt{2}}{\sqrt{5}}=\dfrac{\sqrt{6}}{2}-\dfrac{\sqrt{6}}{3}+\dfrac{\sqrt{10}}{2}-\dfrac{\sqrt{10}}{5}$
$\qquad\qquad\qquad\qquad\qquad\quad=\dfrac{3\sqrt{6}-2\sqrt{6}}{6}+\dfrac{5\sqrt{10}-2\sqrt{10}}{10}$
$\qquad\qquad\qquad\qquad\qquad\quad=\dfrac{\sqrt{6}}{6}+\dfrac{3\sqrt{10}}{10}$

**14** $\sqrt{7}x+\sqrt{2}y=\sqrt{7}(3\sqrt{2}+\sqrt{7})+\sqrt{2}(2\sqrt{7}-5\sqrt{2})$
$\qquad\qquad\quad=3\sqrt{14}+7+2\sqrt{14}-10=5\sqrt{14}-3$

**15** $\sqrt{2}(a+3\sqrt{2})-\sqrt{3}(4\sqrt{3}+\sqrt{6})=a\sqrt{2}+6-12-3\sqrt{2}$
$\qquad\qquad\qquad\qquad\qquad\qquad\ =-6+(a-3)\sqrt{2}$
이 식이 유리수가 되려면 $a-3=0$이어야 하므로 $a=3$

**16** $\dfrac{\sqrt{8}+9}{\sqrt{3}}-\dfrac{\sqrt{3}-\sqrt{24}}{\sqrt{2}}=\dfrac{2\sqrt{2}+9}{\sqrt{3}}-\dfrac{\sqrt{3}-2\sqrt{6}}{\sqrt{2}}$
$\qquad\qquad\qquad\qquad\ =\dfrac{(2\sqrt{2}+9)\times\sqrt{3}}{\sqrt{3}\times\sqrt{3}}-\dfrac{(\sqrt{3}-2\sqrt{6})\times\sqrt{2}}{\sqrt{2}\times\sqrt{2}}$
$\qquad\qquad\qquad\qquad\ =\dfrac{2\sqrt{6}+9\sqrt{3}}{3}-\dfrac{\sqrt{6}-2\sqrt{12}}{2}$
$\qquad\qquad\qquad\qquad\ =\dfrac{2\sqrt{6}}{3}+3\sqrt{3}-\dfrac{\sqrt{6}}{2}+2\sqrt{3}$
$\qquad\qquad\qquad\qquad\ =5\sqrt{3}+\dfrac{\sqrt{6}}{6}$

따라서 $a=5$, $b=\dfrac{1}{6}$이므로 $ab=5\times\dfrac{1}{6}=\dfrac{5}{6}$

**17** $2<\sqrt{7}<3$이므로
$\sqrt{7}$의 정수 부분은 2, 소수 부분은 $\sqrt{7}-2$
따라서 $a=\sqrt{7}-2$이므로
$\dfrac{a-2}{a+2}=\dfrac{(\sqrt{7}-2)-2}{(\sqrt{7}-2)+2}=\dfrac{\sqrt{7}-4}{\sqrt{7}}$
$\qquad\quad=\dfrac{(\sqrt{7}-4)\times\sqrt{7}}{\sqrt{7}\times\sqrt{7}}=\dfrac{7-4\sqrt{7}}{7}$

**18** ① $3\times\sqrt{2}-5\div\sqrt{2}=3\sqrt{2}-\dfrac{5}{\sqrt{2}}=3\sqrt{2}-\dfrac{5\sqrt{2}}{2}=\dfrac{\sqrt{2}}{2}$
② $\sqrt{2}(\sqrt{6}+\sqrt{8})=\sqrt{12}+\sqrt{16}=2\sqrt{3}+4$
③ $\sqrt{3}\left(\dfrac{\sqrt{6}}{3}-\dfrac{2\sqrt{3}}{\sqrt{2}}\right)=\dfrac{\sqrt{18}}{3}-\dfrac{6}{\sqrt{2}}=\sqrt{2}-3\sqrt{2}=-2\sqrt{2}$
④ $3\sqrt{24}+2\sqrt{6}\times\sqrt{3}-\sqrt{7}=6\sqrt{6}+6\sqrt{2}-\sqrt{7}$
⑤ $(\sqrt{18}+\sqrt{3})\div\dfrac{1}{\sqrt{2}}+5\times\sqrt{6}=(\sqrt{18}+\sqrt{3})\times\sqrt{2}+5\sqrt{6}$
$\qquad\qquad\qquad\qquad\qquad\qquad\qquad=\sqrt{36}+\sqrt{6}+5\sqrt{6}$
$\qquad\qquad\qquad\qquad\qquad\qquad\qquad=6+6\sqrt{6}$
따라서 옳은 것은 ③이다.

**19** $\sqrt{27}+\sqrt{54}-\sqrt{2}\left(\dfrac{6}{\sqrt{12}}-\dfrac{3}{\sqrt{6}}\right)=\sqrt{27}+\sqrt{54}-\dfrac{6}{\sqrt{6}}+\dfrac{3}{\sqrt{3}}$
$\qquad\qquad\qquad\qquad\qquad\qquad\qquad\ =3\sqrt{3}+3\sqrt{6}-\sqrt{6}+\sqrt{3}$
$\qquad\qquad\qquad\qquad\qquad\qquad\qquad\ =4\sqrt{3}+2\sqrt{6}$

**20** 세 정사각형의 넓이가 각
각 $3\,\text{cm}^2$, $12\,\text{cm}^2$,
$27\,\text{cm}^2$이므로 한 변의 길
이는 각각
$\sqrt{3}\,\text{cm}$, $\sqrt{12}=2\sqrt{3}(\text{cm})$,
$\sqrt{27}=3\sqrt{3}(\text{cm})$
$\therefore (\text{둘레의 길이})=2(\sqrt{3}+2\sqrt{3}+3\sqrt{3})+2\times3\sqrt{3}$
$\qquad\qquad\qquad\quad=12\sqrt{3}+6\sqrt{3}=18\sqrt{3}(\text{cm})$

**21** ① $(1+2\sqrt{5})-(3+\sqrt{5})=-2+\sqrt{5}=-\sqrt{4}+\sqrt{5}>0$
$\qquad\therefore 1+2\sqrt{5}>3+\sqrt{5}$
② $(\sqrt{5}+\sqrt{2})-3\sqrt{2}=\sqrt{5}-2\sqrt{2}=\sqrt{5}-\sqrt{8}<0$
$\qquad\therefore \sqrt{5}+\sqrt{2}<3\sqrt{2}$
③ $(\sqrt{2}-1)-(2-\sqrt{2})=2\sqrt{2}-3=\sqrt{8}-\sqrt{9}<0$
$\qquad\therefore \sqrt{2}-1<2-\sqrt{2}$
④ $(5\sqrt{3}-1)-\sqrt{48}=5\sqrt{3}-1-4\sqrt{3}=\sqrt{3}-1>0$
$\qquad\therefore 5\sqrt{3}-1>\sqrt{48}$
⑤ $(3\sqrt{2}-1)-(2\sqrt{3}-1)=3\sqrt{2}-2\sqrt{3}=\sqrt{18}-\sqrt{12}>0$
$\qquad\therefore 3\sqrt{2}-1>2\sqrt{3}-1$
따라서 옳은 것은 ③이다.

**STEP 3** 쓱쓱 **서술형 완성하기**  P. 50~51

〈과정은 풀이 참조〉

**따라 해보자** 유제 1  8     유제 2  $2+4\sqrt{2}$

**연습해 보자**
**1** (1) 23.75  (2) 0.2304
**2** $\dfrac{\sqrt{3}}{2}$     **3** $10\sqrt{2}\,\text{cm}$
**4** $B<C<A$

**따라 해보자**

유제 1 **1단계** $\sqrt{3}(\sqrt{27}-\sqrt{12})+\sqrt{5}(2\sqrt{5}-\sqrt{15})$

$=\sqrt{3}(3\sqrt{3}-2\sqrt{3})+10-\sqrt{75}$

$=\sqrt{3}\times\sqrt{3}+10-5\sqrt{3}$

$=3+10-5\sqrt{3}$

$=13-5\sqrt{3}$ ⋯ (ⅰ)

**2단계** $13-5\sqrt{3}=a+b\sqrt{3}$이므로

$a=13,\ b=-5$ ⋯ (ⅱ)

**3단계** ∴ $a+b=13+(-5)=8$ ⋯ (ⅲ)

| 채점 기준 | 비율 |
|---|---|
| (ⅰ) 주어진 식의 좌변을 간단히 하기 | 60 % |
| (ⅱ) $a,\ b$의 값 구하기 | 20 % |
| (ⅲ) $a+b$의 값 구하기 | 20 % |

유제 2 **1단계** 피타고라스 정리에 의해

$\overline{AB}=\sqrt{2^2+2^2}=\sqrt{8}=2\sqrt{2}$,

$\overline{AC}=\sqrt{1^2+1^2}=\sqrt{2}$ ⋯ (ⅰ)

**2단계** $\overline{AP}=\overline{AB}=2\sqrt{2}$, $\overline{AQ}=\overline{AC}=\sqrt{2}$이므로

$a=2-2\sqrt{2}$, $b=2+\sqrt{2}$ ⋯ (ⅱ)

**3단계** $2b-a=2(2+\sqrt{2})-(2-2\sqrt{2})$

$=4+2\sqrt{2}-2+2\sqrt{2}$

$=2+4\sqrt{2}$ ⋯ (ⅲ)

| 채점 기준 | 비율 |
|---|---|
| (ⅰ) $\overline{AB}$, $\overline{AC}$의 길이 구하기 | 20 % |
| (ⅱ) $a,\ b$의 값 구하기 | 40 % |
| (ⅲ) $2b-a$의 값 구하기 | 40 % |

**연습해 보자**

1 (1) $\sqrt{564}=\sqrt{5.64\times100}=10\sqrt{5.64}$

$=10\times2.375=23.75$ ⋯ (ⅰ)

(2) $\sqrt{0.0531}=\sqrt{\dfrac{5.31}{100}}=\dfrac{\sqrt{5.31}}{10}=\dfrac{2.304}{10}=0.2304$ ⋯ (ⅱ)

| 채점 기준 | 비율 |
|---|---|
| (ⅰ) $\sqrt{564}$의 값 구하기 | 50 % |
| (ⅱ) $\sqrt{0.0531}$의 값 구하기 | 50 % |

2 $A=\sqrt{27}\div\sqrt{6}\times\sqrt{2}=3\sqrt{3}\times\dfrac{1}{\sqrt{6}}\times\sqrt{2}$

$=3\sqrt{3\times\dfrac{1}{6}\times2}=3$ ⋯ (ⅰ)

$B=\dfrac{4}{\sqrt{3}}\times\dfrac{\sqrt{15}}{\sqrt{8}}\div\dfrac{\sqrt{5}}{\sqrt{6}}=\dfrac{4}{\sqrt{3}}\times\dfrac{\sqrt{15}}{2\sqrt{2}}\times\dfrac{\sqrt{6}}{\sqrt{5}}$

$=2\sqrt{\dfrac{1}{3}\times\dfrac{15}{2}\times\dfrac{6}{5}}=2\sqrt{3}$ ⋯ (ⅱ)

∴ $\dfrac{A}{B}=\dfrac{3}{2\sqrt{3}}=\dfrac{3\times\sqrt{3}}{2\sqrt{3}\times\sqrt{3}}=\dfrac{\sqrt{3}}{2}$ ⋯ (ⅲ)

| 채점 기준 | 비율 |
|---|---|
| (ⅰ) $A$를 간단히 하기 | 40 % |
| (ⅱ) $B$를 간단히 하기 | 40 % |
| (ⅲ) $\dfrac{A}{B}$의 값 구하기 | 20 % |

3 $\overline{AB}=\sqrt{8}=2\sqrt{2}$(cm), $\overline{BC}=\sqrt{18}=3\sqrt{2}$(cm) ⋯ (ⅰ)

∴ (□ABCD의 둘레의 길이)$=2(\overline{AB}+\overline{BC})$

$=2(2\sqrt{2}+3\sqrt{2})$

$=2\times5\sqrt{2}$

$=10\sqrt{2}$(cm) ⋯ (ⅱ)

| 채점 기준 | 비율 |
|---|---|
| (ⅰ) $\overline{AB}$, $\overline{BC}$의 길이 구하기 | 50 % |
| (ⅱ) □ABCD의 둘레의 길이 구하기 | 50 % |

4 $A-C=\sqrt{180}-(\sqrt{5}+8)=6\sqrt{5}-\sqrt{5}-8$

$=5\sqrt{5}-8=\sqrt{125}-\sqrt{64}>0$

∴ $A>C$ ⋯ (ⅰ)

$B-C=(12-3\sqrt{5})-(\sqrt{5}+8)$

$=12-3\sqrt{5}-\sqrt{5}-8$

$=4-4\sqrt{5}=\sqrt{16}-\sqrt{80}<0$

∴ $B<C$ ⋯ (ⅱ)

∴ $B<C<A$ ⋯ (ⅲ)

| 채점 기준 | 비율 |
|---|---|
| (ⅰ) $A,\ C$의 대소 관계 나타내기 | 40 % |
| (ⅱ) $B,\ C$의 대소 관계 나타내기 | 40 % |
| (ⅲ) $A,\ B,\ C$의 대소 관계 나타내기 | 20 % |

**놀이 속 수학** P. 52

답 $12+6\sqrt{2}$

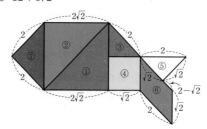

∴ (물고기 모양 도형의 둘레의 길이)

$=2+2\sqrt{2}+2+2+\sqrt{2}+(2-\sqrt{2})+\sqrt{2}+2+\sqrt{2}+2\sqrt{2}+2$

$=12+6\sqrt{2}$

# 1 곱셈 공식

P. 56

**개념 확인** (1) $ac$, $ad$, $bc$, $bd$ (2) $a$, $b$, $a$, $b$, $a$, $b$, $b$

**필수 문제 1** (1) $ab+3a+2b+6$

(2) $4x^2+19x-5$

(3) $30a^2+4ab-2b^2$

(4) $2x^2-xy-6x-y^2-3y$

(1) $(a+2)(b+3)=ab+3a+2b+6$

(2) $(x+5)(4x-1)=4x^2-x+20x-5$
$\qquad\qquad\qquad =4x^2+19x-5$

(3) $(5a-b)(6a+2b)=30a^2+10ab-6ab-2b^2$
$\qquad\qquad\qquad\qquad =30a^2+4ab-2b^2$

(4) $(2x+y)(x-y-3)$
$\quad =2x^2-2xy-6x+xy-y^2-3y$
$\quad =2x^2-xy-6x-y^2-3y$

**1-1** (1) $ab-4a+b-4$ (2) $3a^2-5ab+2b^2$

(3) $10x^2+9x-7$ (4) $x^2+xy-x-12y^2+3y$

(1) $(a+1)(b-4)=ab-4a+b-4$

(2) $(3a-2b)(a-b)=3a^2-3ab-2ab+2b^2$
$\qquad\qquad\qquad =3a^2-5ab+2b^2$

(3) $(2x-1)(5x+7)=10x^2+14x-5x-7$
$\qquad\qquad\qquad =10x^2+9x-7$

(4) $(x+4y-1)(x-3y)=x^2-3xy+4xy-12y^2-x+3y$
$\qquad\qquad\qquad\qquad =x^2+xy-x-12y^2+3y$

**1-2** $-7$

$xy$항이 나오는 부분만 전개하면

$(2x-y+1)(3x-2y+1)$에서

$2x\times(-2y)+(-y)\times3x=-7xy$

따라서 $xy$의 계수는 $-7$이다.

P. 57

**개념 확인** $a$, $ab$, $a$, $2$, $ab$, $b$, $2$, $b$

**필수 문제 2** (1) $x^2+2x+1$ (2) $a^2-8a+16$

(3) $4a^2+4ab+b^2$ (4) $x^2-6xy+9y^2$

(1) $(x+1)^2=x^2+2\times x\times1+1^2=x^2+2x+1$

(2) $(a-4)^2=a^2-2\times a\times4+4^2=a^2-8a+16$

(3) $(2a+b)^2=(2a)^2+2\times2a\times b+b^2=4a^2+4ab+b^2$

(4) $(-x+3y)^2=(-x)^2+2\times(-x)\times3y+(3y)^2$
$\qquad\qquad\quad =x^2-6xy+9y^2$

**2-1** (1) $x^2+10x+25$ (2) $a^2-12a+36$

(3) $4x^2-12xy+9y^2$ (4) $25a^2+40ab+16b^2$

(3) $(2x-3y)^2=(2x)^2-2\times2x\times3y+(3y)^2$
$\qquad\qquad\quad =4x^2-12xy+9y^2$

(4) $(-5a-4b)^2=(-5a)^2-2\times(-5a)\times4b+(4b)^2$
$\qquad\qquad\qquad =25a^2+40ab+16b^2$

**필수 문제 3** (1) $7$, $49$ (2) $2$, $4$

(1) $(a+\boxed{A})^2=a^2+2Aa+A^2=a^2+14a+\boxed{B}$
이므로 $2A=14$, $A^2=B$ $\quad\therefore A=7$, $B=49$

(2) $(x-\boxed{A})^2=x^2-2Ax+A^2=x^2-4x+\boxed{B}$
이므로 $-2A=-4$, $A^2=B$ $\quad\therefore A=2$, $B=4$

**3-1** $a=5$, $b=20$

$(2x-a)^2=4x^2-4ax+a^2=4x^2-bx+25$

이므로 $-4a=-b$, $a^2=25$

이때 $a>0$이므로 $a=5$, $b=4a=4\times5=20$

P. 58

**개념 확인** $a$, $ab$, $b$, $a$, $b$

**필수 문제 4** (1) $x^2-9$ (2) $4a^2-1$

(3) $x^2-16y^2$ (4) $-64a^2+b^2$

(1) $(x+3)(x-3)=x^2-3^2=x^2-9$

(2) $(2a+1)(2a-1)=(2a)^2-1^2=4a^2-1$

(3) $(-x+4y)(-x-4y)=(-x)^2-(4y)^2=x^2-16y^2$

(4) $(-8a-b)(8a-b)=(-b-8a)(-b+8a)$
$\qquad\qquad\qquad =(-b)^2-(8a)^2$
$\qquad\qquad\qquad =b^2-64a^2=-64a^2+b^2$

**4-1** (1) $a^2-25$ (2) $x^2-36y^2$

(3) $16x^2-\dfrac{1}{25}y^2$ (4) $-49a^2+9b^2$

(3) $\left(-4x-\dfrac{1}{5}y\right)\left(-4x+\dfrac{1}{5}y\right)=(-4x)^2-\left(\dfrac{1}{5}y\right)^2$
$\qquad\qquad\qquad\qquad\qquad =16x^2-\dfrac{1}{25}y^2$

(4) $(-7a+3b)(7a+3b)=(3b-7a)(3b+7a)$
$\qquad\qquad\qquad\quad =(3b)^2-(7a)^2$
$\qquad\qquad\qquad\quad =9b^2-49a^2=-49a^2+9b^2$

**필수 문제 5** $2$, $4$

**5-1** $x^4-16$

$(x-2)(x+2)(x^2+4)=(x^2-4)(x^2+4)$
$\qquad\qquad\qquad\qquad =(x^2)^2-4^2=x^4-16$

**개념 확인**  $a$, $ab$, $a+b$, $ab$,
$ac$, $bc$, $bd$, $ac$, $bc$, $bd$

**필수 문제 6** (1) $x^2+6x+8$ (2) $a^2+2a-15$
(3) $a^2+6ab-7b^2$ (4) $x^2-3xy+2y^2$

(1) $(x+2)(x+4)=x^2+(2+4)x+2\times4$
$\qquad\qquad\qquad =x^2+6x+8$
(2) $(a+5)(a-3)=a^2+(5-3)a+5\times(-3)$
$\qquad\qquad\qquad =a^2+2a-15$
(3) $(a-b)(a+7b)=a^2+(-b+7b)a+(-b)\times7b$
$\qquad\qquad\qquad\quad =a^2+6ab-7b^2$
(4) $(x-2y)(x-y)=x^2+(-2y-y)x+(-2y)\times(-y)$
$\qquad\qquad\qquad\quad =x^2-3xy+2y^2$

**6-1** (1) $x^2+6x+5$ (2) $a^2-4a-12$
(3) $a^2-11ab+24b^2$ (4) $x^2+3xy-4y^2$

(3) $(a-3b)(a-8b)$
$\quad =a^2+(-3b-8b)a+(-3b)\times(-8b)$
$\quad =a^2-11ab+24b^2$
(4) $(x+4y)(x-y)=x^2+(4y-y)x+4y\times(-y)$
$\qquad\qquad\qquad =x^2+3xy-4y^2$

**6-2** $a=3$, $b=2$

$(x-a)(x+5)=x^2+(-a+5)x-5a=x^2+bx-15$
이므로 $-a+5=b$, $-5a=-15$
$\therefore a=3$, $b=2$

**필수 문제 7** (1) $2x^2+7x+3$ (2) $10a^2-7a-12$
(3) $12a^2-22ab+6b^2$ (4) $-5x^2+17xy-6y^2$

(1) $(x+3)(2x+1)$
$\quad =(1\times2)x^2+(1\times1+3\times2)x+3\times1$
$\quad =2x^2+7x+3$
(2) $(2a-3)(5a+4)$
$\quad =(2\times5)a^2+\{2\times4+(-3)\times5\}a+(-3)\times4$
$\quad =10a^2-7a-12$
(3) $(3a-b)(4a-6b)$
$\quad =(3\times4)a^2+\{3\times(-6b)+(-b)\times4\}a$
$\qquad +(-b)\times(-6b)$
$\quad =12a^2-22ab+6b^2$
(4) $(5x-2y)(-x+3y)$
$\quad =\{5\times(-1)\}x^2+\{5\times3y+(-2y)\times(-1)\}x$
$\qquad +(-2y)\times3y$
$\quad =-5x^2+17xy-6y^2$

**7-1** (1) $4a^2+7a+3$ (2) $12x^2+22x-14$
(3) $-6a^2+13ab-5b^2$ (4) $-5x^2+21xy-18y^2$

(1) $(4a+3)(a+1)$
$\quad =(4\times1)a^2+(4\times1+3\times1)a+3\times1$
$\quad =4a^2+7a+3$

(2) $(3x+7)(4x-2)$
$\quad =(3\times4)x^2+\{3\times(-2)+7\times4\}x+7\times(-2)$
$\quad =12x^2+22x-14$
(3) $(-2a+b)(3a-5b)$
$\quad =\{(-2)\times3\}a^2+\{(-2)\times(-5b)+b\times3\}a$
$\qquad +b\times(-5b)$
$\quad =-6a^2+13ab-5b^2$
(4) $(x-3y)(-5x+6y)$
$\quad =\{1\times(-5)\}x^2+\{1\times6y+(-3y)\times(-5)\}x$
$\qquad +(-3y)\times6y$
$\quad =-5x^2+21xy-18y^2$

**7-2** $a=-2$, $b=-20$

$(7x-2)(3x+a)=21x^2+(7a-6)x-2a$
$\qquad\qquad\qquad =21x^2+bx+4$
이므로 $7a-6=b$, $-2a=4$
$\therefore a=-2$, $b=-20$

**한 번 더 연습**

**1** (1) $2x^2+xy+3x-y^2+3y$
(2) $3a^2-11ab-2a-4b^2+8b$

**2** (1) $x^2+6x+9$ (2) $a^2-\dfrac{1}{2}a+\dfrac{1}{16}$
(3) $4a^2-16ab+16b^2$ (4) $x^2+2+\dfrac{1}{x^2}$
(5) $25a^2-10ab+b^2$ (6) $9x^2+30xy+25y^2$

**3** (1) $a^2-64$ (2) $x^2-\dfrac{1}{16}y^2$
(3) $-\dfrac{9}{4}a^2+16b^2$ (4) $1-a^8$

**4** (1) $x^2+9x+20$ (2) $a^2+\dfrac{1}{6}a-\dfrac{1}{6}$
(3) $x^2-9xy+18y^2$ (4) $a^2-\dfrac{5}{12}ab-\dfrac{1}{6}b^2$

**5** (1) $20a^2+23a+6$ (2) $14x^2+33x-5$
(3) $2a^2-13ab+6b^2$ (4) $-4x^2+13xy-3y^2$

**6** (1) $x^2+5x-54$ (2) $3a^2+34a-67$

**1** (1) $(x+y)(2x-y+3)$
$\quad =2x^2-xy+3x+2xy-y^2+3y$
$\quad =2x^2+xy+3x-y^2+3y$
(2) $(3a+b-2)(a-4b)$
$\quad =3a^2-12ab+ab-4b^2-2a+8b$
$\quad =3a^2-11ab-2a-4b^2+8b$

**2** (4) $\left(x+\dfrac{1}{x}\right)^2=x^2+2\times x\times\dfrac{1}{x}+\left(\dfrac{1}{x}\right)^2=x^2+2+\dfrac{1}{x^2}$
(5) $(-5a+b)^2=(-5a)^2+2\times(-5a)\times b+b^2$
$\qquad\qquad\quad =25a^2-10ab+b^2$

**(6)** $(-3x-5y)^2=(-3x)^2-2\times(-3x)\times5y+(5y)^2$
$$=9x^2+30xy+25y^2$$

**3** **(3)** $\left(4b-\dfrac{3}{2}a\right)\left(\dfrac{3}{2}a+4b\right)=\left(4b-\dfrac{3}{2}a\right)\left(4b+\dfrac{3}{2}a\right)$
$$=(4b)^2-\left(\dfrac{3}{2}a\right)^2$$
$$=16b^2-\dfrac{9}{4}a^2=-\dfrac{9}{4}a^2+16b^2$$

**(4)** $(1-a)(1+a)(1+a^2)(1+a^4)$
$$=(1-a^2)(1+a^2)(1+a^4)$$
$$=(1-a^4)(1+a^4)=1-a^8$$

**4** **(2)** $\left(a+\dfrac{1}{2}\right)\left(a-\dfrac{1}{3}\right)=a^2+\left(\dfrac{1}{2}-\dfrac{1}{3}\right)a+\dfrac{1}{2}\times\left(-\dfrac{1}{3}\right)$
$$=a^2+\dfrac{1}{6}a-\dfrac{1}{6}$$

**(4)** $\left(a-\dfrac{2}{3}b\right)\left(a+\dfrac{1}{4}b\right)$
$$=a^2+\left(-\dfrac{2}{3}b+\dfrac{1}{4}b\right)a+\left(-\dfrac{2}{3}b\right)\times\dfrac{1}{4}b$$
$$=a^2-\dfrac{5}{12}ab-\dfrac{1}{6}b^2$$

**5** **(4)** $(-x+3y)(4x-y)$
$$=\{(-1)\times4\}x^2+\{(-1)\times(-y)+3y\times4\}x$$
$$\quad+3y\times(-y)$$
$$=-4x^2+13xy-3y^2$$

**6** **(1)** $2(x+5)(x-5)-(x-4)(x-1)$
$$=2(x^2-25)-(x^2-5x+4)$$
$$=2x^2-50-x^2+5x-4$$
$$=x^2+5x-54$$

**(2)** $(5a-2)(3a-4)-3(2a-5)^2$
$$=15a^2-26a+8-3(4a^2-20a+25)$$
$$=15a^2-26a+8-12a^2+60a-75$$
$$=3a^2+34a-67$$

---

**STEP 1** 쏙쏙 **개념 익히기** P. 61

**1** 8 **2** ③, ⑤
**3** (1) 3, 9 (2) 7, 4 (3) 3, 2 (4) 3, 5, 23
**4** ㄴ, ㄷ **5** −2
**6** (1) $x^2-y^2$ (2) $12a^2+5ab-2b^2$

**1** $xy$항이 나오는 부분만 전개하면
$$x\times2y+(-y)\times x=xy \qquad \therefore a=1$$
$y$항이 나오는 부분만 전개하면
$$-y\times(-1)+3\times2y=7y \qquad \therefore b=7$$
$$\therefore a+b=1+7=8$$

---

**2** ① $(a+4)^2=a^2+2\times a\times4+4^2=a^2+8a+16$
② $(x-3y)^2=x^2-2\times x\times3y+(3y)^2=x^2-6xy+9y^2$
④ $(x-2)(x+5)=x^2+(-2+5)x+(-2)\times5$
$$=x^2+3x-10$$
따라서 옳은 것은 ③, ⑤이다.

**3** **(1)** $(x-\boxed{A})^2=x^2-2Ax+A^2=x^2-6x+\boxed{B}$
이므로 $-2A=-6$, $A^2=B$
$$\therefore A=3,\ B=9$$

**(2)** $(2x+7)(2x-\boxed{A})=4x^2+(-2A+14)x-7A$
$$=\boxed{B}x^2-49$$
이므로 $4=B$, $-2A+14=0$, $-7A=-49$
$$\therefore A=7,\ B=4$$

**(3)** $(x-y)(x+\boxed{A}y)=x^2+(Ay-y)x-Ay^2$
$$=x^2+(A-1)xy-Ay^2$$
$$=x^2+\boxed{B}xy-3y^2$$
이므로 $A-1=B$, $-A=-3$
$$\therefore A=3,\ B=2$$

**(4)** $(\boxed{A}x+4)(2x+\boxed{B})=2Ax^2+(AB+8)x+4B$
$$=6x^2+\boxed{C}x+20$$
이므로 $2A=6$, $AB+8=C$, $4B=20$
$$\therefore A=3,\ B=5,\ C=23$$

**4** $(a-b)^2=a^2-2ab+b^2$
ㄴ. $(b-a)^2=b^2-2\times b\times a+a^2=a^2-2ab+b^2$
ㄷ. $(-a+b)^2=(-a)^2+2\times(-a)\times b+b^2$
$$=a^2-2ab+b^2$$

**5** $\left(\dfrac{1}{2}a+\dfrac{2}{3}b\right)\left(\dfrac{1}{2}a-\dfrac{2}{3}b\right)=\dfrac{1}{4}a^2-\dfrac{4}{9}b^2$
$$=\dfrac{1}{4}\times8-\dfrac{4}{9}\times9$$
$$=2-4=-2$$

**6** **(1)** (색칠한 직사각형의 넓이)$=(x-y)(x+y)=x^2-y^2$
**(2)** (색칠한 직사각형의 넓이)
$$=(3a+2b)(4a-b)$$
$$=(3\times4)a^2+\{3\times(-b)+2b\times4\}a+2b\times(-b)$$
$$=12a^2+5ab-2b^2$$

---

## 2 곱셈 공식의 활용

P. 62

**개념 확인** (1) 50, 50, 1, 2401 (2) 3, 3, 3, 8091

**필수 문제 1** (1) 2601 (2) 6241 (3) 2475 (4) 10710
**(1)** $51^2=(50+1)^2=50^2+2\times50\times1+1^2$
$$=2500+100+1=2601$$

(2) $79^2=(80-1)^2=80^2-2\times80\times1+1^2$
$\qquad=6400-160+1=6241$

(3) $55\times45=(50+5)(50-5)=50^2-5^2$
$\qquad=2500-25=2475$

(4) $102\times105=(100+2)(100+5)$
$\qquad=100^2+(2+5)\times100+2\times5$
$\qquad=10000+700+10=10710$

**1-1** **(1) 8464** **(2) 88804** **(3) 4864** **(4) 40198**

(1) $92^2=(90+2)^2=90^2+2\times90\times2+2^2$
$\qquad=8100+360+4=8464$

(2) $298^2=(300-2)^2=300^2-2\times300\times2+2^2$
$\qquad=90000-1200+4=88804$

(3) $64\times76=(70-6)(70+6)=70^2-6^2$
$\qquad=4900-36=4864$

(4) $199\times202=(200-1)(200+2)$
$\qquad=200^2+(-1+2)\times200+(-1)\times2$
$\qquad=40000+200-2=40198$

**P. 63**

**필수 문제 2** **(1) $11+4\sqrt{7}$** **(2) 4**
$\qquad\qquad$ **(3) $6+5\sqrt{2}$** **(4) $16-\sqrt{3}$**

(1) $(2+\sqrt{7})^2=2^2+2\times2\times\sqrt{7}+(\sqrt{7})^2$
$\qquad=4+4\sqrt{7}+7=11+4\sqrt{7}$

(2) $(3+\sqrt{5})(3-\sqrt{5})=3^2-(\sqrt{5})^2=9-5=4$

(3) $(\sqrt{2}+1)(\sqrt{2}+4)=(\sqrt{2})^2+(1+4)\sqrt{2}+1\times4$
$\qquad=2+5\sqrt{2}+4=6+5\sqrt{2}$

(4) $(3\sqrt{3}-2)(2\sqrt{3}+1)$
$\qquad=6\times(\sqrt{3})^2+(3-4)\sqrt{3}+(-2)\times1$
$\qquad=18-\sqrt{3}-2=16-\sqrt{3}$

**2-1** **(1) $9-6\sqrt{2}$** **(2) 1** **(3) $-23-3\sqrt{5}$** **(4) $17+\sqrt{2}$**

(1) $(\sqrt{6}-\sqrt{3})^2=(\sqrt{6})^2-2\times\sqrt{6}\times\sqrt{3}+(\sqrt{3})^2$
$\qquad=6-6\sqrt{2}+3=9-6\sqrt{2}$

(2) $(2\sqrt{3}-\sqrt{11})(2\sqrt{3}+\sqrt{11})=(2\sqrt{3})^2-(\sqrt{11})^2$
$\qquad\qquad\qquad\qquad\qquad=12-11=1$

(3) $(\sqrt{5}+4)(\sqrt{5}-7)=(\sqrt{5})^2+(4-7)\sqrt{5}+4\times(-7)$
$\qquad=5-3\sqrt{5}-28=-23-3\sqrt{5}$

(4) $(5\sqrt{2}+3)(2\sqrt{2}-1)$
$\qquad=10\times(\sqrt{2})^2+(-5+6)\sqrt{2}+3\times(-1)$
$\qquad=20+\sqrt{2}-3=17+\sqrt{2}$

**필수 문제 3** **(1) $\sqrt{2}-1$** **(2) $\sqrt{7}+\sqrt{3}$**
$\qquad\qquad$ **(3) $2\sqrt{2}-\sqrt{6}$** **(4) $9+4\sqrt{5}$**

(1) $\dfrac{1}{\sqrt{2}+1}=\dfrac{\sqrt{2}-1}{(\sqrt{2}+1)(\sqrt{2}-1)}=\sqrt{2}-1$

(2) $\dfrac{4}{\sqrt{7}-\sqrt{3}}=\dfrac{4(\sqrt{7}+\sqrt{3})}{(\sqrt{7}-\sqrt{3})(\sqrt{7}+\sqrt{3})}=\dfrac{4(\sqrt{7}+\sqrt{3})}{4}$
$\qquad=\sqrt{7}+\sqrt{3}$

(3) $\dfrac{\sqrt{2}}{2+\sqrt{3}}=\dfrac{\sqrt{2}(2-\sqrt{3})}{(2+\sqrt{3})(2-\sqrt{3})}=2\sqrt{2}-\sqrt{6}$

(4) $\dfrac{\sqrt{5}+2}{\sqrt{5}-2}=\dfrac{(\sqrt{5}+2)^2}{(\sqrt{5}-2)(\sqrt{5}+2)}=5+4\sqrt{5}+4=9+4\sqrt{5}$

**3-1** **(1) $-\dfrac{1+\sqrt{3}}{2}$** **(2) $\sqrt{5}-\sqrt{2}$**
$\qquad$ **(3) $2-\sqrt{3}$** **(4) $2+\sqrt{3}$**

(1) $\dfrac{1}{1-\sqrt{3}}=\dfrac{1+\sqrt{3}}{(1-\sqrt{3})(1+\sqrt{3})}=\dfrac{1+\sqrt{3}}{-2}=-\dfrac{1+\sqrt{3}}{2}$

(2) $\dfrac{3}{\sqrt{5}+\sqrt{2}}=\dfrac{3(\sqrt{5}-\sqrt{2})}{(\sqrt{5}+\sqrt{2})(\sqrt{5}-\sqrt{2})}=\dfrac{3(\sqrt{5}-\sqrt{2})}{3}$
$\qquad=\sqrt{5}-\sqrt{2}$

(3) $\dfrac{\sqrt{3}}{2\sqrt{3}+3}=\dfrac{\sqrt{3}(2\sqrt{3}-3)}{(2\sqrt{3}+3)(2\sqrt{3}-3)}=\dfrac{6-3\sqrt{3}}{3}=2-\sqrt{3}$

(4) $\dfrac{\sqrt{6}+\sqrt{2}}{\sqrt{6}-\sqrt{2}}=\dfrac{(\sqrt{6}+\sqrt{2})^2}{(\sqrt{6}-\sqrt{2})(\sqrt{6}+\sqrt{2})}=\dfrac{6+2\sqrt{12}+2}{4}$
$\qquad=2+\sqrt{3}$

**STEP 1** **쓱쓱 개념 익히기** **P. 64~65**

**1** (1) 2809 (2) 21.16 (3) 8084 (4) 10506
**2** $a=1$, $b=1$, $c=2021$
**3** (1) $29+12\sqrt{5}$ (2) $-1$
$\quad$ (3) $-5+2\sqrt{10}$ (4) $32-20\sqrt{5}$
**4** $2-2\sqrt{2}$
**5** (1) $3+\sqrt{3}$ (2) $-2\sqrt{2}-3$ (3) $\sqrt{10}-2$ (4) $5-2\sqrt{6}$
**6** ③ **7** $\dfrac{\sqrt{3}+1}{2}$ **8** $2+\sqrt{2}$

**1** (1) $53^2=(50+3)^2=50^2+2\times50\times3+3^2$
$\qquad=2500+300+9=2809$

(2) $4.6^2=(5-0.4)^2=5^2-2\times5\times0.4+(0.4)^2$
$\qquad=25-4+0.16=21.16$

(3) $94\times86=(90+4)(90-4)=90^2-4^2$
$\qquad=8100-16=8084$

(4) $102\times103=(100+2)(100+3)$
$\qquad=100^2+(2+3)\times100+2\times3$
$\qquad=10000+500+6=10506$

**2** $\dfrac{2020\times2022+1}{2021}=\dfrac{(2021-1)(2021+1)+1}{2021}$

$\qquad\qquad\qquad=\dfrac{(2021^2-1^2)+1}{2021}$

$\qquad\qquad\qquad=\dfrac{2021^2-1+1}{2021}=2021$

$\therefore a=1$, $b=1$, $c=2021$

**3** (1) $(2\sqrt{5}+3)^2=(2\sqrt{5})^2+2\times2\sqrt{5}\times3+3^2=29+12\sqrt{5}$

(2) $(\sqrt{5}+\sqrt{6})(\sqrt{5}-\sqrt{6})=(\sqrt{5})^2-(\sqrt{6})^2=5-6=-1$

(3) $(\sqrt{10}-3)(\sqrt{10}+5)$
$=(\sqrt{10})^2+(-3+5)\sqrt{10}+(-3)\times5$
$=-5+2\sqrt{10}$

(4) $(7\sqrt{5}+1)(\sqrt{5}-3)$
$=7\times(\sqrt{5})^2+(-21+1)\sqrt{5}+1\times(-3)$
$=32-20\sqrt{5}$

**4** $(\sqrt{2}-1)^2-(2-\sqrt{3})(2+\sqrt{3})$
$=\{(\sqrt{2})^2-2\times\sqrt{2}\times1+1^2\}-\{2^2-(\sqrt{3})^2\}$
$=(2-2\sqrt{2}+1)-(4-3)=2-2\sqrt{2}$

**5** (1) $\dfrac{6}{3-\sqrt{3}}=\dfrac{6(3+\sqrt{3})}{(3-\sqrt{3})(3+\sqrt{3})}=\dfrac{6(3+\sqrt{3})}{6}=3+\sqrt{3}$

(2) $\dfrac{1}{2\sqrt{2}-3}=\dfrac{2\sqrt{2}+3}{(2\sqrt{2}-3)(2\sqrt{2}+3)}=\dfrac{2\sqrt{2}+3}{-1}=-2\sqrt{2}-3$

(3) $\dfrac{3\sqrt{2}}{\sqrt{5}+\sqrt{2}}=\dfrac{3\sqrt{2}(\sqrt{5}-\sqrt{2})}{(\sqrt{5}+\sqrt{2})(\sqrt{5}-\sqrt{2})}=\dfrac{3\sqrt{2}(\sqrt{5}-\sqrt{2})}{3}$
$=\sqrt{10}-2$

(4) $\dfrac{\sqrt{3}-\sqrt{2}}{\sqrt{3}+\sqrt{2}}=\dfrac{(\sqrt{3}-\sqrt{2})^2}{(\sqrt{3}+\sqrt{2})(\sqrt{3}-\sqrt{2})}=3-2\sqrt{6}+2=5-2\sqrt{6}$

**6** $\dfrac{1}{\sqrt{10}+3}+\dfrac{1}{\sqrt{10}-3}$
$=\dfrac{\sqrt{10}-3}{(\sqrt{10}+3)(\sqrt{10}-3)}+\dfrac{\sqrt{10}+3}{(\sqrt{10}-3)(\sqrt{10}+3)}$
$=(\sqrt{10}-3)+(\sqrt{10}+3)=2\sqrt{10}$

**7** $1<\sqrt{3}<2$이므로 $\sqrt{3}$의 정수 부분 $a=1$, 소수 부분 $b=\sqrt{3}-1$
$\therefore \dfrac{a}{b}=\dfrac{1}{\sqrt{3}-1}=\dfrac{\sqrt{3}+1}{(\sqrt{3}-1)(\sqrt{3}+1)}=\dfrac{\sqrt{3}+1}{2}$

**8** $1<\sqrt{2}<2$에서 $-2<-\sqrt{2}<-1$이므로 $2<4-\sqrt{2}<3$
즉, $4-\sqrt{2}$의 정수 부분 $a=2$,
소수 부분 $b=(4-\sqrt{2})-2=2-\sqrt{2}$
$\therefore \dfrac{a}{b}=\dfrac{2}{2-\sqrt{2}}=\dfrac{2(2+\sqrt{2})}{(2-\sqrt{2})(2+\sqrt{2})}=\dfrac{2(2+\sqrt{2})}{2}=2+\sqrt{2}$

**P. 66**

**필수 문제 4** (1) **30** (2) **24**

(1) $a^2+b^2=(a+b)^2-2ab=6^2-2\times3=30$

(2) $(a-b)^2=(a+b)^2-4ab=6^2-4\times3=24$

**4-1** (1) **34** (2) **50**

(1) $x^2+y^2=(x-y)^2+2xy=(3\sqrt{2})^2+2\times8=34$

(2) $(x+y)^2=(x-y)^2+4xy=(3\sqrt{2})^2+4\times8=50$

**4-2** (1) $2\sqrt{2}$ (2) **1** (3) **6**

$x=\dfrac{1}{\sqrt{2}+1}=\dfrac{\sqrt{2}-1}{(\sqrt{2}+1)(\sqrt{2}-1)}=\sqrt{2}-1$

$y=\dfrac{1}{\sqrt{2}-1}=\dfrac{\sqrt{2}+1}{(\sqrt{2}-1)(\sqrt{2}+1)}=\sqrt{2}+1$

(1) $x+y=(\sqrt{2}-1)+(\sqrt{2}+1)=2\sqrt{2}$

(2) $xy=(\sqrt{2}-1)(\sqrt{2}+1)=2-1=1$

(3) $x^2+y^2=(x+y)^2-2xy=(2\sqrt{2})^2-2\times1=6$

**필수 문제 5** (1) **7** (2) **5**

(1) $x^2+\dfrac{1}{x^2}=\left(x+\dfrac{1}{x}\right)^2-2=3^2-2=7$

(2) $\left(x-\dfrac{1}{x}\right)^2=\left(x+\dfrac{1}{x}\right)^2-4=3^2-4=5$

**5-1** (1) **27** (2) **29**

(1) $a^2+\dfrac{1}{a^2}=\left(a-\dfrac{1}{a}\right)^2+2=5^2+2=27$

(2) $\left(a+\dfrac{1}{a}\right)^2=\left(a-\dfrac{1}{a}\right)^2+4=5^2+4=29$

**P. 67**

**개념 확인** $2, 2, 4, -1, -1, 5, 4\sqrt{3}, 5$

**필수 문제 6** (1) $-1$ (2) **1**

$x=-1+\sqrt{5}$에서 $x+1=\sqrt{5}$이므로
이 식의 양변을 제곱하면 $(x+1)^2=(\sqrt{5})^2$
$x^2+2x+1=5$ $\therefore x^2+2x=4$

(1) $x^2+2x-5=4-5=-1$

(2) $(x+3)(x-1)=x^2+2x-3=4-3=1$

다른 풀이
$x=-1+\sqrt{5}$를 $(x+3)(x-1)$에 대입하면
$(-1+\sqrt{5}+3)(-1+\sqrt{5}-1)=(\sqrt{5}+2)(\sqrt{5}-2)$
$=(\sqrt{5})^2-2^2=1$

**6-1** (1) **4** (2) $-2$

$x=2+\sqrt{7}$에서 $x-2=\sqrt{7}$이므로
이 식의 양변을 제곱하면 $(x-2)^2=(\sqrt{7})^2$
$x^2-4x+4=7$ $\therefore x^2-4x=3$

(1) $x^2-4x+1=3+1=4$

(2) $(x+1)(x-5)=x^2-4x-5=3-5=-2$

**6-2** (1) $5+2\sqrt{6}$ (2) **2**

(1) $x=\dfrac{1}{5-2\sqrt{6}}=\dfrac{5+2\sqrt{6}}{(5-2\sqrt{6})(5+2\sqrt{6})}=5+2\sqrt{6}$

(2) $x=5+2\sqrt{6}$에서 $x-5=2\sqrt{6}$이므로
이 식의 양변을 제곱하면 $(x-5)^2=(2\sqrt{6})^2$
$x^2-10x+25=24$, $x^2-10x=-1$
$\therefore x^2-10x+3=-1+3=2$

**STEP 1 쏙쏙 개념 익히기** P. 68

**1** (1) 20　(2) 36　(3) $-\dfrac{5}{2}$

**2** 17　　**3** (1) 11　(2) 13

**4** 1　　**5** (1) 4　(2) 14　**6** 26

**1** (1) $a^2+b^2=(a+b)^2-2ab=2^2-2\times(-8)=20$

(2) $(a-b)^2=(a+b)^2-4ab=2^2-4\times(-8)=36$

(3) $\dfrac{a}{b}+\dfrac{b}{a}=\dfrac{a^2+b^2}{ab}=\dfrac{20}{-8}=-\dfrac{5}{2}$

**2** $x=\dfrac{1}{2-\sqrt3}=\dfrac{2+\sqrt3}{(2-\sqrt3)(2+\sqrt3)}=2+\sqrt3,$

$y=\dfrac{1}{2+\sqrt3}=\dfrac{2-\sqrt3}{(2+\sqrt3)(2-\sqrt3)}=2-\sqrt3$이므로

$x+y=(2+\sqrt3)+(2-\sqrt3)=4$

$xy=(2+\sqrt3)(2-\sqrt3)=4-3=1$

$\therefore\ x^2+y^2+3xy=(x+y)^2-2xy+3xy=(x+y)^2+xy$
$=4^2+1=17$

**3** (1) $x^2+\dfrac{1}{x^2}=\left(x-\dfrac{1}{x}\right)^2+2=3^2+2=11$

(2) $\left(x+\dfrac{1}{x}\right)^2=\left(x-\dfrac{1}{x}\right)^2+4=3^2+4=13$

**4** $x=\sqrt3-1$에서 $x+1=\sqrt3$이므로

이 식의 양변을 제곱하면 $(x+1)^2=(\sqrt3)^2$

$x^2+2x+1=3,\ x^2+2x=2$

$\therefore\ x^2+2x-1=2-1=1$

**5** (1) $x\neq0$이므로 $x^2-4x+1=0$의 양변을 $x$로 나누면

$x-4+\dfrac{1}{x}=0\quad\therefore\ x+\dfrac{1}{x}=4$

(2) $x^2+\dfrac{1}{x^2}=\left(x+\dfrac{1}{x}\right)^2-2=4^2-2=14$

**6** $x\neq0$이므로 $x^2-6x+1=0$의 양변을 $x$로 나누면

$x-6+\dfrac{1}{x}=0\quad\therefore\ x+\dfrac{1}{x}=6$

$\therefore\ x^2-8+\dfrac{1}{x^2}=\left(x+\dfrac{1}{x}\right)^2-2-8=6^2-10=26$

**STEP 2 탄탄 단원 다지기** P. 69~71

**1** ①　　**2** 27　　**3** ㄱ과 ㅁ, ㄴ과 ㅂ　**4** 2

**5** ⑤　　**6** ①　　**7** $12x^2+17x-5$　**8** ③

**9** ⑤　　**10** $-3$　**11** ⑤　**12** ③　**13** ④

**14** ④　**15** 6　**16** $-6$　**17** ④　**18** ②

**19** $\dfrac{\sqrt7+1}{6}$　**20** ②　**21** ②　**22** ⑤

**1** $xy$항이 나오는 부분만 전개하면

$-3x\times(-2y)+ay\times x=(6+a)xy$

$xy$의 계수가 $-8$이므로

$6+a=-8\quad\therefore\ a=-14$

**2** $(5x+a)^2=25x^2+10ax+a^2=bx^2-20x+c$이므로

$25=b,\ 10a=-20,\ a^2=c\quad\therefore\ a=-2,\ b=25,\ c=4$

$\therefore\ a+b+c=-2+25+4=27$

**3** ㄱ. $(2a+b)^2=4a^2+4ab+b^2$

ㄴ. $(2a-b)^2=4a^2-4ab+b^2$

ㄷ. $-(2a+b)^2=-(4a^2+4ab+b^2)=-4a^2-4ab-b^2$

ㄹ. $-(2a-b)^2=-(4a^2-4ab+b^2)=-4a^2+4ab-b^2$

ㅁ. $(-2a-b)^2=4a^2+4ab+b^2$

ㅂ. $(-2a+b)^2=4a^2-4ab+b^2$

따라서 전개식이 서로 같은 것끼리 짝 지으면 ㄱ과 ㅁ, ㄴ과 ㅂ이다.

**4** $\left(\dfrac{2}{3}a+\dfrac{3}{4}b\right)\left(\dfrac{2}{3}a-\dfrac{3}{4}b\right)=\dfrac{4}{9}a^2-\dfrac{9}{16}b^2$

$=\dfrac{4}{9}\times45-\dfrac{9}{16}\times32$

$=20-18=2$

**5** $(3x-1)(3x+1)(9x^2+1)=(9x^2-1)(9x^2+1)$

$=81x^4-1$

**6** $(2x-a)(5x+3)=10x^2+(6-5a)x-3a$

에서 $x$의 계수와 상수항이 같으므로

$6-5a=-3a,\ -2a=-6\quad\therefore\ a=3$

**7** $(4x+a)(5x+3)=20x^2+(12+5a)x+3a$

$=20x^2+7x-3$

이므로 $12+5a=7,\ 3a=-3\quad\therefore\ a=-1$

따라서 바르게 전개한 식은

$(4x-1)(3x+5)=12x^2+17x-5$

**8** ① $(a-5)^2=a^2-10a+25$

② $(3x+5y)^2=9x^2+30xy+25y^2$

④ $(x+4)(x-2)=x^2+2x-8$

⑤ $(2a-3b)(3a+4b)=6a^2-ab-12b^2$

따라서 옳은 것은 ③이다.

**9** ① $(a-\boxed{A}b)^2=a^2-2Aab+A^2b^2=a^2-4ab+4b^2$

$-2A=-4,\ A^2=4\quad\therefore\ A=2$

② $(x+4)(x+\boxed{A})=x^2+(4+A)x+4A=x^2+6x+8$

$4+A=6,\ 4A=8\quad\therefore\ A=2$

③ $(a+3)(a-5)=a^2-2a-15=a^2-\boxed{A}a-15$
$-2=-A$ ∴ $A=2$
④ $(x+\boxed{A}y)(x-5y)=x^2+(A-5)xy-5Ay^2$
$=x^2-3xy-10y^2$
$A-5=-3,\ -5A=-10$ ∴ $A=2$
⑤ $\left(x+\dfrac{5}{2}y\right)\left(-x-\dfrac{1}{2}y\right)=-x^2-3xy-\dfrac{5}{4}y^2$
$=-x^2-\boxed{A}xy-\dfrac{5}{4}y^2$
$-3=-A$ ∴ $A=3$
따라서 나머지 넷과 다른 하나는 ⑤이다.

**10** $(2x+3y)^2-(4x-y)(3x+5y)$
$=4x^2+12xy+9y^2-(12x^2+17xy-5y^2)$
$=-8x^2-5xy+14y^2$
따라서 $m=-8,\ n=-5$이므로
$m-n=-8-(-5)=-3$

**11** 오른쪽 그림에서 길을 제외한 잔디
밭의 넓이는
$\{(4x+3)-1\}\{(3x+2)-1\}$
$=(4x+2)(3x+1)$
$=12x^2+10x+2$

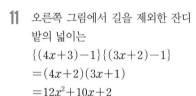

**12** $9.3\times10.7=(10-0.7)(10+0.7)$에서
$a=10,\ b=0.7$로 놓으면
$(a+b)(a-b)=a^2-b^2$
$=10^2-(0.7)^2=100-0.49=99.51$
로 계산하는 것이 가장 편리하다.

**13** $2-1=1$이므로 주어진 식에 $(2-1)$을 곱해도 계산 결과는
같다.
$(2+1)(2^2+1)(2^4+1)(2^8+1)$
$=(2-1)(2+1)(2^2+1)(2^4+1)(2^8+1)$
$=(2^2-1)(2^2+1)(2^4+1)(2^8+1)$
$=(2^4-1)(2^4+1)(2^8+1)=(2^8-1)(2^8+1)=2^{16}-1$

**14** ④ $(\sqrt{10}+3)(\sqrt{10}-5)=10+(3-5)\sqrt{10}-15$
$=-5-2\sqrt{10}$

**15** $(2-4\sqrt{3})(3+a\sqrt{3})=6+(2a-12)\sqrt{3}-12a$
$=(6-12a)+(2a-12)\sqrt{3}$
이 식이 유리수가 되려면 $2a-12=0$이어야 하므로
$2a=12$ ∴ $a=6$

**16** $\overline{AP}=\overline{AB}=\sqrt{3^2+1^2}=\sqrt{10}$이므로
점 P에 대응하는 수는 $2+\sqrt{10}$ ∴ $a=2+\sqrt{10}$
$\overline{AQ}=\overline{AD}=\sqrt{1^2+3^2}=\sqrt{10}$이므로
점 Q에 대응하는 수는 $2-\sqrt{10}$ ∴ $b=2-\sqrt{10}$
∴ $ab=(2+\sqrt{10})(2-\sqrt{10})=2^2-(\sqrt{10})^2=4-10=-6$

**17** $\dfrac{4-\sqrt{15}}{4+\sqrt{15}}+\dfrac{4+\sqrt{15}}{4-\sqrt{15}}$
$=\dfrac{(4-\sqrt{15})^2}{(4+\sqrt{15})(4-\sqrt{15})}+\dfrac{(4+\sqrt{15})^2}{(4-\sqrt{15})(4+\sqrt{15})}$
$=(4-\sqrt{15})^2+(4+\sqrt{15})^2$
$=(31-8\sqrt{15})+(31+8\sqrt{15})=62$

**18** $\dfrac{3}{\sqrt{2}+\sqrt{5}}+\dfrac{1}{\sqrt{2}}+\sqrt{5}(\sqrt{5}-1)$
$=\dfrac{3(\sqrt{2}-\sqrt{5})}{(\sqrt{2}+\sqrt{5})(\sqrt{2}-\sqrt{5})}+\dfrac{\sqrt{2}}{2}+5-\sqrt{5}$
$=-\sqrt{2}+\sqrt{5}+\dfrac{\sqrt{2}}{2}+5-\sqrt{5}=5-\dfrac{\sqrt{2}}{2}$

**19** $2<\sqrt{7}<3$에서 $-3<-\sqrt{7}<-2$이므로
$1<4-\sqrt{7}<2$
즉, $4-\sqrt{7}$의 정수 부분 $a=1$,
소수 부분 $b=(4-\sqrt{7})-1=3-\sqrt{7}$
∴ $\dfrac{1}{2a-b}=\dfrac{1}{2\times1-(3-\sqrt{7})}=\dfrac{1}{\sqrt{7}-1}$
$=\dfrac{\sqrt{7}+1}{(\sqrt{7}-1)(\sqrt{7}+1)}=\dfrac{\sqrt{7}+1}{6}$

**20** $a^2+b^2=(a-b)^2+2ab$이므로
$13=5^2+2ab,\ 2ab=-12$ ∴ $ab=-6$

**21** $x\neq0$이므로 $x^2-3x-1=0$의 양변을 $x$로 나누면
$x-3-\dfrac{1}{x}=0$ ∴ $x-\dfrac{1}{x}=3$
∴ $x^2+6+\dfrac{1}{x^2}=x^2+\dfrac{1}{x^2}+6=\left(x-\dfrac{1}{x}\right)^2+2+6$
$=3^2+2+6=17$

**22** $x=\dfrac{2}{2+\sqrt{3}}=\dfrac{2(2-\sqrt{3})}{(2+\sqrt{3})(2-\sqrt{3})}=4-2\sqrt{3}$에서
$x-4=-2\sqrt{3}$이므로
이 식의 양변을 제곱하면 $(x-4)^2=(-2\sqrt{3})^2$
$x^2-8x+16=12,\ x^2-8x=-4$
∴ $x^2-8x+8=-4+8=4$

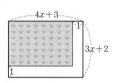
**3** STEP **쓱쓱 서술형 완성하기** P. 72~73

⟨과정은 풀이 참조⟩

| 따라 해보자 | 유제 1 | 4 | 유제 2 | 22 |

| 연습해 보자 | **1** 1028 | **2** $25+6\sqrt{5}$ |
| | **3** 9 | |
| | **4** (1) A$(-1+\sqrt{2})$, B$(3-\sqrt{2})$ |
| | (2) $\dfrac{2\sqrt{2}-1}{7}$ |

유제 1 　1단계　 처음 정사각형의 넓이는

$$(3a-1)^2=9a^2-6a+1 \qquad \cdots (i)$$

　2단계　 새로 만든 직사각형의

가로의 길이는 $(3a-1)+2=3a+1$,

세로의 길이는 $(3a-1)-2=3a-3$이므로

새로 만든 직사각형의 넓이는

$$(3a+1)(3a-3)=9a^2-6a-3 \qquad \cdots (ii)$$

　3단계　 따라서 처음 정사각형과 새로 만든 직사각형의 넓이의 차는

$$(9a^2-6a+1)-(9a^2-6a-3)$$
$$=9a^2-6a+1-9a^2+6a+3=4 \qquad \cdots (iii)$$

| 채점 기준 | 비율 |
|---|---|
| (i) 처음 정사각형의 넓이 구하기 | 30 % |
| (ii) 새로 만든 직사각형의 넓이 구하기 | 40 % |
| (iii) 넓이의 차 구하기 | 30 % |

유제 2 　1단계　 $x=\dfrac{2}{\sqrt{7}+\sqrt{5}}=\dfrac{2(\sqrt{7}-\sqrt{5})}{(\sqrt{7}+\sqrt{5})(\sqrt{7}-\sqrt{5})}=\sqrt{7}-\sqrt{5}$

$y=\dfrac{2}{\sqrt{7}-\sqrt{5}}=\dfrac{2(\sqrt{7}+\sqrt{5})}{(\sqrt{7}-\sqrt{5})(\sqrt{7}+\sqrt{5})}=\sqrt{7}+\sqrt{5}$

$\cdots (i)$

　2단계　 $x+y=(\sqrt{7}-\sqrt{5})+(\sqrt{7}+\sqrt{5})=2\sqrt{7}$

$xy=(\sqrt{7}-\sqrt{5})(\sqrt{7}+\sqrt{5})=2 \qquad \cdots (ii)$

　3단계　 $\therefore x^2-xy+y^2=(x+y)^2-2xy-xy$

$=(x+y)^2-3xy$

$=(2\sqrt{7})^2-3\times 2=22 \qquad \cdots (iii)$

| 채점 기준 | 비율 |
|---|---|
| (i) $x$, $y$의 분모를 유리화하기 | 40 % |
| (ii) $x+y$, $xy$의 값 구하기 | 20 % |
| (iii) $x^2-xy+y^2$의 값 구하기 | 40 % |

1 $\dfrac{1026\times 1030+4}{1028}=\dfrac{(1028-2)(1028+2)+4}{1028} \qquad \cdots (i)$

$=\dfrac{1028^2-2^2+4}{1028}=\dfrac{1028^2}{1028}=1028 \qquad \cdots (ii)$

| 채점 기준 | 비율 |
|---|---|
| (i) 주어진 식 변형하기 | 60 % |
| (ii) 주어진 식 계산하기 | 40 % |

2 오른쪽 그림과 같이 보조선을 그으면

(정사각형 A의 넓이)

$=(\sqrt{5}+3)^2$

$=5+6\sqrt{5}+9$

$=14+6\sqrt{5} \qquad \cdots (i)$

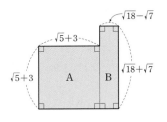

(직사각형 B의 넓이)$=(\sqrt{18}-\sqrt{7})(\sqrt{18}+\sqrt{7})$

$=18-7=11 \qquad \cdots (ii)$

따라서 구하는 도형의 넓이는

$(14+6\sqrt{5})+11=25+6\sqrt{5} \qquad \cdots (iii)$

| 채점 기준 | 비율 |
|---|---|
| (i) 정사각형 A의 넓이 구하기 | 40 % |
| (ii) 직사각형 B의 넓이 구하기 | 40 % |
| (iii) 도형의 넓이 구하기 | 20 % |

3 $\dfrac{1}{\sqrt{1}+\sqrt{2}}+\dfrac{1}{\sqrt{2}+\sqrt{3}}+\cdots+\dfrac{1}{\sqrt{99}+\sqrt{100}}$

$=\dfrac{\sqrt{1}-\sqrt{2}}{(\sqrt{1}+\sqrt{2})(\sqrt{1}-\sqrt{2})}+\dfrac{\sqrt{2}-\sqrt{3}}{(\sqrt{2}+\sqrt{3})(\sqrt{2}-\sqrt{3})}$

$+\cdots+\dfrac{\sqrt{99}-\sqrt{100}}{(\sqrt{99}+\sqrt{100})(\sqrt{99}-\sqrt{100})}$

$=-(\sqrt{1}-\sqrt{2})-(\sqrt{2}-\sqrt{3})-\cdots-(\sqrt{99}-\sqrt{100}) \qquad \cdots (i)$

$=-\sqrt{1}+\sqrt{2}-\sqrt{2}+\sqrt{3}-\cdots-\sqrt{99}+\sqrt{100}$

$=-\sqrt{1}+\sqrt{100}=-1+10=9 \qquad \cdots (ii)$

| 채점 기준 | 비율 |
|---|---|
| (i) 분모를 유리화하기 | 60 % |
| (ii) 주어진 식 계산하기 | 40 % |

4 (1) $\overline{PA}=\overline{PQ}=\sqrt{1^2+1^2}=\sqrt{2}$, $\overline{RB}=\overline{RS}=\sqrt{1^2+1^2}=\sqrt{2}$

$\therefore$ A$(-1+\sqrt{2})$, B$(3-\sqrt{2}) \qquad \cdots (i)$

(2) $a=-1+\sqrt{2}$, $b=3-\sqrt{2}$이므로

$\dfrac{a}{b}=\dfrac{-1+\sqrt{2}}{3-\sqrt{2}}=\dfrac{(-1+\sqrt{2})(3+\sqrt{2})}{(3-\sqrt{2})(3+\sqrt{2})}$

$=\dfrac{2\sqrt{2}-1}{7} \qquad \cdots (ii)$

| 채점 기준 | 비율 |
|---|---|
| (i) 두 점 A, B의 좌표 구하기 | 50 % |
| (ii) $\dfrac{a}{b}$의 값 구하기 | 50 % |

**역사 속 수학**     P.74

답 (1) 2025 　(2) 5625 　(3) 9025

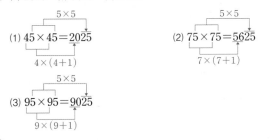

(1) $45\times 45=2025$

(2) $75\times 75=5625$

(3) $95\times 95=9025$

# 1 다항식의 인수분해

P. 78

**개념 확인** (1) $2a^2+2a$  (2) $x^2+10x+25$
(3) $x^2-2x-3$  (4) $12a^2+a-1$

**필수 문제 1** $a$, $ab$, $a-b$, $b(a-b)$

**1-1** $x+3$, $5(x-2)$

**1-2** ㄴ, ㄹ

P. 79

**개념 확인** (1) $3a$, $3a(a-2)$  (2) $2xy$, $2xy(3-y)$

**필수 문제 2** (1) $a(b-c)$  (2) $-4a(a+2)$
(3) $a(2b-y+3z)$  (4) $3b(2a^2+a-3b)$

**2-1** (1) $2a(4x+1)$  (2) $5y^2(x-2)$
(3) $a(b^2-a+3b)$  (4) $2xy(2x-4y+3)$

**2-2** (1) $(x+y)(a+b)$  (2) $(2a-b)(x+2y)$
(3) $(x-y)(a-3b)$  (4) $(a-5b)(2x-y)$
(3) $a(x-y)+3b(y-x)=a(x-y)-3b(x-y)$
$\qquad\qquad\qquad\qquad =(x-y)(a-3b)$
(4) $2x(a-5b)+y(5b-a)=2x(a-5b)-y(a-5b)$
$\qquad\qquad\qquad\qquad\qquad =(a-5b)(2x-y)$

### STEP 1 쏙쏙 개념 익히기
P. 80

**1** ⑤  **2** ③  **3** ③
**4** ③  **5** $2x+6$  **6** $2x-5$

**1** ⑤ $2x^2y$와 $-4xy$의 공통인 인수는 $2xy$이다.

**2** $ab(a+b)(a-b)=ab(a^2-b^2)$
따라서 인수가 아닌 것은 ③ $a^2+b^2$이다.

**3** $16x^2y-4xy^2=4xy(4x-y)$

**4** $b(a-3)+2(a-3)=(a-3)(b+2)$
$ab-3b=b(a-3)$
따라서 두 다항식의 공통인 인수는 ③ $a-3$이다.

**5** $(x-2)(x+5)-3(2-x)$
$=(x-2)(x+5)+3(x-2)$
$=(x-2)(x+5+3)=(x-2)(x+8)$
따라서 두 일차식은 $x-2$, $x+8$이므로
$(x-2)+(x+8)=2x+6$

**6** $x(x-3)-2x+6=x(x-3)-2(x-3)$
$\qquad\qquad\qquad\quad =(x-3)(x-2)$
따라서 두 일차식은 $x-3$, $x-2$이므로
$(x-3)+(x-2)=2x-5$

# 2 여러 가지 인수분해 공식

P. 81

**개념 확인** (1) $1$, $1$, $1$  (2) $2y$, $2y$, $2y$

**필수 문제 1** (1) $(x+4)^2$  (2) $(2x-1)^2$
(3) $\left(a+\dfrac{1}{4}\right)^2$  (4) $-2(x-6)^2$
(3) $a^2+\dfrac{1}{2}a+\dfrac{1}{16}=a^2+2\times a\times\dfrac{1}{4}+\left(\dfrac{1}{4}\right)^2$
$\qquad\qquad\qquad\quad =\left(a+\dfrac{1}{4}\right)^2$
(4) $-2x^2+24x-72=-2(x^2-12x+36)$
$\qquad\qquad\qquad\quad =-2(x-6)^2$

**1-1** (1) $(x+8)^2$  (2) $(3x-1)^2$
(3) $\left(a+\dfrac{b}{2}\right)^2$  (4) $a(x-9y)^2$
(3) $a^2+ab+\dfrac{b^2}{4}=a^2+2\times a\times\dfrac{b}{2}+\left(\dfrac{b}{2}\right)^2$
$\qquad\qquad\qquad =\left(a+\dfrac{b}{2}\right)^2$
(4) $ax^2-18axy+81ay^2=a(x^2-18xy+81y^2)$
$\qquad\qquad\qquad\qquad =a(x-9y)^2$

**필수 문제 2** (1) $3$, $9$  (2) $3$, $\pm6$
(1) $x^2+6x+A=x^2+2\times x\times 3+A$ → $(x+3)^2$
$\Rightarrow A=\boxed{3}^2=\boxed{9}$
(2) $x^2+Ax+9=x^2+Ax+(\pm3)^2$ → $(x\pm3)^2$
$\Rightarrow A=\pm2\times1\times\boxed{3}=\boxed{\pm6}$

**2-1** (1) $25$  (2) $49$  (3) $\pm 12$  (4) $\pm 20$

(1) $x^2+10x+\square=x^2+2\times x\times 5+\square$ 이므로

$\square=5^2=25$

**다른 풀이**

$x^2+10x+\square$ 가 완전제곱식이 되려면

$\square=\left(10\times\dfrac{1}{2}\right)^2=5^2=25$

(2) $4x^2-28x+\square=(2x)^2-2\times 2x\times 7+\square$ 이므로

$\square=7^2=49$

(3) $a^2+(\square)ab+36b^2=a^2+(\square)ab+(\pm 6b)^2=(a\pm 6b)^2$

이므로

$\square=\pm 2\times 1\times 6=\pm 12$

(4) $25x^2+(\square)x+4=(5x)^2+(\square)x+(\pm 2)^2=(5x\pm 2)^2$

이므로

$\square=\pm 2\times 5\times 2=\pm 20$

---

**P. 82**

**개념 확인**  (1) $2, 2, 2$  (2) $3, 3, 3$

**필수 문제 3**  (1) $(x+1)(x-1)$  (2) $(4a+b)(4a-b)$

(3) $\left(2x+\dfrac{y}{9}\right)\left(2x-\dfrac{y}{9}\right)$  (4) $(5y+x)(5y-x)$

(3) $4x^2-\dfrac{y^2}{81}=(2x)^2-\left(\dfrac{y}{9}\right)^2=\left(2x+\dfrac{y}{9}\right)\left(2x-\dfrac{y}{9}\right)$

(4) $-x^2+25y^2=25y^2-x^2=(5y)^2-x^2$

$=(5y+x)(5y-x)$

**3-1**  (1) $(x+6)(x-6)$  (2) $(2x+7y)(2x-7y)$

(3) $\left(x+\dfrac{1}{x}\right)\left(x-\dfrac{1}{x}\right)$  (4) $(b+8a)(b-8a)$

(3) $x^2-\dfrac{1}{x^2}=x^2-\left(\dfrac{1}{x}\right)^2=\left(x+\dfrac{1}{x}\right)\left(x-\dfrac{1}{x}\right)$

(4) $-64a^2+b^2=b^2-64a^2=b^2-(8a)^2$

$=(b+8a)(b-8a)$

**3-2**  $(x^2+1)(x+1)(x-1)$

$x^4-1=(x^2)^2-1^2=(x^2+1)(x^2-1)$

$=(x^2+1)(x+1)(x-1)$

**필수 문제 4**  (1) $3(x+3)(x-3)$

(2) $5(x+y)(x-y)$

(3) $2a(a+1)(a-1)$

(4) $4a(x+2y)(x-2y)$

(1) $3x^2-27=3(x^2-9)=3(x+3)(x-3)$

(2) $5x^2-5y^2=5(x^2-y^2)=5(x+y)(x-y)$

(3) $2a^3-2a=2a(a^2-1)=2a(a+1)(a-1)$

(4) $4ax^2-16ay^2=4a(x^2-4y^2)=4a(x+2y)(x-2y)$

---

**4-1**  (1) $6(x+2)(x-2)$

(2) $4(3x+y)(3x-y)$

(3) $a^2(a+1)(a-1)$

(4) $6ab(1+3ab)(1-3ab)$

(1) $6x^2-24=6(x^2-4)=6(x+2)(x-2)$

(2) $36x^2-4y^2=4(9x^2-y^2)=4(3x+y)(3x-y)$

(3) $a^4-a^2=a^2(a^2-1)=a^2(a+1)(a-1)$

(4) $6ab-54a^3b^3=6ab(1-9a^2b^2)$

$=6ab(1+3ab)(1-3ab)$

---

**한 번 더 연습**

**P. 83**

**1**  (1) $(x+5)^2$  (2) $(a-7b)^2$

(3) $\left(x+\dfrac{1}{2}\right)^2$  (4) $(2x-9)^2$

**2**  (1) $2(x+4)^2$  (2) $3y(x-2)^2$

(3) $3(3x+y)^2$  (4) $2a(2x-5y)^2$

**3**  (1) $36$  (2) $16$  (3) $\pm\dfrac{5}{2}$  (4) $\pm 16$

**4**  (1) $(x+7)(x-7)$  (2) $(5a+9b)(5a-9b)$

(3) $\left(\dfrac{1}{2}x+y\right)\left(\dfrac{1}{2}x-y\right)$  (4) $\left(\dfrac{1}{4}b+3a\right)\left(\dfrac{1}{4}b-3a\right)$

**5**  (1) $x^2(x+3)(x-3)$  (2) $(a+b)(x+y)(x-y)$

(3) $a(a+5)(a-5)$  (4) $4x(x+4y)(x-4y)$

**2**  (1) $2x^2+16x+32=2(x^2+8x+16)=2(x+4)^2$

(2) $3x^2y-12xy+12y=3y(x^2-4x+4)=3y(x-2)^2$

(3) $27x^2+18xy+3y^2=3(9x^2+6xy+y^2)=3(3x+y)^2$

(4) $8ax^2-40axy+50ay^2=2a(4x^2-20xy+25y^2)$

$=2a(2x-5y)^2$

**3**  (1) $x^2+12x+\square=x^2+2\times x\times 6+\square$ 이므로

$\square=6^2=36$

(2) $9x^2-24x+\square=(3x)^2-2\times 3x\times 4+\square$ 이므로

$\square=4^2=16$

(3) $a^2+(\square)a+\dfrac{25}{16}=\left(a\pm\dfrac{5}{4}\right)^2$ 이므로

$\square=\pm 2\times 1\times\dfrac{5}{4}=\pm\dfrac{5}{2}$

(4) $4x^2+(\square)xy+16y^2=(2x\pm 4y)^2$ 이므로

$\square=\pm 2\times 2\times 4=\pm 16$

**4**  (4) $-9a^2+\dfrac{1}{16}b^2=\dfrac{1}{16}b^2-9a^2=\left(\dfrac{1}{4}b+3a\right)\left(\dfrac{1}{4}b-3a\right)$

**5**  (1) $x^4-9x^2=x^2(x^2-9)=x^2(x+3)(x-3)$

(2) $(a+b)x^2-(a+b)y^2=(a+b)(x^2-y^2)$

$=(a+b)(x+y)(x-y)$

(3) $-25a+a^3=a^3-25a=a(a^2-25)=a(a+5)(a-5)$

(4) $4x^3-64xy^2=4x(x^2-16y^2)$
$\qquad\qquad\quad =4x(x+4y)(x-4y)$

P. 84

**개념 확인 1** (1) 2, 4 (2) $-1$, $-4$ (3) $-2$, 5 (4) 2, $-6$

**개념 확인 2** 3, 4, 3

| 곱이 3인 두 정수 | 두 정수의 합 |
|---|---|
| $-1$, $-3$ | $-4$ |
| 1, $\boxed{3}$ | $\boxed{4}$ |

$\Rightarrow x^2+4x+3=(x+1)(x+\boxed{3})$

**필수 문제 5** (1) $(x+1)(x+2)$ (2) $(x-2)(x-5)$
$\qquad\qquad\quad$ (3) $(x+3y)(x-2y)$ (4) $(x+2y)(x-7y)$

(1) 곱이 2이고, 합이 3인 두 정수는 1과 2이므로
$x^2+3x+2=(x+1)(x+2)$

(2) 곱이 10이고, 합이 $-7$인 두 정수는 $-2$와 $-5$이므로
$x^2-7x+10=(x-2)(x-5)$

(3) 곱이 $-6$이고, 합이 1인 두 정수는 3과 $-2$이므로
$x^2+xy-6y^2=(x+3y)(x-2y)$

(4) 곱이 $-14$이고, 합이 $-5$인 두 정수는 2와 $-7$이므로
$x^2-5xy-14y^2=(x+2y)(x-7y)$

**5-1** (1) $(x+3)(x+5)$ (2) $(y-4)(y-7)$
$\quad$ (3) $(x+8y)(x-3y)$ (4) $(x+3y)(x-10y)$

**필수 문제 6** 9

$x^2+x-20=(x+5)(x-4)$이므로
$a=5$, $b=-4$ $(\because a>b)$
$\therefore a-b=5-(-4)=9$

**6-1** $2x-9$

$x^2-9x-36=(x+3)(x-12)$
따라서 두 일차식은 $x+3$, $x-12$이므로
$(x+3)+(x-12)=2x-9$

P. 85

**개념 확인** $-1$, 5, $5x$, $2x$, 1, 5

$3x^2+2x-5$

$x \quad \boxed{-1} \rightarrow \quad -3x$
$3x \quad \boxed{5} \rightarrow +) \underline{\boxed{5x}}$
$\qquad\qquad\qquad\qquad \boxed{2x}$

$\Rightarrow 3x^2+2x-5=(x-\boxed{1})(3x+\boxed{5})$

**필수 문제 7** (1) $(x+2)(2x+1)$ (2) $(2x-1)(2x-3)$
$\qquad\qquad\quad$ (3) $(x+3y)(3x-2y)$ (4) $(2x-3y)(4x+y)$

(1) $2x^2+5x+2=(x+2)(2x+1)$

$x \quad 2 \rightarrow \quad 4x$
$2x \quad 1 \rightarrow +) \underline{\quad x}$
$\qquad\qquad\qquad\quad 5x$

(2) $4x^2-8x+3=(2x-1)(2x-3)$

$2x \quad -1 \rightarrow \quad -2x$
$2x \quad -3 \rightarrow +) \underline{-6x}$
$\qquad\qquad\qquad\quad -8x$

(3) $3x^2+7xy-6y^2=(x+3y)(3x-2y)$

$x \quad 3y \rightarrow \quad 9xy$
$3x \quad -2y \rightarrow +) \underline{-2xy}$
$\qquad\qquad\qquad\qquad 7xy$

(4) $8x^2-10xy-3y^2=(2x-3y)(4x+y)$

$2x \quad -3y \rightarrow \quad -12xy$
$4x \quad y \rightarrow +) \underline{\quad 2xy}$
$\qquad\qquad\qquad\qquad -10xy$

**7-1** (1) $(x+2)(3x+4)$ (2) $(2x-1)(3x-2)$
$\quad$ (3) $(x+y)(5x-3y)$ (4) $(3x+y)(5x-2y)$

**필수 문제 8** 5

$3x^2-16x+a$의 다른 한 인수를 $3x+m$ $(m$은 상수$)$으로 놓으면
$3x^2-16x+a=(x-5)(3x+m)$
$\qquad\qquad\qquad =3x^2+(m-15)x-5m$
즉, $-16=m-15$, $a=-5m$이므로 $m=-1$, $a=5$

**8-1** $-4$

$2x^2+ax-6$의 다른 한 인수를 $2x+m$ $(m$은 상수$)$으로 놓으면
$2x^2+ax-6=(x-3)(2x+m)$
$\qquad\qquad\qquad =2x^2+(m-6)x-3m$
즉, $a=m-6$, $-6=-3m$이므로 $m=2$, $a=-4$

**한 번 더 연습** P. 86

**1** (1) $(x+1)(x+4)$ (2) $(x-1)(x-5)$
$\quad$ (3) $(x+6)(x-5)$ (4) $(y+4)(y-8)$
$\quad$ (5) $(x+3y)(x+7y)$ (6) $(x+9y)(x-2y)$
$\quad$ (7) $(x-5y)(x-7y)$ (8) $(x+3y)(x-4y)$

**2** (1) $2(x+2)(x+4)$ (2) $3(x+3)(x-2)$
$\quad$ (3) $a(x-2)(x-7)$ (4) $2y^2(x+1)(x-5)$

**3** (1) $(x+1)(2x+1)$ (2) $(x-3)(4x-3)$
$\quad$ (3) $(x+4)(3x-1)$ (4) $(2y-3)(3y+1)$
$\quad$ (5) $(x+2y)(2x+3y)$ (6) $(x-2y)(3x-4y)$
$\quad$ (7) $(2x-y)(4x+5y)$ (8) $(2x-3y)(5x+2y)$

**4** (1) $2(x+1)(2x+3)$ (2) $3(a+2)(3a-1)$
$\quad$ (3) $a(x+3)(4x-3)$ (4) $xy(x-5)(2x+1)$

**2** (1) $2x^2+12x+16=2(x^2+6x+8)=2(x+2)(x+4)$

(2) $3x^2+3x-18=3(x^2+x-6)=3(x+3)(x-2)$

(3) $ax^2-9ax+14a=a(x^2-9x+14)$
$\qquad\qquad\qquad\quad=a(x-2)(x-7)$

(4) $2x^2y^2-8xy^2-10y^2=2y^2(x^2-4x-5)$
$\qquad\qquad\qquad\qquad\quad=2y^2(x+1)(x-5)$

**4** (1) $4x^2+10x+6=2(2x^2+5x+3)=2(x+1)(2x+3)$

(2) $9a^2+15a-6=3(3a^2+5a-2)=3(a+2)(3a-1)$

(3) $4ax^2+9ax-9a=a(4x^2+9x-9)$
$\qquad\qquad\qquad\quad=a(x+3)(4x-3)$

(4) $2x^3y-9x^2y-5xy=xy(2x^2-9x-5)$
$\qquad\qquad\qquad\qquad=xy(x-5)(2x+1)$

---

**STEP 1** 쏙쏙 개념 익히기  P. 87~88

| | | | | | |
|---|---|---|---|---|---|
| **1** | ㄱ, ㄴ, ㄹ | **2** | $\dfrac{5}{2}$ | **3** | $-30,\ 30$ |
| **4** | 11 | **5** | 4 | **6** | 4 |
| **7** | $x-2$ | **8** | $-3$ | **9** | ② |
| **10** | $4x+8$ | **11** | $6x+8$ | | |

**1** ㄱ. $x^2+6x+9=x^2+2\times x\times3+3^2=(x+3)^2$

ㄴ. $4x^2-12xy+9y^2=(2x)^2-2\times2x\times3y+(3y)^2$
$\qquad\qquad\qquad\qquad=(2x-3y)^2$

ㄹ. $x^2-\dfrac{1}{2}x+\dfrac{1}{16}=x^2-2\times x\times\dfrac{1}{4}+\left(\dfrac{1}{4}\right)^2=\left(x-\dfrac{1}{4}\right)^2$

따라서 완전제곱식으로 인수분해되는 것은 ㄱ, ㄴ, ㄹ이다.

**2** $\dfrac{1}{4}x^2-2xy+4y^2=\left(\dfrac{1}{2}x\right)^2-2\times\dfrac{1}{2}x\times2y+(2y)^2$
$\qquad\qquad\qquad\qquad=\left(\dfrac{1}{2}x-2y\right)^2$

따라서 $a=\dfrac{1}{2}$, $b=-2$이므로 $a-b=\dfrac{1}{2}-(-2)=\dfrac{5}{2}$

**3** $25x^2+Axy+9y^2=(5x\pm3y)^2$이므로
$A=\pm2\times5\times3=\pm30$

**4** $27x^2-75y^2=3(9x^2-25y^2)=3(3x+5y)(3x-5y)$
따라서 $a=3$, $b=3$, $c=5$이므로
$a+b+c=3+3+5=11$

**5** $0<x<2$에서 $x+2>0$, $x-2<0$이므로
$\sqrt{x^2+4x+4}+\sqrt{x^2-4x+4}=\sqrt{(x+2)^2}+\sqrt{(x-2)^2}$
$\qquad\qquad\qquad\qquad\qquad\quad=(x+2)+\{-(x-2)\}=4$

**6** $-3<a<1$에서 $a-1<0$, $a+3>0$이므로
$\sqrt{a^2-2a+1}+\sqrt{a^2+6a+9}=\sqrt{(a-1)^2}+\sqrt{(a+3)^2}$
$\qquad\qquad\qquad\qquad\qquad\quad=-(a-1)+(a+3)=4$

**7** $x^2-5x+6=(x-2)(x-3)$
$2x^2-3x-2=(x-2)(2x+1)$
따라서 두 다항식의 공통인 인수는 $x-2$이다.

**8** $6x^2+ax-12=(2x+3)(3x+b)=6x^2+(2b+9)x+3b$
이므로 $a=2b+9$, $-12=3b$
$\therefore\ a=1,\ b=-4$
$\therefore\ a+b=1+(-4)=-3$

**9** $x^2+ax+24$의 다른 한 인수를 $x+m$($m$은 상수)으로 놓으면
$x^2+ax+24=(x-4)(x+m)=x^2+(-4+m)x-4m$
즉, $a=-4+m$, $24=-4m$이므로 $m=-6$, $a=-10$

**10** 새로 만든 직사각형의 넓이는 주어진 8개의 직사각형의 넓이의 합과 같으므로
$x^2+4x+3=(x+1)(x+3)$
따라서 새로 만든 직사각형의 둘레의 길이는
$2\times\{(x+1)+(x+3)\}=2(2x+4)=4x+8$

**11** 새로 만든 직사각형의 넓이는 주어진 10개의 직사각형의 넓이의 합과 같으므로
$2x^2+5x+3=(x+1)(2x+3)$
따라서 새로 만든 직사각형의 둘레의 길이는
$2\times\{(x+1)+(2x+3)\}=2(3x+4)=6x+8$

---

P. 89~90

**개념 확인** (1) $(x+4)(x+5)$

(2) $(x-1)(y+2)$

(3) $(x+y+1)(x-y-1)$

(4) $(x-2)(x+y+3)$

(1) $x+3=A$로 놓으면
$(x+3)^2+3(x+3)+2=A^2+3A+2$
$\qquad\qquad\qquad\qquad=(A+1)(A+2)$
$\qquad\qquad\qquad\qquad=(x+3+1)(x+3+2)$
$\qquad\qquad\qquad\qquad=(x+4)(x+5)$

(2) $xy+2x-y-2=(xy-y)+(2x-2)$
$\qquad\qquad\qquad\quad=y(x-1)+2(x-1)$
$\qquad\qquad\qquad\quad=(x-1)(y+2)$

(3) $x^2-y^2-2y-1=x^2-(y^2+2y+1)$
$\qquad\qquad\qquad\quad=x^2-(y+1)^2$
$\qquad\qquad\qquad\quad=(x+y+1)(x-y-1)$

(4) $x^2+xy+x-2y-6=(x-2)y+(x^2+x-6)$
$\qquad\qquad\qquad\qquad\quad=(x-2)y+(x-2)(x+3)$
$\qquad\qquad\qquad\qquad\quad=(x-2)(y+x+3)$
$\qquad\qquad\qquad\qquad\quad=(x-2)(x+y+3)$

**필수 문제 9**  (1) $(a+b-1)^2$
  (2) $(2x-y-5)(2x-y+6)$
  (3) $(a+b-2)(a-b)$
  (4) $(3x+y-1)^2$

(1) $a+b=A$로 놓으면
$$(a+b)^2-2(a+b)+1=A^2-2A+1$$
$$=(A-1)^2$$
$$=(a+b-1)^2$$

(2) $2x-y=A$로 놓으면
$$(2x-y+1)(2x-y)-30$$
$$=(A+1)A-30$$
$$=A^2+A-30$$
$$=(A-5)(A+6)$$
$$=(2x-y-5)(2x-y+6)$$

(3) $a-1=A$, $b-1=B$로 놓으면
$$(a-1)^2-(a-1)^2$$
$$=A^2-B^2$$
$$=(A+B)(A-B)$$
$$=\{(a-1)+(b-1)\}\{(a-1)-(b-1)\}$$
$$=(a+b-2)(a-b)$$

(4) $3x+1=A$, $y-2=B$로 놓으면
$$(3x+1)^2+2(3x+1)(y-2)+(y-2)^2$$
$$=A^2+2AB+B^2$$
$$=(A+B)^2$$
$$=\{(3x+1)+(y-2)\}^2$$
$$=(3x+y-1)^2$$

**9-1**  (1) $x(x-8)$
  (2) $(x-3y+2)(x-3y-9)$
  (3) $(x+y-1)(x-y+5)$
  (4) $-2(x+4y)(3x-2y)$

(1) $x-2=A$로 놓으면
$$(x-2)^2-4(x-2)-12$$
$$=A^2-4A-12$$
$$=(A+2)(A-6)$$
$$=(x-2+2)(x-2-6)$$
$$=x(x-8)$$

(2) $x-3y=A$로 놓으면
$$(x-3y)(x-3y-7)-18$$
$$=A(A-7)-18$$
$$=A^2-7A-18$$
$$=(A+2)(A-9)$$
$$=(x-3y+2)(x-3y-9)$$

(3) $x+2=A$, $y-3=B$로 놓으면
$$(x+2)^2-(y-3)^2$$
$$=A^2-B^2$$
$$=(A+B)(A-B)$$
$$=\{(x+2)+(y-3)\}\{(x+2)-(y-3)\}$$
$$=(x+y-1)(x-y+5)$$

(4) $x-2y=A$, $x+2y=B$로 놓으면
$$2(x-2y)^2-5(x-2y)(x+2y)-3(x+2y)^2$$
$$=2A^2-5AB-3B^2$$
$$=(A-3B)(2A+B)$$
$$=\{(x-2y)-3(x+2y)\}\{2(x-2y)+(x+2y)\}$$
$$=(-2x-8y)(3x-2y)$$
$$=-2(x+4y)(3x-2y)$$

**필수 문제 10**  (1) $(x-1)(y-1)$
  (2) $(x+2)(x-2)(y-2)$
  (3) $(x+y-3)(x-y-3)$
  (4) $(1+x-2y)(1-x+2y)$

(1) $xy-x-y+1=x(y-1)-(y-1)$
$$=(y-1)(x-1)$$
$$=(x-1)(y-1)$$

(2) $x^2y-2x^2-4y+8=x^2(y-2)-4(y-2)$
$$=(y-2)(x^2-4)$$
$$=(x^2-4)(y-2)$$
$$=(x+2)(x-2)(y-2)$$

(3) $x^2-y^2-6x+9=(x^2-6x+9)-y^2$
$$=(x-3)^2-y^2$$
$$=(x-3+y)(x-3-y)$$
$$=(x+y-3)(x-y-3)$$

(4) $1-x^2+4xy-4y^2=1-(x^2-4xy+4y^2)$
$$=1^2-(x-2y)^2$$
$$=(1+x-2y)(1-x+2y)$$

**10-1**  (1) $(x+z)(y+1)$
  (2) $(x+1)(x-1)(y+1)$
  (3) $(x+y-4)(x-y+4)$
  (4) $(x+5y+3)(x+5y-3)$

(1) $xy+yz+x+z=y(x+z)+(x+z)$
$$=(x+z)(y+1)$$

(2) $x^2y-y+x^2-1=y(x^2-1)+(x^2-1)$
$$=(x^2-1)(y+1)$$
$$=(x+1)(x-1)(y+1)$$

(3) $x^2-y^2+8y-16=x^2-(y^2-8y+16)$
$$=x^2-(y-4)^2$$
$$=(x+y-4)(x-y+4)$$

(4) $x^2+10xy-9+25y^2=(x^2+10xy+25y^2)-9$
$$=(x+5y)^2-3^2$$
$$=(x+5y+3)(x+5y-3)$$

**필수 문제 11**  (1) $(x-2)(x+y-2)$
  (2) $(x-y+4)(x+y+2)$

(1) $x^2+xy-4x-2y+4$
$$=(x-2)y+(x^2-4x+4)$$
$$=(x-2)y+(x-2)^2$$
$$=(x-2)(x+y-2)$$

(2) $x^2-y^2+6x+2y+8$
$=x^2+6x-(y^2-2y-8)$
$=x^2+6x-(y-4)(y+2)$

$$\begin{array}{ccc} x & -(y-4) \to & -(y-4)x \\ x & (y+2) \to & +\underline{\quad(y+2)x\quad} \\ & & 6x \end{array}$$

$=(x-y+4)(x+y+2)$

**다른 풀이**

$x^2-y^2+6x+2y+8$
$=x^2+6x+9-y^2+2y-1$
$=(x^2+6x+9)-(y^2-2y+1)$
$=(x+3)^2-(y-1)^2$
$=\{(x+3)+(y-1)\}\{(x+3)-(y-1)\}$
$=(x+y+2)(x-y+4)$

**11-1** (1) $(x-3)(x+y-3)$
(2) $(x-y+1)(x+y+3)$

(1) $x^2+xy-6x-3y+9=(x-3)y+(x^2-6x+9)$
$\qquad\qquad\qquad\qquad =(x-3)y+(x-3)^2$
$\qquad\qquad\qquad\qquad =(x-3)(x+y-3)$

(2) $x^2-y^2+4x-2y+3$
$=x^2+4x-(y^2+2y-3)$
$=x^2+4x-(y-1)(y+3)$

$$\begin{array}{ccc} x & -(y-1) \to & -(y-1)x \\ x & (y+3) \to & +\underline{\quad(y+3)x\quad} \\ & & 4x \end{array}$$

$=(x-y+1)(x+y+3)$

STEP **1** 쏙쏙 개념 익히기  P. 91

**1** (1) $(x+1)^2$
(2) $(2x-5y+2)(2x-5y-5)$
(3) $(3x+2y+1)(3x-2y-3)$
(4) $(x+3y)^2$
**2** 11
**3** (1) $(a-6)(b+2)$ (2) $(a+1)(a-1)(x+1)$
(3) $(x+3y+4)(x+3y-4)$
(4) $(3x+y-2)(3x-y+2)$
**4** ②
**5** (1) $(x+1)(x+2y+3)$ (2) $(x+y+3)(x-y+5)$
**6** $2x-8$

**1** (1) $x+3=A$로 놓으면
$(x+3)^2-4(x+3)+4=A^2-4A+4$
$\qquad\qquad\qquad\qquad =(A-2)^2=(x+1)^2$

(2) $2x-5y=A$로 놓으면
$(2x-5y)(2x-5y-3)-10$
$=A(A-3)-10$
$=A^2-3A-10$
$=(A+2)(A-5)$
$=(2x-5y+2)(2x-5y-5)$

(3) $3x-1=A$, $y+1=B$로 놓으면
$(3x-1)^2-4(y+1)^2$
$=A^2-4B^2$
$=(A+2B)(A-2B)$
$=\{(3x-1)+2(y+1)\}\{(3x-1)-2(y+1)\}$
$=(3x+2y+1)(3x-2y-3)$

(4) $x+y=A$, $x-y=B$로 놓으면
$4(x+y)^2-4(x+y)(x-y)+(x-y)^2$
$=4A^2-4AB+B^2$
$=(2A-B)^2$
$=\{2(x+y)-(x-y)\}^2$
$=(x+3y)^2$

**2** $5x-1=A$로 놓으면
$2(5x-1)^2+7(5x-1)+6$
$=2A^2+7A+6$
$=(A+2)(2A+3)$
$=\{(5x-1)+2\}\{2(5x-1)+3\}$
$=(5x+1)(10x+1)$
따라서 $a=1$, $b=10$이므로
$a+b=1+10=11$

**3** (1) $ab+2a-6b-12=a(b+2)-6(b+2)$
$\qquad\qquad\qquad\qquad\quad =(b+2)(a-6)$
$\qquad\qquad\qquad\qquad\quad =(a-6)(b+2)$
(2) $a^2x-x+a^2-1=(a^2-1)x+(a^2-1)$
$\qquad\qquad\qquad\qquad =(a^2-1)(x+1)$
$\qquad\qquad\qquad\qquad =(a+1)(a-1)(x+1)$
(3) $x^2+6xy+9y^2-16=(x^2+6xy+9y^2)-16$
$\qquad\qquad\qquad\qquad\quad =(x+3y)^2-4^2$
$\qquad\qquad\qquad\qquad\quad =(x+3y+4)(x+3y-4)$
(4) $9x^2-y^2+4y-4=9x^2-(y^2-4y+4)$
$\qquad\qquad\qquad\qquad =(3x)^2-(y-2)^2$
$\qquad\qquad\qquad\qquad =(3x+y-2)(3x-y+2)$

**4** $a^2-a+2b-4b^2=a^2-4b^2-a+2b$
$\qquad\qquad\qquad\quad =a^2-(2b)^2-(a-2b)$
$\qquad\qquad\qquad\quad =(a+2b)(a-2b)-(a-2b)$
$\qquad\qquad\qquad\quad =(a-2b)(a+2b-1)$
$ab^2-4a-2b^3+8b=a(b^2-4)-2b(b^2-4)$
$\qquad\qquad\qquad\quad =(a-2b)(b^2-4)$
$\qquad\qquad\qquad\quad =(a-2b)(b+2)(b-2)$
따라서 두 다항식의 공통인 인수는 ② $a-2b$이다.

**5** (1) $x^2+2xy+2y+3+4x=2y(x+1)+(x^2+4x+3)$
$\qquad\qquad\qquad\qquad\quad =2y(x+1)+(x+1)(x+3)$
$\qquad\qquad\qquad\qquad\quad =(x+1)(x+2y+3)$

$\quad$ (2) $x^2-y^2+8x+2y+15=x^2+8x-y^2+2y+15$
$\qquad\qquad\qquad\qquad\quad\;\; =x^2+8x-(y^2-2y-15)$
$\qquad\qquad\qquad\qquad\quad\;\; =x^2+8x-(y+3)(y-5)$
$\qquad\qquad\qquad\qquad\quad\;\; =(x+y+3)(x-y+5)$

**6** $x^2-y^2-8x+14y-33=x^2-8x-(y^2-14y+33)$
$\qquad\qquad\qquad\qquad\qquad =x^2-8x-(y-3)(y-11)$
$\qquad\qquad\qquad\qquad\qquad =(x-y+3)(x+y-11)$

$\quad$ 따라서 두 일차식은 $x-y+3$, $x+y-11$이므로
$\quad$ $(x-y+3)+(x+y-11)=2x-8$

**P. 92**

**개념 확인** (1) 36, 4, 100 $\qquad$ (2) 14, 20, 400
$\qquad\qquad$ (3) 17, 17, 6, 240

**필수 문제 12** (1) 3700 (2) 2500 (3) 800
$\quad$ (1) $37\times52+37\times48=37(52+48)$
$\qquad\qquad\qquad\qquad\quad =37\times100=3700$
$\quad$ (2) $49^2+2\times49+1=49^2+2\times49\times1+1^2$
$\qquad\qquad\qquad\qquad\; =(49+1)^2$
$\qquad\qquad\qquad\qquad\; =50^2=2500$
$\quad$ (3) $102^2-98^2=(102+98)(102-98)$
$\qquad\qquad\qquad\quad =200\times4=800$

**12-1** (1) 9100 (2) 2500 (3) 36000
$\quad$ (1) $91\times119-91\times19=91(119-19)$
$\qquad\qquad\qquad\qquad\qquad =91\times100=9100$
$\quad$ (2) $52^2-4\times52+4=52^2-2\times52\times2+2^2$
$\qquad\qquad\qquad\qquad\quad =(52-2)^2$
$\qquad\qquad\qquad\qquad\quad =50^2=2500$
$\quad$ (3) $12\times65^2-12\times35^2=12(65^2-35^2)$
$\qquad\qquad\qquad\qquad\qquad\;\; =12(65+35)(65-35)$
$\qquad\qquad\qquad\qquad\qquad\;\; =12\times100\times30=36000$

**필수 문제 13** (1) $2-3\sqrt{2}$ (2) 20
$\quad$ (1) $x^2-5x+4=(x-1)(x-4)$
$\qquad\qquad\qquad\;\; =(\sqrt{2}+1-1)(\sqrt{2}+1-4)$
$\qquad\qquad\qquad\;\; =\sqrt{2}(\sqrt{2}-3)$
$\qquad\qquad\qquad\;\; =2-3\sqrt{2}$
$\quad$ (2) $x-y=(\sqrt{3}+\sqrt{5})-(\sqrt{3}-\sqrt{5})=2\sqrt{5}$이므로
$\qquad\; x^2-2xy+y^2=(x-y)^2=(2\sqrt{5})^2=20$

**13-1** (1) $-8\sqrt{7}$ (2) 40
$\quad$ (1) $x+y=(\sqrt{7}-2)+(\sqrt{7}+2)=2\sqrt{7}$,
$\qquad\; x-y=(\sqrt{7}-2)-(\sqrt{7}+2)=-4$이므로
$\qquad\; x^2-y^2=(x+y)(x-y)=2\sqrt{7}\times(-4)=-8\sqrt{7}$

$\quad$ (2) $x=\dfrac{1}{\sqrt{10}-3}=\dfrac{\sqrt{10}+3}{(\sqrt{10}-3)(\sqrt{10}+3)}=\sqrt{10}+3$,
$\qquad y=\dfrac{1}{\sqrt{10}+3}=\dfrac{\sqrt{10}-3}{(\sqrt{10}+3)(\sqrt{10}-3)}=\sqrt{10}-3$이므로
$\qquad x+y=(\sqrt{10}+3)+(\sqrt{10}-3)=2\sqrt{10}$
$\qquad \therefore\; x^2+2xy+y^2=(x+y)^2=(2\sqrt{10})^2=40$

**STEP 1 쏙쏙 개념 익히기** $\qquad\qquad$ **P. 93**

**1** (1) 188 (2) 1600 (3) 9600 (4) 200
**2** 2
**3** (1) $-2\sqrt{5}$ (2) 96
**4** $\sqrt{3}$ $\qquad\qquad$ **5** 24 $\qquad\qquad$ **6** $-6$

**1** (1) $94\times1.9+94\times0.1=94(1.9+0.1)$
$\qquad\qquad\qquad\qquad\qquad =94\times2=188$
$\quad$ (2) $43^2-6\times43+9=43^2-2\times43\times3+3^2$
$\qquad\qquad\qquad\qquad\quad =(43-3)^2=40^2=1600$
$\quad$ (3) $98^2-4=98^2-2^2$
$\qquad\qquad\quad =(98+2)(98-2)$
$\qquad\qquad\quad =100\times96=9600$
$\quad$ (4) $\dfrac{1}{2}\times101^2-\dfrac{1}{2}\times99^2=\dfrac{1}{2}(101^2-99^2)$
$\qquad\qquad\qquad\qquad\qquad\;\; =\dfrac{1}{2}(101+99)(101-99)$
$\qquad\qquad\qquad\qquad\qquad\;\; =\dfrac{1}{2}\times200\times2=200$

**2** $\dfrac{64\times48+36\times48}{49^2-1}=\dfrac{(64+36)\times48}{(49+1)(49-1)}$
$\qquad\qquad\qquad\qquad =\dfrac{100\times48}{50\times48}=2$

**3** (1) $xy=(2+\sqrt{5})(2-\sqrt{5})=-1$,
$\qquad\; x-y=(2+\sqrt{5})-(2-\sqrt{5})=2\sqrt{5}$이므로
$\qquad\; x^2y-xy^2=xy(x-y)=(-1)\times2\sqrt{5}=-2\sqrt{5}$
$\quad$ (2) $x=\dfrac{\sqrt{2}-\sqrt{3}}{\sqrt{2}+\sqrt{3}}=\dfrac{(\sqrt{2}-\sqrt{3})^2}{(\sqrt{2}+\sqrt{3})(\sqrt{2}-\sqrt{3})}=-5+2\sqrt{6}$,
$\qquad y=\dfrac{\sqrt{2}+\sqrt{3}}{\sqrt{2}-\sqrt{3}}=\dfrac{(\sqrt{2}+\sqrt{3})^2}{(\sqrt{2}-\sqrt{3})(\sqrt{2}+\sqrt{3})}=-5-2\sqrt{6}$이므로
$\qquad x-y=(-5+2\sqrt{6})-(-5-2\sqrt{6})=4\sqrt{6}$
$\qquad \therefore\; x^2+y^2-2xy=(x-y)^2=(4\sqrt{6})^2=96$

**4** $\dfrac{x^2-2x-3}{x-3}=\dfrac{(x+1)(x-3)}{x-3}$
$\qquad\qquad\qquad =x+1$
$\qquad\qquad\qquad =(\sqrt{3}-1)+1=\sqrt{3}$

**5** $x^2-y^2+3x-3y=(x^2-y^2)+3(x-y)$
$\qquad\qquad\qquad=(x+y)(x-y)+3(x-y)$
$\qquad\qquad\qquad=(x-y)(x+y+3)$
$\qquad\qquad\qquad=4\times(3+3)=24$

**6** $x^2-y^2+2y-1=x^2-(y^2-2y+1)$
$\qquad\qquad\qquad=x^2-(y-1)^2$
$\qquad\qquad\qquad=(x+y-1)(x-y+1)$
$\qquad\qquad\qquad=(3-1)\times(-4+1)=-6$

---

**STEP 2 탄탄 단원 다지기**　　　　　P. 94~97

| | | | | |
|---|---|---|---|---|
| **1** ③ | **2** ③ | **3** ④ | **4** ③ | **5** ④ |
| **6** $a^2(a^2+1)(a+1)(a-1)$ | | **7** ① | **8** ④ | |
| **9** ① | **10** ④ | **11** ⑤ | **12** ④ | **13** $-20$ |
| **14** ⑤ | **15** $2x+9$ | **16** ② | **17** ③ | **18** ② |
| **19** ④ | **20** ③ | **21** ④ | **22** ① | **23** ⑤ |
| **24** ③ | **25** ④ | **26** ④ | | |

**1** $xy^2-3xy=xy(y-3)$
따라서 인수가 아닌 것은 ③ $y-1$이다.

**2** $x(y-2)-2y+4=x(y-2)-2(y-2)$
$\qquad\qquad\qquad=(y-2)(x-2)$
$\qquad\qquad\qquad=(x-2)(y-2)$

**3** ① $x^2+14x+49=(x+7)^2$
② $1+2y+y^2=(1+y)^2$
③ $\dfrac{1}{4}x^2+x+1=\left(\dfrac{1}{2}x+1\right)^2$
⑤ $9x^2-30x+25=(3x-5)^2$
따라서 완전제곱식으로 인수분해되지 않는 것은 ④이다.

**4** ① $4$　② $\dfrac{1}{4}$　③ $\dfrac{1}{25}$　④ $1$　⑤ $\dfrac{2}{3}$
따라서 가장 작은 것은 ③이다.

**5** $1<x<5$에서 $x-5<0$, $x-1>0$이므로
$\sqrt{x^2-10x+25}+\sqrt{x^2-2x+1}=\sqrt{(x-5)^2}+\sqrt{(x-1)^2}$
$\qquad\qquad\qquad=-(x-5)+(x-1)$
$\qquad\qquad\qquad=-x+5+x-1=4$

**6** $a^6-a^2=a^2(a^4-1)=a^2(a^2+1)(a^2-1)$
$\qquad\qquad\qquad=a^2(a^2+1)(a+1)(a-1)$

**7** $(x-4)(x+2)+4x=x^2-2x-8+4x$
$\qquad\qquad\qquad=x^2+2x-8$
$\qquad\qquad\qquad=(x-2)(x+4)$

**8** $x^2+Ax-10=(x+a)(x+b)=x^2+(a+b)x+ab$에서
$ab=-10$이고 $a$, $b$는 정수이므로 이를 만족시키는 순서쌍
$(a, b)$는 $(-10, 1)$, $(-5, 2)$, $(-2, 5)$, $(-1, 10)$,
$(1, -10)$, $(2, -5)$, $(5, -2)$, $(10, -1)$
이때 $A=a+b$이므로 $A$의 값이 될 수 있는 수는 $-9$, $-3$,
$3$, $9$이다.

**9** $6x^2-13x+5=(2x-1)(3x-5)$
따라서 두 일차식은 $2x-1$, $3x-5$이므로
$(2x-1)+(3x-5)=5x-6$

**10** $4x^2+ax+9=(x-3)(4x+b)$
$\qquad\qquad\qquad=4x^2+(b-12)x-3b$
이므로 $a=b-12$, $9=-3b$
따라서 $a=-15$, $b=-3$이므로
$b-a=-3-(-15)=12$

**11** ① $-2x^2+6x=-2x(x-3)$
② $9x^2-169=(3x+13)(3x-13)$
③ $x^2-xy-56y^2=(x+7y)(x-8y)$
④ $7x^2+18x-9=(x+3)(7x-3)$
따라서 인수분해한 것이 옳은 것은 ⑤이다.

**12** $x^2+4x-5=(x+5)\underline{(x-1)}$
$2x^2+x-3=\underline{(x-1)}(2x+3)$
따라서 두 다항식의 공통인 인수는 $x-1$이다.

**13** $x^2-4x+a$의 다른 한 인수를 $x+m$($m$은 상수)으로 놓으면
$x^2-4x+a=(x+3)(x+m)$
$\qquad\qquad\qquad=x^2+(3+m)x+3m$
즉, $-4=3+m$, $a=3m$이므로
$m=-7$, $a=-21$
또 $2x^2+bx-15$의 다른 한 인수를 $2x+n$($n$은 상수)으로 놓
으면
$2x^2+bx-15=(x+3)(2x+n)$
$\qquad\qquad\qquad=2x^2+(n+6)x+3n$
즉, $b=n+6$, $-15=3n$이므로
$n=-5$, $b=1$
$\therefore a+b=-21+1=-20$

**14** $3x^2+11x+10=(x+2)(3x+5)$이고,
가로의 길이가 $3x+5$이므로 세로의 길이는 $x+2$이다.
$\therefore$ (직사각형의 둘레의 길이)$=2\times\{(x+2)+(3x+5)\}$
$\qquad\qquad\qquad=2(4x+7)=8x+14$

**15** (도형 A의 넓이)$=(2x+5)^2-4^2$
$$=4x^2+20x+9$$
$$=(2x+9)(2x+1)$$
(도형 B의 넓이)$=$(가로의 길이)$\times(2x+1)$
따라서 도형 B의 가로의 길이는 $2x+9$이다.

[다른 풀이]
(도형 A의 넓이)$=(2x+5)^2-4^2$
$$=(2x+5+4)(2x+5-4)$$
$$=(2x+9)(2x+1)$$

**16** $2x-y=A$로 놓으면
$(2x-y)^2-(2x-y-4)-6$
$=A^2-(A-4)-6$
$=A^2-A-2$
$=(A+1)(A-2)$
$=(2x-y+1)(2x-y-2)$
따라서 $a=1$, $b=-2$ 또는 $a=-2$, $b=1$이므로
$a+b=-1$

**17** $a^2b-a^2-4b+4=a^2(b-1)-4(b-1)$
$$=(a^2-4)(b-1)$$
$$=(a+2)(a-2)(b-1)$$
따라서 $a^2b-a^2-4b+4$의 인수는 ㄱ, ㄴ, ㅁ이다.

**18** $x^2-4xy+4y^2-16=(x-2y)^2-4^2$
$$=(x-2y+4)(x-2y-4)$$
따라서 두 일차식은 $x-2y+4$, $x-2y-4$이므로
$(x-2y+4)+(x-2y-4)=2x-4y$

**19** $x^2-y^2+10x+2y+24=x^2+10x-(y^2-2y-24)$
$$=x^2+10x-(y+4)(y-6)$$
$$=(x+y+4)(x-y+6)$$

**20** $\sqrt{68^2-32^2}=\sqrt{(68+32)(68-32)}$ ← $a^2-b^2=(a+b)(a-b)$
$$=\sqrt{100\times36}=\sqrt{3600}=\sqrt{60^2}=60$$
따라서 주어진 식을 계산하는 데 가장 편리한 인수분해 공식
은 ③이다.

**21** $\dfrac{99^2+2\times99+1}{55^2-45^2}=\dfrac{(99+1)^2}{(55+45)(55-45)}$
$$=\dfrac{100^2}{100\times10}=10$$

**22** $1^2-2^2+3^2-4^2+5^2-6^2+7^2-8^2$
$=(1^2-2^2)+(3^2-4^2)+(5^2-6^2)+(7^2-8^2)$
$=(1+2)(1-2)+(3+4)(3-4)+(5+6)(5-6)$
$\quad+(7+8)(7-8)$
$=-(1+2)-(3+4)-(5+6)-(7+8)$
$=-(1+2+3+4+5+6+7+8)=-36$

**23** $x+y=(3\sqrt{2}+4)+(3\sqrt{2}-4)=6\sqrt{2}$,
$x-y=(3\sqrt{2}+4)-(3\sqrt{2}-4)=8$,
$xy=(3\sqrt{2}+4)(3\sqrt{2}-4)=2$이므로
$\dfrac{x^2-y^2}{xy}=\dfrac{(x+y)(x-y)}{xy}=\dfrac{6\sqrt{2}\times8}{2}=24\sqrt{2}$

**24** $1<\sqrt{3}<2$이므로 $x=\sqrt{3}-1$
$x+4=A$로 놓으면
$(x+4)^2-6(x+4)+9=A^2-6A+9$
$$=(A-3)^2$$
$$=(x+4-3)^2$$
$$=(x+1)^2$$
$$=(\sqrt{3}-1+1)^2$$
$$=(\sqrt{3})^2=3$$

**25** $x^2-25y^2=(x+5y)(x-5y)=14(x-5y)=56$
이므로 $x-5y=4$

**26** $x^2-y^2-2x+1=(x^2-2x+1)-y^2$
$$=(x-1)^2-y^2$$
$$=(x+y-1)(x-y-1)=40$$
즉, $(x+y-1)(x-y-1)=40$이므로
$(9-1)(x-y-1)=40$, $x-y-1=5$
$\therefore x-y=6$

---

**STEP 3** 쏙쏙 서술형 완성하기  P. 98~99

〈과정은 풀이 참조〉

[따라 해보자] 유제 1  4  유제 2  $64\sqrt{2}$

[연습해 보자] **1**  48
**2** (1) $A=2$, $B=-24$
　　 (2) $(x-4)(x+6)$
**3**  $5x+3$
**4**  660

**[따라 해보자]**

유제 1 [1단계] $(x+b)(cx+2)=cx^2+(2+bc)x+2b$ …(i)
[2단계] 즉, $5x^2-3x+a=cx^2+(2+bc)x+2b$이므로
$x^2$의 계수에서
$5=c$
$x$의 계수에서 $-3=2+bc$이므로
$-3=2+b\times5$, $5b=-5$
$\therefore b=-1$
상수항에서
$a=2b=2\times(-1)=-2$ …(ii)
[3단계] $\therefore a-b+c=-2-(-1)+5=4$ …(iii)

| 채점 기준 | 비율 |
|---|---|
| (i) 인수분해 결과를 전개하기 | 20 % |
| (ii) $a$, $b$, $c$의 값 구하기 | 60 % |
| (iii) $a-b+c$의 값 구하기 | 20 % |

유제 2  [1단계] $x=\dfrac{2}{1+\sqrt{2}}=\dfrac{2(1-\sqrt{2})}{(1+\sqrt{2})(1-\sqrt{2})}$

$\qquad\qquad\quad =-2+2\sqrt{2}$

$\qquad\quad y=\dfrac{2}{1-\sqrt{2}}=\dfrac{2(1+\sqrt{2})}{(1-\sqrt{2})(1+\sqrt{2})}$

$\qquad\qquad\quad =-2-2\sqrt{2}$ $\qquad\qquad\cdots$ (i)

[2단계] $x^3y-xy^3=xy(x^2-y^2)$

$\qquad\qquad\qquad\quad =xy(x+y)(x-y)$ $\qquad\cdots$ (ii)

[3단계] $x+y=(-2+2\sqrt{2})+(-2-2\sqrt{2})=-4$

$\qquad\quad x-y=(-2+2\sqrt{2})-(-2-2\sqrt{2})=4\sqrt{2}$

$\qquad\quad xy=(-2+2\sqrt{2})(-2-2\sqrt{2})=4-8=-4$

$\qquad\quad \therefore x^3y-xy^3=xy(x+y)(x-y)$

$\qquad\qquad\qquad\qquad\quad =-4\times(-4)\times4\sqrt{2}$

$\qquad\qquad\qquad\qquad\quad =64\sqrt{2}$ $\qquad\qquad\cdots$ (iii)

| 채점 기준 | 비율 |
|---|---|
| (i) $x$, $y$의 분모를 유리화하기 | 30 % |
| (ii) 주어진 식을 인수분해하기 | 30 % |
| (iii) 주어진 식의 값 구하기 | 40 % |

**연습해 보자**

**1** $x^2-12x+a=x^2-2\times x\times6+a$이므로

$a=6^2=36$ $\qquad\qquad\qquad\qquad\qquad\cdots$ (i)

$9x^2+bxy+4y^2=(3x\pm2y)^2$이므로

$b=\pm2\times3\times2=\pm12$

이때 $b>0$이므로 $b=12$ $\qquad\qquad\qquad\cdots$ (ii)

$\therefore a+b=36+12=48$ $\qquad\qquad\qquad\cdots$ (iii)

| 채점 기준 | 비율 |
|---|---|
| (i) $a$의 값 구하기 | 40 % |
| (ii) $b$의 값 구하기 | 40 % |
| (iii) $a+b$의 값 구하기 | 20 % |

**2** (1) $(x-3)(x+8)=x^2+5x-24$에서

민이는 상수항을 제대로 보았으므로

$B=-24$ $\qquad\qquad\qquad\qquad\qquad\cdots$ (i)

$(x-10)(x+12)=x^2+2x-120$에서

혜나는 $x$의 계수를 제대로 보았으므로

$A=2$ $\qquad\qquad\qquad\qquad\qquad\qquad\cdots$ (ii)

(2) (1)에서 $x^2+Ax+B=x^2+2x-24$이므로

이 식을 바르게 인수분해하면

$x^2+2x-24=(x-4)(x+6)$ $\qquad\cdots$ (iii)

| 채점 기준 | 비율 |
|---|---|
| (i) $B$의 값 구하기 | 30 % |
| (ii) $A$의 값 구하기 | 30 % |
| (iii) $x^2+Ax+B$를 바르게 인수분해하기 | 40 % |

**3** 사다리꼴의 넓이가 $5x^2+23x+12$이므로

$\dfrac{1}{2}\times\{(x+3)+(x+5)\}\times(높이)=5x^2+23x+12$ $\cdots$ (i)

$(x+4)\times(높이)=(x+4)(5x+3)$

따라서 사다리꼴의 높이는 $5x+3$이다. $\qquad\cdots$ (ii)

| 채점 기준 | 비율 |
|---|---|
| (i) 사다리꼴의 넓이를 이용하여 식 세우기 | 40 % |
| (ii) 사다리꼴의 높이 구하기 | 60 % |

**4** $A=9\times8.5^2-9\times1.5^2$

$\quad =9(8.5^2-1.5^2)$

$\quad =9(8.5+1.5)(8.5-1.5)$

$\quad =9\times10\times7=630$ $\qquad\qquad\qquad\cdots$ (i)

$\quad B=\sqrt{28^2+4\times28+4}$

$\quad\quad =\sqrt{28^2+2\times28\times2+2^2}$

$\quad\quad =\sqrt{(28+2)^2}$

$\quad\quad =\sqrt{30^2}=30$ $\qquad\qquad\qquad\qquad\cdots$ (ii)

$\quad \therefore A+B=630+30=660$ $\qquad\qquad\cdots$ (iii)

| 채점 기준 | 비율 |
|---|---|
| (i) $A$의 값 구하기 | 40 % |
| (ii) $B$의 값 구하기 | 40 % |
| (iii) $A+B$의 값 구하기 | 20 % |

**공학 속 수학** P. 100

답 (1) 67, 73  (2) 97, 103

(1) $4891=4900-9=70^2-3^2$

$\qquad\quad =(70+3)(70-3)$

$\qquad\quad =73\times67$

이므로 필요한 두 소수는 67과 73이다.

(2) $9991=10000-9=100^2-3^2$

$\qquad\quad =(100+3)(100-3)$

$\qquad\quad =103\times97$

이므로 필요한 두 소수는 97과 103이다.

## 1 이차방정식과 그 해

P. 104

**필수 문제 1** (1) × (2) ○ (3) × (4) × (5) ○ (6) ×

(1) $2x+1=0$ ⇨ 일차방정식

(2) $x^2=0$ ⇨ 이차방정식

(3) $2x^2-3x+5$ ⇨ 등식이 아니므로 이차방정식이 아니다.

(4) $x^2-x=(x-1)(x+1)$에서 $x^2-x=x^2-1$

∴ $-x+1=0$ ⇨ 일차방정식

(5) $x^3-3x^2+4=x^3-6$에서 $-3x^2+10=0$ ⇨ 이차방정식

(6) $\dfrac{3}{x^2}=7$에서 $\dfrac{3}{x^2}-7=0$ ⇨ 분모에 미지수가 있으므로 이차방정식이 아니다.

**1-1** ㄱ, ㄹ, ㅂ

ㄱ. $x(x-4)=0$에서 $x^2-4x=0$ ⇨ 이차방정식

ㄴ. $x-2x^2$ ⇨ 등식이 아니므로 이차방정식이 아니다.

ㄷ. $x^2+4=(x-2)^2$에서 $x^2+4=x^2-4x+4$

∴ $4x=0$ ⇨ 일차방정식

ㄹ. $\dfrac{x(x-3)}{3}=20$에서 $\dfrac{1}{3}x^2-x=20$

∴ $\dfrac{1}{3}x^2-x-20=0$ ⇨ 이차방정식

ㅁ. $\dfrac{1}{x^2}+4=0$ ⇨ 분모에 미지수가 있으므로 이차방정식이 아니다.

ㅂ. $(x+1)^2=-x^2-1$에서 $x^2+2x+1=-x^2-1$

∴ $2x^2+2x+2=0$ ⇨ 이차방정식

따라서 $x$에 대한 이차방정식은 ㄱ, ㄹ, ㅂ이다.

**필수 문제 2** $x=-1$ 또는 $x=2$

$x=-2$일 때, $(-2)^2-(-2)-2\neq0$

$x=-1$일 때, $(-1)^2-(-1)-2=0$

$x=0$일 때, $0^2-0-2\neq0$

$x=1$일 때, $1^2-1-2\neq0$

$x=2$일 때, $2^2-2-2=0$

따라서 주어진 이차방정식의 해는 $x=-1$ 또는 $x=2$이다.

**2-1** ㄴ, ㄹ

ㄱ. $2^2-2\times2-8\neq0$

ㄴ. $2\times(2-2)=0$

ㄷ. $(2+2)(2\times2-1)\neq0$

ㄹ. $3\times2^2-12=0$

ㅁ. $(2\times2-1)^2\neq4\times2$

ㅂ. $2\times2^2+2-6\neq0$

따라서 $x=2$를 해로 갖는 것은 ㄴ, ㄹ이다.

STEP 1 쏙쏙 개념 익히기 P. 105

**1** ①, ⑤  **2** ⑤  **3** ④
**4** 5  **5** (1) 9 (2) 6  **6** (1) −4 (2) −4

**1** ① $-2x+3=2x^2$에서 $-2x^2-2x+3=0$ ⇨ 이차방정식

② $2x^2+3x-2=x+2x^2$에서 $2x-2=0$ ⇨ 일차방정식

③ $x(x-2)=x(x+1)$에서 $x^2-2x=x^2+x$

∴ $-3x=0$ ⇨ 일차방정식

④ $x^2+3x=x^3-2$에서 $-x^3+x^2+3x+2=0$

⇨ 이차방정식이 아니다.

⑤ $(x+1)(x-1)=-x^2+1$에서 $x^2-1=-x^2+1$

∴ $2x^2-2=0$ ⇨ 이차방정식

따라서 이차방정식인 것은 ①, ⑤이다.

**2** $ax^2+3=(x-2)(2x+1)$에서

$ax^2+3=2x^2-3x-2$ ∴ $(a-2)x^2+3x+5=0$

이때 $x^2$의 계수가 0이 아니어야 하므로

$a-2\neq0$ ∴ $a\neq2$

**3** ① $4^2-8\neq0$  ② $3^2-4\times3\neq0$

③ $2^2-2\times2+1\neq0$  ④ $5^2-5-20=0$

⑤ $-1^2+3\times1+4\neq0$

따라서 [ ] 안의 수가 주어진 이차방정식의 해인 것은 ④이다.

**4** $2x^2+ax-3=0$에 $x=-3$을 대입하면

$2\times(-3)^2+a\times(-3)-3=0$

$15-3a=0$, $3a=15$ ∴ $a=5$

**5** $x^2-6x+1=0$에 $x=a$를 대입하면

$a^2-6a+1=0$ ···㉠

(1) ㉠에서 $a^2-6a=-1$이므로

$a^2-6a+10=-1+10=9$

(2) $a\neq0$이므로 ㉠의 양변을 $a$로 나누면

$a-6+\dfrac{1}{a}=0$ ∴ $a+\dfrac{1}{a}=6$

**6** $x^2+4x-1=0$에 $x=a$를 대입하면

$a^2+4a-1=0$ ···㉠

(1) ㉠에서 $a^2+4a=1$이므로

$a^2+4a-5=1-5=-4$

(2) $a\neq0$이므로 ㉠의 양변을 $a$로 나누면

$a+4-\dfrac{1}{a}=0$ ∴ $a-\dfrac{1}{a}=-4$

**필수 문제 1**  (1) $x=0$ 또는 $x=2$   (2) $x=-3$ 또는 $x=1$

   (3) $x=-\dfrac{1}{3}$ 또는 $x=4$  (4) $x=-\dfrac{2}{3}$ 또는 $x=\dfrac{3}{2}$

(1) $x(x-2)=0$에서 $x=0$ 또는 $x-2=0$

  $\therefore x=0$ 또는 $x=2$

(2) $(x+3)(x-1)=0$에서 $x+3=0$ 또는 $x-1=0$

  $\therefore x=-3$ 또는 $x=1$

(3) $(3x+1)(x-4)=0$에서 $3x+1=0$ 또는 $x-4=0$

  $\therefore x=-\dfrac{1}{3}$ 또는 $x=4$

(4) $(3x+2)(2x-3)=0$에서 $3x+2=0$ 또는 $2x-3=0$

  $\therefore x=-\dfrac{2}{3}$ 또는 $x=\dfrac{3}{2}$

**1-1**  (1) $x=-4$ 또는 $x=-1$   (2) $x=-2$ 또는 $x=5$

   (3) $x=\dfrac{1}{3}$ 또는 $x=\dfrac{1}{2}$   (4) $x=-\dfrac{5}{2}$ 또는 $x=\dfrac{1}{3}$

**필수 문제 2**  (1) $x=0$ 또는 $x=1$

   (2) $x=-4$ 또는 $x=2$

   (3) $x=-\dfrac{4}{3}$ 또는 $x=\dfrac{3}{2}$

   (4) $x=-3$ 또는 $x=2$

(1) $x^2-x=0$에서 $x(x-1)=0$

  $\therefore x=0$ 또는 $x=1$

(2) $x^2+2x-8=0$에서 $(x+4)(x-2)=0$

  $\therefore x=-4$ 또는 $x=2$

(3) $6x^2=x+12$에서 $6x^2-x-12=0$

  $(3x+4)(2x-3)=0$   $\therefore x=-\dfrac{4}{3}$ 또는 $x=\dfrac{3}{2}$

(4) $(x+4)(x-3)=-6$에서 $x^2+x-6=0$

  $(x+3)(x-2)=0$   $\therefore x=-3$ 또는 $x=2$

**2-1**  (1) $x=0$ 또는 $x=-5$   (2) $x=-6$ 또는 $x=5$

   (3) $x=-\dfrac{2}{3}$ 또는 $x=3$   (4) $x=-1$ 또는 $x=10$

(1) $2x^2+10x=0$에서 $2x(x+5)=0$

  $\therefore x=0$ 또는 $x=-5$

(2) $x^2+x-30=0$에서 $(x+6)(x-5)=0$

  $\therefore x=-6$ 또는 $x=5$

(3) $3x^2-7x=6$에서 $3x^2-7x-6=0$

  $(3x+2)(x-3)=0$   $\therefore x=-\dfrac{2}{3}$ 또는 $x=3$

(4) $(x-1)(x-8)=18$에서 $x^2-9x-10=0$

  $(x+1)(x-10)=0$   $\therefore x=-1$ 또는 $x=10$

**필수 문제 3**  ㄴ, ㄹ, ㅂ

ㄱ. $x^2+x-2=0$에서 $(x+2)(x-1)=0$

  $\therefore x=-2$ 또는 $x=1$

ㄴ. $x^2-8x+16=0$에서 $(x-4)^2=0$   $\therefore x=4$

ㄷ. $x^2-16=0$에서 $(x+4)(x-4)=0$

  $\therefore x=-4$ 또는 $x=4$

ㄹ. $9x^2-6x+1=0$에서 $(3x-1)^2=0$   $\therefore x=\dfrac{1}{3}$

ㅁ. $3x^2-10x-8=0$에서 $(3x+2)(x-4)=0$

  $\therefore x=-\dfrac{2}{3}$ 또는 $x=4$

ㅂ. $x(x-10)=-25$에서 $x^2-10x+25=0$

  $(x-5)^2=0$   $\therefore x=5$

따라서 중근을 갖는 것은 ㄴ, ㄹ, ㅂ이다.

**3-1**  ④

① $x^2+4x+4=0$에서 $(x+2)^2=0$   $\therefore x=-2$

② $8x^2-8x+2=0$에서 $4x^2-4x+1=0$

  $(2x-1)^2=0$   $\therefore x=\dfrac{1}{2}$

③ $3-x^2=6(x+2)$에서 $3-x^2=6x+12$

  $x^2+6x+9=0$, $(x+3)^2=0$   $\therefore x=-3$

④ $x^2-3x=-5x+15$에서 $x^2+2x-15=0$

  $(x+5)(x-3)=0$   $\therefore x=-5$ 또는 $x=3$

⑤ $x^2+\dfrac{1}{16}=\dfrac{1}{2}x$에서 $x^2-\dfrac{1}{2}x+\dfrac{1}{16}=0$

  $\left(x-\dfrac{1}{4}\right)^2=0$   $\therefore x=\dfrac{1}{4}$

따라서 중근을 갖지 않는 것은 ④이다.

**필수 문제 4**  (1) 12  (2) $\pm 2$

(1) $x^2+8x+4+a=0$이 중근을 가지므로

  $4+a=\left(\dfrac{8}{2}\right)^2=16$   $\therefore a=12$

(2) $x^2+ax+1=0$이 중근을 가지므로

  $1=\left(\dfrac{a}{2}\right)^2$, $1=\dfrac{a^2}{4}$, $a^2=4$   $\therefore a=\pm 2$

**4-1**  (1) $a=-4$, $x=7$

   (2) $a=8$일 때 $x=-4$, $a=-8$일 때 $x=4$

(1) $x^2-14x+45-a=0$이 중근을 가지므로

  $45-a=\left(\dfrac{-14}{2}\right)^2=49$   $\therefore a=-4$

  즉, $x^2-14x+49=0$이므로

  $(x-7)^2=0$   $\therefore x=7$

(2) $x^2+ax+16=0$이 중근을 가지므로

  $16=\left(\dfrac{a}{2}\right)^2$, $16=\dfrac{a^2}{4}$, $a^2=64$   $\therefore a=\pm 8$

  (ⅰ) $a=8$일 때, $x^2+8x+16=0$

   $(x+4)^2=0$   $\therefore x=-4$

  (ⅱ) $a=-8$일 때, $x^2-8x+16=0$

   $(x-4)^2=0$   $\therefore x=4$

개념편

**1** ⑤

**2** (1) $x=2$ 또는 $x=4$   (2) $x=3$

(3) $x=-\dfrac{1}{3}$ 또는 $x=\dfrac{3}{2}$   (4) $x=-2$ 또는 $x=2$

**3** $a=15$, $x=-5$          **4** ①, ④

**5** 2

**1** 주어진 이차방정식의 해를 각각 구하면 다음과 같다.

① $x=-\dfrac{1}{2}$ 또는 $x=3$   ② $x=\dfrac{1}{2}$ 또는 $x=3$

③ $x=-1$ 또는 $x=-3$   ④ $x=1$ 또는 $x=-3$

⑤ $x=\dfrac{1}{2}$ 또는 $x=-3$

**2** (1) $x^2-6x+8=0$에서 $(x-2)(x-4)=0$

$\therefore x=2$ 또는 $x=4$

(2) $2x^2-12x+18=0$에서 $x^2-6x+9=0$

$(x-3)^2=0$   $\therefore x=3$

(3) $6x^2-7x=3$에서 $6x^2-7x-3=0$

$(3x+1)(2x-3)=0$   $\therefore x=-\dfrac{1}{3}$ 또는 $x=\dfrac{3}{2}$

(4) $(x+1)(x-1)=2x^2-5$에서 $x^2-1=2x^2-5$

$x^2-4=0$, $(x+2)(x-2)=0$

$\therefore x=-2$ 또는 $x=2$

**3** $x^2+8x+a=0$에 $x=-3$을 대입하면

$(-3)^2+8\times(-3)+a=0$, $-15+a=0$   $\therefore a=15$

즉, $x^2+8x+15=0$이므로 $(x+5)(x+3)=0$

$\therefore x=-5$ 또는 $x=-3$

따라서 구하는 다른 한 근은 $x=-5$이다.

**4** ① $x^2-4x+3=0$에서 $(x-1)(x-3)=0$

$\therefore x=1$ 또는 $x=3$

② $x^2+10x+25=0$에서 $(x+5)^2=0$   $\therefore x=-5$

③ $x^2+\dfrac{1}{9}=\dfrac{2}{3}x$에서 $x^2-\dfrac{2}{3}x+\dfrac{1}{9}=0$

$\left(x-\dfrac{1}{3}\right)^2=0$   $\therefore x=\dfrac{1}{3}$

④ $x(x-1)=6$에서 $x^2-x-6=0$

$(x+2)(x-3)=0$   $\therefore x=-2$ 또는 $x=3$

⑤ $-x^2-7=2x-6$에서 $x^2+2x+1=0$

$(x+1)^2=0$   $\therefore x=-1$

따라서 중근을 갖지 않는 것은 ①, ④이다.

**5** $x^2+3ax+a+7=0$이 중근을 가지므로

$a+7=\left(\dfrac{3a}{2}\right)^2$, $a+7=\dfrac{9a^2}{4}$

$9a^2-4a-28=0$, $(9a+14)(a-2)=0$

$\therefore a=-\dfrac{14}{9}$ 또는 $a=2$

이때 $a>0$이므로 $a=2$

**필수 문제 5** (1) $x=\pm2\sqrt{2}$   (2) $x=\pm\dfrac{5}{3}$

(3) $x=-3\pm\sqrt{5}$   (4) $x=-2$ 또는 $x=4$

(2) $25-9x^2=0$에서 $9x^2=25$

$x^2=\dfrac{25}{9}$   $\therefore x=\pm\dfrac{5}{3}$

(3) $(x+3)^2=5$에서 $x+3=\pm\sqrt{5}$

$\therefore x=-3\pm\sqrt{5}$

(4) $2(x-1)^2=18$에서 $(x-1)^2=9$

$x-1=\pm3$   $\therefore x=-2$ 또는 $x=4$

**5-1** (1) $x=\pm\sqrt{6}$   (2) $x=\pm\dfrac{7}{2}$

(3) $x=\dfrac{-1\pm\sqrt{3}}{2}$   (4) $x=-\dfrac{7}{3}$ 또는 $x=\dfrac{1}{3}$

(1) $x^2-6=0$에서 $x^2=6$   $\therefore x=\pm\sqrt{6}$

(2) $4x^2-49=0$에서 $4x^2=49$

$x^2=\dfrac{49}{4}$   $\therefore x=\pm\dfrac{7}{2}$

(3) $3-(2x+1)^2=0$에서 $(2x+1)^2=3$

$2x+1=\pm\sqrt{3}$, $2x=-1\pm\sqrt{3}$

$\therefore x=\dfrac{-1\pm\sqrt{3}}{2}$

(4) $-9(x+1)^2+16=0$에서 $9(x+1)^2=16$

$(x+1)^2=\dfrac{16}{9}$, $x+1=\pm\dfrac{4}{3}$

$\therefore x=-\dfrac{7}{3}$ 또는 $x=\dfrac{1}{3}$

**5-2** 3

$3(x+a)^2=15$에서 $(x+a)^2=5$

$x+a=\pm\sqrt{5}$   $\therefore x=-a\pm\sqrt{5}$

즉, $-a\pm\sqrt{5}=2\pm\sqrt{b}$이므로 $a=-2$, $b=5$

$a+b=-2+5=3$

**필수 문제 6** (1) 9, 9, 3, 7, $3\pm\sqrt{7}$   (2) 1, 1, 1, $\dfrac{2}{3}$, $1\pm\dfrac{\sqrt{6}}{3}$

**6-1** (1) $p=1$, $q=3$   (2) $p=-2$, $q=\dfrac{17}{2}$

(1) $x^2-2x=2$에서

$x^2-2x+\left(\dfrac{-2}{2}\right)^2=2+\left(\dfrac{-2}{2}\right)^2$

$(x-1)^2=3$   $\therefore p=1$, $q=3$

(2) $2x^2+8x-9=0$에서

$x^2+4x-\dfrac{9}{2}=0$, $x^2+4x=\dfrac{9}{2}$

$x^2+4x+\left(\dfrac{4}{2}\right)^2=\dfrac{9}{2}+\left(\dfrac{4}{2}\right)^2$

$(x+2)^2=\dfrac{17}{2}$   $\therefore p=-2$, $q=\dfrac{17}{2}$

**6-2** (1) $x=5\pm2\sqrt{5}$  (2) $x=\dfrac{-5\pm\sqrt{33}}{2}$

(3) $x=-1\pm\dfrac{\sqrt{7}}{2}$  (4) $x=\dfrac{4\pm\sqrt{10}}{3}$

(1) $x^2-10x+5=0$에서

$x^2-10x+\left(\dfrac{-10}{2}\right)^2=-5+\left(\dfrac{-10}{2}\right)^2$

$(x-5)^2=20,\ x-5=\pm2\sqrt{5}$

$\therefore x=5\pm2\sqrt{5}$

(2) $3x^2+15x-6=0$에서

$x^2+5x-2=0,\ x^2+5x=2$

$x^2+5x+\left(\dfrac{5}{2}\right)^2=2+\left(\dfrac{5}{2}\right)^2$

$\left(x+\dfrac{5}{2}\right)^2=\dfrac{33}{4},\ x+\dfrac{5}{2}=\pm\dfrac{\sqrt{33}}{2}$

$\therefore x=\dfrac{-5\pm\sqrt{33}}{2}$

(3) $4x^2+8x=3$에서

$x^2+2x=\dfrac{3}{4}$

$x^2+2x+\left(\dfrac{2}{2}\right)^2=\dfrac{3}{4}+\left(\dfrac{2}{2}\right)^2$

$(x+1)^2=\dfrac{7}{4},\ x+1=\pm\dfrac{\sqrt{7}}{2}$

$\therefore x=-1\pm\dfrac{\sqrt{7}}{2}$

(4) $x^2-\dfrac{8}{3}x+\dfrac{2}{3}=0$에서

$x^2-\dfrac{8}{3}x=-\dfrac{2}{3}$

$x^2-\dfrac{8}{3}x+\left(-\dfrac{4}{3}\right)^2=-\dfrac{2}{3}+\left(-\dfrac{4}{3}\right)^2$

$\left(x-\dfrac{4}{3}\right)^2=\dfrac{10}{9},\ x-\dfrac{4}{3}=\pm\dfrac{\sqrt{10}}{3}$

$\therefore x=\dfrac{4\pm\sqrt{10}}{3}$

**STEP 1 쏙쏙 개념 익히기**  P. 111

**1** (1) $x=\pm\dfrac{\sqrt{5}}{3}$  (2) $x=-5$ 또는 $x=1$

(3) $x=\dfrac{5\pm\sqrt{5}}{2}$  (4) $x=-\dfrac{1}{3}$ 또는 $x=3$

**2** 6  **3** $A=1,\ B=1,\ C=\dfrac{5}{2}$

**4** $-5$  **5** 7

**1** (1) $9x^2-5=0$에서 $9x^2=5$

$x^2=\dfrac{5}{9}$  $\therefore x=\pm\dfrac{\sqrt{5}}{3}$

(2) $(x+2)^2=9$에서 $x+2=\pm3$

$\therefore x=-5$ 또는 $x=1$

(3) $(2x-5)^2-5=0$에서 $(2x-5)^2=5$

$2x-5=\pm\sqrt{5},\ 2x=5\pm\sqrt{5}$  $\therefore x=\dfrac{5\pm\sqrt{5}}{2}$

(4) $2(3x-4)^2-50=0$에서 $(3x-4)^2=25$

$3x-4=\pm5,\ 3x=-1$ 또는 $3x=9$

$\therefore x=-\dfrac{1}{3}$ 또는 $x=3$

**2** $2(x+a)^2=b$에서 $(x+a)^2=\dfrac{b}{2}$

$x+a=\pm\sqrt{\dfrac{b}{2}}$  $\therefore x=-a\pm\sqrt{\dfrac{b}{2}}$

즉, $-a\pm\sqrt{\dfrac{b}{2}}=4\pm\sqrt{5}$이므로 $-a=4,\ \dfrac{b}{2}=5$

$\therefore a=-4,\ b=10$

$\therefore a+b=-4+10=6$

**4** $(x-1)(x-3)=6$에서

$x^2-4x+3=6,\ x^2-4x=3$

$x^2-4x+\left(\dfrac{-4}{2}\right)^2=3+\left(\dfrac{-4}{2}\right)^2$

$\therefore (x-2)^2=7$

따라서 $p=2,\ q=7$이므로 $p-q=2-7=-5$

**5** $x^2-6x+a=0$에서

$x^2-6x+9=-a+9,\ (x-3)^2=-a+9$

$x-3=\pm\sqrt{-a+9}$  $\therefore x=3\pm\sqrt{-a+9}$

따라서 $-a+9=2$이므로 $a=7$

**[다른 풀이]**

$x=3\pm\sqrt{2}$에서 $x-3=\pm\sqrt{2}$

양변을 제곱하면 $(x-3)^2=2$

$x^2-6x+9=2$  $\therefore x^2-6x+7=0$

$\therefore a=7$

**P. 112**

**개념 확인**  $a,\ \left(\dfrac{b}{2a}\right)^2,\ \dfrac{-b\pm\sqrt{b^2-4ac}}{2a}$

**필수 문제 7** (1) $x=\dfrac{-5\pm\sqrt{13}}{6}$  (2) $x=-2\pm2\sqrt{2}$

(3) $x=\dfrac{3\pm\sqrt{15}}{2}$

(1) 근의 공식에 $a=3,\ b=5,\ c=1$을 대입하면

$x=\dfrac{-5\pm\sqrt{5^2-4\times3\times1}}{2\times3}=\dfrac{-5\pm\sqrt{13}}{6}$

(2) 짝수 공식에 $a=1,\ b'=2,\ c=-4$를 대입하면

$x=\dfrac{-2\pm\sqrt{2^2-1\times(-4)}}{1}=-2\pm\sqrt{8}=-2\pm2\sqrt{2}$

**[다른 풀이]**

근의 공식에 $a=1,\ b=4,\ c=-4$를 대입하면

$x=\dfrac{-4\pm\sqrt{4^2-4\times1\times(-4)}}{2\times1}$

$=\dfrac{-4\pm\sqrt{32}}{2}=\dfrac{-4\pm4\sqrt{2}}{2}=-2\pm2\sqrt{2}$

(3) $2x^2-6x=3$에서 $2x^2-6x-3=0$이므로

짝수 공식에 $a=2$, $b'=-3$, $c=-3$을 대입하면

$$x=\dfrac{-(-3)\pm\sqrt{(-3)^2-2\times(-3)}}{2}=\dfrac{3\pm\sqrt{15}}{2}$$

**7-1** (1) $x=\dfrac{-1\pm\sqrt{33}}{2}$  (2) $x=\dfrac{1\pm\sqrt5}{4}$

(3) $x=\dfrac{7\pm\sqrt{13}}{6}$

(1) $x=\dfrac{-1\pm\sqrt{1^2-4\times1\times(-8)}}{2\times1}=\dfrac{-1\pm\sqrt{33}}{2}$

(2) $x=\dfrac{-(-1)\pm\sqrt{(-1)^2-4\times(-1)}}{4}=\dfrac{1\pm\sqrt5}{4}$

(3) $3x^2=7x-3$에서 $3x^2-7x+3=0$

$\therefore x=\dfrac{-(-7)\pm\sqrt{(-7)^2-4\times3\times3}}{2\times3}=\dfrac{7\pm\sqrt{13}}{6}$

**7-2** $A=-3$, $B=41$

$$x=\dfrac{-3\pm\sqrt{3^2-4\times2\times(-4)}}{2\times2}=\dfrac{-3\pm\sqrt{41}}{4}$$

$\therefore A=-3$, $B=41$

**P. 113**

**필수 문제 8** (1) $x=\dfrac{-1\pm\sqrt{13}}{2}$

(2) $x=2$ 또는 $x=3$

(3) $x=-4$ 또는 $x=2$

(1) $(x-1)(x+2)=1$에서 $x^2+x-2=1$

$x^2+x-3=0$

$\therefore x=\dfrac{-1\pm\sqrt{1^2-4\times1\times(-3)}}{2\times1}=\dfrac{-1\pm\sqrt{13}}{2}$

(2) 양변에 10을 곱하면 $5x^2-25x+30=0$

$x^2-5x+6=0$, $(x-2)(x-3)=0$

$\therefore x=2$ 또는 $x=3$

(3) 양변에 4를 곱하면 $x^2+2x-8=0$

$(x+4)(x-2)=0$  $\therefore x=-4$ 또는 $x=2$

**8-1** (1) $x=3\pm\sqrt5$  (2) $x=-5$ 또는 $x=-\dfrac13$

(3) $x=\pm\sqrt{11}$

(1) $(3x-2)(x-2)=2x(x-1)$에서

$3x^2-8x+4=2x^2-2x$, $x^2-6x+4=0$

$\therefore x=-(-3)\pm\sqrt{(-3)^2-1\times4}=3\pm\sqrt5$

(2) 양변에 10을 곱하면 $6x^2+32x=-10$

$6x^2+32x+10=0$, $3x^2+16x+5=0$

$(x+5)(3x+1)=0$  $\therefore x=-5$ 또는 $x=-\dfrac13$

(3) 양변에 6을 곱하면 $2(x^2-2)-3(x^2-1)=-12$

$2x^2-4-3x^2+3=-12$, $x^2=11$

$\therefore x=\pm\sqrt{11}$

**필수 문제 9** (1) $x=2$ 또는 $x=7$

(2) $x=0$ 또는 $x=1$

(1) $(x-3)^2-3(x-3)=4$에서

$(x-3)^2-3(x-3)-4=0$

$x-3=A$로 놓으면 $A^2-3A-4=0$

$(A+1)(A-4)=0$  $\therefore A=-1$ 또는 $A=4$

즉, $x-3=-1$ 또는 $x-3=4$

$\therefore x=2$ 또는 $x=7$

(2) $x+2=A$로 놓으면 $A^2-5A+6=0$

$(A-2)(A-3)=0$  $\therefore A=2$ 또는 $A=3$

즉, $x+2=2$ 또는 $x+2=3$

$\therefore x=0$ 또는 $x=1$

**9-1** (1) $x=\dfrac32$ 또는 $x=2$  (2) $x=-2$ 또는 $x=9$

(1) $2x+1=A$로 놓으면 $A^2-9A+20=0$

$(A-4)(A-5)=0$  $\therefore A=4$ 또는 $A=5$

즉, $2x+1=4$ 또는 $2x+1=5$

$\therefore x=\dfrac32$ 또는 $x=2$

(2) $x-2=A$로 놓으면 $A^2-3A-28=0$

$(A+4)(A-7)=0$  $\therefore A=-4$ 또는 $A=7$

즉, $x-2=-4$ 또는 $x-2=7$

$\therefore x=-2$ 또는 $x=9$

**한 번 더 연습**  P. 114

**1** (1) $x=\dfrac{-7\pm\sqrt5}{2}$  (2) $x=\dfrac{-3\pm\sqrt{29}}{2}$

(3) $x=-1\pm\sqrt5$  (4) $x=-3\pm\sqrt{13}$

(5) $x=\dfrac{5\pm\sqrt{33}}{4}$  (6) $x=\dfrac{-4\pm\sqrt{19}}{3}$

**2** (1) $x=\dfrac{5\pm\sqrt{17}}{2}$  (2) $x=\dfrac{3\pm\sqrt{21}}{2}$

(3) $x=\dfrac{-1\pm\sqrt6}{2}$  (4) $x=-1$ 또는 $x=4$

**3** (1) $x=1$ 또는 $x=11$  (2) $x=\dfrac{-2\pm\sqrt{10}}{6}$

(3) $x=\dfrac{-5\pm\sqrt{29}}{4}$  (4) $x=5\pm\sqrt{34}$

**4** (1) $x=\dfrac13$ 또는 $x=3$  (2) $x=-\dfrac43$ 또는 $x=0$

**1** (1) $x=\dfrac{-7\pm\sqrt{7^2-4\times1\times11}}{2\times1}=\dfrac{-7\pm\sqrt5}{2}$

(2) $x^2-5=-3x$에서 $x^2+3x-5=0$

$\therefore x=\dfrac{-3\pm\sqrt{3^2-4\times1\times(-5)}}{2\times1}=\dfrac{-3\pm\sqrt{29}}{2}$

(3) $x=-1\pm\sqrt{1^2-1\times(-4)}=-1\pm\sqrt5$

(4) $x^2+6x=4$에서 $x^2+6x-4=0$

$\therefore x=-3\pm\sqrt{3^2-1\times(-4)}=-3\pm\sqrt{13}$

(5) $x=\dfrac{-(-5)\pm\sqrt{(-5)^2-4\times2\times(-1)}}{2\times2}=\dfrac{5\pm\sqrt{33}}{4}$

(6) $x=\dfrac{-4\pm\sqrt{4^2-3\times(-1)}}{3}=\dfrac{-4\pm\sqrt{19}}{3}$

**2** (1) $(x-1)(x-4)=2$에서 $x^2-5x+4=2$

$x^2-5x+2=0$

$\therefore x=\dfrac{-(-5)\pm\sqrt{(-5)^2-4\times1\times2}}{2\times1}=\dfrac{5\pm\sqrt{17}}{2}$

(2) $x(x+3)=2x^2-3$에서 $x^2+3x=2x^2-3$

$x^2-3x-3=0$

$\therefore x=\dfrac{-(-3)\pm\sqrt{(-3)^2-4\times1\times(-3)}}{2\times1}=\dfrac{3\pm\sqrt{21}}{2}$

(3) $(x+1)(5x-2)=x^2-x+3$에서

$5x^2+3x-2=x^2-x+3$, $4x^2+4x-5=0$

$\therefore x=\dfrac{-2\pm\sqrt{2^2-4\times(-5)}}{4}=\dfrac{-2\pm2\sqrt{6}}{4}=\dfrac{-1\pm\sqrt{6}}{2}$

(4) $(2x+1)(x-3)=(x-1)^2$에서

$2x^2-5x-3=x^2-2x+1$, $x^2-3x-4=0$

$(x+1)(x-4)=0$  $\therefore x=-1$ 또는 $x=4$

**3** (1) 양변에 100을 곱하면 $x^2-12x+11=0$

$(x-1)(x-11)=0$  $\therefore x=1$ 또는 $x=11$

(2) 양변에 12를 곱하면 $6x^2+4x-1=0$

$\therefore x=\dfrac{-2\pm\sqrt{2^2-6\times(-1)}}{6}=\dfrac{-2\pm\sqrt{10}}{6}$

(3) 양변에 10을 곱하면 $4x^2+10x-1=0$

$\therefore x=\dfrac{-5\pm\sqrt{5^2-4\times(-1)}}{4}=\dfrac{-5\pm\sqrt{29}}{4}$

(4) 양변에 6을 곱하면 $3(x+1)(x-3)=2x(x+2)$

$3(x^2-2x-3)=2x^2+4x$, $3x^2-6x-9=2x^2+4x$

$x^2-10x-9=0$

$\therefore x=-(-5)\pm\sqrt{(-5)^2-1\times(-9)}=5\pm\sqrt{34}$

**4** (1) $x-1=A$로 놓으면 $3A^2-4A-4=0$

$(3A+2)(A-2)=0$  $\therefore A=-\dfrac{2}{3}$ 또는 $A=2$

즉, $x-1=-\dfrac{2}{3}$ 또는 $x-1=2$

$\therefore x=\dfrac{1}{3}$ 또는 $x=3$

(2) $x+1=A$로 놓으면 $\dfrac{1}{2}A^2-\dfrac{1}{3}A-\dfrac{1}{6}=0$

양변에 6을 곱하면 $3A^2-2A-1=0$

$(3A+1)(A-1)=0$  $\therefore A=-\dfrac{1}{3}$ 또는 $A=1$

즉, $x+1=-\dfrac{1}{3}$ 또는 $x+1=1$

$\therefore x=-\dfrac{4}{3}$ 또는 $x=0$

**1** ⑤  **2** 16

**3** 7  **4** $a=-3$, $b=2$

**5** $a=3$, $b=33$

**1** $x=\dfrac{-(-7)\pm\sqrt{(-7)^2-4\times2\times(-2)}}{2\times2}=\dfrac{7\pm\sqrt{65}}{4}$

따라서 $A=7$, $B=65$이므로

$A+B=7+65=72$

**2** 양변에 10을 곱하면 $4x^2-6x=1$

$4x^2-6x-1=0$

$\therefore x=\dfrac{-(-3)\pm\sqrt{(-3)^2-4\times(-1)}}{4}=\dfrac{3\pm\sqrt{13}}{4}$

따라서 $a=3$, $b=13$이므로 $a+b=3+13=16$

**3** $2x-3=A$로 놓으면 $A^2=8A+65$

$A^2-8A-65=0$, $(A+5)(A-13)=0$

$\therefore A=-5$ 또는 $A=13$

즉, $2x-3=-5$ 또는 $2x-3=13$

$\therefore x=-1$ 또는 $x=8$

따라서 두 근의 합은 $-1+8=7$

**4** $x=\dfrac{-(-2)\pm\sqrt{(-2)^2-3\times a}}{3}=\dfrac{2\pm\sqrt{4-3a}}{3}$

즉, $\dfrac{2\pm\sqrt{4-3a}}{3}=\dfrac{b\pm\sqrt{13}}{3}$이므로

$b=2$, $4-3a=13$  $\therefore a=-3$, $b=2$

**5** $x=\dfrac{-(-a)\pm\sqrt{(-a)^2-4\times2\times(-3)}}{2\times2}=\dfrac{a\pm\sqrt{a^2+24}}{4}$

즉, $\dfrac{a\pm\sqrt{a^2+24}}{4}=\dfrac{3\pm\sqrt{b}}{4}$이므로

$a=3$, $b=a^2+24=3^2+24=33$

## ⌒3 이차방정식의 활용

**개념 확인**

| $a$, $b$, $c$의 값 | $b^2-4ac$의 값 | 근의 개수 |
|---|---|---|
| (1) $a=1$, $b=3$, $c=-2$ | $3^2-4\times1\times(-2)=17$ | 2개 |
| (2) $a=4$, $b=-4$, $c=1$ | $(-4)^2-4\times4\times1=0$ | 1개 |
| (3) $a=2$, $b=-5$, $c=4$ | $(-5)^2-4\times2\times4=-7$ | 0개 |

**필수 문제 1** ㄷ, ㄹ, ㅁ

ㄱ. $b^2-4ac=(-3)^2-4\times1\times5=-11<0$

⇨ 근이 없다.

ㄴ. $b'^2-ac=3^2-1\times9=0 \Rightarrow$ 중근

ㄷ. $b^2-4ac=(-7)^2-4\times3\times(-2)=73>0$
   $\Rightarrow$ 서로 다른 두 근

ㄹ. $b^2-4ac=5^2-4\times2\times(-2)=41>0$
   $\Rightarrow$ 서로 다른 두 근

ㅁ. $(x+3)^2=4x+9$에서
   $x^2+6x+9=4x+9$, $x^2+2x=0$
   $b'^2-ac=1^2-1\times0=1>0$
   $\Rightarrow$ 서로 다른 두 근

ㅂ. 양변에 12를 곱하면 $4x^2-2x+1=0$
   $b'^2-ac=(-1)^2-4\times1=-3<0$
   $\Rightarrow$ 근이 없다.

따라서 서로 다른 두 근을 갖는 것은 ㄷ, ㄹ, ㅁ이다.


**1-1** ②

① $b^2-4ac=(-3)^2-4\times1\times0=9>0$
   $\Rightarrow$ 서로 다른 두 근

② $b^2-4ac=(-5)^2-4\times2\times4=-7<0$
   $\Rightarrow$ 근이 없다.

③ $b^2-4ac=1^2-4\times3\times(-2)=25>0$
   $\Rightarrow$ 서로 다른 두 근

④ $b'^2-ac=(-1)^2-5\times(-1)=6>0$
   $\Rightarrow$ 서로 다른 두 근

⑤ 양변에 10을 곱하면 $9x^2-6x+1=0$
   $b'^2-ac=(-3)^2-9\times1=0 \Rightarrow$ 중근

따라서 근이 존재하지 않는 것은 ②이다.


**필수 문제 2** (1) $k<\dfrac{9}{8}$ (2) $k=\dfrac{9}{8}$ (3) $k>\dfrac{9}{8}$

$b^2-4ac=(-3)^2-4\times1\times2k=9-8k$

(1) $b^2-4ac>0$이어야 하므로
   $9-8k>0$   $\therefore k<\dfrac{9}{8}$

(2) $b^2-4ac=0$이어야 하므로
   $9-8k=0$   $\therefore k=\dfrac{9}{8}$

**다른 풀이**

$2k=\left(\dfrac{-3}{2}\right)^2$, $2k=\dfrac{9}{4}$   $\therefore k=\dfrac{9}{8}$

(3) $b^2-4ac<0$이어야 하므로
   $9-8k<0$   $\therefore k>\dfrac{9}{8}$


**2-1** (1) $k<6$ (2) $k=6$ (3) $k>6$

$b'^2-ac=(-1)^2-1\times(k-5)=6-k$

(1) $b'^2-ac>0$이어야 하므로
   $6-k>0$   $\therefore k<6$

(2) $b'^2-ac=0$이어야 하므로
   $6-k=0$   $\therefore k=6$

---

(3) $b'^2-ac<0$이어야 하므로
   $6-k<0$   $\therefore k>6$


P. 117

**필수 문제 3** (1) $x^2-4x-5=0$ (2) $2x^2+14x+24=0$
(3) $-x^2+6x-9=0$

(1) $(x+1)(x-5)=0$이므로 $x^2-4x-5=0$

(2) $2(x+3)(x+4)=0$이므로 $2(x^2+7x+12)=0$
   $\therefore 2x^2+14x+24=0$

(3) $-(x-3)^2=0$이므로 $-(x^2-6x+9)=0$
   $\therefore -x^2+6x-9=0$


**3-1** (1) $-4x^2-4x+8=0$ (2) $6x^2-5x+1=0$
(3) $3x^2+12x+12=0$

(1) $-4(x+2)(x-1)=0$이므로 $-4(x^2+x-2)=0$
   $\therefore -4x^2-4x+8=0$

(2) $6\left(x-\dfrac{1}{2}\right)\left(x-\dfrac{1}{3}\right)=0$이므로 $6\left(x^2-\dfrac{5}{6}x+\dfrac{1}{6}\right)=0$
   $\therefore 6x^2-5x+1=0$

(3) $3(x+2)^2=0$이므로 $3(x^2+4x+4)=0$
   $\therefore 3x^2+12x+12=0$


**3-2** $a=-2$, $b=-60$

$2(x+5)(x-6)=0$이므로 $2(x^2-x-30)=0$
$\therefore 2x^2-2x-60=0$
$\therefore a=-2$, $b=-60$


### STEP 1 쏙쏙 개념 익히기
P. 118

**1** ⑤

**2** $k\leq\dfrac{5}{2}$

**3** $k=12$, $x=3$

**4** 4

**5** $x=-\dfrac{1}{2}$ 또는 $x=\dfrac{1}{3}$

**6** $x=-1$ 또는 $x=-\dfrac{1}{2}$


**1** ① $b'^2-ac=(-4)^2-1\times5=11>0 \Rightarrow$ 서로 다른 두 근
② $b^2-4ac=(-9)^2-4\times2\times(-3)=105>0$
   $\Rightarrow$ 서로 다른 두 근
③ $b'^2-ac=2^2-3\times(-1)=7>0 \Rightarrow$ 서로 다른 두 근
④ $b'^2-ac=1^2-4\times(-1)=5>0 \Rightarrow$ 서로 다른 두 근
⑤ $b^2-4ac=7^2-4\times5\times8=-111<0 \Rightarrow$ 근이 없다.
따라서 근의 개수가 나머지 넷과 다른 하나는 ⑤이다.


**2** $2x^2-4x+2k-3=0$이 근을 가지려면
$b'^2-ac=(-2)^2-2\times(2k-3)\geq0$이어야 하므로
$10-4k\geq0$   $\therefore k\leq\dfrac{5}{2}$

**3** $x^2-6x+k-3=0$이 중근을 가지므로

$b'^2-ac=(-3)^2-1\times(k-3)=0$

$12-k=0$ $\quad\therefore k=12$

즉, $x^2-6x+9=0$에서 $(x-3)^2=0$ $\quad\therefore x=3$

다른 풀이

$x^2-6x+k-3=0$이 중근을 가지므로

$k-3=\left(\dfrac{-6}{2}\right)^2=9$ $\quad\therefore k=12$

**4** $4\left(x+\dfrac{1}{2}\right)(x-1)=0$이므로 $4\left(x^2-\dfrac{1}{2}x-\dfrac{1}{2}\right)=0$

$\therefore 4x^2-2x-2=0$

따라서 $a=-2$, $b=-2$이므로

$ab=-2\times(-2)=4$

**5** $(x+2)(x-3)=0$이므로 $x^2-x-6=0$

따라서 $a=-1$, $b=-6$이므로 $-6x^2-x+1=0$을 풀면

$6x^2+x-1=0$, $(2x+1)(3x-1)=0$

$\therefore x=-\dfrac{1}{2}$ 또는 $x=\dfrac{1}{3}$

**6** $3(x+1)\left(x-\dfrac{1}{3}\right)=0$이므로 $3\left(x^2+\dfrac{2}{3}x-\dfrac{1}{3}\right)=0$

$\therefore 3x^2+2x-1=0$

따라서 $a=2$, $b=-1$이므로 $2x^2+3x+1=0$을 풀면

$(x+1)(2x+1)=0$ $\quad\therefore x=-1$ 또는 $x=-\dfrac{1}{2}$

---

P. 119~120

**개념 확인** $\quad x-2$, $x-2$, $7$, $7$, $7$, $7$, $7$

**필수 문제 4** 팔각형

$\dfrac{n(n-3)}{2}=20$, $n^2-3n-40=0$

$(n+5)(n-8)=0$ $\quad\therefore n=-5$ 또는 $n=8$

이때 $n$은 자연수이므로 $n=8$

따라서 구하는 다각형은 팔각형이다.

**4-1** 15

$\dfrac{n(n+1)}{2}=120$, $n^2+n-240=0$

$(n+16)(n-15)=0$ $\quad\therefore n=-16$ 또는 $n=15$

이때 $n$은 자연수이므로 $n=15$

따라서 1부터 15까지의 자연수를 더해야 한다.

**필수 문제 5** 13, 15

연속하는 두 홀수를 $x$, $x+2$라고 하면

$x(x+2)=195$, $x^2+2x-195=0$

$(x+15)(x-13)=0$ $\quad\therefore x=-15$ 또는 $x=13$

이때 $x$는 자연수이므로 $x=13$

따라서 구하는 두 홀수는 13, 15이다.

---

**5-1** 8

두 자연수 중 작은 수를 $x$라고 하면 큰 수는 $x+5$이므로

$x(x+5)=104$, $x^2+5x-104=0$

$(x+13)(x-8)=0$ $\quad\therefore x=-13$ 또는 $x=8$

이때 $x$는 자연수이므로 $x=8$

따라서 두 자연수는 8, 13이고, 이 중 작은 수는 8이다.

**필수 문제 6** 15명

학생 수를 $x$명이라고 하면 한 학생이 받는 사탕의 개수는 $(x-4)$개이므로

$x(x-4)=165$, $x^2-4x-165=0$

$(x+11)(x-15)=0$ $\quad\therefore x=-11$ 또는 $x=15$

이때 $x$는 자연수이므로 $x=15$

따라서 학생 수는 15명이다.

**6-1** 10명

학생 수를 $x$명이라고 하면 한 학생이 받는 쿠키의 개수는 $(x+3)$개이므로

$x(x+3)=130$, $x^2+3x-130=0$

$(x+13)(x-10)=0$ $\quad\therefore x=-13$ 또는 $x=10$

이때 $x$는 자연수이므로 $x=10$

따라서 학생 수는 10명이다.

**필수 문제 7** (1) 2초 후 (2) 5초 후

(1) $-5t^2+25t=30$, $5t^2-25t+30=0$

$t^2-5t+6=0$, $(t-2)(t-3)=0$

$\therefore t=2$ 또는 $t=3$

따라서 물 로켓의 높이가 처음으로 30 m가 되는 것은 쏘아 올린 지 2초 후이다.

(2) 지면에 떨어지는 것은 높이가 0 m일 때이므로

$-5t^2+25t=0$, $t^2-5t=0$, $t(t-5)=0$

$\therefore t=0$ 또는 $t=5$

이때 $t>0$이므로 $t=5$

따라서 물 로켓이 지면에 떨어지는 것은 쏘아 올린 지 5초 후이다.

**7-1** 3초 후

$-5x^2+35x+8=68$, $5x^2-35x+60=0$

$x^2-7x+12=0$, $(x-3)(x-4)=0$

$\therefore x=3$ 또는 $x=4$

따라서 공의 높이가 처음으로 68 m가 되는 것은 공을 쏘아 올린 지 3초 후이다.

**필수 문제 8** 10 cm

처음 정사각형의 한 변의 길이를 $x$ cm라고 하면

$(x+2)(x-4)=72$, $x^2-2x-8=72$

$x^2-2x-80=0$, $(x+8)(x-10)=0$

$\therefore x=-8$ 또는 $x=10$

이때 $x>4$이므로 $x=10$

따라서 처음 정사각형의 한 변의 길이는 10 cm이다.

**8-1**  **3 m**

도로를 제외한 땅의 넓이는 오른
쪽 그림의 색칠한 부분의 넓이와
같다.

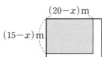

$(20-x)\,\text{m}$
$(15-x)\,\text{m}$

도로의 폭을 $x$ m라고 하면 도로
를 제외한 땅의 넓이가 $204\,\text{m}^2$이므로
$(20-x)(15-x)=204,\ 300-35x+x^2=204$
$x^2-35x+96=0,\ (x-3)(x-32)=0$
$\therefore x=3$ 또는 $x=32$
이때 $0<x<15$이므로 $x=3$
따라서 도로의 폭은 $3\,\text{m}$이다.

---

**5** 큰 정사각형의 한 변의 길이를 $x$ cm라고 하면
작은 정사각형의 한 변의 길이는 $(12-x)$ cm이므로
$x^2+(12-x)^2=90$
$x^2+144-24x+x^2=90,\ 2x^2-24x+54=0$
$x^2-12x+27=0,\ (x-3)(x-9)=0$
$\therefore x=3$ 또는 $x=9$
이때 $6<x<12$이므로 $x=9$
따라서 큰 정사각형의 한 변의 길이는 $9\,\text{cm}$이다.

---

**STEP 1 쏙쏙 개념 익히기**                P. 121

| **1** | 5 | **2** | 8, 9 | **3** | 10살 |
|---|---|---|---|---|---|
| **4** | 4초 후 | **5** | 9 cm | | |

**1** 어떤 자연수를 $x$라고 하면
$2x=x^2-15,\ x^2-2x-15=0$
$(x+3)(x-5)=0$
$\therefore x=-3$ 또는 $x=5$
이때 $x$는 자연수이므로 $x=5$

**2** 연속하는 두 자연수를 $x$, $x+1$이라 하면
$x^2+(x+1)^2=145,\ 2x^2+2x-144=0$
$x^2+x-72=0,\ (x+9)(x-8)=0$
$\therefore x=-9$ 또는 $x=8$
이때 $x$는 자연수이므로 $x=8$
따라서 두 자연수는 8, 9이다.

**3** 동생의 나이를 $x$살이라고 하면 형의 나이는 $(x+3)$살이므
로
$6(x+3)=x^2-22,\ x^2-6x-40=0$
$(x+4)(x-10)=0$
$\therefore x=-4$ 또는 $x=10$
이때 $x$는 자연수이므로 $x=10$
따라서 동생의 나이는 10살이다.

**4** $-5t^2+18t+8=0,\ 5t^2-18t-8=0$
$(5t+2)(t-4)=0$
$\therefore t=-\dfrac{2}{5}$ 또는 $t=4$
이때 $t>0$이므로 $t=4$
따라서 물체가 지면에 떨어지는 것은 던져 올린 지 4초 후이
다.

---

**STEP 2 탄탄 단원 다지기**                P. 122~125

| **1** ②, ③ | **2** ④ | **3** ④ | **4** $-2$ | **5** ⑤ |
|---|---|---|---|---|
| **6** ⑤ | **7** $-7$ | **8** ③ | **9** ③ | **10** 13 |
| **11** ④ | **12** ⑤ | **13** 42 | **14** 22 | |
| **15** $x=-4\pm\sqrt{10}$ | **16** ② | **17** ② | **18** ③ | |
| **19** 2 | **20** ①, ③ | **21** ⑤ | **22** 15단계 | |
| **23** ④ | **24** 21쪽, 22쪽 | **25** 2초 | | |
| **26** 16마리 또는 48마리 | | **27** 7 cm | | |

**1** ① $3x^2=x^2-x+1$에서 $2x^2+x-1=0$ ⇨ 이차방정식
② $x^2+4x+3$ ⇨ 이차식
③ $x^2+1=x(x+1)$에서 $x^2+1=x^2+x$
$\therefore -x+1=0$ ⇨ 일차방정식
④ $x^2+2x+3=0$ ⇨ 이차방정식
⑤ $3x^3-2x^2+5=3x^3-1$에서 $-2x^2+6=0$ ⇨ 이차방정식
따라서 이차방정식이 아닌 것은 ②, ③이다.

**2** $3x(x-5)=ax^2-5$에서
$3x^2-15x=ax^2-5$
$\therefore (3-a)x^2-15x+5=0$
이때 $x^2$의 계수가 0이 아니어야 하므로 $a\neq3$

**3** ① $1^2-2\times1\neq0$
② $(-1)^2-6\times(-1)+5\neq0$
③ $(-5)^2-(-5)-20\neq0$
④ $2\times\left(\dfrac{1}{2}\right)^2+3\times\dfrac{1}{2}-2=0$
⑤ $3\times\left(\dfrac{1}{3}\right)^2-3\times\dfrac{1}{3}-2\neq0$
따라서 [ ] 안의 수가 주어진 이차방정식의 해인 것은 ④이다.

**4** $x^2+ax-8=0$에 $x=4$를 대입하면
$4^2+a\times4-8=0,\ 4a+8=0$  $\therefore a=-2$
$x^2-4x-b=0$에 $x=4$를 대입하면
$4^2-4\times4-b=0$  $\therefore b=0$
$\therefore a+b=-2+0=-2$

**5**
① $x^2+5x-1=0$에 $x=a$를 대입하면 $a^2+5a-1=0$

② $a^2+5a-1=0$에서 $a^2+5a=1$이므로
$2a^2+10a=2(a^2+5a)=2\times1=2$

③ $a^2+5a+3=1+3=4$

④ $a^2+5a-1=0$에서 $a\ne0$이므로 양변을 $a$로 나누면
$a+5-\dfrac{1}{a}=0$  ∴ $a-\dfrac{1}{a}=-5$

⑤ $a^2+\dfrac{1}{a^2}=\left(a-\dfrac{1}{a}\right)^2+2=(-5)^2+2=27$

따라서 옳지 않은 것은 ⑤이다.

**6**
$(x+3)(2x-1)=0$에서 $x=-3$ 또는 $x=\dfrac{1}{2}$

$(3x-2)(x+4)=0$에서 $x=\dfrac{2}{3}$ 또는 $x=-4$

따라서 두 이차방정식의 해를 모두 곱하면
$-3\times\dfrac{1}{2}\times\dfrac{2}{3}\times(-4)=4$

**7**
$x^2=9x-18$에서 $x^2-9x+18=0$
$(x-3)(x-6)=0$  ∴ $x=3$ 또는 $x=6$
두 근 중 작은 근이 $x=3$이므로
$3x^2+ax-6=0$에 $x=3$을 대입하면
$3\times3^2+a\times3-6=0$, $3a+21=0$
∴ $a=-7$

**8**
ㄱ. $x(x-4)=0$에서 $x=0$ 또는 $x=4$
ㄴ. $x^2-x+\dfrac{1}{4}=0$에서 $\left(x-\dfrac{1}{2}\right)^2=0$  ∴ $x=\dfrac{1}{2}$
ㄷ. $x^2=1$에서 $x^2-1=0$
$(x+1)(x-1)=0$  ∴ $x=-1$ 또는 $x=1$
ㄹ. $(x+2)(x-4)=-9$에서
$x^2-2x-8=-9$, $x^2-2x+1=0$
$(x-1)^2=0$  ∴ $x=1$
ㅁ. $x^2-3x=-5x+15$에서
$x^2+2x-15=0$, $(x+5)(x-3)=0$
∴ $x=-5$ 또는 $x=3$
따라서 중근을 갖는 것은 ㄴ, ㄹ이다.

**9**
$4(x-3)^2=20$에서 $(x-3)^2=5$
$x-3=\pm\sqrt5$  ∴ $x=3\pm\sqrt5$

**10**
$2(x+a)^2-14=0$에서 $2(x+a)^2=14$
$(x+a)^2=7$, $x+a=\pm\sqrt7$  ∴ $x=-a\pm\sqrt7$
즉, $-a\pm\sqrt7=-6\pm\sqrt{b}$이므로 $a=6$, $b=7$
∴ $a+b=6+7=13$

**11**
④ $\pm\dfrac{\sqrt{41}}{2}$

**12**
$2x^2-8x+5=0$에서
$x^2-4x+\dfrac{5}{2}=0$, $x^2-4x=-\dfrac{5}{2}$
$x^2-4x+4=-\dfrac{5}{2}+4$, $(x-2)^2=\dfrac{3}{2}$
따라서 $p=2$, $q=\dfrac{3}{2}$이므로 $pq=2\times\dfrac{3}{2}=3$

**13**
$x=\dfrac{-(-1)\pm\sqrt{(-1)^2-4\times5\times(-2)}}{2\times5}=\dfrac{1\pm\sqrt{41}}{10}$
따라서 $a=1$, $b=41$이므로
$a+b=1+41=42$

**14**
$x=\dfrac{-(-A)\pm\sqrt{(-A)^2-4\times2\times1}}{2\times2}$
$=\dfrac{A\pm\sqrt{A^2-8}}{4}=\dfrac{5\pm\sqrt{B}}{4}$
따라서 $A=5$, $B=A^2-8=5^2-8=17$이므로
$A+B=5+17=22$

**15**
$x^2+(k+2)x+k=0$의 일차항의 계수와 상수항을 바꾸면
$x^2+kx+(k+2)=0$
$x=-2$를 대입하면
$(-2)^2+k\times(-2)+(k+2)=0$
$-k+6=0$  ∴ $k=6$
처음 이차방정식 $x^2+(k+2)x+k=0$에 $k=6$을 대입하면
$x^2+8x+6=0$
∴ $x=-4\pm\sqrt{4^2-1\times6}=-4\pm\sqrt{10}$

**16**
주어진 이차방정식의 해는
$x=\dfrac{-(-3)\pm\sqrt{(-3)^2-4\times1\times a}}{2\times1}$
$=\dfrac{3\pm\sqrt{9-4a}}{2}$
$a$는 자연수이므로 $x$가 유리수가 되려면 $9-4a$는 $0$ 또는 $9$보다 작은 (자연수)$^2$ 꼴인 수이어야 한다.
즉, $9-4a=0$, $1$, $4$에서 $a=\dfrac{9}{4}$, $2$, $\dfrac{5}{4}$
따라서 해가 모두 유리수가 되도록 하는 자연수 $a$의 값은 $2$이다.

**17**
양변에 6을 곱하면 $4x^2-5x-3=0$
∴ $x=\dfrac{-(-5)\pm\sqrt{(-5)^2-4\times4\times(-3)}}{2\times4}$
$=\dfrac{5\pm\sqrt{73}}{8}$

**18**
$x-y=A$로 놓으면 $A(A-2)=8$
$A^2-2A-8=0$, $(A+2)(A-4)=0$
∴ $A=-2$ 또는 $A=4$
∴ $x-y=-2$ 또는 $x-y=4$
이때 $x>y$이므로 $x-y>0$
∴ $x-y=4$

**19** $x^2+(2k-1)x+k^2-2=0$이 해를 가지려면
$b^2-4ac=(2k-1)^2-4\times1\times(k^2-2)\geq0$
$-4k+9\geq0$ $\therefore k\leq\dfrac{9}{4}$
따라서 가장 큰 정수 $k$의 값은 2이다.

**20** $x^2+2(k-2)x+k=0$이 중근을 가지므로
$b'^2-ac=(k-2)^2-1\times k=0$
$k^2-5k+4=0$, $(k-1)(k-4)=0$
$\therefore k=1$ 또는 $k=4$

**21** $2x^2+7x+3=0$에서 $(x+3)(2x+1)=0$
$\therefore x=-3$ 또는 $x=-\dfrac{1}{2}$
즉, $-3+1=-2$, $-\dfrac{1}{2}+1=\dfrac{1}{2}$을 두 근으로 하고 $x^2$의 계수가 2인 이차방정식은
$2(x+2)\left(x-\dfrac{1}{2}\right)=0$ $\therefore 2x^2+3x-2=0$
따라서 $a=3$, $b=-2$이므로 $a-b=3-(-2)=5$

**22** $\dfrac{n(n+1)}{2}=120$, $n^2+n-240=0$
$(n+16)(n-15)=0$ $\therefore n=-16$ 또는 $n=15$
이때 $n$은 자연수이므로 $n=15$
따라서 120개의 바둑돌로 만든 삼각형 모양은 15단계이다.

**23** 연속하는 세 자연수를 $x-1$, $x$, $x+1$이라고 하면
$(x+1)^2=(x-1)^2+x^2-12$, $x^2-4x-12=0$
$(x+2)(x-6)=0$ $\therefore x=-2$ 또는 $x=6$
이때 $x$는 자연수이므로 $x=6$
따라서 연속하는 세 자연수는 5, 6, 7이므로 세 자연수의 합은 $5+6+7=18$

**24** 펼쳐진 두 면의 쪽수를 $x$쪽, $(x+1)$쪽이라고 하면
$x(x+1)=462$, $x^2+x-462=0$
$(x+22)(x-21)=0$ $\therefore x=-22$ 또는 $x=21$
이때 $x$는 자연수이므로 $x=21$
따라서 두 면의 쪽수는 21쪽, 22쪽이다.

**25** $50t-5t^2=120$, $t^2-10t+24=0$
$(t-4)(t-6)=0$ $\therefore t=4$ 또는 $t=6$
따라서 야구공이 높이가 120 m 이상인 지점을 지나는 것은 4초부터 6초까지이므로 2초 동안이다.

**26** 숲속에 있는 원숭이를 모두 $x$마리라고 하면
$x-\left(\dfrac{1}{8}x\right)^2=12$, $x-\dfrac{1}{64}x^2=12$
$x^2-64x+768=0$, $(x-16)(x-48)=0$
$\therefore x=16$ 또는 $x=48$
따라서 원숭이는 모두 16마리 또는 48마리이다.

**27** 처음 직사각형 모양의 종이의 세로의 길이를 $x$ cm라고 하면

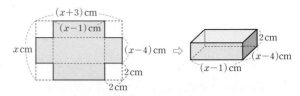

$2(x-1)(x-4)=36$, $x^2-5x+4=18$
$x^2-5x-14=0$, $(x+2)(x-7)=0$
$\therefore x=-2$ 또는 $x=7$
이때 $x>4$이므로 $x=7$
따라서 처음 직사각형 모양의 종이의 세로의 길이는 7 cm이다.

**STEP 3** **쓱쓱 서술형 완성하기** P. 126~127

〈과정은 풀이 참조〉

**따라 해보자** 유제 1 $x=2$ 유제 2 $x=-2$ 또는 $x=14$

**연습해 보자** 1 $x=3$ 2 $x=\dfrac{-4\pm\sqrt{13}}{3}$

3 $x=\dfrac{-3\pm\sqrt{13}}{2}$ 4 26

**따라 해보자**

유제 1 **1단계** $x=3$을 주어진 이차방정식에 대입하면
$(a-1)\times3^2-(2a+1)\times3+6=0$
$3a-6=0$ $\therefore a=2$ ⋯ (i)
**2단계** $a=2$를 주어진 이차방정식에 대입하면
$x^2-5x+6=0$, $(x-2)(x-3)=0$
$\therefore x=2$ 또는 $x=3$ ⋯ (ii)
**3단계** 따라서 다른 한 근은 $x=2$이다. ⋯ (iii)

| 채점 기준 | 비율 |
|---|---|
| (i) 주어진 근을 대입하여 $a$의 값 구하기 | 40 % |
| (ii) $a$의 값을 대입하여 이차방정식 풀기 | 40 % |
| (iii) 다른 한 근 구하기 | 20 % |

유제 2 **1단계** 준기는 $-4$, 7을 해로 얻었으므로 준기가 푼 이차방정식은
$(x+4)(x-7)=0$ $\therefore x^2-3x-28=0$
준기는 상수항을 제대로 보았으므로
$b=-28$ ⋯ (i)
**2단계** 선미는 4, 8을 해로 얻었으므로 선미가 푼 이차방정식은
$(x-4)(x-8)=0$, $x^2-12x+32=0$
선미는 $x$의 계수를 제대로 보았으므로
$a=-12$ ⋯ (ii)

개
념
편

**3단계** 처음 이차방정식은 $x^2-12x-28=0$이므로

$$(x+2)(x-14)=0$$

$$\therefore x=-2 \text{ 또는 } x=14 \qquad \cdots \text{(iii)}$$

| 채점 기준 | 비율 |
|---|---|
| (i) $b$의 값 구하기 | 30 % |
| (ii) $a$의 값 구하기 | 30 % |
| (iii) 처음 이차방정식의 해 구하기 | 40 % |

**연습해 보자**

**1** $2x^2-5x-3=0$에서 $(2x+1)(x-3)=0$

$$\therefore x=-\frac{1}{2} \text{ 또는 } x=3 \qquad \cdots \text{(i)}$$

$x^2+3x-18=0$에서 $(x+6)(x-3)=0$

$$\therefore x=-6 \text{ 또는 } x=3 \qquad \cdots \text{(ii)}$$

따라서 두 이차방정식을 동시에 만족시키는 해는 $x=3$이다.

$$\cdots \text{(iii)}$$

| 채점 기준 | 비율 |
|---|---|
| (i) $2x^2-5x-3=0$의 해 구하기 | 40 % |
| (ii) $x^2+3x-18=0$의 해 구하기 | 40 % |
| (iii) 두 이차방정식을 동시에 만족시키는 해 구하기 | 20 % |

**2** $3x^2+8x+1=0$의 양변을 3으로 나누면

$$x^2+\frac{8}{3}x+\frac{1}{3}=0 \qquad \cdots \text{(i)}$$

상수항을 우변으로 이항하면

$$x^2+\frac{8}{3}x=-\frac{1}{3}$$

양변에 $\left(\frac{4}{3}\right)^2=\frac{16}{9}$ 을 더하면

$$x^2+\frac{8}{3}x+\frac{16}{9}=-\frac{1}{3}+\frac{16}{9}$$

$$\left(x+\frac{4}{3}\right)^2=\frac{13}{9} \qquad \cdots \text{(ii)}$$

$$x+\frac{4}{3}=\pm\frac{\sqrt{13}}{3} \qquad \therefore x=\frac{-4\pm\sqrt{13}}{3} \qquad \cdots \text{(iii)}$$

| 채점 기준 | 비율 |
|---|---|
| (i) $x^2$의 계수를 1로 만들기 | 20 % |
| (ii) 좌변을 완전제곱식으로 고치기 | 50 % |
| (iii) 이차방정식의 해 구하기 | 30 % |

**3** $x^2-5x+m+6=0$이 중근을 가지므로

$$(-5)^2-4\times1\times(m+6)=0 \qquad \cdots \text{(i)}$$

$$1-4m=0 \qquad \therefore m=\frac{1}{4} \qquad \cdots \text{(ii)}$$

$4mx^2+3x-1=0$에 $m=\frac{1}{4}$을 대입하면

$$x^2+3x-1=0$$

$$\therefore x=\frac{-3\pm\sqrt{3^2-4\times1\times(-1)}}{2\times1}=\frac{-3\pm\sqrt{13}}{2} \qquad \cdots \text{(iii)}$$

| 채점 기준 | 비율 |
|---|---|
| (i) 중근을 가질 조건 구하기 | 40 % |
| (ii) $m$의 값 구하기 | 20 % |
| (iii) $4mx^2+3x-1=0$의 해 구하기 | 40 % |

**다른 풀이**

중근을 가지려면 좌변이 완전제곱식이어야 하므로

$$m+6=\left(\frac{-5}{2}\right)^2=\frac{25}{4} \qquad \cdots \text{(i)}$$

$$\therefore m=\frac{1}{4} \qquad \cdots \text{(ii)}$$

$4mx^2+3x-1=0$에 $m=\frac{1}{4}$을 대입하면

$$x^2+3x-1=0$$

$$\therefore x=\frac{-3\pm\sqrt{3^2-4\times1\times(-1)}}{2\times1}$$

$$=\frac{-3\pm\sqrt{13}}{2} \qquad \cdots \text{(iii)}$$

| 채점 기준 | 비율 |
|---|---|
| (i) 중근을 가질 조건 구하기 | 40 % |
| (ii) $m$의 값 구하기 | 20 % |
| (iii) $4mx^2+3x-1=0$의 해 구하기 | 40 % |

**4** 십의 자리의 숫자를 $x$라고 하면 일의 자리의 숫자는 $3x$이므로

$$10x+3x=x\times3x+14, \ 3x^2-13x+14=0 \qquad \cdots \text{(i)}$$

$$(x-2)(3x-7)=0$$

$$\therefore x=2 \text{ 또는 } x=\frac{7}{3} \qquad \cdots \text{(ii)}$$

이때 $x$는 자연수이므로 $x=2$

따라서 십의 자리의 숫자는 2, 일의 자리의 숫자는 6이므로 구하는 자연수는 26이다. $\qquad \cdots \text{(iii)}$

| 채점 기준 | 비율 |
|---|---|
| (i) 이차방정식 세우기 | 40 % |
| (ii) 이차방정식 풀기 | 40 % |
| (iii) 두 자리의 자연수 구하기 | 20 % |

**예술 속 수학** P. 128

답 $\dfrac{1+\sqrt5}{2}$

$\overline{AB}:\overline{BC}=\overline{BC}:\overline{AC}$이므로 $(1+x):x=x:1$

$$x^2=1+x, \ x^2-x-1=0$$

$$\therefore x=\frac{-(-1)\pm\sqrt{(-1)^2-4\times1\times(-1)}}{2\times1}=\frac{1\pm\sqrt5}{2}$$

이때 $x>0$이므로 $x=\dfrac{1+\sqrt5}{2}$

## 1 이차함수의 뜻

P. 132

**필수 문제 1**  ㄷ, ㅂ

ㄴ. $y=x^2(2-x)=-x^3+2x^2$ ➡ 이차함수가 아니다.

ㄷ. $y=(x+2)^2-4x=x^2+4$ ➡ 이차함수

ㄹ. $y+2x=1$에서 $y=-2x+1$ ➡ 일차함수

ㅂ. $y=-2(x-2)(x+2)=-2x^2+8$ ➡ 이차함수

따라서 $y$가 $x$에 대한 이차함수인 것은 ㄷ, ㅂ이다.

**1-1**  ⑤

① $y=\dfrac{1}{x^2}+2$ ➡ 이차함수가 아니다.

② $y=x^2(x+1)=x^3+x^2$ ➡ 이차함수가 아니다.

③ $y=-(x-1)+6=-x+7$ ➡ 일차함수

④ $y=x^2-x(x+4)=-4x$ ➡ 일차함수

⑤ $y=(x+1)(x-1)=x^2-1$ ➡ 이차함수

따라서 $y$가 $x$에 대한 이차함수인 것은 ⑤이다.

**1-2**  (1) $y=4x$  (2) $y=x^3$

(3) $y=x^2+4x+3$  (4) $y=\pi x^2$

이차함수: (3), (4)

(1) $y=4x$ ➡ 일차함수

(2) $y=x^3$ ➡ 이차함수가 아니다.

(3) $y=(x+1)(x+3)=x^2+4x+3$ ➡ 이차함수

(4) $y=\pi x^2$ ➡ 이차함수

따라서 $y$가 $x$에 대한 이차함수인 것은 (3), (4)이다.

**필수 문제 2**  3

$f(2)=2^2+2\times2-5=3$

**2-1**  10

$f(-3)=\dfrac{1}{3}\times(-3)^2-(-3)+2=8$

$f(0)=\dfrac{1}{3}\times0^2-0+2=2$

$\therefore f(-3)+f(0)=8+2=10$

### STEP 1  쏙쏙 개념 익히기

P. 133

**1** ⑤  **2** ④  **3** ②  **4** 1

**5** 1  **6** 17

**1** ② $y=x(x+2)-x^2=x^2+2x-x^2=2x$ ➡ 일차함수

③ $(2x+1)(x-3)+4=0$에서

$2x^2-5x+1=0$ ➡ 이차방정식

따라서 $y$가 $x$에 대한 이차함수인 것은 ⑤이다.

**2** ① $y=1000\times x=1000x$ ➡ 일차함수

② $y=2\times x=2x$ ➡ 일차함수

③ $y=6\times x=6x$ ➡ 일차함수

④ $y=\pi\times x^2\times3=3\pi x^2$ ➡ 이차함수

⑤ $y=\dfrac{1}{2}\times x\times8=4x$ ➡ 일차함수

따라서 $y$가 $x$에 대한 이차함수인 것은 ④이다.

**3** $y=2x^2+2x(ax-1)-5=(2+2a)x^2-2x-5$

이때 $x^2$의 계수가 0이 아니어야 하므로

$2+2a\neq0$  $\therefore a\neq-1$

**4** $f(3)=-2\times3^2+3\times3-1=-10$

$f\left(-\dfrac{1}{2}\right)=-2\times\left(-\dfrac{1}{2}\right)^2+3\times\left(-\dfrac{1}{2}\right)-1=-3$

$\therefore \dfrac{1}{2}f(3)-2f\left(-\dfrac{1}{2}\right)=\dfrac{1}{2}\times(-10)-2\times(-3)=1$

**5** $f(3)=3^2-2\times3+a=4$이므로

$9-6+a=4$  $\therefore a=1$

**6** $f(-2)=a\times(-2)^2+3\times(-2)-6=4$이므로

$4a-6-6=4,\ 4a=16$  $\therefore a=4$

따라서 $f(x)=4x^2+3x-6$이므로

$f(1)=4\times1^2+3\times1-6=1$

$f(2)=4\times2^2+3\times2-6=16$

$\therefore f(1)+f(2)=1+16=17$

## 2 이차함수 $y=ax^2$의 그래프

P. 134~135

**필수 문제 1**  (1)

| $x$ | $\cdots$ | $-3$ | $-2$ | $-1$ | $0$ | $1$ | $2$ | $3$ | $\cdots$ |
|---|---|---|---|---|---|---|---|---|---|
| $y$ | $\cdots$ | $9$ | $4$ | $1$ | $0$ | $1$ | $4$ | $9$ | $\cdots$ |

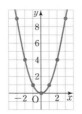

(2) ㄱ. 0, 0, 아래  ㄴ. $x=0$  ㄷ. $x$

ㄹ. 증가  ㅁ. 16

**필수 문제 2** (1)

| $x$ | $\cdots$ | $-3$ | $-2$ | $-1$ | $0$ | $1$ | $2$ | $3$ | $\cdots$ |
|---|---|---|---|---|---|---|---|---|---|
| $y$ | $\cdots$ | $-9$ | $-4$ | $-1$ | $0$ | $-1$ | $-4$ | $-9$ | $\cdots$ |

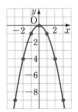

(2) ㄱ. $0, 0,$ 위 ㄴ. $x=0$ ㄷ. $x$
ㄹ. 감소 ㅁ. $-49$

---

**P. 135~136**

**개념 확인**

| $x$ | $\cdots$ | $-3$ | $-2$ | $-1$ | $0$ | $1$ | $2$ | $3$ | $\cdots$ |
|---|---|---|---|---|---|---|---|---|---|
| $y=x^2$ | $\cdots$ | $9$ | $4$ | $1$ | $0$ | $1$ | $4$ | $9$ | $\cdots$ |
| $y=2x^2$ | $\cdots$ | $18$ | $8$ | $2$ | $0$ | $2$ | $8$ | $18$ | $\cdots$ |

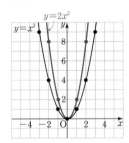

**필수 문제 3** ㄱ. $0, 0,$ 위 ㄴ. $y, x=0$ ㄷ. $y=2x^2$
ㄹ. 증가 ㅁ. $-8$
ㅁ. $y=-2x^2$에 $x=-2$를 대입하면
$$y=-2\times(-2)^2=-8$$
따라서 점 $(-2, -8)$을 지난다.

**3-1** (1) ㄴ, ㄷ (2) ㄹ (3) ㄱ과 ㄴ (4) ㄱ, ㄹ, ㅁ (5) ㄴ
(1) $x^2$의 계수가 음수이면 그래프가 위로 볼록하므로 ㄴ, ㄷ
(2) $x^2$의 계수의 절댓값이 작을수록 그래프의 폭이 넓어지므로 ㄹ
(3) $x^2$의 계수의 절댓값이 같고 부호가 반대인 두 이차함수의 그래프는 $x$축에 서로 대칭이므로 ㄱ과 ㄴ
(4) $x>0$일 때, $x$의 값이 증가하면 $y$의 값도 증가하는 것은 아래로 볼록한 그래프이므로 ㄱ, ㄹ, ㅁ
(5) ㄱ. $y=4x^2$에 $x=2$를 대입하면 $y=4\times2^2=16$
ㄴ. $y=-4x^2$에 $x=2$를 대입하면 $y=-4\times2^2=-16$
ㄷ. $y=-\dfrac{1}{3}x^2$에 $x=2$를 대입하면 $y=-\dfrac{1}{3}\times2^2=-\dfrac{4}{3}$
ㄹ. $y=\dfrac{1}{5}x^2$에 $x=2$를 대입하면 $y=\dfrac{1}{5}\times2^2=\dfrac{4}{5}$
ㅁ. $y=6x^2$에 $x=2$를 대입하면 $y=6\times2^2=24$
따라서 점 $(2, -16)$을 지나는 그래프는 ㄴ이다.

---

**필수 문제 4** $2$

$y=\dfrac{1}{2}x^2$의 그래프가 점 $(2, a)$를 지나므로
$$a=\dfrac{1}{2}\times2^2=2$$

**4-1** $-1$

$y=ax^2$의 그래프가 점 $(3, -9)$를 지나므로
$$-9=a\times3^2 \qquad \therefore a=-1$$

---

**STEP 1 쏙쏙 개념 익히기** P. 137

**1** ③, ⑤ **2** ④ **3** $\dfrac{1}{9}$

**4** ⑤ **5** $y=\dfrac{1}{2}x^2$

**1** ③ $y=\dfrac{1}{4}x^2$에 $x=4$, $y=1$을 대입하면 $1\neq\dfrac{1}{4}\times4^2$이므로
점 $(4, 1)$을 지나지 않는다.
⑤ $y$축에 대칭이다.

**2** $\left|-\dfrac{1}{2}\right|<\left|-\dfrac{2}{3}\right|<|-1|<\left|\dfrac{4}{3}\right|<|2|$이므로 그래프의 폭이 가장 좁은 것은 ④ $y=2x^2$이다.

**3** $y=ax^2$의 그래프가 점 $(-3, 12)$를 지나므로
$$12=a\times(-3)^2 \qquad \therefore a=\dfrac{4}{3}$$
즉, $y=\dfrac{4}{3}x^2$의 그래프가 점 $\left(\dfrac{1}{4}, b\right)$를 지나므로
$$b=\dfrac{4}{3}\times\left(\dfrac{1}{4}\right)^2=\dfrac{1}{12}$$
$$\therefore ab=\dfrac{4}{3}\times\dfrac{1}{12}=\dfrac{1}{9}$$

**4** 꼭짓점이 원점이므로 $y=ax^2$으로 놓자.
이 그래프가 점 $(2, 6)$을 지나므로
$$6=a\times2^2 \qquad \therefore a=\dfrac{3}{2}$$
따라서 구하는 이차함수의 식은 $y=\dfrac{3}{2}x^2$이다.

**5** 꼭짓점이 원점이므로 $y=ax^2$으로 놓자.
이 그래프가 점 $(2, 2)$를 지나므로
$$2=a\times2^2 \qquad \therefore a=\dfrac{1}{2}$$
따라서 구하는 이차함수의 식은 $y=\dfrac{1}{2}x^2$이다.

## ⌒3 이차함수 $y=a(x-p)^2+q$의 그래프

**P. 138**

**개념 확인**

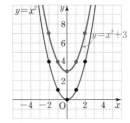

(1) 3
(2) 0
(3) 0, 3

**필수 문제 1** (1) $y=-3x^2+2$, $x=0$, $(0, 2)$
(2) $y=\dfrac{2}{3}x^2-4$, $x=0$, $(0, -4)$

**1-1** (1) $y=-2x^2+4$ (2) $x=0$, 0, 4 (3) 위 (4) 감소

**1-2** 19
평행이동한 그래프를 나타내는 이차함수의 식은
$y=5x^2-1$
이 그래프가 점 $(-2, k)$를 지나므로
$k=5\times(-2)^2-1=19$

**P. 139**

**개념 확인**

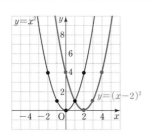

(1) 2
(2) 2
(3) 2, 0

**필수 문제 2** (1) $y=3(x+1)^2$, $x=-1$, $(-1, 0)$
(2) $y=-\dfrac{1}{2}(x-3)^2$, $x=3$, $(3, 0)$

**2-1** (1) $y=\dfrac{1}{3}(x+2)^2$ (2) $x=-2$, $-2$, 0
(3) 아래 (4) 감소

**2-2** $-\dfrac{1}{4}$
평행이동한 그래프를 나타내는 이차함수의 식은
$y=a(x+3)^2$
이 그래프가 점 $(-5, -1)$을 지나므로
$-1=a\times(-5+3)^2$ ∴ $a=-\dfrac{1}{4}$

---

**1**

| (1) $y=2x^2-1$ | (2) $y=-\dfrac{2}{3}(x-3)^2$ | (3) $y=-x^2+4$ |
|---|---|---|
| $x=0$ | $x=3$ | $x=0$ |
| $(0, -1)$ | $(3, 0)$ | $(0, 4)$ |
| 아래로 볼록 | 위로 볼록 | 위로 볼록 |
| (1)~(3)을 그래프의 폭이 좁은 것부터 차례로 나열하면 (1), (3), (2)이다. | | |

**2** $-8$    **3** ②    **4** 1    **5** ①

**2** 평행이동한 그래프를 나타내는 이차함수의 식은
$y=\dfrac{3}{2}x^2+a$
이 그래프가 점 $(-4, 16)$을 지나므로
$16=\dfrac{3}{2}\times(-4)^2+a$ ∴ $a=-8$

**3** ② 축의 방정식은 $x=0$이다.

**4** 평행이동한 그래프를 나타내는 이차함수의 식은
$y=-2(x+3)^2$
이 그래프가 점 $(k, -32)$를 지나므로
$-32=-2\times(k+3)^2$, $(k+3)^2=16$
$k+3=\pm4$
∴ $k=-7$ 또는 $k=1$
이때 $k>0$이므로 $k=1$

**5** ② 위로 볼록한 포물선이다.
③ 꼭짓점의 좌표는 $(2, 0)$이다.
④ 축의 방정식은 $x=2$이다.
⑤ $x>2$일 때, $x$의 값이 증가하면 $y$의 값은 감소한다.
따라서 옳은 것은 ①이다.

---

**P. 141**

**개념 확인**

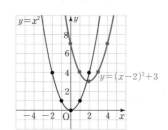

(1) 2, 3
(2) 2
(3) 2, 3

**필수 문제 3** (1) $y=2(x-2)^2+6$, $x=2$, $(2, 6)$
(2) $y=-(x+4)^2+1$, $x=-4$, $(-4, 1)$

**3-1** (1) $y=\dfrac{1}{2}(x+3)^2+1$ (2) $x=-3$, $-3$, 1
(3) 아래 (4) 증가 (5) 1, 2

(5) $y=\frac{1}{2}(x+3)^2+1$의 그래프가 오른쪽 그림과 같으므로 제1, 2사분면을 지난다.

**3-2** $-7$

평행이동한 그래프를 나타내는 이차함수의 식은

$y=-\frac{1}{3}(x-3)^2-4$

이 그래프가 점 $(6, k)$를 지나므로

$k=-\frac{1}{3}\times(6-3)^2-4=-7$

---

**P. 142**

**개념 확인** $y=(x-2)^2+1$

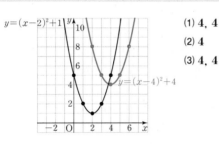

(1) 4, 4
(2) 4
(3) 4, 4

**필수 문제 4** (1) $y=2(x-3)^2+7$, $x=3$, $(3, 7)$
(2) $y=2(x-1)^2+1$, $x=1$, $(1, 1)$
(3) $y=2(x-3)^2+1$, $x=3$, $(3, 1)$

(1) 평행이동한 그래프를 나타내는 이차함수의 식은
$y=2(x-2-1)^2+7$ ∴ $y=2(x-3)^2+7$

(2) 평행이동한 그래프를 나타내는 이차함수의 식은
$y=2(x-1)^2+7-6$ ∴ $y=2(x-1)^2+1$

(3) 평행이동한 그래프를 나타내는 이차함수의 식은
$y=2(x-2-1)^2+7-6$ ∴ $y=2(x-3)^2+1$

**4-1** $y=-3(x+2)^2+8$, $x=-2$, $(-2, 8)$

평행이동한 그래프를 나타내는 이차함수의 식은
$y=-3(x+1+1)^2+3+5$ ∴ $y=-3(x+2)^2+8$

---

**P. 143**

**필수 문제 5** (1) 아래, $>$ (2) 3, $<$, $<$

**5-1** $a<0$, $p<0$, $q>0$

그래프가 위로 볼록하므로 $a<0$
꼭짓점 $(p, q)$가 제2사분면 위에 있으므로 $p<0$, $q>0$

---

**5-2** ㄹ, ㅁ, ㅂ

그래프가 아래로 볼록하므로 $a>0$
꼭짓점 $(p, q)$가 제4사분면 위에 있으므로 $p>0$, $q<0$
즉, $a>0$, $p>0$, $q<0$이므로
ㄹ. $aq<0$    ㅁ. $a+p>0$    ㅂ. $a+p-q>0$
따라서 옳은 것은 ㄹ, ㅁ, ㅂ이다.

---

**STEP 1 쑥쑥 개념 익히기** P. 144~145

1 $m=-\frac{1}{5}$, $n=-4$   2 ③, ⑤   3 1
4 ③   5 ③   6 ③   7 ⑤
8 ④

**1** 평행이동한 그래프를 나타내는 이차함수의 식은
$y=5(x-m)^2+n$
이 식이 $y=5\left(x+\frac{1}{5}\right)^2-4$와 같아야 하므로
$m=-\frac{1}{5}$, $n=-4$

**2** ③ $x<1$일 때, $x$의 값이 증가하면 $y$의 값도 증가한다.
⑤ $y=-2(x-1)^2+1$의 그래프는 꼭짓점의 좌표가 $(1, 1)$이고, 위로 볼록하며 점 $(0, -1)$을 지난다.
즉, 그래프가 오른쪽 그림과 같으므로 제1, 3, 4사분면을 지나고, 제2사분면을 지나지 않는다.

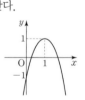

**3** 평행이동한 그래프를 나타내는 이차함수의 식은
$y=5(x+3-2)^2+4-1$ ∴ $y=5(x+1)^2+3$
이 그래프의 꼭짓점의 좌표는 $(-1, 3)$이므로 $p=-1$, $q=3$
축의 방정식은 $x=-1$이므로 $m=-1$
∴ $p+q+m=-1+3+(-1)=1$

**4** 평행이동한 그래프를 나타내는 이차함수의 식은
$y=-3(x-1-1)^2+2+4$ ∴ $y=-3(x-2)^2+6$
이 그래프가 점 $(4, m)$을 지나므로
$m=-3\times(4-2)^2+6=-6$

**5** 그래프가 아래로 볼록하므로 $a>0$
꼭짓점 $(p, q)$가 제2사분면 위에 있으므로 $p<0$, $q>0$

**6** $a<0$이므로 위로 볼록한 포물선이다.
$p>0$, $q<0$이므로 꼭짓점 $(p, q)$가 제4사분면 위에 있다.
따라서 $y=a(x-p)^2+q$의 그래프로 적당한 것은 ③이다.

**7** 그래프의 꼭짓점의 좌표가 $(p,\ 2p)$이고, 이 점이 직선 $y=3x-4$ 위에 있으므로

$2p=3p-4$     $\therefore p=4$

**8** 그래프의 꼭짓점의 좌표가 $(p,\ 3p^2)$이고, 이 점이 직선 $y=5x+2$ 위에 있으므로

$3p^2=5p+2,\ 3p^2-5p-2=0$

$(3p+1)(p-2)=0$     $\therefore p=-\dfrac{1}{3}$ 또는 $p=2$

이때 $p<0$이므로 $p=-\dfrac{1}{3}$

## 4 이차함수 $y=ax^2+bx+c$의 그래프

P. 146~147

**필수 문제 1**　(1) 1, 1, 1, 2, 1, 3, 1, 3, 아래, 0, 5

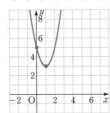

(2) 4, 4, 4, 8, 2, 7, −2, 7, 위, 0, −1

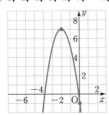

**1-1**　(1) $(2,\ -1),\ (0,\ 3)$, 그래프는 풀이 참조
　　　(2) $(3,\ 2),\ (0,\ -1)$, 그래프는 풀이 참조

(1) $y=x^2-4x+3$

$=(x^2-4x+4-4)+3$

$=(x-2)^2-1$

⇨ 꼭짓점의 좌표: $(2,\ -1)$

　$y$축과 만나는 점의 좌표: $(0,\ 3)$

(2) $y=-\dfrac{1}{3}x^2+2x-1$

$=-\dfrac{1}{3}(x^2-6x+9-9)-1$

$=-\dfrac{1}{3}(x-3)^2+2$

⇨ 꼭짓점의 좌표: $(3,\ 2)$

　$y$축과 만나는 점의 좌표: $(0,\ -1)$

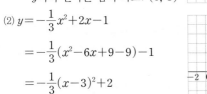

**필수 문제 2**　(1) −5, −10　(2) 0, 15　(3) 4　(4) 감소

$y=x^2+10x+15$

$=(x^2+10x+25-25)+15$

$=(x+5)^2-10$

의 그래프는 오른쪽 그림과 같다.

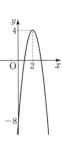

(1) 꼭짓점의 좌표는 $(-5,\ -10)$이다.

(2) $y$축과 만나는 점의 좌표는 $(0,\ 15)$
　　이다.

(3) 제4사분면을 지나지 않는다.

(4) $x<-5$일 때, $x$의 값이 증가하면 $y$의 값은 감소한다.

**2-1**　ㄴ, ㄷ

$y=-3x^2+12x-8$

$=-3(x^2-4x+4-4)-8$

$=-3(x-2)^2+4$

의 그래프는 오른쪽 그림과 같다.

ㄱ. 위로 볼록하다.

ㄹ. 제1, 3, 4사분면을 지난다.

ㅁ. $x>2$일 때, $x$의 값이 증가하면 $y$의
　　값은 감소한다.

따라서 옳은 것은 ㄴ, ㄷ이다.

**필수 문제 3**　$(2,\ 0),\ (5,\ 0)$

$y=x^2-7x+10$에 $y=0$을 대입하면

$x^2-7x+10=0$

$(x-2)(x-5)=0$     $\therefore x=2$ 또는 $x=5$

$\therefore (2,\ 0),\ (5,\ 0)$

**3-1**　$(-1,\ 0),\ (5,\ 0)$

$y=-2x^2+8x+10$에 $y=0$을 대입하면

$-2x^2+8x+10=0$

$x^2-4x-5=0,\ (x+1)(x-5)=0$

$\therefore x=-1$ 또는 $x=5$

$\therefore (-1,\ 0),\ (5,\ 0)$

P. 148

**필수 문제 4**　(1) 아래, >　(2) 왼, >, >　(3) 위, >

**4-1**　(1) $a<0,\ b>0,\ c>0$　(2) $a>0,\ b>0,\ c<0$

(1) 그래프가 위로 볼록하므로 $a<0$

　축이 $y$축의 오른쪽에 있으므로 $ab<0$　$\therefore b>0$

　$y$축과 만나는 점이 $x$축보다 위쪽에 있으므로 $c>0$

(2) 그래프가 아래로 볼록하므로 $a>0$

　축이 $y$축의 왼쪽에 있으므로 $ab>0$　$\therefore b>0$

　$y$축과 만나는 점이 $x$축보다 아래쪽에 있으므로 $c<0$

**1**
(1) $y=-(x+3)^2-3$, $x=-3$, $(-3, -3)$
(2) $y=3(x-1)^2-7$, $x=1$, $(1, -7)$
(3) $y=-\dfrac{1}{4}(x-2)^2+6$, $x=2$, $(2, 6)$

**2** ④    **3** ②, ④    **4** ②

**5** ③    **6** ②

**7** (1) A$(2, 9)$, B$(-1, 0)$, C$(5, 0)$   (2) 27

**8** 8

**2** $y=-x^2-2x-2$
$\quad=-(x^2+2x+1-1)-2$
$\quad=-(x+1)^2-1$
꼭짓점의 좌표는 $(-1, -1)$이고
($x^2$의 계수)$=-1<0$이므로 그래프가 위로 볼록하고, $y$축과
만나는 점의 좌표는 $(0, -2)$이다.
따라서 $y=-x^2-2x-2$의 그래프는 ④와 같다.

**3** $y=-\dfrac{1}{2}x^2-5x+\dfrac{5}{2}$
$\quad=-\dfrac{1}{2}(x^2+10x+25-25)+\dfrac{5}{2}$
$\quad=-\dfrac{1}{2}(x+5)^2+15$
② 꼭짓점의 좌표는 $(-5, 15)$이다.
④ $y=-\dfrac{1}{2}x^2$의 그래프를 $x$축의 방향으로 $-5$만큼, $y$축의
방향으로 15만큼 평행이동한 그래프이다.

**4** $y=-x^2-6x-11$
$\quad=-(x^2+6x+9-9)-11$
$\quad=-(x+3)^2-2$
이 그래프를 $x$축의 방향으로 $m$만큼, $y$축의 방향으로 $n$만큼
평행이동한 그래프를 나타내는 이차함수의 식은
$y=-(x-m+3)^2-2+n$
이 그래프가 $y=-x^2-4x-5$의 그래프와 일치하고
$y=-x^2-4x-5$
$\quad=-(x^2+4x+4-4)-5$
$\quad=-(x+2)^2-1$
이므로 $-m+3=2$, $-2+n=-1$
$\therefore m=1$, $n=1$
$\therefore m+n=1+1=2$

**5** 그래프가 아래로 볼록하므로 $a>0$
축이 $y$축의 오른쪽에 있으므로 $ab<0$   $\therefore b<0$
$y$축과 만나는 점이 $x$축보다 아래쪽에 있으므로 $c<0$

**6** 그래프가 위로 볼록하므로 $a<0$
축이 $y$축의 오른쪽에 있으므로 $ab<0$   $\therefore b>0$
$y$축과 만나는 점이 $x$축보다 위쪽에 있으므로 $c>0$
ㄱ. $bc>0$
ㄴ. $ac<0$
ㄷ. $x=1$일 때, $y>0$이므로 $a+b+c>0$
ㄹ. $x=-2$일 때, $y<0$이므로 $4a-2b+c<0$
따라서 옳은 것은 ㄱ, ㄷ이다.

**7** (1) $y=-x^2+4x+5$
$\qquad=-(x^2-4x+4-4)+5$
$\qquad=-(x-2)^2+9$
이므로 꼭짓점의 좌표는 $(2, 9)$   $\therefore$ A$(2, 9)$
또 두 점 B, C는 그래프와 $x$축이 만나는 점이므로
$y=-x^2+4x+5$에 $y=0$을 대입하면
$-x^2+4x+5=0$, $x^2-4x-5=0$
$(x+1)(x-5)=0$   $\therefore x=-1$ 또는 $x=5$
$\therefore$ B$(-1, 0)$, C$(5, 0)$
(2) △ABC의 밑변의 길이가 $5-(-1)=6$이고,
높이가 9이므로
$\triangle ABC=\dfrac{1}{2}\times 6 \times 9=27$

**8** $y=x^2-2x-3$
$\quad=(x^2-2x+1-1)-3$
$\quad=(x-1)^2-4$
이므로 꼭짓점의 좌표는 $(1, -4)$   $\therefore$ A$(1, -4)$
또 두 점 B, C는 그래프와 $x$축이 만나는 점이므로
$y=x^2-2x-3$에 $y=0$을 대입하면
$x^2-2x-3=0$, $(x+1)(x-3)=0$
$\therefore x=-1$ 또는 $x=3$
$\therefore$ B$(-1, 0)$, C$(3, 0)$
△ACB는 밑변의 길이가 $3-(-1)=4$이고,
높이가 4이므로
$\triangle ACB=\dfrac{1}{2}\times 4 \times 4=8$

# 5 이차함수의 식 구하기

P. 151

**개념 확인**   $x-1$, 2, 2, 3, $3(x-1)^2+2$

**필수 문제 1**   $y=4(x+3)^2-1$
꼭짓점의 좌표가 $(-3, -1)$이므로 $y=a(x+3)^2-1$로
놓자.
이 그래프가 점 $(-5, 15)$를 지나므로
$15=a\times(-5+3)^2-1$   $\therefore a=4$
$\therefore y=4(x+3)^2-1$

**1-1** ③

꼭짓점의 좌표가 $(2, 0)$이므로 $y=a(x-2)^2$으로 놓자.

이 그래프가 점 $(1, -3)$을 지나므로

$-3=a\times(1-2)^2$　　$\therefore a=-3$

$\therefore y=-3(x-2)^2$

**1-2** ③

꼭짓점의 좌표가 $(0, 4)$이므로 $y=ax^2+4$로 놓자.

이 그래프가 점 $(3, 1)$을 지나므로

$1=a\times3^2+4$　　$\therefore a=-\dfrac{1}{3}$

$\therefore y=-\dfrac{1}{3}x^2+4$

P. 152

**개념 확인**　$x-1, 3, 4a, 2, 1, 2(x-1)^2+1$

**필수 문제 2**　$y=2(x-4)^2-5$

축의 방정식이 $x=4$이므로 $y=a(x-4)^2+q$로 놓자.

이 그래프가 두 점 $(2, 3), (3, -3)$을 지나므로

$3=a\times(2-4)^2+q$　　$\therefore 4a+q=3$　　…㉠

$-3=a\times(3-4)^2+q$　　$\therefore a+q=-3$　　…㉡

㉠, ㉡을 연립하여 풀면 $a=2, q=-5$

$\therefore y=2(x-4)^2-5$

**2-1**　4

축의 방정식이 $x=-3$이므로 $y=a(x+3)^2+q$로 놓자.

이 그래프가 두 점 $(-1, 4), (0, -1)$을 지나므로

$4=a\times(-1+3)^2+q$　　$\therefore 4a+q=4$　　…㉠

$-1=a\times(0-3)^2+q$　　$\therefore 9a+q=-1$　　…㉡

㉠, ㉡을 연립하여 풀면 $a=-1, q=8$

$\therefore y=-(x+3)^2+8$

따라서 $a=-1, p=-3, q=8$이므로

$a+p+q=-1+(-3)+8=4$

**2-2**　④

축의 방정식이 $x=2$이므로 $y=a(x-2)^2+q$로 놓자.

이 그래프가 두 점 $(6, 0), (0, 6)$을 지나므로

$0=a\times(6-2)^2+q$　　$\therefore 16a+q=0$　　…㉠

$6=a\times(0-2)^2+q$　　$\therefore 4a+q=6$　　…㉡

㉠, ㉡을 연립하여 풀면 $a=-\dfrac{1}{2}, q=8$

$\therefore y=-\dfrac{1}{2}(x-2)^2+8$

따라서 $a=-\dfrac{1}{2}, p=2, q=8$이므로

$2a+p+q=2\times\left(-\dfrac{1}{2}\right)+2+8=9$

P. 153

**개념 확인**　$2, 2, 2, 2, 3, 1, 3x^2+x+2$

**필수 문제 3**　$y=x^2-4x+4$

$y=ax^2+bx+c$로 놓으면 그래프가 점 $(0, 4)$를 지나므로

$c=4$

즉, $y=ax^2+bx+4$의 그래프가 두 점 $(-1, 9), (1, 1)$을 지나므로

$9=a-b+4$　　$\therefore a-b=5$　　…㉠

$1=a+b+4$　　$\therefore a+b=-3$　　…㉡

㉠, ㉡을 연립하여 풀면 $a=1, b=-4$

$\therefore y=x^2-4x+4$

**3-1**　15

$y=ax^2+bx+c$의 그래프가 점 $(0, 5)$를 지나므로 $c=5$

즉, $y=ax^2+bx+5$의 그래프가 두 점 $(1, -1),$

$(2, -3)$을 지나므로

$-1=a+b+5$　　$\therefore a+b=-6$　　…㉠

$-3=4a+2b+5$　　$\therefore 2a+b=-4$　　…㉡

㉠, ㉡을 연립하여 풀면 $a=2, b=-8$

$\therefore y=2x^2-8x+5$

따라서 $a=2, b=-8, c=5$이므로

$a-b+c=2-(-8)+5=15$

**3-2**　③

$y=ax^2+bx+c$로 놓으면 그래프가 점 $(0, -9)$를 지나므로 $c=-9$

즉, $y=ax^2+bx-9$의 그래프가 두 점 $(1, -5), (5, -9)$를 지나므로

$-5=a+b-9$　　$\therefore a+b=4$　　…㉠

$-9=25a+5b-9$　　$\therefore 5a+b=0$　　…㉡

㉠, ㉡을 연립하여 풀면 $a=-1, b=5$

$\therefore y=-x^2+5x-9$

P. 154

**개념 확인**　$1, 2, 2x^2-6x+4$

**필수 문제 4**　$y=x^2-5x+4$

$x$축과 두 점 $(1, 0), (4, 0)$에서 만나므로

$y=a(x-1)(x-4)$로 놓자.

이 그래프가 점 $(3, -2)$를 지나므로

$-2=a\times2\times(-1)$　　$\therefore a=1$

$\therefore y=(x-1)(x-4)=x^2-5x+4$

**4-1** $-16$

$x$축과 두 점 $(-5, 0)$, $(2, 0)$에서 만나므로

$y=a(x+5)(x-2)$로 놓자.

이 그래프가 점 $(1, 12)$를 지나므로

$12=a\times6\times(-1)$  ∴ $a=-2$

∴ $y=-2(x+5)(x-2)=-2x^2-6x+20$

따라서 $a=-2$, $b=-6$, $c=20$이므로

$a-b-c=-2-(-6)-20=-16$

**4-2** ③

$x$축과 두 점 $(-2, 0)$, $(-1, 0)$에서 만나므로

$y=a(x+2)(x+1)$로 놓자.

이 그래프가 점 $(0, 4)$를 지나므로

$4=a\times2\times1$  ∴ $a=2$

∴ $y=2(x+2)(x+1)=2x^2+6x+4$

따라서 $a=2$, $b=6$, $c=4$이므로

$abc=2\times6\times4=48$

---

**STEP 1 쏙쏙 개념 익히기**　　　　P. 155

**1** (1) $y=2x^2-12x+20$　(2) $y=-x^2-2x+5$

(3) $y=-x^2+4x+5$　(4) $y=\frac{1}{2}x^2-\frac{1}{2}x-3$

**2** (1) $y=-2x^2-4x-1$　(2) $y=3x^2+12x+9$

(3) $y=-x^2-3x+4$　(4) $y=\frac{1}{3}x^2-\frac{2}{3}x-1$

**3** ④

---

**1** (1) 꼭짓점의 좌표가 $(3, 2)$이므로 $y=a(x-3)^2+2$로 놓자.

이 그래프가 점 $(4, 4)$를 지나므로

$4=a\times(4-3)^2+2$  ∴ $a=2$

∴ $y=2(x-3)^2+2=2x^2-12x+20$

(2) 축의 방정식이 $x=-1$이므로 $y=a(x+1)^2+q$로 놓자.

이 그래프가 두 점 $(0, 5)$, $(1, 2)$를 지나므로

$5=a\times(0+1)^2+q$  ∴ $a+q=5$  …㉠

$2=a\times(1+1)^2+q$  ∴ $4a+q=2$  …㉡

㉠, ㉡을 연립하여 풀면 $a=-1$, $q=6$

∴ $y=-(x+1)^2+6=-x^2-2x+5$

(3) $y=ax^2+bx+c$로 놓으면 그래프가 점 $(0, 5)$를 지나므로 $c=5$

즉, $y=ax^2+bx+5$의 그래프가 두 점 $(1, 8)$, $(-1, 0)$을 지나므로

$8=a+b+5$  ∴ $a+b=3$  …㉠

$0=a-b+5$  ∴ $a-b=-5$  …㉡

㉠, ㉡을 연립하여 풀면 $a=-1$, $b=4$

∴ $y=-x^2+4x+5$

(4) $x$축과 두 점 $(-2, 0)$, $(3, 0)$에서 만나므로

$y=a(x+2)(x-3)$으로 놓자.

이 그래프가 점 $(0, -3)$을 지나므로

$-3=a\times2\times(-3)$  ∴ $a=\frac{1}{2}$

∴ $y=\frac{1}{2}(x+2)(x-3)=\frac{1}{2}x^2-\frac{1}{2}x-3$

**2** (1) 꼭짓점의 좌표가 $(-1, 1)$이므로 $y=a(x+1)^2+1$로 놓자.

이 그래프가 점 $(0, -1)$을 지나므로

$-1=a\times(0+1)^2+1$  ∴ $a=-2$

∴ $y=-2(x+1)^2+1=-2x^2-4x-1$

(2) 축의 방정식이 $x=-2$이므로 $y=a(x+2)^2+q$로 놓자.

이 그래프가 두 점 $(-3, 0)$, $(0, 9)$를 지나므로

$0=a\times(-3+2)^2+q$  ∴ $a+q=0$  …㉠

$9=a\times(0+2)^2+q$  ∴ $4a+q=9$  …㉡

㉠, ㉡을 연립하여 풀면 $a=3$, $q=-3$

∴ $y=3(x+2)^2-3=3x^2+12x+9$

(3) $y=ax^2+bx+c$로 놓으면 그래프가 점 $(0, 4)$를 지나므로 $c=4$

즉, $y=ax^2+bx+4$의 그래프가 두 점 $(-2, 6)$, $(1, 0)$을 지나므로

$6=4a-2b+4$  ∴ $2a-b=1$  …㉠

$0=a+b+4$  ∴ $a+b=-4$  …㉡

㉠, ㉡을 연립하여 풀면 $a=-1$, $b=-3$

∴ $y=-x^2-3x+4$

(4) $x$축과 두 점 $(-1, 0)$, $(3, 0)$에서 만나므로

$y=a(x+1)(x-3)$으로 놓자.

이 그래프가 점 $(0, -1)$을 지나므로

$-1=a\times1\times(-3)$  ∴ $a=\frac{1}{3}$

∴ $y=\frac{1}{3}(x+1)(x-3)=\frac{1}{3}x^2-\frac{2}{3}x-1$

다른 풀이

$y=ax^2+bx+c$로 놓으면 그래프가 점 $(0, -1)$을 지나므로 $c=-1$

즉, $y=ax^2+bx-1$의 그래프가 두 점 $(-1, 0)$, $(3, 0)$을 지나므로

$0=a-b-1$  ∴ $a-b=1$  …㉠

$0=9a+3b-1$  ∴ $9a+3b=1$  …㉡

㉠, ㉡을 연립하여 풀면 $a=\frac{1}{3}$, $b=-\frac{2}{3}$

∴ $y=\frac{1}{3}x^2-\frac{2}{3}x-1$

**3** $y=-x^2+2x+7=-(x-1)^2+8$에서 꼭짓점의 좌표는 $(1, 8)$이므로 $y=a(x-1)^2+8$로 놓자.

이 그래프가 점 $(-2, -10)$을 지나므로

$-10=a\times(-2-1)^2+8$  ∴ $a=-2$

∴ $y=-2(x-1)^2+8=-2x^2+4x+6$

| | | | | |
|---|---|---|---|---|
| **1** ⑤ | **2** ⑤ | **3** ② | **4** ⑤ | **5** ① |
| **6** 6 | **7** ③ | **8** ① | **9** ④ | **10** ② |
| **11** ② | **12** $-7$ | **13** ⑤ | **14** 32 | **15** ③ |
| **16** ④ | **17** ③ | **18** ⑤ | **19** ② | **20** ④ |
| **21** ④ | **22** ⑤ | **23** ② | **24** $\left(3, -\dfrac{1}{2}\right)$ | |

**1** ① $y=2\times\pi\times\dfrac{x}{2}=\pi x$ ⇨ 일차함수

② $y=1200\times x=1200x$ ⇨ 일차함수

③ $y=2x\times2x\times2x=8x^3$ ⇨ 이차함수가 아니다.

④ $y=\dfrac{x}{8}$ ⇨ 일차함수

⑤ $y=\dfrac{1}{2}\times(x+2x)\times x=\dfrac{3}{2}x^2$ ⇨ 이차함수

따라서 $y$가 $x$에 대한 이차함수인 것은 ⑤이다.

**2** $y=(2x+1)^2-x(ax+3)$

　　$=4x^2+4x+1-ax^2-3x$

　　$=(4-a)x^2+x+1$

이때 $x^2$의 계수가 0이 아니어야 하므로

$4-a\neq0$　∴ $a\neq4$

**3** $f(2)=2\times2^2+3\times2-7=7$

$f(-2)=2\times(-2)^2+3\times(-2)-7=-5$

∴ $f(2)+f(-2)=7+(-5)=2$

**4** ① 아래로 볼록한 그래프는 ㄱ, ㄹ, ㅂ이다.

② $x$축에 서로 대칭인 그래프는 ㄱ과 ㄷ이다.

③ $x^2$의 계수의 절댓값이 클수록 그래프의 폭이 좁아지므로 그래프의 폭이 가장 좁은 것은 ㄴ이다.

④ $x^2$의 계수의 절댓값이 작을수록 그래프의 폭이 넓어지므로 그래프의 폭이 가장 넓은 것은 ㄹ이다.

따라서 옳은 것은 ⑤이다.

**5** $y=ax^2$의 그래프는 $y=\dfrac{1}{2}x^2$의 그래프보다 폭이 좁고

$y=\dfrac{7}{3}x^2$의 그래프보다 폭이 넓으므로 $\dfrac{1}{2}<a<\dfrac{7}{3}$

따라서 $a$의 값이 될 수 없는 것은 ① $\dfrac{1}{3}$이다.

**6** $y=ax^2$의 그래프가 점 $(-2, 3)$을 지나므로

$3=a\times(-2)^2$　∴ $a=\dfrac{3}{4}$

즉, $y=\dfrac{3}{4}x^2$의 그래프가 점 $(3, b)$를 지나므로

$b=\dfrac{3}{4}\times3^2=\dfrac{27}{4}$

∴ $b-a=\dfrac{27}{4}-\dfrac{3}{4}=6$

**7** 평행이동한 그래프를 나타내는 이차함수의 식은

$y=-2x^2+a$

이 그래프가 점 $(1, 1)$을 지나므로

$1=-2\times1^2+a$　∴ $a=3$

**8** $y=(x+2)^2$의 그래프는 아래로 볼록한 포물선이고, 축의 방정식이 $x=-2$이므로 $x<-2$일 때, $x$의 값이 증가하면 $y$의 값은 감소한다.

**9** $y=ax^2$의 그래프를 $x$축의 방향으로 $-4$만큼 평행이동한 그래프이므로 이차함수의 식을 $y=a(x+4)^2$으로 놓을 수 있다.

이 그래프가 점 $(0, 5)$를 지나므로

$5=a\times(0+4)^2$, $5=16a$　∴ $a=\dfrac{5}{16}$

즉, $y=\dfrac{5}{16}(x+4)^2$의 그래프가 점 $(-8, k)$를 지나므로

$k=\dfrac{5}{16}\times(-8+4)^2=5$

**10** $y=a(x-p)^2$, $y=-x^2+4$의 그래프의 꼭짓점의 좌표는 각각 $(p, 0)$, $(0, 4)$이다.

$y=-x^2+4$의 그래프가 점 $(p, 0)$을 지나므로

$0=-p^2+4$, $p^2=4$　∴ $p=\pm2$

이때 $p>0$이므로 $p=2$

$y=a(x-2)^2$의 그래프가 점 $(0, 4)$를 지나므로

$4=a\times(0-2)^2$　∴ $a=1$

∴ $ap=1\times2=2$

**11** $y=a(x-p)^2+q$에서 $x^2$의 계수 $a$의 값이 같으면 그래프를 평행이동하여 완전히 포갤 수 있다.

각 이차함수의 $x^2$의 계수를 구하면 다음과 같다.

ㄱ. $-2$　ㄴ. $2$　ㄷ. $-1$　ㄹ. $1$　ㅁ. $-2$

따라서 그래프를 평행이동하여 완전히 포갤 수 있는 것은 ㄱ과 ㅁ이다.

**12** 평행이동한 그래프를 나타내는 이차함수의 식은

$y=6(x-p)^2+4+q$

이 식이 $y=6(x-2)^2+\dfrac{1}{2}$과 같아야 하므로

$p=2$, $4+q=\dfrac{1}{2}$에서 $q=-\dfrac{7}{2}$

∴ $pq=2\times\left(-\dfrac{7}{2}\right)=-7$

**13** 주어진 일차함수의 그래프에서 $a>0$, $b>0$

즉, $y=a(x+b)^2$의 그래프는 $a>0$이므로 아래로 볼록한 포물선이고, $-b<0$이므로 꼭짓점 $(-b, 0)$은 $x$축 위에 있으면서 $y$축보다 왼쪽에 있다.

따라서 그래프로 적당한 것은 ⑤이다.

**14** $y=-\dfrac{1}{2}(x-4)^2+8$의 그래프는 $y=-\dfrac{1}{2}(x-4)^2$의 그래프

를 $y$축의 방향으로 8만큼 평행이동한 것이다.

따라서 다음 그림에서 빗금 친 두 부분의 넓이가 서로 같으
므로 색칠한 부분의 넓이는 가로의 길이가 4이고 세로의 길
이가 8인 직사각형의 넓이와 같다.

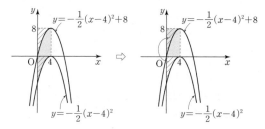

∴ (색칠한 부분의 넓이)$=4\times8=32$

**15** $y=-3x^2+2x+6$

$=-3\left(x^2-\dfrac{2}{3}x+\dfrac{1}{9}-\dfrac{1}{9}\right)+6$

$=-3\left(x-\dfrac{1}{3}\right)^2+\dfrac{19}{3}$

따라서 $a=-3,\ p=\dfrac{1}{3},\ q=\dfrac{19}{3}$이므로

$a+p+q=-3+\dfrac{1}{3}+\dfrac{19}{3}=\dfrac{11}{3}$

**16** $y=\dfrac{1}{3}x^2+5x+1$의 그래프를 평행이동하여 완전히 포개어

지려면 $x^2$의 계수가 $\dfrac{1}{3}$이어야 하므로 ④이다.

**17** $y=3x^2+9x+4$

$=3\left(x^2+3x+\dfrac{9}{4}-\dfrac{9}{4}\right)+4$

$=3\left(x+\dfrac{3}{2}\right)^2-\dfrac{11}{4}$

이므로 그래프는 오른쪽 그림과 같다.
따라서 제4사분면을 지나지 않는다.

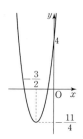

**18** $y=-2x^2+4x-5=-2(x-1)^2-3$

① 위로 볼록한 포물선이다.

② 직선 $x=1$을 축으로 한다.

③ 꼭짓점의 좌표는 $(1,\ -3)$이다.

④ $y$축과 만나는 점의 좌표는 $(0,\ -5)$이다.

⑤ $y=-2x^2$의 그래프를 $x$축의 방향으로 1만큼, $y$축의 방향
　으로 $-3$만큼 평행이동한 그래프이다.

따라서 옳은 것은 ⑤이다.

**19** $y=2x^2-4x+a=2(x-1)^2+a-2$이므로

꼭짓점의 좌표는 $(1,\ a-2)$

$y=-3x^2+6x+3a=-3(x-1)^2+3a+3$이므로

꼭짓점의 좌표는 $(1,\ 3a+3)$

이때 두 그래프의 꼭짓점이 일치하므로

$a-2=3a+3$　∴ $a=-\dfrac{5}{2}$

**20** $y=x^2+6x+3m+3$

$=(x^2+6x+9-9)+3m+3$

$=(x+3)^2+3m-6$

에서 꼭짓점의 좌표는 $(-3,\ 3m-6)$이고, 꼭짓점이 직선

$3x+y=-3$ 위에 있으므로

$3\times(-3)+3m-6=-3,\ 3m-15=-3$

$3m=12$　∴ $m=4$

**21** 그래프가 위로 볼록하므로 $a<0$

축이 $y$축의 왼쪽에 있으므로 $ab>0$　∴ $b<0$

$y$축과 만나는 점이 $x$축보다 위쪽에 있으므로 $c>0$

**22** $y=ax^2+bx+c$의 그래프가 위로 볼록하므로 $a<0$

축이 $y$축의 오른쪽에 있으므로 $ab<0$　∴ $b>0$

$y$축과 만나는 점이 $x$축보다 아래쪽에 있으므로 $c<0$

따라서 $y=bx^2+cx+a$의 그래프는

$b>0$이므로 아래로 볼록하고,

$bc<0$이므로 축이 $y$축의 오른쪽에 있고,

$a<0$이므로 $y$축과 만나는 점이 $x$축보다 아래쪽에 있다.

따라서 $y=bx^2+cx+a$의 그래프로 적당한 것은 ⑤이다.

**23** $y=2(x+p)^2+q$의 그래프의 축의 방정식이 $x=2$이므로

$y=2(x-2)^2+q$로 놓으면 $p=-2$

이 그래프가 점 $(1,\ -3)$을 지나므로

$-3=2\times(1-2)^2+q$　∴ $q=-5$

∴ $p+q=-2+(-5)=-7$

**24** $x$축과 두 점 $(2,\ 0)$, $(4,\ 0)$에서 만나므로

$y=a(x-2)(x-4)$로 놓자.

이 그래프가 점 $(0,\ 4)$를 지나므로

$4=a\times(-2)\times(-4)$　∴ $a=\dfrac{1}{2}$

∴ $y=\dfrac{1}{2}(x-2)(x-4)$

$=\dfrac{1}{2}x^2-3x+4$

$=\dfrac{1}{2}(x-3)^2-\dfrac{1}{2}$

따라서 꼭짓점의 좌표는 $\left(3,\ -\dfrac{1}{2}\right)$이다.

**STEP 3 쓱쓱 서술형 완성하기**　P. 160~161

〈과정은 풀이 참조〉

| 따라 해보자 | 유제 1 $-4$ | 유제 2 12 | |
|---|---|---|---|
| 연습해 보자 | **1** 6 | **2** 24 | **3** $-4$ |
| | **4** $y=\dfrac{1}{2}x^2-\dfrac{1}{2}x+2$ | | |

**따라 해보자**

유제 1 　**1단계** 평행이동한 그래프를 나타내는 이차함수의 식은
$$y=-3(x+4)^2-1 \qquad \cdots (\text{i})$$
　　**2단계** $y=-3(x+4)^2-1$의 그래프가 점 $(-3, k)$를 지나므로
$$k=-3\times(-3+4)^2-1=-4 \qquad \cdots (\text{ii})$$

| 채점 기준 | 비율 |
|---|---|
| (i) 평행이동한 그래프를 나타내는 이차함수의 식 구하기 | 50 % |
| (ii) $k$의 값 구하기 | 50 % |

유제 2 　**1단계** 꼭짓점의 좌표가 $(-3, -4)$이므로
$$y=a(x+3)^2-4\text{로 놓자.}$$
이 그래프가 점 $(-1, 0)$을 지나므로
$$0=a\times(-1+3)^2-4 \qquad \therefore a=1$$
$$\therefore y=(x+3)^2-4 \qquad \cdots (\text{i})$$
　　**2단계** $y=(x+3)^2-4=x^2+6x+5$이므로
$$a=1,\ b=6,\ c=5 \qquad \cdots (\text{ii})$$
　　**3단계** $\therefore a+b+c=1+6+5=12 \qquad \cdots (\text{iii})$

| 채점 기준 | 비율 |
|---|---|
| (i) 이차함수의 식 구하기 | 50 % |
| (ii) $a, b, c$의 값 구하기 | 30 % |
| (iii) $a+b+c$의 값 구하기 | 20 % |

**연습해 보자**

**1** $f(x)=3x^2-x+a$에서 $f(-1)=2$이므로
$$f(-1)=3\times(-1)^2-(-1)+a=2$$
$$\therefore a=-2 \qquad \cdots (\text{i})$$
즉, $f(x)=3x^2-x-2$이므로 $f(2)=b$에서
$$f(2)=3\times 2^2-2-2=b \qquad \therefore b=8 \qquad \cdots (\text{ii})$$
$$\therefore a+b=-2+8=6 \qquad \cdots (\text{iii})$$

| 채점 기준 | 비율 |
|---|---|
| (i) $a$의 값 구하기 | 40 % |
| (ii) $b$의 값 구하기 | 40 % |
| (iii) $a+b$의 값 구하기 | 20 % |

**2** $y=-x^2+2x+8$에 $x=0$을 대입하면 $y=8$이므로
$$\text{A}(0, 8) \qquad \cdots (\text{i})$$
$y=-x^2+2x+8$에 $y=0$을 대입하면
$$-x^2+2x+8=0,\ x^2-2x-8=0$$
$$(x+2)(x-4)=0 \qquad \therefore x=-2 \text{ 또는 } x=4$$
$$\therefore \text{B}(-2, 0),\ \text{C}(4, 0) \qquad \cdots (\text{ii})$$
$\triangle\text{ABC}$의 밑변의 길이가 $4-(-2)=6$이고, 높이가 $8$이므로
$$\triangle\text{ABC}=\frac{1}{2}\times 6\times 8=24 \qquad \cdots (\text{iii})$$

| 채점 기준 | 비율 |
|---|---|
| (i) 점 A의 좌표 구하기 | 20 % |
| (ii) 두 점 B, C의 좌표 구하기 | 50 % |
| (iii) $\triangle\text{ABC}$의 넓이 구하기 | 30 % |

**3** $y=-3x^2+12x-5=-3(x-2)^2+7 \qquad \cdots (\text{i})$
이 그래프를 $x$축의 방향으로 $m$만큼, $y$축의 방향으로 $n$만큼 평행이동한 그래프를 나타내는 이차함수의 식은
$$y=-3(x-m-2)^2+7+n$$
$$=-3\{x-(m+2)\}^2+7+n \qquad \cdots (\text{ii})$$
이 그래프가 $y=-3x^2+5$의 그래프와 완전히 포개어지므로
$$m+2=0,\ 7+n=5 \qquad \therefore m=-2,\ n=-2 \qquad \cdots (\text{iii})$$
$$\therefore m+n=-2+(-2)=-4 \qquad \cdots (\text{iv})$$

| 채점 기준 | 비율 |
|---|---|
| (i) 이차함수의 식을 $y=a(x-p)^2+q$ 꼴로 나타내기 | 20 % |
| (ii) 평행이동한 그래프를 나타내는 이차함수의 식 구하기 | 30 % |
| (iii) $m, n$의 값 구하기 | 30 % |
| (iv) $m+n$의 값 구하기 | 20 % |

**4** $y=ax^2+bx+c$로 놓으면 그래프가 점 $(0, 2)$를 지나므로
$$c=2 \qquad \cdots (\text{i})$$
즉, $y=ax^2+bx+2$의 그래프가 두 점 $(-1, 3)$, $(3, 5)$를 지나므로
$$3=a-b+2 \qquad \therefore a-b=1 \qquad \cdots \text{㉠}$$
$$5=9a+3b+2 \qquad \therefore 3a+b=1 \qquad \cdots \text{㉡}$$
㉠, ㉡을 연립하여 풀면 $a=\dfrac{1}{2},\ b=-\dfrac{1}{2} \qquad \cdots (\text{ii})$
$$\therefore y=\frac{1}{2}x^2-\frac{1}{2}x+2 \qquad \cdots (\text{iii})$$

| 채점 기준 | 비율 |
|---|---|
| (i) $c$의 값 구하기 | 30 % |
| (ii) $a, b$의 값 구하기 | 50 % |
| (iii) 이차함수의 식을 $y=ax^2+bx+c$ 꼴로 나타내기 | 20 % |

**과학 속 수학**　　　　　　　　**P. 162**

답 (1) $y=\dfrac{1}{150}x^2$　(2) 58.5 m

(1) $y$는 $x$의 제곱에 정비례하므로 $y=ax^2$으로 놓고
$x=60$, $y=24$를 대입하면
$$24=a\times 60^2,\ a=\frac{1}{150}$$
$$\therefore y=\frac{1}{150}x^2$$

(2) 운전자가 시속 75 km로 운전하다가 위험을 감지하고 브레이크를 밟을 때까지 1초 동안 자동차가 움직인 거리는
$$0.28\times 75\times 1=21(\text{m})$$
또 (1)에서 $y=\dfrac{1}{150}x^2$에 $x=75$를 대입하면
$$y=\frac{1}{150}\times 75^2=37.5\text{이므로 제동 거리는 } 37.5\text{ m이다.}$$
따라서 운전자가 위험을 감지한 후부터 자동차가 완전히 멈출 때까지 자동차가 움직인 거리는
$$21+37.5=58.5(\text{m})$$

# 1 제곱근과 실수

## ─1 제곱근의 뜻과 성질

### 유형 1      P. 6

**1** (1) $2, -2$     (2) $7, -7$     (3) $9, -9$
    (4) $0.5, -0.5$     (5) $\dfrac{1}{4}, -\dfrac{1}{4}$

**2** (1) $4, -4$     (2) $8, -8$     (3) $12, -12$
    (4) $0.9, -0.9$     (5) $\dfrac{10}{3}, -\dfrac{10}{3}$

**3** $36, 36, 6$

**4** (1) $0$     (2) $1, -1$     (3) $3, -3$
    (4) $10, -10$     (5) 없다.     (6) 없다.
    (7) $0.3, -0.3$     (8) $0.4, -0.4$     (9) $\dfrac{1}{2}, -\dfrac{1}{2}$
    (10) $\dfrac{5}{8}, -\dfrac{5}{8}$

**5** (1) $9, 3, -3$     (2) $16, 4, -4$
    (3) $\dfrac{1}{25}, \dfrac{1}{5}, -\dfrac{1}{5}$     (4) $0.04, 0.2, -0.2$

### 유형 2      P. 7

**1** (1) $\pm\sqrt{5}$    (2) $\pm\sqrt{10}$    (3) $\pm\sqrt{21}$    (4) $\pm\sqrt{123}$
   (5) $\pm\sqrt{0.1}$    (6) $\pm\sqrt{3.6}$    (7) $\pm\sqrt{\dfrac{2}{3}}$    (8) $\pm\sqrt{\dfrac{35}{6}}$

**2** (1) $5$    (2) $-10$    (3) $\sqrt{7}$    (4) $-\sqrt{1.3}$
   (5) $-\sqrt{\dfrac{4}{5}}$

**3** (1) $\pm\sqrt{2}, \sqrt{2}$   (2) $\pm\sqrt{23}, \sqrt{23}$   (3) $\pm8, 8$   (4) $\pm12, 12$

**4** (1) $1$    (2) $2$    (3) $-7$    (4) $\pm6$
   (5) $1.1$    (6) $\dfrac{2}{3}$    (7) $-0.5$    (8) $\pm\dfrac{7}{8}$

**5** (1) $3, -\sqrt{3}$   (2) $49, 7$   (3) $\dfrac{1}{9}, -\dfrac{1}{3}$   (4) $4$
  (5) $-5$

### 유형 3      P. 8

**1** (1) $2$    (2) $5$    (3) $0.1$    (4) $\dfrac{3}{4}$

**2** (1) $5$   (2) $-5$   (3) $0.7$   (4) $-0.7$   (5) $\dfrac{6}{5}$   (6) $-\dfrac{6}{5}$

**3** (1) $11$   (2) $\dfrac{1}{3}$   (3) $-0.9$   (4) $-\dfrac{2}{5}$

**4** (1) $2$   (2) $-2$   (3) $0.3$   (4) $-0.3$   (5) $\dfrac{1}{5}$   (6) $-\dfrac{1}{5}$

**5** $(\sqrt{7})^2$과 $(-\sqrt{7})^2$, $-\sqrt{(-7)^2}$과 $-\sqrt{7^2}$

**6** (1) $7-3, 4$
   (2) $18\div6, 3$
   (3) $2+6\div3, 11$
   (4) $-7+5-12, -14$
   (5) $5\times6\div3, 10$
   (6) $6\times(-0.5)-4\div\dfrac{2}{5}, -13$

### 유형 4      P. 9

**1** (1) $<, -a$   (2) $>, -a$   (3) $<, a$   (4) $>, a$

**2** (1) $2a$    (2) $2a$    (3) $-2a$    (4) $-2a$

**3** (1) $-3a$    (2) $-5a$    (3) $2a$

**4** (1) $<, -x+1$    (2) $>, 1-x$
   (3) $<, x-1$    (4) $>, -1+x$

**5** (1) $x-2$    (2) $-2+x$    (3) $-x+2$

**6** $>, x+2, <, -x+3, x+2, -x+3, 5$

### 한 걸음 🔁 연습      P. 10

**1** (1) $10$   (2) $15$   (3) $2$   (4) $\dfrac{1}{5}$   (5) $2.6$   (6) $\dfrac{1}{3}$

**2** (1) $8$   (2) $-18$   (3) $1$   (4) $5$   (5) $-6$   (6) $\dfrac{25}{3}$

**3** (1) $3$    (2) $2x-3$

**4** (1) $-2x$    (2) $2$

**5** (1) $a-b$    (2) $2a-2b$    (3) $2b$

**6** (1) $b$    (2) $a$    (3) $-ab-b-a$

### 유형 5      P. 11~12

**1** (1) $2, 3, 2, 2, 2$     (2) $5$   (3) $6$   (4) $30$

**2** (1) $15, 60$     (2) $21, 84$

**3** (1) $2, 5, 2, 2, 2$     (2) $10$   (3) $2$   (4) $6$

**4** (1) $13, 16, 25, 36, 3, 12, 23, 3$   (2) $4$   (3) $12$   (4) $6$

**5** (1) $10, 1, 4, 9, 9, 6, 1, 1$   (2) $12$   (3) $17$   (4) $10$

**1** (1) $<$　　(2) $>$　　(3) $<$　　(4) $>$
　　(5) $<$　　(6) $<$　　(7) $<$　　(8) $<$
**2** (1) $<$　　(2) $>$　　(3) $<$　　(4) $<$
　　(5) $<$　　(6) $<$　　(7) $<$　　(8) $>$
**3** (1) $-2,\ -\sqrt{3},\ \dfrac{1}{4},\ \sqrt{\dfrac{1}{8}}$　　(2) $-\sqrt{\dfrac{1}{3}},\ -\dfrac{1}{2},\ \sqrt{15},\ 4$

한 걸음 **더** 연습　　　　　　　　　P. 13

**1** (1) 9, 9, 5, 6, 7, 8　　(2) 10, 11, 12, 13, 14, 15
**2** (1) 1, 2, 3, 4　(2) 3, 4, 5, 6, 7, 8, 9
　　(3) 10, 11, 12, 13, 14, 15, 16
**3** (1) 34　　(2) 45　　(3) 10

쌍둥이 기출문제　　　　　　　　　P. 14~15

**1** ③　**2** ③　**3** 5　**4** 6　**5** ㄴ, ㄹ
**6** ④　**7** ③　**8** 50　**9** ④　**10** 2
**11** 7　**12** 10　**13** 9, 18, 25, 30, 33　**14** 10개
**15** ④　**16** ④　**17** 9　**18** 6개

# 2 무리수와 실수

**1** (1) 유　　(2) 유　　(3) 유　　(4) 유
　　(5) 무　　(6) 무　　(7) 유　　(8) 무
　　(9) 유　　(10) 무

**2**

| $\sqrt{\dfrac{4}{9}}$ | $\sqrt{1.2^2}$ | $0.1234\cdots$ | $\sqrt{\dfrac{49}{3}}$ | $\sqrt{0.1}$ |
| --- | --- | --- | --- | --- |
| $(-\sqrt{6})^2$ | $-\dfrac{\sqrt{64}}{4}$ | $-\sqrt{17}$ | $1.414$ | $\dfrac{1}{\sqrt{4}}$ |
| $\sqrt{2}+3$ | $0.1\dot{5}$ | $\dfrac{\pi}{2}$ | $-\sqrt{0.04}$ | $\sqrt{169}$ |
| $\sqrt{25}$ | $\dfrac{\sqrt{7}}{7}$ | $\sqrt{(-3)^2}$ | $\sqrt{100}$ | $-\sqrt{16}$ |

**3** (1) ◯　(2) ✕　(3) ◯　(4) ✕　(5) ◯
　　(6) ✕　(7) ✕　(8) ◯　(9) ◯　(10) ◯

**1** (1) $\sqrt{36}$　(2) $\sqrt{9}-5,\ \sqrt{36}$　(3) $0.1\dot{2},\ \sqrt{9}-5,\ \dfrac{2}{3},\ \sqrt{36}$
　　(4) $\pi+1,\ \sqrt{0.4},\ -\sqrt{10}$
　　(5) $\pi+1,\ \sqrt{0.4},\ 0.1\dot{2},\ \sqrt{9}-5,\ \dfrac{2}{3},\ \sqrt{36},\ -\sqrt{10}$

**2**

| | 자연수 | 정수 | 유리수 | 무리수 | 실수 |
| --- | --- | --- | --- | --- | --- |
| (1) $\sqrt{25}$ | ◯ | ◯ | ◯ | ✕ | ◯ |
| (2) $0.5\dot{6}$ | ✕ | ✕ | ◯ | ✕ | ◯ |
| (3) $\sqrt{0.9}$ | ✕ | ✕ | ✕ | ◯ | ◯ |
| (4) $5-\sqrt{4}$ | ◯ | ◯ | ◯ | ✕ | ◯ |
| (5) $2.365489\cdots$ | ✕ | ✕ | ✕ | ◯ | ◯ |

**3** $\sqrt{1.25},\ \sqrt{8}$

**1** (1)
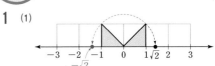

(2)
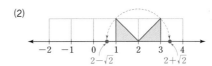

(3)
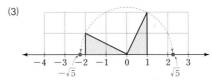

(4)
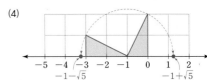

**2** (1) P: $3-\sqrt{2}$, Q: $3+\sqrt{2}$　(2) P: $-2-\sqrt{5}$, Q: $-2+\sqrt{5}$
**3** P: $-2-\sqrt{2}$, Q: $\sqrt{2}$
**4** P: $2-\sqrt{10}$, Q: $2+\sqrt{10}$

**1** (1) ✕　(2) ✕　(3) ✕　(4) ◯　(5) ✕　(6) ◯
　　(7) ✕　(8) ◯
**2** (1) 유리수　(2) 실수　(3) 정수

**1** (1) 2.435   (2) 2.449   (3) 2.478
    (4) 8.075   (5) 8.142   (6) 8.185
**2** (1) 9.56   (2) 9.69   (3) 9.75
    (4) 96.7   (5) 97.6   (6) 99.8

**1** $1-\sqrt{5}$, <, <, <
**2** (1) <   (2) >   (3) <   (4) <   (5) <
**3** (1) <   (2) <   (3) <   (4) >   (5) <
**4** ❶ $\sqrt{2}-1$, >, >, >     ❷ $3-\sqrt{7}$, >, >, >
    ❸ >, >

**1** 2, 2, 2

**2**

| 무리수 | $n<$(무리수)$<n+1$ | 정수 부분 | 소수 부분 |
|---|---|---|---|
| (1) $\sqrt{3}$ | $1<\sqrt{3}<2$ | 1 | $\sqrt{3}-1$ |
| (2) $\sqrt{8}$ | $2<\sqrt{8}<3$ | 2 | $\sqrt{8}-2$ |
| (3) $\sqrt{11}$ | $3<\sqrt{11}<4$ | 3 | $\sqrt{11}-3$ |
| (4) $\sqrt{35}$ | $5<\sqrt{35}<6$ | 5 | $\sqrt{35}-5$ |
| (5) $\sqrt{88.8}$ | $9<\sqrt{88.8}<10$ | 9 | $\sqrt{88.8}-9$ |

**3**

| 무리수 | $n<$(무리수)$<n+1$ | 정수 부분 | 소수 부분 |
|---|---|---|---|
| (1) $2+\sqrt{2}$ | $1<\sqrt{2}<2$ $\Rightarrow 3<2+\sqrt{2}<4$ | 3 | $\sqrt{2}-1$ |
| (2) $3-\sqrt{2}$ | $-2<-\sqrt{2}<-1$ $\Rightarrow 1<3-\sqrt{2}<2$ | 1 | $2-\sqrt{2}$ |
| (3) $1+\sqrt{5}$ | $2<\sqrt{5}<3$ $\Rightarrow 3<1+\sqrt{5}<4$ | 3 | $\sqrt{5}-2$ |
| (4) $5+\sqrt{7}$ | $2<\sqrt{7}<3$ $\Rightarrow 7<5+\sqrt{7}<8$ | 7 | $\sqrt{7}-2$ |
| (5) $5-\sqrt{7}$ | $-3<-\sqrt{7}<-2$ $\Rightarrow 2<5-\sqrt{7}<3$ | 2 | $3-\sqrt{7}$ |

**1** ①, ④   **2** 3개   **3** ⑤   **4** ㄱ, ㄴ, ㄹ
**5** ②, ④   **6** ㄷ, ㅂ   **7** P: $1-\sqrt{5}$, Q: $1+\sqrt{5}$
**8** P: $3-\sqrt{10}$, Q: $3+\sqrt{10}$   **9** ㄱ, ㄹ   **10** ②, ③
**11** (1) 2.726   (2) 6.797   **12** ④   **13** ⑤
**14** ⑤     **15** $c<a<b$   **16** $M=4+\sqrt{2}$, $m=\sqrt{8}+1$
**17** $\sqrt{5}-1$   **18** $\sqrt{2}-6$

---

**1** $-15$    **2** ①, ④    **3** 137    **4** $a-2b$
**5** 6    **6** ④    **7** ②    **8** ③
**9** $1+\sqrt{3}$

## 2 근호를 포함한 식의 계산

### 1 근호를 포함한 식의 계산 (1)

**1** (1) 7, 42   (2) 2, 5, 7, 70
**2** (1) 5, 15   (2) 4, 3, 2, 8, 6   (3) 3, 2, 3, $-9$, 6
**3** (1) $\sqrt{21}$   (2) 8   (3) 6   (4) $-\sqrt{7}$
**4** (1) $6\sqrt{5}$   (2) $6\sqrt{14}$
**5** (1) 45, 9, 3   (2) 30, 5, 5, 6
**6** (1) 4, 2, $-2$, 3   (2) 9, 5, $\frac{9}{5}$, 6
**7** (1) $\sqrt{6}$   (2) 4   (3) $2\sqrt{2}$   (4) $3\sqrt{5}$
    (5) $3\sqrt{6}$   (6) $\sqrt{10}$
**8** (1) $\sqrt{\dfrac{3}{2}}$   (2) $-\sqrt{7}$

**1** (1) 2, 2   (2) 3, 3
**2** (1) $2\sqrt{7}$   (2) $-3\sqrt{6}$   (3) $12\sqrt{2}$   (4) $10\sqrt{10}$
**3** (1) 4, 4   (2) 100, 10, 10
**4** (1) $\dfrac{\sqrt{6}}{5}$   (2) $\dfrac{\sqrt{17}}{9}$   (3) $\dfrac{\sqrt{3}}{10}$   (4) $\dfrac{\sqrt{7}}{5}$
**5** (1) 3, 90   (2) 5, 50   (3) 10, $\dfrac{3}{20}$   (4) 2, $\dfrac{27}{4}$
**6** (1) $\sqrt{45}$   (2) $-\sqrt{14}$   (3) $\sqrt{5}$   (4) $-\sqrt{\dfrac{7}{16}}$
**7** (1) ㉡   (2) ㉢   (3) ㉠

**1** (1) 100, 10, 10, 26.46
    (2) 10000, 100, 100, 264.6
    (3) 100, 10, 10, 0.2646
    (4) 10000, 100, 100, 0.02646

**2**

| | 제곱근 | $\sqrt{6}$ 또는 $\sqrt{60}$을<br>사용하여 나타내기 | 제곱근의 값 |
|---|---|---|---|
| | $\sqrt{0.6}$ | $\sqrt{\dfrac{60}{100}}=\dfrac{\sqrt{60}}{10}$ | $\dfrac{7.746}{10}=0.7746$ |
| (1) | $\sqrt{0.006}$ | $\sqrt{\dfrac{60}{10000}}=\dfrac{\sqrt{60}}{100}$ | $\dfrac{7.746}{100}=0.07746$ |
| (2) | $\sqrt{0.06}$ | $\sqrt{\dfrac{6}{100}}=\dfrac{\sqrt{6}}{10}$ | $\dfrac{2.449}{10}=0.2449$ |
| (3) | $\sqrt{6000}$ | $\sqrt{60\times100}=10\sqrt{60}$ | $10\times7.746=77.46$ |
| (4) | $\sqrt{60000}$ | $\sqrt{6\times10000}=100\sqrt{6}$ | $100\times2.449=244.9$ |

**3** (1) 34.64　　(2) 10.95　　(3) 0.3464　　(4) 0.1095

**4** (1) 20.57　　(2) 65.04　　(3) 0.6656　　(4) 0.2105

---

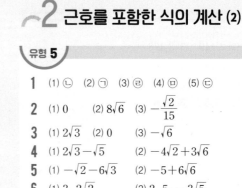

## 2 근호를 포함한 식의 계산 (2)

유형 **5**　　　　　　　　　　P. 37

**1** (1) ㉡　(2) ㉠　(3) ㉣　(4) ㉤　(5) ㉢

**2** (1) 0　　(2) $8\sqrt{6}$　　(3) $-\dfrac{\sqrt{2}}{15}$

**3** (1) $2\sqrt{3}$　　(2) 0　　(3) $-\sqrt{6}$

**4** (1) $2\sqrt{3}-\sqrt{5}$　　(2) $-4\sqrt{2}+3\sqrt{6}$

**5** (1) $-\sqrt{2}-6\sqrt{3}$　　(2) $-5+6\sqrt{6}$

**6** (1) 3, $2\sqrt{2}$　　(2) 2, 5, $-3\sqrt{5}$

**7** (1) $3\sqrt{2}+\sqrt{7}$　　(2) $2\sqrt{2}+\dfrac{7\sqrt{3}}{3}$

---

유형 **4**　　　　　　　　　　P. 33

**1** (1) $\sqrt{5}$, $\sqrt{5}$, $\dfrac{2\sqrt{5}}{5}$　　(2) $\sqrt{7}$, $\sqrt{7}$, $\dfrac{3\sqrt{7}}{7}$

　(3) $\sqrt{5}$, $\sqrt{5}$, $\dfrac{\sqrt{15}}{5}$　　(4) $\sqrt{2}$, $\sqrt{2}$, $\dfrac{5\sqrt{2}}{4}$

**2** (1) $\dfrac{\sqrt{11}}{11}$　　(2) $\sqrt{2}$　　(3) $-\dfrac{5\sqrt{3}}{3}$　　(4) $2\sqrt{5}$

**3** (1) $\dfrac{\sqrt{6}}{2}$　　(2) $-\dfrac{\sqrt{35}}{7}$　　(3) $\dfrac{\sqrt{42}}{6}$　　(4) $\dfrac{\sqrt{26}}{13}$

**4** (1) $\dfrac{\sqrt{6}}{4}$　　(2) $\dfrac{\sqrt{15}}{6}$　　(3) $\dfrac{\sqrt{6}}{3}$　　(4) $\dfrac{\sqrt{15}}{5}$

**5** (1) $\dfrac{2\sqrt{3}}{3}$　　(2) $\dfrac{\sqrt{15}}{10}$　　(3) $-\dfrac{5\sqrt{3}}{12}$　　(4) $\dfrac{\sqrt{2}}{4}$

**6** (1) $2\sqrt{3}$　　(2) $2\sqrt{10}$　　(3) $\dfrac{2\sqrt{15}}{3}$　　(4) $\dfrac{\sqrt{6}}{2}$

---

유형 **6**　　　　　　　　　　P. 38

**1** (1) $\sqrt{15}+\sqrt{30}$　　(2) $2\sqrt{14}-4\sqrt{6}$
　(3) $\sqrt{14}+\sqrt{21}$　　(4) $-5+\sqrt{55}$

**2** (1) $\sqrt{3}$, $\sqrt{3}$, $\dfrac{\sqrt{3}+\sqrt{6}}{3}$　　(2) $\sqrt{6}$, $\sqrt{6}$, $3\sqrt{6}-3\sqrt{2}$, $\sqrt{6}-\sqrt{2}$

**3** (1) $\dfrac{\sqrt{10}-\sqrt{14}}{2}$　　(2) $\dfrac{2\sqrt{3}+3\sqrt{2}}{6}$
　(3) $\dfrac{\sqrt{15}+9\sqrt{10}}{10}$　　(4) $\dfrac{3-\sqrt{6}}{6}$

**4** (1) $\sqrt{6}+\sqrt{2}$　　(2) $2\sqrt{5}$　　(3) $8\sqrt{6}$

**5** (1) $4\sqrt{2}$　　(2) $3\sqrt{3}+4\sqrt{6}$　　(3) $1+\sqrt{2}$
　(4) $-3\sqrt{3}+4\sqrt{6}$

**6** (1) $\dfrac{4}{3}$　　(2) $-\sqrt{2}+3\sqrt{6}$　　(3) $\dfrac{7\sqrt{6}}{6}-\dfrac{5\sqrt{26}}{2}$

---

쌍둥이 기출문제　　　　　　　　　　P. 39~41

**1** ①　**2** ②　**3** ③　**4** ③　**5** ②
**6** $8-3\sqrt{6}$　**7** ㉮ $a-3$ ㉯ 3　**8** ⑤
**9** ③　**10** 3　**11** ③　**12** $8+\dfrac{11\sqrt{10}}{10}$
**13** ②　**14** ④　**15** ③　**16** ①　**17** ④
**18** ③

---

쌍둥이 기출문제　　　　　　　　　　P. 34~36

**1** ⑤　**2** ②　**3** ③　**4** 7　**5** ④
**6** ①　**7** ②　**8** ④　**9** ①　**10** 15.59
**11** ④　**12** ④　**13** ②　**14** 6　**15** 6
**16** ④　**17** ③　**18** $\dfrac{3\sqrt{6}}{5}$

---

단원 마무리　　　　　　　　　　P. 42~43

**1** ④　**2** ③　**3** ④　**4** ①　**5** $\dfrac{5}{12}$
**6** ⑤　**7** $12\sqrt{3}$ cm　**8** 5

---

## 3 다항식의 곱셈

### 1 곱셈 공식

P. 46

**유형 1**

1 $ac+ad+bc+bd$
2 (1) $ac-ad+2bc-2bd$
  (2) $12ac+3ad-4bc-bd$
  (3) $3ax-2ay+3bx-2by$
  (4) $6ax+15ay-12bx-30by$
3 (1) $a^2+7a+12$    (2) $15x^2+7x-2$
  (3) $3a^2+ab-2b^2$    (4) $12x^2+17xy-5y^2$
4 (1) $2a^2+3ab-3a+b^2-3b$
  (2) $5a^2-16ab+20a+3b^2-4b$
  (3) $x^2+2xy-9x-6y+18$
  (4) $6a^2-7ab+15a-3b^2+5b$
5 $-4$      6 $-1$

P. 47

**유형 2**

1 $a^2+2ab+b^2$, $a^2-2ab+b^2$
2 (1) $x^2+4x+4$    (2) $a^2+\dfrac{2}{3}a+\dfrac{1}{9}$
  (3) $x^2-10x+25$    (4) $a^2-a+\dfrac{1}{4}$
3 (1) $a^2+4ab+4b^2$    (2) $4x^2+xy+\dfrac{1}{16}y^2$
  (3) $16a^2-24ab+9b^2$    (4) $\dfrac{1}{9}x^2-\dfrac{1}{3}xy+\dfrac{1}{4}y^2$
4 (1) $x^2-4x+4$    (2) $16a^2-8ab+b^2$
  (3) $a^2+12a+36$    (4) $9x^2+24xy+16y^2$

P. 48

**유형 3**

1 $a^2-b^2$
2 (1) $x^2-4$   (2) $1-x^2$   (3) $4-16a^2$   (4) $9x^2-1$
3 (1) $a^2-\dfrac{1}{9}b^2$   (2) $\dfrac{1}{4}x^2-\dfrac{1}{16}y^2$   (3) $\dfrac{1}{25}x^2-\dfrac{4}{49}y^2$
4 (1) $-x$, $x^2-9$   (2) $16a^2-9b^2$   (3) $25x^2-4y^2$
5 (1) $2a$, $2a$, $2a$, $1-4a^2$
  (2) $y^2-16x^2$   (3) $25b^2-36a^2$
6 $x^2$, $x^4-1$

P. 49

**유형 4**

1 $a+b$, $ab$
2 (1) $x^2+4x+3$    (2) $x^2+2x-35$
  (3) $x^2-12xy+27y^2$    (4) $x^2-2xy-8y^2$
3 (1) $x^2-\dfrac{5}{6}x+\dfrac{1}{6}$    (2) $a^2+a-\dfrac{10}{9}$
  (3) $x^2+\dfrac{1}{12}xy-\dfrac{1}{24}y^2$
4 $ad+bc$, $bd$
5 (1) $6x^2+17x+5$    (2) $3x^2+7x-6$
  (3) $6x^2-23x+20$    (4) $15x^2+4x-3$
6 (1) $15x^2-13xy+2y^2$    (2) $8a^2-6ab-35b^2$
  (3) $6x^2+2xy+\dfrac{1}{6}y^2$

**한 걸음 더 연습**

P. 50

1 (1) $-10$    (2) $3$
2 (1) $A=6$, $B=36$    (2) $A=5$, $B=4$
  (3) $A=7$, $B=3$    (4) $A=3$, $B=-20$
3 (1) $-4ab-2b^2$    (2) $37x^2+12x-13$
4 (1) $3x^2-7x-2$    (2) $-x^2-19x+16$
5 (1) $2x^2-12x-4$    (2) $16x^2-43x+11$
6 $9a^2-b^2$      7 $2x^2+xy-3y^2$

**쌍둥이 기출문제**

P. 51~52

1 ④    2 4    3 ③    4 ⑤
5 ④    6 $x^4-81$    7 $-6$    8 ⑤
9 ②    10 $-5$    11 ⑤    12 ①

### 2 곱셈 공식의 활용

P. 53

**유형 5**

1 (1) ㄴ   (2) ㄱ   (3) ㄷ   (4) ㄹ
2 (1) 10404
  (2) $(80+1)^2$, $80^2+2\times80\times1+1^2$, 6561
3 (1) 3364
  (2) $(300-1)^2$, $300^2-2\times300\times1+1^2$, 89401
4 (1) 896
  (2) $(80+3)(80-3)$, $80^2-3^2$, 6391
5 (1) 3843
  (2) $(200+1)(200-2)$,
     $200^2+(1-2)\times200+1\times(-2)$, 39798

## 유형 6 — P. 54

**1** (1) $2, b^2$ (2) $8+2\sqrt{7}$ (3) $9+4\sqrt{5}$ (4) $9+6\sqrt{2}$
**2** (1) $2, b^2$ (2) $3-2\sqrt{2}$ (3) $15-6\sqrt{6}$ (4) $12-4\sqrt{5}$
**3** (1) $a, b$ (2) $9$ (3) $2$ (4) $8$
**4** (1) $b, ab$ (2) $7+5\sqrt{3}$ (3) $-3+3\sqrt{7}$ (4) $45-12\sqrt{10}$
**5** (1) $bc, bd$ (2) $10+7\sqrt{2}$ (3) $5\sqrt{6}$ (4) $29-13\sqrt{14}$
**6** (가) $a-8$ (나) $8$

## 유형 7 — P. 55

**1** (1) $\sqrt{3}+1, \sqrt{3}+1, \sqrt{3}+1$
(2) $\sqrt{7}-\sqrt{3}, \sqrt{7}-\sqrt{3}, \sqrt{7}-\sqrt{3}$
**2** (1) $\dfrac{3\sqrt{6}-6}{2}$ (2) $4+2\sqrt{3}$ (3) $6-2\sqrt{5}$
**3** (1) $\sqrt{6}-\sqrt{3}$ (2) $-\sqrt{11}+\sqrt{13}$ (3) $2\sqrt{3}+\sqrt{2}$
**4** (1) $5+2\sqrt{5}$ (2) $\sqrt{6}-2$ (3) $\sqrt{3}+\sqrt{2}$
**5** (1) $3-2\sqrt{2}$ (2) $\dfrac{11+4\sqrt{7}}{3}$ (3) $3+2\sqrt{2}$
**6** (1) $2\sqrt{3}$ (2) $-2\sqrt{15}$ (3) $10$

## 쌍둥이 기출문제 — P. 56

**1** ③ **2** ⑤ **3** $15-2\sqrt{2}$ **4** $5$
**5** ② **6** $-4$ **7** $1$ **8** $\sqrt{5}$

## 유형 8 — P. 57

**1** (1) $28$ (2) $20$ (3) $7$
**2** (1) $6$ (2) $8$ (3) $6$
**3** (1) $-\dfrac{3}{2}$ (2) $-4$
**4** (1) $x=3-2\sqrt{2}, y=3+2\sqrt{2}$ (2) $x+y=6, xy=1$
(3) $34$
**5** (1) $23$ (2) $21$
**6** (1) $18$ (2) $20$

## 유형 9 — P. 58

**1** (1) $-\sqrt{3}, 3$ (2) $\sqrt{5}, 5$
**2** (1) $1$ (2) $-3$ (3) $0$ (4) $-13$
**3** (1) $2-\sqrt{3}$ (2) $0$
**4** (1) $6$ (2) $1$ (3) $9$ (4) $0$

## 쌍둥이 기출문제 — P. 59

**1** ③ **2** $-14$ **3** $7$ **4** $13$
**5** ① **6** $12$ **7** $0$ **8** ⑤

## 단원 마무리 — P. 60~61

**1** ②, ③ **2** ② **3** ② **4** $79$
**5** $6x^2+5x-6$ **6** ⑤ **7** $12$
**8** ⑤ **9** ③

# 4 인수분해

## 1 다항식의 인수분해

### 유형 1 — P. 64

**1** (1) $x^2+6x+9$ (2) $x^2-4$
(3) $x^2-4x-5$ (4) $6x^2-5x-4$
**2** ㄱ, ㄷ, ㅁ, ㅂ
**3** (1) $a, a(x+y-z)$ (2) $2a, 2a(a+2b)$
(3) $3x^2, 3x^2(y-2)$ (4) $xy, xy(x-y+1)$
**4** (1) $a(x-y)$ (2) $-3a(x+3y)$
(3) $4xy^2(2y-x)$ (4) $x(a-b+3)$
(5) $4x(x+y-2)$ (6) $2xy(3x-y+2)$
**5** (1) $ab(a+b-1)$ (2) $(x-y)(a+3b)$
(3) $(x-2)(x+4)$
**6** (1) $(a+1)(b-1)$ (2) $(x-y)(a+2b+1)$

## 2 여러 가지 인수분해 공식

### 유형 2 — P. 65

**1** (1) $7, 7, 7$ (2) $4, 4, 4$
**2** (1) $(x+6)^2$ (2) $(x-8)^2$
(3) $(x+3y)^2$ (4) $(x-5y)^2$
**3** (1) $(4x-1)^2$ (2) $(3x+2)^2$
(3) $(2x-5y)^2$ (4) $(5x+4y)^2$
**4** (1) $a(x+1)^2$ (2) $3(x-1)^2$
(3) $2(2x-1)^2$ (4) $2(x+3y)^2$
**5** (1) $4$ (2) $100$
(3) $\dfrac{1}{4}$ (4) $49$
(5) $1$ (6) $9$
**6** (1) $\pm 14$ (2) $\pm\dfrac{1}{2}$
(3) $\pm 12$ (4) $\pm 36$

## 유형 **3**　　　P. 66

**1** (1) 5, 5　　(2) $4y$, $3x$

**2** (1) $(x+8)(x-8)$　　(2) $(2x+5)(2x-5)$

　(3) $(3x+7)(3x-7)$　　(4) $(10x+y)(10x-y)$

　(5) $\left(2x+\dfrac{1}{3}\right)\left(2x-\dfrac{1}{3}\right)$

**3** (1) $(1+4x)(1-4x)$　　(2) $(5+x)(5-x)$

　(3) $\left(\dfrac{1}{2}+x\right)\left(\dfrac{1}{2}-x\right)$　　(4) $(3y+10x)(3y-10x)$

　(5) $\left(\dfrac{2}{9}x+\dfrac{1}{7}y\right)\left(\dfrac{2}{9}x-\dfrac{1}{7}y\right)$

**4** (1) $2(x+4)(x-4)$　　(2) $5(x+2)(x-2)$

　(3) $3(x+3y)(x-3y)$　　(4) $4y(x+2y)(x-2y)$

　(5) $xy(x+7y)(x-7y)$

**5** (1) $\times$, $(y+x)(y-x)$　　(2) $\times$, $\left(\dfrac{a}{3}+b\right)\left(\dfrac{a}{3}-b\right)$

　(3) $\bigcirc$　　(4) $\times$, $a(x+3y)(x-3y)$

　(5) $\bigcirc$

## 유형 **4**　　　P. 67

**1** (1) 2, 5　　(2) $-2$, $-3$

　(3) $-1$, 4　　(4) 2, $-11$

**2** (1) 2, 4, $(x+2)(x+4)$

　(2) $-4$, $-6$, $(x-4)(x-6)$

　(3) $-3$, 5, $(x-3)(x+5)$

　(4) $-1$, $-5$, $(x-y)(x-5y)$

　(5) 3, $-4$, $(x+3y)(x-4y)$

**3** (1) $(x+1)(x+6)$

　(2) $(x+2)(x-5)$

　(3) $(x-7)(x-8)$

　(4) $(x-5y)(x+7y)$

　(5) $(x+5y)(x-6y)$

　(6) $(x-4y)(x-10y)$

**4** (1) $3(x+1)(x-2)$

　(2) $2b(x-y)(x-2y)$

**5** (1) $\times$, $(x+3)(x+6)$

　(2) $\bigcirc$

　(3) $\times$, $(x-y)(x-2y)$

　(4) $\times$, $(x-3a)(x+7a)$

## 유형 **5**　　　P. 68

**1** (1) (차례로) 1, 3, 1, 1, 3, 3, 1, 2

　(2) (차례로) 4, 3, $-4$, 4, $-3$, $-3$

　(3) (차례로) $(x-1)(3x+10)$

　　　　　　$x$, $-1$, $-3x$, $3x$, 10, $10x$, $7x$

　(4) (차례로) $(x-3)(2x+3)$

　　　　　　$x$, $-3$, $-6x$, $2x$, 3, $3x$, $-3x$

　(5) (차례로) $(x-y)(4x-9y)$

　　　　　　$x$, $-y$, $-4xy$, $4x$, $-9y$, $-9xy$, $-13xy$

**2** (1) $(x+1)(3x+1)$　　(2) $(2x-7)(3x-2)$

　(3) $(x-2y)(2x+3y)$　　(4) $(2x+3y)(3x-2y)$

**3** (1) $2(a-b)(3a+5b)$　　(2) $3y(x-1)(3x+1)$

**4** (1) $\times$, $(x+5)(3x+1)$　　(2) $\bigcirc$

　(3) $\times$, $(x-2y)(3x+4y)$　　(4) $\times$, $a(x-2)(3x-1)$

## 한 번 **더** 연습　　　P. 69

**1** (1) $(x+9)^2$　　(2) $\left(x-\dfrac{1}{3}\right)^2$

　(3) $(4x-5)^2$　　(4) $(6+x)(6-x)$

　(5) $\left(13+\dfrac{1}{3}x\right)\left(13-\dfrac{1}{3}x\right)$　(6) $(x-4)(x-7)$

　(7) $(x+2)(x-12)$　　(8) $(x+4)(2x-3)$

　(9) $(2x-5)(3x+2)$　　(10) $(2x-3)(4x-1)$

**2** (1) $(x-2y)^2$　　(2) $\left(\dfrac{3}{2}x+y\right)^2$

　(3) $(8x+y)(8x-y)$　　(4) $\left(\dfrac{1}{4}y+7x\right)\left(\dfrac{1}{4}y-7x\right)$

　(5) $(x+4y)(x-5y)$　　(6) $(2x-3y)(2x+5y)$

**3** (1) $-3(x+3)^2$　　(2) $7\left(x+\dfrac{1}{6}\right)\left(x-\dfrac{1}{6}\right)$

　(3) $x(11+2x)(11-2x)$　　(4) $3(x-3)(x+5)$

　(5) $y(x+3y)(x-4y)$　　(6) $2(x+1)(2x+1)$

## 한 걸음 **더** 연습　　　P. 70

**1** (1) 12, 6　(2) 21, 3　(3) 2, 6　(4) 8, 9

**2** (1) 2, 7, 3　(2) 3, 8, 1　(3) 4, 17, 3　(4) 12, 7, 5

**3** $x+3$, $x-1$, $x+3$, $-x+1$, 4

**4** $-2x+1$

**5** (1) $-1$, $-12$　　(2) $-4$, 3

　(3) $x^2-4x-12$, $(x+2)(x-6)$

**6** $x^2+x-6$, $(x-2)(x+3)$

**7** $x^2+2x+1$, $(x+1)^2$

**8** $x^2+4x+3$, $(x+1)(x+3)$

**쌍둥이 기출문제** P. 71~73

**1** ②  **2** ③, ⑤  **3** ③  **4** 0
**5** $a=2$, $b=49$  **6** ②  **7** ②
**8** $-2x-2$  **9** $2x-5$  **10** $2x-2$
**11** $A=-11$, $B=-10$  **12** 2  **13** ⑤
**14** ④  **15** ②  **16** ②  **17** $-32$
**18** $-9$  **19** (1) $x^2+9x-10$  (2) $(x-1)(x+10)$
**20** $(x+2)(x-4)$  **21** $2x+3$  **22** $4x+10$
**23** ⑤  **24** $3x+2$

**1** (1) 3, 3, 2  (2) 5, $x-2$, 5, 4, 3
  (3) 3, 2, 2, $a+b$, 2  (4) $b-2$, $a-1$, 3, 1
**2** (1) $(a+b+2)^2$  (2) $(x+1)(x-1)$
  (3) $x(4x+9)$
**3** (1) $(a+b-3)(a+b+4)$
  (2) $(x-z+1)(x-z+2)$
  (3) $(x-2y-2)(x-2y-3)$
**4** (1) $3(x-y)(x+y)$
  (2) $(x-3y+17)(x+y+1)$
  (3) $3(3x-y)(7x-2y)$
**5** (1) $x-y$, $b$, $(x-y)(a-b)$
  (2) $y+1$, $y+1$, $(x-1)(y+1)$
  (3) $(x-2)(y-2)$  (4) $(x-2)(y-z)$
  (5) $(a-b)(c+d)$  (6) $(x-y)(1-y)$
**6** (1) $x-2y$, $x-2y$, $(x-2y)(x+2y-1)$
  (2) $x+y$, 2, $(x+y)(x-y+2)$
  (3) $(a+b)(a-b-c)$
  (4) $(x+4)(y+3)(y-3)$
  (5) $(x+1)(x+2)(x-2)$
  (6) $(a+1)(a-1)(x-1)$
**7** (1) $x+1$, $(x+y+1)(x-y+1)$
  (2) $b+1$, $(a+b+1)(a-b-1)$
  (3) $(x+y-3)(x-y-3)$
  (4) $(x+2y-1)(x-2y+1)$
  (5) $(c+a-b)(c-a+b)$
  (6) $(a-4b+5c)(a-4b-5c)$
**8** (1) $2x-3$, $(2x+4y-3)(2x-4y-3)$
  (2) $2a-b$, $(3+2a-b)(3-2a+b)$
  (3) $(3x+y-1)(3x-y-1)$
  (4) $(5+x-3y)(5-x+3y)$
  (5) $(2a+3b-2c)(2a-3b+2c)$
  (6) $(1+4x-y)(1-4x+y)$

**1** (1) 54, 46, 100, 1700  (2) 2, 100, 10000
  (3) 53, 53, 4, 440  (4) 2, 2, 20, 20, 2, 1, 82
**2** (1) 900  (2) 1100  (3) 30  (4) 99
**3** (1) 100  (2) 900  (3) 400  (4) 8100
**4** (1) 113  (2) 9800  (3) 720  (4) 5000
**5** (1) 250  (2) 99  (3) 100  (4) 7

**1** (1) 3, 3, 30, 900
  (2) $y$, $2-\sqrt{3}$, $2\sqrt{3}$, 12
**2** (1) 8  (2) $2+\sqrt{2}$  (3) $5\sqrt{3}+3$  (4) $5+5\sqrt{5}$
**3** (1) 8  (2) $12\sqrt{5}$  (3) $-22$
**4** (1) 4  (2) $-4\sqrt{3}$  (3) $8\sqrt{3}$
**5** (1) 30  (2) 90  (3) 60

**한 번 더 연습** P. 78

**1** (1) $(x-y+6)^2$  (2) $(2x-y-4)^2$
  (3) $(a-b+1)(a-b+2)$  (4) $(x+y-3)(x+y+4)$
  (5) $4(2x+1)(x-2)$  (6) $(x+y+1)(x-3y+5)$
**2** (1) $(a+1)(a+b)$  (2) $(x-y)(x+y-3)$
  (3) $(a+5b+1)(a+5b-1)$
  (4) $(x-4y+3)(x-4y-3)$
**3** (1) 1800  (2) 10000  (3) 2500  (4) 20  (5) 10000
**4** (1) 180  (2) 10  (3) 12  (4) $24\sqrt{2}$

**쌍둥이 기출문제** P. 79~80

**1** ②  **2** $-1$  **3** ④  **4** ②
**5** $(x+y+6)(x-y+6)$  **6** $2x$  **7** ③
**8** 2  **9** ①  **10** 16  **11** ⑤
**12** ⑤

**단원 마무리** P. 81~83

**1** ㄱ, ㄷ, ㅂ  **2** 16  **3** ①  **4** ④
**5** ⑤  **6** ②  **7** $(x-4)(x+6)$
**8** ②  **9** ①  **10** ②  **11** 88
**12** ④

# 5 이차방정식

## 1 이차방정식과 그 해

### 유형 1                                                   P. 86

**1** (1) ○  (2) ×  (3) $-x^2+3x-1=0$, ○  (4) ×
 (5) ○  (6) ○  (7) ○  (8) ×  (9) ×

**2** (1) $a \neq 2$  (2) $a \neq -\dfrac{3}{2}$  (3) $a \neq 5$

**3** (1) =, ○  (2) ×  (3) ×

**4** (1) $x=0$  (2) $x=-1$ 또는 $x=3$
 (3) $x=1$  (4) $x=-1$

## 2 이차방정식의 풀이

### 유형 2                                                   P. 87

**1** (1) $x$, $x-4$, 0, 4
 (2) $x+3$, $x-5$, $-3$, 5
 (3) $x+4$, $x+4$, $x-1$, $-4$, 1
 (4) $2x-3$, $x+2$, $2x-3$, $-2$, $\dfrac{3}{2}$

**2** (1) $x=0$ 또는 $x=2$   (2) $x=0$ 또는 $x=-3$
 (3) $x=0$ 또는 $x=-4$

**3** (1) $x=-4$ 또는 $x=-1$  (2) $x=2$ 또는 $x=5$
 (3) $x=-2$ 또는 $x=4$

**4** (1) $x=\dfrac{1}{2}$ 또는 $x=3$   (2) $x=-\dfrac{1}{2}$ 또는 $x=\dfrac{3}{2}$
 (3) $x=\dfrac{1}{3}$ 또는 $x=\dfrac{3}{2}$

**5** (1) $x^2+6x+8$, $x=-4$ 또는 $x=-2$
 (2) $2x^2-3x-5$, $x=-1$ 또는 $x=\dfrac{5}{2}$

**6** $-6$, 5

### 유형 3                                                   P. 88

**1** (1) $x+4$, $-4$  (2) $4x-1$, $\dfrac{1}{4}$  (3) $x+\dfrac{1}{2}$, $-\dfrac{1}{2}$

**2** (1) $x=-5$   (2) $x=\dfrac{1}{3}$   (3) $x=-\dfrac{7}{2}$
 (4) $x=\dfrac{4}{3}$   (5) $x=-1$   (6) $x=-3$
 (7) $x=-\dfrac{3}{2}$

**3** (1) 4, $-4$  (2) 9   (3) $\dfrac{9}{4}$   (4) $-\dfrac{1}{4}$

**4** (1) $k$, $\pm 4$  (2) $\pm 10$   (3) $\pm \dfrac{2}{3}$   (4) $\pm \dfrac{3}{2}$

**5** (1) $-7$   (2) $\pm \dfrac{4}{5}$

### 쌍둥이 기출문제                                          P. 89~90

**1** ③   **2** ③   **3** ⑤   **4** ③
**5** ④   **6** ⑤   **7** ①   **8** 2
**9** ②, ④   **10** ④   **11** $x=7$   **12** ③
**13** ③   **14** ㄴ, ㅁ   **15** ⑤
**16** $k=-11$, $x=6$

### 유형 4                                                   P. 91

**1** (1) 3   (2) $2\sqrt{3}$   (3) 24, $2\sqrt{6}$   (4) 18, $3\sqrt{2}$

**2** (1) $x=\pm\sqrt{5}$   (2) $x=\pm 9$   (3) $x=\pm 3\sqrt{3}$
 (4) $x=\pm 5$   (5) $x=\pm\dfrac{\sqrt{13}}{3}$   (6) $x=\pm\dfrac{\sqrt{42}}{6}$

**3** (1) $\sqrt{5}$, $-4$, $\sqrt{5}$   (2) 2, $\sqrt{2}$, 3, $\sqrt{2}$

**4** (1) $x=-2$ 또는 $x=8$   (2) $x=-2\pm 2\sqrt{2}$
 (3) $x=5\pm\sqrt{6}$   (4) $x=-3\pm 3\sqrt{3}$
 (5) $x=-1$ 또는 $x=3$   (6) $x=-4\pm\sqrt{6}$

**5** 3

### 유형 5                                                   P. 92

**1** (1) $\dfrac{1}{4}$, $\dfrac{1}{4}$, $\dfrac{1}{2}$, $\dfrac{5}{4}$
 (2) $\dfrac{2}{3}$, $\dfrac{1}{9}$, $\dfrac{2}{3}$, $\dfrac{1}{9}$, $\dfrac{2}{3}$, $\dfrac{1}{9}$, $\dfrac{2}{9}$, $\dfrac{1}{3}$, $\dfrac{2}{9}$

**2** ❶ 4, 2   ❷ 4, 2   ❸ 4, 4, 4
 ❹ 2, 6   ❺ 2, 6   ❻ $2\pm\sqrt{6}$

**3** ❶ $x^2+x-\dfrac{1}{2}=0$   ❷ $x^2+x=\dfrac{1}{2}$
 ❸ $x^2+x+\dfrac{1}{4}=\dfrac{1}{2}+\dfrac{1}{4}$   ❹ $\left(x+\dfrac{1}{2}\right)^2=\dfrac{3}{4}$
 ❺ $x+\dfrac{1}{2}=\pm\dfrac{\sqrt{3}}{2}$   ❻ $x=\dfrac{-1\pm\sqrt{3}}{2}$

**4** (1) $x=-2\pm\sqrt{3}$   (2) $x=1\pm\sqrt{10}$
 (3) $x=3\pm\sqrt{5}$   (4) $x=1\pm\sqrt{6}$
 (5) $x=2\pm\sqrt{10}$   (6) $x=-1\pm\dfrac{\sqrt{6}}{2}$

## 유형 6 P. 93

**1** (1) $1$, $-3$, $-2$, $-3$, $-3$, $1$, $-2$, $1$, $3$, $17$, $2$

(2) $2$, $3$, $-3$, $3$, $3$, $2$, $-3$, $2$, $\dfrac{-3\pm\sqrt{33}}{4}$

(3) $3$, $-7$, $1$, $-7$, $-7$, $3$, $1$, $3$, $\dfrac{7\pm\sqrt{37}}{6}$

**2** (1) $1$, $3$, $-1$, $3$, $3$, $1$, $-1$, $1$, $-3\pm\sqrt{10}$

(2) $5$, $-4$, $2$, $-4$, $-4$, $2$, $5$, $\dfrac{4\pm\sqrt{6}}{5}$

**3** (1) $x=\dfrac{9\pm3\sqrt{13}}{2}$ (2) $x=3\pm\sqrt{2}$

(3) $x=\dfrac{-2\pm\sqrt{10}}{3}$ (4) $x=\dfrac{7\pm\sqrt{17}}{8}$

## 유형 7 P. 94

**1** (1) $2$, $15$, $2$, $17$, $1\pm3\sqrt{2}$

(2) $x=-6$ 또는 $x=2$ (3) $x=\dfrac{1\pm\sqrt{5}}{4}$

**2** (1) $10$, $10$, $3$, $1$, $5$, $1$, $2$, $1$, $-\dfrac{1}{5}$, $\dfrac{1}{2}$

(2) $x=6\pm2\sqrt{7}$ (3) $x=\dfrac{4}{3}$ 또는 $x=2$

**3** (1) $6$, $3$, $5$, $2$, $2$, $3$, $1$, $-2$, $\dfrac{1}{3}$

(2) $x=\dfrac{2\pm\sqrt{10}}{3}$ (3) $x=-1$ 또는 $x=\dfrac{2}{3}$

**4** (1) $4$, $5$, $5$, $5$, $5$, $1$, $7$

(2) $x=5$ 또는 $x=8$ (3) $x=-2$ 또는 $x=-\dfrac{5}{6}$

## 한 번 日 연습 P. 95

**1** (1) $x=\pm\sqrt{15}$ (2) $x=\pm2\sqrt{2}$ (3) $x=\pm2\sqrt{7}$

(4) $x=\pm\dfrac{9}{7}$ (5) $x=-1\pm2\sqrt{3}$ (6) $x=5\pm\sqrt{10}$

**2** (1) $x=4\pm\sqrt{11}$ (2) $x=-3\pm\sqrt{10}$

(3) $x=4\pm\dfrac{\sqrt{70}}{2}$ (4) $x=1\pm\dfrac{2\sqrt{5}}{5}$

(5) $x=\dfrac{4\pm\sqrt{13}}{3}$ (6) $x=-2\pm\dfrac{\sqrt{30}}{2}$

**3** (1) $x=\dfrac{-3\pm\sqrt{33}}{2}$ (2) $x=\dfrac{1\pm\sqrt{17}}{2}$

(3) $x=4\pm\sqrt{13}$ (4) $x=\dfrac{-5\pm\sqrt{41}}{4}$

(5) $x=\dfrac{1\pm\sqrt{10}}{3}$ (6) $x=\dfrac{6\pm\sqrt{6}}{5}$

**4** (1) $x=2$ 또는 $x=5$ (2) $x=-\dfrac{5}{2}$ 또는 $x=1$

(3) $x=\dfrac{9\pm\sqrt{33}}{12}$ (4) $x=\dfrac{3\pm\sqrt{17}}{2}$

(5) $x=\dfrac{-5\pm\sqrt{13}}{4}$ (6) $x=4$ 또는 $x=7$

## 쌍둥이 기출문제 P. 96~97

**1** ③　　**2** $12$　　**3** $3$　　**4** $17$

**5** $6$　　**6** ①　　**7** ②

**8** $a=4$, $b=2$, $c=3$　　**9** ①　　**10** $38$

**11** $4$　　**12** $14$　　**13** ③

**14** $x=-\dfrac{5}{2}$ 또는 $x=1$

# 3 이차방정식의 활용

## 유형 8 P. 98

**1** ㄴ. $5^2-4\times1\times10=-15$

ㄷ. $(-1)^2-4\times2\times7=-55$

ㄹ. $(-4)^2-4\times3\times0=16$

ㅁ. $9^2-4\times4\times2=49$

ㅂ. $12^2-4\times9\times4=0$

(1) ㄱ, ㄹ, ㅁ (2) ㅂ (3) ㄴ, ㄷ

**2** (1) $k>-\dfrac{9}{4}$ (2) $k=-\dfrac{9}{4}$ (3) $k<-\dfrac{9}{4}$

**3** (1) $k<\dfrac{2}{3}$ (2) $k=\dfrac{2}{3}$ (3) $k>\dfrac{2}{3}$

**4** (1) $k\leq\dfrac{1}{4}$ (2) $k\geq-\dfrac{16}{5}$

## 유형 9 P. 99

**1** (1) $2$, $3$, $x^2-5x+6$ (2) $x^2+x-12=0$

(3) $2x^2-18x+28=0$ (4) $-x^2-3x+18=0$

(5) $3x^2+18x+15=0$ (6) $4x^2-8x-5=0$

**2** (1) $2$, $x^2-4x+4$ (2) $x^2-6x+9=0$

(3) $x^2+16x+64=0$ (4) $-2x^2+4x-2=0$

(5) $-x^2-10x-25=0$ (6) $4x^2-28x+49=0$

## 유형 10 P. 100~102

**1** (1) $\dfrac{n(n-3)}{2}=54$ (2) $n=-9$ 또는 $n=12$

(3) 십이각형

**2** (1) $2x=x^2-48$ (2) $x=-6$ 또는 $x=8$

(3) $8$

**3** (1) $x^2+(x+1)^2=113$

(2) $x=-8$ 또는 $x=7$

(3) $7$, $8$

**4** (1) $x+2$, $x(x+2)=224$

(2) $x=-16$ 또는 $x=14$

(3) $14$살

**5** (1) $x-3$, $x(x-3)=180$

(2) $x=-12$ 또는 $x=15$

(3) 15명

**6** (1) $-5x^2+40x=60$

(2) $x=2$ 또는 $x=6$

(3) 2초 후

**7** (1) $x+5$, $\frac{1}{2}x(x+5)=33$

(2) $x=-11$ 또는 $x=6$

(3) 6 cm

**8** (1) $x+2$, $x-1$, $(x+2)(x-1)=40$

(2) $x=-7$ 또는 $x=6$

(3) 6

**9** (1) $40-x$, $20-x$, $(40-x)(20-x)=576$

(2) $x=4$ 또는 $x=56$

(3) 4

---

한 번 더 연습 **P. 103**

**1** (1) $\frac{n(n+1)}{2}=153$　(2) 17

**2** (1) $x(x+2)=288$　(2) 16, 18

**3** (1) $x(x+7)=198$　(2) 18일

**4** (1) $-5x^2+20x+60=0$　(2) 6초 후

**5** (1) $(14-x)$ cm　(2) $x^2+(14-x)^2=106$

(3) 9 cm

---

**쌍둥이 기출문제** **P. 104~106**

**1** ②, ④　**2** ⑤　**3** ④　**4** 16

**5** $\frac{1}{4}$　**6** 18　**7** $-5$

**8** $p=-8$, $q=-10$　**9** ④　**10** $x=1\pm\sqrt{2}$

**11** ③　**12** 3　**13** 6살　**14** 14명

**15** 6초 후 또는 8초 후　**16** ①　**17** ③

**18** 6 cm　**19** 4 m　**20** 3

---

**단원 마무리** **P. 107~109**

**1** ④　**2** ④　**3** 18

**4** $a=3$, $x=\frac{4}{3}$　**5** 1　**6** ②

**7** ②　**8** ⑤　**9** ②　**10** 4

**11** 27　**12** 9초 후　**13** 3 cm

---

## 6 이차함수와 그 그래프 <small>스피드 체크</small>

### ~1 이차함수의 뜻

**유형 1** **P. 112**

**1** (1) ×　(2) ○　(3) ×　(4) ×

(5) ×　(6) ○

**2** (1) $y=3x$, ×　(2) $y=2x^2$, ○

(3) $y=\frac{1}{4}x$, ×　(4) $y=10\pi x^2$, ○

**3** (1) 0　(2) $\frac{1}{4}$　(3) 5　(4) 5

**4** (1) $-9$　(2) $-\frac{3}{2}$　(3) $-6$　(4) 23

---

### ~2 이차함수 $y=ax^2$의 그래프

**유형 2** **P. 113**

**1**

| $x$ | $\cdots$ | $-3$ | $-2$ | $-1$ | 0 | 1 | 2 | 3 | $\cdots$ |
|---|---|---|---|---|---|---|---|---|---|
| $x^2$ | $\cdots$ | 9 | 4 | 1 | 0 | 1 | 4 | 9 | $\cdots$ |
| $-x^2$ | $\cdots$ | $-9$ | $-4$ | $-1$ | 0 | $-1$ | $-4$ | $-9$ | $\cdots$ |

**2**

| | $y=x^2$ | $y=-x^2$ |
|---|---|---|
| (1) | $(\boxed{0}, \boxed{0})$ | $(\boxed{0}, \boxed{0})$ |
| (2) | 아래로 볼록 | 위로 볼록 |
| (3) | 제$\boxed{1}$, $\boxed{2}$사분면 | 제$\boxed{3}$, $\boxed{4}$사분면 |
| (4) | 증가 | 감소 |

**3** (1) ○　(2) ×　(3) ×　(4) ○

**1**

| $x$ | $\cdots$ | $-2$ | $-1$ | $0$ | $1$ | $2$ | $\cdots$ |
|---|---|---|---|---|---|---|---|
| $2x^2$ | $\cdots$ | $8$ | $2$ | $0$ | $2$ | $8$ | $\cdots$ |
| $-2x^2$ | $\cdots$ | $-8$ | $-2$ | $0$ | $-2$ | $-8$ | $\cdots$ |
| $\frac{1}{2}x^2$ | $\cdots$ | $2$ | $\frac{1}{2}$ | $0$ | $\frac{1}{2}$ | $2$ | $\cdots$ |
| $-\frac{1}{2}x^2$ | $\cdots$ | $-2$ | $-\frac{1}{2}$ | $0$ | $-\frac{1}{2}$ | $-2$ | $\cdots$ |

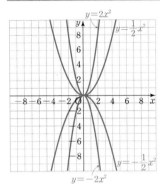

**2**

|  | $y=2x^2$ | $y=-2x^2$ | $y=\frac{1}{2}x^2$ | $y=-\frac{1}{2}x^2$ |
|---|---|---|---|---|
| (1) | $(0,\ 0)$ | $(0,\ 0)$ | $(0,\ 0)$ | $(0,\ 0)$ |
| (2) | $x=0$ | $x=0$ | $x=0$ | $x=0$ |
| (3) | 아래로 볼록 | 위로 볼록 | 아래로 볼록 | 위로 볼록 |
| (4) | 증가 | 감소 | 증가 | 감소 |
| (5) | 감소 | 증가 | 감소 | 증가 |

**3** (1) ㉠     (2) ㉡     (3) ㉣     (4) ㉢

**4** (1) $y=-4x^2$

(2) $y=\frac{1}{3}x^2$

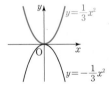

**5** (1) ㄱ, ㄷ, ㄹ   (2) ㄷ    (3) ㄱ과 ㅁ    (4) ㄴ, ㅁ

**6** (1) 8      (2) $-20$      (3) 4      (4) 2

**쌍둥이 기출문제**       P. 116~117

**1** ③      **2** 3개      **3** ㄱ, ㄹ      **4** ⑤

**5** ⑤      **6** 10      **7** ④      **8** ③

**9** $a>\frac{1}{3}$     **10** ㉠, ㉡, ㉢, ㉤, ㉣     **11** ④

**12** ③, ⑤     **13** 18     **14** $-12$

# 3 이차함수 $y=a(x-p)^2+q$의 그래프

**1** (1) $y=3x^2+5$      (2) $y=5x^2-7$

    (3) $y=-\frac{1}{2}x^2+4$      (4) $y=-4x^2-3$

**2** (1) $y=\frac{1}{3}x^2,\ -5$      (2) $y=2x^2,\ 1$

    (3) $y=-3x^2,\ -\frac{1}{3}$      (4) $y=-\frac{5}{2}x^2,\ 3$

**3** (1) 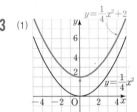 (2)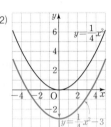

**4** (1) 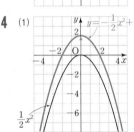 (2)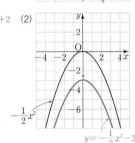

**5** (1) 아래로 볼록,
     $x=0$,
     $(0,\ -3)$

   (2) 아래로 볼록,
     $x=0$,
     $(0,\ 3)$

   (3) 위로 볼록,
     $x=0$,
     $(0,\ -1)$

   (4) 위로 볼록,
     $x=0$,
     $(0,\ 5)$

**6** (1) ㄱ, ㄹ    (2) ㄴ, ㄷ    (3) ㄴ, ㄷ    (4) ㄱ, ㄹ

**7** (1) $-21$    (2) $-10$    (3) 5    (4) $\frac{1}{16}$

**1** (1) $y=3(x-5)^2$     (2) $y=5(x+7)^2$

    (3) $y=-\dfrac{1}{2}(x-4)^2$     (4) $y=-4(x+3)^2$

**2** (1) $y=2x^2$, $-3$     (2) $y=-x^2$, $5$

    (3) $y=-2x^2$, $-4$     (4) $y=\dfrac{1}{4}x^2$, $\dfrac{1}{2}$

**3** (1) 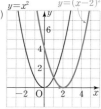    (2)

**4** (1) 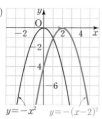    (2)

**5** (1) 아래로 볼록,

    $x=2$,

    $(2, 0)$

    (2) 아래로 볼록,

    $x=-5$,

    $(-5, 0)$

    (3) 위로 볼록,

    $x=\dfrac{4}{5}$,

    $\left(\dfrac{4}{5}, 0\right)$

    (4) 위로 볼록,

    $x=-4$,

    $(-4, 0)$

**6** (1) ×    (2) ○    (3) ×    (4) ○

**7** (1) $-16$    (2) $\dfrac{8}{3}$    (3) $4$    (4) $-3$

---

**1** ⑤    **2** ③    **3** ㄷ, ㄹ    **4** ⑤    **5** ①

**6** ⑤    **7** ④    **8** ②    **9** ④    **10** ③

**11** ②    **12** ③

---

**1** (1) $y=3(x-1)^2+2$    (2) $y=5(x+2)^2-3$

    (3) $y=-\dfrac{1}{2}(x-3)^2-2$    (4) $y=-4(x+4)^2+1$

**2** (1) $y=\dfrac{1}{2}x^2$, $2$, $-1$    (2) $y=2x^2$, $-2$, $3$

    (3) $y=-x^2$, $5$, $-3$    (4) $y=-\dfrac{1}{3}x^2$, $-\dfrac{3}{2}$, $-\dfrac{3}{4}$

**3** (1)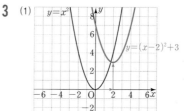

    (2)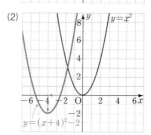

**4** (1)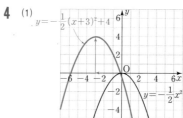

    (2)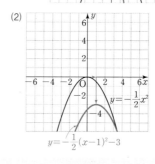

**5** (1) 아래로 볼록,
$x=2$,
$(2, 1)$

(2) 위로 볼록,
$x=-3$,
$(-3, -5)$

(3) 아래로 볼록,
$x=2$,
$(2, 4)$

(4) 위로 볼록,
$x=-\dfrac{3}{2}$,
$\left(-\dfrac{3}{2}, -1\right)$

**6** (1) $\times$    (2) $\bigcirc$    (3) $\bigcirc$    (4) $\times$

**7** (1) $-4$    (2) $9$    (3) $1$    (4) $2$

---

쌍둥이 **기출문제**      P. 128~129

**1** 7    **2** 1    **3** $x=3$, $(3, 4)$    **4** $-7$
**5** ⑤    **6** ①    **7** ④    **8** ③
**9** ②    **10** $\dfrac{5}{2}$    **11** 5    **12** 6
**13** $a<0$, $p>0$, $q>0$    **14** ③

---

## 4 이차함수 $y=ax^2+bx+c$의 그래프

유형 **9**      P. 130~131

**1** (1) 16, 16, 4, 7
     (2) 9, 9, 9, 18, 3, 19
     (3) 8, 8, 16, 16, 8, 16, 8, 4, 10

**2** (1) $x^2-6x+9-9$
     $(x-3)^2-9$
     (2) $-3(x^2-x)-5$
     $-3\left(x^2-x+\dfrac{1}{4}-\dfrac{1}{4}\right)-5$
     $-3\left(x^2-x+\dfrac{1}{4}\right)+\dfrac{3}{4}-5$
     $-3\left(x-\dfrac{1}{2}\right)^2-\dfrac{17}{4}$
     (3) $\dfrac{1}{6}(x^2+2x)-1$
     $\dfrac{1}{6}(x^2+2x+1-1)-1$
     $\dfrac{1}{6}(x^2+2x+1)-\dfrac{1}{6}-1$
     $\dfrac{1}{6}(x+1)^2-\dfrac{7}{6}$

**3** (1) $(-2, -1)$,
     $(0, 3)$,
     아래로 볼록

     (2) $(-1, 2)$,
     $(0, 1)$,
     위로 볼록

---

유형 **7**      P. 126

**1** (1) $y=3(x-4)^2+4$    (2) $y=3(x-1)^2-1$
     (3) $y=3(x-2)^2+6$

**2** (1) $y=-\dfrac{1}{2}(x+3)^2-5$    (2) $y=-\dfrac{1}{2}(x+2)^2-1$
     (3) $y=-\dfrac{1}{2}(x-4)^2-8$

**3** (1) $x=0$, $(0, -7)$    (2) $x=-5$, $(-5, 0)$
     (3) $x=-9$, $(-9, -14)$

**4** (1) $-8$      (2) $-1$

---

유형 **8**      P. 127

**1** (1) $>$, $>$, $>$    (2) 위, $<$, 3, $<$, $<$
     (3) $>$, $>$, $<$    (4) $>$, $<$, $<$
     (5) $<$, $<$, $>$    (6) $<$, $>$, $<$

(3) $(-1, 3)$,
$(0, 5)$,
아래로 볼록

(4) $(1, 3)$,
$\left(0, \dfrac{5}{2}\right)$,
위로 볼록

**4** (1) ◯　　(2) ×　　(3) ◯　　(4) ◯

**5** (1) $0, 0, 4, -3, -4, -3, -4$
(2) $(-2, 0), (4, 0)$　　(3) $(-5, 0), (2, 0)$
(4) $\left(-\dfrac{3}{2}, 0\right), \left(\dfrac{1}{2}, 0\right)$

## 유형**10**　　　　　　　　　　　P. 132

**1** (1) $>, >, >, <$　　(2) 위, $<$, 오른, $<$, $>$, 위, $>$
(3) $>, <, >$　　　　　(4) $<, <, <$
(5) $<, >, <$　　　　　(6) $>, >, >$

## 쌍둥이 기출문제　　　　　　　P. 133~134

**1** $(2, 9)$　　　**2** $x=3, (3, -4)$　　**3** ⑤
**4** ③　　**5** $-3$　　**6** $23$　　**7** ⑤　　**8** ④
**9** ④　　**10** ⑤
**11** (1) $A(-1, 0), B(7, 0), C(3, 16)$　　(2) $64$
**12** $24$

# 5 이차함수의 식 구하기

## 유형**11**　　　　　　　　　　　P. 135

**1** (1) $2, 3, 2, 3, \dfrac{1}{2}, y=\dfrac{1}{2}(x-2)^2-3$
(2) $y=3(x-1)^2+2$
(3) $y=-5(x+1)^2+5$
(4) $y=(x+2)^2-4$

**2** (1) $1, 3, 0, 4, y=(x-1)^2+3$
(2) $0, 3, 2, 1, y=-\dfrac{1}{2}x^2+3$
(3) $-2, -3, 0, 5, y=2(x+2)^2-3$

## 유형**12**　　　　　　　　　　　P. 136

**1** (1) $1, 4, 16, -\dfrac{1}{4}, 4, y=-\dfrac{1}{4}(x-1)^2+4$
(2) $y=3(x+3)^2-1$
(3) $y=-2(x+1)^2+10$
(4) $y=4\left(x-\dfrac{1}{2}\right)^2+1$

**2** (1) $2, 4, 6, 0, y=-\dfrac{1}{3}(x-2)^2+\dfrac{16}{3}$
(2) $-4, 0, -2, -1, y=\dfrac{1}{2}(x+4)^2-3$
(3) $3, 1, 2, 7, y=-\dfrac{1}{6}(x-3)^2+\dfrac{8}{3}$

## 유형**13**　　　　　　　　　　　P. 137

**1** (1) $3, 3, 3, 3, 1, -4, y=x^2-4x+3$
(2) $y=\dfrac{1}{4}x^2+x-3$　　(3) $y=3x^2-2x-4$

**2** (1) $4, 2, 6, y=-x^2-x+6$
(2) $-2, 4, 4, y=x^2-5x+4$
(3) $0, 0, 8, y=\dfrac{4}{9}x^2+\dfrac{28}{9}x$

## 유형**14**　　　　　　　　　　　P. 138

**1** (1) $5, 2, -1, -\dfrac{1}{2}, -\dfrac{1}{2}, 5, y=-\dfrac{1}{2}x^2+\dfrac{7}{2}x-5$
(2) $y=2x^2+4x-6$　　(3) $y=-2x^2+6x+8$

**2** (1) $-4, 0, -4, y=\dfrac{1}{2}x^2+x-4$
(2) $-3, 0, 3, y=x^2+4x+3$
(3) $0, 5, 5, y=-x^2+4x+5$

## 쌍둥이 기출문제　　　　　　　P. 139~140

**1** ①　　**2** ⑤　　**3** $1$　　**4** ②
**5** ⑤　　**6** $(4, -11)$　　**7** ⑤　　**8** ①
**9** ①　　**10** ②　　**11** ②　　**12** ①

## 단원 마무리　　　　　　　　　　P. 141~143

**1** ④　　**2** $4$　　**3** ⑤　　**4** $-1$
**5** ㄴ, ㄷ, ㅁ　**6** ③　　**7** $-28$　　**8** ③
**9** ⑤　　**10** $125$　　**11** $\dfrac{1}{2}$　　**12** $(3, 4)$

# 유형편 라이트

## 1 제곱근의 뜻과 성질

유형 1 · P. 6

**1** (1) 2, −2　(2) 7, −7　(3) 9, −9
(4) 0.5, −0.5　(5) $\frac{1}{4}$, −$\frac{1}{4}$

**2** (1) 4, −4　(2) 8, −8　(3) 12, −12
(4) 0.9, −0.9　(5) $\frac{10}{3}$, −$\frac{10}{3}$

**3** 36, 36, 6

**4** (1) 0　(2) 1, −1　(3) 3, −3
(4) 10, −10　(5) 없다.　(6) 없다.
(7) 0.3, −0.3　(8) 0.4, −0.4　(9) $\frac{1}{2}$, −$\frac{1}{2}$
(10) $\frac{5}{8}$, −$\frac{5}{8}$

**5** (1) 9, 3, −3　(2) 16, 4, −4
(3) $\frac{1}{25}$, $\frac{1}{5}$, −$\frac{1}{5}$　(4) 0.04, 0.2, −0.2

---

**1** (1) $2^2=4$, $(-2)^2=4$
(2) $7^2=49$, $(-7)^2=49$
(3) $9^2=81$, $(-9)^2=81$
(4) $(0.5)^2=0.25$, $(-0.5)^2=0.25$
(5) $\left(\frac{1}{4}\right)^2=\frac{1}{16}$, $\left(-\frac{1}{4}\right)^2=\frac{1}{16}$

**2** (1) $4^2=16$, $(-4)^2=16$이므로 $x^2=16$을 만족시키는 $x$의 값은 4, −4이다.
(2) $8^2=64$, $(-8)^2=64$이므로 $x^2=64$를 만족시키는 $x$의 값은 8, −8이다.
(3) $12^2=144$, $(-12)^2=144$이므로 $x^2=144$를 만족시키는 $x$의 값은 12, −12이다.
(4) $0.9^2=0.81$, $(-0.9)^2=0.81$이므로 $x^2=0.81$을 만족시키는 $x$의 값은 0.9, −0.9이다.
(5) $\left(\frac{10}{3}\right)^2=\frac{100}{9}$, $\left(-\frac{10}{3}\right)^2=\frac{100}{9}$이므로 $x^2=\frac{100}{9}$을 만족시키는 $x$의 값은 $\frac{10}{3}$, −$\frac{10}{3}$이다.

**4** (1) $0^2=0$이므로 0의 제곱근은 0뿐이다.
(2) $1^2=(-1)^2=1$이므로 1의 제곱근은 1, −1이다.
(3) $3^2=(-3)^2=9$이므로 9의 제곱근은 3, −3이다.
(4) $10^2=(-10)^2=100$이므로 100의 제곱근은 10, −10이다.
(5), (6) −1, −9는 음수이므로 제곱근이 없다.
(7) $0.3^2=(-0.3)^2=0.09$이므로 0.09의 제곱근은 0.3, −0.3이다.

(8) $0.4^2=(-0.4)^2=0.16$이므로 0.16의 제곱근은 0.4, −0.4이다.
(9) $\left(\frac{1}{2}\right)^2=\left(-\frac{1}{2}\right)^2=\frac{1}{4}$이므로 $\frac{1}{4}$의 제곱근은 $\frac{1}{2}$, −$\frac{1}{2}$이다.
(10) $\left(\frac{5}{8}\right)^2=\left(-\frac{5}{8}\right)^2=\frac{25}{64}$이므로 $\frac{25}{64}$의 제곱근은 $\frac{5}{8}$, −$\frac{5}{8}$이다.

**5** (1) $3^2=9$이므로 9의 제곱근은 3, −3이다.
(2) $(-4)^2=16$이므로 16의 제곱근은 4, −4이다.
(3) $\left(\frac{1}{5}\right)^2=\frac{1}{25}$이므로 $\frac{1}{25}$의 제곱근은 $\frac{1}{5}$, −$\frac{1}{5}$이다.
(4) $(-0.2)^2=0.04$이므로 0.04의 제곱근은 0.2, −0.2이다.

유형 2 · P. 7

**1** (1) $\pm\sqrt{5}$　(2) $\pm\sqrt{10}$　(3) $\pm\sqrt{21}$　(4) $\pm\sqrt{123}$
(5) $\pm\sqrt{0.1}$　(6) $\pm\sqrt{3.6}$　(7) $\pm\sqrt{\frac{2}{3}}$　(8) $\pm\sqrt{\frac{35}{6}}$

**2** (1) 5　(2) −10　(3) $\sqrt{7}$　(4) $-\sqrt{1.3}$
(5) $-\sqrt{\frac{4}{5}}$

**3** (1) $\pm\sqrt{2}$, $\sqrt{2}$　(2) $\pm\sqrt{23}$, $\sqrt{23}$　(3) $\pm8$, 8　(4) $\pm12$, 12

**4** (1) 1　(2) 2　(3) −7　(4) $\pm6$
(5) 1.1　(6) $\frac{2}{3}$　(7) −0.5　(8) $\pm\frac{7}{8}$

**5** (1) 3, $-\sqrt{3}$　(2) 49, 7　(3) $\frac{1}{9}$, −$\frac{1}{3}$　(4) 4
(5) −5

---

**3**

| $a$ | $a$의 제곱근 | 제곱근 $a$ |
|---|---|---|
| (1) 2 | $\pm\sqrt{2}$ | $\sqrt{2}$ |
| (2) 23 | $\pm\sqrt{23}$ | $\sqrt{23}$ |
| (3) 64 | $\pm\sqrt{64}=\pm8$ | $\sqrt{64}=8$ |
| (4) 144 | $\pm\sqrt{144}=\pm12$ | $\sqrt{144}=12$ |

**4** (1) $\sqrt{1}$은 1의 양의 제곱근이므로 1이다.
(2) $\sqrt{4}$는 4의 양의 제곱근이므로 2이다.
(3) $-\sqrt{49}$는 49의 음의 제곱근이므로 −7이다.
(4) $\pm\sqrt{36}$은 36의 제곱근이므로 $\pm6$이다.
(5) $\sqrt{1.21}$은 1.21의 양의 제곱근이므로 1.1이다.
(6) $\sqrt{\frac{4}{9}}$는 $\frac{4}{9}$의 양의 제곱근이므로 $\frac{2}{3}$이다.
(7) $-\sqrt{0.25}$는 0.25의 음의 제곱근이므로 −0.5이다.
(8) $\pm\sqrt{\frac{49}{64}}$는 $\frac{49}{64}$의 제곱근이므로 $\pm\frac{7}{8}$이다.

**5** (4) $\sqrt{256}=16$이므로 16의 양의 제곱근은 4이다.
(5) $(-5)^2=25$이므로 25의 음의 제곱근은 −5이다.

## 유형 **3**　　　　　　　　　P. 8

**1** (1) 2　(2) 5　(3) 0.1　(4) $\dfrac{3}{4}$

**2** (1) 5　(2) $-5$　(3) 0.7　(4) $-0.7$　(5) $\dfrac{6}{5}$　(6) $-\dfrac{6}{5}$

**3** (1) 11　(2) $\dfrac{1}{3}$　(3) $-0.9$　(4) $-\dfrac{2}{5}$

**4** (1) 2　(2) $-2$　(3) 0.3　(4) $-0.3$　(5) $\dfrac{1}{5}$　(6) $-\dfrac{1}{5}$

**5** $(\sqrt{7})^2$과 $(-\sqrt{7})^2$, $-\sqrt{(-7)^2}$과 $-\sqrt{7^2}$

**6** (1) $7-3$, 4
　(2) $18\div6$, 3
　(3) $2+6+3$, 11
　(4) $-7+5-12$, $-14$
　(5) $5\times6\div3$, 10
　(6) $6\times(-0.5)-4\div\dfrac{2}{5}$, $-13$

**4** (1) $\sqrt{(-2)^2}=\sqrt{2^2}=2$
　(2) $\sqrt{(-2)^2}=2$이므로 $-\sqrt{(-2)^2}=-2$
　(3) $\sqrt{(-0.3)^2}=\sqrt{0.3^2}=0.3$
　(4) $\sqrt{(-0.3)^2}=0.3$이므로 $-\sqrt{(-0.3)^2}=-0.3$
　(5) $\sqrt{\left(-\dfrac{1}{5}\right)^2}=\sqrt{\left(\dfrac{1}{5}\right)^2}=\dfrac{1}{5}$
　(6) $\sqrt{\left(-\dfrac{1}{5}\right)^2}=\dfrac{1}{5}$이므로 $-\sqrt{\left(-\dfrac{1}{5}\right)^2}=-\dfrac{1}{5}$

**5** $(\sqrt{7})^2=7$, $-\sqrt{(-7)^2}=-7$, $-\sqrt{7^2}=-7$, $(-\sqrt{7})^2=7$

**6** (1) $(-\sqrt{7})^2-\sqrt{3^2}=7-3=4$
　(2) $\sqrt{18^2}\div(-\sqrt{6})^2=18\div6=3$
　(3) $\sqrt{(-2)^2}+(-\sqrt{6})^2+\sqrt{3^2}=2+6+3=11$
　(4) $-(-\sqrt{7})^2+\sqrt{(-5)^2}-\sqrt{144}=-7+5-12=-14$
　(5) $\sqrt{25}\times\sqrt{(-6)^2}\div(-\sqrt{3})^2=5\times6\div3=10$
　(6) $\sqrt{(-6)^2}\times(-\sqrt{0.25})-\sqrt{4^2}\div\sqrt{\dfrac{4}{25}}$

　　$=6\times(-0.5)-4\div\dfrac{2}{5}=-13$

## 유형 **4**　　　　　　　　　P. 9

**1** (1) $<$, $-a$　(2) $>$, $-a$　(3) $<$, $a$　(4) $>$, $a$

**2** (1) $2a$　(2) $2a$　(3) $-2a$　(4) $-2a$

**3** (1) $-3a$　(2) $-5a$　(3) $2a$

**4** (1) $<$, $-x+1$　　(2) $>$, $1-x$
　(3) $<$, $x-1$　　(4) $>$, $-1+x$

**5** (1) $x-2$　(2) $-2+x$　(3) $-x+2$

**6** $>$, $x+2$, $<$, $-x+3$, $x+2$, $-x+3$, 5

---

**1** $a<0$일 때, $-a>0$이므로
　(1) $\sqrt{a^2}=-a$
　(2) $\sqrt{(-a)^2}=-a$
　(3) $-\sqrt{a^2}=-(-a)=a$
　(4) $-\sqrt{(-a)^2}=-(-a)=a$

**2** (1) $a>0$일 때, $2a>0$이므로
　　$\sqrt{(2a)^2}=2a$
　(2) $a>0$일 때, $-2a<0$이므로
　　$\sqrt{(-2a)^2}=-(-2a)=2a$
　(3) $a>0$일 때, $2a>0$이므로
　　$-\sqrt{(2a)^2}=-2a$
　(4) $a>0$일 때, $-2a<0$이므로
　　$-\sqrt{(-2a)^2}=-\{-(-2a)\}=-2a$

**3** (1) $a<0$일 때, $3a<0$이므로 $\sqrt{(3a)^2}=-3a$
　(2) $a<0$일 때, $-5a>0$이므로 $\sqrt{(-5a)^2}=-5a$
　(3) $\sqrt{(3a)^2}-\sqrt{(-5a)^2}=-3a-(-5a)=2a$

**4** (1) $x<1$일 때, $x-1<0$이므로
　　$\sqrt{(x-1)^2}=-(x-1)=-x+1$
　(2) $x<1$일 때, $1-x>0$이므로
　　$\sqrt{(1-x)^2}=1-x$
　(3) $x<1$일 때, $x-1<0$이므로
　　$-\sqrt{(x-1)^2}=-\{-(x-1)\}=x-1$
　(4) $x<1$일 때, $1-x>0$이므로
　　$-\sqrt{(1-x)^2}=-(1-x)=-1+x$

**5** (1) $x>2$일 때, $x-2>0$이므로
　　$\sqrt{(x-2)^2}=x-2$
　(2) $x>2$일 때, $2-x<0$이므로
　　$\sqrt{(2-x)^2}=-(2-x)=-2+x$
　(3) $x>2$일 때, $x-2>0$이므로
　　$-\sqrt{(x-2)^2}=-(x-2)=-x+2$

**6** $-2<x<3$일 때,
　$x+2>0$이므로 $\sqrt{(x+2)^2}=x+2$
　$x-3<0$이므로 $\sqrt{(x-3)^2}=-(x-3)=-x+3$
　$\therefore \sqrt{(x+2)^2}+\sqrt{(x-3)^2}=(x+2)+(-x+3)=5$

## 한 걸음 더 연습

P. 10

**1** (1) 10　(2) 15　(3) 2　(4) $\dfrac{1}{5}$　(5) 2.6　(6) $\dfrac{1}{3}$

**2** (1) 8　(2) $-18$　(3) 1　(4) 5　(5) $-6$　(6) $\dfrac{25}{3}$

**3** (1) 3　(2) $2x-3$

**4** (1) $-2x$　(2) 2

**5** (1) $a-b$　(2) $2a-2b$　(3) $2b$

**6** (1) $b$　(2) $a$　(3) $-ab-b-a$

**1**
(1) $\sqrt{4^2}+\sqrt{(-6)^2}=4+6=10$
(2) $\sqrt{(-7)^2}+(-\sqrt{8})^2=7+8=15$
(3) $\sqrt{121}-\sqrt{(-9)^2}=11-9=2$
(4) $\sqrt{\left(\dfrac{3}{10}\right)^2}-\sqrt{\dfrac{1}{100}}=\dfrac{3}{10}-\dfrac{1}{10}=\dfrac{2}{10}=\dfrac{1}{5}$
(5) $(-\sqrt{1.3})^2\times(\sqrt{2})^2=1.3\times2=2.6$
(6) $\sqrt{\dfrac{1}{4}}\div\sqrt{\dfrac{9}{4}}=\dfrac{1}{2}\div\dfrac{3}{2}=\dfrac{1}{2}\times\dfrac{2}{3}=\dfrac{1}{3}$

**2**
(1) $\sqrt{16}-\sqrt{(-3)^2}+(-\sqrt{7})^2=4-3+7=8$
(2) $\sqrt{144}-\sqrt{(-6)^2}\times(-\sqrt{5})^2=12-6\times5=-18$
(3) $\sqrt{1.69}\times\sqrt{100}\div\sqrt{(-13)^2}=1.3\times10\div13=1$
(4) $\sqrt{(-3)^2}+(-\sqrt{5})^2-\sqrt{\left(-\dfrac{1}{2}\right)^2}\times\sqrt{36}$
$=3+5-\dfrac{1}{2}\times6=5$
(5) $\sqrt{121}-\sqrt{(-4)^2}\div\sqrt{\dfrac{4}{49}}-(-\sqrt{3})^2$
$=11-4\div\dfrac{2}{7}-3=11-4\times\dfrac{7}{2}-3=-6$
(6) $-\sqrt{0.64}\times\{-(-\sqrt{10})^2\}+\sqrt{\dfrac{4}{9}}\div\sqrt{(-2)^2}$
$=-0.8\times(-10)+\dfrac{2}{3}\div2$
$=8+\dfrac{2}{3}\times\dfrac{1}{2}=8+\dfrac{1}{3}=\dfrac{25}{3}$

**3** $0<x<3$일 때, $x>0$, $-x<0$, $x-3<0$, $3-x>0$이므로
(1) $\sqrt{(3-x)^2}+\sqrt{x^2}=(3-x)+x=3$
(2) $\sqrt{(-x)^2}-\sqrt{(x-3)^2}=-(-x)-\{-(x-3)\}$
$=x+x-3=2x-3$

**4** $x<-1$일 때, $x+1<0$, $1-x>0$이므로
(1) $\sqrt{(x+1)^2}+\sqrt{(1-x)^2}=-(x+1)+(1-x)$
$=-x-1+1-x=-2x$
(2) $\sqrt{(1-x)^2}-\sqrt{(x+1)^2}=(1-x)-\{-(x+1)\}$
$=1-x+x+1=2$
참고 (양수)$-$(음수)$=$(양수)이므로
$x<-1$일 때, $1-x>0$
예 $x=-2$일 때, $1-x=1-(-2)=1+2=3>0$
(양수)$-$(음수)　(양수)

**5** $a>0$, $b<0$일 때, $a-b>0$이므로
(2) $\sqrt{a^2}+\sqrt{b^2}+\sqrt{(a-b)^2}=a+(-b)+(a-b)$
$=2a-2b$
(3) $\sqrt{a^2}-\sqrt{b^2}-\sqrt{(a-b)^2}=a-(-b)-(a-b)$
$=a+b-a+b=2b$

**6** $ab<0$이므로 $a$, $b$의 부호는 다르고
$a<b$이므로 $a<0$, $b>0$이다.
(1) $a-b<0$이므로
$\sqrt{(a-b)^2}-\sqrt{a^2}=-(a-b)-(-a)$
$=-a+b+a=b$
(2) $-b<0$, $a-b<0$이므로
$\sqrt{(-b)^2}-\sqrt{(a-b)^2}=-(-b)-\{-(a-b)\}$
$=b+a-b=a$
(3) $ab<0$, $2b>0$, $b-a>0$이므로
$\sqrt{(ab)^2}-\sqrt{(2b)^2}+\sqrt{(b-a)^2}=-ab-2b+b-a$
$=-ab-b-a$

## 유형 5

P. 11~12

**1** (1) 2, 3, 2, 2, 2　(2) 5　(3) 6　(4) 30

**2** (1) 15, 60　(2) 21, 84

**3** (1) 2, 5, 2, 2, 2　(2) 10　(3) 2　(4) 6

**4** (1) 13, 16, 25, 36, 3, 12, 23, 3　(2) 4　(3) 12　(4) 6

**5** (1) 10, 1, 4, 9, 9, 6, 1, 1　(2) 12　(3) 17　(4) 10

**1**
(2) $\sqrt{20x}=\sqrt{2^2\times5\times x}$가 자연수가 되려면 $x=5\times$(자연수)$^2$ 꼴이어야 하므로 구하는 가장 작은 자연수 $x$의 값은 5이다.
(3) $\sqrt{54x}=\sqrt{2\times3^3\times x}$가 자연수가 되려면 $x=2\times3\times$(자연수)$^2$ 꼴이어야 하므로 구하는 가장 작은 자연수 $x$의 값은 $2\times3=6$이다.
(4) $\sqrt{120x}=\sqrt{2^3\times3\times5\times x}$가 자연수가 되려면 $x=2\times3\times5\times$(자연수)$^2$ 꼴이어야 하므로 구하는 가장 작은 자연수 $x$의 값은 $2\times3\times5=30$이다.

**2**
(1) $\sqrt{60x}=\sqrt{2^2\times3\times5\times x}$가 자연수가 되려면 $x=3\times5\times$(자연수)$^2$ 꼴이어야 한다.
따라서 구하는 두 자리의 자연수 $x$의 값은 $15\times1^2=15$, $15\times2^2=60$
(2) $\sqrt{84x}=\sqrt{2^2\times3\times7\times x}$가 자연수가 되려면 $x=3\times7\times$(자연수)$^2$ 꼴이어야 한다.
따라서 구하는 두 자리의 자연수 $x$의 값은 $21\times1^2=21$, $21\times2^2=84$

**3** (2) $\sqrt{\dfrac{40}{x}}=\sqrt{\dfrac{2^3\times5}{x}}$가 자연수가 되려면 $x$는 40의 약수이면서 $x=2\times5\times(\text{자연수})^2$ 꼴이어야 하므로 구하는 가장 작은 자연수 $x$의 값은 $2\times5=10$이다.

(3) $\sqrt{\dfrac{72}{x}}=\sqrt{\dfrac{2^3\times3^2}{x}}$이 자연수가 되려면 $x$는 72의 약수이면서 $x=2\times(\text{자연수})^2$ 꼴이어야 하므로 구하는 가장 작은 자연수 $x$의 값은 2이다.

(4) $\sqrt{\dfrac{96}{x}}=\sqrt{\dfrac{2^5\times3}{x}}$이 자연수가 되려면 $x$는 96의 약수이면서 $x=2\times3\times(\text{자연수})^2$ 꼴이어야 하므로 구하는 가장 작은 자연수 $x$의 값은 $2\times3=6$이다.

**4** (2) 21보다 큰 $(\text{자연수})^2$ 꼴인 수 중에서 가장 작은 수는 25이므로 $\sqrt{21+x}$가 자연수가 되도록 하는 가장 작은 자연수 $x$의 값은
$21+x=25$ ∴ $x=4$

(3) 37보다 큰 $(\text{자연수})^2$ 꼴인 수 중에서 가장 작은 수는 49이므로 $\sqrt{37+x}$가 자연수가 되도록 하는 가장 작은 자연수 $x$의 값은
$37+x=49$ ∴ $x=12$

(4) 43보다 큰 $(\text{자연수})^2$ 꼴인 수 중에서 가장 작은 수는 49이므로 $\sqrt{43+x}$가 자연수가 되도록 하는 가장 작은 자연수 $x$의 값은
$43+x=49$ ∴ $x=6$

**5** (2) 48보다 작은 $(\text{자연수})^2$ 꼴인 수 중에서 가장 큰 수는 36이므로 $\sqrt{48-x}$가 자연수가 되도록 하는 가장 큰 자연수 $x$의 값은
$48-x=36$ ∴ $x=12$

(3) 81보다 작은 $(\text{자연수})^2$ 꼴인 수 중에서 가장 큰 수는 64이므로 $\sqrt{81-x}$가 자연수가 되도록 하는 가장 작은 자연수 $x$의 값은
$81-x=64$ ∴ $x=17$

(4) 110보다 작은 $(\text{자연수})^2$ 꼴인 수 중에서 가장 큰 수는 100이므로 $\sqrt{110-x}$가 자연수가 되도록 하는 가장 작은 자연수 $x$의 값은
$110-x=100$ ∴ $x=10$

**1** (3) $\sqrt{0.2}=\sqrt{\dfrac{2}{10}}=\sqrt{\dfrac{1}{5}}$이므로 $\sqrt{0.2}<\sqrt{\dfrac{3}{5}}$

(4) $3=\sqrt{9}$이므로 $3>\sqrt{8}$

(5) $5=\sqrt{25}$이므로 $5<\sqrt{35}$

(6) $7=\sqrt{49}$이므로 $\sqrt{48}<7$

(7) $\dfrac{1}{2}=\sqrt{\dfrac{1}{4}}$이므로 $\dfrac{1}{2}<\sqrt{\dfrac{3}{4}}$

(8) $0.3=\sqrt{0.09}$이므로 $0.3<\sqrt{0.9}$

**2** (3) $\sqrt{\dfrac{1}{4}}=\sqrt{0.25}$이고 $\sqrt{0.25}>\sqrt{0.22}$이므로
$-\sqrt{0.25}<-\sqrt{0.22}$
∴ $-\sqrt{\dfrac{1}{4}}<-\sqrt{0.22}$

(4) $8=\sqrt{64}$이고 $\sqrt{64}>\sqrt{56}$이므로 $-\sqrt{64}<-\sqrt{56}$
∴ $-8<-\sqrt{56}$

(5) $4=\sqrt{16}$이고 $\sqrt{16}>\sqrt{15}$이므로 $-\sqrt{16}<-\sqrt{15}$
∴ $-4<-\sqrt{15}$

(6) $9=\sqrt{81}$이고 $\sqrt{82}>\sqrt{81}$이므로 $-\sqrt{82}<-\sqrt{81}$
∴ $-\sqrt{82}<-9$

(7) $\dfrac{1}{2}=\sqrt{\dfrac{1}{4}}$이고 $\sqrt{\dfrac{2}{3}}>\sqrt{\dfrac{1}{4}}$이므로
$-\sqrt{\dfrac{2}{3}}<-\sqrt{\dfrac{1}{4}}$
∴ $-\sqrt{\dfrac{2}{3}}<-\dfrac{1}{2}$

(8) $0.2=\sqrt{0.04}$이고 $\sqrt{0.04}<\sqrt{0.4}$이므로
$-\sqrt{0.04}>-\sqrt{0.4}$
∴ $-0.2>-\sqrt{0.4}$

**3** (1) $-2=-\sqrt{4}$이고 $-\sqrt{3}>-\sqrt{4}$이므로 $-\sqrt{3}>-2$
$\dfrac{1}{4}=\sqrt{\dfrac{1}{16}}$이고 $\sqrt{\dfrac{1}{16}}<\sqrt{\dfrac{1}{8}}$이므로 $\dfrac{1}{4}<\sqrt{\dfrac{1}{8}}$
∴ $-2<-\sqrt{3}<\dfrac{1}{4}<\sqrt{\dfrac{1}{8}}$

(2) $-\dfrac{1}{2}=-\sqrt{\dfrac{1}{4}}$이고 $-\sqrt{\dfrac{1}{3}}<-\sqrt{\dfrac{1}{4}}$이므로
$-\sqrt{\dfrac{1}{3}}<-\dfrac{1}{2}$
$4=\sqrt{16}$이고 $\sqrt{15}<\sqrt{16}$이므로 $\sqrt{15}<4$
∴ $-\sqrt{\dfrac{1}{3}}<-\dfrac{1}{2}<\sqrt{15}<4$

**6**  P. 12~13

**1** (1) $<$ (2) $>$ (3) $<$ (4) $>$
(5) $<$ (6) $<$ (7) $<$ (8) $<$

**2** (1) $<$ (2) $>$ (3) $<$ (4) $<$
(5) $<$ (6) $<$ (7) $<$ (8) $>$

**3** (1) $-2,\ -\sqrt{3},\ \dfrac{1}{4},\ \sqrt{\dfrac{1}{8}}$ (2) $-\sqrt{\dfrac{1}{3}},\ -\dfrac{1}{2},\ \sqrt{15},\ 4$

**한 걸음 더 연습**  P. 13

**1** (1) 9, 9, 5, 6, 7, 8 (2) 10, 11, 12, 13, 14, 15
**2** (1) 1, 2, 3, 4 (2) 3, 4, 5, 6, 7, 8, 9
(3) 10, 11, 12, 13, 14, 15, 16
**3** (1) 34 (2) 45 (3) 10

1. 제곱근과 실수 • **19**

**1** (2) $3<\sqrt{x}<4$에서 $\sqrt{9}<\sqrt{x}<\sqrt{16}$

∴ $9<x<16$

따라서 구하는 자연수 $x$의 값은 10, 11, 12, 13, 14, 15 이다.

**2** (1) $0<\sqrt{x}\le 2$에서 $0<\sqrt{x}\le\sqrt{4}$이므로

$0<x\le 4$

∴ $x=1,\ 2,\ 3,\ 4$

(2) $1.5\le\sqrt{x}\le 3$에서 $\sqrt{2.25}\le\sqrt{x}\le\sqrt{9}$이므로

$2.25\le x\le 9$

∴ $x=3,\ 4,\ 5,\ 6,\ 7,\ 8,\ 9$

(3) $-4\le-\sqrt{x}<-3$에서 $3<\sqrt{x}\le 4$

$\sqrt{9}<\sqrt{x}\le\sqrt{16}$, $9<x\le 16$

∴ $x=10,\ 11,\ 12,\ 13,\ 14,\ 15,\ 16$

**3** (1) $6<\sqrt{6x}<8$에서 $\sqrt{36}<\sqrt{6x}<\sqrt{64}$이므로

$36<6x<64$, $6<x<\dfrac{32}{3}$

∴ $x=7,\ 8,\ 9,\ 10$

따라서 구하는 합은 $7+8+9+10=34$

(2) $2<\sqrt{2x-5}<4$에서 $\sqrt{4}<\sqrt{2x-5}<\sqrt{16}$

$4<2x-5<16$, $9<2x<21$, $\dfrac{9}{2}<x<\dfrac{21}{2}$

∴ $x=5,\ 6,\ 7,\ 8,\ 9,\ 10$

따라서 구하는 합은 $5+6+7+8+9+10=45$

(3) $\sqrt{3}<\sqrt{3x+2}<4$에서 $\sqrt{3}<\sqrt{3x+2}<\sqrt{16}$

$3<3x+2<16$, $1<3x<14$, $\dfrac{1}{3}<x<\dfrac{14}{3}$

∴ $x=1,\ 2,\ 3,\ 4$

따라서 구하는 합은 $1+2+3+4=10$

---

**쌍둥이 기출문제**      P. 14~15

| **1** ③ | **2** ③ | **3** 5 | **4** 6 | **5** ㄴ, ㄹ |
|---|---|---|---|---|
| **6** ④ | **7** ③ | **8** 50 | **9** ④ | **10** 2 |
| **11** 7 | **12** 10 | **13** 9, 18, 25, 30, 33 | **14** 10개 |
| **15** ④ | **16** ④ | **17** 9 | **18** 6개 |

**1** 4의 제곱근은 $\pm\sqrt{4}$, 즉 $\pm 2$이다.

**2** $\sqrt{25}=5$이므로 5의 제곱근은 $\pm\sqrt{5}$이다.

**3** 64의 양의 제곱근 $a=\sqrt{64}=8$

$(-3)^2=9$의 음의 제곱근 $b=-\sqrt{9}=-3$

∴ $a+b=8+(-3)=5$

---

**4** $(-4)^2=16$의 양의 제곱근 $A=\sqrt{16}=4$

$\sqrt{16}=4$의 음의 제곱근 $B=-\sqrt{4}=-2$

∴ $A-B=4-(-2)=6$

**5** ㄱ. 0의 제곱근은 0의 1개이다.

ㄷ. $-16$은 음수이므로 제곱근이 없다.

따라서 옳은 것은 ㄴ, ㄹ이다.

**6** ④ 양수의 제곱근은 2개, 0의 제곱근은 1개, 음수의 제곱근은 없다.

**7** $(-\sqrt{3})^2-\sqrt{36}+\sqrt{(-2)^2}=3-6+2=-1$

**8** $\sqrt{(-1)^2}+\sqrt{49}\div\left(-\sqrt{\dfrac{1}{7}}\right)^2=1+7\div\dfrac{1}{7}$

$=1+7\times 7=50$

**9** $4<x<5$일 때, $x-4>0$, $x-5<0$이므로

$\sqrt{(x-4)^2}=x-4$

$\sqrt{(x-5)^2}=-(x-5)=-x+5$

∴ $\sqrt{(x-4)^2}-\sqrt{(x-5)^2}=(x-4)-(-x+5)$

$=x-4+x-5$

$=2x-9$

**10** $-1<a<1$일 때, $a-1<0$, $a+1>0$이므로     ⋯ (i)

$\sqrt{(a-1)^2}=-(a-1)=-a+1$

$\sqrt{(a+1)^2}=a+1$           ⋯ (ii)

∴ $\sqrt{(a-1)^2}+\sqrt{(a+1)^2}=(-a+1)+(a+1)$

$=2$       ⋯ (iii)

| 채점 기준 | 비율 |
|---|---|
| (i) $a-1$, $a+1$의 부호 판단하기 | 40% |
| (ii) $\sqrt{(a-1)^2}$, $\sqrt{(a+1)^2}$을 근호를 사용하지 않고 나타내기 | 40% |
| (iii) 주어진 식을 간단히 하기 | 20% |

**[11~14]** $\sqrt{A}$가 자연수가 될 조건

(1) $A$가 (자연수)$^2$ 꼴이어야 한다.

(2) $A$를 소인수분해하였을 때, 소인수의 지수가 모두 짝수이어야 한다.

**11** $\sqrt{28x}=\sqrt{2^2\times 7\times x}$가 자연수가 되려면 $x=7\times$(자연수)$^2$ 꼴이어야 하므로 구하는 가장 작은 자연수 $x$의 값은 7이다.

**12** $\sqrt{\dfrac{18}{5}x}=\sqrt{\dfrac{2\times 3^2\times x}{5}}$가 자연수가 되려면

$x=2\times 5\times$(자연수)$^2$ 꼴이어야 하므로 구하는 가장 작은 자연수 $x$의 값은 $2\times 5=10$이다.

**13** $\sqrt{34-x}$ 가 자연수가 되려면 $34-x$는 34보다 작은
(자연수)$^2$ 꼴이어야 하므로
$34-x=1,\ 4,\ 9,\ 16,\ 25$
$\therefore x=33,\ 30,\ 25,\ 18,\ 9$

**14** $\sqrt{87-x}$ 가 정수가 되려면 $87-x$는 0 또는 87보다 작은
(자연수)$^2$ 꼴이어야 하므로
$87-x=0,\ 1,\ 4,\ 9,\ 16,\ 25,\ 36,\ 49,\ 64,\ 81$
$\therefore x=87,\ 86,\ 83,\ 78,\ 71,\ 62,\ 51,\ 38,\ 23,\ 6$
따라서 구하는 자연수 $x$의 개수는 10개이다.

---

**[15~16] 제곱근의 대소 비교**
$a>0,\ b>0$일 때, $a<b$이면 $\sqrt{a}<\sqrt{b}$
$\qquad\qquad \sqrt{a}<\sqrt{b}$이면 $a<b$
$\qquad\qquad \sqrt{a}<\sqrt{b}$이면 $-\sqrt{a}>-\sqrt{b}$

**15** ① $4=\sqrt{16}$이고 $\sqrt{16}<\sqrt{18}$이므로 $4<\sqrt{18}$
② $\sqrt{6}>\sqrt{5}$이므로 $-\sqrt{6}<-\sqrt{5}$
③ $\dfrac{1}{2}=\sqrt{\dfrac{1}{4}}$이고 $\sqrt{\dfrac{1}{4}}<\sqrt{\dfrac{1}{3}}$이므로 $\dfrac{1}{2}<\sqrt{\dfrac{1}{3}}$
④ $0.2=\sqrt{0.04}$이고 $\sqrt{0.04}<\sqrt{0.2}$이므로 $0.2<\sqrt{0.2}$
⑤ $3=\sqrt{9}$이고 $\sqrt{9}>\sqrt{7}$이므로 $-\sqrt{9}<-\sqrt{7}$
$\qquad \therefore -3<-\sqrt{7}$
따라서 옳지 않은 것은 ④이다.

**16** ① $5<8$이므로 $\sqrt{5}<\sqrt{8}$
② $5=\sqrt{25}$이고 $\sqrt{25}>\sqrt{23}$이므로 $-\sqrt{25}<-\sqrt{23}$
$\qquad \therefore -5<-\sqrt{23}$
③ $0.3=\sqrt{0.09}$이고 $\sqrt{0.3}>\sqrt{0.09}$이므로
$\qquad -\sqrt{0.3}<-\sqrt{0.09}$ $\quad \therefore -\sqrt{0.3}<-0.3$
④ $\sqrt{\dfrac{2}{3}}=\sqrt{\dfrac{10}{15}}$이고 $\sqrt{\dfrac{2}{5}}=\sqrt{\dfrac{6}{15}}$이므로 $\sqrt{\dfrac{2}{3}}>\sqrt{\dfrac{2}{5}}$
⑤ $7=\sqrt{49}$이고 $\sqrt{49}<\sqrt{50}$이므로 $7<\sqrt{50}$
따라서 부등호의 방향이 나머지 넷과 다른 하나는 ④이다.

---

**[17~18] 제곱근을 포함하는 부등식**
$a>0,\ b>0,\ x>0$일 때,
$a<\sqrt{x}<b \Rightarrow \sqrt{a^2}<\sqrt{x}<\sqrt{b^2} \Rightarrow a^2<x<b^2$

**17** $1<\sqrt{x}\le 2$에서 $\sqrt{1}<\sqrt{x}\le\sqrt{4}$이므로 $1<x\le 4$
따라서 자연수 $x$의 값은 2, 3, 4이므로 구하는 합은
$2+3+4=9$

**18** $3<\sqrt{x+1}<4$에서 $\sqrt{9}<\sqrt{x+1}<\sqrt{16}$이므로
$9<x+1<16$ $\quad \therefore 8<x<15$
따라서 자연수 $x$는 9, 10, 11, 12, 13, 14의 6개이다.

---

## 2 무리수와 실수

유형 **7** P. 16

**1** (1) 유 (2) 유 (3) 유 (4) 유
(5) 무 (6) 무 (7) 유 (8) 무
(9) 유 (10) 무
**2** 풀이 참조
**3** (1) ○ (2) × (3) ○ (4) × (5) ○
(6) × (7) × (8) ○ (9) ○ (10) ○

**1** 분수 $\dfrac{a}{b}$ ($a,\ b$는 정수, $b\neq 0$) 꼴로 나타낼 수 있는 수를 유리
수라 하고, 유리수가 아닌 수를 무리수라고 한다.
(1), (2), (7), (9) $0,\ -5,\ \sqrt{4}=2,\ \sqrt{36}-2=6-2=4$는
$\dfrac{(\text{정수})}{(0\text{이 아닌 정수})}$ 꼴로 나타낼 수 있으므로 유리수이다.
(3) $2.33=\dfrac{233}{100}$
(4) $1.\dot{2}34\dot{5}=\dfrac{12345-1}{9999}=\dfrac{12344}{9999}$
따라서 (1), (2), (3), (4), (7), (9)는 유리수이고, (5), (6), (8), (10)
은 무리수이다.

> **참고** • 정수는 유리수이다. ⇨ (1), (2), (7), (9)
> • 유한소수와 순환소수는 유리수이다. ⇨ (3), (4)
> • 근호를 사용해야만 나타낼 수 있는 수는 무리수이다.
> ⇨ (6), (8)
> • $\pi$와 순환소수가 아닌 무한소수는 무리수이다. ⇨ (5), (10)

**2**

| $\sqrt{\dfrac{4}{9}}$ | $\sqrt{1.2^2}$ | $0.1234\cdots$ | $\sqrt{\dfrac{49}{3}}$ | $\sqrt{0.1}$ |
|---|---|---|---|---|
| $(-\sqrt{6})^2$ | $-\dfrac{\sqrt{64}}{4}$ | $-\sqrt{17}$ | $1.414$ | $\dfrac{1}{\sqrt{4}}$ |
| $\sqrt{2}+3$ | $0.1\dot{5}$ | $\dfrac{\pi}{2}$ | $-\sqrt{0.04}$ | $\sqrt{169}$ |
| $\sqrt{25}$ | $\dfrac{\sqrt{7}}{7}$ | $\sqrt{(-3)^2}$ | $\sqrt{100}$ | $-\sqrt{16}$ |

$\sqrt{\dfrac{4}{9}}=\dfrac{2}{3},\ \sqrt{1.2^2}=1.2,\ (-\sqrt{6})^2=6,\ -\dfrac{\sqrt{64}}{4}=-\dfrac{8}{4}=-2,$
$1.414,\ \dfrac{1}{\sqrt{4}}=\dfrac{1}{2},\ 0.1\dot{5}=\dfrac{15-1}{90}=\dfrac{14}{90}=\dfrac{7}{45},$
$-\sqrt{0.04}=-0.2,\ \sqrt{169}=13,\ \sqrt{25}=5,\ \sqrt{(-3)^2}=3,$
$\sqrt{100}=10,\ -\sqrt{16}=-4$는 유리수이다.

**3** (2) 무한소수 중 순환소수는 유리수이다.
(4) 무한소수 중 순환소수가 아닌 무한소수도 있다.
(6) 유리수는 $\dfrac{(\text{정수})}{(0\text{이 아닌 정수})}$ 꼴로 나타낼 수 있다.
(7), (8) 근호를 사용하여 나타낸 수가 모두 무리수인 것은 아
니다. 근호 안의 수가 어떤 유리수의 제곱인 수는 유리수
이다.
(10) $\sqrt{0.09}=0.3$이므로 유리수이다.

**1** (1) $\sqrt{36}$   (2) $\sqrt{9}-5$, $\sqrt{36}$   (3) $0.\dot{1}\dot{2}$, $\sqrt{9}-5$, $\dfrac{2}{3}$, $\sqrt{36}$

   (4) $\pi+1$, $\sqrt{0.4}$, $-\sqrt{10}$

   (5) $\pi+1$, $\sqrt{0.4}$, $0.\dot{1}\dot{2}$, $\sqrt{9}-5$, $\dfrac{2}{3}$, $\sqrt{36}$, $-\sqrt{10}$

**2** 풀이 참조

**3** $\sqrt{1.25}$, $\sqrt{8}$

---

**1**   $\pi+1 \Rightarrow$ 무리수, 실수

    $\sqrt{0.4} \Rightarrow$ 무리수, 실수

    $0.\dot{1}\dot{2}=\dfrac{12}{99}=\dfrac{4}{33} \Rightarrow$ 유리수, 실수

    $\sqrt{9}-5=3-5=-2 \Rightarrow$ 정수, 유리수, 실수

    $\dfrac{2}{3} \Rightarrow$ 유리수, 실수

    $\sqrt{36}=6 \Rightarrow$ 자연수, 정수, 유리수, 실수

    $-\sqrt{10} \Rightarrow$ 무리수, 실수

**2**

|  | 자연수 | 정수 | 유리수 | 무리수 | 실수 |
|---|---|---|---|---|---|
| (1) $\sqrt{25}$ | ○ | ○ | ○ | × | ○ |
| (2) $0.\dot{5}\dot{6}$ | × | × | ○ | × | ○ |
| (3) $\sqrt{0.9}$ | × | × | × | ○ | ○ |
| (4) $5-\sqrt{4}$ | ○ | ○ | ○ | × | ○ |
| (5) $2.365489\cdots$ | × | × | × | ○ | ○ |

**3**   □ 안에 해당하는 수는 무리수이다.

    $3.14$, $0$, $\sqrt{0.\dot{1}}=\sqrt{\dfrac{1}{9}}=\dfrac{1}{3}$, $\sqrt{(-2)^2}=2 \Rightarrow$ 유리수

    $\sqrt{1.25}$, $\sqrt{8} \Rightarrow$ 무리수

**1** 풀이 참조

**2** (1) P: $3-\sqrt{2}$, Q: $3+\sqrt{2}$   (2) P: $-2-\sqrt{5}$, Q: $-2+\sqrt{5}$

**3** P: $-2-\sqrt{2}$, Q: $\sqrt{2}$

**4** P: $2-\sqrt{10}$, Q: $2+\sqrt{10}$

---

**1** (1) 피타고라스 정리에 의해 직각삼각형의 빗변의 길이는

       $\sqrt{1^2+1^2}=\sqrt{2}$이다.

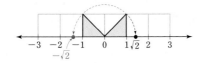

(2)

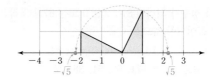

(3) 피타고라스 정리에 의해 직각삼각형의 빗변의 길이는

    $\sqrt{1^2+2^2}=\sqrt{5}$이다.

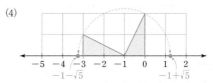

(4)

**3** 한 변의 길이가 1인 정사각형의 대각선의 길이는

    $\sqrt{1^2+1^2}=\sqrt{2}$이므로

    P: $-2-\sqrt{2}$, Q: $\sqrt{2}$

**4** $\overline{AD}=\sqrt{3^2+1^2}=\sqrt{10}$이므로 $\overline{AP}=\overline{AD}=\sqrt{10}$

    따라서 점 P에 대응하는 수는 $2-\sqrt{10}$이다.

    $\overline{AB}=\sqrt{3^2+1^2}=\sqrt{10}$이므로 $\overline{AQ}=\overline{AB}=\sqrt{10}$

    따라서 점 Q에 대응하는 수는 $2+\sqrt{10}$이다.

**1** (1) ×   (2) ×   (3) ×   (4) ○   (5) ×   (6) ○

   (7) ×   (8) ○

**2** (1) 유리수   (2) 실수   (3) 정수

---

**1** (1) 모든 실수는 각각 수직선 위의 한 점에 대응하므로

       $1+\sqrt{2}$에 대응하는 점은 수직선 위에 나타낼 수 있다.

   (2) 0과 1 사이에는 무수히 많은 무리수가 있다.

   (3) $\sqrt{6}$과 $\sqrt{7}$ 사이에는 무수히 많은 유리수가 있다.

   (5) 수직선은 정수와 무리수에 대응하는 점들로는 완전히 메울 수 없다. 수직선은 유리수와 무리수, 즉 실수에 대응하는 점들로 완전히 메울 수 있다.

   (7) 2와 3 사이에는 정수가 없다.

**2** (3) $\sqrt{2}=1.414\cdots$이므로 1과 $\sqrt{2}$ 사이에는 정수가 존재하지 않는다.

## 유형 11

P. 20

**1** (1) 2.435 (2) 2.449 (3) 2.478
(4) 8.075 (5) 8.142 (6) 8.185

**2** (1) 9.56 (2) 9.69 (3) 9.75
(4) 96.7 (5) 97.6 (6) 99.8

---

**1** (1) 5.9의 가로줄과 3의 세로줄 ⇨ 2.435
(2) 6.0의 가로줄과 0의 세로줄 ⇨ 2.449
(3) 6.1의 가로줄과 4의 세로줄 ⇨ 2.478
(4) 65의 가로줄과 2의 세로줄 ⇨ 8.075
(5) 66의 가로줄과 3의 세로줄 ⇨ 8.142
(6) 67의 가로줄과 0의 세로줄 ⇨ 8.185

**2** (1) 3.092가 적혀 있는 칸의 가로줄의 수는 9.5이고, 세로줄의 수는 6이므로 $a=9.56$
(2) 3.113이 적혀 있는 칸의 가로줄의 수는 9.6이고, 세로줄의 수는 9이므로 $a=9.69$
(3) 3.122가 적혀 있는 칸의 가로줄의 수는 9.7이고, 세로줄의 수는 5이므로 $a=9.75$
(4) 9.834가 적혀 있는 칸의 가로줄의 수는 96이고, 세로줄의 수는 7이므로 $a=96.7$
(5) 9.879가 적혀 있는 칸의 가로줄의 수는 97이고, 세로줄의 수는 6이므로 $a=97.6$
(6) 9.990이 적혀 있는 칸의 가로줄의 수는 99이고, 세로줄의 수는 8이므로 $a=99.8$

## 유형 12

P. 21

**1** $1-\sqrt{5}$, $<$, $<$, $<$
**2** (1) $<$ (2) $>$ (3) $<$ (4) $<$ (5) $<$
**3** (1) $<$ (2) $<$ (3) $<$ (4) $>$ (5) $<$
**4** ❶ $\sqrt{2}-1$, $>$, $>$, $>$ ❷ $3-\sqrt{7}$, $>$, $>$, $>$
❸ $>$, $>$

---

**2** (1) $(5-\sqrt{6})-3=2-\sqrt{6}=\sqrt{4}-\sqrt{6}<0$
∴ $5-\sqrt{6} \boxed{<} 3$
(2) $(\sqrt{12}-2)-1=\sqrt{12}-3=\sqrt{12}-\sqrt{9}>0$
∴ $\sqrt{12}-2 \boxed{>} 1$
(3) $(\sqrt{15}+7)-11=\sqrt{15}-4=\sqrt{15}-\sqrt{16}<0$
∴ $\sqrt{15}+7 \boxed{<} 11$
(4) $2-(\sqrt{11}-1)=3-\sqrt{11}=\sqrt{9}-\sqrt{11}<0$
∴ $2 \boxed{<} \sqrt{11}-1$
(5) $5-(\sqrt{17}+1)=4-\sqrt{17}=\sqrt{16}-\sqrt{17}<0$
∴ $5 \boxed{<} \sqrt{17}+1$

---

**3** (1) $2<\sqrt{5}$이므로 양변에서 $\sqrt{2}$를 빼면
$2-\sqrt{2} \boxed{<} \sqrt{5}-\sqrt{2}$
(2) $\sqrt{7}<\sqrt{10}$이므로 양변에 2를 더하면
$\sqrt{7}+2 \boxed{<} \sqrt{10}+2$
(3) $\sqrt{15}<4$이므로 양변에서 $\sqrt{8}$을 빼면
$\sqrt{15}-\sqrt{8} \boxed{<} 4-\sqrt{8}$
(4) $\sqrt{23}<\sqrt{26}$에서 $-\sqrt{23}>-\sqrt{26}$이므로 양변에 11을 더하면 $11-\sqrt{23} \boxed{>} 11-\sqrt{26}$
(5) $\dfrac{1}{2}<\sqrt{\dfrac{2}{3}}$이므로 양변에서 $\sqrt{5}$를 빼면
$\dfrac{1}{2}-\sqrt{5} \boxed{<} \sqrt{\dfrac{2}{3}}-\sqrt{5}$

## 유형 13

P. 22

**1** 2, 2, 2  **2~3** 풀이 참조

**2**

| 무리수 | $n<$(무리수)$<n+1$ | 정수 부분 | 소수 부분 |
|---|---|---|---|
| (1) $\sqrt{3}$ | $1<\sqrt{3}<2$ | 1 | $\sqrt{3}-1$ |
| (2) $\sqrt{8}$ | $2<\sqrt{8}<3$ | 2 | $\sqrt{8}-2$ |
| (3) $\sqrt{11}$ | $3<\sqrt{11}<4$ | 3 | $\sqrt{11}-3$ |
| (4) $\sqrt{35}$ | $5<\sqrt{35}<6$ | 5 | $\sqrt{35}-5$ |
| (5) $\sqrt{88.8}$ | $9<\sqrt{88.8}<10$ | 9 | $\sqrt{88.8}-9$ |

**3**

| 무리수 | $n<$(무리수)$<n+1$ | 정수 부분 | 소수 부분 |
|---|---|---|---|
| (1) $2+\sqrt{2}$ | $1<\sqrt{2}<2$ ⇨ $3<2+\sqrt{2}<4$ | 3 | $\sqrt{2}-1$ |
| (2) $3-\sqrt{2}$ | $-2<-\sqrt{2}<-1$ ⇨ $1<3-\sqrt{2}<2$ | 1 | $2-\sqrt{2}$ |
| (3) $1+\sqrt{5}$ | $2<\sqrt{5}<3$ ⇨ $3<1+\sqrt{5}<4$ | 3 | $\sqrt{5}-2$ |
| (4) $5+\sqrt{7}$ | $2<\sqrt{7}<3$ ⇨ $7<5+\sqrt{7}<8$ | 7 | $\sqrt{7}-2$ |
| (5) $5-\sqrt{7}$ | $-3<-\sqrt{7}<-2$ ⇨ $2<5-\sqrt{7}<3$ | 2 | $3-\sqrt{7}$ |

## 쌍둥이 기출문제

P. 23~25

**1** ①, ④  **2** 3개  **3** ⑤  **4** ㄱ, ㄴ, ㄹ
**5** ②, ④  **6** ㄷ, ㅂ  **7** P: $1-\sqrt{5}$, Q: $1+\sqrt{5}$
**8** P: $3-\sqrt{10}$, Q: $3+\sqrt{10}$  **9** ㄱ, ㄹ  **10** ②, ③
**11** (1) 2.726 (2) 6.797  **12** ④  **13** ⑤
**14** ⑤  **15** $c<a<b$  **16** $M=4+\sqrt{2}$, $m=\sqrt{8}+1$
**17** $\sqrt{5}-1$  **18** $\sqrt{2}-6$

**1** ① $\sqrt{1.6}$, ④ $\sqrt{48}$ ⇨ 무리수

② $\sqrt{\dfrac{1}{9}}=\dfrac{1}{3}$, ③ $3.65$, ⑤ $\sqrt{(-7)^2}=7$ ⇨ 유리수

따라서 무리수인 것은 ①, ④이다.

**2** $-3$, $0.\dot{8}=\dfrac{8}{9}$, $\sqrt{\dfrac{16}{25}}=\dfrac{4}{5}$ ⇨ 유리수

$-\sqrt{15}$, $\dfrac{\pi}{3}$, $\sqrt{40}$ ⇨ 무리수

소수로 나타내었을 때, 순환소수가 아닌 무한소수가 되는 것은 무리수이므로 그 개수는 3개이다.

**3** ① 유리수를 소수로 나타내면 순환소수, 즉 무한소수가 되는 경우도 있다.

② 무한소수 중 순환소수는 유리수이다.

③ 무리수는 모두 무한소수로 나타낼 수 있지만 순환소수로 나타낼 수는 없다.

④ 유리수이면서 무리수인 수는 없다.

따라서 옳은 것은 ⑤이다.

**4** ㄷ. 근호 안의 수가 어떤 유리수의 제곱인 수는 유리수이다.

따라서 옳은 것은 ㄱ, ㄴ, ㄹ이다.

**5** ① $\sqrt{0.01}=0.1$, ③ $-\sqrt{\dfrac{81}{16}}=-\dfrac{9}{4}$, ⑤ $0.\dot{3}=\dfrac{3}{9}=\dfrac{1}{3}$

⇨ 유리수

② $\pi+2$, ④ $\sqrt{2.5}$ ⇨ 무리수

이때 □ 안에 해당하는 수는 무리수이므로 ②, ④이다.

**6** ㄱ. $\sqrt{121}=11$, ㄴ. $\sqrt{1.96}=1.4$, ㄹ. $\dfrac{\sqrt{9}}{2}=\dfrac{3}{2}$,

ㅁ. $\sqrt{4}-1=1$ ⇨ 유리수

ㄷ. $\sqrt{6.4}$, ㅂ. $\sqrt{20}$ ⇨ 무리수

이때 유리수가 아닌 실수는 무리수이므로 ㄷ, ㅂ이다.

---

**[7~8] 무리수를 수직선 위에 나타내기**

❶ 피타고라스 정리를 이용하여 선분의 길이 $\sqrt{a}$를 구한다.

❷ 기준점($p$)을 중심으로 하고 주어진 선분을 반지름으로 하는 원을 그렸을 때,

기준점의 $\begin{cases} \text{오른쪽} ⇨ p+\sqrt{a} \\ \text{왼쪽} ⇨ p-\sqrt{a} \end{cases}$

**7** 피타고라스 정리에 의해

$\overline{AP}=\overline{AB}=\sqrt{2^2+1^2}=\sqrt{5}$, $\overline{AQ}=\overline{AC}=\sqrt{1^2+2^2}=\sqrt{5}$

따라서 두 점 P, Q에 대응하는 수는 각각 $1-\sqrt{5}$, $1+\sqrt{5}$이다.

**8** 피타고라스 정리에 의해

$\overline{AP}=\overline{AB}=\sqrt{1^2+3^2}=\sqrt{10}$, $\overline{AQ}=\overline{AC}=\sqrt{3^2+1^2}=\sqrt{10}$

따라서 두 점 P, Q에 대응하는 수는 각각 $3-\sqrt{10}$, $3+\sqrt{10}$이다.

---

**9** ㄴ. 1과 1000 사이의 정수는 2, 3, 4, ⋯, 999로 998개가 있다.

ㄷ. $\pi$는 무리수이므로 수직선 위의 점에 대응시킬 수 있다.

따라서 옳은 것은 ㄱ, ㄹ이다.

**10** ② 1과 2 사이에는 무수히 많은 무리수가 있다.

③ 수직선은 유리수와 무리수, 즉 실수에 대응하는 점들로 완전히 메울 수 있다.

---

**[11~12] 제곱근표를 이용하여 제곱근의 값 구하기**

제곱근표에서 $\sqrt{1.16}$의 값 구하기

⇨ 1.1의 가로줄과 6의 세로줄이 만나는 칸에 적혀 있는 수를 읽는다.

∴ $\sqrt{1.16}=1.077$

| 수 | ⋯ | 5 | 6 | 7 |
|---|---|---|---|---|
| 1.0 | ⋮ | 1.025 | 1.030 | 1.034 |
| 1.1 | ⋮ | 1.072 | 1.077 | 1.082 |
| 1.2 | ⋮ | 1.118 | 1.122 | 1.127 |

**12** $\sqrt{55.1}=7.423$이므로 $a=7.423$

$\sqrt{58.3}=7.635$이므로 $b=58.3$

∴ $1000a-100b=1000\times7.423+100\times58.3$
$=7423-5830=1593$

---

**[13~16] 실수의 대소 관계**

(1) 두 수의 차를 이용한다.

$a$, $b$가 실수일 때, $a-b>0$이면 $a>b$
$a-b=0$이면 $a=b$
$a-b<0$이면 $a<b$

(2) 부등식의 성질을 이용한다.

$2+\sqrt{5}$ □ $\sqrt{3}+\sqrt{5}$ $\xrightarrow[\text{양변에} +\sqrt{5}]{2>\sqrt{3}\text{이므로}}$ $2+\sqrt{5}$ ▷ $\sqrt{3}+\sqrt{5}$

**13** ② $(6-\sqrt{5})-4=2-\sqrt{5}=\sqrt{4}-\sqrt{5}<0$

∴ $6-\sqrt{5}<4$

③ $2-(\sqrt{2}+1)=1-\sqrt{2}<0$　∴ $2<\sqrt{2}+1$

④ $\sqrt{6}>\sqrt{5}$에서 $-\sqrt{6}<-\sqrt{5}$이므로 양변에 1을 더하면
$1-\sqrt{6}<1-\sqrt{5}$

⑤ $4>\sqrt{3}$이므로 양변에 $\sqrt{10}$을 더하면
$\sqrt{10}+4>\sqrt{10}+\sqrt{3}$

따라서 옳지 않은 것은 ⑤이다.

**14** ① $4-(2+\sqrt{2})=2-\sqrt{2}=\sqrt{4}-\sqrt{2}>0$

∴ $4>2+\sqrt{2}$

② $4-(\sqrt{3}+3)=1-\sqrt{3}<0$　∴ $4<\sqrt{3}+3$

③ $\sqrt{2}<\sqrt{3}$에서 $-\sqrt{2}>-\sqrt{3}$이므로 양변에 3을 더하면
$3-\sqrt{2}>3-\sqrt{3}$

④ $\sqrt{6}<\sqrt{7}$이므로 양변에서 3을 빼면
$\sqrt{6}-3<\sqrt{7}-3$

⑤ $2>\sqrt{3}$이므로 양변에 $\sqrt{5}$를 더하면
$2+\sqrt{5}>\sqrt{3}+\sqrt{5}$

따라서 옳은 것은 ⑤이다.

**15** $a-b=(3-\sqrt{5})-1=2-\sqrt{5}=\sqrt{4}-\sqrt{5}<0$  $\quad\therefore a<b$
$a=3-\sqrt{5}$, $c=3-\sqrt{6}$에서
$\sqrt{5}<\sqrt{6}$이므로 $-\sqrt{5}>-\sqrt{6}$
양변에 3을 더하면 $3-\sqrt{5}>3-\sqrt{6}$  $\quad\therefore a>c$
$\therefore c<a<b$

**16** $(\sqrt{8}+1)-5=\sqrt{8}-4=\sqrt{8}-\sqrt{16}<0$  $\quad\therefore \sqrt{8}+1<5$
$(4+\sqrt{2})-5=\sqrt{2}-1>0$  $\quad\therefore 4+\sqrt{2}>5$
따라서 $\sqrt{8}+1<5<4+\sqrt{2}$이므로
$M=4+\sqrt{2}$, $m=\sqrt{8}+1$

**[17~18] 무리수의 정수 부분과 소수 부분**
무리수 $\sqrt{A}$의 정수 부분이 $a$이면 ⇨ 소수 부분은 $\sqrt{A}-a$

**17** $1<\sqrt{3}<2$이므로 $\sqrt{3}$의 정수 부분 $a=1$  $\qquad\cdots$ (i)
$2<\sqrt{5}<3$이므로 $\sqrt{5}$의 정수 부분은 2,
$\qquad\qquad$ 소수 부분 $b=\sqrt{5}-2$  $\qquad\cdots$ (ii)
$\therefore a+b=1+(\sqrt{5}-2)=\sqrt{5}-1$  $\qquad\cdots$ (iii)

| 채점 기준 | 비율 |
|---|---|
| (i) $a$의 값 구하기 | 40 % |
| (ii) $b$의 값 구하기 | 40 % |
| (iii) $a+b$의 값 구하기 | 20 % |

**18** $1<\sqrt{2}<2$이므로 $5<4+\sqrt{2}<6$
따라서 $4+\sqrt{2}$의 정수 부분 $a=5$,
$\qquad\qquad$ 소수 부분 $b=(4+\sqrt{2})-5=\sqrt{2}-1$
$\therefore b-a=(\sqrt{2}-1)-5=\sqrt{2}-6$

**단원 마무리**  P. 26~27

| 1 | $-15$ | 2 | ①, ④ | 3 | 137 | 4 | $a-2b$ |
|---|---|---|---|---|---|---|---|
| 5 | 6 | 6 | ④ | 7 | ② | 8 | ③ |
| 9 | $1+\sqrt{3}$ | | | | | | |

**1** $\sqrt{81}=9$의 음의 제곱근 $a=-\sqrt{9}=-3$
$(-5)^2=25$의 양의 제곱근 $b=\sqrt{25}=5$
$\therefore ab=-3\times5=-15$

**2** ② 0.9의 제곱근은 $\pm\sqrt{0.9}$이다.
③ 제곱근 $\dfrac{16}{9}$은 $\sqrt{\dfrac{16}{9}}=\dfrac{4}{3}$이다.
⑤ $\sqrt{(-11)^2}=11$의 제곱근은 $\pm\sqrt{11}$이다.
따라서 옳은 것은 ①, ④이다.

**3** $\sqrt{5^2}-(-\sqrt{3})^2+\sqrt{225}\times\sqrt{(-9)^2}$
$=5-3+15\times9$
$=5-3+135=137$

**4** $a>0$, $ab<0$일 때, $b<0$, $a-b>0$이므로
$\sqrt{(a-b)^2}=a-b$, $\sqrt{b^2}=-b$
$\therefore \sqrt{(a-b)^2}+\sqrt{b^2}=(a-b)+(-b)=a-2b$

**5** $\sqrt{150x}=\sqrt{2\times3\times5^2\times x}$가 자연수가 되려면
$x=2\times3\times$(자연수)$^2$ 꼴이어야 한다.  $\qquad\cdots$ (i)
따라서 구하는 가장 작은 자연수 $x$의 값은
$2\times3=6$  $\qquad\cdots$ (ii)

| 채점 기준 | 비율 |
|---|---|
| (i) 자연수 $x$에 대한 조건 구하기 | 60 % |
| (ii) 가장 작은 자연수 $x$의 값 구하기 | 40 % |

**6** $\sqrt{1.44}=1.2$, $8.\dot{5}=\dfrac{85-8}{9}=\dfrac{77}{9}$ ⇨ 유리수
$\sqrt{27}$, $1.121231234\cdots$, $-\pi$, $3-\sqrt{3}$, $\sqrt{\dfrac{14}{9}}$ ⇨ 무리수
따라서 무리수의 개수는 5개이다.

**7** 피타고라스 정리에 의해
$\overline{AP}=\overline{AB}=\sqrt{1^2+2^2}=\sqrt{5}$, $\overline{CQ}=\overline{CD}=\sqrt{1^2+1^2}=\sqrt{2}$
따라서 두 점 P, Q에 대응하는 수는 각각
$-3-\sqrt{5}$, $-2+\sqrt{2}$이다.

**8** ① $(2-\sqrt{18})-(-2)=4-\sqrt{18}=\sqrt{16}-\sqrt{18}<0$
$\qquad\therefore 2-\sqrt{18}\ \boxed{<}\ -2$
② $\sqrt{6}<\sqrt{7}$이므로 양변에 $\sqrt{10}$을 더하면
$\qquad\sqrt{10}+\sqrt{6}\ \boxed{<}\ \sqrt{7}+\sqrt{10}$
③ $(\sqrt{5}+3)-5=\sqrt{5}-2=\sqrt{5}-\sqrt{4}>0$
$\qquad\therefore \sqrt{5}+3\ \boxed{>}\ 5$
④ $3<\sqrt{11}$이므로 양변에서 $\sqrt{2}$를 빼면
$\qquad 3-\sqrt{2}\ \boxed{<}\ \sqrt{11}-\sqrt{2}$
⑤ $(\sqrt{7}-2)-1=\sqrt{7}-3=\sqrt{7}-\sqrt{9}<0$
$\qquad\therefore \sqrt{7}-2\ \boxed{<}\ 1$
따라서 부등호의 방향이 나머지 넷과 다른 하나는 ③이다.

**9** $1<\sqrt{3}<2$이므로 $-2<-\sqrt{3}<-1$에서
$3<5-\sqrt{3}<4$
따라서 $5-\sqrt{3}$의 정수 부분 $a=3$,  $\qquad\cdots$ (i)
$\qquad\qquad$ 소수 부분 $b=(5-\sqrt{3})-3$
$\qquad\qquad\qquad\qquad=2-\sqrt{3}$  $\qquad\cdots$ (ii)
$\therefore a-b=3-(2-\sqrt{3})=1+\sqrt{3}$  $\qquad\cdots$ (iii)

| 채점 기준 | 비율 |
|---|---|
| (i) $a$의 값 구하기 | 40 % |
| (ii) $b$의 값 구하기 | 40 % |
| (iii) $a-b$의 값 구하기 | 20 % |

## 1 근호를 포함한 식의 계산 (1)

P. 30

**유형 1**

**1** (1) 7, 42　(2) 2, 5, 7, 70

**2** (1) 5, 15　(2) 4, 3, 2, 8, 6　(3) 3, 2, 3, $-9$, 6

**3** (1) $\sqrt{21}$　(2) 8　(3) 6　(4) $-\sqrt{7}$

**4** (1) $6\sqrt{5}$　(2) $6\sqrt{14}$

**5** (1) 45, 9, 3　(2) 30, 5, 5, 6

**6** (1) 4, 2, $-2$, 3　(2) 9, 5, $\dfrac{9}{5}$, 6

**7** (1) $\sqrt{6}$　(2) 4　(3) $2\sqrt{2}$　(4) $3\sqrt{5}$
　(5) $3\sqrt{6}$　(6) $\sqrt{10}$

**8** (1) $\sqrt{\dfrac{3}{2}}$　(2) $-\sqrt{7}$

**3** (1) $\sqrt{3}\sqrt{7}=\sqrt{3\times7}=\sqrt{21}$
(2) $\sqrt{2}\sqrt{32}=\sqrt{2\times32}=\sqrt{64}=8$
(3) $\sqrt{2}\sqrt{3}\sqrt{6}=\sqrt{2\times3\times6}=\sqrt{36}=6$
(4) $-\sqrt{5}\times\sqrt{\dfrac{7}{2}}\times\sqrt{\dfrac{2}{5}}=-\sqrt{5\times\dfrac{7}{2}\times\dfrac{2}{5}}=-\sqrt{7}$

**4** (1) $2\sqrt{\dfrac{3}{5}}\times3\sqrt{\dfrac{25}{3}}=(2\times3)\times\sqrt{\dfrac{3}{5}\times\dfrac{25}{3}}=6\sqrt{5}$
(2) $3\sqrt{10}\times2\sqrt{\dfrac{7}{5}}=(3\times2)\times\sqrt{10\times\dfrac{7}{5}}=6\sqrt{14}$

**7** (1) $\dfrac{\sqrt{42}}{\sqrt{7}}=\sqrt{\dfrac{42}{7}}=\sqrt{6}$
(2) $\sqrt{32}\div\sqrt{2}=\dfrac{\sqrt{32}}{\sqrt{2}}=\sqrt{\dfrac{32}{2}}=\sqrt{16}=4$
(3) $4\sqrt{14}\div2\sqrt{7}=\dfrac{4\sqrt{14}}{2\sqrt{7}}=2\sqrt{\dfrac{14}{7}}=2\sqrt{2}$
(4) $(-3\sqrt{40})\div(-\sqrt{8})=\dfrac{-3\sqrt{40}}{-\sqrt{8}}=3\sqrt{\dfrac{40}{8}}=3\sqrt{5}$
(5) $3\sqrt{\dfrac{4}{5}}\div\sqrt{\dfrac{2}{15}}=3\sqrt{\dfrac{4}{5}}\div\dfrac{\sqrt{2}}{\sqrt{15}}=3\sqrt{\dfrac{4}{5}}\times\dfrac{\sqrt{15}}{\sqrt{2}}$
　$=3\sqrt{\dfrac{4}{5}\times\dfrac{15}{2}}=3\sqrt{6}$
(6) $\sqrt{35}\div\sqrt{7}\div\dfrac{1}{\sqrt{2}}=\sqrt{35}\times\dfrac{1}{\sqrt{7}}\times\sqrt{2}$
　$=\sqrt{35\times\dfrac{1}{7}\times2}=\sqrt{10}$

**8** (1) $\sqrt{6}\times\sqrt{3}\div\sqrt{12}=\sqrt{6}\times\sqrt{3}\times\dfrac{1}{\sqrt{12}}$
　$=\sqrt{6\times3\times\dfrac{1}{12}}=\sqrt{\dfrac{3}{2}}$
(2) $\sqrt{\dfrac{6}{7}}\div\sqrt{2}\times\left(-\sqrt{\dfrac{49}{3}}\right)=\sqrt{\dfrac{6}{7}}\times\dfrac{1}{\sqrt{2}}\times\left(-\sqrt{\dfrac{49}{3}}\right)$
　$=-\sqrt{\dfrac{6}{7}\times\dfrac{1}{2}\times\dfrac{49}{3}}=-\sqrt{7}$

**유형 2**

P. 31

**1** (1) 2, 2　(2) 3, 3

**2** (1) $2\sqrt{7}$　(2) $-3\sqrt{6}$　(3) $12\sqrt{2}$　(4) $10\sqrt{10}$

**3** (1) 4, 4　(2) 100, 10, 10

**4** (1) $\dfrac{\sqrt{6}}{5}$　(2) $\dfrac{\sqrt{17}}{9}$　(3) $\dfrac{\sqrt{3}}{10}$　(4) $\dfrac{\sqrt{7}}{5}$

**5** (1) 3, 90　(2) 5, 50　(3) 10, $\dfrac{3}{20}$　(4) 2, $\dfrac{27}{4}$

**6** (1) $\sqrt{45}$　(2) $-\sqrt{14}$　(3) $\sqrt{5}$　(4) $-\sqrt{\dfrac{7}{16}}$

**7** (1) ㉡　(2) ㉢　(3) ㉠

**2** (1) $\sqrt{28}=\sqrt{2^2\times7}=2\sqrt{7}$
(2) $-\sqrt{54}=-\sqrt{3^2\times6}=-3\sqrt{6}$
(3) $\sqrt{288}=\sqrt{12^2\times2}=12\sqrt{2}$
(4) $\sqrt{1000}=\sqrt{10^2\times10}=10\sqrt{10}$

**4** (1) $\sqrt{\dfrac{6}{25}}=\sqrt{\dfrac{6}{5^2}}=\dfrac{\sqrt{6}}{5}$
(2) $\sqrt{\dfrac{17}{81}}=\sqrt{\dfrac{17}{9^2}}=\dfrac{\sqrt{17}}{9}$
(3) $\sqrt{0.03}=\sqrt{\dfrac{3}{100}}=\sqrt{\dfrac{3}{10^2}}=\dfrac{\sqrt{3}}{10}$
(4) $\sqrt{0.28}=\sqrt{\dfrac{28}{100}}=\sqrt{\dfrac{2^2\times7}{10^2}}=\dfrac{2\sqrt{7}}{10}=\dfrac{\sqrt{7}}{5}$

**5** (1) $3\sqrt{10}=\sqrt{3^2}\sqrt{10}=\sqrt{\boxed{3}^2\times10}=\sqrt{9\times10}=\sqrt{\boxed{90}}$
(2) $-5\sqrt{2}=-\sqrt{5^2}\sqrt{2}=-\sqrt{\boxed{5}^2\times2}$
　$=-\sqrt{25\times2}=-\sqrt{\boxed{50}}$
(3) $\dfrac{\sqrt{15}}{10}=\dfrac{\sqrt{15}}{\sqrt{10^2}}=\sqrt{\dfrac{15}{\boxed{10}^2}}=\sqrt{\dfrac{15}{100}}=\sqrt{\dfrac{\boxed{3}}{\boxed{20}}}$
(4) $\dfrac{3\sqrt{3}}{2}=\dfrac{\sqrt{3^2}\sqrt{3}}{\sqrt{2^2}}=\sqrt{\dfrac{3^2\times3}{\boxed{2}^2}}=\sqrt{\dfrac{\boxed{27}}{\boxed{4}}}$

**6** (1) $3\sqrt{5}=\sqrt{3^2\times5}=\sqrt{45}$
(2) $-2\sqrt{\dfrac{7}{2}}=-\sqrt{2^2\times\dfrac{7}{2}}=-\sqrt{14}$
(3) $\dfrac{\sqrt{45}}{3}=\sqrt{\dfrac{45}{3^2}}=\sqrt{\dfrac{45}{9}}=\sqrt{5}$
(4) $-\dfrac{\sqrt{7}}{4}=-\sqrt{\dfrac{7}{4^2}}=-\sqrt{\dfrac{7}{16}}$

**7** (1) $\sqrt{12}=\sqrt{2^2\times3}=(\sqrt{2})^2\times\sqrt{3}=a^2b$
(2) $\sqrt{24}=\sqrt{2^3\times3}=(\sqrt{2})^3\times\sqrt{3}=a^3b$
(3) $\sqrt{54}=\sqrt{2\times3^3}=\sqrt{2}\times(\sqrt{3})^3=ab^3$

## 유형 **3** P. 32

**1** (1) 100, 10, 10, 26.46
   (2) 10000, 100, 100, 264.6
   (3) 100, 10, 10, 0.2646
   (4) 10000, 100, 100, 0.02646

**2** 풀이 참조

**3** (1) 34.64  (2) 10.95  (3) 0.3464  (4) 0.1095

**4** (1) 20.57  (2) 65.04  (3) 0.6656  (4) 0.2105

**2**

| 제곱근 | $\sqrt{6}$ 또는 $\sqrt{60}$을 사용하여 나타내기 | 제곱근의 값 |
|---|---|---|
| $\sqrt{0.6}$ | $\sqrt{\dfrac{60}{100}}=\dfrac{\sqrt{60}}{10}$ | $\dfrac{7.746}{10}=0.7746$ |
| (1) $\sqrt{0.006}$ | $\sqrt{\dfrac{60}{10000}}=\dfrac{\sqrt{60}}{100}$ | $\dfrac{7.746}{100}=0.07746$ |
| (2) $\sqrt{0.06}$ | $\sqrt{\dfrac{6}{100}}=\dfrac{\sqrt{6}}{10}$ | $\dfrac{2.449}{10}=0.2449$ |
| (3) $\sqrt{6000}$ | $\sqrt{60\times100}=10\sqrt{60}$ | $10\times7.746=77.46$ |
| (4) $\sqrt{60000}$ | $\sqrt{6\times10000}=100\sqrt{6}$ | $100\times2.449=244.9$ |

**3** (1) $\sqrt{1200}=\sqrt{12\times100}=10\sqrt{12}=10\times3.464=34.64$
   (2) $\sqrt{120}=\sqrt{1.2\times100}=10\sqrt{1.2}=10\times1.095=10.95$
   (3) $\sqrt{0.12}=\sqrt{\dfrac{12}{100}}=\dfrac{\sqrt{12}}{10}=\dfrac{3.464}{10}=0.3464$
   (4) $\sqrt{0.012}=\sqrt{\dfrac{1.2}{100}}=\dfrac{\sqrt{1.2}}{10}=\dfrac{1.095}{10}=0.1095$

**4** (1) $\sqrt{423}=\sqrt{4.23\times100}=10\sqrt{4.23}=10\times2.057=20.57$
   (2) $\sqrt{4230}=\sqrt{42.3\times100}=10\sqrt{42.3}=10\times6.504=65.04$
   (3) $\sqrt{0.443}=\sqrt{\dfrac{44.3}{100}}=\dfrac{\sqrt{44.3}}{10}=\dfrac{6.656}{10}=0.6656$
   (4) $\sqrt{0.0443}=\sqrt{\dfrac{4.43}{100}}=\dfrac{\sqrt{4.43}}{10}=\dfrac{2.105}{10}=0.2105$

## 유형 **4** P. 33

**1** (1) $\sqrt{5},\sqrt{5},\dfrac{2\sqrt{5}}{5}$    (2) $\sqrt{7},\sqrt{7},\dfrac{3\sqrt{7}}{7}$
   (3) $\sqrt{5},\sqrt{5},\dfrac{\sqrt{15}}{5}$    (4) $\sqrt{2},\sqrt{2},\dfrac{5\sqrt{2}}{4}$

**2** (1) $\dfrac{\sqrt{11}}{11}$   (2) $\sqrt{2}$   (3) $-\dfrac{5\sqrt{3}}{3}$   (4) $2\sqrt{5}$

**3** (1) $\dfrac{\sqrt{6}}{2}$   (2) $-\dfrac{\sqrt{35}}{7}$   (3) $\dfrac{\sqrt{42}}{6}$   (4) $\dfrac{\sqrt{26}}{13}$

**4** (1) $\dfrac{\sqrt{6}}{4}$   (2) $\dfrac{\sqrt{15}}{6}$   (3) $\dfrac{\sqrt{6}}{3}$   (4) $\dfrac{\sqrt{15}}{5}$

**5** (1) $\dfrac{2\sqrt{3}}{3}$   (2) $\dfrac{\sqrt{15}}{10}$   (3) $-\dfrac{5\sqrt{3}}{12}$   (4) $\dfrac{\sqrt{2}}{4}$

**6** (1) $2\sqrt{3}$   (2) $2\sqrt{10}$   (3) $\dfrac{2\sqrt{15}}{3}$   (4) $\dfrac{\sqrt{6}}{2}$

---

**1** (1) $\dfrac{2}{\sqrt{5}}=\dfrac{2\times\boxed{\sqrt{5}}}{\sqrt{5}\times\sqrt{5}}=\boxed{\dfrac{2\sqrt{5}}{5}}$
   (2) $\dfrac{3}{\sqrt{7}}=\dfrac{3\times\boxed{\sqrt{7}}}{\sqrt{7}\times\sqrt{7}}=\boxed{\dfrac{3\sqrt{7}}{7}}$
   (3) $\dfrac{\sqrt{3}}{\sqrt{5}}=\dfrac{\sqrt{3}\times\boxed{\sqrt{5}}}{\sqrt{5}\times\sqrt{5}}=\boxed{\dfrac{\sqrt{15}}{5}}$
   (4) $\dfrac{5}{2\sqrt{2}}=\dfrac{5\times\boxed{\sqrt{2}}}{2\sqrt{2}\times\boxed{\sqrt{2}}}=\boxed{\dfrac{5\sqrt{2}}{4}}$

**2** (1) $\dfrac{1}{\sqrt{11}}=\dfrac{1\times\sqrt{11}}{\sqrt{11}\times\sqrt{11}}=\dfrac{\sqrt{11}}{11}$
   (2) $\dfrac{2}{\sqrt{2}}=\dfrac{2\times\sqrt{2}}{\sqrt{2}\times\sqrt{2}}=\dfrac{2\sqrt{2}}{2}=\sqrt{2}$
   (3) $-\dfrac{5}{\sqrt{3}}=-\dfrac{5\times\sqrt{3}}{\sqrt{3}\times\sqrt{3}}=-\dfrac{5\sqrt{3}}{3}$
   (4) $\dfrac{10}{\sqrt{5}}=\dfrac{10\times\sqrt{5}}{\sqrt{5}\times\sqrt{5}}=\dfrac{10\sqrt{5}}{5}=2\sqrt{5}$

**3** (1) $\dfrac{\sqrt{3}}{\sqrt{2}}=\dfrac{\sqrt{3}\times\sqrt{2}}{\sqrt{2}\times\sqrt{2}}=\dfrac{\sqrt{6}}{2}$
   (2) $-\dfrac{\sqrt{5}}{\sqrt{7}}=-\dfrac{\sqrt{5}\times\sqrt{7}}{\sqrt{7}\times\sqrt{7}}=-\dfrac{\sqrt{35}}{7}$
   (3) $\dfrac{\sqrt{7}}{\sqrt{6}}=\dfrac{\sqrt{7}\times\sqrt{6}}{\sqrt{6}\times\sqrt{6}}=\dfrac{\sqrt{42}}{6}$
   (4) $\dfrac{\sqrt{2}}{\sqrt{13}}=\dfrac{\sqrt{2}\times\sqrt{13}}{\sqrt{13}\times\sqrt{13}}=\dfrac{\sqrt{26}}{13}$

**4** (1) $\dfrac{3}{2\sqrt{6}}=\dfrac{3\times\sqrt{6}}{2\sqrt{6}\times\sqrt{6}}=\dfrac{3\sqrt{6}}{12}=\dfrac{\sqrt{6}}{4}$
   (2) $\dfrac{\sqrt{5}}{2\sqrt{3}}=\dfrac{\sqrt{5}\times\sqrt{3}}{2\sqrt{3}\times\sqrt{3}}=\dfrac{\sqrt{15}}{6}$
   (3) $\dfrac{2\sqrt{3}}{3\sqrt{2}}=\dfrac{2\sqrt{3}\times\sqrt{2}}{3\sqrt{2}\times\sqrt{2}}=\dfrac{2\sqrt{6}}{6}=\dfrac{\sqrt{6}}{3}$
   (4) $\dfrac{3}{\sqrt{3}\sqrt{5}}=\dfrac{3}{\sqrt{15}}=\dfrac{3\times\sqrt{15}}{\sqrt{15}\times\sqrt{15}}=\dfrac{3\sqrt{15}}{15}=\dfrac{\sqrt{15}}{5}$

**5** (1) $\dfrac{4}{\sqrt{12}}=\dfrac{4}{2\sqrt{3}}=\dfrac{2}{\sqrt{3}}=\dfrac{2\times\sqrt{3}}{\sqrt{3}\times\sqrt{3}}=\dfrac{2\sqrt{3}}{3}$
   (2) $\dfrac{\sqrt{3}}{\sqrt{20}}=\dfrac{\sqrt{3}}{2\sqrt{5}}=\dfrac{\sqrt{3}\times\sqrt{5}}{2\sqrt{5}\times\sqrt{5}}=\dfrac{\sqrt{15}}{10}$
   (3) $-\dfrac{5}{\sqrt{48}}=-\dfrac{5}{4\sqrt{3}}=-\dfrac{5\times\sqrt{3}}{4\sqrt{3}\times\sqrt{3}}=-\dfrac{5\sqrt{3}}{12}$
   (4) $\dfrac{4}{\sqrt{128}}=\dfrac{4}{8\sqrt{2}}=\dfrac{1}{2\sqrt{2}}=\dfrac{1\times\sqrt{2}}{2\sqrt{2}\times\sqrt{2}}=\dfrac{\sqrt{2}}{4}$

**6** (1) $6\times\dfrac{1}{\sqrt{3}}=\dfrac{6}{\sqrt{3}}=\dfrac{6\times\sqrt{3}}{\sqrt{3}\times\sqrt{3}}=\dfrac{6\sqrt{3}}{3}=2\sqrt{3}$
   (2) $10\sqrt{2}\times\dfrac{1}{\sqrt{5}}=\dfrac{10\sqrt{2}}{\sqrt{5}}=\dfrac{10\sqrt{2}\times\sqrt{5}}{\sqrt{5}\times\sqrt{5}}$
        $=\dfrac{10\sqrt{10}}{5}=2\sqrt{10}$

(3) $4\sqrt{5} \div 2\sqrt{3} = \dfrac{4\sqrt{5}}{2\sqrt{3}} = \dfrac{2\sqrt{5}}{\sqrt{3}} = \dfrac{2\sqrt{5} \times \sqrt{3}}{\sqrt{3} \times \sqrt{3}} = \dfrac{2\sqrt{15}}{3}$

(4) $\sqrt{\dfrac{2}{5}} \div \sqrt{\dfrac{4}{15}} = \sqrt{\dfrac{2}{5}} \div \dfrac{\sqrt{4}}{\sqrt{15}} = \sqrt{\dfrac{2}{5}} \times \dfrac{\sqrt{15}}{\sqrt{4}}$

$\qquad\qquad = \sqrt{\dfrac{2}{5} \times \dfrac{15}{4}} = \sqrt{\dfrac{3}{2}}$

$\qquad\qquad = \dfrac{\sqrt{3}}{\sqrt{2}} = \dfrac{\sqrt{3} \times \sqrt{2}}{\sqrt{2} \times \sqrt{2}} = \dfrac{\sqrt{6}}{2}$

---

## 쌍둥이 기출문제

P. 34~36

| 1 | ⑤ | 2 | ② | 3 | ③ | 4 | 7 | 5 | ④ |
|---|---|---|---|---|---|---|---|---|---|
| 6 | ① | 7 | ② | 8 | ④ | 9 | ① | 10 | 15.59 |
| 11 | ④ | 12 | ③ | 13 | ② | 14 | 6 | 15 | 6 |
| 16 | ④ | 17 | ③ | 18 | $\dfrac{3\sqrt{6}}{5}$ | | | | |

**1** ① $\dfrac{\sqrt{9}}{\sqrt{3}} = \sqrt{\dfrac{9}{3}} = \sqrt{3}$

② $\sqrt{2}\sqrt{3}\sqrt{5} = \sqrt{2 \times 3 \times 5} = \sqrt{30}$

③ $3\sqrt{5} \times 4\sqrt{2} = (3 \times 4) \times \sqrt{5 \times 2} = 12\sqrt{10}$

④ $\sqrt{\dfrac{2}{3}} \times \sqrt{\dfrac{6}{2}} = \sqrt{\dfrac{2}{3} \times \dfrac{6}{2}} = \sqrt{2}$

⑤ $\sqrt{\dfrac{8}{5}} \div \sqrt{\dfrac{4}{5}} = \sqrt{\dfrac{8}{5}} \times \sqrt{\dfrac{5}{4}} = \sqrt{\dfrac{8}{5} \times \dfrac{5}{4}} = \sqrt{2}$

따라서 옳지 않은 것은 ⑤이다.

**2** ① $\dfrac{\sqrt{25}}{\sqrt{5}} = \sqrt{\dfrac{25}{5}} = \sqrt{5}$

② $2\sqrt{3} \times 2\sqrt{5} = (2 \times 2) \times \sqrt{3 \times 5} = 4\sqrt{15}$

③ $\sqrt{18} \div \sqrt{2} = \sqrt{\dfrac{18}{2}} = \sqrt{9} = 3$

④ $\dfrac{\sqrt{6}}{\sqrt{3}} \times \sqrt{2} = \sqrt{\dfrac{6}{3} \times 2} = \sqrt{4} = 2$

⑤ $\sqrt{\dfrac{6}{7}} \div \sqrt{\dfrac{3}{7}} = \sqrt{\dfrac{6}{7}} \div \dfrac{\sqrt{3}}{\sqrt{7}} = \sqrt{\dfrac{6}{7}} \times \dfrac{\sqrt{7}}{\sqrt{3}} = \sqrt{\dfrac{6}{7} \times \dfrac{7}{3}} = \sqrt{2}$

따라서 옳은 것은 ②이다.

**3** ③ $\sqrt{50} = \sqrt{5^2 \times 2} = 5\sqrt{2}$

**4** $\sqrt{300} = \sqrt{10^2 \times 3} = 10\sqrt{3}$이므로 $a = 10$ $\qquad \cdots$ (i)

$\sqrt{75} = \sqrt{5^2 \times 3} = 5\sqrt{3}$이므로 $b = 3$ $\qquad \cdots$ (ii)

$\therefore a - b = 10 - 3 = 7$ $\qquad\qquad\qquad\qquad \cdots$ (iii)

| 채점 기준 | 비율 |
|---|---|
| (i) $a$의 값 구하기 | 40 % |
| (ii) $b$의 값 구하기 | 40 % |
| (iii) $a-b$의 값 구하기 | 20 % |

제곱근을 주어진 문자를 사용하여 나타낼 때는
❶ 근호 안의 수를 소인수분해한다.
❷ 근호 안의 제곱인 인수는 근호 밖으로 꺼낸다.
❸ 주어진 문자를 사용하여 나타낸다.

**5** $\sqrt{90} = \sqrt{2 \times 3^2 \times 5} = 3 \times \sqrt{2} \times \sqrt{5} = 3ab$

**6** $\sqrt{0.24} = \sqrt{\dfrac{24}{100}} = \sqrt{\dfrac{2^3 \times 3}{10^2}} = \dfrac{1}{5} \times \sqrt{2} \times \sqrt{3} = \dfrac{1}{5}ab$

**[7~10]** 제곱근표에 없는 수의 제곱근의 값 구하기

(1) 근호 안의 수가 100보다 큰 경우

$\Rightarrow \sqrt{100a} = 10\sqrt{a}$, $\sqrt{10000a} = 100\sqrt{a}$, $\cdots$임을 이용한다.

(2) 근호 안의 수가 0보다 크고 1보다 작은 경우

$\Rightarrow \sqrt{\dfrac{a}{100}} = \dfrac{\sqrt{a}}{10}$, $\sqrt{\dfrac{a}{10000}} = \dfrac{\sqrt{a}}{100}$, $\cdots$임을 이용한다.

**7** ① $\sqrt{200} = \sqrt{2 \times 100} = 10\sqrt{2} = 10 \times 1.414 = 14.14$

② $\sqrt{2000} = \sqrt{20 \times 100} = 10\sqrt{20} = 10 \times 4.472 = 44.72$

③ $\sqrt{0.2} = \sqrt{\dfrac{20}{100}} = \dfrac{\sqrt{20}}{10} = \dfrac{4.472}{10} = 0.4472$

④ $\sqrt{0.02} = \sqrt{\dfrac{2}{100}} = \dfrac{\sqrt{2}}{10} = \dfrac{1.414}{10} = 0.1414$

⑤ $\sqrt{0.002} = \sqrt{\dfrac{20}{10000}} = \dfrac{\sqrt{20}}{100} = \dfrac{4.472}{100} = 0.04472$

따라서 옳은 것은 ②이다.

**8** ① $\sqrt{0.0005} = \sqrt{\dfrac{5}{10000}} = \dfrac{\sqrt{5}}{100} = \dfrac{2.236}{100} = 0.02236$

② $\sqrt{0.05} = \sqrt{\dfrac{5}{100}} = \dfrac{\sqrt{5}}{10} = \dfrac{2.236}{10} = 0.2236$

③ $\sqrt{20} = \sqrt{2^2 \times 5} = 2\sqrt{5} = 2 \times 2.236 = 4.472$

④ $\sqrt{5000} = \sqrt{50 \times 100} = 10\sqrt{50}$

⑤ $\sqrt{50000} = \sqrt{5 \times 10000} = 100\sqrt{5}$

$\qquad\qquad = 100 \times 2.236 = 223.6$

따라서 그 값을 구할 수 없는 것은 ④이다.

**9** $\sqrt{0.056} = \sqrt{\dfrac{5.6}{100}} = \dfrac{\sqrt{5.6}}{10} = \dfrac{2.366}{10} = 0.2366$

**10** $\sqrt{243} = \sqrt{2.43 \times 100} = 10\sqrt{2.43} = 10 \times 1.559 = 15.59$

**11** ① $\dfrac{1}{\sqrt{3}} = \dfrac{1 \times \sqrt{3}}{\sqrt{3} \times \sqrt{3}} = \dfrac{\sqrt{3}}{3}$

② $\dfrac{2}{3\sqrt{2}} = \dfrac{2 \times \sqrt{2}}{3\sqrt{2} \times \sqrt{2}} = \dfrac{2\sqrt{2}}{6} = \dfrac{\sqrt{2}}{3}$

③ $\dfrac{2\sqrt{2}}{\sqrt{5}} = \dfrac{2\sqrt{2} \times \sqrt{5}}{\sqrt{5} \times \sqrt{5}} = \dfrac{2\sqrt{10}}{5}$

④ $\dfrac{\sqrt{8}}{\sqrt{12}} = \dfrac{2\sqrt{2}}{2\sqrt{3}} = \dfrac{\sqrt{2}}{\sqrt{3}} = \dfrac{\sqrt{2} \times \sqrt{3}}{\sqrt{3} \times \sqrt{3}} = \dfrac{\sqrt{6}}{3}$

⑤ $\dfrac{\sqrt{5}}{\sqrt{2}\sqrt{3}} = \dfrac{\sqrt{5}}{\sqrt{6}} = \dfrac{\sqrt{5} \times \sqrt{6}}{\sqrt{6} \times \sqrt{6}} = \dfrac{\sqrt{30}}{6}$

따라서 옳지 않은 것은 ④이다.

**12** ① $\dfrac{6}{\sqrt{6}}=\dfrac{6\times\sqrt{6}}{\sqrt{6}\times\sqrt{6}}=\dfrac{6\sqrt{6}}{6}=\sqrt{6}$

② $\dfrac{\sqrt{2}}{\sqrt{7}}=\dfrac{\sqrt{2}\times\sqrt{7}}{\sqrt{7}\times\sqrt{7}}=\dfrac{\sqrt{14}}{7}$

③ $\sqrt{\dfrac{9}{8}}=\dfrac{\sqrt{9}}{\sqrt{8}}=\dfrac{3}{2\sqrt{2}}=\dfrac{3\times\sqrt{2}}{2\sqrt{2}\times\sqrt{2}}=\dfrac{3\sqrt{2}}{4}$

④ $-\dfrac{7}{3\sqrt{5}}=-\dfrac{7\times\sqrt{5}}{3\sqrt{5}\times\sqrt{5}}=-\dfrac{7\sqrt{5}}{15}$

⑤ $\dfrac{2}{\sqrt{27}}=\dfrac{2}{3\sqrt{3}}=\dfrac{2\times\sqrt{3}}{3\sqrt{3}\times\sqrt{3}}=\dfrac{2\sqrt{3}}{9}$

따라서 옳은 것은 ③이다.

**13** $\dfrac{5}{3\sqrt{2}}=\dfrac{5\times\sqrt{2}}{3\sqrt{2}\times\sqrt{2}}=\dfrac{5\sqrt{2}}{6}$이므로 $a=\dfrac{5}{6}$

$\dfrac{1}{2\sqrt{3}}=\dfrac{1\times\sqrt{3}}{2\sqrt{3}\times\sqrt{3}}=\dfrac{\sqrt{3}}{6}$이므로 $b=\dfrac{1}{6}$

$\therefore a+b=\dfrac{5}{6}+\dfrac{1}{6}=1$

**14** $\dfrac{6\sqrt{2}}{\sqrt{3}}=\dfrac{6\sqrt{2}\times\sqrt{3}}{\sqrt{3}\times\sqrt{3}}=\dfrac{6\sqrt{6}}{3}=2\sqrt{6}$이므로 $a=2$ $\quad\cdots$ (i)

$\dfrac{15\sqrt{3}}{\sqrt{5}}=\dfrac{15\sqrt{3}\times\sqrt{5}}{\sqrt{5}\times\sqrt{5}}=\dfrac{15\sqrt{15}}{5}=3\sqrt{15}$이므로

$b=3$ $\quad\cdots$ (ii)

$\therefore ab=2\times3=6$ $\quad\cdots$ (iii)

| 채점 기준 | 비율 |
|---|---|
| (i) $a$의 값 구하기 | 40 % |
| (ii) $b$의 값 구하기 | 40 % |
| (iii) $ab$의 값 구하기 | 20 % |

**15** $\sqrt{12}\times\dfrac{3}{\sqrt{6}}\div\dfrac{3}{\sqrt{18}}=2\sqrt{3}\times\dfrac{3}{\sqrt{6}}\times\dfrac{\sqrt{18}}{3}=2\sqrt{3}\times\dfrac{3}{\sqrt{6}}\times\dfrac{3\sqrt{2}}{3}$

$\qquad=6\sqrt{3\times\dfrac{1}{6}\times2}=6$

**16** $\dfrac{3\sqrt{7}}{\sqrt{24}}\div\sqrt{\dfrac{1}{7}}\times\dfrac{\sqrt{2}}{\sqrt{21}}=\dfrac{3\sqrt{7}}{\sqrt{24}}\div\dfrac{1}{\sqrt{7}}\times\dfrac{\sqrt{2}}{\sqrt{21}}=\dfrac{3\sqrt{7}}{2\sqrt{6}}\times\sqrt{7}\times\dfrac{\sqrt{2}}{\sqrt{21}}$

$\qquad=\dfrac{1}{14}\sqrt{\dfrac{7}{6}\times7\times2}=\dfrac{7}{14}\sqrt{\dfrac{1}{3}}$

$\qquad=\dfrac{1}{2\sqrt{3}}=\dfrac{\sqrt{3}}{6}$

**17** (삼각형의 넓이)$=\dfrac{1}{2}\times\sqrt{28}\times\sqrt{20}$

$\qquad=\dfrac{1}{2}\times2\sqrt{7}\times2\sqrt{5}=2\sqrt{35}$

(직사각형의 넓이)$=x\times\sqrt{14}=\sqrt{14}x$

삼각형의 넓이와 직사각형의 넓이가 서로 같으므로

$\sqrt{14}x=2\sqrt{35}$

$\therefore x=\dfrac{2\sqrt{35}}{\sqrt{14}}=\dfrac{2\sqrt{5}}{\sqrt{2}}=\sqrt{10}$

**18** (원기둥의 부피)$=\pi\times(2\sqrt{5})^2\times x=20\pi x\,(\text{cm}^3)$

(원뿔의 부피)$=\dfrac{1}{3}\times\pi\times(3\sqrt{2})^2\times2\sqrt{6}$

$\qquad=\dfrac{1}{3}\times\pi\times18\times2\sqrt{6}=12\sqrt{6}\pi\,(\text{cm}^3)$

원기둥의 부피와 원뿔의 부피가 서로 같으므로

$20\pi x=12\sqrt{6}\pi$, $20x=12\sqrt{6}$

$\therefore x=\dfrac{12\sqrt{6}}{20}=\dfrac{3\sqrt{6}}{5}$

## 2 근호를 포함한 식의 계산 (2)

유형 **5**    P. 37

**1** (1) ㉡   (2) ㉠   (3) ㉢   (4) ㉤   (5) ㉣

**2** (1) 0    (2) $8\sqrt{6}$    (3) $-\dfrac{\sqrt{2}}{15}$

**3** (1) $2\sqrt{3}$    (2) 0    (3) $-\sqrt{6}$

**4** (1) $2\sqrt{3}-\sqrt{5}$    (2) $-4\sqrt{2}+3\sqrt{6}$

**5** (1) $-\sqrt{2}-6\sqrt{3}$    (2) $-5+6\sqrt{6}$

**6** (1) 3, $2\sqrt{2}$    (2) 2, 5, $-3\sqrt{5}$

**7** (1) $3\sqrt{2}+\sqrt{7}$    (2) $2\sqrt{2}+\dfrac{7\sqrt{3}}{3}$

**2** (3) $\dfrac{3\sqrt{2}}{5}-\dfrac{2\sqrt{2}}{3}=\left(\dfrac{3}{5}-\dfrac{2}{3}\right)\sqrt{2}=\left(\dfrac{9}{15}-\dfrac{10}{15}\right)\sqrt{2}$

$\qquad\qquad\qquad=-\dfrac{\sqrt{2}}{15}$

**3** (1) $\sqrt{3}-\sqrt{27}+\sqrt{48}=\sqrt{3}-3\sqrt{3}+4\sqrt{3}=2\sqrt{3}$

(2) $\sqrt{7}+\sqrt{28}-\sqrt{63}=\sqrt{7}+2\sqrt{7}-3\sqrt{7}=0$

(3) $-\sqrt{54}-\sqrt{24}+\sqrt{96}=-3\sqrt{6}-2\sqrt{6}+4\sqrt{6}=-\sqrt{6}$

**4** (1) $4\sqrt{3}-2\sqrt{3}+\sqrt{5}-2\sqrt{5}=(4-2)\sqrt{3}+(1-2)\sqrt{5}$

$\qquad\qquad=2\sqrt{3}-\sqrt{5}$

(2) $3\sqrt{2}-2\sqrt{6}-7\sqrt{2}+5\sqrt{6}=(3-7)\sqrt{2}+(-2+5)\sqrt{6}$

$\qquad\qquad=-4\sqrt{2}+3\sqrt{6}$

**5** (1) $\sqrt{8}-\sqrt{12}-\sqrt{18}-\sqrt{48}=2\sqrt{2}-2\sqrt{3}-3\sqrt{2}-4\sqrt{3}$

$\qquad\qquad=-\sqrt{2}-6\sqrt{3}$

(2) $\sqrt{144}+\sqrt{150}-\sqrt{289}+\sqrt{6}=12+5\sqrt{6}-17+\sqrt{6}$

$\qquad\qquad=-5+6\sqrt{6}$

**6** (1) $\dfrac{6}{\sqrt{2}}-\sqrt{2}=\dfrac{6\sqrt{2}}{2}-\sqrt{2}=\boxed{3}\sqrt{2}-\sqrt{2}=\boxed{2\sqrt{2}}$

(2) $\sqrt{20}-\dfrac{25}{\sqrt{5}}=2\sqrt{5}-\dfrac{25\sqrt{5}}{5}=\boxed{2}\sqrt{5}-\boxed{5}\sqrt{5}=\boxed{-3\sqrt{5}}$

**7**

(1) $\sqrt{63}-\dfrac{14}{\sqrt{7}}-\sqrt{8}+\dfrac{10}{\sqrt{2}}=3\sqrt{7}-\dfrac{14\sqrt{7}}{7}-2\sqrt{2}+\dfrac{10\sqrt{2}}{2}$
$\qquad\qquad\qquad\qquad\qquad\quad =3\sqrt{7}-2\sqrt{7}-2\sqrt{2}+5\sqrt{2}$
$\qquad\qquad\qquad\qquad\qquad\quad =3\sqrt{2}+\sqrt{7}$

(2) $\sqrt{50}-\dfrac{6}{\sqrt{2}}+\sqrt{27}-\dfrac{4}{\sqrt{12}}=5\sqrt{2}-\dfrac{6\sqrt{2}}{2}+3\sqrt{3}-\dfrac{4}{2\sqrt{3}}$
$\qquad\qquad\qquad\qquad\qquad\qquad =5\sqrt{2}-3\sqrt{2}+3\sqrt{3}-\dfrac{2\sqrt{3}}{3}$
$\qquad\qquad\qquad\qquad\qquad\qquad =2\sqrt{2}+\dfrac{7\sqrt{3}}{3}$

---

**유형 6**      P. 38

**1** (1) $\sqrt{15}+\sqrt{30}$     (2) $2\sqrt{14}-4\sqrt{6}$
    (3) $\sqrt{14}+\sqrt{21}$     (4) $-5+\sqrt{55}$

**2** (1) $\sqrt{3}$, $\sqrt{3}$, $\dfrac{\sqrt{3}+\sqrt{6}}{3}$   (2) $\sqrt{6}$, $\sqrt{6}$, $3\sqrt{6}-3\sqrt{2}$, $\sqrt{6}-\sqrt{2}$

**3** (1) $\dfrac{\sqrt{10}-\sqrt{14}}{2}$     (2) $\dfrac{2\sqrt{3}+3\sqrt{2}}{6}$
    (3) $\dfrac{\sqrt{15}+9\sqrt{10}}{10}$     (4) $\dfrac{3-\sqrt{6}}{6}$

**4** (1) $\sqrt{6}+\sqrt{2}$  (2) $2\sqrt{5}$  (3) $8\sqrt{6}$

**5** (1) $4\sqrt{2}$  (2) $3\sqrt{3}+4\sqrt{6}$  (3) $1+\sqrt{2}$
    (4) $-3\sqrt{3}+4\sqrt{6}$

**6** (1) $\dfrac{4}{3}$     (2) $-\sqrt{2}+3\sqrt{6}$   (3) $\dfrac{7\sqrt{6}}{6}-\dfrac{5\sqrt{26}}{2}$

---

**1** (2) $2\sqrt{2}(\sqrt{7}-\sqrt{12})=2\sqrt{14}-2\sqrt{24}=2\sqrt{14}-4\sqrt{6}$

**2** (1) $\dfrac{1+\sqrt{2}}{\sqrt{3}}=\dfrac{(1+\sqrt{2})\times\boxed{\sqrt{3}}}{\sqrt{3}\times\boxed{\sqrt{3}}}=\boxed{\dfrac{\sqrt{3}+\sqrt{6}}{3}}$

(2) $\dfrac{3-\sqrt{3}}{\sqrt{6}}=\dfrac{(3-\sqrt{3})\times\boxed{\sqrt{6}}}{\sqrt{6}\times\boxed{\sqrt{6}}}=\dfrac{3\sqrt{6}-\sqrt{18}}{6}$
$\qquad\quad =\dfrac{\boxed{3\sqrt{6}-3\sqrt{2}}}{6}=\boxed{\dfrac{\sqrt{6}-\sqrt{2}}{2}}$

**3** (1) $\dfrac{\sqrt{5}-\sqrt{7}}{\sqrt{2}}=\dfrac{(\sqrt{5}-\sqrt{7})\times\sqrt{2}}{\sqrt{2}\times\sqrt{2}}=\dfrac{\sqrt{10}-\sqrt{14}}{2}$

(2) $\dfrac{\sqrt{2}+\sqrt{3}}{\sqrt{6}}=\dfrac{(\sqrt{2}+\sqrt{3})\times\sqrt{6}}{\sqrt{6}\times\sqrt{6}}=\dfrac{\sqrt{12}+\sqrt{18}}{6}=\dfrac{2\sqrt{3}+3\sqrt{2}}{6}$

(3) $\dfrac{\sqrt{3}+9\sqrt{2}}{2\sqrt{5}}=\dfrac{(\sqrt{3}+9\sqrt{2})\times\sqrt{5}}{2\sqrt{5}\times\sqrt{5}}=\dfrac{\sqrt{15}+9\sqrt{10}}{10}$

(4) $\dfrac{\sqrt{3}-\sqrt{2}}{\sqrt{12}}=\dfrac{\sqrt{3}-\sqrt{2}}{2\sqrt{3}}=\dfrac{(\sqrt{3}-\sqrt{2})\times\sqrt{3}}{2\sqrt{3}\times\sqrt{3}}=\dfrac{3-\sqrt{6}}{6}$

**4** (1) $\sqrt{2}\times\sqrt{3}+\sqrt{10}\div\sqrt{5}=\sqrt{6}+\sqrt{2}$

(2) $\sqrt{3}\times\sqrt{15}-\sqrt{30}\times\dfrac{1}{\sqrt{6}}=\sqrt{45}-\sqrt{5}=3\sqrt{5}-\sqrt{5}=2\sqrt{5}$

(3) $2\sqrt{3}\times5\sqrt{2}-\sqrt{3}\div\dfrac{1}{2\sqrt{2}}=10\sqrt{6}-\sqrt{3}\times2\sqrt{2}$
$\qquad\qquad\qquad\qquad\qquad\quad =10\sqrt{6}-2\sqrt{6}=8\sqrt{6}$

---

**5** (1) $(2\sqrt{3}+4)\sqrt{2}-2\sqrt{6}=2\sqrt{6}+4\sqrt{2}-2\sqrt{6}=4\sqrt{2}$

(2) $\sqrt{27}-2\sqrt{3}(\sqrt{2}-\sqrt{18})=3\sqrt{3}-2\sqrt{6}+2\sqrt{54}$
$\qquad\qquad\qquad\qquad\qquad\quad =3\sqrt{3}-2\sqrt{6}+6\sqrt{6}$
$\qquad\qquad\qquad\qquad\qquad\quad =3\sqrt{3}+4\sqrt{6}$

(3) $\sqrt{3}(\sqrt{6}-\sqrt{3})+(\sqrt{48}-\sqrt{24})\div\sqrt{3}$
$\quad =\sqrt{18}-3+(4\sqrt{3}-2\sqrt{6})\div\sqrt{3}$
$\quad =3\sqrt{2}-3+4-2\sqrt{2}$
$\quad =1+\sqrt{2}$

(4) $\sqrt{2}(3\sqrt{3}+\sqrt{6})-\sqrt{3}(5-\sqrt{2})=3\sqrt{6}+2\sqrt{3}-5\sqrt{3}+\sqrt{6}$
$\qquad\qquad\qquad\qquad\qquad\qquad\quad =-3\sqrt{3}+4\sqrt{6}$

**6** (1) $\dfrac{2\sqrt{8}-\sqrt{3}}{3\sqrt{2}}+\sqrt{5}\div\sqrt{30}=\dfrac{(4\sqrt{2}-\sqrt{3})\times\sqrt{2}}{3\sqrt{2}\times\sqrt{2}}+\dfrac{\sqrt{5}}{\sqrt{30}}$
$\qquad\qquad\qquad\qquad\qquad\quad =\dfrac{8-\sqrt{6}}{6}+\dfrac{1}{\sqrt{6}}$
$\qquad\qquad\qquad\qquad\qquad\quad =\dfrac{4}{3}-\dfrac{\sqrt{6}}{6}+\dfrac{\sqrt{6}}{6}=\dfrac{4}{3}$

(2) $\sqrt{3}(\sqrt{32}-\sqrt{6})+\dfrac{4-2\sqrt{3}}{\sqrt{2}}$
$\quad =\sqrt{3}(4\sqrt{2}-\sqrt{6})+\dfrac{(4-2\sqrt{3})\times\sqrt{2}}{\sqrt{2}\times\sqrt{2}}$
$\quad =4\sqrt{6}-\sqrt{18}+\dfrac{4\sqrt{2}-2\sqrt{6}}{2}$
$\quad =4\sqrt{6}-3\sqrt{2}+2\sqrt{2}-\sqrt{6}=-\sqrt{2}+3\sqrt{6}$

(3) $\dfrac{\sqrt{3}-\sqrt{13}}{\sqrt{2}}-\dfrac{2\sqrt{78}-\sqrt{8}}{\sqrt{3}}$
$\quad =\dfrac{(\sqrt{3}-\sqrt{13})\times\sqrt{2}}{\sqrt{2}\times\sqrt{2}}-\dfrac{(2\sqrt{78}-2\sqrt{2})\times\sqrt{3}}{\sqrt{3}\times\sqrt{3}}$
$\quad =\dfrac{\sqrt{6}-\sqrt{26}}{2}-\dfrac{6\sqrt{26}-2\sqrt{6}}{3}$
$\quad =\dfrac{7\sqrt{6}}{6}-\dfrac{5\sqrt{26}}{2}$

---

**쌍둥이 기출문제**      P. 39~41

**1** ①    **2** ②    **3** ③    **4** ③    **5** ②
**6** $8-3\sqrt{6}$      **7** (가) $a-3$ (나) 3    **8** ⑤
**9** ③    **10** 3    **11** ③    **12** $8+\dfrac{11\sqrt{10}}{10}$
**13** ②    **14** ④    **15** ③    **16** ①    **17** ④
**18** ③

**1** $7\sqrt{2}+\sqrt{80}+3\sqrt{5}-\sqrt{18}=7\sqrt{2}+4\sqrt{5}+3\sqrt{5}-3\sqrt{2}$
$\qquad\qquad\qquad\qquad\qquad\quad =4\sqrt{2}+7\sqrt{5}$
따라서 $a=4$, $b=7$이므로
$a-b=4-7=-3$

**2**
$$\sqrt{27}+2\sqrt{3}+\sqrt{20}-\sqrt{45}=3\sqrt{3}+2\sqrt{3}+2\sqrt{5}-3\sqrt{5}$$
$$=5\sqrt{3}-\sqrt{5}$$
따라서 $a=5$, $b=-1$이므로
$$a+b=5+(-1)=4$$

**3**
$$\sqrt{8}-\frac{4}{\sqrt{2}}=2\sqrt{2}-\frac{4\sqrt{2}}{2}=2\sqrt{2}-2\sqrt{2}=0$$

**4**
$$\frac{6}{\sqrt{27}}+\frac{4}{\sqrt{48}}=\frac{6}{3\sqrt{3}}+\frac{4}{4\sqrt{3}}=\frac{2}{\sqrt{3}}+\frac{1}{\sqrt{3}}$$
$$=\frac{2\sqrt{3}}{3}+\frac{\sqrt{3}}{3}=\sqrt{3}$$

**5**
$$\sqrt{3}(\sqrt{6}-2\sqrt{3})-\sqrt{2}(3\sqrt{2}+2)=\sqrt{18}-6-6-2\sqrt{2}$$
$$=3\sqrt{2}-6-6-2\sqrt{2}$$
$$=-12+\sqrt{2}$$

**6**
$$2\sqrt{3}(\sqrt{3}-\sqrt{2})+\frac{1}{\sqrt{2}}(\sqrt{8}-\sqrt{12})$$
$$=6-2\sqrt{6}+\sqrt{4}-\sqrt{6} \qquad \cdots(\text{i})$$
$$=6-2\sqrt{6}+2-\sqrt{6}$$
$$=8-3\sqrt{6} \qquad \cdots(\text{ii})$$

| 채점 기준 | 비율 |
|---|---|
| (i) 분배법칙을 이용하여 괄호 풀기 | 50 % |
| (ii) 답 구하기 | 50 % |

**[7~8] 제곱근의 계산 결과가 유리수가 될 조건**
$a$, $b$가 유리수이고 $\sqrt{m}$이 무리수일 때
(1) $a\sqrt{m}$이 유리수가 되려면 $\Rightarrow a=0$
(2) $a+b\sqrt{m}$이 유리수가 되려면 $\Rightarrow b=0$

**8**
$$\sqrt{50}+3a-6-2a\sqrt{2}=5\sqrt{2}+3a-6-2a\sqrt{2}$$
$$=(3a-6)+(5-2a)\sqrt{2}$$
이 식이 유리수가 되려면 $5-2a=0$이어야 하므로
$$-2a=-5 \qquad \therefore a=\frac{5}{2}$$

**9**
$$\frac{6}{\sqrt{3}}-(\sqrt{48}+\sqrt{4})\div\frac{2}{\sqrt{3}}=2\sqrt{3}-(4\sqrt{3}+2)\times\frac{\sqrt{3}}{2}$$
$$=2\sqrt{3}-6-\sqrt{3}$$
$$=-6+\sqrt{3}$$

**10**
$$\sqrt{24}\left(\frac{8}{\sqrt{3}}-\sqrt{6}\right)+(\sqrt{32}-10)\div\sqrt{2}$$
$$=2\sqrt{6}\left(\frac{8}{\sqrt{3}}-\sqrt{6}\right)+(4\sqrt{2}-10)\div\sqrt{2}$$
$$=16\sqrt{2}-12+4-\frac{10}{\sqrt{2}}$$
$$=16\sqrt{2}-8-5\sqrt{2}=-8+11\sqrt{2}$$
따라서 $a=-8$, $b=11$이므로
$$a+b=-8+11=3$$

**11**
$$\frac{\sqrt{27}+\sqrt{2}}{\sqrt{3}}+\frac{\sqrt{8}-\sqrt{12}}{\sqrt{2}}$$
$$=\frac{(3\sqrt{3}+\sqrt{2})\times\sqrt{3}}{\sqrt{3}\times\sqrt{3}}+\frac{(2\sqrt{2}-2\sqrt{3})\times\sqrt{2}}{\sqrt{2}\times\sqrt{2}}$$
$$=\frac{9+\sqrt{6}}{3}+\frac{4-2\sqrt{6}}{2}$$
$$=5-\frac{2\sqrt{6}}{3}$$
따라서 $a=5$, $b=-\frac{2}{3}$이므로
$$a+3b=5+3\times\left(-\frac{2}{3}\right)=3$$

**12**
$$\frac{\sqrt{72}+3\sqrt{5}}{\sqrt{2}}-\frac{\sqrt{8}-\sqrt{20}}{\sqrt{5}}$$
$$=\frac{(6\sqrt{2}+3\sqrt{5})\times\sqrt{2}}{\sqrt{2}\times\sqrt{2}}-\frac{(2\sqrt{2}-2\sqrt{5})\times\sqrt{5}}{\sqrt{5}\times\sqrt{5}}$$
$$=\frac{12+3\sqrt{10}}{2}-\frac{2\sqrt{10}-10}{5}$$
$$=8+\frac{11\sqrt{10}}{10}$$

**13**
$$(\text{사다리꼴의 넓이})$$
$$=\frac{1}{2}\times\{\sqrt{18}+(4+2\sqrt{2})\}\times\sqrt{12}$$
$$=\frac{1}{2}\times(3\sqrt{2}+4+2\sqrt{2})\times2\sqrt{3}$$
$$=\frac{1}{2}\times(4+5\sqrt{2})\times2\sqrt{3}$$
$$=4\sqrt{3}+5\sqrt{6}$$

**14**
$$(\text{삼각형의 넓이})$$
$$=\frac{1}{2}\times(\sqrt{40}+\sqrt{10})\times\sqrt{72}$$
$$=\frac{1}{2}\times(2\sqrt{10}+\sqrt{10})\times6\sqrt{2}$$
$$=\frac{1}{2}\times3\sqrt{10}\times6\sqrt{2}$$
$$=9\sqrt{20}$$
$$=18\sqrt{5}$$

**15** 피타고라스 정리에 의해
$$\overline{OP}=\overline{OA}=\sqrt{1^2+1^2}=\sqrt{2},$$
$$\overline{OQ}=\overline{OB}=\sqrt{1^2+1^2}=\sqrt{2}$$이므로
$$a=3-\sqrt{2},\ b=3+\sqrt{2}$$
$$\therefore b-a=(3+\sqrt{2})-(3-\sqrt{2})=2\sqrt{2}$$

**16** 피타고라스 정리에 의해
$$\overline{OP}=\overline{OA}=\sqrt{2^2+1^2}=\sqrt{5},$$
$$\overline{OQ}=\overline{OB}=\sqrt{1^2+2^2}=\sqrt{5}$$이므로
$$a=-2-\sqrt{5},\ b=-2+\sqrt{5}$$
$$\therefore 3a+b=3\times(-2-\sqrt{5})+(-2+\sqrt{5})$$
$$=-6-3\sqrt{5}-2+\sqrt{5}=-8-2\sqrt{5}$$

두 실수 $a$, $b$의 대소 관계는 $a-b$의 부호로 판단한다.

(1) $a-b>0$이면 $\Rightarrow a>b$

(2) $a-b=0$이면 $\Rightarrow a=b$

(3) $a-b<0$이면 $\Rightarrow a<b$

**17**

① $(3+2\sqrt{2})-(2\sqrt{2}+\sqrt{8})=3+2\sqrt{2}-2\sqrt{2}-\sqrt{8}$
$$=3-\sqrt{8}$$
$$=\sqrt{9}-\sqrt{8}>0$$
$$\therefore\ 3+2\sqrt{2}>2\sqrt{2}+\sqrt{8}$$

② $(5\sqrt{2}-1)-(5+\sqrt{2})=5\sqrt{2}-1-5-\sqrt{2}$
$$=4\sqrt{2}-6$$
$$=\sqrt{32}-\sqrt{36}<0$$
$$\therefore\ 5\sqrt{2}-1<5+\sqrt{2}$$

③ $3\sqrt{2}-(\sqrt{5}+\sqrt{2})=3\sqrt{2}-\sqrt{5}-\sqrt{2}$
$$=2\sqrt{2}-\sqrt{5}=\sqrt{8}-\sqrt{5}>0$$
$$\therefore\ 3\sqrt{2}>\sqrt{5}+\sqrt{2}$$

④ $(3\sqrt{3}-1)-(\sqrt{3}+2)=3\sqrt{3}-1-\sqrt{3}-2$
$$=2\sqrt{3}-3=\sqrt{12}-\sqrt{9}>0$$
$$\therefore\ 3\sqrt{3}-1>\sqrt{3}+2$$

⑤ $(\sqrt{5}+\sqrt{3})-(2+\sqrt{3})=\sqrt{5}+\sqrt{3}-2-\sqrt{3}$
$$=\sqrt{5}-2=\sqrt{5}-\sqrt{4}>0$$
$$\therefore\ \sqrt{5}+\sqrt{3}>2+\sqrt{3}$$

따라서 옳지 않은 것은 ④이다.

**18**

$a-b=(4\sqrt{2}-1)-4=4\sqrt{2}-5=\sqrt{32}-\sqrt{25}>0$
$$\therefore\ a>b$$
$a-c=(4\sqrt{2}-1)-(5\sqrt{2}-1)$
$$=4\sqrt{2}-1-5\sqrt{2}+1$$
$$=-\sqrt{2}<0$$
$$\therefore\ a<c$$
$$\therefore\ b<a<c$$

**단원 마무리** P. 42~43

| 1 ④ | 2 ③ | 3 ④ | 4 ① | 5 $\dfrac{5}{12}$ |
|---|---|---|---|---|
| 6 ⑤ | 7 $12\sqrt{3}$ cm | | 8 5 | |

**1**

$\dfrac{3\sqrt{10}}{\sqrt{14}}\div\sqrt{\dfrac{1}{7}}\times\dfrac{\sqrt{2}}{\sqrt{5}}=\dfrac{3\sqrt{10}}{\sqrt{14}}\div\dfrac{1}{\sqrt{7}}\times\dfrac{\sqrt{2}}{\sqrt{5}}$
$$=\dfrac{3\sqrt{10}}{\sqrt{14}}\times\sqrt{7}\times\dfrac{\sqrt{2}}{\sqrt{5}}$$
$$=3\sqrt{\dfrac{10}{14}\times7\times\dfrac{2}{5}}=3\sqrt{2}$$

**2**

$2\sqrt{3}=\sqrt{2^2\times3}=\sqrt{12}\quad\therefore a=12$

$\sqrt{32}=\sqrt{4^2\times2}=4\sqrt{2}\quad\therefore b=4$

**3**

① $\sqrt{53000}=\sqrt{5.3\times10000}=100\sqrt{5.3}$
$$=100\times2.302=230.2$$

② $\sqrt{5300}=\sqrt{53\times100}=10\sqrt{53}$
$$=10\times7.280=72.80$$

③ $\sqrt{530}=\sqrt{5.3\times100}=10\sqrt{5.3}$
$$=10\times2.302=23.02$$

④ $\sqrt{0.53}=\sqrt{\dfrac{53}{100}}=\dfrac{\sqrt{53}}{10}=\dfrac{7.280}{10}=0.7280$

⑤ $\sqrt{0.053}=\sqrt{\dfrac{5.3}{100}}=\dfrac{\sqrt{5.3}}{10}=\dfrac{2.302}{10}=0.2302$

따라서 옳지 않은 것은 ④이다.

**4**

$6\sqrt{3}+\sqrt{45}-\sqrt{75}-\sqrt{5}=6\sqrt{3}+3\sqrt{5}-5\sqrt{3}-\sqrt{5}$
$$=\sqrt{3}+2\sqrt{5}$$

따라서 $a=1$, $b=2$이므로

$a+b=1+2=3$

**5**

$\dfrac{5}{3\sqrt{8}}+\dfrac{6\sqrt{2}}{\sqrt{10}}-\dfrac{1}{\sqrt{5}}=\dfrac{5}{6\sqrt{2}}+\dfrac{6}{\sqrt{5}}-\dfrac{1}{\sqrt{5}}$
$$=\dfrac{5\sqrt{2}}{12}+\dfrac{6\sqrt{5}}{5}-\dfrac{\sqrt{5}}{5}$$
$$=\dfrac{5\sqrt{2}}{12}+\sqrt{5}$$

따라서 $a=\dfrac{5}{12}$, $b=1$이므로 $ab=\dfrac{5}{12}$

**6**

$\sqrt{3}(5+3\sqrt{3})-\dfrac{6-2\sqrt{3}}{\sqrt{3}}=5\sqrt{3}+9-\dfrac{(6-2\sqrt{3})\times\sqrt{3}}{\sqrt{3}\times\sqrt{3}}$
$$=5\sqrt{3}+9-\dfrac{6\sqrt{3}-6}{3}$$
$$=5\sqrt{3}+9-(2\sqrt{3}-2)$$
$$=5\sqrt{3}+9-2\sqrt{3}+2$$
$$=11+3\sqrt{3}$$

**7**

$\overline{AB}=\sqrt{12}=2\sqrt{3}\,(\text{cm})$, $\overline{BC}=\sqrt{48}=4\sqrt{3}\,(\text{cm})$
$$\therefore\ (\square ABCD\text{의 둘레의 길이})$$
$$=2(\overline{AB}+\overline{BC})=2(2\sqrt{3}+4\sqrt{3})$$
$$=2\times6\sqrt{3}=12\sqrt{3}\,(\text{cm})$$

**8**

피타고라스 정리에 의해

$\overline{BP}=\overline{BD}=\sqrt{1^2+1^2}=\sqrt{2}$,

$\overline{AQ}=\overline{AC}=\sqrt{1^2+1^2}=\sqrt{2}$이므로 ··· (i)

점 P에 대응하는 수는 $a=3-\sqrt{2}$,

점 Q에 대응하는 수는 $b=2+\sqrt{2}$ ··· (ii)

$$\therefore\ a+b=(3-\sqrt{2})+(2+\sqrt{2})$$
$$=5 \qquad\qquad\cdots\text{(iii)}$$

| 채점 기준 | 비율 |
|---|---|
| (i) $\overline{BP}$, $\overline{AQ}$의 길이 구하기 | 40 % |
| (ii) $a$, $b$의 값 구하기 | 40 % |
| (iii) $a+b$의 값 구하기 | 20 % |

## 1 곱셈 공식

P. 46

**유형 1**

**1** $ac+ad+bc+bd$

**2** (1) $ac-ad+2bc-2bd$

(2) $12ac+3ad-4bc-bd$

(3) $3ax-2ay+3bx-2by$

(4) $6ax+15ay-12bx-30by$

**3** (1) $a^2+7a+12$  (2) $15x^2+7x-2$

(3) $3a^2+ab-2b^2$  (4) $12x^2+17xy-5y^2$

**4** (1) $2a^2+3ab-3a+b^2-3b$

(2) $5a^2-16ab+20a+3b^2-4b$

(3) $x^2+2xy-9x-6y+18$

(4) $6a^2-7ab+15a-3b^2+5b$

**5** $-4$  **6** $-1$

**3** (1) $(a+3)(a+4)=a^2\underline{+4a+3a}+12$

$\qquad =a^2+7a+12$

(2) $(5x-1)(3x+2)=15x^2\underline{+10x-3x}-2$

$\qquad =15x^2+7x-2$

(3) $(a+b)(3a-2b)=3a^2\underline{-2ab+3ab}-2b^2$

$\qquad =3a^2+ab-2b^2$

(4) $(4x-y)(3x+5y)=12x^2\underline{+20xy-3xy}-5y^2$

$\qquad =12x^2+17xy-5y^2$

**4** (1) $(a+b)(2a+b-3)$

$=2a^2\underline{+ab-3a+2ab}+b^2-3b$

$=2a^2+3ab-3a+b^2-3b$

(2) $(5a-b)(a-3b+4)$

$=5a^2\underline{-15ab+20a-ab}+3b^2-4b$

$=5a^2-16ab+20a+3b^2-4b$

(3) $(x+2y-6)(x-3)$

$=x^2\underline{-3x+2xy-6y-6x}+18$

$=x^2+2xy-9x-6y+18$

(4) $(2a-3b+5)(3a+b)$

$=6a^2\underline{+2ab-9ab}-3b^2+15a+5b$

$=6a^2-7ab+15a-3b^2+5b$

**5** $(a-2b)(3a+2b-1)$에서 $b^2$항이 나오는 부분만 전개하면

$-4b^2$  $\therefore$ ($b^2$의 계수)$=-4$

**6** $(x-3y+5)(x+2y-2)$에서 $xy$항이 나오는 부분만 전개

하면 $\underset{①}{\underline{2xy}}+\underset{②}{\underline{(-3xy)}}=-xy$  $\therefore$ ($xy$의 계수)$=-1$

P. 47

**유형 2**

**1** $a^2+2ab+b^2$, $a^2-2ab+b^2$

**2** (1) $x^2+4x+4$  (2) $a^2+\dfrac{2}{3}a+\dfrac{1}{9}$

(3) $x^2-10x+25$  (4) $a^2-a+\dfrac{1}{4}$

**3** (1) $a^2+4ab+4b^2$  (2) $4x^2+xy+\dfrac{1}{16}y^2$

(3) $16a^2-24ab+9b^2$  (4) $\dfrac{1}{9}x^2-\dfrac{1}{3}xy+\dfrac{1}{4}y^2$

**4** (1) $x^2-4x+4$  (2) $16a^2-8ab+b^2$

(3) $a^2+12a+36$  (4) $9x^2+24xy+16y^2$

**2** (2) $\left(a+\dfrac{1}{3}\right)^2=a^2+2\times a\times\dfrac{1}{3}+\left(\dfrac{1}{3}\right)^2=a^2+\dfrac{2}{3}a+\dfrac{1}{9}$

(4) $\left(a-\dfrac{1}{2}\right)^2=a^2-2\times a\times\dfrac{1}{2}+\left(\dfrac{1}{2}\right)^2=a^2-a+\dfrac{1}{4}$

**3** (2) $\left(2x+\dfrac{1}{4}y\right)^2=(2x)^2+2\times 2x\times\dfrac{1}{4}y+\left(\dfrac{1}{4}y\right)^2$

$\qquad =4x^2+xy+\dfrac{1}{16}y^2$

(4) $\left(\dfrac{1}{3}x-\dfrac{1}{2}y\right)^2=\left(\dfrac{1}{3}x\right)^2-2\times\dfrac{1}{3}x\times\dfrac{1}{2}y+\left(\dfrac{1}{2}y\right)^2$

$\qquad =\dfrac{1}{9}x^2-\dfrac{1}{3}xy+\dfrac{1}{4}y^2$

**4** (1) $(-x+2)^2=(-x)^2+2\times(-x)\times 2+2^2$

$\qquad =x^2-4x+4$

(2) $(-4a+b)^2=(-4a)^2+2\times(-4a)\times b+b^2$

$\qquad =16a^2-8ab+b^2$

(3) $(-a-6)^2=(-a)^2-2\times(-a)\times 6+6^2$

$\qquad =a^2+12a+36$

(4) $(-3x-4y)^2=(-3x)^2-2\times(-3x)\times 4y+(4y)^2$

$\qquad =9x^2+24xy+16y^2$

참고 $(-a+b)^2=\{-(a-b)\}^2=(a-b)^2$

$(-a-b)^2=\{-(a+b)\}^2=(a+b)^2$

P. 48

**유형 3**

**1** $a^2-b^2$

**2** (1) $x^2-4$  (2) $1-x^2$  (3) $4-16a^2$  (4) $9x^2-1$

**3** (1) $a^2-\dfrac{1}{9}b^2$  (2) $\dfrac{1}{4}x^2-\dfrac{1}{16}y^2$  (3) $\dfrac{1}{25}x^2-\dfrac{4}{49}y^2$

**4** (1) $-x$, $x^2-9$  (2) $16a^2-9b^2$  (3) $25x^2-4y^2$

**5** (1) $2a$, $2a$, $2a$, $1-4a^2$

(2) $y^2-16x^2$  (3) $25b^2-36a^2$

**6** $x^2$, $x^4-1$

**3**

(1) $\left(a+\dfrac{1}{3}b\right)\left(a-\dfrac{1}{3}b\right)=a^2-\left(\dfrac{1}{3}b\right)^2=a^2-\dfrac{1}{9}b^2$

(2) $\left(\dfrac{1}{2}x-\dfrac{1}{4}y\right)\left(\dfrac{1}{2}x+\dfrac{1}{4}y\right)=\left(\dfrac{1}{2}x\right)^2-\left(\dfrac{1}{4}y\right)^2$

$=\dfrac{1}{4}x^2-\dfrac{1}{16}y^2$

(3) $\left(\dfrac{1}{5}x+\dfrac{2}{7}y\right)\left(\dfrac{1}{5}x-\dfrac{2}{7}y\right)=\left(\dfrac{1}{5}x\right)^2-\left(\dfrac{2}{7}y\right)^2$

$=\dfrac{1}{25}x^2-\dfrac{4}{49}y^2$

**4**

(2) $(-4a+3b)(-4a-3b)=(-4a)^2-(3b)^2$

$=16a^2-9b^2$

(3) $(-5x-2y)(-5x+2y)=(-5x)^2-(2y)^2$

$=25x^2-4y^2$

**5**

(2) $(-4x-y)(4x-y)=(-y-4x)(-y+4x)$

$=(-y)^2-(4x)^2=y^2-16x^2$

(3) $(6a+5b)(-6a+5b)=(5b+6a)(5b-6a)$

$=(5b)^2-(6a)^2=25b^2-36a^2$

## 유형 **4**

P. 49

**1** $a+b$, $ab$

**2** (1) $x^2+4x+3$    (2) $x^2+2x-35$

(3) $x^2-12xy+27y^2$    (4) $x^2-2xy-8y^2$

**3** (1) $x^2-\dfrac{5}{6}x+\dfrac{1}{6}$    (2) $a^2+a-\dfrac{10}{9}$

(3) $x^2+\dfrac{1}{12}xy-\dfrac{1}{24}y^2$

**4** $ad+bc$, $bd$

**5** (1) $6x^2+17x+5$    (2) $3x^2+7x-6$

(3) $6x^2-23x+20$    (4) $15x^2+4x-3$

**6** (1) $15x^2-13xy+2y^2$    (2) $8a^2-6ab-35b^2$

(3) $6x^2+2xy+\dfrac{1}{6}y^2$

**2**

(1) $(x+1)(x+3)=x^2+(1+3)x+1\times3$

$=x^2+4x+3$

(2) $(x+7)(x-5)=x^2+(7-5)x+7\times(-5)$

$=x^2+2x-35$

(3) $(x-3y)(x-9y)$

$=x^2+(-3y-9y)x+(-3y)\times(-9y)$

$=x^2-12xy+27y^2$

(4) $(x-4y)(x+2y)=x^2+(-4y+2y)x+(-4y)\times2y$

$=x^2-2xy-8y^2$

**3**

(1) $\left(x-\dfrac{1}{2}\right)\left(x-\dfrac{1}{3}\right)$

$=x^2+\left(-\dfrac{1}{2}-\dfrac{1}{3}\right)x+\left(-\dfrac{1}{2}\right)\times\left(-\dfrac{1}{3}\right)$

$=x^2-\dfrac{5}{6}x+\dfrac{1}{6}$

(2) $\left(a-\dfrac{2}{3}\right)\left(a+\dfrac{5}{3}\right)=a^2+\left(-\dfrac{2}{3}+\dfrac{5}{3}\right)a+\left(-\dfrac{2}{3}\right)\times\dfrac{5}{3}$

$=a^2+a-\dfrac{10}{9}$

(3) $\left(x+\dfrac{1}{4}y\right)\left(x-\dfrac{1}{6}y\right)$

$=x^2+\left(\dfrac{1}{4}y-\dfrac{1}{6}y\right)x+\dfrac{1}{4}y\times\left(-\dfrac{1}{6}y\right)$

$=x^2+\dfrac{1}{12}xy-\dfrac{1}{24}y^2$

**5**

(1) $(3x+1)(2x+5)$

$=(3\times2)x^2+(3\times5+1\times2)x+1\times5$

$=6x^2+17x+5$

(2) $(x+3)(3x-2)$

$=(1\times3)x^2+\{1\times(-2)+3\times3\}x+3\times(-2)$

$=3x^2+7x-6$

(3) $(2x-5)(3x-4)$

$=(2\times3)x^2+\{2\times(-4)+(-5)\times3\}x$

$+(-5)\times(-4)$

$=6x^2-23x+20$

(4) $(3x-1)(5x+3)$

$=(3\times5)x^2+\{3\times3+(-1)\times5\}x+(-1)\times3$

$=15x^2+4x-3$

**6**

(1) $(3x-2y)(5x-y)$

$=(3\times5)x^2+\{3\times(-y)+(-2y)+5\}x$

$+(-2y)\times(-y)$

$=15x^2-13xy+2y^2$

(2) $(2a-5b)(4a+7b)$

$=(2\times4)a^2+\{2\times7b+(-5b)\times4\}a$

$+(-5b)\times7b$

$=8a^2-6ab-35b^2$

(3) $\left(2x+\dfrac{1}{3}y\right)\left(3x+\dfrac{1}{2}y\right)$

$=(2\times3)x^2+\left(2\times\dfrac{1}{2}y+\dfrac{1}{3}y\times3\right)x+\dfrac{1}{3}y\times\dfrac{1}{2}y$

$=6x^2+2xy+\dfrac{1}{6}y^2$

## 한 걸음 더 연습

P. 50

**1** (1) $-10$    (2) $3$

**2** (1) $A=6$, $B=36$    (2) $A=5$, $B=4$

(3) $A=7$, $B=3$    (4) $A=3$, $B=-20$

**3** (1) $-4ab-2b^2$    (2) $37x^2+12x-13$

**4** (1) $3x^2-7x-2$    (2) $-x^2-19x+16$

**5** (1) $2x^2-12x-4$    (2) $16x^2-43x+11$

**6** $9a^2-b^2$      **7** $2x^2+xy-3y^2$

**1**

(1) $\left(\dfrac{1}{3}a+\dfrac{3}{4}b\right)\left(\dfrac{1}{3}a-\dfrac{3}{4}b\right)$

$\quad=\left(\dfrac{1}{3}a\right)^2-\left(\dfrac{3}{4}b\right)^2=\dfrac{1}{9}a^2-\dfrac{9}{16}b^2$

$\quad=\dfrac{1}{9}\times72-\dfrac{9}{16}\times32=8-18=-10$

(2) $\left(\dfrac{\sqrt{2}}{4}a+\dfrac{1}{5}b\right)\left(\dfrac{\sqrt{2}}{4}a-\dfrac{1}{5}b\right)$

$\quad=\left(\dfrac{\sqrt{2}}{4}a\right)^2-\left(\dfrac{1}{5}b\right)^2=\dfrac{1}{8}a^2-\dfrac{1}{25}b^2$

$\quad=\dfrac{1}{8}\times40-\dfrac{1}{25}\times50=5-2=3$

**2**

(1) $(x+A)^2=x^2+2Ax+A^2=x^2+12x+B$

즉, $2A=12$, $A^2=B$이므로

$A=6$, $B=A^2=36$

(2) $(2x+Ay)(2x-5y)=4x^2+(-10+2A)xy-5Ay^2$

$\qquad\qquad\qquad\qquad=Bx^2-25y^2$

즉, $4=B$, $-10+2A=0$, $-5A=-25$이므로

$A=5$, $B=4$

(3) $(x+A)(x-4)=x^2+(A-4)x-4A$

$\qquad\qquad\qquad=x^2+Bx-28$

즉, $A-4=B$, $-4A=-28$이므로

$A=7$, $B=3$

(4) $(Ax+4)(7x-5)=7Ax^2+(-5A+28)x-20$

$\qquad\qquad\qquad\quad=21x^2+13x+B$

즉, $7A=21$, $-5A+28=13$, $-20=B$이므로

$A=3$, $B=-20$

**3**

(1) $(2a+b)(2a-b)-(2a+b)^2$

$\quad=(4a^2-b^2)-(4a^2+4ab+b^2)$

$\quad=-4ab-2b^2$

(2) $3(2x+1)^2+(5x-4)(5x+4)$

$\quad=3(4x^2+4x+1)+(25x^2-16)$

$\quad=12x^2+12x+3+25x^2-16$

$\quad=37x^2+12x-13$

**4**

(1) $(x-1)^2+(2x+1)(x-3)$

$\quad=(x^2-2x+1)+(2x^2-5x-3)$

$\quad=3x^2-7x-2$

(2) $2(x-3)^2-(x+2)(3x+1)$

$\quad=2(x^2-6x+9)-(3x^2+7x+2)$

$\quad=2x^2-12x+18-3x^2-7x-2$

$\quad=-x^2-19x+16$

**5**

(1) $(2x-3)(3x+2)-(x+2)(4x-1)$

$\quad=(6x^2-5x-6)-(4x^2+7x-2)$

$\quad=2x^2-12x-4$

(2) $(5x+3)(2x-1)+2(3x-1)(x-7)$

$\quad=(10x^2+x-3)+2(3x^2-22x+7)$

$\quad=10x^2+x-3+6x^2-44x+14$

$\quad=16x^2-43x+11$

**6** (직사각형의 넓이)$=$(가로의 길이)$\times$(세로의 길이)

$\qquad\qquad\qquad=(3a-b)(3a+b)=9a^2-b^2$

**7** (직사각형의 넓이)$=$(가로의 길이)$\times$(세로의 길이)

$\qquad\qquad\qquad=(2x+3y)(x-y)$

$\qquad\qquad\qquad=2x^2+xy-3y^2$

---

쌍둥이 **기출문제**　　　　　　　　　　　P. 51~52

| **1** ④ | **2** 4 | **3** ③ | **4** ⑤ |
| **5** ④ | **6** $x^4-81$ | **7** $-6$ | **8** ⑤ |
| **9** ② | **10** $-5$ | **11** ⑤ | **12** ① |

**1** $(x+y-1)(ax-y+1)$에서 $xy$항이 나오는 부분만 전개하

면 $\underbrace{-xy}_{①}+\underbrace{axy}_{②}=(-1+a)xy$

$xy$의 계수가 1이므로

$-1+a=1$　　$\therefore a=2$

**2** $(ax+y-3)(3x-2y+1)$에서 $xy$항이 나오는 부분만 전

개하면 $-2axy+3xy=(-2a+3)xy$

$xy$의 계수가 $-5$이므로

$-2a+3=-5$, $-2a=-8$　　$\therefore a=4$

**3** ① $(2x+5y)^2=4x^2+20xy+25y^2$

② $(x+7)(x-7)=x^2-49$

④ $(x+7)(x-3)=x^2+4x-21$

⑤ $(4x+7)(2x-5)=8x^2-6x-35$

따라서 옳은 것은 ③이다.

**4** ⑤ $(2x-3y)(6x+7y)=12x^2-4xy-21y^2$

**5** $(a-2)(a+2)(a^2+4)=(a^2-4)(a^2+4)=a^4-16$

$\therefore \square=4$

**6** $(x-3)(x+3)(x^2+9)=(x^2-9)(x^2+9)=x^4-81$

**7** $(x+a)^2=x^2+2ax+a^2=x^2+bx+4$

$a^2=4$이고 $a<0$이므로 $a=-2$ 　　　　　$\cdots$ (i)

$2a=b$에서 $b=2\times(-2)=-4$ 　　　　　$\cdots$ (ii)

$\therefore a+b=-2+(-4)=-6$ 　　　　　$\cdots$ (iii)

| 채점 기준 | 비율 |
|---|---|
| (i) $a$의 값 구하기 | 40 % |
| (ii) $b$의 값 구하기 | 40 % |
| (iii) $a+b$의 값 구하기 | 20 % |

**8** $(3x+a)(2x+3)=6x^2+(9+2a)x+3a=6x^2+bx-3$
$3a=-3$에서 $a=-1$
$9+2a=b$에서 $b=9+2\times(-1)=7$
$\therefore 2a+b=2\times(-1)+7=5$

**9** $3(x+1)^2-(2x+1)(x-6)$
$=3(x^2+2x+1)-(2x^2-11x-6)$
$=3x^2+6x+3-2x^2+11x+6$
$=x^2+17x+9$

**10** $(2x+3)(2x-3)-(x-5)(x-1)$
$=(4x^2-9)-(x^2-6x+5)$
$=4x^2-9-x^2+6x-5$
$=3x^2+6x-14$
따라서 $a=3$, $b=6$, $c=-14$이므로
$a+b+c=3+6+(-14)=-5$

**11** (색칠한 부분의 넓이)$=(2a-b)^2+b^2$
$\qquad\qquad\qquad\qquad\quad =4a^2-4ab+b^2+b^2$
$\qquad\qquad\qquad\qquad\quad =4a^2-4ab+2b^2$

**12** (색칠한 직사각형의 넓이)$=(a+b)(a-b)$
$\qquad\qquad\qquad\qquad\qquad\quad =a^2-b^2$

## ⌒2 곱셈 공식의 활용

유형 **5**          P. 53

**1** (1) ㄴ   (2) ㄱ   (3) ㄷ   (4) ㄹ
**2** (1) 10404
    (2) $(80+1)^2$, $80^2+2\times80\times1+1^2$, 6561
**3** (1) 3364
    (2) $(300-1)^2$, $300^2-2\times300\times1+1^2$, 89401
**4** (1) 896
    (2) $(80+3)(80-3)$, $80^2-3^2$, 6391
**5** (1) 3843
    (2) $(200+1)(200-2)$,
       $200^2+(1-2)\times200+1\times(-2)$, 39798

**1** (1) $98^2=(100-2)^2$
     $\Rightarrow (a-b)^2=a^2-2ab+b^2$
   (2) $103^2=(100+3)^2$
     $\Rightarrow (a+b)^2=a^2+2ab+b^2$
   (3) $104\times96=(100+4)(100-4)$
     $\Rightarrow (a+b)(a-b)=a^2-b^2$
   (4) $32\times35=(30+2)(30+5)$
     $\Rightarrow (x+a)(x+b)=x^2+(a+b)x+ab$

**2** (2) $81^2=(80+1)^2$      $\cdots$ ①
        $=80^2+2\times80\times1+1^2$      $\cdots$ ②
        $=6561$      $\cdots$ ③

**3** (2) $299^2=(300-1)^2$      $\cdots$ ①
        $=300^2-2\times300\times1+1^2$      $\cdots$ ②
        $=89401$      $\cdots$ ③

**4** (2) $83\times77=(80+3)(80-3)$      $\cdots$ ①
        $=80^2-3^2$      $\cdots$ ②
        $=6391$      $\cdots$ ③

**5** (2) $201\times198=(200+1)(200-2)$      $\cdots$ ①
        $=200^2+(1-2)\times200+1\times(-2)$      $\cdots$ ②
        $=39798$      $\cdots$ ③

유형 **6**          P. 54

**1** (1) 2, $b^2$    (2) $8+2\sqrt{7}$    (3) $9+4\sqrt{5}$    (4) $9+6\sqrt{2}$
**2** (1) 2, $b^2$    (2) $3-2\sqrt{2}$    (3) $15-6\sqrt{6}$    (4) $12-4\sqrt{5}$
**3** (1) $a$, $b$    (2) 9    (3) 2    (4) 8
**4** (1) $b$, $ab$    (2) $7+5\sqrt{3}$    (3) $-3+3\sqrt{7}$    (4) $45-12\sqrt{10}$
**5** (1) $bc$, $bd$    (2) $10+7\sqrt{2}$    (3) $5\sqrt{6}$    (4) $29-13\sqrt{14}$
**6** ㈎ $a-8$    ㈏ 8

**1** (4) $(\sqrt{3}+\sqrt{6})^2=(\sqrt{3})^2+2\times\sqrt{3}\times\sqrt{6}+(\sqrt{6})^2$
                  $=3+2\sqrt{18}+6=9+6\sqrt{2}$

**2** (4) $(\sqrt{10}-\sqrt{2})^2=(\sqrt{10})^2-2\times\sqrt{10}\times\sqrt{2}+(\sqrt{2})^2$
                  $=10-2\sqrt{20}+2=12-4\sqrt{5}$

**3** (4) $(2\sqrt{3}+2)(2\sqrt{3}-2)=(2\sqrt{3})^2-2^2=12-4=8$

**4** (2) $(\sqrt{3}+1)(\sqrt{3}+4)$
     $=(\sqrt{3})^2+(1+4)\sqrt{3}+1\times4$
     $=3+5\sqrt{3}+4=7+5\sqrt{3}$
   (3) $(\sqrt{7}+5)(\sqrt{7}-2)$
     $=(\sqrt{7})^2+(5-2)\sqrt{7}+5\times(-2)$
     $=7+3\sqrt{7}-10=-3+3\sqrt{7}$
   (4) $(\sqrt{10}-5)(\sqrt{10}-7)$
     $=(\sqrt{10})^2+(-5-7)\sqrt{10}+(-5)\times(-7)$
     $=10-12\sqrt{10}+35=45-12\sqrt{10}$

**5** (2) $(2\sqrt{2}+3)(\sqrt{2}+2)$
     $=(2\times1)(\sqrt{2})^2+(4+3)\sqrt{2}+3\times2$
     $=4+7\sqrt{2}+6=10+7\sqrt{2}$
   (3) $(2\sqrt{6}-3)(\sqrt{6}+4)$
     $=(2\times1)(\sqrt{6})^2+(8-3)\sqrt{6}+(-3)\times4$
     $=12+5\sqrt{6}-12=5\sqrt{6}$

(4) $(4\sqrt{2}-\sqrt{7})(\sqrt{2}-3\sqrt{7})$
$=(4\times1)(\sqrt{2})^2+(-12\sqrt{7}-\sqrt{7})\sqrt{2}+(-\sqrt{7})\times(-3\sqrt{7})$
$=8-13\sqrt{14}+21=29-13\sqrt{14}$

**유형 7**  P. 55

**1** (1) $\sqrt{3}+1$, $\sqrt{3}+1$, $\sqrt{3}+1$
  (2) $\sqrt{7}-\sqrt{3}$, $\sqrt{7}-\sqrt{3}$, $\sqrt{7}-\sqrt{3}$

**2** (1) $\dfrac{3\sqrt{6}-6}{2}$   (2) $4+2\sqrt{3}$   (3) $6-2\sqrt{5}$

**3** (1) $\sqrt{6}-\sqrt{3}$   (2) $-\sqrt{11}+\sqrt{13}$   (3) $2\sqrt{3}+\sqrt{2}$

**4** (1) $5+2\sqrt{5}$   (2) $\sqrt{6}-2$   (3) $\sqrt{3}+\sqrt{2}$

**5** (1) $3-2\sqrt{2}$   (2) $\dfrac{11+4\sqrt{7}}{3}$   (3) $3+2\sqrt{2}$

**6** (1) $2\sqrt{3}$   (2) $-2\sqrt{15}$   (3) $10$

**1** (1) $\dfrac{2}{\sqrt{3}-1}=\dfrac{2(\boxed{\sqrt{3}+1})}{(\sqrt{3}-1)(\boxed{\sqrt{3}+1})}$
$=\dfrac{2(\sqrt{3}+1)}{(\sqrt{3})^2-1^2}=\dfrac{2(\sqrt{3}+1)}{2}$
$=\boxed{\sqrt{3}+1}$

(2) $\dfrac{4}{\sqrt{7}+\sqrt{3}}=\dfrac{4(\boxed{\sqrt{7}-\sqrt{3}})}{(\sqrt{7}+\sqrt{3})(\boxed{\sqrt{7}-\sqrt{3}})}$
$=\dfrac{4(\sqrt{7}-\sqrt{3})}{(\sqrt{7})^2-(\sqrt{3})^2}=\dfrac{4(\sqrt{7}-\sqrt{3})}{4}$
$=\boxed{\sqrt{7}-\sqrt{3}}$

**2** (1) $\dfrac{3}{\sqrt{6}+2}=\dfrac{3(\sqrt{6}-2)}{(\sqrt{6}+2)(\sqrt{6}-2)}$
$=\dfrac{3(\sqrt{6}-2)}{(\sqrt{6})^2-2^2}=\dfrac{3\sqrt{6}-6}{2}$

(2) $\dfrac{2}{2-\sqrt{3}}=\dfrac{2(2+\sqrt{3})}{(2-\sqrt{3})(2+\sqrt{3})}$
$=\dfrac{2(2+\sqrt{3})}{2^2-(\sqrt{3})^2}=4+2\sqrt{3}$

(3) $\dfrac{8}{3+\sqrt{5}}=\dfrac{8(3-\sqrt{5})}{(3+\sqrt{5})(3-\sqrt{5})}$
$=\dfrac{8(3-\sqrt{5})}{3^2-(\sqrt{5})^2}=\dfrac{8(3-\sqrt{5})}{4}$
$=6-2\sqrt{5}$

**3** (1) $\dfrac{3}{\sqrt{6}+\sqrt{3}}=\dfrac{3(\sqrt{6}-\sqrt{3})}{(\sqrt{6}+\sqrt{3})(\sqrt{6}-\sqrt{3})}$
$=\dfrac{3(\sqrt{6}-\sqrt{3})}{(\sqrt{6})^2-(\sqrt{3})^2}=\dfrac{3(\sqrt{6}-\sqrt{3})}{3}$
$=\sqrt{6}-\sqrt{3}$

(2) $\dfrac{2}{\sqrt{11}+\sqrt{13}}=\dfrac{2(\sqrt{11}-\sqrt{13})}{(\sqrt{11}+\sqrt{13})(\sqrt{11}-\sqrt{13})}$
$=\dfrac{2(\sqrt{11}-\sqrt{13})}{(\sqrt{11})^2-(\sqrt{13})^2}$
$=\dfrac{2(\sqrt{11}-\sqrt{13})}{-2}$
$=-\sqrt{11}+\sqrt{13}$

(3) $\dfrac{10}{2\sqrt{3}-\sqrt{2}}=\dfrac{10(2\sqrt{3}+\sqrt{2})}{(2\sqrt{3}-\sqrt{2})(2\sqrt{3}+\sqrt{2})}$
$=\dfrac{10(2\sqrt{3}+\sqrt{2})}{(2\sqrt{3})^2-(\sqrt{2})^2}$
$=\dfrac{10(2\sqrt{3}+\sqrt{2})}{10}$
$=2\sqrt{3}+\sqrt{2}$

**4** (1) $\dfrac{\sqrt{5}}{\sqrt{5}-2}=\dfrac{\sqrt{5}(\sqrt{5}+2)}{(\sqrt{5}-2)(\sqrt{5}+2)}$
$=\dfrac{\sqrt{5}(\sqrt{5}+2)}{(\sqrt{5})^2-2^2}=5+2\sqrt{5}$

(2) $\dfrac{\sqrt{2}}{\sqrt{3}+\sqrt{2}}=\dfrac{\sqrt{2}(\sqrt{3}-\sqrt{2})}{(\sqrt{3}+\sqrt{2})(\sqrt{3}-\sqrt{2})}$
$=\dfrac{\sqrt{2}(\sqrt{3}-\sqrt{2})}{(\sqrt{3})^2-(\sqrt{2})^2}=\sqrt{6}-2$

(3) $\dfrac{\sqrt{3}}{3-\sqrt{6}}=\dfrac{\sqrt{3}(3+\sqrt{6})}{(3-\sqrt{6})(3+\sqrt{6})}$
$=\dfrac{\sqrt{3}(3+\sqrt{6})}{3^2-(\sqrt{6})^2}=\dfrac{3\sqrt{3}+\sqrt{18}}{3}=\sqrt{3}+\sqrt{2}$

**5** (1) $\dfrac{\sqrt{2}-1}{\sqrt{2}+1}=\dfrac{(\sqrt{2}-1)^2}{(\sqrt{2}+1)(\sqrt{2}-1)}$
$=\dfrac{3-2\sqrt{2}}{(\sqrt{2})^2-1^2}=3-2\sqrt{2}$

(2) $\dfrac{\sqrt{7}+2}{\sqrt{7}-2}=\dfrac{(\sqrt{7}+2)^2}{(\sqrt{7}-2)(\sqrt{7}+2)}$
$=\dfrac{11+4\sqrt{7}}{(\sqrt{7})^2-2^2}=\dfrac{11+4\sqrt{7}}{3}$

(3) $\dfrac{\sqrt{6}+\sqrt{3}}{\sqrt{6}-\sqrt{3}}=\dfrac{(\sqrt{6}+\sqrt{3})^2}{(\sqrt{6}-\sqrt{3})(\sqrt{6}+\sqrt{3})}$
$=\dfrac{9+6\sqrt{2}}{(\sqrt{6})^2-(\sqrt{3})^2}=\dfrac{9+6\sqrt{2}}{3}=3+2\sqrt{2}$

**6** (1) $\dfrac{1}{\sqrt{3}-\sqrt{2}}+\dfrac{1}{\sqrt{3}+\sqrt{2}}$
$=\dfrac{\sqrt{3}+\sqrt{2}}{(\sqrt{3}-\sqrt{2})(\sqrt{3}+\sqrt{2})}+\dfrac{\sqrt{3}-\sqrt{2}}{(\sqrt{3}+\sqrt{2})(\sqrt{3}-\sqrt{2})}$
$=(\sqrt{3}+\sqrt{2})+(\sqrt{3}-\sqrt{2})=2\sqrt{3}$

(2) $\dfrac{\sqrt{5}-\sqrt{3}}{\sqrt{5}+\sqrt{3}}-\dfrac{\sqrt{5}+\sqrt{3}}{\sqrt{5}-\sqrt{3}}$
$=\dfrac{(\sqrt{5}-\sqrt{3})^2}{(\sqrt{5}+\sqrt{3})(\sqrt{5}-\sqrt{3})}-\dfrac{(\sqrt{5}+\sqrt{3})^2}{(\sqrt{5}-\sqrt{3})(\sqrt{5}+\sqrt{3})}$
$=\dfrac{8-2\sqrt{15}}{2}-\dfrac{8+2\sqrt{15}}{2}=-\dfrac{4\sqrt{15}}{2}=-2\sqrt{15}$

(3) $\dfrac{1-\sqrt{3}}{2+\sqrt{3}}+\dfrac{1+\sqrt{3}}{2-\sqrt{3}}$

$\quad=\dfrac{(1-\sqrt{3})(2-\sqrt{3})}{(2+\sqrt{3})(2-\sqrt{3})}+\dfrac{(1+\sqrt{3})(2+\sqrt{3})}{(2-\sqrt{3})(2+\sqrt{3})}$

$\quad=(5-3\sqrt{3})+(5+3\sqrt{3})=10$

 **기출문제**　　　　　　　　　　　　　P. 56

| **1** ③ | **2** ⑤ | **3** $15-2\sqrt{2}$ | **4** 5 |
|---|---|---|---|
| **5** ② | **6** $-4$ | **7** 1 | **8** $\sqrt{5}$ |

**1** $6.1\times5.9=(6+0.1)(6-0.1)$이므로
$(a+b)(a-b)=a^2-b^2$을 이용하는 것이 가장 편리하다.

**2** ① $97^2=(100-3)^2 \Rightarrow (a-b)^2=a^2-2ab+b^2$
② $1002^2=(1000+2)^2 \Rightarrow (a+b)^2=a^2+2ab+b^2$
③ $196\times204=(200-4)(200+4)$
　　$\Rightarrow (a+b)(a-b)=a^2-b^2$
④ $4.2\times3.8=(4+0.2)(4-0.2)$
　　$\Rightarrow (a+b)(a-b)=a^2-b^2$
⑤ $101\times104=(100+1)(100+4)$
　　$\Rightarrow (x+a)(x+b)=x^2+(a+b)x+ab$
따라서 주어진 곱셈 공식을 이용하여 계산하면 가장 편리한
것은 ⑤이다.

**3** $(5+\sqrt{7})(5-\sqrt{7})-(\sqrt{2}+1)^2=25-7-(2+2\sqrt{2}+1)$
$\qquad\qquad\qquad\qquad\qquad\quad=18-3-2\sqrt{2}$
$\qquad\qquad\qquad\qquad\qquad\quad=15-2\sqrt{2}$

**4** $(\sqrt{6}-2)^2+(\sqrt{3}+2)(\sqrt{3}-2)=6-4\sqrt{6}+4+(3-4)$
$\qquad\qquad\qquad\qquad\qquad\qquad=10-4\sqrt{6}-1$
$\qquad\qquad\qquad\qquad\qquad\qquad=9-4\sqrt{6}$
따라서 $a=9$, $b=-4$이므로
$a+b=9+(-4)=5$

**5** $(3-2\sqrt{3})(2a+3\sqrt{3})=6a+(9-4a)\sqrt{3}-18$
$\qquad\qquad\qquad\qquad\quad=(6a-18)+(9-4a)\sqrt{3}$
이 식이 유리수가 되려면 $9-4a=0$이어야 하므로
$-4a=-9 \qquad \therefore a=\dfrac{9}{4}$

**6** $(a-4\sqrt{5})(3-3\sqrt{5})=3a+(-3a-12)\sqrt{5}+60$
$\qquad\qquad\qquad\qquad\quad=(3a+60)+(-3a-12)\sqrt{5}$
이 식이 유리수가 되려면 $-3a-12=0$이어야 하므로
$-3a=12 \qquad \therefore a=-4$

**7** $\dfrac{2-\sqrt{2}}{2+\sqrt{2}}=\dfrac{(2-\sqrt{2})^2}{(2+\sqrt{2})(2-\sqrt{2})}$
$\qquad\quad=\dfrac{6-4\sqrt{2}}{2}=3-2\sqrt{2}$
따라서 $a=3$, $b=-2$이므로
$a+b=3+(-2)=1$

**8** $\dfrac{1}{\sqrt{3}+\sqrt{5}}-\dfrac{1}{\sqrt{3}-\sqrt{5}}$
$\quad=\dfrac{\sqrt{3}-\sqrt{5}}{(\sqrt{3}+\sqrt{5})(\sqrt{3}-\sqrt{5})}-\dfrac{\sqrt{3}+\sqrt{5}}{(\sqrt{3}-\sqrt{5})(\sqrt{3}+\sqrt{5})}$
$\quad=\dfrac{\sqrt{3}-\sqrt{5}}{-2}-\dfrac{\sqrt{3}+\sqrt{5}}{-2}$
$\quad=\dfrac{\sqrt{3}-\sqrt{5}-(\sqrt{3}+\sqrt{5})}{-2}=\sqrt{5}$

**유형 8**　　　　　　　　　　　　　　　P. 57

| **1** (1) 28 | (2) 20 | (3) 7 |
|---|---|---|
| **2** (1) 6 | (2) 8 | (3) 6 |
| **3** (1) $-\dfrac{3}{2}$ | (2) $-4$ | |
| **4** (1) $x=3-2\sqrt{2}$, $y=3+2\sqrt{2}$ | (2) $x+y=6$, $xy=1$ | |
| (3) 34 | | |
| **5** (1) 23 | (2) 21 | |
| **6** (1) 18 | (2) 20 | |

**1** (1) $x^2+y^2=(x+y)^2-2xy=6^2-2\times4=28$
(2) $(x-y)^2=(x+y)^2-4xy=6^2-4\times4=20$
(3) $\dfrac{y}{x}+\dfrac{x}{y}=\dfrac{x^2+y^2}{xy}=\dfrac{28}{4}=7$

**2** (1) $a^2+b^2=(a-b)^2+2ab=2^2+2\times1=6$
(2) $(a+b)^2=(a-b)^2+4ab=2^2+4\times1=8$
(3) $\dfrac{b}{a}+\dfrac{a}{b}=\dfrac{a^2+b^2}{ab}=\dfrac{6}{1}=6$

**3** (1) $(x+y)^2=x^2+y^2+2xy$에서
$\quad(-2)^2=7+2xy$, $2xy=-3 \qquad \therefore xy=-\dfrac{3}{2}$
(2) $(a-b)^2=a^2+b^2-2ab$에서
$\quad4^2=8-2ab$, $2ab=-8 \qquad \therefore ab=-4$

**4** (1) $x=\dfrac{1}{3+2\sqrt{2}}=\dfrac{3-2\sqrt{2}}{(3+2\sqrt{2})(3-2\sqrt{2})}=3-2\sqrt{2}$
$\qquad y=\dfrac{1}{3-2\sqrt{2}}=\dfrac{3+2\sqrt{2}}{(3-2\sqrt{2})(3+2\sqrt{2})}=3+2\sqrt{2}$

(2) $x+y=(3-2\sqrt{2})+(3+2\sqrt{2})=6$

$xy=(3-2\sqrt{2})(3+2\sqrt{2})=1$

(3) $x^2+y^2=(x+y)^2-2xy=6^2-2\times1=34$

**5** (1) $x^2+\dfrac{1}{x^2}=\left(x+\dfrac{1}{x}\right)^2-2=5^2-2=23$

(2) $\left(x-\dfrac{1}{x}\right)^2=\left(x+\dfrac{1}{x}\right)^2-4=5^2-4=21$

**6** (1) $a^2+\dfrac{1}{a^2}=\left(a-\dfrac{1}{a}\right)^2+2=4^2+2=18$

(2) $\left(a+\dfrac{1}{a}\right)^2=\left(a-\dfrac{1}{a}\right)^2+4=4^2+4=20$

**유형9**　　　　　　　　　　　　　　P. 58

**1** (1) $-\sqrt{3}$, 3　(2) $\sqrt{5}$, 5
**2** (1) 1　(2) $-3$　(3) 0　(4) $-13$
**3** (1) $2-\sqrt{3}$　(2) 0
**4** (1) 6　(2) 1　(3) 9　(4) 0

**2** (1) $x=1+\sqrt{2}$에서 $x-1=\sqrt{2}$이므로
이 식의 양변을 제곱하면 $(x-1)^2=(\sqrt{2})^2$
$x^2-2x+1=2$
$\therefore x^2-2x=1$

**다른 풀이**
$x^2-2x=(1+\sqrt{2})^2-2(1+\sqrt{2})$
$\quad\quad\quad=1+2\sqrt{2}+2-2-2\sqrt{2}=1$

(2) $x=-3+\sqrt{5}$에서 $x+3=\sqrt{5}$이므로
이 식의 양변을 제곱하면 $(x+3)^2=(\sqrt{5})^2$
$x^2+6x+9=5$, $x^2+6x=-4$
$\therefore x^2+6x+1=-4+1=-3$

(3) $x=4-\sqrt{6}$에서 $x-4=-\sqrt{6}$이므로
이 식의 양변을 제곱하면 $(x-4)^2=(-\sqrt{6})^2$
$x^2-8x+16=6$, $x^2-8x=-10$
$\therefore x^2-8x+10=-10+10=0$

(4) $x=-2+\sqrt{3}$에서 $x+2=\sqrt{3}$이므로
이 식의 양변을 제곱하면 $(x+2)^2=(\sqrt{3})^2$
$x^2+4x+4=3$, $x^2+4x=-1$
$\therefore (x-2)(x+6)=x^2+4x-12$
$\quad\quad\quad\quad\quad\quad\quad=-1-12=-13$

**3** (1) $x=\dfrac{1}{2+\sqrt{3}}=\dfrac{2-\sqrt{3}}{(2+\sqrt{3})(2-\sqrt{3})}=2-\sqrt{3}$

(2) $x=2-\sqrt{3}$에서 $x-2=-\sqrt{3}$이므로
이 식의 양변을 제곱하면 $(x-2)^2=(-\sqrt{3})^2$
$x^2-4x+4=3$, $x^2-4x=-1$
$\therefore x^2-4x+1=-1+1=0$

**4** (1) $x=\dfrac{1}{3-2\sqrt{2}}=\dfrac{3+2\sqrt{2}}{(3-2\sqrt{2})(3+2\sqrt{2})}=3+2\sqrt{2}$
에서 $x-3=2\sqrt{2}$이므로
이 식의 양변을 제곱하면 $(x-3)^2=(2\sqrt{2})^2$
$x^2-6x+9=8$, $x^2-6x=-1$
$\therefore x^2-6x+7=-1+7=6$

(2) $x=\dfrac{2}{\sqrt{3}+1}=\dfrac{2(\sqrt{3}-1)}{(\sqrt{3}+1)(\sqrt{3}-1)}=\sqrt{3}-1$에서
$x+1=\sqrt{3}$이므로
이 식의 양변을 제곱하면 $(x+1)^2=(\sqrt{3})^2$
$x^2+2x+1=3$, $x^2+2x=2$
$\therefore x^2+2x-1=2-1=1$

(3) $x=\dfrac{1}{\sqrt{5}-2}=\dfrac{\sqrt{5}+2}{(\sqrt{5}-2)(\sqrt{5}+2)}=\sqrt{5}+2$
에서 $x-2=\sqrt{5}$이므로
이 식의 양변을 제곱하면 $(x-2)^2=(\sqrt{5})^2$
$x^2-4x+4=5$, $x^2-4x=1$
$\therefore x^2-4x+8=1+8=9$

(4) $x=\dfrac{11}{4-\sqrt{5}}=\dfrac{11(4+\sqrt{5})}{(4-\sqrt{5})(4+\sqrt{5})}=4+\sqrt{5}$
에서 $x-4=\sqrt{5}$이므로
이 식의 양변을 제곱하면 $(x-4)^2=(\sqrt{5})^2$
$x^2-8x+16=5$, $x^2-8x=-11$
$\therefore x^2-8x+11=-11+11=0$

**쌍둥이 기출문제**　　　　　　　　　　P. 59

**1** ③　**2** $-14$　**3** 7　**4** 13
**5** ①　**6** 12　**7** 0　**8** ⑤

**1** $x^2+y^2=(x+y)^2-2xy$
$\quad\quad\quad=10^2-2\times20=60$

**2** $(x-y)^2=x^2+y^2-2xy$에서
$6^2=8-2xy$
$2xy=-28$　$\therefore xy=-14$

**3** $x=\dfrac{2}{3-\sqrt{5}}=\dfrac{2(3+\sqrt{5})}{(3-\sqrt{5})(3+\sqrt{5})}=\dfrac{3+\sqrt{5}}{2}$
$y=\dfrac{2}{3+\sqrt{5}}=\dfrac{2(3-\sqrt{5})}{(3+\sqrt{5})(3-\sqrt{5})}=\dfrac{3-\sqrt{5}}{2}$　　… (i)
$\therefore x+y=\dfrac{3+\sqrt{5}}{2}+\dfrac{3-\sqrt{5}}{2}=3$,
$xy=\dfrac{3+\sqrt{5}}{2}\times\dfrac{3-\sqrt{5}}{2}=1$　　　… (ii)
$\therefore x^2+y^2=(x+y)^2-2xy=3^2-2\times1=7$　… (iii)

| 채점 기준 | 비율 |
|---|---|
| (ⅰ) $x$, $y$의 분모를 각각 유리화하기 | 40 % |
| (ⅱ) $x+y$, $xy$의 값 구하기 | 20 % |
| (ⅲ) $x^2+y^2$의 값 구하기 | 40 % |

**4** $x=\dfrac{1}{2-\sqrt{3}}=\dfrac{2+\sqrt{3}}{(2-\sqrt{3})(2+\sqrt{3})}=2+\sqrt{3}$

$y=\dfrac{1}{2+\sqrt{3}}=\dfrac{2-\sqrt{3}}{(2+\sqrt{3})(2-\sqrt{3})}=2-\sqrt{3}$

$\therefore$ $x+y=(2+\sqrt{3})+(2-\sqrt{3})=4$,

$\quad xy=(2+\sqrt{3})(2-\sqrt{3})=1$

$\therefore$ $x^2-xy+y^2=(x+y)^2-3xy=4^2-3\times1=13$

**5** $x^2+\dfrac{1}{x^2}=\left(x+\dfrac{1}{x}\right)^2-2=3^2-2=7$

**6** $\left(x-\dfrac{1}{x}\right)^2=\left(x+\dfrac{1}{x}\right)^2-4=4^2-4=12$

**7** $x=\sqrt{3}-1$에서 $x+1=\sqrt{3}$이므로

이 식의 양변을 제곱하면 $(x+1)^2=(\sqrt{3})^2$

$x^2+2x+1=3$, $x^2+2x=2$

$\therefore$ $x^2+2x-2=2-2=0$

**8** $a=\sqrt{5}-2$에서 $a+2=\sqrt{5}$이므로

이 식의 양변을 제곱하면 $(a+2)^2=(\sqrt{5})^2$

$a^2+4a+4=5$, $a^2+4a=1$

$\therefore$ $a^2+4a+5=1+5=6$

---

**단원 마무리**          P. 60~61

**1** ②, ③    **2** ②    **3** ②    **4** 79
**5** $6x^2+5x-6$    **6** ⑤    **7** 12
**8** ⑤      **9** ③

**1** ② $(3x+2y)^2=9x^2+12xy+4y^2$

③ $(-2a+b)(-2a-b)=4a^2-b^2$

**2** $(a-b)^2=a^2-2ab+b^2$

① $-(a+b)^2=-(a^2+2ab+b^2)=-a^2-2ab-b^2$

② $(-a+b)^2=a^2-2ab+b^2$

③ $(a+b)^2=a^2+2ab+b^2$

④ $-(a-b)^2=-(a^2-2ab+b^2)=-a^2+2ab-b^2$

⑤ $(-a-b)^2=a^2+2ab+b^2$

따라서 $(a-b)^2$과 전개식이 같은 것은 ②이다.

---

**3** $(2x+a)(bx-6)=2bx^2+(-12+ab)x-6a$
$\qquad\qquad\qquad\qquad =6x^2+cx+18$

즉, $2b=6$, $-12+ab=c$, $-6a=18$이므로

$a=-3$, $b=3$, $c=-21$

$\therefore$ $a+b+c=-3+3+(-21)=-21$

**4** $3(x-3)^2-2(x+4)(x-4)$
$=3(x^2-6x+9)-2(x^2-16)$
$=3x^2-18x+27-2x^2+32$
$=x^2-18x+59$

따라서 $a=1$, $b=-18$, $c=59$이므로

$2a-b+c=2\times1-(-18)+59=79$

**5** (색칠한 직사각형의 넓이)$=(2x+3)(3x-2)$
$\qquad\qquad\qquad\qquad\qquad\quad =6x^2+5x-6$

**6** ① $104^2=(100+4)^2$
$\quad \Rightarrow (a+b)^2=a^2+2ab+b^2$

② $96^2=(100-4)^2$
$\quad \Rightarrow (a-b)^2=a^2-2ab+b^2$

③ $52\times48=(50+2)(50-2)$
$\quad \Rightarrow (a+b)(a-b)=a^2-b^2$

④ $102\times103=(100+2)(100+3)$
$\quad \Rightarrow (x+a)(x+b)=x^2+(a+b)x+ab$

⑤ $98\times102=(100-2)(100+2)$
$\quad \Rightarrow (a+b)(a-b)=a^2-b^2$

따라서 적절하지 않은 것은 ⑤이다.

**7** $\dfrac{\sqrt{7}+\sqrt{5}}{\sqrt{7}-\sqrt{5}}+\dfrac{\sqrt{7}-\sqrt{5}}{\sqrt{7}+\sqrt{5}}$

$=\dfrac{(\sqrt{7}+\sqrt{5})^2}{(\sqrt{7}-\sqrt{5})(\sqrt{7}+\sqrt{5})}+\dfrac{(\sqrt{7}-\sqrt{5})^2}{(\sqrt{7}+\sqrt{5})(\sqrt{7}-\sqrt{5})}$

$=\dfrac{12+2\sqrt{35}}{2}+\dfrac{12-2\sqrt{35}}{2}$     ···(ⅰ)

$=(6+\sqrt{35})+(6-\sqrt{35})$

$=12$                   ···(ⅱ)

| 채점 기준 | 비율 |
|---|---|
| (ⅰ) 분모를 유리화하기 | 60 % |
| (ⅱ) 답 구하기 | 40 % |

**8** $(x+y)^2=(x-y)^2+4xy=3^2+4\times2=17$

**9** $x=\dfrac{1}{2\sqrt{6}-5}=\dfrac{2\sqrt{6}+5}{(2\sqrt{6}-5)(2\sqrt{6}+5)}=-2\sqrt{6}-5$

즉, $x+5=-2\sqrt{6}$이므로

$(x+5)^2=(-2\sqrt{6})^2$, $x^2+10x+25=24$

$x^2+10x=-1$

$\therefore$ $x^2+10x+5=-1+5=4$

## 1 다항식의 인수분해

**유형 1**  P. 64

**1** (1) $x^2+6x+9$     (2) $x^2-4$
    (3) $x^2-4x-5$     (4) $6x^2-5x-4$

**2** ㄱ, ㄷ, ㅁ, ㅂ

**3** (1) $a,\ a(x+y-z)$     (2) $2a,\ 2a(a+2b)$
    (3) $3x^2,\ 3x^2(y-2)$     (4) $xy,\ xy(x-y+1)$

**4** (1) $a(x-y)$     (2) $-3a(x+3y)$
    (3) $4xy^2(2y-x)$     (4) $x(a-b+3)$
    (5) $4x(x+y-2)$     (6) $2xy(3x-y+2)$

**5** (1) $ab(a+b-1)$     (2) $(x-y)(a+3b)$
    (3) $(x-2)(x+4)$

**6** (1) $(a+1)(b-1)$     (2) $(x-y)(a+2b+1)$

**4** (1) $ax-ay=\underline{a}\times x-\underline{a}\times y$
             $=a(x-y)$
    (2) $-3ax-9ay=\underline{-3a}\times x+(\underline{-3a})\times 3y$
                   $=-3a(x+3y)$
    (3) $8xy^3-4x^2y^2=\underline{4xy^2}\times 2y-\underline{4xy^2}\times x$
                  $=4xy^2(2y-x)$
    (4) $ax-bx+3x=\underline{x}\times a-\underline{x}\times b+\underline{x}\times 3$
                $=x(a-b+3)$
    (5) $4x^2+4xy-8x=\underline{4x}\times x+\underline{4x}\times y-\underline{4x}\times 2$
                 $=4x(x+y-2)$
    (6) $6x^2y-2xy^2+4xy$
      $=\underline{2xy}\times 3x-\underline{2xy}\times y+\underline{2xy}\times 2$
      $=2xy(3x-y+2)$

**5** (1) $\underline{ab}(a+b)-\underline{ab}=ab(a+b)-ab\times 1$
                $=ab(a+b-1)$
    (2) $a(\underline{x-y})+3b(\underline{x-y})=(x-y)(a+3b)$
    (3) $(x-1)(\underline{x-2})+5(\underline{x-2})$
      $=(x-2)(x-1+5)$
      $=(x-2)(x+4)$

**6** (1) $a(b-1)-(1-b)$
      $=a(\underline{b-1})+(\underline{b-1})$
      $=a(b-1)+1\times(b-1)$
      $=(b-1)(a+1)$
      $=(a+1)(b-1)$
    (2) $(x-y)-(a+2b)(y-x)$
      $=(\underline{x-y})+(a+2b)(\underline{x-y})$
      $=1\times(x-y)+(a+2b)(x-y)$
      $=(x-y)(a+2b+1)$

## 2 여러 가지 인수분해 공식

**유형 2**  P. 65

**1** (1) 7, 7, 7     (2) 4, 4, 4

**2** (1) $(x+6)^2$     (2) $(x-8)^2$
    (3) $(x+3y)^2$     (4) $(x-5y)^2$

**3** (1) $(4x-1)^2$     (2) $(3x+2)^2$
    (3) $(2x-5y)^2$     (4) $(5x+4y)^2$

**4** (1) $a(x+1)^2$     (2) $3(x-1)^2$
    (3) $2(2x-1)^2$     (4) $2(x+3y)^2$

**5** (1) 4     (2) 100
    (3) $\dfrac{1}{4}$     (4) 49
    (5) 1     (6) 9

**6** (1) $\pm 14$     (2) $\pm\dfrac{1}{2}$
    (3) $\pm 12$     (4) $\pm 36$

**4** (1) $ax^2+2ax+a=a(x^2+2x+1)=a(x+1)^2$
    (2) $3x^2-6x+3=3(x^2-2x+1)=3(x-1)^2$
    (3) $8x^2-8x+2=2(4x^2-4x+1)=2(2x-1)^2$
    (4) $2x^2+12xy+18y^2=2(x^2+6xy+9y^2)=2(x+3y)^2$

**5** (1) $x^2+4x+\square=x^2+2\times x\times 2+\square$이므로
      $\square=2^2=4$
    (2) $x^2-20x+\square=x^2-2\times x\times 10+\square$이므로
      $\square=10^2=100$
    (3) $x^2+x+\square=x^2+2\times x\times\dfrac{1}{2}+\square$이므로
      $\square=\left(\dfrac{1}{2}\right)^2=\dfrac{1}{4}$
    (4) $x^2+14xy+\square y^2=x^2+2\times x\times 7y+\square y^2$이므로
      $\square=7^2=49$
    (5) $9x^2-6x+\square=(3x)^2-2\times 3x\times 1+\square$이므로
      $\square=1^2=1$
    (6) $25x^2+30x+\square=(5x)^2+2\times 5x\times 3+\square$이므로
      $\square=3^2=9$

**6** (1) $x^2+(\square)x+49=(x\pm 7)^2$이므로
      $\square=\pm 2\times 1\times 7=\pm 14$
    (2) $x^2+(\square)x+\dfrac{1}{16}=\left(x\pm\dfrac{1}{4}\right)^2$이므로
      $\square=\pm 2\times 1\times\dfrac{1}{4}=\pm\dfrac{1}{2}$
    (3) $36x^2+(\square)x+1=(6x\pm 1)^2$이므로
      $\square=\pm 2\times 6\times 1=\pm 12$
    (4) $4x^2+(\square)xy+81y^2=(2x\pm 9y)^2$이므로
      $\square=\pm 2\times 2\times 9=\pm 36$

**1** (1) 5, 5         (2) $4y$, $3x$

**2** (1) $(x+8)(x-8)$    (2) $(2x+5)(2x-5)$

(3) $(3x+7)(3x-7)$    (4) $(10x+y)(10x-y)$

(5) $\left(2x+\dfrac{1}{3}\right)\left(2x-\dfrac{1}{3}\right)$

**3** (1) $(1+4x)(1-4x)$    (2) $(5+x)(5-x)$

(3) $\left(\dfrac{1}{2}+x\right)\left(\dfrac{1}{2}-x\right)$    (4) $(3y+10x)(3y-10x)$

(5) $\left(\dfrac{2}{9}x+\dfrac{1}{7}y\right)\left(\dfrac{2}{9}x-\dfrac{1}{7}y\right)$

**4** (1) $2(x+4)(x-4)$    (2) $5(x+2)(x-2)$

(3) $3(x+3y)(x-3y)$    (4) $4y(x+2y)(x-2y)$

(5) $xy(x+7y)(x-7y)$

**5** (1) $\times$, $(y+x)(y-x)$    (2) $\times$, $\left(\dfrac{a}{3}+b\right)\left(\dfrac{a}{3}-b\right)$

(3) $\bigcirc$             (4) $\times$, $a(x+3y)(x-3y)$

(5) $\bigcirc$

**3** (1) $1-16x^2=1^2-(4x)^2=(1+4x)(1-4x)$

(2) $25-x^2=5^2-x^2=(5+x)(5-x)$

(3) $-x^2+\dfrac{1}{4}=\dfrac{1}{4}-x^2=\left(\dfrac{1}{2}\right)^2-x^2$
$=\left(\dfrac{1}{2}+x\right)\left(\dfrac{1}{2}-x\right)$

(4) $-100x^2+9y^2=9y^2-100x^2=(3y)^2-(10x)^2$
$=(3y+10x)(3y-10x)$

(5) $-\dfrac{1}{49}y^2+\dfrac{4}{81}x^2=\dfrac{4}{81}x^2-\dfrac{1}{49}y^2=\left(\dfrac{2}{9}x\right)^2-\left(\dfrac{1}{7}y\right)^2$
$=\left(\dfrac{2}{9}x+\dfrac{1}{7}y\right)\left(\dfrac{2}{9}x-\dfrac{1}{7}y\right)$

**4** (1) $2x^2-32=2(x^2-16)=2(x^2-4^2)$
$=2(x+4)(x-4)$

(2) $5x^2-20=5(x^2-4)=5(x^2-2^2)$
$=5(x+2)(x-2)$

(3) $3x^2-27y^2=3(x^2-9y^2)=3\{x^2-(3y)^2\}$
$=3(x+3y)(x-3y)$

(4) $4x^2y-16y^3=4y(x^2-4y^2)=4y\{x^2-(2y)^2\}$
$=4y(x+2y)(x-2y)$

(5) $x^3y-49xy^3=xy(x^2-49y^2)=xy\{x^2-(7y)^2\}$
$=xy(x+7y)(x-7y)$

**5** (1) $-x^2+y^2=y^2-x^2=(y+x)(y-x)$

(2) $\dfrac{a^2}{9}-b^2=\left(\dfrac{a}{3}\right)^2-b^2=\left(\dfrac{a}{3}+b\right)\left(\dfrac{a}{3}-b\right)$

(3) $\dfrac{9}{4}x^2-4y^2=\left(\dfrac{3}{2}x\right)^2-(2y)^2=\left(\dfrac{3}{2}x+2y\right)\left(\dfrac{3}{2}x-2y\right)$

(4) $ax^2-9ay^2=a(x^2-9y^2)=a\{x^2-(3y)^2\}$
$=a(x+3y)(x-3y)$

(5) $x^2y-y^3=y(x^2-y^2)=y(x+y)(x-y)$

**1** (1) 2, 5         (2) $-2$, $-3$

(3) $-1$, 4       (4) 2, $-11$

**2** (1) 2, 4, $(x+2)(x+4)$

(2) $-4$, $-6$, $(x-4)(x-6)$

(3) $-3$, 5, $(x-3)(x+5)$

(4) $-1$, $-5$, $(x-y)(x-5y)$

(5) 3, $-4$, $(x+3y)(x-4y)$

**3** (1) $(x+1)(x+6)$    (2) $(x+2)(x-5)$

(3) $(x-7)(x-8)$    (4) $(x-5y)(x+7y)$

(5) $(x+5y)(x-6y)$    (6) $(x-4y)(x-10y)$

**4** (1) $3(x+1)(x-2)$    (2) $2b(x-y)(x-2y)$

**5** (1) $\times$, $(x+3)(x+6)$

(2) $\bigcirc$

(3) $\times$, $(x-y)(x-2y)$

(4) $\times$, $(x-3a)(x+7a)$

**1** (1)

| 곱이 10인 두 정수 | 두 정수의 합 |
|---|---|
| $-1$, $-10$ | $-11$ |
| 1, 10 | 11 |
| $-2$, $-5$ | $-7$ |
| 2, 5 | 7 |

(2)

| 곱이 6인 두 정수 | 두 정수의 합 |
|---|---|
| $-1$, $-6$ | $-7$ |
| 1, 6 | 7 |
| $-2$, $-3$ | $-5$ |
| 2, 3 | 5 |

(3)

| 곱이 $-4$인 두 정수 | 두 정수의 합 |
|---|---|
| $-1$, 4 | 3 |
| 1, $-4$ | $-3$ |
| $-2$, 2 | 0 |

(4)

| 곱이 $-22$인 두 정수 | 두 정수의 합 |
|---|---|
| $-1$, 22 | 21 |
| 1, $-22$ | $-21$ |
| $-2$, 11 | 9 |
| 2, $-11$ | $-9$ |

**2** (1)

| 곱이 8인 두 정수 | 두 정수의 합 |
|---|---|
| $-1$, $-8$ | $-9$ |
| 1, 8 | 9 |
| $-2$, $-4$ | $-6$ |
| 2, 4 | 6 |

따라서 곱이 8이고 합이 6인 두 정수는 2와 4이므로
주어진 이차식을 인수분해하면
$x^2+6x+8=(x+2)(x+4)$

(2)

| 곱이 24인 두 정수 | 두 정수의 합 |
|---|---|
| $-1, -24$ | $-25$ |
| $1, 24$ | $25$ |
| $-2, -12$ | $-14$ |
| $2, 12$ | $14$ |
| $-3, -8$ | $-11$ |
| $3, 8$ | $11$ |
| $-4, -6$ | $-10$ |
| $4, 6$ | $10$ |

따라서 곱이 24이고 합이 $-10$인 두 정수는 $-4$와 $-6$
이므로 주어진 이차식을 인수분해하면
$$x^2-10x+24=(x-4)(x-6)$$

(3)

| 곱이 $-15$인 두 정수 | 두 정수의 합 |
|---|---|
| $-1, 15$ | $14$ |
| $1, -15$ | $-14$ |
| $-3, 5$ | $2$ |
| $3, -5$ | $-2$ |

따라서 곱이 $-15$이고 합이 2인 두 정수는 $-3$과 5이므로
주어진 이차식을 인수분해하면
$$x^2+2x-15=(x-3)(x+5)$$

(4)

| 곱이 5인 두 정수 | 두 정수의 합 |
|---|---|
| $-1, -5$ | $-6$ |
| $1, 5$ | $6$ |

따라서 곱이 5이고 합이 $-6$인 두 정수는 $-1$과 $-5$이
므로 주어진 이차식을 인수분해하면
$$x^2-6xy+5y^2=(x-y)(x-5y)$$

(5)

| 곱이 $-12$인 두 정수 | 두 정수의 합 |
|---|---|
| $-1, 12$ | $11$ |
| $1, -12$ | $-11$ |
| $-2, 6$ | $4$ |
| $2, -6$ | $-4$ |
| $-3, 4$ | $1$ |
| $3, -4$ | $-1$ |

따라서 곱이 $-12$이고 합이 $-1$인 두 정수는 3과 $-4$이
므로 주어진 이차식을 인수분해하면
$$x^2-xy-12y^2=(x+3y)(x-4y)$$

**3** (1) 곱이 6이고 합이 7인 두 정수는 1과 6이므로
$$x^2+7x+6=(x+1)(x+6)$$
(2) 곱이 $-10$이고 합이 $-3$인 두 정수는 2와 $-5$이므로
$$x^2-3x-10=(x+2)(x-5)$$
(3) 곱이 56이고 합이 $-15$인 두 정수는 $-7$과 $-8$이므로
$$x^2-15x+56=(x-7)(x-8)$$
(4) 곱이 $-35$이고 합이 2인 두 정수는 $-5$와 7이므로
$$x^2+2xy-35y^2=(x-5y)(x+7y)$$

(5) 곱이 $-30$이고 합이 $-1$인 두 정수는 5와 $-6$이므로
$$x^2-xy-30y^2=(x+5y)(x-6y)$$
(6) 곱이 40이고 합이 $-14$인 두 정수는 $-4$와 $-10$이므로
$$x^2-14xy+40y^2=(x-4y)(x-10y)$$

**4** (1) $3x^2-3x-6=3(x^2-x-2)$
곱이 $-2$이고 합이 $-1$인 두 정수는 1과 $-2$이므로
$$(주어진 식)=3(x^2-x-2)$$
$$=3(x+1)(x-2)$$
(2) $2bx^2-6bxy+4by^2=2b(x^2-3xy+2y^2)$
곱이 2이고 합이 $-3$인 두 정수는 $-1$과 $-2$이므로
$$(주어진 식)=2b(x^2-3xy+2y^2)$$
$$=2b(x-y)(x-2y)$$

**5** (1) 곱이 18이고 합이 9인 두 정수는 3과 6이므로
$$x^2+9x+18=(x+3)(x+6)$$
(2) 곱이 $-28$이고 합이 $-3$인 두 정수는 4와 $-7$이므로
$$a^2-3a-28=(a+4)(a-7)$$
(3) 곱이 2이고 합이 $-3$인 두 정수는 $-1$과 $-2$이므로
$$x^2-3xy+2y^2=(x-y)(x-2y)$$
(4) 곱이 $-21$이고 합이 4인 두 정수는 $-3$과 7이므로
$$x^2+4ax-21a^2=(x-3a)(x+7a)$$

**유형 5**  P. 68

**1** 풀이 참조
**2** (1) $(x+1)(3x+1)$ (2) $(2x-7)(3x-2)$
(3) $(x-2y)(2x+3y)$ (4) $(2x+3y)(3x-2y)$
**3** (1) $2(a-b)(3a+5b)$ (2) $3y(x-1)(3x+1)$
**4** (1) $\times$, $(x+5)(3x+1)$ (2) $\bigcirc$
(3) $\times$, $(x-2y)(3x+4y)$ (4) $\times$, $a(x-2)(3x-1)$

**1** (1) $6x^2+5x+1=(2x+\boxed{1})(\boxed{3}x+\boxed{1})$

$2x$ ╲╱ $\boxed{1}$ → $\boxed{3}x$
$\boxed{3}x$ ╱╲ $\boxed{1}$ → +) $\boxed{2}x$
$\overline{\phantom{aaaaa}5x}$

(2) $4x^2-7xy+3y^2=(x-y)(\boxed{4}x-\boxed{3}y)$

$x$ ╲╱ $-y$ → $\boxed{-4}xy$
$\boxed{4}x$ ╱╲ $-3y$ → +) $\boxed{-3}xy$
$\overline{\phantom{aaaaa}-7xy}$

(3) $3x^2+7x-10=\underline{(x-1)(3x+10)}$

$x$ ╲╱ $-1$ → $-3x$
$3x$ ╱╲ $10$ → +) $10x$
$\overline{\phantom{aaaaa}7x}$

(4) $2x^2-3x-9=\underline{(x-3)(2x+3)}$

$x$ ╲╱ $-3$ → $-6x$
$2x$ ╱╲ $3$ → +) $3x$
$\overline{\phantom{aaaaa}-3x}$

(5) $4x^2-13xy+9y^2=\underline{(x-y)(4x-9y)}$

$$\begin{array}{ccc} x & \diagdown & -y \rightarrow & -4xy \\ 4x & \diagup & -9y \rightarrow & +)\ -9xy \\ & & & \overline{-13xy} \end{array}$$

**3** (1) $6a^2+4ab-10b^2$
$$=2(3a^2+2ab-5b^2)=2(a-b)(3a+5b)$$

$$\begin{array}{ccc} a & \diagdown & -b \rightarrow & -3ab \\ 3a & \diagup & 5b \rightarrow & +)\ 5ab \\ & & & \overline{2ab} \end{array}$$

(2) $9x^2y-6xy-3y$
$$=3y(3x^2-2x-1)=3y(x-1)(3x+1)$$

$$\begin{array}{ccc} x & \diagdown & -1 \rightarrow & -3x \\ 3x & \diagup & 1 \rightarrow & +)\ x \\ & & & \overline{-2x} \end{array}$$

**4** (1) $3x^2+16x+5=(x+5)(3x+1)$

$$\begin{array}{ccc} x & \diagdown & 5 \rightarrow & 15x \\ 3x & \diagup & 1 \rightarrow & +)\ x \\ & & & \overline{16x} \end{array}$$

(2) $2x^2-7x-4=(x-4)(2x+1)$

$$\begin{array}{ccc} x & \diagdown & -4 \rightarrow & -8x \\ 2x & \diagup & 1 \rightarrow & +)\ x \\ & & & \overline{-7x} \end{array}$$

(3) $3x^2-2xy-8y^2=(x-2y)(3x+4y)$

$$\begin{array}{ccc} x & \diagdown & -2y \rightarrow & -6xy \\ 3x & \diagup & 4y \rightarrow & +)\ 4xy \\ & & & \overline{-2xy} \end{array}$$

(4) $3ax^2-7ax+2a$
$$=a(3x^2-7x+2)=a(x-2)(3x-1)$$

$$\begin{array}{ccc} x & \diagdown & -2 \rightarrow & -6x \\ 3x & \diagup & -1 \rightarrow & +)\ -x \\ & & & \overline{-7x} \end{array}$$

**한 번 더 연습**                                                                P. 69

**1** (1) $(x+9)^2$          (2) $\left(x-\dfrac{1}{3}\right)^2$

(3) $(4x-5)^2$          (4) $(6+x)(6-x)$

(5) $\left(13+\dfrac{1}{3}x\right)\left(13-\dfrac{1}{3}x\right)$   (6) $(x-4)(x-7)$

(7) $(x+2)(x-12)$       (8) $(x+4)(2x-3)$

(9) $(2x-5)(3x+2)$      (10) $(2x-3)(4x-1)$

**2** (1) $(x-2y)^2$          (2) $\left(\dfrac{3}{2}x+y\right)^2$

(3) $(8x+y)(8x-y)$     (4) $\left(\dfrac{1}{4}y+7x\right)\left(\dfrac{1}{4}y-7x\right)$

(5) $(x+4y)(x-5y)$     (6) $(2x-3y)(2x+5y)$

**3** (1) $-3(x+3)^2$         (2) $7\left(x+\dfrac{1}{6}\right)\left(x-\dfrac{1}{6}\right)$

(3) $x(11+2x)(11-2x)$  (4) $3(x-3)(x+5)$

(5) $y(x+3y)(x-4y)$    (6) $2(x+1)(2x+1)$

**1** (1) $x^2+18x+81=x^2+2\times x\times 9+9^2=(x+9)^2$

(2) $x^2-\dfrac{2}{3}x+\dfrac{1}{9}=x^2-2\times x\times\dfrac{1}{3}+\left(\dfrac{1}{3}\right)^2=\left(x-\dfrac{1}{3}\right)^2$

(3) $16x^2-40x+25=(4x)^2-2\times 4x\times 5+5^2=(4x-5)^2$

(4) $-x^2+36=36-x^2=6^2-x^2=(6+x)(6-x)$

(5) $169-\dfrac{1}{9}x^2=13^2-\left(\dfrac{1}{3}x\right)^2=\left(13+\dfrac{1}{3}x\right)\left(13-\dfrac{1}{3}x\right)$

(6) 곱이 28이고 합이 $-11$인 두 정수는 $-4$와 $-7$이므로
$x^2-11x+28=(x-4)(x-7)$

(7) 곱이 $-24$이고 합이 $-10$인 두 정수는 2와 $-12$이므로
$x^2-10x-24=(x+2)(x-12)$

(8) $2x^2+5x-12=(x+4)(2x-3)$

$$\begin{array}{ccc} x & \diagdown & 4 \rightarrow & 8x \\ 2x & \diagup & -3 \rightarrow & +)\ -3x \\ & & & \overline{5x} \end{array}$$

(9) $6x^2-11x-10=(2x-5)(3x+2)$

$$\begin{array}{ccc} 2x & \diagdown & -5 \rightarrow & -15x \\ 3x & \diagup & 2 \rightarrow & +)\ 4x \\ & & & \overline{-11x} \end{array}$$

(10) $8x^2-14x+3=(2x-3)(4x-1)$

$$\begin{array}{ccc} 2x & \diagdown & -3 \rightarrow & -12x \\ 4x & \diagup & -1 \rightarrow & +)\ -2x \\ & & & \overline{-14x} \end{array}$$

**2** (1) $x^2-4xy+4y^2=x^2-2\times x\times 2y+(2y)^2=(x-2y)^2$

(2) $\dfrac{9}{4}x^2+3xy+y^2=\left(\dfrac{3}{2}x\right)^2+2\times\dfrac{3}{2}x\times y+y^2$
$$=\left(\dfrac{3}{2}x+y\right)^2$$

(3) $64x^2-y^2=(8x)^2-y^2=(8x+y)(8x-y)$

(4) $-49x^2+\dfrac{1}{16}y^2=\dfrac{1}{16}y^2-49x^2=\left(\dfrac{1}{4}y\right)^2-(7x)^2$
$$=\left(\dfrac{1}{4}y+7x\right)\left(\dfrac{1}{4}y-7x\right)$$

(5) 곱이 $-20$이고 합이 $-1$인 두 정수는 4와 $-5$이므로
$x^2-xy-20y^2=(x+4y)(x-5y)$

(6) $4x^2+4xy-15y^2=(2x-3y)(2x+5y)$

$$\begin{array}{ccc} 2x & \diagdown & -3y \rightarrow & -6xy \\ 2x & \diagup & 5y \rightarrow & +)\ 10xy \\ & & & \overline{4xy} \end{array}$$

**3** (1) $-3x^2-18x-27=-3(x^2+6x+9)=-3(x+3)^2$

(2) $7x^2-\dfrac{7}{36}=7\left(x^2-\dfrac{1}{36}\right)=7\left\{x^2-\left(\dfrac{1}{6}\right)^2\right\}$
$$=7\left(x+\dfrac{1}{6}\right)\left(x-\dfrac{1}{6}\right)$$

(3) $121x-4x^3=x(121-4x^2)=x\{11^2-(2x)^2\}$
$$=x(11+2x)(11-2x)$$

(4) $3x^2+6x-45=3(x^2+2x-15)$
곱이 $-15$이고 합이 2인 두 정수는 $-3$과 5이므로
$(주어진 식)=3(x^2+2x-15)=3(x-3)(x+5)$

(5) $x^2y-xy^2-12y^3=y(x^2-xy-12y^2)$
곱이 $-12$이고 합이 $-1$인 두 정수는 3과 $-4$이므로
(주어진 식)$=y(x^2-xy-12y^2)$
$\qquad\qquad=y(x+3y)(x-4y)$

(6) $4x^2+6x+2$
$\quad=2(2x^2+3x+1)=2(x+1)(2x+1)$

$$\begin{array}{ccc}x & \searrow & 1 \rightarrow & 2x \\ 2x & \nearrow & 1 \rightarrow & +)\ \underline{\ x} \\ & & & 3x\end{array}$$

**한 걸음 더 연습**      P. 70

**1** (1) 12, 6   (2) 21, 3   (3) 2, 6   (4) 8, 9
**2** (1) 2, 7, 3   (2) 3, 8, 1   (3) 4, 17, 3   (4) 12, 7, 5
**3** $x+3,\ x-1,\ x+3,\ -x+1,\ 4$
**4** $-2x+1$
**5** (1) $-1,\ -12$      (2) $-4,\ 3$
    (3) $x^2-4x-12,\ (x+2)(x-6)$
**6** $x^2+x-6,\ (x-2)(x+3)$
**7** $x^2+2x+1,\ (x+1)^2$
**8** $x^2+4x+3,\ (x+1)(x+3)$

**1** (1) $x^2-8x+\boxed{A}=(x-2)(x-\boxed{B})$
$\qquad\qquad\qquad=x^2-(2+\boxed{B})x+2\boxed{B}$
$x$의 계수에서 $-8=-(2+B)$ $\quad\therefore B=6$
상수항에서 $A=2B=2\times6=12$

(2) $a^2+10a+\boxed{A}=(a+\boxed{B})(a+7)$
$\qquad\qquad\qquad=a^2+(\boxed{B}+7)a+7\boxed{B}$
$a$의 계수에서 $10=B+7$ $\quad\therefore B=3$
상수항에서 $A=7B=7\times3=21$

(3) $x^2+\boxed{A}xy-24y^2=(x-4y)(x+\boxed{B}y)$
$\qquad\qquad\qquad=x^2+(-4+\boxed{B})xy-4\boxed{B}y^2$
$y^2$의 계수에서 $-24=-4B$ $\quad\therefore B=6$
$xy$의 계수에서 $A=-4+B=-4+6=2$

(4) $a^2-\boxed{A}ab-9b^2=(a+b)(a-\boxed{B}b)$
$\qquad\qquad\qquad=a^2+(1-\boxed{B})ab-\boxed{B}b^2$
$b^2$의 계수에서 $-9=-B$ $\quad\therefore B=9$
$ab$의 계수에서 $-A=1-B=1-9=-8$
$\therefore A=8$

**2** (1) $\boxed{A}x^2+\boxed{B}x+6=(x+2)(2x+\boxed{C})$
$\qquad\qquad\qquad=2x^2+(\boxed{C}+4)x+2\boxed{C}$
$x^2$의 계수에서 $A=2$
상수항에서 $6=2C$ $\quad\therefore C=3$
$x$의 계수에서 $B=C+4=3+4=7$

(2) $\boxed{A}a^2-23a-\boxed{B}=(3a+\boxed{C})(a-8)$
$\qquad\qquad\qquad=3a^2+(-24+\boxed{C})a-8\boxed{C}$
$a^2$의 계수에서 $A=3$
$a$의 계수에서 $-23=-24+C$ $\quad\therefore C=1$
상수항에서 $-B=-8C=-8\times1=-8$ $\quad\therefore B=8$

(3) $\boxed{A}x^2-\boxed{B}xy+15y^2=(x-\boxed{C}y)(4x-5y)$
$\qquad\qquad\qquad=4x^2-(5+4\boxed{C})xy+5\boxed{C}y^2$
$x^2$의 계수에서 $A=4$
$y^2$의 계수에서 $15=5C$ $\quad\therefore C=3$
$xy$의 계수에서
$-B=-(5+4C)=-(5+4\times3)=-17$ $\quad\therefore B=17$

(4) $\boxed{A}a^2+\boxed{B}ab-10b^2=(3a-2b)(4a+\boxed{C}b)$
$\qquad\qquad\qquad=12a^2+(3\boxed{C}-8)ab-2\boxed{C}b^2$
$a^2$의 계수에서 $A=12$
$b^2$의 계수에서 $-10=-2C$ $\quad\therefore C=5$
$ab$의 계수에서 $B=3C-8=3\times5-8=7$

**4** $-1<x<2$에서 $x-2<0,\ x+1>0$이므로
$\sqrt{x^2-4x+4}-\sqrt{x^2+2x+1}=\sqrt{(x-2)^2}-\sqrt{(x+1)^2}$
$\qquad\qquad\qquad=-(x-2)-(x+1)$
$\qquad\qquad\qquad=-x+2-x-1$
$\qquad\qquad\qquad=-2x+1$

**5** (1) $(x+3)(x-4)=x^2-x-12$
$\quad\therefore a=-1,\ b=-12$
(2) $(x-1)(x-3)=x^2-4x+3$
$\quad\therefore a=-4,\ b=3$
(3) 처음 이차식 $x^2+ax+b$에서 민이는 상수항을 제대로 보았고, 솔이는 $x$의 계수를 제대로 보았으므로
$a=-4,\ b=-12$
따라서 처음 이차식은 $x^2-4x-12$이므로
이 식을 바르게 인수분해하면
$x^2-4x-12=(x+2)(x-6)$

**6** $(x+2)(x-3)=x^2-x-6$에서
윤아는 상수항을 제대로 보았으므로 처음 이차식의 상수항은 $-6$이다.
$(x-4)(x+5)=x^2+x-20$에서
승주는 $x$의 계수를 제대로 보았으므로 처음 이차식의 $x$의 계수는 1이다.
따라서 처음 이차식은 $x^2+x-6$이므로
이 식을 바르게 인수분해하면
$x^2+x-6=(x-2)(x+3)$

**7** 넓이가 $x^2$인 정사각형이 1개, 넓이가 $x$인 직사각형이 2개, 넓이가 1인 정사각형이 1개이므로 4개의 직사각형의 넓이의 합은 $x^2+2x+1$
이 식을 인수분해하면 $x^2+2x+1=(x+1)^2$

4. 인수분해 • 45

**8** 넓이가 $x^2$인 정사각형이 1개, 넓이가 $x$인 직사각형이 4개, 넓이가 1인 정사각형이 3개이므로 8개의 직사각형의 넓이의 합은 $x^2+4x+3$

이 식을 인수분해하면

$x^2+4x+3=(x+1)(x+3)$

P. 71~73

**쌍둥이 기출문제**

| | | | | |
|---|---|---|---|---|
| **1** ② | **2** ③, ⑤ | **3** ③ | **4** 0 | |
| **5** $a=2$, $b=49$ | | **6** ② | **7** ② | |
| **8** $-2x-2$ | **9** $2x-5$ | **10** $2x-2$ | | |
| **11** $A=-11$, $B=-10$ | | **12** 2 | **13** ⑤ | |
| **14** ④ | **15** ② | **16** ② | **17** $-32$ | |
| **18** $-9$ | **19** (1) $x^2+9x-10$ (2) $(x-1)(x+10)$ | | | |
| **20** $(x+2)(x-4)$ | | **21** $2x+3$ | **22** $4x+10$ | |
| **23** ⑤ | | **24** $3x+2$ | | |

**3**
$$a(x-y)-b(y-x)=a(x-y)+b(x-y)$$
$$=(x-y)(a+b)$$
$$=(a+b)(x-y)$$

**4**
$$2x(x-5y)-3y(5y-x)=2x(x-5y)+3y(x-5y)$$
$$=(x-5y)(2x+3y)$$
따라서 $a=-5$, $b=2$, $c=3$이므로
$$a+b+c=-5+2+3=0$$

**5** $x^2+ax+1=(x\pm1)^2$에서
$a>0$이므로 $a=2\times1\times1=2$
$4x^2+28x+b=(2x)^2+2\times2x\times7+b$에서
$b=7^2=49$

**6**
① $x^2-8x+\square=x^2-2\times x\times4+\square$이므로 $\square=4^2=16$
② $9x^2-12x+\square=(3x)^2-2\times3x\times2+\square$이므로
 $\square=2^2=4$
③ $x^2+\square x+36=(x\pm6)^2$이므로
 $\square=2\times1\times6=12$ ($\because$ $\square$는 양수)
④ $4x^2+\square x+25=(2x\pm5)^2$이므로
 $\square=2\times2\times5=20$ ($\because$ $\square$는 양수)
⑤ $\square x^2+6x+1=\square x^2+2\times3x\times1+1^2$이므로
 $\square=3^2=9$
따라서 $\square$ 안에 알맞은 양수 중 가장 작은 것은 ②이다.

**7** $2<x<4$에서 $x-4<0$, $x-2>0$이므로
$$\sqrt{x^2-8x+16}+\sqrt{x^2-4x+4}=\sqrt{(x-4)^2}+\sqrt{(x-2)^2}$$
$$=-(x-4)+(x-2)$$
$$=-x+4+x-2=2$$

**8** $-5<x<3$에서 $x-3<0$, $x+5>0$이므로 $\cdots$ (i)
$$\sqrt{x^2-6x+9}-\sqrt{x^2+10x+25}$$
$$=\sqrt{(x-3)^2}-\sqrt{(x+5)^2}$$ $\cdots$ (ii)
$$=-(x-3)-(x+5)$$
$$=-x+3-x-5=-2x-2$$ $\cdots$ (iii)

| 채점 기준 | 비율 |
|---|---|
| (i) $x-3$, $x+5$의 부호 판단하기 | 30 % |
| (ii) 근호 안을 완전제곱식으로 인수분해하기 | 40 % |
| (iii) 주어진 식을 간단히 하기 | 30 % |

**9** $x^2-5x-14=(x+2)(x-7)$
따라서 두 일차식은 $x+2$, $x-7$이므로
$$(x+2)+(x-7)=2x-5$$

**10**
$$(x+3)(x-1)-4x=x^2+2x-3-4x$$
$$=x^2-2x-3=(x+1)(x-3)$$
따라서 두 일차식은 $x+1$, $x-3$이므로
$$(x+1)+(x-3)=2x-2$$

**11**
$$6x^2+Ax-30=(2x+3)(3x+B)$$
$$=6x^2+(2B+9)x+3B$$
상수항에서 $-30=3B$ $\therefore$ $B=-10$
$x$의 계수에서 $A=2B+9=2\times(-10)+9=-11$

**12**
$$2x^2+ax-3=(x+b)(cx+3)$$
$$=cx^2+(3+bc)x+3b$$
$x^2$의 계수에서 $c=2$
상수항에서 $-3=3b$ $\therefore$ $b=-1$
$x$의 계수에서 $a=3+bc=3+(-1)\times2=1$
$\therefore$ $a+b+c=1+(-1)+2=2$

**13**
① $3a-12ab=3a(1-4b)$
② $4x^2+12x+9=(2x+3)^2$
③ $4x^2-9=(2x+3)(2x-3)$
④ $x^2-4xy-5y^2=(x+y)(x-5y)$
따라서 인수분해한 것이 옳은 것은 ⑤이다.

**14** ④ $(x+3)(x-4)-8=x^2-x-12-8$
$$=x^2-x-20=(x+4)(x-5)$$

**15** $x^2-8x+15=(x-3)(x-5)$
$3x^2-7x-6=(x-3)(3x+2)$
따라서 두 다항식의 공통인 인수는 $x-3$이다.

**16** $x^2-6x-27=(x+3)(x-9)$
$5x^2+13x-6=(x+3)(5x-2)$
따라서 두 다항식의 공통인 인수는 $x+3$이다.

**17** $3x^2+4x+a=(x+4)(3x+m)(m$은 상수$)$으로 놓으면
$3x^2+4x+a=3x^2+(m+12)x+4m$
이므로 $4=m+12,\ a=4m$
$\therefore m=-8,\ a=-32$

**18** $2x^2+ax-5=(x-5)(2x+m)(m$은 상수$)$으로 놓으면
$2x^2+ax-5=2x^2+(m-10)x-5m$
이므로 $a=m-10,\ -5=-5m$
$\therefore m=1,\ a=-9$

**19** (1) $(x+2)(x-5)=x^2-3x-10$에서
상우는 상수항을 제대로 보았으므로 처음 이차식의 상수
항은 $-10$이다.
$(x+4)(x+5)=x^2+9x+20$에서
연두는 $x$의 계수를 제대로 보았으므로 처음 이차식의 $x$
의 계수는 $9$이다.
따라서 처음 이차식은 $x^2+9x-10$이다.
(2) 처음 이차식을 바르게 인수분해하면
$x^2+9x-10=(x-1)(x+10)$

**20** $(x-2)(x+4)=x^2+2x-8$에서
하영이는 상수항을 제대로 보았으므로 처음 이차식의 상수
항은 $-8$이다.
$(x+1)(x-3)=x^2-2x-3$에서
지우는 $x$의 계수를 제대로 보았으므로 처음 이차식의 $x$의
계수는 $-2$이다.
따라서 처음 이차식은 $x^2-2x-8$이므로
이 식을 바르게 인수분해하면
$x^2-2x-8=(x+2)(x-4)$

**21** 새로 만든 직사각형의 넓이는
$x^2+3x+2=(x+1)(x+2)$
따라서 새로 만든 직사각형의 이웃하는 두 변의 길이는 각각
$x+1,\ x+2$이므로 가로의 길이와 세로의 길이의 합은
$(x+1)+(x+2)=2x+3$

**22** 새로 만든 직사각형의 넓이는
$x^2+5x+4=(x+1)(x+4)$
따라서 새로 만든 직사각형의 이웃하는 두 변의 길이는 각각
$x+1,\ x+4$이므로
(새로 만든 직사각형의 둘레의 길이)
$=2\times\{(x+1)+(x+4)\}=2(2x+5)=4x+10$

**23** $6x^2+7x+2=(3x+2)(2x+1)$
이때 직사각형의 가로의 길이가 $3x+2$이므로 세로의 길이
는 $2x+1$이다.
$\therefore$ (직사각형의 둘레의 길이)$=2\times\{(3x+2)+(2x+1)\}$
$=2(5x+3)=10x+6$

**24** $\dfrac{1}{2}\times\{(x+4)+(x+6)\}\times(\text{높이})=3x^2+17x+10$
$\dfrac{1}{2}\times(2x+10)\times(\text{높이})=(x+5)(3x+2)$
$(x+5)\times(\text{높이})=(x+5)(3x+2)$
따라서 사다리꼴의 높이는 $3x+2$이다.

---

**유형 6** P. 74~75

**1** (1) $3,\ 3,\ 2$ (2) $5,\ x-2,\ 5,\ 4,\ 3$
(3) $3,\ 2,\ 2,\ a+b,\ 2$ (4) $b-2,\ a-1,\ 3,\ 1$

**2** (1) $(a+b+2)^2$ (2) $(x+1)(x-1)$
(3) $x(4x+9)$

**3** (1) $(a+b-3)(a+b+4)$
(2) $(x-z+1)(x-z+2)$
(3) $(x-2y-2)(x-2y-3)$

**4** (1) $3(x-y)(x+y)$
(2) $(x-3y+17)(x+y+1)$
(3) $3(3x-y)(7x-2y)$

**5** (1) $x-y,\ b,\ (x-y)(a-b)$
(2) $y+1,\ y+1,\ (x-1)(y+1)$
(3) $(x-2)(y-2)$ (4) $(x-2)(y-z)$
(5) $(a-b)(c+d)$ (6) $(x-y)(1-y)$

**6** (1) $x-2y,\ x-2y,\ (x-2y)(x+2y-1)$
(2) $x+y,\ 2,\ (x+y)(x-y+2)$
(3) $(a+b)(a-b-c)$
(4) $(x+4)(y+3)(y-3)$
(5) $(x+1)(x+2)(x-2)$
(6) $(a+1)(a-1)(x-1)$

**7** (1) $x+1,\ (x+y+1)(x-y+1)$
(2) $b+1,\ (a+b+1)(a-b-1)$
(3) $(x+y-3)(x-y-3)$
(4) $(x+2y-1)(x-2y+1)$
(5) $(c+a-b)(c-a+b)$
(6) $(a-4b+5c)(a-4b-5c)$

**8** (1) $2x-3,\ (2x+4y-3)(2x-4y-3)$
(2) $2a-b,\ (3+2a-b)(3-2a+b)$
(3) $(3x+y-1)(3x-y-1)$
(4) $(5+x-3y)(5-x+3y)$
(5) $(2a+3b-2c)(2a-3b+2c)$
(6) $(1+4x-y)(1-4x+y)$

**2** (1) $(a+b)^2+4(a+b)+4$ — $a+b=A$로 놓기
$=A^2+4A+4$
$=(A+2)^2$ — $A=a+b$를 대입하기
$=(a+b+2)^2$

(2) $(x+3)^2-6(x+3)+8$
$\quad =A^2-6A+8$    $\rceil$ $x+3=A$로 놓기
$\quad =(A-2)(A-4)$
$\quad =(x+3-2)(x+3-4)$    $A=x+3$을 대입하기
$\quad =(x+1)(x-1)$

(3) $4(x+2)^2-7(x+2)-2$
$\quad =4A^2-7A-2$    $\rceil$ $x+2=A$로 놓기
$\quad =(A-2)(4A+1)$
$\quad =(x+2-2)\{4(x+2)+1\}$    $A=x+2$를 대입하기
$\quad =x(4x+9)$

**3** (1) $(a+b)(a+b+1)-12$
$\quad =A(A+1)-12$    $\rceil$ $a+b=A$로 놓기
$\quad =A^2+A-12$
$\quad =(A-3)(A+4)$
$\quad =(a+b-3)(a+b+4)$    $A=a+b$를 대입하기

(2) $(x-z)(x-z+3)+2$
$\quad =A(A+3)+2$    $\rceil$ $x-z=A$로 놓기
$\quad =A^2+3A+2$
$\quad =(A+1)(A+2)$
$\quad =(x-z+1)(x-z+2)$    $A=x-z$를 대입하기

(3) $(x-2y)(x-2y-5)+6$
$\quad =A(A-5)+6$    $\rceil$ $x-2y=A$로 놓기
$\quad =A^2-5A+6$
$\quad =(A-2)(A-3)$
$\quad =(x-2y-2)(x-2y-3)$    $A=x-2y$를 대입하기

**4** (1) $(2x-y)^2-(x-2y)^2$
$\quad =A^2-B^2$    $\rceil$ $2x-y=A$, $x-2y=B$로 놓기
$\quad =(A+B)(A-B)$
$\quad =\{(2x-y)+(x-2y)\}\{(2x-y)-(x-2y)\}$
$\quad =(3x-3y)(x+y)$    $A=2x-y$, $B=x-2y$를 대입하기
$\quad =3(x-y)(x+y)$

(2) $(x+5)^2-2(x+5)(y-4)-3(y-4)^2$    $x+5=A$, $y-4=B$로 놓기
$\quad =A^2-2AB-3B^2$
$\quad =(A-3B)(A+B)$
$\quad =\{(x+5)-3(y-4)\}\{(x+5)+(y-4)\}$    $A=x+5$, $B=y-4$를 대입하기
$\quad =(x-3y+17)(x+y+1)$

(3) $(x+y)^2+7(x+y)(2x-y)+12(2x-y)^2$    $x+y=A$, $2x-y=B$로 놓기
$\quad =A^2+7AB+12B^2$
$\quad =(A+4B)(A+3B)$
$\quad =\{(x+y)+4(2x-y)\}\{(x+y)+3(2x-y)\}$
$\quad =(9x-3y)(7x-2y)$    $A=x+y$, $B=2x-y$를 대입하기
$\quad =3(3x-y)(7x-2y)$

**5** (3) $xy-2x-2y+4=x(y-2)-2(y-2)$
$\qquad\qquad\qquad\quad =(y-2)(x-2)$
$\qquad\qquad\qquad\quad =(x-2)(y-2)$

(4) $xy+2z-xz-2y=xy-2y-xz+2z$
$\qquad\qquad\qquad\quad =y(x-2)-z(x-2)$
$\qquad\qquad\qquad\quad =(x-2)(y-z)$

(5) $ac-bd+ad-bc=ac+ad-bc-bd$
$\qquad\qquad\qquad\quad =a(c+d)-b(c+d)$
$\qquad\qquad\qquad\quad =(c+d)(a-b)$
$\qquad\qquad\qquad\quad =(a-b)(c+d)$

(6) $x-xy-y+y^2=x(1-y)-y(1-y)$
$\qquad\qquad\qquad\quad =(1-y)(x-y)$
$\qquad\qquad\qquad\quad =(x-y)(1-y)$

**6** (3) $a^2-ac-b^2-bc=a^2-b^2-ac-bc$
$\qquad\qquad\qquad\quad =(a+b)(a-b)-c(a+b)$
$\qquad\qquad\qquad\quad =(a+b)(a-b-c)$

(4) $xy^2+4y^2-9x-36=y^2(x+4)-9(x+4)$
$\qquad\qquad\qquad\quad =(x+4)(y^2-9)$
$\qquad\qquad\qquad\quad =(x+4)(y+3)(y-3)$

(5) $x^3+x^2-4x-4=x^2(x+1)-4(x+1)$
$\qquad\qquad\qquad\quad =(x+1)(x^2-4)$
$\qquad\qquad\qquad\quad =(x+1)(x+2)(x-2)$

(6) $a^2x+1-x-a^2=a^2x-x-a^2+1$
$\qquad\qquad\qquad\quad =x(a^2-1)-(a^2-1)$
$\qquad\qquad\qquad\quad =(a^2-1)(x-1)$
$\qquad\qquad\qquad\quad =(a+1)(a-1)(x-1)$

**7** (3) $x^2-6x+9-y^2=(x-3)^2-y^2$
$\qquad\qquad\qquad\quad =(x-3+y)(x-3-y)$
$\qquad\qquad\qquad\quad =(x+y-3)(x-y-3)$

(4) $x^2-4y^2+4y-1=x^2-(4y^2-4y+1)$
$\qquad\qquad\qquad\quad =x^2-(2y-1)^2$
$\qquad\qquad\qquad\quad =(x+2y-1)(x-2y+1)$

(5) $c^2-a^2-b^2+2ab=c^2-(a^2-2ab+b^2)$
$\qquad\qquad\qquad\quad =c^2-(a-b)^2$
$\qquad\qquad\qquad\quad =(c+a-b)(c-a+b)$

(6) $a^2-8ab+16b^2-25c^2=(a-4b)^2-(5c)^2$
$\qquad\qquad\qquad\quad =(a-4b+5c)(a-4b-5c)$

**8** (3) $9x^2-6x+1-y^2=(3x-1)^2-y^2$
$\qquad\qquad\qquad\quad =(3x-1+y)(3x-1-y)$
$\qquad\qquad\qquad\quad =(3x+y-1)(3x-y-1)$

(4) $25-x^2+6xy-9y^2=5^2-(x^2-6xy+9y^2)$
$\qquad\qquad\qquad\quad =5^2-(x-3y)^2$
$\qquad\qquad\qquad\quad =(5+x-3y)(5-x+3y)$

(5) $4a^2-9b^2+12bc-4c^2=(2a)^2-(9b^2-12bc+4c^2)$
$\qquad\qquad\qquad\quad =(2a)^2-(3b-2c)^2$
$\qquad\qquad\qquad\quad =(2a+3b-2c)(2a-3b+2c)$

(6) $-16x^2-y^2+8xy+1=1-(16x^2-8xy+y^2)$
$\qquad\qquad\qquad\quad =1-(4x-y)^2$
$\qquad\qquad\qquad\quad =(1+4x-y)(1-4x+y)$

**1**  (1) 54, 46, 100, 1700     (2) 2, 100, 10000

    (3) 53, 53, 4, 440       (4) 2, 2, 20, 20, 2, 1, 82

**2**  (1) 900    (2) 1100    (3) 30    (4) 99

**3**  (1) 100    (2) 900    (3) 400    (4) 8100

**4**  (1) 113    (2) 9800    (3) 720    (4) 5000

**5**  (1) 250    (2) 99    (3) 100    (4) 7

**2**  (1) $9 \times 57 + 9 \times 43 = 9(57 + 43) = 9 \times 100 = 900$

    (2) $11 \times 75 + 11 \times 25 = 11(75 + 25) = 11 \times 100 = 1100$

    (3) $15 \times 88 - 15 \times 86 = 15(88 - 86) = 15 \times 2 = 30$

    (4) $97 \times 33 - 94 \times 33 = 33(97 - 94) = 33 \times 3 = 99$

**3**  (1) $11^2 - 2 \times 11 + 1 = 11^2 - 2 \times 11 \times 1 + 1^2$

$$= (11 - 1)^2$$
$$= 10^2 = 100$$

    (2) $18^2 + 2 \times 18 \times 12 + 12^2 = (18 + 12)^2$
$$= 30^2 = 900$$

    (3) $25^2 - 2 \times 25 \times 5 + 5^2 = (25 - 5)^2$
$$= 20^2 = 400$$

    (4) $89^2 + 2 \times 89 + 1 = 89^2 + 2 \times 89 \times 1 + 1^2$
$$= (89 + 1)^2$$
$$= 90^2 = 8100$$

**4**  (1) $57^2 - 56^2 = (57 + 56)(57 - 56)$
$$= 113 \times 1 = 113$$

    (2) $99^2 - 1 = 99^2 - 1^2$
$$= (99 + 1)(99 - 1)$$
$$= 100 \times 98 = 9800$$

    (3) $32^2 \times 3 - 28^2 \times 3 = 3(32^2 - 28^2)$
$$= 3(32 + 28)(32 - 28)$$
$$= 3 \times 60 \times 4 = 720$$

    (4) $5 \times 55^2 - 5 \times 45^2 = 5(55^2 - 45^2)$
$$= 5(55 + 45)(55 - 45)$$
$$= 5 \times 100 \times 10 = 5000$$

**5**  (1) $50 \times 3.5 + 50 \times 1.5 = 50(3.5 + 1.5)$
$$= 50 \times 5 = 250$$

    (2) $5.5^2 \times 9.9 - 4.5^2 \times 9.9 = 9.9(5.5^2 - 4.5^2)$
$$= 9.9(5.5 + 4.5)(5.5 - 4.5)$$
$$= 9.9 \times 10 \times 1 = 99$$

    (3) $7.5^2 + 5 \times 7.5 + 2.5^2 = 7.5^2 + 2 \times 7.5 \times 2.5 + 2.5^2$
$$= (7.5 + 2.5)^2$$
$$= 10^2 = 100$$

    (4) $\sqrt{25^2 - 24^2} = \sqrt{(25 + 24)(25 - 24)}$
$$= \sqrt{49} = \sqrt{7^2} = 7$$

**1**  (1) 3, 3, 30, 900

    (2) $y$, $2 - \sqrt{3}$, $2\sqrt{3}$, 12

**2**  (1) 8    (2) $2 + \sqrt{2}$    (3) $5\sqrt{3} + 3$    (4) $5 + 5\sqrt{5}$

**3**  (1) 8    (2) $12\sqrt{5}$    (3) $-22$

**4**  (1) 4    (2) $-4\sqrt{3}$    (3) $8\sqrt{3}$

**5**  (1) 30    (2) 90    (3) 60

**2**  (1) $x^2 - 4x + 4 = (x - 2)^2 = (2 - 2\sqrt{2} - 2)^2$
$$= (-2\sqrt{2})^2 = 8$$

    (2) $x^2 + 3x + 2 = (x + 1)(x + 2)$
$$= (\sqrt{2} - 1 + 1)(\sqrt{2} - 1 + 2)$$
$$= \sqrt{2}(\sqrt{2} + 1) = 2 + \sqrt{2}$$

    (3) $x^2 - 3x - 4 = (x + 1)(x - 4)$
$$= (4 + \sqrt{3} + 1)(4 + \sqrt{3} - 4)$$
$$= (5 + \sqrt{3})\sqrt{3} = 5\sqrt{3} + 3$$

    (4) $x = \dfrac{1}{\sqrt{5} - 2} = \dfrac{\sqrt{5} + 2}{(\sqrt{5} - 2)(\sqrt{5} + 2)} = \sqrt{5} + 2$이므로

$$x^2 + x - 6 = (x - 2)(x + 3)$$
$$= (\sqrt{5} + 2 - 2)(\sqrt{5} + 2 + 3)$$
$$= \sqrt{5}(\sqrt{5} + 5) = 5 + 5\sqrt{5}$$

**3**  (1) $x + y = (\sqrt{2} + 1) + (\sqrt{2} - 1) = 2\sqrt{2}$이므로
$$x^2 + 2xy + y^2 = (x + y)^2 = (2\sqrt{2})^2 = 8$$

    (2) $x + y = (3 + \sqrt{5}) + (3 - \sqrt{5}) = 6$,
$$x - y = (3 + \sqrt{5}) - (3 - \sqrt{5}) = 2\sqrt{5}$$이므로
$$x^2 - y^2 = (x + y)(x - y) = 6 \times 2\sqrt{5} = 12\sqrt{5}$$

    (3) $xy = (1 + 2\sqrt{3})(1 - 2\sqrt{3}) = -11$,
$$x + y = (1 + 2\sqrt{3}) + (1 - 2\sqrt{3}) = 2$$이므로
$$x^2 y + xy^2 = xy(x + y)$$
$$= -11 \times 2 = -22$$

**4**  (1) $a = \dfrac{1}{\sqrt{2} + 1} = \dfrac{\sqrt{2} - 1}{(\sqrt{2} + 1)(\sqrt{2} - 1)} = \sqrt{2} - 1$,

$$b = \dfrac{1}{\sqrt{2} - 1} = \dfrac{\sqrt{2} + 1}{(\sqrt{2} - 1)(\sqrt{2} + 1)} = \sqrt{2} + 1$$이므로

$$a - b = (\sqrt{2} - 1) - (\sqrt{2} + 1) = -2$$
$$\therefore a^2 - 2ab + b^2 = (a - b)^2$$
$$= (-2)^2 = 4$$

    (2) $a = \dfrac{2}{\sqrt{5} + \sqrt{3}} = \dfrac{2(\sqrt{5} - \sqrt{3})}{(\sqrt{5} + \sqrt{3})(\sqrt{5} - \sqrt{3})} = \sqrt{5} - \sqrt{3}$,

$$b = \dfrac{2}{\sqrt{5} - \sqrt{3}} = \dfrac{2(\sqrt{5} + \sqrt{3})}{(\sqrt{5} - \sqrt{3})(\sqrt{5} + \sqrt{3})} = \sqrt{5} + \sqrt{3}$$이므로

$$ab = (\sqrt{5} - \sqrt{3})(\sqrt{5} + \sqrt{3}) = 2$$
$$a - b = (\sqrt{5} - \sqrt{3}) - (\sqrt{5} + \sqrt{3}) = -2\sqrt{3}$$
$$\therefore a^2 b - ab^2 = ab(a - b)$$
$$= 2 \times (-2\sqrt{3}) = -4\sqrt{3}$$

(3) $x=\dfrac{1}{\sqrt{3}-2}=\dfrac{\sqrt{3}+2}{(\sqrt{3}-2)(\sqrt{3}+2)}=-\sqrt{3}-2,$

$\quad y=\dfrac{1}{\sqrt{3}+2}=\dfrac{\sqrt{3}-2}{(\sqrt{3}+2)(\sqrt{3}-2)}=-\sqrt{3}+2$ 이므로

$\quad x+y=(-\sqrt{3}-2)+(-\sqrt{3}+2)=-2\sqrt{3}$

$\quad x-y=(-\sqrt{3}-2)-(-\sqrt{3}+2)=-4$

$\quad \therefore\ x^2-y^2=(x+y)(x-y)$
$\qquad\qquad\quad =-2\sqrt{3}\times(-4)=8\sqrt{3}$

**5** (1) $a^2b+ab^2=ab(a+b)=5\times6=30$

(2) $3xy^2-3x^2y=-3xy(x-y)$
$\qquad\qquad\quad =-3\times(-6)\times5=90$

(3) $x^2-y^2+4x+4y=(x+y)(x-y)+4(x+y)$
$\qquad\qquad\qquad\quad =(x+y)(x-y+4)$
$\qquad\qquad\qquad\quad =4\times(11+4)=60$

---

P. 78

**한 번 더 연습**

**1** (1) $(x-y+6)^2$　　(2) $(2x-y-4)^2$
(3) $(a-b+1)(a-b+2)$　(4) $(x+y-3)(x+y+4)$
(5) $4(2x+1)(x-2)$　(6) $(x+y+1)(x-3y+5)$

**2** (1) $(a+1)(a+b)$　　(2) $(x-y)(x+y-3)$
(3) $(a+5b+1)(a+5b-1)$
(4) $(x-4y+3)(x-4y-3)$

**3** (1) 1800　(2) 10000　(3) 2500　(4) 20　(5) 10000

**4** (1) 180　(2) 10　　(3) 12　　(4) $24\sqrt{2}$

---

**1** (1) $(x-y)^2+12(x-y)+36$　┐ $x-y=A$ 로 놓기
$\quad =A^2+12A+36$　┘
$\quad =(A+6)^2$
$\quad =(x-y+6)^2$　　┐ $A=x-y$ 를 대입하기

(2) $(2x-y)^2-8(2x-y)+16$　┐ $2x-y=A$ 로 놓기
$\quad =A^2-8A+16$　┘
$\quad =(A-4)^2$
$\quad =(2x-y-4)^2$　　┐ $A=2x-y$ 를 대입하기

(3) $(a-b)(a-b+3)+2$　┐ $a-b=A$ 로 놓기
$\quad =A(A+3)+2$　┘
$\quad =A^2+3A+2$
$\quad =(A+1)(A+2)$　┐ $A=a-b$ 를 대입하기
$\quad =(a-b+1)(a-b+2)$　┘

(4) $(x+y)(x+y+1)-12$　┐ $x+y=A$ 로 놓기
$\quad =A(A+1)-12$　┘
$\quad =A^2+A-12$
$\quad =(A-3)(A+4)$
$\quad =(x+y-3)(x+y+4)$　┐ $A=x+y$ 를 대입하기

---

(5) $(3x-1)^2-(x+3)^2$　┐ $3x-1=A,\ x+3=B$ 로 놓기
$\quad =A^2-B^2$　┘
$\quad =(A+B)(A-B)$
$\quad =\{(3x-1)+(x+3)\}\{(3x-1)-(x+3)\}$　┐
$\quad =(4x+2)(2x-4)$　　$A=3x-1,$
$\quad =4(2x+1)(x-2)$　　$B=x+3$ 을 대입하기

(6) $(x+2)^2-2(x+2)(y-1)-3(y-1)^2$　┐ $x+2=A,$
$\quad =A^2-2AB-3B^2$　　$y-1=B$ 로 놓기
$\quad =(A+B)(A-3B)$
$\quad =\{(x+2)+(y-1)\}\{(x+2)-3(y-1)\}$　┐
$\quad =(x+y+1)(x-3y+5)$　　$A=x+2,$
$\qquad\qquad\qquad\qquad\qquad B=y-1$ 을 대입하기

**2** (1) $a^2+a+ab+b=a(a+1)+b(a+1)$
$\qquad\qquad\qquad\quad =(a+1)(a+b)$

(2) $x^2-y^2-3x+3y=(x+y)(x-y)-3(x-y)$
$\qquad\qquad\qquad\quad =(x-y)(x+y-3)$

(3) $a^2+10ab+25b^2-1=(a+5b)^2-1^2$
$\qquad\qquad\qquad\qquad =(a+5b+1)(a+5b-1)$

(4) $x^2+16y^2-9-8xy=(x^2-8xy+16y^2)-9$
$\qquad\qquad\qquad\qquad =(x-4y)^2-3^2$
$\qquad\qquad\qquad\qquad =(x-4y+3)(x-4y-3)$

**3** (1) $18\times57+18\times43=18(57+43)$
$\qquad\qquad\qquad\qquad\quad =18\times100$
$\qquad\qquad\qquad\qquad\quad =1800$

(2) $94^2+2\times94\times6+6^2=(94+6)^2$
$\qquad\qquad\qquad\qquad\qquad =100^2$
$\qquad\qquad\qquad\qquad\qquad =10000$

(3) $53^2-2\times53\times3+3^2=(53-3)^2$
$\qquad\qquad\qquad\qquad\quad =50^2$
$\qquad\qquad\qquad\qquad\quad =2500$

(4) $\sqrt{52^2-48^2}=\sqrt{(52+48)(52-48)}$
$\qquad\qquad\quad =\sqrt{100\times4}=\sqrt{400}$
$\qquad\qquad\quad =\sqrt{20^2}=20$

(5) $70^2\times2.5-30^2\times2.5=2.5(70^2-30^2)$
$\qquad\qquad\qquad\qquad\quad =2.5(70+30)(70-30)$
$\qquad\qquad\qquad\qquad\quad =2.5\times100\times40$
$\qquad\qquad\qquad\qquad\quad =10000$

**4** (1) $x^2-4x-12=(x+2)(x-6)$
$\qquad\qquad\qquad =(16+2)(16-6)$
$\qquad\qquad\qquad =18\times10=180$

(2) $x^2-10x+25=(x-5)^2=(5+\sqrt{10}-5)^2$
$\qquad\qquad\qquad\quad =(\sqrt{10})^2=10$

(3) $x+y=(\sqrt{3}+\sqrt{2})+(\sqrt{3}-\sqrt{2})=2\sqrt{3}$ 이므로
$\quad x^2+2xy+y^2=(x+y)^2$
$\qquad\qquad\qquad =(2\sqrt{3})^2=12$

(4) $x=\dfrac{1}{3-2\sqrt{2}}=\dfrac{3+2\sqrt{2}}{(3-2\sqrt{2})(3+2\sqrt{2})}=3+2\sqrt{2}$,

$y=\dfrac{1}{3+2\sqrt{2}}=\dfrac{3-2\sqrt{2}}{(3+2\sqrt{2})(3-2\sqrt{2})}=3-2\sqrt{2}$이므로

$x+y=(3+2\sqrt{2})+(3-2\sqrt{2})=6$

$x-y=(3+2\sqrt{2})-(3-2\sqrt{2})=4\sqrt{2}$

$\therefore x^2-y^2=(x+y)(x-y)$

$=6\times4\sqrt{2}=24\sqrt{2}$

---

**쌍둥이 기출문제**    P. 79~80

| **1** ② | **2** $-1$ | **3** ④ | **4** ② |
|---|---|---|---|
| **5** $(x+y+6)(x-y+6)$ | **6** $2x$ | | **7** ③ |
| **8** $2$ | **9** ① | **10** $16$ | **11** ⑤ |
| **12** ⑤ | | | |

**1** $x-4=A$로 놓으면

$(x-4)^2-4(x-4)-21=A^2-4A-21$

$=(A+3)(A-7)$

$=(x-4+3)(x-4-7)$

$=(x-1)(x-11)$

따라서 $a=1$, $b=-11$이므로

$a+b=1+(-11)=-10$

**2** $2x-1=A$, $x+5=B$로 놓으면

$(2x-1)^2-(x+5)^2$

$=A^2-B^2$

$=(A+B)(A-B)$

$=\{(2x-1)+(x+5)\}\{(2x-1)-(x+5)\}$

$=(3x+4)(x-6)$   …(i)

따라서 $a=4$, $b=1$, $c=-6$이므로   …(ii)

$a+b+c=4+1+(-6)=-1$   …(iii)

| 채점 기준 | 비율 |
|---|---|
| (i) 주어진 식을 인수분해하기 | 50 % |
| (ii) $a$, $b$, $c$의 값 구하기 | 30 % |
| (iii) $a+b+c$의 값 구하기 | 20 % |

**3** $a^3-b-a+a^2b=a^3+a^2b-a-b$

$=a^2(a+b)-(a+b)$

$=(a+b)(a^2-1)$

$=(a+b)(a+1)(a-1)$

따라서 인수가 아닌 것은 ④ $a-b$이다.

**4** $x^2-9+xy-3y=(x+3)(x-3)+y(x-3)$

$=(x-3)(x+3+y)$

$=(x-3)(x+y+3)$

따라서 주어진 식의 인수는 ㄱ, ㅂ이다.

**5** $x^2-y^2+12x+36=x^2+12x+36-y^2$

$=(x+6)^2-y^2$

$=(x+6+y)(x+6-y)$

$=(x+y+6)(x-y+6)$

**6** $x^2-y^2+4y-4=x^2-(y^2-4y+4)$

$=x^2-(y-2)^2$

$=(x+y-2)\{x-(y-2)\}$

$=(x+y-2)(x-y+2)$

따라서 두 일차식은 $x+y-2$, $x-y+2$이므로

$(x+y-2)+(x-y+2)=2x$

**7** $150^2-149^2$

$=(150+149)(150-149)$ ⟵ $a^2-b^2=(a+b)(a-b)$

$=299$

따라서 주어진 식을 계산하는 데 가장 편리한 인수분해 공식은 ③이다.

**8** $\dfrac{1001\times2004-2004}{1001^2-1}=\dfrac{2004\times(1001-1)}{(1001+1)(1001-1)}$

$=\dfrac{2004\times1000}{1002\times1000}=2$

**9** $x+y=(-1+\sqrt{3})+(1+\sqrt{3})=2\sqrt{3}$,

$x-y=(-1+\sqrt{3})-(1+\sqrt{3})=-2$이므로

$x^2-y^2=(x+y)(x-y)$

$=2\sqrt{3}\times(-2)=-4\sqrt{3}$

**10** $a=\dfrac{1}{\sqrt{5}+2}=\dfrac{\sqrt{5}-2}{(\sqrt{5}+2)(\sqrt{5}-2)}=\sqrt{5}-2$,

$b=\dfrac{1}{\sqrt{5}-2}=\dfrac{\sqrt{5}+2}{(\sqrt{5}-2)(\sqrt{5}+2)}=\sqrt{5}+2$   …(i)

$a^2-2ab+b^2=(a-b)^2$   …(ii)

$a-b=(\sqrt{5}-2)-(\sqrt{5}+2)=-4$이므로

$a^2-2ab+b^2=(a-b)^2$

$=(-4)^2=16$   …(iii)

| 채점 기준 | 비율 |
|---|---|
| (i) $a$, $b$의 분모를 유리화하기 | 30 % |
| (ii) $a^2-2ab+b^2$을 인수분해하기 | 30 % |
| (iii) $a^2-2ab+b^2$의 값 구하기 | 40 % |

**11** $x^2-y^2+6x-6y=(x+y)(x-y)+6(x-y)$

$=(x-y)(x+y+6)$

$=5\times(3+6)=45$

**12** $x^2-y^2+2x+1=x^2+2x+1-y^2$

$=(x+1)^2-y^2$

$=(x+1+y)(x+1-y)$

$=(x+y+1)(x-y+1)$

$=(\sqrt{5}+1)\times(3+1)=4\sqrt{5}+4$

| **1** ㄱ, ㄷ, ㅂ | **2** 16 | **3** ① | **4** ④ |
|---|---|---|---|
| **5** ⑤ | **6** ② | **7** $(x-4)(x+6)$ | |
| **8** ② | **9** ① | **10** ② | **11** 88 |
| **12** ④ | | | |

**2** $(x-2)(x+6)+k=x^2+4x-12+k$
$\qquad\qquad\qquad\qquad =x^2+2\times x\times 2-12+k$
이 식이 완전제곱식이 되려면
$-12+k=2^2$이어야 한다. $\qquad\cdots(\mathrm{i})$
$-12+k=4$에서
$k=16$ $\qquad\qquad\qquad\qquad\cdots(\mathrm{ii})$

| 채점 기준 | 비율 |
|---|---|
| (i) 완전제곱식이 되기 위한 $k$의 조건 구하기 | 60 % |
| (ii) $k$의 값 구하기 | 40 % |

**3** $0<a<\dfrac{1}{3}$에서
$a-\dfrac{1}{3}<0,\ a+\dfrac{1}{3}>0$
이므로
$\sqrt{a^2-\dfrac{2}{3}a+\dfrac{1}{9}}-\sqrt{a^2+\dfrac{2}{3}a+\dfrac{1}{9}}=\sqrt{\left(a-\dfrac{1}{3}\right)^2}-\sqrt{\left(a+\dfrac{1}{3}\right)^2}$
$\qquad\qquad\qquad\qquad\qquad =-\left(a-\dfrac{1}{3}\right)-\left(a+\dfrac{1}{3}\right)$
$\qquad\qquad\qquad\qquad\qquad =-a+\dfrac{1}{3}-a-\dfrac{1}{3}$
$\qquad\qquad\qquad\qquad\qquad =-2a$

**4** $5x^2+ax+2=(5x+b)(cx+2)$
$\qquad\qquad\qquad =5cx^2+(10+bc)x+2b$
$x^2$의 계수에서 $5=5c$ $\quad\therefore c=1$
상수항에서 $2=2b$ $\quad\therefore b=1$
$x$의 계수에서 $a=10+bc=10+1\times1=11$
$\therefore a-b-c=11-1-1=9$

**5** ① $2xy+10x=2x(y+\boxed{5})$
② $9x^2-6x+1=(\boxed{3}x-1)^2$
③ $25x^2-16y^2=(5x+4y)(5x-\boxed{4}y)$
④ $x^2+3x-18=(x-3)(x+\boxed{6})$
⑤ $6x^2+xy-2y^2=(2x-y)(3x+\boxed{2}y)$
따라서 □ 안에 알맞은 수가 가장 작은 것은 ⑤이다.

**6** $x^2+4x-5=\underline{(x-1)}(x+5)$
$2x^2-3x+1=\underline{(x-1)}(2x-1)$
따라서 두 다항식의 공통인 인수는 $x-1$이다.

**7** $(x+3)(x-8)=x^2-5x-24$에서
소희는 상수항을 제대로 보았으므로 처음 이차식의 상수항
은 $-24$이다.
$(x-2)(x+4)=x^2+2x-8$에서
시우는 $x$의 계수를 제대로 보았으므로 처음 이차식의 $x$의
계수는 2이다. $\qquad\qquad\qquad\cdots(\mathrm{i})$
따라서 처음 이차식은
$x^2+2x-24$ $\qquad\qquad\qquad\cdots(\mathrm{ii})$
이 식을 바르게 인수분해하면
$x^2+2x-24=(x-4)(x+6)$ $\qquad\cdots(\mathrm{iii})$

| 채점 기준 | 비율 |
|---|---|
| (i) 처음 이차식의 상수항, $x$의 계수 구하기 | 40 % |
| (ii) 처음 이차식 구하기 | 20 % |
| (iii) 처음 이차식을 바르게 인수분해하기 | 40 % |

**8** $2a^2-ab-10b^2=(a+2b)(2a-5b)$이고,
꽃밭의 가로의 길이가 $a+2b$이므로 세로의 길이는 $2a-5b$
이다.

**9** $x-2y=A$로 놓으면
$(x-2y)(x-2y+1)-12=A(A+1)-12$
$\qquad\qquad\qquad\qquad\quad =A^2+A-12$
$\qquad\qquad\qquad\qquad\quad =(A-3)(A+4)$
$\qquad\qquad\qquad\qquad\quad =(x-2y-3)(x-2y+4)$
따라서 $a=-2,\ b=-3,\ c=-2,\ d=4$ 또는
$a=-2,\ b=4,\ c=-2,\ d=-3$이므로
$a+b+c+d=-3$

**10** $x^2-y^2+z^2-2xz=(x^2-2xz+z^2)-y^2$
$\qquad\qquad\qquad\qquad =(x-z)^2-y^2$
$\qquad\qquad\qquad\qquad =(x-z+y)(x-z-y)$
$\qquad\qquad\qquad\qquad =(x+y-z)(x-y-z)$

**11** $A=6\times1.5^2-6\times0.5^2=6(1.5^2-0.5^2)$
$\quad =6(1.5+0.5)(1.5-0.5)$
$\quad =6\times2\times1=12$
$B=\sqrt{74^2+4\times74+2^2}=\sqrt{74^2+2\times74\times2+2^2}$
$\quad =\sqrt{(74+2)^2}=\sqrt{76^2}=76$
$\therefore A+B=12+76=88$

**12** $x=\dfrac{4}{\sqrt5-1}=\dfrac{4(\sqrt5+1)}{(\sqrt5-1)(\sqrt5+1)}=\dfrac{4(\sqrt5+1)}{4}=\sqrt5+1,$
$y=\dfrac{4}{\sqrt5+1}=\dfrac{4(\sqrt5-1)}{(\sqrt5+1)(\sqrt5-1)}=\dfrac{4(\sqrt5-1)}{4}=\sqrt5-1$
이므로
$xy=(\sqrt5+1)(\sqrt5-1)=4$
$x-y=(\sqrt5+1)-(\sqrt5-1)=2$
$\therefore x^2y-xy^2=xy(x-y)=4\times2=8$

## 1 이차방정식과 그 해

유형 1　　　　　　　　　　P. 86

**1** (1) ○　(2) ×　(3) $-x^2+3x-1=0$, ○　(4) ×
　　(5) ○　(6) ○　(7) ○　(8) ×　(9) ×

**2** (1) $a\neq2$　(2) $a\neq-\dfrac{3}{2}$　(3) $a\neq5$

**3** (1) $=$, ○　(2) ×　(3) ×

**4** (1) $x=0$　(2) $x=-1$ 또는 $x=3$
　　(3) $x=1$　(4) $x=-1$

---

**1** (1) $2x^2=0 \Rightarrow$ 이차방정식
　　(2) $x(x-1)+4$에서
　　　$x^2-x+4 \Rightarrow$ 이차식
　　(3) $x^2+3x=2x^2+1$에서
　　　$-x^2+3x-1=0 \Rightarrow$ 이차방정식
　　(4) $x(1-3x)=5-3x^2$에서 $x-3x^2=5-3x^2$
　　　$x-5=0 \Rightarrow$ 일차방정식
　　(5) $(x+2)^2=4$에서 $x^2+4x+4=4$
　　　$x^2+4x=0 \Rightarrow$ 이차방정식
　　(6) $2x^2-5=(x-1)(3x+1)$에서
　　　$2x^2-5=3x^2-2x-1$
　　　$-x^2+2x-4=0 \Rightarrow$ 이차방정식
　　(7) $x^2(x-1)=x^3+4$에서 $x^3-x^2=x^3+4$
　　　$-x^2-4=0 \Rightarrow$ 이차방정식
　　(8) $x(x+1)=x^3-2$에서 $x^2+x=x^3-2$
　　　$-x^3+x^2+x+2=0 \Rightarrow$ 이차방정식이 아니다.
　　(9) $\dfrac{1}{x^2}+5=0 \Rightarrow$ 이차방정식이 아니다.

**2** (3) $ax^2+4x-12=5x^2$에서
　　　$(a-5)x^2+4x-12=0$
　　　이때 $x^2$의 계수는 0이 아니어야 하므로
　　　$a-5=0$　∴ $a\neq5$

**3** (2) $3x^2-5x-2=0$에 $x=3$을 대입하면
　　　$3\times3^2-5\times3-2\neq0$
　　(3) $(x+1)(x-6)=x$에 $x=4$를 대입하면
　　　$(4+1)(4-6)\neq4$

**4** (1) $x=0$일 때, 등식이 성립하므로 해는 $x=0$이다.
　　(2) $x=-1$, $x=3$일 때, 등식이 성립하므로
　　　해는 $x=-1$ 또는 $x=3$이다.
　　(3) $x=1$일 때, 등식이 성립하므로 해는 $x=1$이다.
　　(4) $x=-1$일 때, 등식이 성립하므로 해는 $x=-1$이다.

## 2 이차방정식의 풀이

유형 2　　　　　　　　　　P. 87

**1** (1) $x$, $x-4$, 0, 4
　　(2) $x+3$, $x-5$, $-3$, 5
　　(3) $x+4$, $x+4$, $x-1$, $-4$, 1
　　(4) $2x-3$, $x+2$, $2x-3$, $-2$, $\dfrac{3}{2}$

**2** (1) $x=0$ 또는 $x=2$　　(2) $x=0$ 또는 $x=-3$
　　(3) $x=0$ 또는 $x=-4$

**3** (1) $x=-4$ 또는 $x=-1$　(2) $x=2$ 또는 $x=5$
　　(3) $x=-2$ 또는 $x=4$

**4** (1) $x=\dfrac{1}{2}$ 또는 $x=3$　　(2) $x=-\dfrac{1}{2}$ 또는 $x=\dfrac{3}{2}$
　　(3) $x=\dfrac{1}{3}$ 또는 $x=\dfrac{3}{2}$

**5** (1) $x^2+6x+8$, $x=-4$ 또는 $x=-2$
　　(2) $2x^2-3x-5$, $x=-1$ 또는 $x=\dfrac{5}{2}$

**6** $-6$, 5

---

**2** (1) $x^2-2x=0$에서 $x(x-2)=0$
　　　$x=0$ 또는 $x-2=0$　　∴ $x=0$ 또는 $x=2$
　　(2) $x^2+3x=0$에서 $x(x+3)=0$
　　　$x=0$ 또는 $x+3=0$　　∴ $x=0$ 또는 $x=-3$
　　(3) $2x^2+8x=0$에서 $2x(x+4)=0$
　　　$2x=0$ 또는 $x+4=0$　∴ $x=0$ 또는 $x=-4$

**3** (1) $x^2+5x+4=0$에서 $(x+4)(x+1)=0$
　　　$x+4=0$ 또는 $x+1=0$
　　　∴ $x=-4$ 또는 $x=-1$
　　(2) $x^2-7x+10=0$에서 $(x-2)(x-5)=0$
　　　$x-2=0$ 또는 $x-5=0$
　　　∴ $x=2$ 또는 $x=5$
　　(3) $x^2=2x+8$에서 $x^2-2x-8=0$
　　　$(x+2)(x-4)=0$, $x+2=0$ 또는 $x-4=0$
　　　∴ $x=-2$ 또는 $x=4$

**4** (1) $2x^2-7x+3=0$에서 $(2x-1)(x-3)=0$
　　　$2x-1=0$ 또는 $x-3=0$
　　　∴ $x=\dfrac{1}{2}$ 또는 $x=3$
　　(2) $-4x^2+4x+3=0$에서 $4x^2-4x-3=0$
　　　$(2x+1)(2x-3)=0$, $2x+1=0$ 또는 $2x-3=0$
　　　∴ $x=-\dfrac{1}{2}$ 또는 $x=\dfrac{3}{2}$
　　(3) $10x^2-6x=4x^2+5x-3$에서 $6x^2-11x+3=0$
　　　$(3x-1)(2x-3)=0$, $3x-1=0$ 또는 $2x-3=0$
　　　∴ $x=\dfrac{1}{3}$ 또는 $x=\dfrac{3}{2}$

**5**

(1) $x(x+8)=2(x-4)$에서 $x^2+8x=2x-8$
$\boxed{x^2+6x+8}=0$, $(x+4)(x+2)=0$
$x+4=0$ 또는 $x+2=0$
$\therefore x=-4$ 또는 $x=-2$

(2) $2(x^2-1)=3(x+1)$에서 $2x^2-2=3x+3$
$\boxed{2x^2-3x-5}=0$, $(x+1)(2x-5)=0$
$x+1=0$ 또는 $2x-5=0$
$\therefore x=-1$ 또는 $x=\dfrac{5}{2}$

**6**

$x^2+ax+5=0$에 $x=1$을 대입하면
$1^2+a\times1+5=0$, $a+6=0$ $\therefore a=-6$
즉, $x^2-6x+5=0$에서 $(x-1)(x-5)=0$
$x-1=0$ 또는 $x-5=0$
$\therefore x=1$ 또는 $x=5$
따라서 다른 한 근은 $x=5$이다.

**유형 3** P. 88

**1** (1) $x+4$, $-4$ (2) $4x-1$, $\dfrac{1}{4}$ (3) $x+\dfrac{1}{2}$, $-\dfrac{1}{2}$

**2** (1) $x=-5$ (2) $x=\dfrac{1}{3}$ (3) $x=-\dfrac{7}{2}$

(4) $x=\dfrac{4}{3}$ (5) $x=-1$ (6) $x=-3$

(7) $x=-\dfrac{3}{2}$

**3** (1) $4$, $-4$ (2) $9$ (3) $\dfrac{9}{4}$ (4) $-\dfrac{1}{4}$

**4** (1) $k$, $\pm4$ (2) $\pm10$ (3) $\pm\dfrac{2}{3}$ (4) $\pm\dfrac{3}{2}$

**5** (1) $-7$ (2) $\pm\dfrac{4}{5}$

**2**

(4) $9x^2-24x+16=0$에서 $(3x-4)^2=0$
$\therefore x=\dfrac{4}{3}$

(5) $x^2+1=-2x$에서 $x^2+2x+1=0$
$(x+1)^2=0$ $\therefore x=-1$

(6) $6-x^2=3(2x+5)$에서 $6-x^2=6x+15$
$x^2+6x+9=0$, $(x+3)^2=0$ $\therefore x=-3$

(7) $(x+2)(4x+5)=x+1$에서 $4x^2+13x+10=x+1$
$4x^2+12x+9=0$, $(2x+3)^2=0$ $\therefore x=-\dfrac{3}{2}$

**3**

(2) $k=\left(\dfrac{-6}{2}\right)^2$ $\therefore k=9$

(3) $k=\left(\dfrac{3}{2}\right)^2$ $\therefore k=\dfrac{9}{4}$

(4) $-k=\left(\dfrac{-1}{2}\right)^2$, $-k=\dfrac{1}{4}$ $\therefore k=-\dfrac{1}{4}$

**4**

(2) $25=\left(\dfrac{k}{2}\right)^2$, $k^2=100$ $\therefore k=\pm10$

(3) $\dfrac{1}{9}=\left(\dfrac{k}{2}\right)^2$, $k^2=\dfrac{4}{9}$ $\therefore k=\pm\dfrac{2}{3}$

(4) $\dfrac{9}{16}=\left(\dfrac{k}{2}\right)^2$, $k^2=\dfrac{9}{4}$ $\therefore k=\pm\dfrac{3}{2}$

**5**

(1) $9-k=\left(\dfrac{-8}{2}\right)^2$, $9-k=16$ $\therefore k=-7$

(2) $4=\left(\dfrac{5k}{2}\right)^2$, $4=\dfrac{25k^2}{4}$, $k^2=\dfrac{16}{25}$ $\therefore k=\pm\dfrac{4}{5}$

**쌍둥이 기출문제** P. 89~90

| **1** ③ | **2** ③ | **3** ⑤ | **4** ③ |
|---|---|---|---|
| **5** ④ | **6** ⑤ | **7** ① | **8** 2 |
| **9** ②, ④ | **10** ④ | **11** $x=7$ | **12** ③ |
| **13** ③ | **14** ㄴ, ㅁ | **15** ⑤ | |
| **16** $k=-11$, $x=6$ | | | |

**1**

① $3x-1=0$ ⇨ 일차방정식
② $x^2-3x+4$ ⇨ 이차식
③ $x^2-1=-x^2+3x$에서 $2x^2-3x-1=0$
⇨ 이차방정식
④ $\dfrac{2}{x}+3=0$ ⇨ 이차방정식이 아니다.
⑤ $2x(x-1)=2x^2+3$에서 $2x^2-2x=2x^2+3$
$-2x-3=0$ ⇨ 일차방정식
따라서 이차방정식인 것은 ③이다.

**2**

① $\dfrac{1}{2}x^2=0$ ⇨ 이차방정식
② $(x-5)^2=3x$에서 $x^2-10x+25=3x$
$x^2-13x+25=0$ ⇨ 이차방정식
③ $4x^2=(3-2x)^2$에서 $4x^2=9-12x+4x^2$
$12x-9=0$ ⇨ 일차방정식
④ $(x+1)(x-2)=x$에서 $x^2-x-2=x$
$x^2-2x-2=0$ ⇨ 이차방정식
⑤ $x^3-2x=-2+x^2+x^3$에서
$-x^2-2x+2=0$ ⇨ 이차방정식
따라서 이차방정식이 아닌 것은 ③이다.

**[3~4]** $ax^2+bx+c=0$이 이차방정식이 되려면 ⇨ $a\neq0$

**3**

$2x^2+3x-1=ax^2+4$에서 $(2-a)x^2+3x-5=0$
이때 $x^2$의 계수가 0이 아니어야 하므로
$2-a\neq0$ $\therefore a\neq2$

**4** $kx^2-5x+1=7x^2+3$에서 $(k-7)x^2-5x-2=0$
이때 $x^2$의 계수가 0이 아니어야 하므로
$k-7\neq0$   ∴ $k\neq7$

**[5~8]** 이차방정식의 해가 $x=a$이다.
⇨ 이차방정식에 $x=a$를 대입하면 등식이 성립한다.

**5** ① $5^2-5\neq0$
② $(-3)^2-(-3)-2\neq0$
③ $(-2)^2+6\times(-2)-7\neq0$
④ $2\times(-1)^2-3\times(-1)-5=0$
⑤ $3\times3^2-3-10\neq0$
따라서 [  ] 안의 수가 주어진 이차방정식의 해인 것은 ④이다.

**6** ① $(-2+1)(-2+2)=0$
② $-(-2)^2+4=0$
③ $3\times(-2)^2+5\times(-2)-2=0$
④ $(-2)^2+4\times(-2)+4=0$
⑤ $(-2)^2+6\neq2\times(-2)^2-(-2)-18$
따라서 $x=-2$를 해로 갖는 이차방정식이 아닌 것은 ⑤이다.

**7** $x^2+5x-1=0$에 $x=a$를 대입하면
$a^2+5a-1=0$   ∴ $a^2+5a=1$
∴ $a^2+5a-6=1-6=-5$

**8** $x^2-4x+1=0$에 $x=p$를 대입하면
$p^2-4p+1=0$   ∴ $p^2-4p=-1$
∴ $p^2-4p+3=-1+3=2$

**9** $x^2-x-20=0$에서 $(x+4)(x-5)=0$
∴ $x=-4$ 또는 $x=5$

**10** $2x^2-x-6=0$에서 $(2x+3)(x-2)=0$
∴ $x=-\dfrac{3}{2}$ 또는 $x=2$

**[11~12]** 미지수가 있는 이차방정식의 한 근이 주어질 때
❶ 주어진 한 근을 대입 ⇨ 미지수의 값 구하기
❷ 미지수의 값을 대입 ⇨ 다른 한 근 구하기

**11** $x^2-6x+a=0$에 $x=-1$을 대입하면
$(-1)^2-6\times(-1)+a=0$
$7+a=0$   ∴ $a=-7$      … (i)
즉, $x^2-6x-7=0$에서 $(x+1)(x-7)=0$
∴ $x=-1$ 또는 $x=7$      … (ii)
따라서 다른 한 근은 $x=7$이다.      … (iii)

| 채점 기준 | 비율 |
|---|---|
| (i) $a$의 값 구하기 | 40 % |
| (ii) 이차방정식의 해 구하기 | 40 % |
| (iii) 다른 한 근 구하기 | 20 % |

**12** $3x^2+(a+1)x-a=0$에 $x=-3$을 대입하면
$3\times(-3)^2+(a+1)\times(-3)-a=0$
$-4a+24=0$   ∴ $a=6$
즉, $3x^2+7x-6=0$에서 $(x+3)(3x-2)=0$
∴ $x=-3$ 또는 $x=\dfrac{2}{3}$

따라서 다른 한 근은 $x=\dfrac{2}{3}$이다.

**[13~14]** 이차방정식이 중근을 가진다. ⇨ (완전제곱식)=0 꼴이다.

**13** ① $x^2+x-6=0$에서 $(x+3)(x-2)=0$
∴ $x=-3$ 또는 $x=2$
② $x^2-6x=0$에서 $x(x-6)=0$
∴ $x=0$ 또는 $x=6$
③ $x^2-x+\dfrac{1}{4}=0$에서 $\left(x-\dfrac{1}{2}\right)^2=0$
∴ $x=\dfrac{1}{2}$
④ $x^2-1=0$에서 $(x+1)(x-1)=0$
∴ $x=-1$ 또는 $x=1$
⑤ $x^2-3x+2=0$에서 $(x-1)(x-2)=0$
∴ $x=1$ 또는 $x=2$
따라서 중근을 갖는 것은 ③이다.

**14** ㄱ. $x^2+4x=0$에서 $x(x+4)=0$
∴ $x=0$ 또는 $x=-4$
ㄴ. $x^2+9=6x$에서 $x^2-6x+9=0$
$(x-3)^2=0$   ∴ $x=3$
ㄷ. $x^2=16$에서 $x^2-16=0$, $(x+4)(x-4)=0$
∴ $x=-4$ 또는 $x=4$
ㄹ. $(x+4)^2=1$에서 $x^2+8x+15=0$
$(x+5)(x+3)=0$   ∴ $x=-5$ 또는 $x=-3$
ㅁ. $4x^2-12x+9=0$에서
$(2x-3)^2=0$   ∴ $x=\dfrac{3}{2}$
ㅂ. $x^2-3x=-5x+8$에서 $x^2+2x-8=0$
$(x+4)(x-2)=0$   ∴ $x=-4$ 또는 $x=2$
따라서 중근을 갖는 것은 ㄴ, ㅁ이다.

**[15~16]** 이차방정식이 중근을 가질 조건
이차항의 계수가 1일 때, (상수항)$=\left(\dfrac{\text{일차항의 계수}}{2}\right)^2$

**15** $x^2-4x+m-5=0$이 중근을 가지므로
$m-5=\left(\dfrac{-4}{2}\right)^2$, $m-5=4$   ∴ $m=9$

**16** $x^2-12x+25-k=0$이 중근을 가지므로

$25-k=\left(\dfrac{-12}{2}\right)^2$, $25-k=36$ $\quad\therefore k=-11$

즉, $x^2-12x+36=0$이므로 $(x-6)^2=0$ $\quad\therefore x=6$

(6) $5(x+4)^2-30=0$에서 $5(x+4)^2=30$, $(x+4)^2=6$

$x+4=\pm\sqrt{6}$

$\therefore x=-4\pm\sqrt{6}$

**5** $(x+a)^2=5$에서 $x+a=\pm\sqrt{5}$

$\therefore x=-a\pm\sqrt{5}$

즉, $-a\pm\sqrt{5}=-3\pm\sqrt{5}$이므로 $a=3$

---

### 유형 **4**        P. 91

**1** (1) $3$      (2) $2\sqrt{3}$      (3) $24$, $2\sqrt{6}$    (4) $18$, $3\sqrt{2}$

**2** (1) $x=\pm\sqrt{5}$     (2) $x=\pm9$     (3) $x=\pm3\sqrt{3}$

    (4) $x=\pm5$      (5) $x=\pm\dfrac{\sqrt{13}}{3}$     (6) $x=\pm\dfrac{\sqrt{42}}{6}$

**3** (1) $\sqrt{5}$, $-4$, $\sqrt{5}$        (2) $2$, $\sqrt{2}$, $3$, $\sqrt{2}$

**4** (1) $x=-2$ 또는 $x=8$     (2) $x=-2\pm2\sqrt{2}$

    (3) $x=5\pm\sqrt{6}$          (4) $x=-3\pm3\sqrt{3}$

    (5) $x=-1$ 또는 $x=3$     (6) $x=-4\pm\sqrt{6}$

**5** $3$

---

**2** (1) $x^2-5=0$에서 $x^2=5$ $\quad\therefore x=\pm\sqrt{5}$

(2) $x^2-81=0$에서 $x^2=81$

$\quad\therefore x=\pm\sqrt{81}=\pm9$

(3) $3x^2-81=0$에서 $3x^2=81$, $x^2=27$

$\quad\therefore x=\pm\sqrt{27}=\pm3\sqrt{3}$

(4) $4x^2-100=0$에서 $4x^2=100$, $x^2=25$

$\quad\therefore x=\pm\sqrt{25}=\pm5$

(5) $9x^2-5=8$에서 $9x^2=13$, $x^2=\dfrac{13}{9}$

$\quad\therefore x=\pm\sqrt{\dfrac{13}{9}}=\pm\dfrac{\sqrt{13}}{3}$

(6) $6x^2-1=6$에서 $6x^2=7$, $x^2=\dfrac{7}{6}$

$\quad\therefore x=\pm\sqrt{\dfrac{7}{6}}=\pm\dfrac{\sqrt{42}}{6}$

**4** (1) $(x-3)^2=25$에서 $x-3=\pm\sqrt{25}=\pm5$

$x=3-5$ 또는 $x=3+5$

$\quad\therefore x=-2$ 또는 $x=8$

(2) $(x+2)^2=8$에서 $x+2=\pm\sqrt{8}=\pm2\sqrt{2}$

$\quad\therefore x=-2\pm2\sqrt{2}$

(3) $3(x-5)^2=18$에서 $(x-5)^2=6$

$x-5=\pm\sqrt{6}$

$\quad\therefore x=5\pm\sqrt{6}$

(4) $2(x+3)^2=54$에서 $(x+3)^2=27$

$x+3=\pm\sqrt{27}=\pm3\sqrt{3}$

$\quad\therefore x=-3\pm3\sqrt{3}$

(5) $2(x-1)^2-8=0$에서 $2(x-1)^2=8$, $(x-1)^2=4$

$x-1=\pm2$

$x=1-2$ 또는 $x=1+2$

$\quad\therefore x=-1$ 또는 $x=3$

---

### 유형 **5**        P. 92

**1** (1) $\dfrac{1}{4}$, $\dfrac{1}{4}$, $\dfrac{1}{2}$, $\dfrac{5}{4}$

    (2) $\dfrac{2}{3}$, $\dfrac{1}{9}$, $\dfrac{2}{3}$, $\dfrac{1}{9}$, $\dfrac{2}{3}$, $\dfrac{1}{9}$, $\dfrac{2}{9}$, $\dfrac{1}{3}$, $\dfrac{2}{9}$

**2** ❶ $4$, $2$      ❷ $4$, $2$      ❸ $4$, $4$, $4$

   ❹ $2$, $6$      ❺ $2$, $6$      ❻ $2\pm\sqrt{6}$

**3** ❶ $x^2+x-\dfrac{1}{2}=0$     ❷ $x^2+x=\dfrac{1}{2}$

   ❸ $x^2+x+\dfrac{1}{4}=\dfrac{1}{2}+\dfrac{1}{4}$    ❹ $\left(x+\dfrac{1}{2}\right)^2=\dfrac{3}{4}$

   ❺ $x+\dfrac{1}{2}=\pm\dfrac{\sqrt{3}}{2}$    ❻ $x=\dfrac{-1\pm\sqrt{3}}{2}$

**4** (1) $x=-2\pm\sqrt{3}$     (2) $x=1\pm\sqrt{10}$

    (3) $x=3\pm\sqrt{5}$      (4) $x=1\pm\sqrt{6}$

    (5) $x=2\pm\sqrt{10}$     (6) $x=-1\pm\dfrac{\sqrt{6}}{2}$

---

**4** (1) $x^2+4x+1=0$에서

$x^2+4x=-1$

$x^2+4x+4=-1+4$

$(x+2)^2=3$, $x+2=\pm\sqrt{3}$

$\quad\therefore x=-2\pm\sqrt{3}$

(2) $x^2-2x-9=0$에서

$x^2-2x=9$

$x^2-2x+1=9+1$

$(x-1)^2=10$, $x-1=\pm\sqrt{10}$

$\quad\therefore x=1\pm\sqrt{10}$

(3) $x^2-6x+4=0$에서

$x^2-6x=-4$

$x^2-6x+9=-4+9$

$(x-3)^2=5$, $x-3=\pm\sqrt{5}$

$\quad\therefore x=3\pm\sqrt{5}$

(4) $3x^2-6x-15=0$의 양변을 $3$으로 나누면

$x^2-2x-5=0$

$x^2-2x=5$

$x^2-2x+1=5+1$

$(x-1)^2=6$, $x-1=\pm\sqrt{6}$

$\quad\therefore x=1\pm\sqrt{6}$

(5) $5x^2-20x-30=0$의 양변을 5로 나누면
$$x^2-4x-6=0$$
$$x^2-4x=6$$
$$x^2-4x+4=6+4$$
$$(x-2)^2=10, \ x-2=\pm\sqrt{10}$$
$$\therefore x=2\pm\sqrt{10}$$

(6) $2x^2=-4x+1$의 양변을 2로 나누면
$$x^2=-2x+\dfrac{1}{2}$$
$$x^2+2x=\dfrac{1}{2}$$
$$x^2+2x+1=\dfrac{1}{2}+1$$
$$(x+1)^2=\dfrac{3}{2}, \ x+1=\pm\sqrt{\dfrac{3}{2}}=\pm\dfrac{\sqrt{6}}{2}$$
$$\therefore x=-1\pm\dfrac{\sqrt{6}}{2}$$

## 유형 6  P. 93

**1** (1) $1, \ -3, \ -2, \ -3, \ -3, \ 1, \ -2, \ 1, \ 3, \ 17, \ 2$

(2) $2, \ 3, \ -3, \ 3, \ 3, \ 2, \ -3, \ 2, \ \dfrac{-3\pm\sqrt{33}}{4}$

(3) $3, \ -7, \ 1, \ -7, \ -7, \ 3, \ 1, \ 3, \ \dfrac{7\pm\sqrt{37}}{6}$

**2** (1) $1, \ 3, \ -1, \ 3, \ 3, \ 1, \ -1, \ 1, \ -3\pm\sqrt{10}$

(2) $5, \ -4, \ 2, \ -4, \ -4, \ 2, \ 5, \ \dfrac{4\pm\sqrt{6}}{5}$

**3** (1) $x=\dfrac{9\pm3\sqrt{13}}{2}$  (2) $x=3\pm\sqrt{2}$

(3) $x=\dfrac{-2\pm\sqrt{10}}{3}$  (4) $x=\dfrac{7\pm\sqrt{17}}{8}$

**1** (1) 근의 공식에 $a=\boxed{1}$, $b=\boxed{-3}$, $c=\boxed{-2}$을(를) 대입하면
$$x=\dfrac{-(\boxed{-3})\pm\sqrt{(\boxed{-3})^2-4\times\boxed{1}\times(\boxed{-2})}}{2\times\boxed{1}}$$
$$=\dfrac{\boxed{3}\pm\sqrt{\boxed{17}}}{\boxed{2}}$$

(2) 근의 공식에 $a=\boxed{2}$, $b=\boxed{3}$, $c=\boxed{-3}$을(를) 대입하면
$$x=\dfrac{-\boxed{3}\pm\sqrt{\boxed{3}^2-4\times\boxed{2}\times(\boxed{-3})}}{2\times\boxed{2}}$$
$$=\dfrac{\boxed{-3\pm\sqrt{33}}}{\boxed{4}}$$

(3) 근의 공식에 $a=\boxed{3}$, $b=\boxed{-7}$, $c=\boxed{1}$을(를) 대입하면
$$x=\dfrac{-(\boxed{-7})\pm\sqrt{(\boxed{-7})^2-4\times\boxed{3}\times\boxed{1}}}{2\times\boxed{3}}$$
$$=\boxed{\dfrac{7\pm\sqrt{37}}{6}}$$

**2** (1) 일차항의 계수가 짝수일 때의 근의 공식에 $a=\boxed{1}$, $b'=\boxed{3}$, $c=\boxed{-1}$을(를) 대입하면
$$x=\dfrac{-\boxed{3}\pm\sqrt{\boxed{3}^2-\boxed{1}\times(\boxed{-1})}}{\boxed{1}}$$
$$=\boxed{-3\pm\sqrt{10}}$$

(2) 일차항의 계수가 짝수일 때의 근의 공식에 $a=\boxed{5}$, $b'=\boxed{-4}$, $c=\boxed{2}$을(를) 대입하면
$$x=\dfrac{-(\boxed{-4})\pm\sqrt{(\boxed{-4})^2-5\times\boxed{2}}}{5}$$
$$=\boxed{\dfrac{4\pm\sqrt{6}}{5}}$$

**3** (1) $x=\dfrac{-(-9)\pm\sqrt{(-9)^2-4\times1\times(-9)}}{2\times1}=\dfrac{9\pm3\sqrt{13}}{2}$

(2) $x=-(-3)\pm\sqrt{(-3)^2-1\times7}=3\pm\sqrt{2}$

(3) $x=\dfrac{-2\pm\sqrt{2^2-3\times(-2)}}{3}=\dfrac{-2\pm\sqrt{10}}{3}$

(4) $x=\dfrac{-(-7)\pm\sqrt{(-7)^2-4\times4\times2}}{2\times4}=\dfrac{7\pm\sqrt{17}}{8}$

## 유형 7  P. 94

**1** (1) $2, \ 15, \ 2, \ 17, \ 1\pm3\sqrt{2}$

(2) $x=-6$ 또는 $x=2$  (3) $x=\dfrac{1\pm\sqrt{5}}{4}$

**2** (1) $10, \ 10, \ 3, \ 1, \ 5, \ 1, \ 2, \ 1, \ -\dfrac{1}{5}, \ \dfrac{1}{2}$

(2) $x=6\pm2\sqrt{7}$  (3) $x=\dfrac{4}{3}$ 또는 $x=2$

**3** (1) $6, \ 3, \ 5, \ 2, \ 2, \ 3, \ 1, \ -2, \ \dfrac{1}{3}$

(2) $x=\dfrac{2\pm\sqrt{10}}{3}$  (3) $x=-1$ 또는 $x=\dfrac{2}{3}$

**4** (1) $4, \ 5, \ 5, \ 5, \ 5, \ 1, \ 7$

(2) $x=5$ 또는 $x=8$  (3) $x=-2$ 또는 $x=-\dfrac{5}{6}$

**1** (2) $(x-2)^2=2x^2-8$에서 $x^2-4x+4=2x^2-8$
$$x^2+4x-12=0, \ (x+6)(x-2)=0$$
$$\therefore x=-6 \text{ 또는 } x=2$$

(3) $(3x+1)(2x-1)=2x^2+x$에서

$6x^2-x-1=2x^2+x$, $4x^2-2x-1=0$

$$\therefore x=\frac{-(-1)\pm\sqrt{(-1)^2-4\times(-1)}}{4}=\frac{1\pm\sqrt{5}}{4}$$

**2** (2) 양변에 10을 곱하면 $x^2-12x+8=0$

$$\therefore x=-(-6)\pm\sqrt{(-6)^2-1\times8}=6\pm2\sqrt{7}$$

(3) 양변에 10을 곱하면 $3x^2-10x+8=0$

$(3x-4)(x-2)=0$   $\therefore x=\dfrac{4}{3}$ 또는 $x=2$

**3** (2) 양변에 12를 곱하면 $3x^2-4x-2=0$

$$\therefore x=\frac{-(-2)\pm\sqrt{(-2)^2-3\times(-2)}}{3}=\frac{2\pm\sqrt{10}}{3}$$

(3) 양변에 6을 곱하면 $3x^2+x-2=0$

$(x+1)(3x-2)=0$   $\therefore x=-1$ 또는 $x=\dfrac{2}{3}$

**4** (2) $x-3=A$로 놓으면 $A^2-7A+10=0$

$(A-2)(A-5)=0$   $\therefore A=2$ 또는 $A=5$

즉, $x-3=2$ 또는 $x-3=5$

$\therefore x=5$ 또는 $x=8$

(3) $x+1=A$로 놓으면 $6A^2+5A-1=0$

$(A+1)(6A-1)=0$   $\therefore A=-1$ 또는 $A=\dfrac{1}{6}$

즉, $x+1=-1$ 또는 $x+1=\dfrac{1}{6}$

$\therefore x=-2$ 또는 $x=-\dfrac{5}{6}$

---

### 한 번  연습
P. 95

**1** (1) $x=\pm\sqrt{15}$   (2) $x=\pm2\sqrt{2}$   (3) $x=\pm2\sqrt{7}$

(4) $x=\pm\dfrac{9}{7}$   (5) $x=-1\pm2\sqrt{3}$   (6) $x=5\pm\sqrt{10}$

**2** (1) $x=4\pm\sqrt{11}$         (2) $x=-3\pm\sqrt{10}$

(3) $x=4\pm\dfrac{\sqrt{70}}{2}$       (4) $x=1\pm\dfrac{2\sqrt{5}}{5}$

(5) $x=\dfrac{4\pm\sqrt{13}}{3}$       (6) $x=-2\pm\dfrac{\sqrt{30}}{2}$

**3** (1) $x=\dfrac{-3\pm\sqrt{33}}{2}$     (2) $x=\dfrac{1\pm\sqrt{17}}{2}$

(3) $x=4\pm\sqrt{13}$       (4) $x=\dfrac{-5\pm\sqrt{41}}{4}$

(5) $x=\dfrac{1\pm\sqrt{10}}{3}$       (6) $x=\dfrac{6\pm\sqrt{6}}{5}$

**4** (1) $x=2$ 또는 $x=5$     (2) $x=-\dfrac{5}{2}$ 또는 $x=1$

(3) $x=\dfrac{9\pm\sqrt{33}}{12}$     (4) $x=\dfrac{3\pm\sqrt{17}}{2}$

(5) $x=\dfrac{-5\pm\sqrt{13}}{4}$     (6) $x=4$ 또는 $x=7$

---

**1** (1) $x^2-15=0$에서 $x^2=15$   $\therefore x=\pm\sqrt{15}$

(2) $4x^2=32$에서 $x^2=8$   $\therefore x=\pm2\sqrt{2}$

(3) $3x^2-84=0$에서 $3x^2=84$

$x^2=28$   $\therefore x=\pm2\sqrt{7}$

(4) $49x^2-81=0$에서 $49x^2=81$

$x^2=\dfrac{81}{49}$   $\therefore x=\pm\dfrac{9}{7}$

(5) $(x+1)^2=12$에서 $x+1=\pm2\sqrt{3}$

$\therefore x=-1\pm2\sqrt{3}$

(6) $2(x-5)^2=20$에서 $(x-5)^2=10$

$x-5=\pm\sqrt{10}$   $\therefore x=5\pm\sqrt{10}$

**2** (1) $x^2-8x+5=0$에서

$x^2-8x=-5$, $x^2-8x+16=-5+16$

$(x-4)^2=11$, $x-4=\pm\sqrt{11}$

$\therefore x=4\pm\sqrt{11}$

(2) $x^2+6x-1=0$에서

$x^2+6x=1$, $x^2+6x+9=1+9$

$(x+3)^2=10$, $x+3=\pm\sqrt{10}$

$\therefore x=-3\pm\sqrt{10}$

(3) $2x^2-16x-3=0$의 양변을 2로 나누면

$x^2-8x-\dfrac{3}{2}=0$, $x^2-8x=\dfrac{3}{2}$

$x^2-8x+16=\dfrac{3}{2}+16$, $(x-4)^2=\dfrac{35}{2}$

$x-4=\pm\sqrt{\dfrac{35}{2}}=\pm\dfrac{\sqrt{70}}{2}$

$\therefore x=4\pm\dfrac{\sqrt{70}}{2}$

(4) $5x^2-10x+1=0$의 양변을 5로 나누면

$x^2-2x+\dfrac{1}{5}=0$, $x^2-2x=-\dfrac{1}{5}$

$x^2-2x+1=-\dfrac{1}{5}+1$, $(x-1)^2=\dfrac{4}{5}$

$x-1=\pm\sqrt{\dfrac{4}{5}}=\pm\dfrac{2\sqrt{5}}{5}$   $\therefore x=1\pm\dfrac{2\sqrt{5}}{5}$

(5) $3x^2-8x+1=0$의 양변을 3으로 나누면

$x^2-\dfrac{8}{3}x+\dfrac{1}{3}=0$, $x^2-\dfrac{8}{3}x=-\dfrac{1}{3}$

$x^2-\dfrac{8}{3}x+\dfrac{16}{9}=-\dfrac{1}{3}+\dfrac{16}{9}$, $\left(x-\dfrac{4}{3}\right)^2=\dfrac{13}{9}$

$x-\dfrac{4}{3}=\pm\sqrt{\dfrac{13}{9}}=\pm\dfrac{\sqrt{13}}{3}$

$\therefore x=\dfrac{4\pm\sqrt{13}}{3}$

(6) $-2x^2-8x+7=0$의 양변을 $-2$로 나누면

$x^2+4x-\dfrac{7}{2}=0$, $x^2+4x=\dfrac{7}{2}$

$x^2+4x+4=\dfrac{7}{2}+4$, $(x+2)^2=\dfrac{15}{2}$

$x+2=\pm\sqrt{\dfrac{15}{2}}=\pm\dfrac{\sqrt{30}}{2}$

$\therefore x=-2\pm\dfrac{\sqrt{30}}{2}$

**3**

(1) $x=\dfrac{-3\pm\sqrt{3^2-4\times1\times(-6)}}{2\times1}=\dfrac{-3\pm\sqrt{33}}{2}$

(2) $x=\dfrac{-(-1)\pm\sqrt{(-1)^2-4\times1\times(-4)}}{2\times1}=\dfrac{1\pm\sqrt{17}}{2}$

(3) $x=-(-4)\pm\sqrt{(-4)^2-1\times3}=4\pm\sqrt{13}$

(4) $x=\dfrac{-5\pm\sqrt{5^2-4\times2\times(-2)}}{2\times2}=\dfrac{-5\pm\sqrt{41}}{4}$

(5) $x=\dfrac{-(-1)\pm\sqrt{(-1)^2-3\times(-3)}}{3}=\dfrac{1\pm\sqrt{10}}{3}$

(6) $x=\dfrac{-(-6)\pm\sqrt{(-6)^2-5\times6}}{5}=\dfrac{6\pm\sqrt{6}}{5}$

**4**

(1) $(x-3)^2=x-1$에서 $x^2-6x+9=x-1$

$x^2-7x+10=0$, $(x-2)(x-5)=0$

$\therefore x=2$ 또는 $x=5$

(2) 양변에 10을 곱하면 $2x^2+3x-5=0$

$(2x+5)(x-1)=0$　$\therefore x=-\dfrac{5}{2}$ 또는 $x=1$

(3) 양변에 12를 곱하면 $6x^2-9x+2=0$

$\therefore x=\dfrac{-(-9)\pm\sqrt{(-9)^2-4\times6\times2}}{2\times6}$

$\qquad=\dfrac{9\pm\sqrt{33}}{12}$

(4) 양변에 4를 곱하면 $x(x-3)=2$

$x^2-3x=2$, $x^2-3x-2=0$

$\therefore x=\dfrac{-(-3)\pm\sqrt{(-3)^2-4\times1\times(-2)}}{2\times1}$

$\qquad=\dfrac{3\pm\sqrt{17}}{2}$

(5) 양변에 10을 곱하면 $4x^2+10x+3=0$

$\therefore x=\dfrac{-5\pm\sqrt{5^2-4\times3}}{4}=\dfrac{-5\pm\sqrt{13}}{4}$

(6) $x-3=A$로 놓으면 $A^2-5A+4=0$

$(A-1)(A-4)=0$

$\therefore A=1$ 또는 $A=4$

즉, $x-3=1$ 또는 $x-3=4$

$\therefore x=4$ 또는 $x=7$

P. 96~97

| | | | | | | | |
|---|---|---|---|---|---|---|---|
| **1** | ③ | **2** | 12 | **3** | 3 | **4** | 17 |
| **5** | 6 | **6** | ① | **7** | ② | | |
| **8** | $a=4$, $b=2$, $c=3$ | | | **9** | ① | **10** | 38 |
| **11** | 4 | **12** | 14 | **13** | ③ | | |
| **14** | $x=-\dfrac{5}{2}$ 또는 $x=1$ | | | | | | |

**[1~4]** $(x-p)^2=q(q\geq0)$에서

$x-p=\pm\sqrt{q}$　$\therefore x=p\pm\sqrt{q}$

**1**　$3(x-5)^2=9$에서 $(x-5)^2=3$

$x-5=\pm\sqrt{3}$

$\therefore x=5\pm\sqrt{3}$

**2**　$2(x-2)^2=20$에서 $(x-2)^2=10$

$\therefore x=2\pm\sqrt{10}$

따라서 $a=2$, $b=10$이므로

$a+b=2+10=12$

**3**　$(x+a)^2=7$에서 $x=-a\pm\sqrt{7}$

따라서 $a=-4$, $b=7$이므로

$a+b=-4+7=3$

**4**　$4(x-a)^2=b$에서 $(x-a)^2=\dfrac{b}{4}$

$\therefore x=a\pm\sqrt{\dfrac{b}{4}}$

따라서 $a=3$, $\dfrac{b}{4}=5$이므로 $a=3$, $b=20$

$\therefore b-a=20-3=17$

**[5~8]** (완전제곱식)=(상수) 꼴로 나타내기

❶ 이차항의 계수를 1로 만든다.

❷ 상수항을 우변으로 이항한다.

❸ 양변에 $\left(\dfrac{\text{일차항의 계수}}{2}\right)^2$을 더한다.

❹ 좌변을 완전제곱식으로 고친다.

**5**　$x^2-8x+6=0$, $x^2-8x=-6$

$x^2-8x+\left(\dfrac{-8}{2}\right)^2=-6+\left(\dfrac{-8}{2}\right)^2$

$x^2-8x+16=-6+16$

$\therefore (x-4)^2=10$

따라서 $p=-4$, $q=10$이므로

$p+q=-4+10=6$

**6**　$2x^2-8x+5=0$의 양변을 2로 나누면

$x^2-4x+\dfrac{5}{2}=0$, $x^2-4x=-\dfrac{5}{2}$

$x^2-4x+\left(\dfrac{-4}{2}\right)^2=-\dfrac{5}{2}+\left(\dfrac{-4}{2}\right)^2$

$x^2-4x+4=-\dfrac{5}{2}+4$

$\therefore (x-2)^2=\dfrac{3}{2}$

따라서 $A=-2$, $B=\dfrac{3}{2}$이므로

$AB=-2\times\dfrac{3}{2}=-3$

**7**
$$x^2+6x+7=0, \quad x^2+6x=-7$$
$$x^2+6x+\left(\frac{6}{2}\right)^2=-7+\left(\frac{6}{2}\right)^2$$
$$x^2+6x+\boxed{① \ 9}=-7+\boxed{② \ 9}$$
$$(x+3)^2=\boxed{③ \ 2}$$
$$x+3=\boxed{④ \ \pm\sqrt{2}} \qquad \therefore x=\boxed{⑤ \ -3\pm\sqrt{2}}$$
따라서 ☐ 안에 들어갈 수로 옳지 않은 것은 ②이다.

**8**
$$x^2-4x+1=0, \quad x^2-4x=-1$$
$$x^2-4x+\left(\frac{-4}{2}\right)^2=-1+\left(\frac{-4}{2}\right)^2$$
$$x^2-4x+\underset{a}{4}=-1+\frac{4}{a}$$
$$(x-\underset{b}{2})^2=\frac{3}{c}$$
$$x-\frac{2}{b}=\pm\sqrt{\frac{3}{c}} \qquad \therefore x=\frac{2}{b}\pm\sqrt{\frac{3}{c}}$$
$$\therefore a=4, \ b=2, \ c=3$$

**[9~12]** (1) 이차방정식 $ax^2+bx+c=0$의 해
$$\Rightarrow x=\frac{-b\pm\sqrt{b^2-4ac}}{2a} \ (단, \ b^2-4ac\geq 0)$$
(2) 이차방정식 $ax^2+2b'x+c=0$의 해
$$\Rightarrow x=\frac{-b'\pm\sqrt{b'^2-ac}}{a} \ (단, \ b'^2-ac\geq 0)$$

**9**
$$x=\frac{-5\pm\sqrt{5^2-4\times1\times3}}{2\times1}=\frac{-5\pm\sqrt{13}}{2}$$
$$\therefore A=-5, \ B=13$$

**10**
$$x=\frac{-3\pm\sqrt{3^2-4\times2\times(-4)}}{2\times2}=\frac{-3\pm\sqrt{41}}{4}$$
따라서 $A=-3, \ B=41$이므로
$$A+B=-3+41=38$$

**11**
$$x=\frac{-7\pm\sqrt{7^2-4\times1\times a}}{2\times1}=\frac{-7\pm\sqrt{49-4a}}{2}$$
즉, $\dfrac{-7\pm\sqrt{49-4a}}{2}=\dfrac{b\pm\sqrt{5}}{2}$이므로
$$-7=b, \ 49-4a=5 \qquad \therefore a=11, \ b=-7$$
$$\therefore a+b=11+(-7)=4$$

**12**
$$x=\frac{-(-a)\pm\sqrt{(-a)^2-4\times2\times(-1)}}{2\times2}=\frac{a\pm\sqrt{a^2+8}}{4}$$
$$\cdots(i)$$
즉, $\dfrac{a\pm\sqrt{a^2+8}}{4}=\dfrac{3\pm\sqrt{b}}{4}$이므로
$$a=3, \ a^2+8=b \qquad \therefore a=3, \ b=17 \qquad \cdots(ii)$$
$$\therefore b-a=17-3=14 \qquad \cdots(iii)$$

| 채점 기준 | 비율 |
|---|---|
| (i) 이차방정식의 해 구하기 | 40% |
| (ii) $a, b$의 값 구하기 | 40% |
| (iii) $b-a$의 값 구하기 | 20% |

---

**[13~14]** 계수가 소수 또는 분수인 이차방정식
이차방정식의 계수가 소수이면 양변에 10의 거듭제곱을 곱하고, 계수가 분수이면 양변에 분모의 최소공배수를 곱한다.

**13** 양변에 12를 곱하면 $6x^2+8x-9=0$
$$\therefore x=\frac{-4\pm\sqrt{4^2-6\times(-9)}}{6}=\frac{-4\pm\sqrt{70}}{6}$$

**14** 양변에 10을 곱하면 $2x^2+3x-5=0$
$$(2x+5)(x-1)=0 \qquad \therefore x=-\frac{5}{2} \ 또는 \ x=1$$

## ⌒3 이차방정식의 활용

**유형 8** P. 98

**1**
ㄴ. $5^2-4\times1\times10=-15$
ㄷ. $(-1)^2-4\times2\times7=-55$
ㄹ. $(-4)^2-4\times3\times0=16$
ㅁ. $9^2-4\times4\times2=49$
ㅂ. $12^2-4\times9\times4=0$
(1) ㄱ, ㄹ, ㅁ    (2) ㅂ    (3) ㄴ, ㄷ

**2**
(1) $k>-\dfrac{9}{4}$    (2) $k=-\dfrac{9}{4}$    (3) $k<-\dfrac{9}{4}$

**3**
(1) $k<\dfrac{2}{3}$    (2) $k=\dfrac{2}{3}$    (3) $k>\dfrac{2}{3}$

**4**
(1) $k\leq\dfrac{1}{4}$    (2) $k\geq-\dfrac{16}{5}$

**1**
ㄱ. $b^2-4ac=(-5)^2-4\times1\times(-6)=49>0$
$\Rightarrow$ 서로 다른 두 근
ㄴ. $b^2-4ac=5^2-4\times1\times10=-15<0$
$\Rightarrow$ 근이 없다.
ㄷ. $b^2-4ac=(-1)^2-4\times2\times7=-55<0$
$\Rightarrow$ 근이 없다.
ㄹ. $b^2-4ac=(-4)^2-4\times3\times0=16>0$
$\Rightarrow$ 서로 다른 두 근
ㅁ. $b^2-4ac=9^2-4\times4\times2=49>0$
$\Rightarrow$ 서로 다른 두 근
ㅂ. $b^2-4ac=12^2-4\times9\times4=0 \Rightarrow$ 중근

**2**
$b^2-4ac=(-3)^2-4\times1\times(-k)=9+4k$
(1) $9+4k>0$이어야 하므로 $k>-\dfrac{9}{4}$
(2) $9+4k=0$이어야 하므로 $k=-\dfrac{9}{4}$
(3) $9+4k<0$이어야 하므로 $k<-\dfrac{9}{4}$

**3** $b'^2-ac=(-2)^2-2\times 3k=4-6k$

(1) $4-6k>0$이어야 하므로 $k<\dfrac{2}{3}$

(2) $4-6k=0$이어야 하므로 $k=\dfrac{2}{3}$

(3) $4-6k<0$이어야 하므로 $k>\dfrac{2}{3}$

**4** (1) $b^2-4ac=(-1)^2-4\times 1\times k=1-4k$

$1-4k\geq 0$이어야 하므로 $k\leq\dfrac{1}{4}$

(2) $b'^2-ac=4^2-5\times(-k)=16+5k$

$16+5k\geq 0$이어야 하므로 $k\geq -\dfrac{16}{5}$

### 유형 **9** P. 99

**1** (1) $2,\ 3,\ x^2-5x+6$    (2) $x^2+x-12=0$

(3) $2x^2-18x+28=0$    (4) $-x^2-3x+18=0$

(5) $3x^2+18x+15=0$    (6) $4x^2-8x-5=0$

**2** (1) $2,\ x^2-4x+4$    (2) $x^2-6x+9=0$

(3) $x^2+16x+64=0$    (4) $-2x^2+4x-2=0$

(5) $-x^2-10x-25=0$    (6) $4x^2-28x+49=0$

**1** (2) $(x+4)(x-3)=0$   $\therefore x^2+x-12=0$

(3) $2(x-2)(x-7)=0,\ 2(x^2-9x+14)=0$

$\therefore 2x^2-18x+28=0$

(4) $-(x-3)(x+6)=0,\ -(x^2+3x-18)=0$

$\therefore -x^2-3x+18=0$

(5) $3(x+1)(x+5)=0,\ 3(x^2+6x+5)=0$

$\therefore 3x^2+18x+15=0$

(6) $4\left(x+\dfrac{1}{2}\right)\left(x-\dfrac{5}{2}\right)=0,\ 4\left(x^2-2x-\dfrac{5}{4}\right)=0$

$\therefore 4x^2-8x-5=0$

**2** (2) $(x-3)^2=0$   $\therefore x^2-6x+9=0$

(3) $(x+8)^2=0$   $\therefore x^2+16x+64=0$

(4) $-2(x-1)^2=0,\ -2(x^2-2x+1)=0$

$\therefore -2x^2+4x-2=0$

(5) $-(x+5)^2=0,\ -(x^2+10x+25)=0$

$\therefore -x^2-10x-25=0$

(6) $4\left(x-\dfrac{7}{2}\right)^2=0,\ 4\left(x^2-7x+\dfrac{49}{4}\right)=0$

$\therefore 4x^2-28x+49=0$

### 유형 **10** P. 100～102

**1** (1) $\dfrac{n(n-3)}{2}=54$   (2) $n=-9$ 또는 $n=12$

(3) 십이각형

**2** (1) $2x=x^2-48$   (2) $x=-6$ 또는 $x=8$

(3) 8

---

**3** (1) $x^2+(x+1)^2=113$

(2) $x=-8$ 또는 $x=7$

(3) 7, 8

**4** (1) $x+2,\ x(x+2)=224$

(2) $x=-16$ 또는 $x=14$

(3) 14살

**5** (1) $x-3,\ x(x-3)=180$

(2) $x=-12$ 또는 $x=15$

(3) 15명

**6** (1) $-5x^2+40x=60$

(2) $x=2$ 또는 $x=6$

(3) 2초 후

**7** (1) $x+5,\ \dfrac{1}{2}x(x+5)=33$

(2) $x=-11$ 또는 $x=6$

(3) 6 cm

**8** (1) $x+2,\ x-1,\ (x+2)(x-1)=40$

(2) $x=-7$ 또는 $x=6$

(3) 6

**9** (1) $40-x,\ 20-x,\ (40-x)(20-x)=576$

(2) $x=4$ 또는 $x=56$

(3) 4

**1** (2) $\dfrac{n(n-3)}{2}=54$에서 $n(n-3)=108$

$n^2-3n-108=0,\ (n+9)(n-12)=0$

$\therefore n=-9$ 또는 $n=12$

(3) $n$은 자연수이므로 $n=12$

따라서 구하는 다각형은 십이각형이다.

**2** (2) $2x=x^2-48$에서 $x^2-2x-48=0$

$(x+6)(x-8)=0$

$\therefore x=-6$ 또는 $x=8$

(3) $x$는 자연수이므로 $x=8$

**3** (1) 연속하는 두 자연수 중 작은 수를 $x$라고 하면 큰 수는 $x+1$이므로

$x^2+(x+1)^2=113$

(2) $x^2+(x+1)^2=113$에서 $x^2+x^2+2x+1=113$

$2x^2+2x-112=0,\ x^2+x-56=0$

$(x+8)(x-7)=0$

$\therefore x=-8$ 또는 $x=7$

(3) $x$는 자연수이므로 $x=7$

따라서 연속하는 두 자연수는 7, 8이다.

**4** (2) $x(x+2)=224$에서 $x^2+2x-224=0$

$(x+16)(x-14)=0$   $\therefore x=-16$ 또는 $x=14$

(3) $x$는 자연수이므로 $x=14$

따라서 동생의 나이는 14살이다.

**5** (2) $x(x-3)=180$에서 $x^2-3x-180=0$
$(x+12)(x-15)=0$
$\therefore x=-12$ 또는 $x=15$
(3) $x$는 자연수이므로 $x=15$
따라서 학생 수는 15명이다.

**6** (2) $-5x^2+40x=60$에서 $-5x^2+40x-60=0$
$x^2-8x+12=0$, $(x-2)(x-6)=0$
$\therefore x=2$ 또는 $x=6$
(3) 공의 높이가 처음으로 60 m가 되는 것은 공을 쏘아 올린 지 2초 후이다.

**7** (2) $\frac{1}{2}x(x+5)=33$에서 $x(x+5)=66$
$x^2+5x-66=0$, $(x+11)(x-6)=0$
$\therefore x=-11$ 또는 $x=6$
(3) $x>0$이므로 $x=6$
따라서 삼각형의 밑변의 길이는 6 cm이다.

**8** (2) $(x+2)(x-1)=40$에서 $x^2+x-2=40$
$x^2+x-42=0$, $(x+7)(x-6)=0$
$\therefore x=-7$ 또는 $x=6$
(3) $x>1$이므로 $x=6$

**9** (2) $(40-x)(20-x)=576$에서 $800-60x+x^2=576$
$x^2-60x+224=0$, $(x-4)(x-56)=0$
$\therefore x=4$ 또는 $x=56$
(3) $0<x<20$이므로 $x=4$

**2** (1) 연속하는 두 짝수 중 작은 수를 $x$라고 하면 큰 수는
$x+2$이므로
$x(x+2)=288$
(2) $x(x+2)=288$에서 $x^2+2x-288=0$
$(x+18)(x-16)=0$
$\therefore x=-18$ 또는 $x=16$
이때 $x$는 자연수이므로 $x=16$
따라서 연속하는 두 짝수는 16, 18이다.

**3** (1) 둘째 주 수요일의 날짜를 $x$일이라고 하면 셋째 주 수요일의 날짜는 $(x+7)$일이므로
$x(x+7)=198$
(2) $x(x+7)=198$에서 $x^2+7x-198=0$
$(x+18)(x-11)=0$ $\therefore x=-18$ 또는 $x=11$
이때 $x$는 자연수이므로 $x=11$
따라서 셋째 주 수요일의 날짜는 18일이다.

**4** (2) $-5x^2+20x+60=0$에서 $x^2-4x-12=0$
$(x+2)(x-6)=0$ $\therefore x=-2$ 또는 $x=6$
이때 $x>0$이므로 $x=6$
따라서 공이 지면에 떨어지는 것은 공을 던져 올린 지 6초 후이다.

**5** (3) $x^2+(14-x)^2=106$에서
$x^2+x^2-28x+196=106$, $2x^2-28x+90=0$
$x^2-14x+45=0$, $(x-5)(x-9)=0$
$\therefore x=5$ 또는 $x=9$
이때 $7<x<14$이므로 $x=9$
따라서 큰 정사각형의 한 변의 길이는 9 cm이다.

---

**한 번 更 연습**　　　　P. 103

**1** (1) $\frac{n(n+1)}{2}=153$　　(2) 17
**2** (1) $x(x+2)=288$　　(2) 16, 18
**3** (1) $x(x+7)=198$　　(2) 18일
**4** (1) $-5x^2+20x+60=0$　　(2) 6초 후
**5** (1) $(14-x)$ cm　　(2) $x^2+(14-x)^2=106$
　　(3) 9 cm

**1** (2) $\frac{n(n+1)}{2}=153$에서 $n(n+1)=306$
$n^2+n-306=0$, $(n+18)(n-17)=0$
$\therefore n=-18$ 또는 $n=17$
이때 $n$은 자연수이므로 $n=17$

---

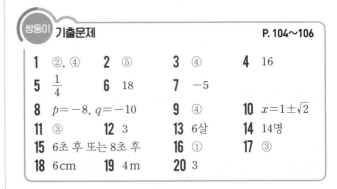

**쌍둥이 기출문제**　　　　P. 104~106

**1** ②, ④　**2** ⑤　**3** ④　**4** 16
**5** $\frac{1}{4}$　**6** 18　**7** $-5$
**8** $p=-8$, $q=-10$　**9** ④　**10** $x=1\pm\sqrt{2}$
**11** ③　**12** 3　**13** 6살　**14** 14명
**15** 6초 후 또는 8초 후　**16** ①　**17** ③
**18** 6 cm　**19** 4 m　**20** 3

**[1~2]** 이차방정식 $ax^2+bx+c=0$에서
(1) $b^2-4ac>0$ ⇨ 서로 다른 두 근
(2) $b^2-4ac=0$ ⇨ 중근
(3) $b^2-4ac<0$ ⇨ 근이 없다.

**1**
① $b'^2-ac=3^2-1\times9=0 \Rightarrow$ 중근
② $b^2-4ac=(-3)^2-4\times1\times2=1>0 \Rightarrow$ 서로 다른 두 근
③ $x^2-4x=-4$에서 $x^2-4x+4=0$
  $b'^2-ac=(-2)^2-1\times4=0 \Rightarrow$ 중근
④ $b^2-4ac=(-5)^2-4\times2\times1=17>0$
  $\Rightarrow$ 서로 다른 두 근
⑤ $b'^2-ac=(-2)^2-3\times2=-2<0 \Rightarrow$ 근이 없다.
따라서 서로 다른 두 근을 갖는 것은 ②, ④이다.

**2**
① $b^2-4ac=0^2-4\times1\times(-1)=4>0 \Rightarrow$ 서로 다른 두 근
② $b'^2-ac=(-2)^2-1\times2=2>0 \Rightarrow$ 서로 다른 두 근
③ $b^2-4ac=(-7)^2-4\times2\times3=25>0$
  $\Rightarrow$ 서로 다른 두 근
④ $b'^2-ac=(-1)^2-3\times(-1)=4>0$
  $\Rightarrow$ 서로 다른 두 근
⑤ $b^2-4ac=3^2-4\times4\times1=-7<0 \Rightarrow$ 근이 없다.
따라서 근의 개수가 나머지 넷과 다른 하나는 ⑤이다.

**[3~6] 근의 개수에 따른 상수의 값의 범위**
이차방정식 $ax^2+bx+c=0$이
(1) 서로 다른 두 근을 가질 때  $\Rightarrow b^2-4ac>0$
(2) 중근을 가질 때      $\Rightarrow b^2-4ac=0$
(3) 근을 갖지 않을 때     $\Rightarrow b^2-4ac<0$

**3**
$9x^2-6x+k=0$이 서로 다른 두 근을 가지므로
$(-3)^2-9\times k>0$, $9-9k>0$   $\therefore k<1$

**4**
$4x^2+28x+3k+1=0$이 해를 가지므로
$14^2-4\times(3k+1)\geq0$, $192-12k\geq0$
$\therefore k\leq16$
따라서 가장 큰 정수 $k$의 값은 16이다.

**5**
$4x^2-6x+k+2=0$이 중근을 가지므로
$(-3)^2-4\times(k+2)=0$, $1-4k=0$
$\therefore k=\dfrac{1}{4}$

**6**
$2x^2+5x=17x-a$에서 $2x^2-12x+a=0$
$2x^2-12x+a=0$이 중근을 가지므로
$(-6)^2-2\times a=0$, $36-2a=0$    $\therefore a=18$

**[7~8] 두 근이 $\alpha$, $\beta$이고 $x^2$의 계수가 $a$인 이차방정식**
   $\Rightarrow a(x-\alpha)(x-\beta)=0$

**7**
두 근이 $-3$, 2이고 $x^2$의 계수가 1인 이차방정식은
$(x+3)(x-2)=0$, $x^2+x-6=0$
따라서 $m=1$, $n=-6$이므로
$m+n=1+(-6)=-5$

**8**
두 근이 $-1$, 5이고 $x^2$의 계수가 2인 이차방정식은
$2(x+1)(x-5)=0$, $2x^2-8x-10=0$
$\therefore p=-8$, $q=-10$

**[9~10]** $x^2+ax+b=0$의 일차항의 계수와 상수항을 바꾸어 푼 경우
❶ 이차방정식을 $x^2+bx+a=0$으로 놓고 주어진 근을 대입하여 $a$, $b$의 값을 구한다.
❷ $a$, $b$의 값을 대입하여 $x^2+ax+b=0$의 해를 구한다.

**9**
$x^2+ax+b=0$의 일차항의 계수와 상수항을 바꾸면
$x^2+bx+a=0$
이 이차방정식의 해가 $x=-2$ 또는 $x=4$이므로
$(x+2)(x-4)=0$, $x^2-2x-8=0$
$\therefore a=-8$, $b=-2$
따라서 처음 이차방정식은 $x^2-8x-2=0$이므로
$x=-(-4)\pm\sqrt{(-4)^2-1\times(-2)}$
$=4\pm3\sqrt{2}$

**10**
$x^2+kx+k+1=0$의 일차항의 계수와 상수항을 바꾸면
$x^2+(k+1)x+k=0$
이 이차방정식의 한 근이 $x=2$이므로 $x=2$를 대입하면
$2^2+(k+1)\times2+k=0$, $3k+6=0$
$\therefore k=-2$             … (i)
따라서 처음 이차방정식은 $x^2-2x-1=0$이므로   … (ii)
$x=-(-1)\pm\sqrt{(-1)^2-1\times(-1)}$
$=1\pm\sqrt{2}$             … (iii)

| 채점 기준 | 비율 |
|---|---|
| (i) $k$의 값 구하기 | 40 % |
| (ii) 처음 이차방정식 구하기 | 20 % |
| (iii) 처음 이차방정식의 해 구하기 | 40 % |

**[11~12] 이차방정식의 활용 – 수**
(1) 연속하는 두 자연수 $\Rightarrow x$, $x+1$($x$는 자연수)로 놓는다.
(2) 연속하는 세 자연수 $\Rightarrow x-1$, $x$, $x+1$($x>1$)로 놓는다.

**11**
연속하는 두 자연수를 $x$, $x+1$이라고 하면
$x^2+(x+1)^2=41$
$2x^2+2x-40=0$, $x^2+x-20=0$
$(x+5)(x-4)=0$
$\therefore x=-5$ 또는 $x=4$
이때 $x$는 자연수이므로 $x=4$
따라서 두 자연수는 4, 5이므로 두 수의 곱은
$4\times5=20$

**12**
연속하는 세 자연수를 $x-1$, $x$, $x+1$이라고 하면
$(x+1)^2=(x-1)^2+x^2$
$x^2-4x=0$, $x(x-4)=0$
$\therefore x=0$ 또는 $x=4$
이때 $x$는 자연수이므로 $x=4$
따라서 세 자연수는 3, 4, 5이므로 가장 작은 수는 3이다.

**13** 동생의 나이를 $x$살이라고 하면 형의 나이는 $(x+4)$살이므로
$(x+4)^2=3x^2-8$
$2x^2-8x-24=0$, $x^2-4x-12=0$
$(x+2)(x-6)=0$ ∴ $x=-2$ 또는 $x=6$
이때 $x$는 자연수이므로 $x=6$
따라서 동생의 나이는 6살이다.

**14** 학생 수를 $x$명이라고 하면 한 학생이 받은 공책의 수는
$(x-4)$권이므로 $x(x-4)=140$
$x^2-4x-140=0$, $(x+10)(x-14)=0$
∴ $x=-10$ 또는 $x=14$
이때 $x$는 자연수이므로 $x=14$
따라서 학생 수는 14명이다.

**15** $-5t^2+70t=240$, $-5t^2+70t-240=0$
$t^2-14t+48=0$, $(t-6)(t-8)=0$
∴ $t=6$ 또는 $t=8$
따라서 물 로켓의 높이가 240 m가 되는 것은 물 로켓을 쏘아 올린 지 6초 후 또는 8초 후이다.

**16** $40+20x-5x^2=60$, $-5x^2+20x-20=0$
$x^2-4x+4=0$, $(x-2)^2=0$ ∴ $x=2$
따라서 폭죽이 터지는 것은 폭죽을 쏘아 올린 지 2초 후이다.

**17** 직사각형 모양의 밭의 가로의 길이는 $(x+4)$ m, 세로의 길이는 $(x-3)$ m이므로
$(x+4)(x-3)=60$
$x^2+x-12=60$, $x^2+x-72=0$
$(x+9)(x-8)=0$ ∴ $x=-9$ 또는 $x=8$
이때 $x>3$이므로 $x=8$

**18** 처음 정사각형의 한 변의 길이를 $x$ cm라고 하면
새로 만든 직사각형의 가로의 길이는 $(x+3)$ cm, 세로의 길이는 $(x+2)$ cm이므로
$(x+3)(x+2)=2x^2$ ⋯ (i)
$x^2+5x+6=2x^2$, $x^2-5x-6=0$
$(x+1)(x-6)=0$
∴ $x=-1$ 또는 $x=6$ ⋯ (ii)
이때 $x>0$이므로 $x=6$
따라서 처음 정사각형의 한 변의 길이는 6 cm이다. ⋯ (iii)

| 채점 기준 | 비율 |
|---|---|
| (i) 이차방정식 세우기 | 40 % |
| (ii) 이차방정식 풀기 | 40 % |
| (iii) 처음 정사각형의 한 변의 길이 구하기 | 20 % |

**[19~20]** 다음 세 직사각형에서 색칠한 부분의 넓이는 모두 같다.

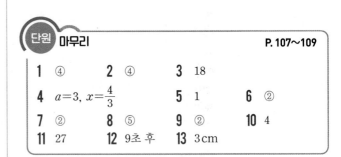

**19** 도로의 폭을 $x$ m라고 하면 도로를 제외한 땅의 넓이는
$(50-x)(30-x)=1196$
$1500-80x+x^2=1196$, $x^2-80x+304=0$
$(x-4)(x-76)=0$ ∴ $x=4$ 또는 $x=76$
이때 $0<x<30$이므로 $x=4$
따라서 도로의 폭은 4 m이다.

**20** 길을 제외한 꽃밭의 넓이는
$(15-x)(10-x)=84$
$150-25x+x^2=84$, $x^2-25x+66=0$
$(x-3)(x-22)=0$ ∴ $x=3$ 또는 $x=22$
이때 $0<x<10$이므로 $x=3$

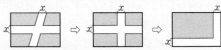

### 단원 마무리     P. 107~109

| | | | | | | |
|---|---|---|---|---|---|---|
| **1** ④ | **2** ④ | **3** 18 | | | | |
| **4** $a=3$, $x=\dfrac{4}{3}$ | | **5** 1 | | **6** ② | | |
| **7** ② | **8** ⑤ | **9** ② | | **10** 4 | | |
| **11** 27 | **12** 9초 후 | **13** 3 cm | | | | |

**1** ㄱ. $x^2-4x+3$ ⇨ 이차식
ㄴ. $(x+1)(x+2)=3$에서 $x^2+3x+2=3$
$x^2+3x-1=0$ ⇨ 이차방정식
ㄷ. $x^2+5=x(x-3)$에서 $x^2+5=x^2-3x$
$3x+5=0$ ⇨ 일차방정식
ㄹ. $(2-x)^2-x^2=0$에서 $4-4x+x^2-x^2=0$
$-4x+4=0$ ⇨ 일차방정식
ㅁ. $\dfrac{1}{x^2}+\dfrac{1}{x}+1=0$ ⇨ 이차방정식이 아니다.
ㅂ. $x^2(x+1)=x^3-x+5$에서
$x^3+x^2=x^3-x+5$
$x^2+x-5=0$ ⇨ 이차방정식
따라서 이차방정식인 것은 ㄴ, ㅂ이다.

**2** ① $(-2)^2-2\times(-2)-2\neq0$
② $(-3)^2-(-3)-6\neq0$
③ $2\times(-1)^2-(-1)-1\neq0$
④ $2\times\left(-\dfrac{3}{2}\right)^2+\left(-\dfrac{3}{2}\right)-3=0$
⑤ $3\times(-2)^2-7\times(-2)-6\neq0$
따라서 [ ] 안의 수가 주어진 이차방정식의 해인 것은 ④이다.

**3** $x^2+10x=56$에서 $x^2+10x-56=0$

$(x+14)(x-4)=0$ ∴ $x=-14$ 또는 $x=4$

이때 $a>b$이므로 $a=4$, $b=-14$

∴ $a-b=4-(-14)=18$

**4** $ax^2-(2a+1)x+3a-5=0$에 $x=1$을 대입하면

$a\times1^2-(2a+1)\times1+3a-5=0$

$2a-6=0$ ∴ $a=3$ ··· (ⅰ)

즉, $3x^2-7x+4=0$에서

$(x-1)(3x-4)=0$

∴ $x=1$ 또는 $x=\dfrac{4}{3}$ ··· (ⅱ)

따라서 다른 한 근은 $x=\dfrac{4}{3}$이다. ··· (ⅲ)

| 채점 기준 | 비율 |
|---|---|
| (ⅰ) $a$의 값 구하기 | 40 % |
| (ⅱ) 이차방정식의 해 구하기 | 40 % |
| (ⅲ) 다른 한 근 구하기 | 20 % |

**5** $3x^2-8x=x^2-7$에서 $2x^2-8x=-7$

양변을 2로 나누면 $x^2-4x=-\dfrac{7}{2}$

$x^2-4x+4=-\dfrac{7}{2}+4$ ∴ $(x-2)^2=\dfrac{1}{2}$

따라서 $p=2$, $q=\dfrac{1}{2}$이므로 $pq=2\times\dfrac{1}{2}=1$

**6** $x=\dfrac{-3\pm\sqrt{3^2-2\times a}}{2}=\dfrac{-3\pm\sqrt{9-2a}}{2}$

즉, $\dfrac{-3\pm\sqrt{9-2a}}{2}=\dfrac{b\pm\sqrt{11}}{2}$이므로

$-3=b$, $9-2a=11$ ∴ $a=-1$, $b=-3$

**7** 양변에 10을 곱하면 $3x^2+2x-2=0$

∴ $x=\dfrac{-1\pm\sqrt{1^2-3\times(-2)}}{3}=\dfrac{-1\pm\sqrt{7}}{3}$

따라서 $a=-1$, $b=7$이므로

$a+b=-1+7=6$

**8** ① $b'^2-ac=(-4)^2-1\times5=11>0$

⇨ 서로 다른 두 근

② $b^2-4ac=(-9)^2-4\times2\times(-3)=105>0$

⇨ 서로 다른 두 근

③ $b'^2-ac=2^2-3\times(-1)=7>0$

⇨ 서로 다른 두 근

④ $b'^2-ac=1^2-4\times(-1)=5>0$

⇨ 서로 다른 두 근

⑤ $b^2-4ac=7^2-4\times5\times8=-111<0$

⇨ 근이 없다.

따라서 근의 개수가 나머지 넷과 다른 하나는 ⑤이다.

**9** $x^2+8x+18-k=0$이 중근을 가지므로

$4^2-1\times(18-k)=0$

$-2+k=0$ ∴ $k=2$

즉, $x^2+8x+16=0$에서 $(x+4)^2=0$

∴ $x=-4$

따라서 구하는 값은 $2+(-4)=-2$

**다른 풀이**

$x^2+8x+18-k=0$이 중근을 가지므로

$18-k=\left(\dfrac{8}{2}\right)^2$, $18-k=16$

∴ $k=2$

**10** 두 근이 $-\dfrac{1}{2}$, $-1$이고 $x^2$의 계수가 2인 이차방정식은

$2\left(x+\dfrac{1}{2}\right)(x+1)=0$

$2\left(x^2+\dfrac{3}{2}x+\dfrac{1}{2}\right)=0$

∴ $2x^2+3x+1=0$

따라서 $a=3$, $b=1$이므로

$a+b=3+1=4$

**11** 연속하는 세 자연수를 $x-1$, $x$, $x+1$이라고 하면

$(x-1)^2+x^2+(x+1)^2=245$ ··· (ⅰ)

$3x^2=243$, $x^2=81$

∴ $x=\pm9$ ··· (ⅱ)

이때 $x$는 자연수이므로 $x=9$

따라서 연속하는 세 자연수는 8, 9, 10이므로

구하는 합은 $8+9+10=27$ ··· (ⅲ)

| 채점 기준 | 비율 |
|---|---|
| (ⅰ) 이차방정식 세우기 | 40 % |
| (ⅱ) 이차방정식 풀기 | 40 % |
| (ⅲ) 세 자연수의 합 구하기 | 20 % |

**12** $45t-5t^2=0$, $t^2-9t=0$, $t(t-9)=0$

∴ $t=0$ 또는 $t=9$

이때 $t>0$이므로 $t=9$

따라서 물체가 다시 지면에 떨어지는 것은 쏘아 올린 지 9초 후이다.

**13** 반지름의 길이를 $x$ cm만큼 늘였다고 하면

$\pi(5+x)^2-\pi\times5^2=39\pi$

$x^2+10x-39=0$

$(x+13)(x-3)=0$

∴ $x=-13$ 또는 $x=3$

이때 $x>0$이므로 $x=3$

따라서 반지름의 길이는 처음보다 3 cm만큼 늘어났다.

## 1 이차함수의 뜻

유형 1      P. 112

**1** (1) $\times$    (2) $\bigcirc$    (3) $\times$    (4) $\times$
   (5) $\times$    (6) $\bigcirc$

**2** (1) $y=3x$, $\times$      (2) $y=2x^2$, $\bigcirc$
   (3) $y=\dfrac{1}{4}x$, $\times$      (4) $y=10\pi x^2$, $\bigcirc$

**3** (1) $0$    (2) $\dfrac{1}{4}$    (3) $5$    (4) $5$

**4** (1) $-9$    (2) $-\dfrac{3}{2}$    (3) $-6$    (4) $23$

**1** (5) $y=x^2-(x+1)^2=-2x-1 \Rightarrow$ 일차함수
   (6) $y=3(x+1)(x-3)=3x^2-6x-9 \Rightarrow$ 이차함수

**2** (1) $y=3\times x=3x \Rightarrow$ 일차함수
   (2) $y=\dfrac{1}{2}\times(x+3x)\times x=2x^2 \Rightarrow$ 이차함수
   (3) $y=\dfrac{1}{4}x \Rightarrow$ 일차함수
   (4) $y=\pi\times x^2\times 10=10\pi x^2 \Rightarrow$ 이차함수

**3** (1) $f(1)=1^2-2\times 1+1=0$
   (2) $f\left(\dfrac{1}{2}\right)=\left(\dfrac{1}{2}\right)^2-2\times\dfrac{1}{2}+1=\dfrac{1}{4}$
   (3) $f(-2)=(-2)^2-2\times(-2)+1=9$
     $f(3)=3^2-2\times 3+1=4$
     $\therefore f(-2)-f(3)=9-4=5$
   (4) $f(-1)=(-1)^2-2\times(-1)+1=4$
     $f(2)=2^2-2\times 2+1=1$
     $\therefore f(-1)+f(2)=4+1=5$

**4** (1) $f(2)=-4\times 2^2+3\times 2+1=-9$
   (2) $f\left(-\dfrac{1}{2}\right)=-4\times\left(-\dfrac{1}{2}\right)^2+3\times\left(-\dfrac{1}{2}\right)+1=-\dfrac{3}{2}$
   (3) $f(-1)=-4\times(-1)^2+3\times(-1)+1=-6$
     $f(1)=-4\times 1^2+3\times 1+1=0$
     $\therefore f(-1)+f(1)=-6+0=-6$
   (4) $f(-2)=-4\times(-2)^2+3\times(-2)+1=-21$
     $f(-3)=-4\times(-3)^2+3\times(-3)+1=-44$
     $\therefore f(-2)-f(-3)=-21-(-44)=23$

## 2 이차함수 $y=ax^2$의 그래프

유형 2      P. 113

**1~2** 풀이 참조

**3** (1) $\bigcirc$    (2) $\times$    (3) $\times$    (4) $\bigcirc$

**1**

| $x$ | $\cdots$ | $-3$ | $-2$ | $-1$ | $0$ | $1$ | $2$ | $3$ | $\cdots$ |
|---|---|---|---|---|---|---|---|---|---|
| $x^2$ | $\cdots$ | $9$ | $4$ | $1$ | $0$ | $1$ | $4$ | $9$ | $\cdots$ |
| $-x^2$ | $\cdots$ | $-9$ | $-4$ | $-1$ | $0$ | $-1$ | $-4$ | $-9$ | $\cdots$ |

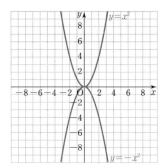

**2**

| | $y=x^2$ | $y=-x^2$ |
|---|---|---|
| (1) | $(\boxed{0}, \boxed{0})$ | $(\boxed{0}, \boxed{0})$ |
| (2) | $\boxed{아래}$로 볼록 | $\boxed{위}$로 볼록 |
| (3) | 제 $\boxed{1}$, $\boxed{2}$ 사분면 | 제 $\boxed{3}$, $\boxed{4}$ 사분면 |
| (4) | $\boxed{증가}$ | $\boxed{감소}$ |

**3** (1) $16=4^2$      (2) $-3\neq\left(\dfrac{1}{3}\right)^2$
   (3) $-4\neq(-2)^2$      (4) $\dfrac{25}{4}=\left(-\dfrac{5}{2}\right)^2$

유형 3      P. 114~115

**1~2** 풀이 참조

**3** (1) ㉠    (2) ㉡    (3) ㉣    (4) ㉢

**4** 그래프는 풀이 참조
   (1) $y=-4x^2$    (2) $y=\dfrac{1}{3}x^2$

**5** (1) ㄱ, ㄷ, ㄹ    (2) ㄷ    (3) ㄱ과 ㅁ    (4) ㄴ, ㅁ

**6** (1) $8$    (2) $-20$    (3) $4$    (4) $2$

**1**

| $x$ | $\cdots$ | $-2$ | $-1$ | $0$ | $1$ | $2$ | $\cdots$ |
|---|---|---|---|---|---|---|---|
| $2x^2$ | $\cdots$ | $8$ | $2$ | $0$ | $2$ | $8$ | $\cdots$ |
| $-2x^2$ | $\cdots$ | $-8$ | $-2$ | $0$ | $-2$ | $-8$ | $\cdots$ |
| $\frac{1}{2}x^2$ | $\cdots$ | $2$ | $\frac{1}{2}$ | $0$ | $\frac{1}{2}$ | $2$ | $\cdots$ |
| $-\frac{1}{2}x^2$ | $\cdots$ | $-2$ | $-\frac{1}{2}$ | $0$ | $-\frac{1}{2}$ | $-2$ | $\cdots$ |

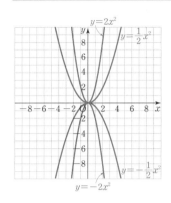

**2**

| | $y=2x^2$ | $y=-2x^2$ | $y=\frac{1}{2}x^2$ | $y=-\frac{1}{2}x^2$ |
|---|---|---|---|---|
| (1) | $(\boxed{0}, \boxed{0})$ | $(\boxed{0}, \boxed{0})$ | $(\boxed{0}, \boxed{0})$ | $(\boxed{0}, \boxed{0})$ |
| (2) | $\boxed{x=0}$ | $\boxed{x=0}$ | $\boxed{x=0}$ | $\boxed{x=0}$ |
| (3) | $\boxed{\text{아래}}$로 볼록 | $\boxed{\text{위}}$로 볼록 | $\boxed{\text{아래}}$로 볼록 | $\boxed{\text{위}}$로 볼록 |
| (4) | $\boxed{\text{증가}}$ | $\boxed{\text{감소}}$ | $\boxed{\text{증가}}$ | $\boxed{\text{감소}}$ |
| (5) | $\boxed{\text{감소}}$ | $\boxed{\text{증가}}$ | $\boxed{\text{감소}}$ | $\boxed{\text{증가}}$ |

**3** (1) 그래프가 아래로 볼록하고 $y=x^2$의 그래프보다 폭이 좁아야 하므로 ㉠

(2) 그래프가 아래로 볼록하고 $y=x^2$의 그래프보다 폭이 넓어야 하므로 ㉡

(3) 그래프가 위로 볼록하고 $y=x^2$의 그래프와 $x$축에 서로 대칭이어야 하므로 ㉣

(4) 그래프가 위로 볼록하고 $y=-x^2$의 그래프보다 폭이 넓어야 하므로 ㉢

**4** (1) $y=4x^2$ / $y=-4x^2$  (2) $y=\frac{1}{3}x^2$ / $y=-\frac{1}{3}x^2$

**5** (1) $x^2$의 계수가 양수이면 그래프가 아래로 볼록하므로
ㄱ, ㄷ, ㄹ

(2) $x^2$의 계수의 절댓값이 클수록 그래프의 폭이 좁아지므로
ㄷ

(3) $x^2$의 계수의 절댓값이 같고 부호가 반대인 두 이차함수의 그래프는 $x$축에 서로 대칭이므로 ㄱ과 ㅁ

(4) $x<0$일 때, $x$의 값이 증가하면 $y$의 값도 증가하는 그래프는 $x^2$의 계수가 음수이므로 ㄴ, ㅁ

**6** (1) $y=2x^2$의 그래프가 점 $(2, a)$를 지나므로
$$a=2\times2^2=8$$

(2) $y=-\frac{1}{5}x^2$의 그래프가 점 $(10, a)$를 지나므로
$$a=-\frac{1}{5}\times10^2=-20$$

(3) $y=ax^2$의 그래프가 점 $(1, 4)$를 지나므로
$$4=a\times1^2 \quad \therefore a=4$$

(4) $y=-ax^2$의 그래프가 점 $(-2, -8)$을 지나므로
$$-8=-a\times(-2)^2, \ -8=-4a \quad \therefore a=2$$

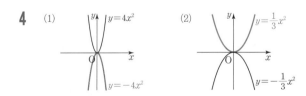

쌍둥이 **기출문제** P. 116~117

| | | | |
|---|---|---|---|
| **1** ③ | **2** 3개 | **3** ㄱ, ㄹ | **4** ⑤ |
| **5** ⑤ | **6** 10 | **7** ④ | **8** ③ |
| **9** $a>\frac{1}{3}$ | **10** ㉠, ㉡, ㉢, ㉤, ㉣ | | **11** ④ |
| **12** ③, ⑤ | **13** 18 | **14** $-12$ | |

**1** ④ $y=(x-2)^2-x^2=-4x+4$ ⇨ 일차함수
따라서 $y$가 $x$에 대한 이차함수인 것은 ③이다.

**2** ㄴ. $y=x(x+1)=x^2+x$ ⇨ 이차함수
ㄷ. $y=x^2-(x-3)^2=6x-9$ ⇨ 일차함수
ㄹ. $y=(x-1)^2+2x-1=x^2$ ⇨ 이차함수
ㅂ. $y=4x(x+2)-4x^2=8x$ ⇨ 일차함수
따라서 $y$가 $x$에 대한 이차함수인 것은 ㄱ, ㄴ, ㄹ의 3개이다.

**3** ㄱ. $y=5\times x=5x$ ⇨ 일차함수
ㄴ. $y=\pi\times(x+1)^2=\pi x^2+2\pi x+\pi$ ⇨ 이차함수
ㄷ. $y=x\times x=x^2$ ⇨ 이차함수
ㄹ. $y=2\times x=2x$ ⇨ 일차함수
따라서 $y$가 $x$에 대한 이차함수가 아닌 것은 ㄱ, ㄹ이다.

**4** ① $y=2\pi\times5x=10\pi x$ ⇨ 일차함수
② $y=\frac{1}{2}\times x\times9=\frac{9}{2}x$ ⇨ 일차함수
③ $y=80x$ ⇨ 일차함수
④ $y=2\times x\times3=6x$ ⇨ 일차함수
⑤ $y=\pi\times x^2\times5=5\pi x^2$ ⇨ 이차함수
따라서 $y$가 $x$에 대한 이차함수인 것은 ⑤이다.

**5** $f(2)=-2^2+3\times2+1=3$
$f(1)=-1^2+3\times1+1=3$
$\therefore f(2)+f(1)=3+3=6$

**6**
$$f(-1)=2\times(-1)^2-5\times(-1)=7 \qquad \cdots \text{(i)}$$
$$f(1)=2\times1^2-5\times1=-3 \qquad \cdots \text{(ii)}$$
$$\therefore f(-1)-f(1)=7-(-3)=10 \qquad \cdots \text{(iii)}$$

| 채점 기준 | 비율 |
|---|---|
| (i) $f(-1)$의 값 구하기 | 40 % |
| (ii) $f(1)$의 값 구하기 | 40 % |
| (iii) $f(-1)-f(1)$의 값 구하기 | 20 % |

**7** $\left|\dfrac{1}{4}\right|<\left|-\dfrac{1}{2}\right|<|2|<|-3|<|4|$이므로 그래프의 폭이 가장 넓은 것은 ④ $y=\dfrac{1}{4}x^2$이다.

**8** $x^2$의 계수가 음수인 것은 ②, ③, ⑤이고, 이때 $\left|-\dfrac{2}{3}\right|<|-1|<|-3|$이므로 그래프가 위로 볼록하면서 폭이 가장 좁은 것은 ③ $y=-3x^2$이다.

**9** $y=ax^2$의 그래프는 아래로 볼록하고 $y=\dfrac{1}{3}x^2$의 그래프보다 폭이 좁으므로 $a>\dfrac{1}{3}$이다.

**10** ㉠, ㉡, ㉢에서 $a>0$이고, 그래프의 폭이 가장 좁은 것은 ㉠이므로 $a$의 값이 큰 것부터 나열하면 ㉠, ㉡, ㉢이다.
㉣, ㉤에서 $a<0$이고, 그래프의 폭이 가장 좁은 것은 ㉣이므로 $a$의 값이 큰 것부터 나열하면 ㉤, ㉣이다.
따라서 $a$의 값이 큰 것부터 차례로 나열하면
㉠, ㉡, ㉢, ㉤, ㉣

**[11~12]** 이차함수 $y=ax^2$의 그래프의 성질
(1) 꼭짓점의 좌표: $(0,\ 0)$
(2) 축의 방정식: $x=0$($y$축)
(3) $a>0$이면 아래로 볼록, $a<0$이면 위로 볼록
(4) $a$의 절댓값이 클수록 그래프의 폭이 좁아진다.
(5) $y=ax^2$과 $y=-ax^2$의 그래프는 $x$축에 서로 대칭이다.

**11** ① 꼭짓점의 좌표는 $(0,\ 0)$이다.
② 위로 볼록한 포물선이다.
③ $3\neq-\dfrac{1}{3}\times(-3)^2$이므로 점 $(-3,\ 3)$을 지나지 않는다.
⇨ 점 $(-3,\ -3)$을 지난다.
⑤ $x<0$일 때, $x$의 값이 증가하면 $y$의 값도 증가한다.
따라서 옳은 것은 ④이다.

**12** ③ $a>0$일 때, 아래로 볼록한 포물선이다.
⑤ $y=-ax^2$의 그래프와 $x$축에 서로 대칭이다.

**13** $y=ax^2$의 그래프가 점 $(2,\ 2)$를 지나므로
$$2=a\times2^2 \qquad \therefore a=\dfrac{1}{2}$$
즉, $y=\dfrac{1}{2}x^2$의 그래프가 점 $(-6,\ b)$를 지나므로
$$b=\dfrac{1}{2}\times(-6)^2=18$$

**14** $y=ax^2$의 그래프가 점 $(3,\ -3)$을 지나므로
$$-3=a\times3^2 \qquad \therefore a=-\dfrac{1}{3}$$
즉, $y=-\dfrac{1}{3}x^2$의 그래프가 점 $(6,\ b)$를 지나므로
$$b=-\dfrac{1}{3}\times6^2=-12$$

# ⌒3 이차함수 $y=a(x-p)^2+q$의 그래프

유형 **4**      P. 118~119

**1** (1) $y=3x^2+5$     (2) $y=5x^2-7$
(3) $y=-\dfrac{1}{2}x^2+4$     (4) $y=-4x^2-3$

**2** (1) $y=\dfrac{1}{3}x^2,\ -5$     (2) $y=2x^2,\ 1$
(3) $y=-3x^2,\ -\dfrac{1}{3}$     (4) $y=-\dfrac{5}{2}x^2,\ 3$

**3~4** 풀이 참조
**5** 그래프는 풀이 참조
(1) 아래로 볼록, $x=0$, $(0,\ -3)$
(2) 아래로 볼록, $x=0$, $(0,\ 3)$
(3) 위로 볼록, $x=0$, $(0,\ -1)$
(4) 위로 볼록, $x=0$, $(0,\ 5)$

**6** (1) ㄱ, ㄹ    (2) ㄴ, ㄷ    (3) ㄴ, ㄷ    (4) ㄱ, ㄹ

**7** (1) $-21$    (2) $-10$    (3) 5    (4) $\dfrac{1}{16}$

**3** (1) $y=\dfrac{1}{4}x^2+2$의 그래프는 $y=\dfrac{1}{4}x^2$의 그래프를 $y$축의 방향으로 2만큼 평행이동한 것이다.

(2) $y=\dfrac{1}{4}x^2-3$의 그래프는

　$y=\dfrac{1}{4}x^2$의 그래프를 $y$축의 방향으로 $-3$만큼 평행이동한 것이다.

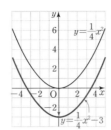

**4** (1) $y=-\dfrac{1}{2}x^2+2$의 그래프는

　$y=-\dfrac{1}{2}x^2$의 그래프를 $y$축의 방향으로 2만큼 평행이동한 것이다.

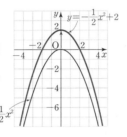

(2) $y=-\dfrac{1}{2}x^2-3$의 그래프는

　$y=-\dfrac{1}{2}x^2$의 그래프를 $y$축의 방향으로 $-3$만큼 평행이동한 것이다.

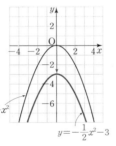

**5** (1)
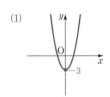
(2)
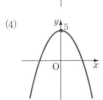
(3)
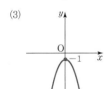
(4)

**7** (1) $y=-2x^2-3$의 그래프가 점 $(3,\,a)$를 지나므로
　$a=-2\times 3^2-3=-21$
(2) $y=4x^2+a$의 그래프가 점 $(2,\,6)$을 지나므로
　$6=4\times 2^2+a$　∴ $a=-10$
(3) $y=ax^2-1$의 그래프가 점 $(1,\,4)$를 지나므로
　$4=a\times 1^2-1$　∴ $a=5$
(4) $y=-ax^2+\dfrac{1}{2}$의 그래프가 점 $\left(4,\,-\dfrac{1}{2}\right)$을 지나므로
　$-\dfrac{1}{2}=-a\times 4^2+\dfrac{1}{2}$　∴ $a=\dfrac{1}{16}$

**1** (1) $y=3(x-5)^2$　　(2) $y=5(x+7)^2$
　(3) $y=-\dfrac{1}{2}(x-4)^2$　(4) $y=-4(x+3)^2$

**2** (1) $y=2x^2,\ -3$　　(2) $y=-x^2,\ 5$
　(3) $y=-2x^2,\ -4$　　(4) $y=\dfrac{1}{4}x^2,\ \dfrac{1}{2}$

**3~4** 풀이 참조
**5** 그래프는 풀이 참조
　(1) 아래로 볼록, $x=2$, $(2,\,0)$
　(2) 아래로 볼록, $x=-5$, $(-5,\,0)$
　(3) 위로 볼록, $x=\dfrac{4}{5}$, $\left(\dfrac{4}{5},\,0\right)$
　(4) 위로 볼록, $x=-4$, $(-4,\,0)$

**6** (1) ×　(2) ○　(3) ×　(4) ○

**7** (1) $-16$　(2) $\dfrac{8}{3}$　(3) $4$　(4) $-3$

**3** (1) $y=(x-2)^2$의 그래프는

　$y=x^2$의 그래프를 $x$축의 방향으로 2만큼 평행이동한 것이다.

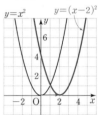

(2) $y=(x+3)^2=\{x-(-3)\}^2$의 그래프는 $y=x^2$의 그래프를 $x$축의 방향으로 $-3$만큼 평행이동한 것이다.

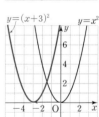

**4** (1) $y=-(x-2)^2$의 그래프는

　$y=-x^2$의 그래프를 $x$축의 방향으로 2만큼 평행이동한 것이다.

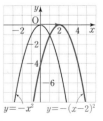

(2) $y=-(x+3)^2$
　$=-\{x-(-3)\}^2$
의 그래프는 $y=-x^2$의 그래프를 $x$축의 방향으로 $-3$만큼 평행이동한 것이다.

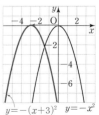

**5** (1)  (2)

(3)  (4)

**6** (1) $y=-\dfrac{1}{3}(x+1)^2$의 그래프는 $x<-1$일 때, $x$의 값이 증가하면 $y$의 값도 증가한다.

(3) $y=-\dfrac{1}{5}(x-2)^2$의 그래프는 $x>2$일 때, $x$의 값이 증가하면 $y$의 값은 감소한다.

**7** (1) $y=-4(x-3)^2$의 그래프가 점 $(1, a)$를 지나므로
$a=-4\times(1-3)^2=-16$

(2) $y=\dfrac{2}{3}(x+4)^2$의 그래프가 점 $(-2, a)$를 지나므로
$a=\dfrac{2}{3}\times(-2+4)^2=\dfrac{8}{3}$

(3) $y=a(x-1)^2$의 그래프가 점 $(2, 4)$를 지나므로
$4=a\times(2-1)^2$  ∴ $a=4$

(4) $y=-2a(x+2)^2$의 그래프가 점 $(-3, 6)$을 지나므로
$6=-2a\times(-3+2)^2$  ∴ $a=-3$

---

### 쌍둥이 기출문제

P. 122~123

| | | | | |
|---|---|---|---|---|
| **1** ⑤ | **2** ③ | **3** ㄷ, ㄹ | **4** ⑤ | **5** ① |
| **6** ⑤ | **7** ④ | **8** ② | **9** ④ | **10** ③ |
| **11** ② | **12** ③ | | | |

**1** 평행이동한 그래프를 나타내는 이차함수의 식은
$y=3x^2-3$
따라서 그래프의 꼭짓점의 좌표는 $(0, -3)$이다.

**2** $y=\dfrac{1}{2}x^2-4$의 그래프는 $y=\dfrac{1}{2}x^2$의 그래프를 $y$축의 방향으로 $-4$만큼 평행이동한 것이고, 꼭짓점의 좌표는 $(0, -4)$이다.
따라서 $a=-4$, $b=0$, $c=-4$이므로
$a+b-c=-4+0-(-4)=0$

**3** ㄱ. 축의 방정식은 $x=0$이다.
ㄴ. 위로 볼록한 포물선이다.
ㄷ. $y=-\dfrac{1}{2}x^2$의 그래프를 $y$축의 방향으로 1만큼 평행이동한 그래프이다.
따라서 옳은 것은 ㄷ, ㄹ이다.

**4** ⑤ $y=ax^2+q$에 $x=0$을 대입하면 $y=q(q\neq0)$이므로 원점을 지나지 않는다.

**5** 평행이동한 그래프를 나타내는 이차함수의 식은
$y=\dfrac{1}{3}x^2+m$
이 그래프가 점 $(3, 5)$를 지나므로
$5=\dfrac{1}{3}\times3^2+m$  ∴ $m=2$

**6** 평행이동한 그래프를 나타내는 이차함수의 식은
$y=ax^2+1$
이 그래프가 점 $(-1, 6)$을 지나므로
$6=a\times(-1)^2+1$  ∴ $a=5$

**8** $y=-\dfrac{1}{7}(x+1)^2$의 그래프는 $y=-\dfrac{1}{7}x^2$의 그래프를 $x$축의 방향으로 $-1$만큼 평행이동한 것이고, 꼭짓점의 좌표는 $(-1, 0)$이다.
따라서 $m=-1$, $a=-1$, $b=0$이므로
$m+a+b=-1+(-1)+0=-2$

**9** ④ 점 $(2, 0)$을 꼭짓점으로 하고, 아래로 볼록한 포물선이므로 제1, 2사분면을 지난다.
⑤ 꼭짓점 $(2, 0)$이 $x$축 위에 있으므로 $x$축과 한 점에서 만난다.
따라서 옳지 않은 것은 ④이다.

**10** ㄱ. 축의 방정식은 $x=-7$이다.
ㄷ. $x^2$의 계수의 절댓값이 같으므로 그래프의 폭이 같다.
ㄹ. $y=-\dfrac{3}{5}(x+7)^2$에 $x=-6$을 대입하면
$y=-\dfrac{3}{5}\times(-6+7)^2=-\dfrac{3}{5}$
즉, 점 $\left(-6, -\dfrac{3}{5}\right)$을 지난다.
따라서 옳은 것은 ㄴ, ㄷ이다.

**11** 평행이동한 그래프를 나타내는 이차함수의 식은
$y=\dfrac{1}{3}(x-2)^2$
이 그래프가 점 $(4, a)$를 지나므로
$a=\dfrac{1}{3}\times(4-2)^2=\dfrac{4}{3}$

**12** 평행이동한 그래프를 나타내는 이차함수의 식은
$y=-2(x-m)^2$
이 그래프가 점 $(0, -18)$을 지나므로
$-18=-2\times(0-m)^2$, $m^2=9$  ∴ $m=\pm3$
이때 $m>0$이므로 $m=3$

**1**   (1) $y=3(x-1)^2+2$      (2) $y=5(x+2)^2-3$

    (3) $y=-\frac{1}{2}(x-3)^2-2$     (4) $y=-4(x+4)^2+1$

**2**   (1) $y=\frac{1}{2}x^2$, $2$, $-1$     (2) $y=2x^2$, $-2$, $3$

    (3) $y=-x^2$, $5$, $-3$     (4) $y=-\frac{1}{3}x^2$, $-\frac{3}{2}$, $-\frac{3}{4}$

**3~4**   풀이 참조

**5**   그래프는 풀이 참조

    (1) 아래로 볼록, $x=2$, $(2, 1)$

    (2) 위로 볼록, $x=-3$, $(-3, -5)$

    (3) 아래로 볼록, $x=2$, $(2, 4)$

    (4) 위로 볼록, $x=-\frac{3}{2}$, $\left(-\frac{3}{2}, -1\right)$

**6**   (1) ×       (2) ○       (3) ○       (4) ×

**7**   (1) $-4$       (2) $9$       (3) $1$       (4) $2$

---

**3**   (1) $y=(x-2)^2+3$의 그래프는 $y=x^2$의 그래프를 $x$축의 방향으로 2만큼, $y$축의 방향으로 3만큼 평행이동한 것이다.

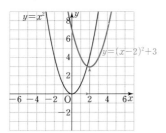

    (2) $y=(x+4)^2-2=\{x-(-4)\}^2-2$의 그래프는 $y=x^2$의 그래프를 $x$축의 방향으로 $-4$만큼, $y$축의 방향으로 $-2$만큼 평행이동한 것이다.

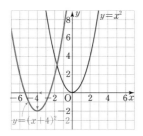

**4**   (1) $y=-\frac{1}{2}(x+3)^2+4=-\frac{1}{2}\{x-(-3)\}^2+4$의 그래프는 $y=-\frac{1}{2}x^2$의 그래프를 $x$축의 방향으로 $-3$만큼, $y$축의 방향으로 4만큼 평행이동한 것이다.

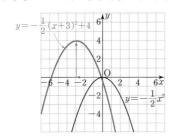

---

    (2) $y=-\frac{1}{2}(x-1)^2-3$의 그래프는 $y=-\frac{1}{2}x^2$의 그래프를 $x$축의 방향으로 1만큼, $y$축의 방향으로 $-3$만큼 평행이동한 것이다.

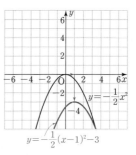

**5**    (1) 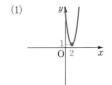     (2)

     (3) 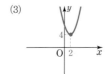     (4)

**6**   (1) $y=4(x-3)^2+7$의 그래프는 $y=4x^2$의 그래프를 $x$축의 방향으로 3만큼, $y$축의 방향으로 7만큼 평행이동한 그래프이다.

    (3) $y=\frac{2}{7}(x-4)^2+1$의 그래프의 꼭짓점은 $(4, 1)$이고 아래로 볼록하므로 제1, 2사분면을 지난다.

    (4) $y=6(x+1)^2-4$의 그래프는 $x>-1$일 때, $x$의 값이 증가하면 $y$의 값도 증가한다.

**7**   (1) $y=-(x+2)^2-3$의 그래프가 점 $(-1, a)$를 지나므로

      $a=-(-1+2)^2-3=-4$

    (2) $y=2(x-6)^2+1$의 그래프가 점 $(4, a)$를 지나므로

      $a=2\times(4-6)^2+1=9$

    (3) $y=a(x+1)^2-5$의 그래프가 점 $(-2, -4)$를 지나므로

      $-4=a\times(-2+1)^2-5$

      $\therefore a=1$

    (4) $y=3(x-5)^2+a$의 그래프가 점 $(6, 5)$를 지나므로

      $5=3\times(6-5)^2+a$

      $\therefore a=2$

**1** (1) $y=3(x-4)^2+4$     (2) $y=3(x-1)^2-1$
    (3) $y=3(x-2)^2+6$

**2** (1) $y=-\dfrac{1}{2}(x+3)^2-5$     (2) $y=-\dfrac{1}{2}(x+2)^2-1$
    (3) $y=-\dfrac{1}{2}(x-4)^2-8$

**3** (1) $x=0$, $(0, -7)$     (2) $x=-5$, $(-5, 0)$
    (3) $x=-9$, $(-9, -14)$

**4** (1) $-8$              (2) $-1$

---

**1** (1) 평행이동한 그래프를 나타내는 이차함수의 식은
$y=3(x-3-1)^2+4=3(x-4)^2+4$
(2) 평행이동한 그래프를 나타내는 이차함수의 식은
$y=3(x-1)^2+4-5=3(x-1)^2-1$
(3) 평행이동한 그래프를 나타내는 이차함수의 식은
$y=3(x-1-1)^2+4+2=3(x-2)^2+6$

**2** (1) 평행이동한 그래프를 나타내는 이차함수의 식은
$y=-\dfrac{1}{2}(x+1+2)^2-5=-\dfrac{1}{2}(x+3)^2-5$
(2) 평행이동한 그래프를 나타내는 이차함수의 식은
$y=-\dfrac{1}{2}(x+2)^2-5+4=-\dfrac{1}{2}(x+2)^2-1$
(3) 평행이동한 그래프를 나타내는 이차함수의 식은
$y=-\dfrac{1}{2}(x-6+2)^2-5-3=-\dfrac{1}{2}(x-4)^2-8$

**3** (1) 평행이동한 그래프를 나타내는 이차함수의 식은
$y=-(x-2+2)^2-5-2=-x^2-7$
따라서 축의 방정식은 $x=0$이고, 꼭짓점의 좌표는
$(0, -7)$이다.
(2) 평행이동한 그래프를 나타내는 이차함수의 식은
$y=-(x+3+2)^2-5+5=-(x+5)^2$
따라서 축의 방정식은 $x=-5$이고, 꼭짓점의 좌표는
$(-5, 0)$이다.
(3) 평행이동한 그래프를 나타내는 이차함수의 식은
$y=-(x+7+2)^2-5-9=-(x+9)^2-14$
따라서 축의 방정식은 $x=-9$이고 꼭짓점의 좌표는
$(-9, -14)$이다.

**4** (1) 평행이동한 그래프를 나타내는 이차함수의 식은
$y=-4(x-1-5)^2-1-3=-4(x-6)^2-4$
이 그래프가 점 $(5, a)$를 지나므로
$a=-4\times(5-6)^2-4=-8$
(2) 평행이동한 그래프를 나타내는 이차함수의 식은
$y=-4(x+2-5)^2-1+4=-4(x-3)^2+3$
이 그래프가 점 $(4, a)$를 지나므로
$a=-4\times(4-3)^2+3=-1$

**1** (1) $>$, $>$, $>$     (2) 위, $<$, $3$, $<$, $<$
    (3) $>$, $>$, $<$     (4) $>$, $<$, $<$
    (5) $<$, $<$, $>$     (6) $<$, $>$, $<$

---

**1** (3) 그래프가 아래로 볼록하므로 $a \boxed{>} 0$
꼭짓점 $(p, q)$가 제4사분면 위에 있으므로
$p \boxed{>} 0$, $q \boxed{<} 0$
(4) 그래프가 아래로 볼록하므로 $a \boxed{>} 0$
꼭짓점 $(p, q)$가 제3사분면 위에 있으므로
$p \boxed{<} 0$, $q \boxed{<} 0$
(5) 그래프가 위로 볼록하므로 $a \boxed{<} 0$
꼭짓점 $(p, q)$가 제2사분면 위에 있으므로
$p \boxed{<} 0$, $q \boxed{>} 0$
(6) 그래프가 위로 볼록하므로 $a \boxed{<} 0$
꼭짓점 $(p, q)$가 제4사분면 위에 있으므로
$p \boxed{>} 0$, $q \boxed{<} 0$

**쌍둥이 기출문제**       P. 128~129

| | | | |
|---|---|---|---|
| **1** 7 | **2** 1 | **3** $x=3$, $(3, 4)$ | **4** $-7$ |
| **5** ⑤ | **6** ① | **7** ④ | **8** ③ |
| **9** ② | **10** $\dfrac{5}{2}$ | **11** 5 | **12** 6 |
| **13** $a<0$, $p>0$, $q>0$ | | **14** ③ | |

**1** 평행이동한 그래프를 나타내는 이차함수의 식은
$y=2(x-p)^2+q$
이 식이 $y=2(x+6)^2+1$과 같아야 하므로
$p=-6$, $q=1$
$\therefore q-p=1-(-6)=7$

**2** 평행이동한 그래프를 나타내는 이차함수의 식은
$y=-4(x-m)^2+n$
이 식이 $y=a(x-3)^2+2$와 같아야 하므로
$a=-4$, $m=3$, $n=2$
$\therefore a+m+n=-4+3+2=1$

**4** $y=-\dfrac{2}{3}(x+2)^2-3$의 그래프의 꼭짓점의 좌표는
$(-2, -3)$, 축의 방정식은 $x=-2$이므로
$a=-2$, $b=-3$, $p=-2$
$\therefore a+b+p=-2+(-3)+(-2)=-7$

**5** ⑤ $y=2x^2$의 그래프를 $x$축의 방향으로 1만큼, $y$축의 방향으로 3만큼 평행이동한 그래프이다.

**6**

| 그래프 | 그래프의 모양 | 축의 방정식 | 꼭짓점의 좌표 |
|---|---|---|---|
| ㄱ | 아래로 볼록 | $x=2$ | $(2, -4)$ |
| ㄴ | 위로 볼록 | $x=2$ | $(2, -4)$ |
| ㄷ | 아래로 볼록 | $x=-2$ | $(-2, -4)$ |
| ㄹ | 위로 볼록 | $x=-1$ | $(-1, 5)$ |

② ㄱ. $x>2$일 때, $x$의 값이 증가하면 $y$의 값도 증가한다.
　ㄴ. $x>2$일 때, $x$의 값이 증가하면 $y$의 값은 감소한다.
따라서 옳은 것은 ①이다.

**7** ④ $y=(x+2)^2+3$은 $y=2x^2$과 $x^2$의 계수가 다르므로 그래프를 평행이동하여 완전히 포갤 수 없다.

**8** ③ $y=-\dfrac{1}{2}x^2-3$은 $y=-\dfrac{1}{2}x^2$과 $x^2$의 계수가 같으므로 그래프를 평행이동하여 완전히 포갤 수 있다.

**9** 평행이동한 그래프를 나타내는 이차함수의 식은
$y=-(x-3)^2-1$
이 그래프가 점 $(4, m)$을 지나므로
$m=-(4-3)^2-1=-2$

**10** 평행이동한 그래프를 나타내는 이차함수의 식은
$y=a(x-1)^2-4$　　　　　　　　　… (i)
이 그래프가 점 $(-1, 6)$을 지나므로
$6=a\times(-1-1)^2-4,\ 6=4a-4$
$\therefore a=\dfrac{5}{2}$　　　　　　　　　… (ii)

| 채점 기준 | 비율 |
|---|---|
| (i) 평행이동한 그래프를 나타내는 이차함수의 식 구하기 | 50 % |
| (ii) $a$의 값 구하기 | 50 % |

**11** 평행이동한 그래프를 나타내는 이차함수의 식은
$y=\dfrac{1}{3}(x-m+4)^2+2+n$
이 식이 $y=\dfrac{1}{3}(x-3)^2$과 같아야 하므로
$-m+4=-3,\ 2+n=0$　　$\therefore m=7,\ n=-2$
$\therefore m+n=7+(-2)=5$

**12** 평행이동한 그래프를 나타내는 이차함수의 식은
$y=3(x-2-2)^2+1-3=3(x-4)^2-2$
이 그래프의 꼭짓점의 좌표는 $(4, -2)$, 축의 방정식은
$x=4$이므로 $p=4,\ q=-2,\ m=4$
$\therefore p+q+m=4+(-2)+4=6$

**13** 그래프가 위로 볼록하므로 $a<0$
꼭짓점 $(p, q)$가 제1사분면 위에 있으므로 $p>0,\ q>0$

**14** 그래프가 아래로 볼록하므로 $a>0$
꼭짓점 $(p, q)$가 제2사분면 위에 있으므로 $p<0$(①), $q>0$
② $ap<0$
③ $a-p>0$
④ $a+q>0$
⑤ $apq<0$
따라서 옳은 것은 ③이다.

## 4 이차함수 $y=ax^2+bx+c$의 그래프

**유형 9**　　　　　　　　　　　　　　　　P. 130~131

**1** (1) 16, 16, 4, 7
　(2) 9, 9, 9, 18, 3, 19
　(3) 8, 8, 16, 16, 8, 16, 8, 4, 10
**2** 풀이 참조
**3** 그래프는 풀이 참조
　(1) $(-2, -1)$, $(0, 3)$, 아래로 볼록
　(2) $(-1, 2)$, $(0, 1)$, 위로 볼록
　(3) $(-1, 3)$, $(0, 5)$, 아래로 볼록
　(4) $(1, 3)$, $\left(0, \dfrac{5}{2}\right)$, 위로 볼록
**4** (1) ○　　(2) ×　　(3) ○　　(4) ○
**5** (1) 0, 0, 4, $-3$, $-4$, $-3$, $-4$
　(2) $(-2, 0)$, $(4, 0)$　　(3) $(-5, 0)$, $(2, 0)$
　(4) $\left(-\dfrac{3}{2}, 0\right)$, $\left(\dfrac{1}{2}, 0\right)$

**2** (1) $y=x^2-6x$
　　　 $=x^2-6x+9-9$
　　　 $=(x-3)^2-9$
　(2) $y=-3x^2+3x-5$
　　　 $=-3(x^2-x)-5$
　　　 $=-3\left(x^2-x+\dfrac{1}{4}-\dfrac{1}{4}\right)-5$
　　　 $=-3\left(x^2-x+\dfrac{1}{4}\right)+\dfrac{3}{4}-5$
　　　 $=-3\left(x-\dfrac{1}{2}\right)^2-\dfrac{17}{4}$

(3) $y=\dfrac{1}{6}x^2+\dfrac{1}{3}x-1$

$\quad =\dfrac{1}{6}(x^2+2x)-1$

$\quad =\dfrac{1}{6}(x^2+2x+1-1)-1$

$\quad =\dfrac{1}{6}(x^2+2x+1)-\dfrac{1}{6}-1$

$\quad =\dfrac{1}{6}(x+1)^2-\dfrac{7}{6}$

**3** (1) $y=x^2+4x+3$

$\quad =(x^2+4x+4-4)+3$

$\quad =(x^2+4x+4)-4+3$

$\quad =(x+2)^2-1$

(2) $y=-x^2-2x+1$

$\quad =-(x^2+2x)+1$

$\quad =-(x^2+2x+1-1)+1$

$\quad =-(x^2+2x+1)+1+1$

$\quad =-(x+1)^2+2$

(3) $y=2x^2+4x+5$

$\quad =2(x^2+2x)+5$

$\quad =2(x^2+2x+1-1)+5$

$\quad =2(x^2+2x+1)-2+5$

$\quad =2(x+1)^2+3$

(4) $y=-\dfrac{1}{2}x^2+x+\dfrac{5}{2}$

$\quad =-\dfrac{1}{2}(x^2-2x)+\dfrac{5}{2}$

$\quad =-\dfrac{1}{2}(x^2-2x+1-1)+\dfrac{5}{2}$

$\quad =-\dfrac{1}{2}(x^2-2x+1)+\dfrac{1}{2}+\dfrac{5}{2}$

$\quad =-\dfrac{1}{2}(x-1)^2+3$

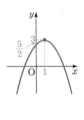

**4** $y=-3x^2+6x+9$

$\quad =-3(x^2-2x)+9$

$\quad =-3(x^2-2x+1-1)+9$

$\quad =-3(x^2-2x+1)+3+9$

$\quad =-3(x-1)^2+12$

(2) 꼭짓점의 좌표는 $(1,\ 12)$이다.

**5** (2) $y=0$을 대입하면 $0=(x+2)(x-4)$에서

$\quad x=-2$ 또는 $x=4$

$\quad \therefore (-2,\ 0),\ (4,\ 0)$

(3) $y=0$을 대입하면 $0=-x^2-3x+10$에서

$\quad x^2+3x-10=0,\ (x+5)(x-2)=0$

$\quad \therefore x=-5$ 또는 $x=2$

$\quad \therefore (-5,\ 0),\ (2,\ 0)$

(4) $y=0$을 대입하면 $0=4x^2+4x-3$에서

$\quad (2x+3)(2x-1)=0 \qquad \therefore x=-\dfrac{3}{2}$ 또는 $x=\dfrac{1}{2}$

$\quad \therefore \left(-\dfrac{3}{2},\ 0\right),\ \left(\dfrac{1}{2},\ 0\right)$

**유형10** P. 132

**1** (1) $>$, $>$, $>$, $<$    (2) 위, $<$, 오른, $<$, $>$, 위, $>$

(3) $>$, $<$, $>$                (4) $<$, $<$, $<$

(5) $<$, $>$, $<$                (6) $>$, $>$, $>$

**1** (3) 그래프가 아래로 볼록하므로 $a\ \boxed{>}\ 0$

축이 $y$축의 오른쪽에 있으므로 $ab<0 \quad \therefore b\ \boxed{<}\ 0$

$y$축과 만나는 점이 $x$축보다 위쪽에 있으므로 $c\ \boxed{>}\ 0$

(4) 그래프가 위로 볼록하므로 $a\ \boxed{<}\ 0$

축이 $y$축의 왼쪽에 있으므로 $ab>0 \quad \therefore b\ \boxed{<}\ 0$

$y$축과 만나는 점이 $x$축보다 아래쪽에 있으므로 $c\ \boxed{<}\ 0$

(5) 그래프가 위로 볼록하므로 $a\ \boxed{<}\ 0$

축이 $y$축의 오른쪽에 있으므로 $ab<0 \quad \therefore b\ \boxed{>}\ 0$

$y$축과 만나는 점이 $x$축보다 아래쪽에 있으므로 $c\ \boxed{<}\ 0$

(6) 그래프가 아래로 볼록하므로 $a\ \boxed{>}\ 0$

축이 $y$축의 왼쪽에 있으므로 $ab>0 \quad \therefore b\ \boxed{>}\ 0$

$y$축과 만나는 점이 $x$축보다 위쪽에 있으므로 $c\ \boxed{>}\ 0$

**쌍둥이 기출문제** P. 133~134

**1** $(2,\ 9)$      **2** $x=3,\ (3,\ -4)$      **3** ⑤

**4** ③      **5** $-3$      **6** 23      **7** ⑤      **8** ④

**9** ④      **10** ⑤

**11** (1) $A(-1,\ 0),\ B(7,\ 0),\ C(3,\ 16)$    (2) 64

**12** 24

**[1~8]** $y=ax^2+bx+c \ \Rightarrow\ y=a(x-p)^2+q$ 꼴로 변형

(1) 축의 방정식: $x=p$

(2) 꼭짓점의 좌표: $(p,\ q)$

(3) $y$축과 만나는 점의 좌표: $(0,\ c)$

(4) $y=ax^2$의 그래프를 $x$축의 방향으로 $p$만큼, $y$축의 방향으로 $q$만큼 평행이동한 그래프

**1** $y=-2x^2+8x+1$
$\quad=-2(x^2-4x+4-4)+1$
$\quad=-2(x-2)^2+9$
따라서 꼭짓점의 좌표는 $(2,\ 9)$이다.

**2** $y=\dfrac{1}{3}x^2-2x-1$
$\quad=\dfrac{1}{3}(x^2-6x+9-9)-1$
$\quad=\dfrac{1}{3}(x-3)^2-4$
따라서 축의 방정식은 $x=3$이고, 꼭짓점의 좌표는 $(3,\ -4)$이다.

**3** $y=2x^2-4x+3$
$\quad=2(x^2-2x+1-1)+3$
$\quad=2(x-1)^2+1$
꼭짓점의 좌표는 $(1,\ 1)$이고, $y$축과 만나는 점의 좌표는 $(0,\ 3)$이며 아래로 볼록하므로 주어진 이차함수의 그래프는 ⑤와 같다.

**4** $y=-\dfrac{1}{2}x^2+3x-4$
$\quad=-\dfrac{1}{2}(x^2-6x+9-9)-4$
$\quad=-\dfrac{1}{2}(x-3)^2+\dfrac{1}{2}$
따라서 그래프는 오른쪽 그림과 같으므로 제2사분면을 지나지 않는다.

**5** $y=\dfrac{1}{4}x^2+x$
$\quad=\dfrac{1}{4}(x^2+4x+4-4)$
$\quad=\dfrac{1}{4}(x+2)^2-1$
이 그래프를 $x$축의 방향으로 $m$만큼, $y$축의 방향으로 $n$만큼 평행이동한 그래프를 나타내는 이차함수의 식은
$y=\dfrac{1}{4}(x-m+2)^2-1+n$
이 식이 $y=\dfrac{1}{4}x^2+2x+2$와 같아야 한다. 이때
$y=\dfrac{1}{4}x^2+2x+2$
$\quad=\dfrac{1}{4}(x^2+8x+16-16)+2$
$\quad=\dfrac{1}{4}(x+4)^2-2$
따라서 $-m+2=4$, $-1+n=-2$이므로
$m=-2$, $n=-1$
$\therefore m+n=-2+(-1)=-3$

**6** $y=-3x^2+18x-6$
$\quad=-3(x^2-6x+9-9)-6$
$\quad=-3(x-3)^2+21$
이 그래프를 $x$축의 방향으로 $m$만큼, $y$축의 방향으로 $n$만큼 평행이동한 그래프를 나타내는 이차함수의 식은
$y=-3(x-m-3)^2+21+n$
이 식이 $y=-3x^2+36x-67$과 같아야 한다. 이때
$y=-3x^2+36x-67$
$\quad=-3(x^2-12x+36-36)-67$
$\quad=-3(x-6)^2+41$
따라서 $m+3=6$, $21+n=41$이므로 $m=3$, $n=20$
$\therefore m+n=3+20=23$

**7** $y=2x^2-12x+17$
$\quad=2(x^2-6x+9-9)+17$
$\quad=2(x-3)^2-1$
① 아래로 볼록한 포물선이다.
② 직선 $x=3$을 축으로 한다.
③ 꼭짓점의 좌표는 $(3,\ -1)$이다.
④ $y$축과 만나는 점의 좌표는 $(0,\ 17)$이다.
따라서 옳은 것은 ⑤이다.

**8** $y=-x^2+8x-5$
$\quad=-(x^2-8x+16-16)-5$
$\quad=-(x-4)^2+11$
④ $x<4$일 때, $x$의 값이 증가하면 $y$의 값도 증가한다.

**[9~10]** 이차함수 $y=ax^2+bx+c$의 그래프에서 $a,\ b,\ c$의 부호
(1) 아래로 볼록 $\Rightarrow a>0$
　위로 볼록 $\Rightarrow a<0$
(2) 축이 $y$축의 왼쪽 $\Rightarrow ab>0$ ($a$와 $b$는 같은 부호)
　축이 $y$축의 오른쪽 $\Rightarrow ab<0$ ($a$와 $b$는 반대 부호)
(3) $y$축과 만나는 점이 $x$축보다 위쪽 $\Rightarrow c>0$
　$y$축과 만나는 점이 $x$축보다 아래쪽 $\Rightarrow c<0$

**9** ① 그래프가 위로 볼록하므로 $a<0$
② 축이 $y$축의 왼쪽에 있으므로 $ab>0$ $\therefore b<0$
③ $y$축과 만나는 점이 $x$보다 위쪽에 있으므로 $c>0$
④ $x=1$일 때, $y=0$이므로 $a+b+c=0$
⑤ $x=-1$일 때, $y>0$이므로 $a-b+c>0$
따라서 옳지 않은 것은 ④이다.

**10** ① 그래프가 아래로 볼록하므로 $a>0$
② 축이 $y$축의 오른쪽에 있으므로 $ab<0$ $\therefore b<0$
③ $y$축과 만나는 점이 $x$보다 아래쪽에 있으므로 $c<0$
④ $x=-1$일 때, $y<0$이므로 $a-b+c<0$
⑤ $x=3$일 때, $y>0$이므로 $9a+3b+c>0$
따라서 옳지 않은 것은 ⑤이다.

$y=ax^2+bx+c$에 $y=0$을 대입하면 $a(x-\alpha)(x-\beta)=0$
⇨ $(\alpha, 0)$, $(\beta, 0)$

**11** (1) $-x^2+6x+7=0$에서 $x^2-6x-7=0$
$(x+1)(x-7)=0$　∴ $x=-1$ 또는 $x=7$
∴ A$(-1, 0)$, B$(7, 0)$
$y=-x^2+6x+7$
　$=-(x^2-6x+9-9)+7$
　$=-(x-3)^2+16$
∴ C$(3, 16)$

(2) △ABC는 밑변의 길이가 8이고, 높이가 16이므로
　△ABC$=\dfrac{1}{2}\times8\times16=64$

**12** $x^2-2x-8=0$에서 $(x+2)(x-4)=0$
∴ $x=-2$ 또는 $x=4$
∴ A$(-2, 0)$, B$(4, 0)$　　… (i)
또 $y$축과 만나는 점의 좌표가 $(0, -8)$이므로
C$(0, -8)$　　… (ii)
따라서 △ACB는 밑변의 길이가 6이고, 높이가 8이므로
△ACB$=\dfrac{1}{2}\times6\times8=24$　　… (iii)

| 채점 기준 | 비율 |
|---|---|
| (i) 두 점 A, B의 좌표 구하기 | 50 % |
| (ii) 점 C의 좌표 구하기 | 20 % |
| (iii) △ACB의 넓이 구하기 | 30 % |

# ～5 이차함수의 식 구하기

**1** (1) $2, 3, 2, 3, \dfrac{1}{2}, y=\dfrac{1}{2}(x-2)^2-3$
(2) $y=3(x-1)^2+2$
(3) $y=-5(x+1)^2+5$
(4) $y=(x+2)^2-4$

**2** (1) $1, 3, 0, 4, y=(x-1)^2+3$
(2) $0, 3, 2, 1, y=-\dfrac{1}{2}x^2+3$
(3) $-2, -3, 0, 5, y=2(x+2)^2-3$

**1** (2) 꼭짓점의 좌표가 $(1, 2)$이므로 $y=a(x-1)^2+2$로 놓자.
이 그래프가 점 $(2, 5)$를 지나므로
$5=a\times(2-1)^2+2$　∴ $a=3$
∴ $y=3(x-1)^2+2$

(3) 꼭짓점의 좌표가 $(-1, 5)$이므로 $y=a(x+1)^2+5$로 놓자.
이 그래프가 원점을 지나므로
$0=a\times(0+1)^2+5$　∴ $a=-5$
∴ $y=-5(x+1)^2+5$

(4) 꼭짓점의 좌표가 $(-2, -4)$이므로 $y=a(x+2)^2-4$로 놓자.
이 그래프가 점 $(1, 5)$를 지나므로
$5=a\times(1+2)^2-4$　∴ $a=1$
∴ $y=(x+2)^2-4$

**2** (1) 꼭짓점의 좌표가 $(1, 3)$이므로 $y=a(x-1)^2+3$으로 놓자.
이 그래프가 점 $(0, 4)$를 지나므로
$4=a\times(0-1)^2+3$　∴ $a=1$
∴ $y=(x-1)^2+3$

(2) 꼭짓점의 좌표가 $(0, 3)$이므로 $y=ax^2+3$으로 놓자.
이 그래프가 점 $(2, 1)$을 지나므로
$1=a\times2^2+3$　∴ $a=-\dfrac{1}{2}$
∴ $y=-\dfrac{1}{2}x^2+3$

(3) 꼭짓점의 좌표가 $(-2, -3)$이므로 $y=a(x+2)^2-3$으로 놓자.
이 그래프가 점 $(0, 5)$를 지나므로
$5=a\times(0+2)^2-3$　∴ $a=2$
∴ $y=2(x+2)^2-3$

**1** (1) $1, 4, 16, -\dfrac{1}{4}, 4, y=-\dfrac{1}{4}(x-1)^2+4$
(2) $y=3(x+3)^2-1$
(3) $y=-2(x+1)^2+10$
(4) $y=4\left(x-\dfrac{1}{2}\right)^2+1$

**2** (1) $2, 4, 6, 0, y=-\dfrac{1}{3}(x-2)^2+\dfrac{16}{3}$
(2) $-4, 0, -2, -1, y=\dfrac{1}{2}(x+4)^2-3$
(3) $3, 1, 2, 7, y=-\dfrac{1}{6}(x-3)^2+\dfrac{8}{3}$

**1** (2) 축의 방정식이 $x=-3$이므로 $y=a(x+3)^2+q$로 놓자.
이 그래프가 두 점 $(-1, 11)$, $(-2, 2)$를 지나므로
$11=a\times(-1+3)^2+q$　∴ $4a+q=11$　… ㉠
$2=a\times(-2+3)^2+q$　∴ $a+q=2$　… ㉡
㉠, ㉡을 연립하여 풀면 $a=3$, $q=-1$
∴ $y=3(x+3)^2-1$

(3) 축의 방정식이 $x=-1$이므로 $y=a(x+1)^2+q$로 놓자.
이 그래프가 두 점 $(2, -8)$, $(-2, 8)$을 지나므로
$-8=a\times(2+1)^2+q$  $\therefore 9a+q=-8$  $\cdots$ ㉠
$8=a\times(-2+1)^2+q$  $\therefore a+q=8$  $\cdots$ ㉡
㉠, ㉡을 연립하여 풀면 $a=-2$, $q=10$
$\therefore y=-2(x+1)^2+10$

(4) 축의 방정식이 $x=\dfrac{1}{2}$이므로 $y=a\left(x-\dfrac{1}{2}\right)^2+q$로 놓자.
이 그래프가 두 점 $(1, 2)$, $(2, 10)$을 지나므로
$2=a\times\left(1-\dfrac{1}{2}\right)^2+q$  $\therefore \dfrac{1}{4}a+q=2$  $\cdots$ ㉠
$10=a\times\left(2-\dfrac{1}{2}\right)^2+q$  $\therefore \dfrac{9}{4}a+q=10$  $\cdots$ ㉡
㉠, ㉡을 연립하여 풀면 $a=4$, $q=1$
$\therefore y=4\left(x-\dfrac{1}{2}\right)^2+1$

**2** (1) 축의 방정식이 $x=2$이므로 $y=a(x-2)^2+q$로 놓자.
이 그래프가 두 점 $(0, 4)$, $(6, 0)$을 지나므로
$4=a\times(0-2)^2+q$  $\therefore 4a+q=4$  $\cdots$ ㉠
$0=a\times(6-2)^2+q$  $\therefore 16a+q=0$  $\cdots$ ㉡
㉠, ㉡을 연립하여 풀면 $a=-\dfrac{1}{3}$, $q=\dfrac{16}{3}$
$\therefore y=-\dfrac{1}{3}(x-2)^2+\dfrac{16}{3}$

(2) 축의 방정식이 $x=-4$이므로 $y=a(x+4)^2+q$로 놓자.
이 그래프가 두 점 $(0, 5)$, $(-2, -1)$을 지나므로
$5=a\times(0+4)^2+q$  $\therefore 16a+q=5$  $\cdots$ ㉠
$-1=a\times(-2+4)^2+q$  $\therefore 4a+q=-1$  $\cdots$ ㉡
㉠, ㉡을 연립하여 풀면 $a=\dfrac{1}{2}$, $q=-3$
$\therefore y=\dfrac{1}{2}(x+4)^2-3$

(3) 축의 방정식이 $x=3$이므로 $y=a(x-3)^2+q$로 놓자.
이 그래프가 두 점 $(1, 2)$, $(7, 0)$을 지나므로
$2=a\times(1-3)^2+q$  $\therefore 4a+q=2$  $\cdots$ ㉠
$0=a\times(7-3)^2+q$  $\therefore 16a+q=0$  $\cdots$ ㉡
㉠, ㉡을 연립하여 풀면 $a=-\dfrac{1}{6}$, $q=\dfrac{8}{3}$
$\therefore y=-\dfrac{1}{6}(x-3)^2+\dfrac{8}{3}$

**유형13**   P. 137

**1** (1) 3, 3, 3, 3, 1, $-4$, $y=x^2-4x+3$
(2) $y=\dfrac{1}{4}x^2+x-3$   (3) $y=3x^2-2x-4$

**2** (1) 4, 2, 6, $y=-x^2-x+6$
(2) $-2$, 4, 4, $y=x^2-5x+4$
(3) 0, 0, 8, $y=\dfrac{4}{9}x^2+\dfrac{28}{9}x$

---

**1** (2) $y=ax^2+bx+c$로 놓으면 그래프가 점 $(0, -3)$을 지나므로
$c=-3$
즉, $y=ax^2+bx-3$의 그래프가 두 점 $(2, 0)$, $(4, 5)$를 지나므로
$0=4a+2b-3$  $\therefore 4a+2b=3$  $\cdots$ ㉠
$5=16a+4b-3$  $\therefore 4a+b=2$  $\cdots$ ㉡
㉠, ㉡을 연립하여 풀면 $a=\dfrac{1}{4}$, $b=1$
$\therefore y=\dfrac{1}{4}x^2+x-3$

(3) $y=ax^2+bx+c$로 놓으면 그래프가 점 $(0, -4)$를 지나므로
$c=-4$
즉, $y=ax^2+bx-4$의 그래프가 두 점 $(1, -3)$, $(2, 4)$를 지나므로
$-3=a+b-4$  $\therefore a+b=1$  $\cdots$ ㉠
$4=4a+2b-4$  $\therefore 2a+b=4$  $\cdots$ ㉡
㉠, ㉡을 연립하여 풀면 $a=3$, $b=-2$
$\therefore y=3x^2-2x-4$

**2** (1) $y=ax^2+bx+c$로 놓으면 그래프가 점 $(0, 6)$을 지나므로 $c=6$
즉, $y=ax^2+bx+6$의 그래프가 두 점 $(-2, 4)$, $(2, 0)$을 지나므로
$4=4a-2b+6$  $\therefore 2a-b=-1$  $\cdots$ ㉠
$0=4a+2b+6$  $\therefore 2a+b=-3$  $\cdots$ ㉡
㉠, ㉡을 연립하여 풀면 $a=-1$, $b=-1$
$\therefore y=-x^2-x+6$

(2) $y=ax^2+bx+c$로 놓으면 그래프가 점 $(0, 4)$를 지나므로 $c=4$
즉, $y=ax^2+bx+4$의 그래프가 두 점 $(2, -2)$, $(5, 4)$를 지나므로
$-2=4a+2b+4$  $\therefore 2a+b=-3$  $\cdots$ ㉠
$4=25a+5b+4$  $\therefore 5a+b=0$  $\cdots$ ㉡
㉠, ㉡을 연립하여 풀면 $a=1$, $b=-5$
$\therefore y=x^2-5x+4$

(3) $y=ax^2+bx+c$로 놓으면 그래프가 점 $(0, 0)$을 지나므로 $c=0$
즉, $y=ax^2+bx$의 그래프가 두 점 $(-7, 0)$, $(2, 8)$을 지나므로
$0=49a-7b$  $\therefore 7a-b=0$  $\cdots$ ㉠
$8=4a+2b$  $\therefore 2a+b=4$  $\cdots$ ㉡
㉠, ㉡을 연립하여 풀면 $a=\dfrac{4}{9}$, $b=\dfrac{28}{9}$
$\therefore y=\dfrac{4}{9}x^2+\dfrac{28}{9}x$

**1**
(1) $5$, $2$, $-1$, $-\dfrac{1}{2}$, $-\dfrac{1}{2}$, $5$, $y=-\dfrac{1}{2}x^2+\dfrac{7}{2}x-5$

(2) $y=2x^2+4x-6$     (3) $y=-2x^2+6x+8$

**2**
(1) $-4$, $0$, $-4$, $y=\dfrac{1}{2}x^2+x-4$

(2) $-3$, $0$, $3$, $y=x^2+4x+3$

(3) $0$, $5$, $5$, $y=-x^2+4x+5$

---

**1**
(2) $x$축과 두 점 $(-3, 0)$, $(1, 0)$에서 만나므로
$y=a(x+3)(x-1)$로 놓자.
이 그래프가 점 $(2, 10)$을 지나므로
$10=a\times5\times1$    $\therefore a=2$
$\therefore y=2(x+3)(x-1)=2x^2+4x-6$

(3) $x$축과 두 점 $(-1, 0)$, $(4, 0)$에서 만나므로
$y=a(x+1)(x-4)$로 놓자.
이 그래프가 점 $(2, 12)$를 지나므로
$12=a\times3\times(-2)$    $\therefore a=-2$
$\therefore y=-2(x+1)(x-4)=-2x^2+6x+8$

**2**
(1) $x$축과 두 점 $(-4, 0)$, $(2, 0)$에서 만나므로
$y=a(x+4)(x-2)$로 놓자.
이 그래프가 점 $(0, -4)$를 지나므로
$-4=a\times4\times(-2)$    $\therefore a=\dfrac{1}{2}$
$\therefore y=\dfrac{1}{2}(x+4)(x-2)=\dfrac{1}{2}x^2+x-4$

(2) $x$축과 두 점 $(-3, 0)$, $(-1, 0)$을 지나므로
$y=a(x+3)(x+1)$로 놓자.
이 그래프가 점 $(0, 3)$을 지나므로
$3=a\times3\times1$    $\therefore a=1$
$\therefore y=(x+3)(x+1)=x^2+4x+3$

(3) $x$축과 두 점 $(-1, 0)$, $(5, 0)$을 지나므로
$y=a(x+1)(x-5)$로 놓자.
이 그래프가 점 $(0, 5)$를 지나므로
$5=a\times1\times(-5)$    $\therefore a=-1$
$\therefore y=-(x+1)(x-5)=-x^2+4x+5$

---

### 쌍둥이 기출문제     P. 139~140

| | | | |
|---|---|---|---|
| **1** ① | **2** ⑤ | **3** 1 | **4** ② |
| **5** ⑤ | **6** $(4, -11)$ | **7** ⑤ | **8** ① |
| **9** ① | **10** ② | **11** ② | **12** ① |

**[1~4]** 이차함수의 식 구하기 (1)
꼭짓점의 좌표 $(p, q)$와 그래프가 지나는 다른 한 점이 주어질 때
⇨ $y=a(x-p)^2+q$에 다른 한 점의 좌표를 대입하여 $a$의 값을 구한다.

---

**1**
꼭짓점의 좌표가 $(1, 3)$이므로 $y=a(x-1)^2+3$으로 놓자.
이 그래프가 점 $(2, 0)$을 지나므로
$0=a\times(2-1)^2+3$    $\therefore a=-3$
$\therefore y=-3(x-1)^2+3=-3x^2+6x$
따라서 $a=-3$, $b=6$, $c=0$이므로
$a-b+c=-3-6+0=-9$

**2**
꼭짓점의 좌표가 $(3, -2)$이므로 $y=a(x-3)^2-2$로 놓자.
이 그래프가 점 $(4, 2)$를 지나므로
$2=a\times(4-3)^2-2$    $\therefore a=4$
$\therefore y=4(x-3)^2-2=4x^2-24x+34$
$x=0$을 대입하면 $y=34$이므로 $y$축과 만나는 점의 좌표는
$(0, 34)$이다.

**3**
꼭짓점의 좌표가 $(-2, -1)$이므로 $y=a(x+2)^2-1$로 놓자.
이 그래프가 점 $(0, 1)$을 지나므로
$1=a\times(0+2)^2-1$    $\therefore a=\dfrac{1}{2}$
따라서 $a=\dfrac{1}{2}$, $p=-2$, $q=-1$이므로
$apq=\dfrac{1}{2}\times(-2)\times(-1)=1$

**4**
꼭짓점의 좌표가 $(-3, 2)$이므로 $y=a(x+3)^2+2$로 놓자.
이 그래프가 점 $(0, -1)$을 지나므로
$-1=a\times(0+3)^2+2$    $\therefore a=-\dfrac{1}{3}$
$\therefore y=-\dfrac{1}{3}(x+3)^2+2=-\dfrac{1}{3}x^2-2x-1$

**[5~8]** 이차함수의 그래프의 식 구하기 (2)
축의 방정식 $x=p$와 그래프가 지나는 두 점이 주어질 때
⇨ $y=a(x-p)^2+q$에 두 점의 좌표를 각각 대입하여 $a$와 $q$의 값을 구한다.

**5**
축의 방정식이 $x=-2$이므로 $y=a(x+2)^2+q$로 놓자.
이 그래프가 두 점 $(-1, 3)$, $(0, 9)$를 지나므로
$3=a\times(-1+2)^2+q$    $\therefore a+q=3$    … ㉠
$9=a\times(0+2)^2+q$    $\therefore 4a+q=9$    … ㉡
㉠, ㉡을 연립하여 풀면 $a=2$, $q=1$
$\therefore y=2(x+2)^2+1$

**6**
축의 방정식이 $x=4$이므로 $y=a(x-4)^2+q$로 놓자.    … (i)
이 그래프가 두 점 $(0, 5)$, $(1, -2)$를 지나므로
$5=a\times(0-4)^2+q$    $\therefore 16a+q=5$    … ㉠
$-2=a\times(1-4)^2+q$    $\therefore 9a+q=-2$    … ㉡
㉠, ㉡을 연립하여 풀면 $a=1$, $q=-11$    … (ii)
$\therefore y=(x-4)^2-11$
따라서 구하는 꼭짓점의 좌표는 $(4, -11)$이다.    … (iii)

| 채점 기준 | 비율 |
|---|---|
| (i) 이차함수의 식 세우기 | 30 % |
| (ii) $a$, $q$의 값 구하기 | 50 % |
| (iii) 꼭짓점의 좌표 구하기 | 20 % |

**7** 축의 방정식이 $x=1$이므로 $y=a(x-1)^2+q$로 놓자.

이 그래프가 점 $(0, 2)$를 지나므로

$2=a\times(0-1)^2+q$ $\quad\therefore a+q=2$ $\quad\cdots$ ㉠

이 그래프가 점 $(3, 5)$를 지나므로

$5=a\times(3-1)^2+q$ $\quad\therefore 4a+q=5$ $\quad\cdots$ ㉡

㉠, ㉡을 연립하여 풀면 $a=1$, $q=1$

$\therefore y=(x-1)^2+1$

이 그래프가 점 $(4, k)$를 지나므로

$k=(4-1)^2+1=10$

**8** 축의 방정식이 $x=-2$이므로 $y=a(x+2)^2+q$로 놓자.

이 그래프가 점 $(0, 4)$를 지나므로

$4=a\times(0+2)^2+q$ $\quad\therefore 4a+q=4$ $\quad\cdots$ ㉠

이 그래프가 점 $(-3, 7)$을 지나므로

$7=a\times(-3+2)^2+q$ $\quad\therefore a+q=7$ $\quad\cdots$ ㉡

㉠, ㉡을 연립하여 풀면 $a=-1$, $q=8$

$\therefore y=-(x+2)^2+8$

이 그래프가 점 $(2, k)$를 지나므로

$k=-(2+2)^2+8=-8$

**[9~10]** 이차함수의 식 구하기 (3)

그래프가 지나는 서로 다른 세 점이 주어질 때

⇨ ❶ $y=ax^2+bx+c$로 놓는다.

❷ 세 점의 좌표를 각각 대입하여 $a$, $b$, $c$의 값을 구한다.

**9** $y=ax^2+bx+c$의 그래프가 점 $(0, 5)$를 지나므로 $c=5$

즉, $y=ax^2+bx+5$의 그래프가 두 점 $(2, 3)$, $(4, 5)$를 지나므로

$3=4a+2b+5$ $\quad\therefore 2a+b=-1$ $\quad\cdots$ ㉠

$5=16a+4b+5$ $\quad\therefore 4a+b=0$ $\quad\cdots$ ㉡

㉠, ㉡을 연립하여 풀면 $a=\dfrac{1}{2}$, $b=-2$

$\therefore y=\dfrac{1}{2}x^2-2x+5$

따라서 $a=\dfrac{1}{2}$, $b=-2$, $c=5$이므로

$abc=\dfrac{1}{2}\times(-2)\times5=-5$

**10** $y=ax^2+bx+c$로 놓으면 그래프가 점 $(0, -3)$을 지나므로 $c=-3$

즉, $y=ax^2+bx-3$의 그래프가 두 점 $(-1, 0)$, $(4, 5)$를 지나므로

$0=a-b-3$ $\quad\therefore a-b=3$ $\quad\cdots$ ㉠

$5=16a+4b-3$ $\quad\therefore 4a+b=2$ $\quad\cdots$ ㉡

㉠, ㉡을 연립하여 풀면 $a=1$, $b=-2$

$\therefore y=x^2-2x-3$

**[11~12]** 이차함수의 식 구하기 (4)

$x$축과 만나는 두 점 $(\alpha, 0)$, $(\beta, 0)$과 그래프가 지나는 다른 한 점이 주어질 때

⇨ ❶ $y=a(x-\alpha)(x-\beta)$로 놓는다.

❷ 다른 한 점의 좌표를 대입하여 $a$의 값을 구한다.

**11** $x$축과 두 점 $(-2, 0)$, $(4, 0)$에서 만나므로

$y=a(x+2)(x-4)$로 놓자.

이 그래프가 점 $(0, 8)$을 지나므로

$8=a\times2\times(-4)$ $\quad\therefore a=-1$

$\therefore y=-(x+2)(x-4)=-x^2+2x+8$

**다른 풀이**

$y=ax^2+bx+c$로 놓으면 그래프가 점 $(0, 8)$을 지나므로 $c=8$

즉, $y=ax^2+bx+8$의 그래프가 두 점 $(-2, 0)$, $(4, 0)$을 지나므로

$0=4a-2b+8$ $\quad\therefore 2a-b=-4$ $\quad\cdots$ ㉠

$0=16a+4b+8$ $\quad\therefore 4a+b=-2$ $\quad\cdots$ ㉡

㉠, ㉡을 연립하여 풀면 $a=-1$, $b=2$

$\therefore y=-x^2+2x+8$

**12** $x$축과 두 점 $(-5, 0)$, $(-1, 0)$에서 만나므로

$y=a(x+5)(x+1)$로 놓자.

이 그래프가 점 $(-4, 3)$을 지나므로

$3=a\times1\times(-3)$ $\quad\therefore a=-1$

$\therefore y=-(x+5)(x+1)=-x^2-6x-5$

**단원 마무리** P. 141~143

| 1 ④ | 2 4 | 3 ⑤ | 4 $-1$ |
|---|---|---|---|
| 5 ㄴ, ㄷ, ㅁ | 6 ③ | 7 $-28$ | 8 ③ |
| 9 ⑤ | 10 125 | 11 $\dfrac{1}{2}$ | 12 $(3, 4)$ |

**1** ① $y=2+2x$ ⇨ 일차함수

② $y=\dfrac{5}{x}$ ⇨ 이차함수가 아니다.

③ $y=x(x+1)-x(x-2)=3x$ ⇨ 일차함수

⑤ $y=-x(x^2-1)=-x^3+x$ ⇨ 이차함수가 아니다.

따라서 $y$가 $x$에 대한 이차함수인 것은 ④이다.

**2** $y=ax^2$의 그래프가 점 $(-2, 2)$를 지나므로

$2=a\times(-2)^2$  $\therefore a=\dfrac{1}{2}$  $\cdots$ (i)

즉, $y=\dfrac{1}{2}x^2$의 그래프가 점 $(4, b)$를 지나므로

$b=\dfrac{1}{2}\times4^2=8$  $\cdots$ (ii)

$\therefore ab=\dfrac{1}{2}\times8=4$  $\cdots$ (iii)

| 채점 기준 | 비율 |
|---|---|
| (i) $a$의 값 구하기 | 40 % |
| (ii) $b$의 값 구하기 | 40 % |
| (iii) $ab$의 값 구하기 | 20 % |

**3** $y=ax^2$의 그래프가 $y=-\dfrac{1}{4}x^2$의 그래프보다 폭이 좁고

$y=4x^2$의 그래프보다 폭이 넓으므로

$\left|-\dfrac{1}{4}\right|<|a|<|4|$  $\therefore \dfrac{1}{4}<|a|<4$

이때 $a>0$이므로 $\dfrac{1}{4}<a<4$

**4** 평행이동한 그래프를 나타내는 이차함수의 식은

$y=-\dfrac{1}{2}(x-m)^2+n$

이 식이 $y=-\dfrac{1}{2}(x+5)^2+4$와 같아야 하므로

$m=-5, n=4$

$\therefore m+n=-5+4=-1$

**5** ㄴ. 꼭짓점의 좌표는 $(2, 4)$이다.

ㄷ. $x=1$, $y=6$을 대입하면 $6\neq-2\times(1-2)^2+4$이므로 점 $(1, 6)$을 지나지 않는다.

$y=-2(x-2)^2+4$에 $x=1$을 대입하면

$y=-2\times(1-2)^2+4=2$이므로 점 $(1, 2)$를 지난다.

ㅁ. 그래프의 폭은 $x^2$의 계수의 절댓값이 클수록 좁아지므로

$y=-2(x-2)^2+4$의 그래프는 $y=x^2$의 그래프보다 폭이 좁다.

따라서 옳지 않은 것은 ㄴ, ㄷ, ㅁ이다.

**6** 그래프가 아래로 볼록하므로 $a>0$

꼭짓점 $(p, q)$가 제3사분면 위에 있으므로 $p<0, q<0$

**7** $y=x^2+8x-4$

$=(x^2+8x+16-16)-4$

$=(x+4)^2-20$

즉, 축의 방정식은 $x=-4$이고, 꼭짓점의 좌표는

$(-4, -20)$이다.

따라서 $a=-4$, $p=-4$, $q=-20$이므로

$a+p+q=-4+(-4)+(-20)=-28$

**8** $y=3x^2+3x$

$=3\left(x^2+x+\dfrac{1}{4}-\dfrac{1}{4}\right)$

$=3\left(x+\dfrac{1}{2}\right)^2-\dfrac{3}{4}$

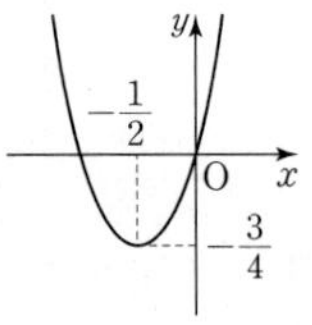

따라서 그래프는 오른쪽 그림과 같으므로

제1, 2, 3사분면을 지난다.

**9** $y=\dfrac{1}{3}x^2-4x-2$

$=\dfrac{1}{3}(x^2-12x+36-36)-2$

$=\dfrac{1}{3}(x-6)^2-14$

⑤ $y=\dfrac{1}{3}x^2$의 그래프를 $x$축의 방향으로 6만큼, $y$축의 방향

으로 $-14$만큼 평행이동하면 완전히 포개어진다.

**10** $x^2+8x-9=0$에서 $(x+9)(x-1)=0$

$\therefore x=-9$ 또는 $x=1$

$\therefore$ A$(-9, 0)$, B$(1, 0)$

$y=x^2+8x-9$

$=(x^2+8x+16-16)-9$

$=(x+4)^2-25$

$\therefore$ C$(-4, -25)$

따라서 $\triangle$ACB는 밑변의 길이가 10이고, 높이가 25이므로

$\triangle$ACB$=\dfrac{1}{2}\times10\times25=125$

**11** 꼭짓점의 좌표가 $(2, -2)$이므로 $y=a(x-2)^2-2$로 놓자.

이 그래프가 원점 $(0, 0)$을 지나므로

$0=a\times(0-2)^2-2$  $\therefore a=\dfrac{1}{2}$

따라서 $a=\dfrac{1}{2}$, $p=2$, $q=-2$이므로

$a+p+q=\dfrac{1}{2}+2+(-2)=\dfrac{1}{2}$

**12** $y=ax^2+bx+c$로 놓으면 그래프가 점 $(0, -5)$를 지나므로

$c=-5$  $\cdots$ (i)

즉, $y=ax^2+bx-5$의 그래프가 두 점 $(2, 3)$, $(5, 0)$을 지나므로

$3=4a+2b-5$  $\therefore 2a+b=4$  $\cdots$ ㉠

$0=25a+5b-5$  $\therefore 5a+b=1$  $\cdots$ ㉡

㉠, ㉡을 연립하여 풀면 $a=-1$, $b=6$  $\cdots$ (ii)

$\therefore y=-x^2+6x-5$

$=-(x^2-6x+9-9)-5$

$=-(x-3)^2+4$

따라서 구하는 꼭짓점의 좌표는 $(3, 4)$이다.  $\cdots$ (iii)

| 채점 기준 | 비율 |
|---|---|
| (i) 이차함수의 식의 상수항 구하기 | 20 % |
| (ii) 이차함수의 식의 $x^2$의 계수와 $x$의 계수 구하기 | 50 % |
| (iii) 꼭짓점의 좌표 구하기 | 30 % |